陈文化全面科技哲学文集

陈文化　著

东 北 大 学 出 版 社
・沈　阳・

图书在版编目（CIP）数据

陈文化全面科技哲学文集 / 陈文化著 .— 沈阳 ：东北大学出版社，2014.6
（2025.4重印）
ISBN 978-7-5517-0666-7

Ⅰ.①陈… Ⅱ.①陈… Ⅲ.①科学哲学—文集 Ⅳ.①N02-53

中国版本图书馆 CIP 数据核字（2014）第 146860 号

出 版 者：东北大学出版社
地址：沈阳市和平区文化路 3 号巷 11 号
邮编：110004
电话：024—83687331（市场部） 83680267（社务室）
传真：024—83680180（市场部） 83680265（社务室）
E-mail：neuph @ neupress.com
http：//www.neupress.com
印 刷 者：三河市天润建兴印务有限公司
发 行 者：东北大学出版社
幅面尺寸：185mm×240mm
印 张：30.75
字 数：637 千字
出版时间：2014 年 6 月第 1 版
印刷时间：2025 年 4 月第 3 次印刷
责任编辑：刘振军 刘 莹
责任校对：孙 锋
封面设计：唯 美
责任出版：唐敏志

ISBN 978-7-5517-0666-7 定 价：88.00 元

前　　言

这本论文集能够面世，首先要衷心地感谢东北大学科学技术哲学研究中心和陈凡教授的大力支持。我在武汉大学化学系毕业后，被分配到中国科学院长沙矿冶研究所，因为“服从组织安排”，才步入自然辩证法研究领域，在陈昌曙、陈念文两位教授的高尚人格和渊博学识的感召下，开启了我的学术生活。我与他们之间经常“称兄道弟”，我在老老实实地争做“好”学生的同时，进行学术磋商，确实受益匪浅，无法用语言表达我对他们的崇敬心情。

本文集共收录有关科技哲学的论文62篇（其中有几篇是同我的研究生合撰），其中16篇未公开发表。文集在出版时，按照内容，分为八个问题（其中的论文按照撰写时间先近后远）编排。观点及其阐述中的不妥之处恳求读者批评指教。下面就文集中主要观点的形成过程做些回顾，然后谈谈几点体会和建议。

（一）

第一，关于技术的本质及其基本门类构成的认识。

我国的技术哲学（当时称为“技术论”）研究起步于对技术本质的探讨。20世纪70—80年代，关于技术本质的认识归纳起来有“方法技巧”说、“活动”或“过程”说、“知识体系”说和“总和”说四类不同观点。而且，当时（乃至于现在的主流观点）的“技术”局限于自然技术。1983年，我在《试论技术的定义和特征》一文中，明确定义“技术是利用、控制、改造自然和社会、思维（随后就改为“人类”）的方式方法的集合，即怎么‘做’的知识体系”或“实践性知识体系”。随后，对技术的知识性和中介性展开探讨。基于技术“对人类的生存与发展产生全方位的影响”，1989年提出“新的大技术观”。经过长期争论（包括国内外学界），在技术概念上仍然未形成共识，我们认为其原因之一是没有正确地区分科学技术的三种既不同又有着密切联系的存在状态或形态。于是，1992年在《科学技术与发展计量研究》专著中，对科学与科学活动、技术与技术活动之间的关系问题进行了专门探讨。认为：科学、技术是人的科学、技术活动的结果，它们作为客观化的知识体系，存在着两种状态——相对静止的存在和活动中的动态存在。前者为脱离了主体（人）并外化在物质载体上的“异己存在”，后者为与人的活动不可分割的过程中存在。而科学、技术作为主观知识世界，既不是“异己存在”，又不是“过程中存在”，是以人脑为载体的精神存在状态，并且“异己存在”和“精神状态存在”的科学、技术，其作用只能在人的活动过程中才会得以展现。因此，三者之间的关系是“过程中存在—主观性存在—客观化存在—过程中存在”的无限序列。这就是科学、技术发展中的连续性与间断性的对立统一。学界关于技术本质的主要分歧出自于片面性思维：要么以“过程性存在”（“活动”说）否认相对静止的客观知识（世界3）的存在，要么以工具、机器、设备、实物载体（“物质手段”说）否认它承载的“客观知识内容”。其实，包括客观知识在内的所有事物的两种存在形式不仅状态（静或动）不同，而且存在的方式也有区别，即静态存在的单一性与动态存在的全面性。正如马克思在《雇佣劳动资本》一文中指出的：“人们在生产中不仅仅同自然界发生关系。他们如果不以一定方式结合起来共同活动和交换其活动，便不能进行生产。为了进行生产，人们便发生一定的联系和关系；只有在这些社会联系和社会关系的范围内，才会有他们对自然界的关系，才会有生产。”这就是说，在活动中，“人们”或“他们”（人文界）、“他们之间的关系”（社会界）、自然界“三者就同时存在”（马克思语）与变发着。于是，我们在《关于21世纪技术哲学研究中几个问题的思考》（2000年）中，首次提出活动中的技术是由自然技术、人文技术和社会技术三大基本门类构成的“内在整体”。这就是我们提出“新的大技术观”或“全面技术观”的缘由。

第二，中国应该创建全面科学技术哲学。

我们认为：科学技术哲学是关于全面科技观的理论。传统的科技观主张“唯一的自然科学”，并说人文社会科学“都是（甚至鼓励）胡说”。

在《关于21世纪技术哲学研究中几个问题的思考》中，我们首次提出现代科学技术体系是以人文科学技术为核心支柱、自然科技和社会科技为两翼的宝塔型网络结构。当时基于三点理由：一是客观世界是由自然界、人文界、社会界三大基本门类通过人的活动交互—反馈作用形成的统一体，则研究人与世界之间关系的科学技术就是自然科技、人文科技和社会科技的“内在整体”；二是每一个人所从事的现实活动都是人文科技（“做人”）、社会科技（“处世”）、自然科技（“做事”）相互作用的过程和整合效应。显然，惟自然“科学主义”鼓吹“自然科技独自能够解决人类面临的所有难题”的“狂言是多么荒诞的胡说”。一个不会“做人”、“处世”的人连存活都很难，还能“做事”、做“好”事吗？这是难以想象的；三是马克思恩格斯早就明确地提出过三大门类科学的思想，即“自然科学将成为人文科学的基础”或“自然科学将成为人的科学的基础”，而“人的科学”包括“关于他们自己”或“人本身”的科学，即“人文科学”和“关于他们之间关系”的科学，即“社会科学”，它们与“自然科学”一起“将是一门科学”（《1844年经济学-哲学手稿》）。特别是马克思、恩格斯在《德意志意识形态》一文中，尖锐地批评圣麦克斯“关于‘唯一的’自然科学”的“狂言是多么荒诞的胡说”，“因为在他那里……世界立刻就变为自然。”显然，将自然科技等同于科学技术、将自然辩证法等同于科学技术哲学，也就是将由自然界、人文界、社会界“通过人的劳动”交互作用形成的“世界变为自然”了。甚至自然辩证法界有学者提出“世界即自然界”，或者只讲“要把人类和社会看做自然界的一部分”，就是不讲自然界是“整个世界”的一部分和自然界是人的一部分[①] 这些言论比圣麦克斯更为“荒诞”。

2002年，我们又提出“自然科学通过人文科学到社会科学的一体化”和“现代科学技术体系的立体结构：一体两翼”。2003年2月，胡锦涛提出的“科学发展观”为我们的现代科技体系“立体网络结构”提供了坚实的理论基础。胡锦涛说：“坚持以人为本，促进经济（属于自然

---

① 其实，马克思在《1844年经济学—哲学手稿》中论述“人是自然界的一部分”时，就指出自然界“是人的意识”、“人的生活和人的活动的一部分”，“是人的无机的身体”。

领域——引者注）、社会和人的全面发展。”这就是马克思恩格斯在《费尔巴哈》一文中讲的活动中“三者同时存在”与变发。2004 年 6 月 2 日，在《两院院士大会上的讲话》中，胡锦涛又明确地指出：落实科学发展观是一项系统工程（即全国人民的活动），“要把自然科学、人文科学、社会科学等方方面面的知识、方法、手段协调和集成起来”。这是党中央领导第一次提出“人文科学……的知识、方法、手段协调和集成”，即人文科学技术概念，第一次提出自然科技、人文科技、社会科技的“协调和集成”。我们将其称为“三类科学技术‘集成’：一种全新的科技观”（2006 年）。

2004 年，我开始学习、研读马克思的“全面发展”理论，并运用马克思的“全面生产”和全面科技理论，提出“全面科学技术观与科学技术哲学门类构成”，即横向上的自然科技哲学、人文科技哲学、社会科技哲学与纵向上的科学哲学、技术哲学、工程哲学、产业哲学“通过人的劳动”形成一个内在整体。这就是我们称谓的“全面科学技术哲学”。2006 年，我又明确提出“科学技术哲学应该是以人为中心的全面科技观理论”，并取代只研究自然观、自然科技观的“自然辩证法”。

在论文集的文稿发出送审之后，我又对全面科技哲学问题进行了新的探索，撰写了一组文章。其中的《关于科技哲学研究中几个基本问题的再思考》，探讨了“科技哲学的研究对象”、“马克思主义的全面科技观”、“科学技术哲学是关于全面科技观的理论”，以及关于“全面发展”理论和“科学发展观”与全面科技哲学之间的关系等问题。在《科学技术哲学的研究对象：人与科技的关系问题》一文中，根据马克思“要把对象当作实践去理解”的思想，我认为“科技哲学的研究对象是从事现实活动的人与其生活于之中的现实科技相互作用中的客体。”《论马克思主义的全面科技观》从现实活动中三大门类科技“同时存在”与变发论、纵向过程的不同阶段形成反馈圆环论、世代更替中的承创论，以及科学整体“动—静—动”无限发展论四个方面进行了探讨，由此认为“科技哲学是关于全面科技观的理论”，即横向上的自然科技哲学、人文科技哲学、社会科技哲学与纵向上的科学哲学、技术哲学、生产哲学、生活哲学、科技与社会“全面变革”由“人通过人的劳动”形成一个内在整体，并提出一个“三维立体网络结构”。同时，还明确指出：目前的“自然辩证法（自然科技哲学）”是全面科技哲学中的一个门类。而且，自然科学哲学、自然技术哲学、自然工程哲学、物质产业哲学是一类“片面哲学”。特别是在《“生活”与全面生活哲学初探》一文中，提出“全面生活哲学”概念，并认为它是横向上的“物质生活哲学”、“个人生活哲学和精神文化生活哲学”、“社会交往生活哲学”与纵向上的“幼童年生活哲学”、“青年生活哲学”、“中年生活哲学”、“老年生活哲学”由“人通过人的劳动”形成为一个整体。显然，加强“全面科技”与“全面生活”之间关系问题即“全面生活哲学”研究，对于克服自然辩证法研究的思辨性、空泛性和“去人化”（不谈民生）倾向，具有十分重要的意义。在《试论“实践科学发展观”与全面科技哲学之间的关系》一文中，认为科技哲学是以人为本、为民服务的科技观理论，它与“科学发展观”之间由“人通过人的劳动”形成为主导多维的整合效应和反馈圆环。与此同时，还写了《“世界即自然界”的“狂言是多么荒诞的胡说”》和《关于自然的优先性、“社会-历史性”与“人和自然的同一性”的探讨》，较为集中地评论了《自然辩证法概论》的“世界”观、“自然”观和“自然科技”观。

21世纪的人类社会正在迈向“全面发展”即“科学发展”的新时代。将作为21世纪“精神上的精华”之一的科技哲学，视为关于全面科技观的理论，是落实科学发展观和新时代的必然要求。因此，再一次呼吁研究会积极举办有关的学术研讨会，推动“中国创建全面科学技术哲学”事业的发展。

第三，关于“以人的发展为中心的发展观”问题。

1979年，在《加速科研成果转化为现实的生产力》一文中，突破当时的单一标准，明确地提出“经济上有效、技术上先进、工艺上可行、社会上无害”的评价科研成果的“四项标准”，并建议：为了充分发挥人的积极性，“实行应用型科研单位的企业化改革”。1986年，我参与研究制定湖南省《常德地区中长期科技、经济、社会协调发展战略》时，针对当地科委提出“发展科学技术的指导思想要以产品为中心”的主张，首次提出“要以人的发展为中心作为科学技术工作的出发点和目标”，并

"为提高综合效益——经济效益、社会效益、生态效益和人的发展效益之综合服务"。针对单一的经济增长论，1995 年在《一门新的交叉学科：科学技术与发展关系学》一文中，明确地指出：发展是包括"经济发展"、"社会发展"、"文化发展"、"教育发展"、"人的发展"、"管理发展"、"自然生态环境发展"、"科学技术发展"和"哲学发展"，并以人的发展为主导的多维整合效应。1999 年撰写《腾飞之路——技术创新论》专著时，针对布鲁兰特夫人关于"可持续发展"定义的局限性，明确地提出"利他（它）利己发展观"、"互利共荣哲学"和"以人的发展为中心的发展观"，并定义"可持续发展是以人（类）的发展为中心，科技创新为中介的自然、社会、自我协调（横向）与永续（纵向）相统一的整合效应，并形成一个主导多维超循环的巨系统"。

针对学界谈论"和谐世界"时，只讲人与自然的和谐或者人与自然、人与社会的和谐，我于 2008 年初撰写的《构建和谐世界——三大矛盾"真正解决"的过程和结果》一文中，根据马克思的思想提出人与自然、人与自我、人与社会是构建和谐世界的三大基本矛盾，其中人与自然的和谐是基础，人与自我的和谐是根本，人与社会的和谐是前提（条件），主要途径是加强全面科技创新。我们将和谐世界称之为"一主三维超循环巨系统"。

关于科学技术与发展之间的作用机制问题，学界普遍认为是"互动"论（包括"直接互动"和"间接互动"），我们在《科学技术与社会之间"互动机制"的探究》一文中认为：这是一种"去人化"倾向的产物。因为无论是科学与技术之间，还是科学技术与经济或社会之间的相互作用，都只能是"人通过人的劳动"或者是人参与其活动之中才会发生（2006 年）。

第四，关于科学教育及其生产"德、和、智、体"全面发展的人。

我国的教育只注重自然科技教育（理科）或者社会科技教育（文科），从高中阶段开始实行"文理分科"；在人才规格上，也只有"德才兼备"。根据马克思关于"未来时代教育……是生产全面发展的人的唯一手段"（《资本论》）的思想和胡锦涛的"科学发展观"，我们在《"三类科技教育集成"与"德和智"全面发展》（2004 年）一文中，提出科学教育观或全面教育观，即坚持以人为本，同时、协调、可持续地实施三类科技教育集成，促进人的“德、和、智”全面发展，并认为这是“科学发展观”具体落实到教育领域的关键之所在。“德、和、智”全面发展的人才规格要求是根据从事现实活动的人是自然科技（“做事”）、人文科技（“做人”）、社会科技（“处世”）融汇于一身的集成效应而提出的（随后又提出“德、和、智、体”）。以前的人才规格无论是“德才兼备”，还是“德智体美劳”，都没有“和”的要求。而追求和谐——人与自我的和谐、人与社会的和谐、人与自然的和谐——是每一个人实现全面而自由发展的必要充分条件，也是构建和谐世界的必然要求。而且，这里的“智”是指“三类科技集成”而不仅仅是自然科技知识；体，即健康身体，是德、和、智的物质载体。显然，培养目标上的“德和智体”与“德才兼备”反映了两种不同时代教育观的本质区别（2006 年）。我们知道，传统的工业社会是追求利润的最大化（只关注自然科技），并通过无情的斗争、剥削手段而获得。受这种观念的影响，我国也曾经推行“斗争哲学”和目前存在的“一切向钱看”。我们根据“科学发展观”和“构建和谐社会、和谐世界”提出“德和智体”是顺应时代发展的产物。因此，教育改革的根本在于“改革思想观念”，培育出“德、和、智、体”全面发展的人，而不在于扩大规模（2008 年）。

第五，要与时俱进地变革思维方式。

从事任何活动（无论是学习、生产，还是管理、教学科研），思维方式都是至关重要的，而且不同的观点、观念上的分歧主要源自不同的思维方式或者思维视角。我们不仅要注意调整自己的思维方式，而且要重视通过归纳，总结出新的思维方式。1995 年，针对当时学界有人主张“多元思维”并否认矛盾思维，我们提出“主导多维的综合思维方式”，具体归纳为五条原则，并运用这种思维方式，分析了社会主义市场经济与资本主义市场经济的区别。1997 年又明确地提出“主导多维整合思维：矛盾思维与系统思维之综合”，并就它的客观基础、思想渊源、普适性和主要特点等问题，进行了多方面的探讨。2004 年介绍并运用马克思的实践思维，具体地剖析了技术哲学界的学术分歧与争论，并指出技术哲学研究要与时俱进地变革“概念思维”即“抽象思维”。2006 年，根据马克思的“全面发展”理论，我们提出“全面思维方式”，并就它的客观基础、主要内容和“同时思维”、圆环思维、承创思维等原则进行了初步探讨。2008年又提出“总体思维方式”，并从相互联系的三个方面——整体及其组成部分与其环境（背景）之间的关系、每个活动与其结果之间的关系和多个相关过程与其结果的一体化——探讨了总体思维及其一些基本原则。这就是“同时思维”、“全程（反馈圆环）思维和平面思维”、“历史思维”、“立体思维”、“一体化思维”等。

现在看来，“主导多维整合思维”、“全面思维”、“总体思维”，都是马克思实践思维的具体展现。因为实践是人的一种活动，任何一种活动都是生活于社会关系中的人与客体对象（包括自然、人自身和社会）相互作用的过程。因此，实践本身具有全面性、总体性和整合性等基本特征。

第六，关于马克思的“全面发展”理论和认识论的探讨。

学界似乎很少探究“全面发展”理论中“全面”的含义，也很少关注活动中的“三者同时存在”与变发原则，并且混淆了“全面发展”与“科学发展”之间的关系。我们根据马克思恩格斯的思想，认为“全面发展”观是由横向活动中“经济、社会和人”三者的同时发展论、纵向过程中“不同阶段”一体化（即形成反馈圆环）的协调发展论和“世代更替”中的承继与创造即可持续发展论，并通过人的活动非线性作用形成为一个立体网络结构。因此，胡锦涛的“科学发展观”是对马克思“全面发展”理论的承继与发展，即“科学发展”是“坚持以人为本”的“全面发展”。

关于“三者同时存在”与变发原则，国内很少注意到。其实，我们工作中的许多问题都是由于这个原则的缺失而造成的。如曾经提出的“先生产、后生活”，“先城市、后农村”、“效率优先”、“经济建设为中心”等主张，都是只强调一个方面而忽视了另外一（些）个方面。于是，存在着许许多多的不公平、缺乏正义或被人为分割的现状。其中有些问题至今仍被忽视或被扭曲，如三大门类科技的发展及其教育等。当前在“保增长、调结构、变方式”方面没有当做“一个”问题“同时”进行，改善民生与经济发展、系统与环境以及环境本身仍然被分割，等等。

在这里，笔者根据马克思“全面发展”理论对传统的分类依据和原则进行了新的尝试与探讨。传统的分类依据和原则是任意性的，笔者根据世界演化的“自然历史过程”及其由自然界、人文界、社会界等基本门类形成的内在整体与纵向过程中各个阶段或环节“通过人的活动”形成反馈圆环，将各种事物如科学技术、生产生活等都分成“三大基本门类”。如过去国内外的“三产”——第一产业为农业，第二产业为工业(制造业)，第三产业为服务业——未能揭示出各个产业的本质特点，是一种“去人化”倾向的产物。笔者将三产分为物质生产产业（包括农业和工业)、人文及其精神生产产业、社会关系生产产业即教育、医疗卫生、金融、信息和中介咨询、餐饮、旅游等社会服务业。这样，“三产”不仅“通过人的活动”形成一个有机整体，而且每一次生产活动都是“做人”、“处世”、“做事”三者的整个效应，并在纵向过程中形成反馈圆环。这是马克思“全面发展”理论在分类学上的具体运用（2008)。

运用“全面发展”理论探讨社会主义社会的本质特征。按照马克思恩格斯的意思，我们认为：由传统资本主义社会的“片面发展”通过社会主义社会过渡到共产主义社会的“全面发展”。于是，我认为社会主义社会就是资本主义社会与共产主义社会之间的过渡型社会，即私有经济与公有经济长期共存并彼此消长的“自然历史过程”。而社会主义市场经济应该是“坚持以人为本”、为民服务的市场经济。

我们知道，马克思主义的“全部生产力总和”理论包括三个不可分割的组成部分：一是“生产力表现为一种完全不依赖于各个个人并与他们分离的东西”；二是“劳动生产力”即各个生产力要素通过劳动“融合为一个总的合力”，这两点就是马克思讲的“静的形式”和“动的形式”；三是“生产力的发展”是一个“动—静—动”的无限序列。故我们称为马克思的全面生产力观。显然，“实践生产力观”即“劳动生产力”观的概括不完全符合马克思、恩格斯的本意。

关于“认识论”问题的几篇文章，是针对传统认识论，即单向度认识论和“改造客观世界的实践”论而写的。这里涉及认识对象、认识过程及其结果的实践检验三个问题。关于认识对象，传统认识论认为，它是“独立于人的外部世界”或“与人无关的客观世界”。根据马克思主义的观点，我们认为，认识对象是人与客观世界关系中的客体，具有客观性和主体性的双重特性，并从五个方面进行了新的探讨。关于认识过程，传统认识论认为“认识是主体对客观世界的能动性反映”，这样就取消了与“反映”密不可分的“第二条道路”。其实，马克思早就指出，具体认识过程包括两条方向相反的“道路”，即“完整的表象蒸发为抽象的规定”和“抽象的规定在思维行程中导致具体的再现”。我们将其称为科学认识和技术认识，或者是反映论和“具体再现”论。马克思的“具体再现”就是恩格斯、列宁讲的自在之物“开始”变成为我之物的“方法”。按照现在的术语，我们认为，就是将技术发明通过技术创新活动“开始”转化为现实生产力。所以，“创新就是创造新的东西”，既曲解了熊彼特的“创新理论”，也不符合马克思主义的认识过程论。关于实践，传统的哲学教科书认为“是人类改造客观世界的物质活动”，显然排除了主体和同时改造主观世界。我们认为：实践是主体以自身为目的的主观见之于客观的全部活动，即变革自然、社会、人（类）自身及其纵向过程，我们称之为“全面实践”。因此，实践检验是一个由多环节构成的有序过程，即包括思想实验和现实实验、科学实验和技术试验、生产实践和生活实践等。生活实践指每一个人所必需的并直接从事的全面消费、享用活动，“它是检验真理的最终判据”而不仅仅是一些学者讲的“生产实践”（因为生产实践过程可以被人控制，如毒奶粉和假冒伪劣产品生产）(2004)。因为所有的成果（包括自然科技、人文科技、社会科技）或者方针政策等言语行动只有得到广大民众的认可，才是“最终判决”。合理的生产实践本来是检验真理的一个标准，但是由于“一切向钱看”的人控制了生产过程，甚至加入危害消费者生命健康的毒品，尽管所有的产品都是“生产实践”的产物，而其中的假冒伪劣产品只有被广大消费者的生活实践检验而唾弃；假冒伪劣的人和事只有在生活实践中被迫地自我败露或广大民众的揭露才会现出原形。还是那句话说得好：“人民群众才是真正的英雄”。因此，只有将民主监督的权利还给人民，才能防止假冒伪劣诸多现象的产生，或将其对国家形象的破坏、对民众的伤害减少到最低程度。

因为其中的几个“专题探讨”的内容“与科技哲学的联系不甚紧

密”，接受编审者的意见，未收入本文集。

（二）

我于1964年大学毕业后，被分配到中国科学院长沙矿冶研究所工作。1973年，步入自然辩证法领域，并开展业余的学习和研究工作。1985年被调入中南工大（现中南大学）从事科学技术哲学的教学和科研工作，一直到2001年。退休之后，精力更加集中，思想似乎更加敏捷，继续开展研究工作，并撰写了一些文章。

回顾30多年的学术生活，总的感觉是我来到人间并未虚行。乘此机会将我的主要体会写下来，与同仁们共享。

第一，做学问要坚持以人为本、为民服务的宗旨。

我认为，“以人为本”就是马克思在《1844年经济学-哲学手稿》中讲的一切为了人，并且是依靠人、通过人而“对人的本质的真正占有”。

对于不同身份和角色的人，“以人为本”有着不同的内容和要求。作为做学问或其他工作的个人来说，“做人”是“做学问”、“做事”（即“改变世界”）的根本。因为“做事”、“做人”、“处世”本来就是对立的统一，或者是在人的活动中三者相互作用的集成效应。做“好”人就要有正确的人生理想或目标，并为之勤奋学习和拼搏，就要基于为民服务而出于公心，宽宏大度，乐于帮助别人。我从不害人，却缺乏“防人之心”，从而招致一些麻烦。帮助别人，实现双赢，本来是构建和谐社会之要求，但也有“恩将仇报”的人。当遇到这种情况时，除了揭露其事实真相之外，仍以平常心善待相处，以追求和谐取代曾经盛行的“无情斗争”，并深信“恩将仇报”的人迟早要受到应得的惩罚。作为管理者和领导者来说，应该回归“公仆”角色，主动接受老百姓监督，即坚持“以民为本”。其实，中央领导一贯强调“执政为民”、“为老百姓办实事”、“关注民生”、“让改革开放的成果惠及全国人民”等。做学问的人除了“坚持以人为本”之外，也要坚持以民为本，反映老百姓的呼声，维护老百姓的利益，让学术界成为“舆论监督”的一部分。如果背着良心，尽说些“好听的话”既违背了应有的学术道德，又脱离了我们得以生存与发展的广大百姓，也是对领导机关和管理者不负责任的行为。因为没有监督就是产生腐败的温床。

学术界要高度关注“以人为本”和“全面发展”。我认为胡锦涛的“科学发展观”提出了发展的“科学性”问题。何谓“科学发展”？我认为就是以人为本、为民服务的全面发展。以人为本的发展就是马克思讲的一切通过人、依靠人，并且是为了人的发展；全面发展就是胡锦涛讲的“要把自然科学、人文科学、社会科学等方方面面的知识、方法、手段协调和集成起来”，“促进经济社会和人的全面发展”。因此，是否坚持“以人（民）为本”和“全面发展”是新世纪新时期解放思想的根本内容。如果说我国第一次改革开放初期的思想解放主要是为“发展经济”扫清思想障碍，那么现在的思想解放应该集中在“全面发展”和“如何发展”问题上，即“坚持以人为本”、为民服务的“经济社会和人的全面发展”。这里的“全面发展”有两层含义：一是指经济（自然领域）的全面繁荣、社会的全面进步、人的全面发展；二是指经济、社会和人“三者”协调发展的总体效应。我国由“突出政治”到“经济增长”和目前的“经济社会和人的全面发展”，是一个巨大的变革。但从思想观念和具体行动上要真正实行以人（民）为本的全面发展，还必须进行一场深刻的革命。现在有一些官员并不是“一切为了人民”，而是为了自己的升迁发财；不是依靠政绩、民意，而是“靠关系、上司”；不是“通过人”，而是通过物质刺激。还有一些人崇尚的是高官厚禄，所谓的“一切向钱看，有权和钱就有了一切”就是他们的人生理念，于是出现了一个“追官族”。尽管这些是个别现象，但若不严加防患、制止，将会像瘟疫一样，从政界、企业界蔓延到学界（包括教育界）。因此，当前的开放改革、思想解放应该集中在还权于民、还民主于民、还利于民（特别是真切关爱弱势群体）和取信于民等“如何发展”的根本问题上。在学界，从观念上来讲，惟自然“科学主义”在我国成为一种价值理念，严重地禁锢着人们的思想观念，对于胡锦涛2004年提出的“要把自然科学、人文科学、社会科学等方方面面的知识、方法、手段协调和集成起来”的重要思想，一些人似乎无动于衷，而且还给“全面科学技术”或“三类科学技术集成”的学术观点戴上“泛科学主义”的帽子予以否定。难道撇开人和人的活动能发展“唯一的自然科技”或“唯一的经济”，人类还有“经济、社会发展”吗?!我认为：“去人化”仍然是当前的一种社会倾向，应该坚持“以人为本”、为民服务的市场经济体制。市场经济没有“社”“资”之分，但有“以人为本”与“以物为本”之区别。其实，当今的资本主义社会已经在摒弃传统工业社会的发展观。

第二，做学问要有“问题意识”。

一般来说，对于做学问要有“问题意识”，不会有什么异议。如果没有什么针对性及其解决问题的思路，我是不会动笔的。关键是“问题”从哪里来，根据我的体会，“问题”源于以下几个方面：

一是源于亲身的实践。如1979年我提出评价科研成果的“四条标准”和应用型的科研单位实行企业化改革的建议，主要源于我多年来在矿冶所从事推广科研成果过程中的感受。1986年提出科技工作的指导思想应该是“以人的发展为中心，为提高‘综合效益’服务”的观点，主要源于对常德地区有人提出“以产品为中心，为提高经济效益服务”观念的具体剖析（当时该地区环境污染严重)。现在看来，这两点亲身感受成为我整个学术生活的现实基础。

二是源于对各种学术观点的比较分析。如1983年提出的关于技术的定义，就是将当时的“方法技巧”说、“物质手段”说、“动态过程”说、“总和”说和“知识运用”说等观点运用于现实活动中进行比较分析得来的启示。

三是源于与现实活动的比对。如对惟自然“科学主义”主张的“自然科技独自解决”论、自然技术“决定”论或“一元决定”论等传统科技观的批评，当初是基于人从事的每一个现实活动都是“做人”、“处世”、“做事”三者的整合过程和结果。以后通过学习马克思的“全面发展”理论和胡锦涛的“科学发展观”，才提升到“三者同时存在”与变发的理性认识。

四是源于统计分析和逻辑推理。如通过对世界五千年来的科学、技术、经济发展数据的统计分析，发现世界科学中心、技术中心、经济中心转移的40°N现象，并据此预测包括港、澳、台在内的大中华将于2010年前后成为世界经济中心，即GDP总值居于世界第2位（1992年)。最近有媒体报道：2008年大中华的GDP总值超过了日本，比我的预测只提前二年。如此精准的预测，确实少见。又如对美国科学学家D.普赖斯著名的“科学发展的指数规律”的质疑源于逻辑推理——如果科学家人数、科研经费数都按照指数增加，那么总有一天，科学家人数会超过全球人数、科研经费数会超过全球的GDP总量而出现“增长佯谬”。通过对国内外出版的四个科学技术史年表的统计分析，并进行电子计算机模拟，发现科学、技术发展的“兴衰周期波动轨迹”（1981年），次年被学界誉为“兴衰波动周期律”或“陈氏定理”。

五是源于观察与思考。十多年前，听一位从事教学管理工作的同志讲：“只求结果，不问过程，是管理学上的一条原理”。乍听起来，似乎还有道理。通过观察和琢磨，感觉这个所谓的“管理学原理”没有普遍性。因为结果的“好”与“坏”应该有一个检验、判断的客观标准，而且检验并非一次完成的，“实践检验是由多环节形成的有序过程”，特别是广大民众的“生活实践才是最终判决”（2004年）。同时，过程与结果之间存在着复杂的关系——既有作用与反作用，又有决定与反决定的关系，并形成一个“反馈圆环”即“总体效应”，故我们提出“总体思维方式”（2008年）。在现实生活中，许多人不择手段地“赚钱”而造成的假冒伪劣，就是管理工作“不问过程”的恶果之一。

六是源于逆向思维。我在阅读别人的论著时，先是怀着质疑的态度展开多方面的逆向思维，对于否定不了的观点，我才接受。如有学者提出“多元思维”并否定“矛盾思维”时，我就取长弃短，提出“主导多维整合思维”（1995—1997年）。

总之，只要“坚持以人为本”、为民服务，用心做学问，勇于实践、敢于质疑、善于思考，科学研究工作一定会有所成效的。

第三，学术研究要加强不同观点之间的交流和争论。

不同学术观点之间的交流和碰撞是科学发展的动力之一。目前，在我国似乎缺少“容纳百川”的氛围。如有人利用权力和关系捞到科研项目后，自己当老板，改变了学者之间的平等关系；一些官员“学者”轻率地将学术问题与“政治”挂钩，如将批评惟自然“科学主义”说成是“反科学”，“反科学主义”，“违背科教兴国方针”；我国实行的“同行评议”制度，似乎“走样”了，对于申报项目、成果和论著的评审，要么掺杂了“感情因素”和“经济因素”，要么以评审者个人的学术观点作为判断标准，或者是官员“学者”借政治上的“稳定”随意否决确有新见解的学术论著；学术刊物上喜欢登载知名、权威人士的文章，对其“高见”商榷的文章很难“通过”；于是就造成“一家之言”的天下；有人挥舞着“反伪科学”的旗帜，并一度成为强势话语，对于他们主张的“中医伪科学”论、中国传统文化“糟粕”论，传媒却及时予以“客观报道”，而对于不同观点的文章难以发表，这样不利于学术问题的自由探讨，等等。

对马克思主义的解读、阐释似乎也只能有一种声音。如关于马克思主义的生产力理论，从斯大林到如今的“实践生产力观”，都是以生产力的“动的形式”否定其“静的形式”※。对于这种不严肃、不负责任的言论，我们曾经撰写《论马克思主义的全面生产力观》一文投给刊物，但未予采用，却又刊出《马克思主义实践生产力观的当代解读》。又如我们针对两位院士的《科学和技术不可合二为一》文章撰写的《科学技术：一个内在的整体》、针对惟自然“科学主义”撰写的《马克思主义的全面科学技术观》等文章均未“通过”评审。

上述情况应该引起高度关注。在政治领域加强民主与法制建设，让广大民众成为“主人”和“真正的英雄”，切实增强民主监督意识。当前要防止“专家咨询”而抛离公民们尤其是基层民众参与国事决策的民主权利。在学术领域（包括教育界），加强伦理道德、社会责任意识建设，营造“百家争鸣”的社会氛围。在各种各样的“同行评议”（包括专家咨询、决策和晋升院士等）过程中，要切实增加公开性和透明度，赋予被

※ 马克思在《资本论》中指出生产力的两种存在“形式”。其中关于生产力的“静的形式”，马克思明确指出：“任何生产力都是一种既得的力量，是以往的活动的产物。所以生产力是人们的实践能力的结果”，而不是“这种能力本身”（《马克思恩格斯选集》，第4卷，第321页）。“生产力表现为一种完全不依赖于各个个人并与他们分离的东西，它是与各个个人同时存在的特殊世界……”（《德意志意识形态》，1961年版，第65页）。“劳动的产品，作为一种异己的存在物，作为不依赖于生产者的力量，同劳动相对立”（《1844年经济学-哲学手稿》，1985年版，第47-48页）。而有学者在引用这些话的同时，却公然地说：“马克思不是将生产力视为一种脱离人的、异己的物质力量，而是把它看作人们本身的实践能力。”“在马克思看来，生产力不是外在于个人的独立力量，而是内在于人的、人自身的实践能力。”（《哲学研究》，2006年，第8期和2007年，第6期）。

评议者的申辩权利，建立相对独立的评议机构，并实行事后责任追究和奖励制度，将评议专家和结果公布于众，接受全社会的监督。

建议把学术期刊和出版社办成百家争鸣的园地，并以营造学术争鸣的氛围为己任。本来我国有一个“文责自负”的规定，不知从什么时候开始，却变成了文责他负，即事后追究同意发表的编审者的责任。这一妙招就使学术自由改变为学术审查制。我们不是反对审查，而是反对将学术问题政治化、学者官员化（官员“学者”受官员的带动“突出政治”；学者受官员“学者”的感染突出政治标准）。

以上只是抛砖引玉，旨在引起学界关注、讨论，为振兴中华贡献出微薄之力。

最后，我感谢东北大学出版社的领导和编审同志们为本文集出版所付出的辛勤劳动。乘此机会，也感谢帮助过我的所有学友和研究生们。

作　者

2013 年 12 月于中南大学

目　录

第一部分　科学活动与科学——理论性知识体系

一、“科学主义”：一种传统的科学观①

（2005 年 6 月）

（一）

2004 年 6 月 2 日，胡锦涛《在两院院士大会上的讲话》中明确地指出：“落实科学发展观是一项系统工程……采用系统科学的方法来分析、解决问题，从多因素、多层次、多方面入手研究经济社会发展和社会形态、自然形态的大系统。”并且进一步指出：“要把自然科学、人文科学、社会科学等方方面面的知识、方法、手段协调和集成起来。”在后面还多次提到“科学技术的整体发展”。这是我党历史上中央领导第一次提出“人文科学……的知识、方法、手段”，即人文科学技术概念，并全面表述了“科学技术整体”中的三大门类，第一次揭示“落实科学发展观”与三类科技“协调和集成起来”之间的辩证关系。这个重要的指示具有重大的理论价值和现实意义，为我们变革传统的科学观（或科技观）、批评“科学主义”提供了强大的思想武器。

关于“科学主义”的问题，在国际上，长期存在着科学主义和人文主义截然不同的两大学派。20 世纪末，科学主义从推崇科学（只指自然科学）转向对科学的价值重估，人文主义从技术（只指自然技术）的社会批判转向对技术的合理重建，开始出现自然“科学与人文相统一的探讨”。然而，这种探讨仍然是从自然科学与人文科学和社会科学之间的“外在关系”求得“两者的和解与沟通”，缺乏对科学技术整体的探讨。在国内，也长期存在着推崇“科学主义”与反对“科学主义”的激烈论战。推崇者认为：“反‘科学主义’就是反科学”，“反‘科学主义’的后果就是‘反科学’”。“反科学主义是反对科学社会主义的思潮。”[1]“反科学主义，即主张一种主义，这种主义就是反科学，反科学本身成为一种主义，叫作反科学主义”。“在当代中国，在为实现社会主义现代化而奋斗的中国，在实施科教兴国战略的中

① 本文发表于《科学技术与辩证法》，2005（3）。

国，在把科学技术当作第一生产力和大力弘扬科学精神、提倡科学方法、普及科学知识的中国，反对什么科学主义，是要把人们的思想引向哪里呢?”[2]反对者认为：“科学主义与科学不是一回事”，“反科学主义不等于反科学或‘反科学’主义，反科学主义就是反‘科学主义’。”“反对科学主义对科学、人文社会科学以及两者的关系的错误认识……更好地实施自然科学和人文社会科学的联盟。”[3]

显然，国内的这场争论可谓势不两立。但无论是“科学主义”的推崇者，还是反对者，都是运用传统的概念思维来进行静态的思辨。推崇者缺乏摆事实、讲道理、以理服人，并把学术之争拔高为政治斗争，似有盛气凌人之感。反对者却没有抓住“科学主义”的本质和要害，只是从对方在逻辑推演上的问题做文章，似乎把一场具有重要意义的争论变成了文字表述之辨。

(二)

“科学主义”的本质和要害是主张“惟自然科学”论。如说什么，“科学技术仅指自然科学技术”；自然“科学不许胡说，人文允许（甚至鼓励）胡说”；“科学、人文，水火不容，如果硬要二者牵手，则会既毁了科学，又毁了人文”[4]。这是典型的“科学主义”言论，而反对者并没有抓住这个要害问题展开讨论。“科学主义”即“惟自然科学”论，是一种传统的科学观，其片面性在于它对客观世界基本构成的形而上学歪曲。科学技术是“关于人对世界的理论关系”和“能动关系”，而“客观世界的构成”是什么？就成为这场争论的基础性问题。客观世界的演化是从天然自然到人猿揖别再到人类社会的“自然历史过程”，客观世界是由自然界、人文界和社会界构成的“内在整体”。据此，我们将科学技术划分为自然科学技术、人文科学技术和社会科学技术三大基本门类[5]（见表1）。

表1　客观世界的基本构成与科学技术基本门类的关系表

客观世界的演化次序	天然自然	人　类	社　会
客观世界的基本构成	自然界	人文界	社会界
科学技术的研究对象	人对自然界的关系	人（类）自身	人与人之间的关系
科学技术的基本门类	自然科技	人文科技	社会科技
“一门科学”的基本构成	关于人对自然的关系	关于人（类）自身的观念	关于人与人之间的关系
“发展目标”的基本内容	经济的全面繁荣	人的全面发展	社会的全面进步

人类与人类社会是有联系的，但又不是一回事，人或人类是指其自身，而社会（人类社会）是指“社会化了的人类”（马克思语），即人与人之间的关系。人（类）本来就是“属人世界”的中心。正是有了人类的实践活动，才使客观世界成为一个内在的整体，即从自然界通过人文界（“人的世界”——马克思语）到社会界的“任何一处都打不断的连续链条”。显然，以世界（自然界、人文界、社会界）为研究对象的科学技术也就由自然科技通过人文科技到社会科技形成了“连续链条”的

整体。正如量子力学的创立者普朗克指出的，“科学是内在的整体。它被分解为单独的部门不是取决于事物的本质，而是由于人类认识能力的局限性。实际上存在着从物理学到化学，通过生物学和人类学（属于人文科学——引者注）到社会科学的连续链条，这是任何一处都打不断的链条。如果这个链条被打断了，我们就是瞎子摸象，只看到局部而看不到整体。”[6]英国经济学家舒马赫也指出：“一切科学，不论其专门化程度如何，都与一个中心相连接……这个中心就是由我们最基本的信念，由那些确实对我们有感召力的思想所构成。换句话讲，这个中心是由形而上学和伦理学（均属于人文学科——引者注）所构成。”[7]60人既是自然界的一部分，又是社会界的一部分，而且完整的个体的人是自然因素、社会因素和精神因素的统一体。于是，人文界的精神性（主体性）、意义性和价值性决定了以人为研究对象的人文科学技术不同于以客观性、整体性和抽象性为其特点的社会科学技术。而“自然科学是一切知识的基础”，也是“人文科学的基础”（马克思语），人文科学技术、人文价值是对自然科学技术的一种补充和矫正，又是社会科学技术的直接基础。因此，人文科学技术就是介于自然科技与社会科技之间的一个相对独立的基本门类，并成为科学技术“内在整体”的中心环节。于是，现代科学技术体系是“一主两翼”的立体网络结构——以人文科学技术为主体、自然科学技术和社会科学技术为两翼的整合（“集成”）体，数学科学技术、系统科学技术、信息科学技术和许多交叉、边缘科学技术渗透于各门类、各学科之间[8]（见图1）。

图1尽管有待进一步完善，却是首次按照客观世界的演化次序及其由自然界、人文界、社会界构成的“内在整体”来划分科学技术的三大基本门类，丰富和发展了“科学分类”原则（以往的“科学分类”多数只限于自然科技领域），也就形象地表述了普朗克、舒马赫等著名科学家的论断。图1不仅揭示了自然科技、人文科技、社会科技之间的演变关系，而且揭示了每一个基本门类中各个学科之间的演变关系，为科学技术这个“内在的整体”即科学技术“集成”或“全面科学技术”（相对于单一的自然科学技术而言）提供了客观依据。因此，“惟自然科学”论的片面性就在于将客观世界视为静态的单一的自然界即无人世界。现实的自然界是人化自然，而无人世界即“抽象的、孤立的、被认为与人分离的自然界，对人说来也是无。”[9]135

（三）

“惟自然科学”论的科学观，即“科学主义”，在理论上是站不住脚的，它直接违背了马克思主义的科学论。马克思指出：“自然科学往后将包括关于人的科学：正像关于人的科学包括自然科学一样：这将是一门科学。”[9]85这里的“关于人的科学”，我们理解为关于人自身的科学和关于人与人之间关系的科学。这样的理解完

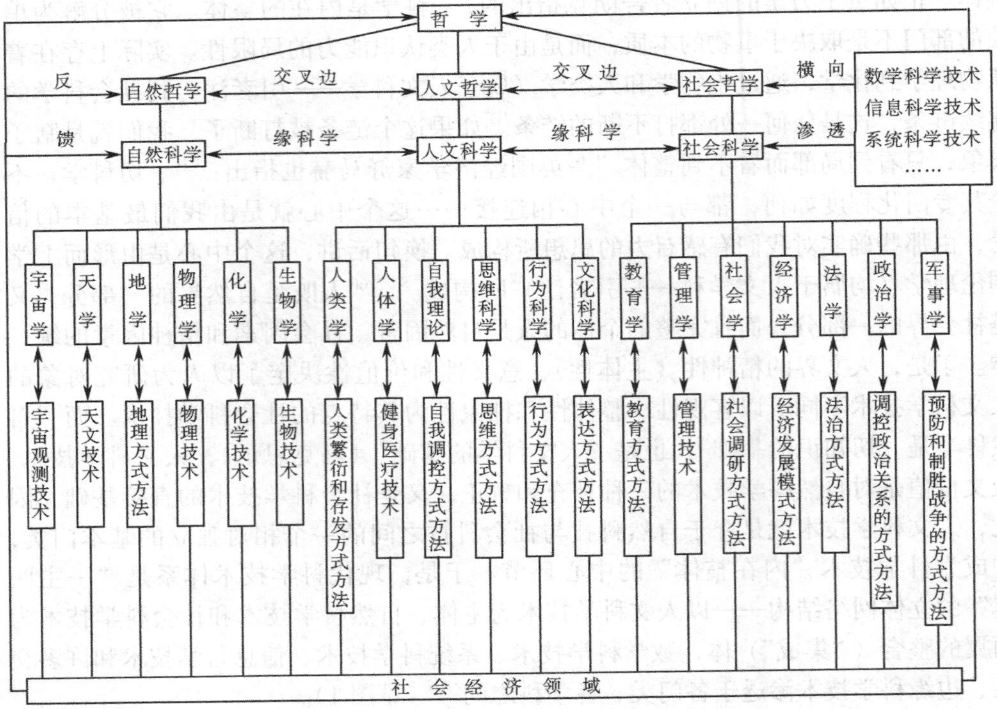

图 1　现代科学技术“一主两翼”立体网络结构示意图

全符合马克思恩格斯的思想。他们曾经指出：人在现实活动中产生的思想、理论、观念“是关于他们同自然界的关系，或者是关于他们之间的关系，或者是关于他们自己的肉体组织的观念”[10]30。正是从这个意义上，马克思认为，自然科学是“人对自然界的理论关系”[11]191，或“关于他们同自然界的关系”。自然技术是“人对自然界的活动方式”、“能动关系”或“怎样生产”（《资本论》），即如何“做事”（造物、用物）的方式方法体系。恩格斯指出：包括经济学在内的社会科学“所研究的不是物，而是人和人之间的关系，归根到底是阶级和阶级之间的关系”[12]123，或者是“关于他们之间的关系”。社会技术是调控人与人之间的关系、如何“处世”的方式方法体系。至于人文科学，我们认为：它是关于人（类）自身“肉体组织”和内心世界及其外在表达（文化）的观念。人文技术是自我调控、如何“做人”的方式方法体系，即“怎样生活”（马克思语）。因此，自然科学技术研究人对自然物的关系，人文科学技术研究人（类）自身，而社会科学技术研究人与人之间的关系。有学者否认以人（类）自身为研究对象的人文科学，或者将人文科学混同于社会科学（《辞海》，上海辞书出版社，1989 年版），并称之为“人文社会科学”或

“哲学社会科学”，这就混淆了两类科学的研究对象——人与社会的区别。其实，研究人（类）自身与社会（人与人之间的关系）不是一回事，尽管它们之间存在着密切的联系。某个人会成为“关系”的承担者，也是生活于“关系”之中的，但是人与人之间的某种关系对于个人来说是外在的，“不能要个人对这些关系负责的”（马克思语）。著名的社会科学家迪尔凯姆在《社会学方法的准则》一书中指出：“个人生活与集体生活的各种事实具有质的不同”，后者“存在于构成社会的个人意识之外”。显然，“关系的承担者”（人）与“关系”（社会）是两回事，正如物与二物之间的距离（一种关系）、“存在者”与“存在”不能混同一样，怎么能否认以人（类）自身为研究对象的人文科学技术或者将其混同于以研究人与人之间关系的社会科学技术呢？

“惟自然科学”论即“科学主义”认为：自然“科学是唯一正确的知识，……是至高无上的知识体系”，而人文科学都是“胡说”。其理由之一是“客观真理只有一个”。如前所述，客观世界是自然界、人文界、社会界构成的有机整体。作为“人对自然界的理论关系”的自然科学，即使是真理，也只是其中的一种而不是唯一的。同时，任何科学知识的真理性、正确性也是相对的，绝非“至高无上”、不可动摇的。如牛顿力学定律只是在低速（低于光速）、宏观物质领域才适用，而相对论力学揭示的也只是高速、微观粒子领域的运动规律。其实，主张自然科学知识的“唯一正确”论，就是否认人文科学和社会科学，如说什么自然“科学不许胡说，人文允许（甚至鼓励）胡说”。就拿人文科学知识来说，它是带有精神性（主体性）、意义性和价值性等特点，但它所揭示的并经过实践反复证实了的某些认识却具有普遍性的意义。如我国体育界提出的“要战胜对手获得金牌，首先要战胜自我”。“自我理论”的这个原理已经成为广大教练员和运动员的共识，当然也是所有的人勇于拼搏、追求事业成功的根本原因之所在。

英国经济学家舒马赫指出：“自然科学不能创造出我们借以生活的思想……它没有告诉人们生活的意义，而且无论如何医治不了他的疏远感与内心的绝望。如果一个人因为感到疏远与迷惑、感到生活空虚或毫无意义，他哪里还有什么进取、追求，还有什么科学实践活动呢？”[7]54-55没有人的“科学实践活动”，哪里有“唯一正确”的自然科学知识呢？！把自然科技说成是“唯一正确的”、“至高无上的知识体系”，就是把它奉为“上帝”——违反科学常理的、实际上不存在的虚无之物。任何高精尖的科技成果都是人这个唯一主体创造的，“山高人为峰”就是这个道理。同时科学技术是第一生产力，这个“第一”是人赋予的，更不是“唯一”。显然，鼓吹自然科学“至高无上”论的“科学主义”是一种唯心主义思潮。

（四）

“惟自然科学”的传统科技观即“科学主义”，是主张无人化或去人化的一种社会倾向。国内外“综合的科学主义”认为：自然“科学独自能够并逐步解决人类面临的所有的，或者是几乎所有的真正难题。”自然“科学技术是导向人类幸福的唯一有效的工具”，“一切社会问题都可以通过（自然）技术的发展而得到解决”。这是自然科技领域去人化或无视人的社会倾向的一种错误主张。

自然科技“独自能够解决人类面临的所有的真正难题”吗？答案是否定的。单一的自然科技成果，如同人文科技、社会科技成果一样，作为静态的知识体系，可以脱离主体而相对独立地存在于物质载体（如纸张、光盘等）上，但是它们在人的现实活动中，是不可能单独存在的。因为人从事的每一个现实活动，都是自然科技（“做事”）、人文科技（“做人”）和社会科技（“处世”）融会于一身并产生的“协调和集成”效应。就拿自然科技活动来说，任何一次现实活动都是人这个唯一的主体的目的性行为，而这个主体的活动都是以人与人之间的交往（关系）为前提的，也只有在这些社会联系和社会关系的范围内，才会有人对自然界的关系，才会有自然科技活动。正如马克思指出的，“在这种自然的、类的关系中，人同自然的关系直接地包含着人与人之间的关系，而人与人之间的关系直接地就是人同自然界的关系，就是他自己的自然的规定。”[9]76这是自然界、人文界、社会界的同一性的表现，也是如何“做人”、“处世”、“做事”的同一性的表现。当然，也就是自然科技、人文科技、社会科技“协调和集成起来”的展现。因此，在现实活动中，人文科技（“做人”）、社会科技（“处世”）和自然科技（“做事”）是不能分离的（见图2）。

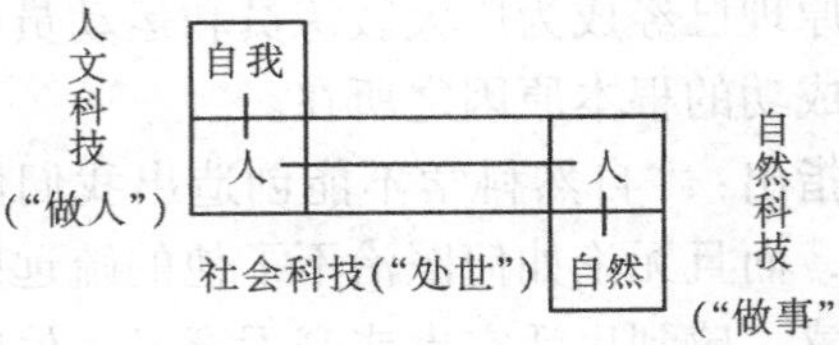

图2　现实活动中自然科技、人文科技与社会科技的“内在整体”示意图

一个“从事现实活动”的正常人不可能只有自然科技知识，或者只有人文科技知识，或者只有社会科技知识，而是在三者“协调和集成”于一身的基础上的某种（些）特长或突出展现。马克思指出：“人们在生产中不仅仅同自然界发生关系。他们如果不以一定方式结合起来共同活动和互相交换其活动，便不能进行生产。为了进行生产，人们便发生一定的联系和关系；只有在这些社会联系和社会关系的范围内，才会有人们对自然界的关系，才会有生产。”[10]362

因此，要“解决人类面临的所有的真正难题”，只能依靠人把自然科技、人文科技、社会科技“协调和集成起来”。人类面临的难题，除了经济发展之外，还有社会进步和人自身的发展。它们的全面、协调和可续发展都只能依靠生活于人际关系中的人利用自然科技、人文科技、社会科技的“协调和集成”，即发展“全面科技”。而“科学技术的整体发展”又是以经济繁荣、人的发展与社会进步的“集成”效应为条件的，根本不是“科学主义”鼓吹的那样：“一切社会问题”都可以通过发展自然科技而得到解决。正如爱因斯坦在告诫美国加州理工学院的学生时指出的，“如果想使自己一生的工作有益于人类，那么只懂得应用（自然）科学本身是不够的，关心人的本身，应该始终成为一切技术奋斗的主要目标；关心怎样组织人的劳动和产品分配这样一些尚未解决的重大问题（即指社会关系——引者注），用以保证我们科学思想的成果会造福于人类，而不至成为祸害。在你们埋头于图表和方程时，千万不要忘记这点！”[13]73 1984 年的《日本经济白皮书》也明确地指出：“在当前政府为建立日本企业所做的努力中，应该把哪些条件列为首要的呢？可能不是资本、法律和规章，因为这二者都是死的东西，是完全无效的，使资本和法规运转起来的是精神。因此，就有效性来确定这三个因素的分量，则精神占十分之五，法制占十分之四，而资本只占十分之一。”显然，作为知识体系的自然科技和物资设备、资本、法规等这些“死的东西”，要“运转起来”，只能靠生活于社会关系中的人及其人文精神的充分发挥，怎么能说自然科技“独自能够解决人类面临的所有难题”呢？因此，只有人从“推动国家发展和创造人民幸福生活的需要出发”，通过发展“全面科技”，实现全面发展，达到“一切为了人”之目的。这就是人与全面科技、全面发展之间的辩证关系。

在现实生活中，无论是经济繁荣，还是人的发展、社会进步，都是自然科技、人文科技与社会科技的“协调和集成”效应；无论是自然科技的发展，还是人文科技和社会科技的发展，也都是以“经济、社会和人的全面发展”为前提条件的，不可能是单因素、单层次、单方面的作用效应。因此，要“采用系统科学的方法来分析、解决问题”。同时，科学技术（非单一的自然科技）成果作为人类的致富手段，完全决定于人（类）能否正确地运用。爱因斯坦说得好：“科学是一种强有力的手段，怎样用它，究竟是给人类带来幸福还是带来灾难，完全取决于人自己而不是取决于工具。”[13]53 怎么能撇开人、撇开人的活动、撇开人与科学技术的关系，说自然科技是“导向人类幸福的唯一有效的工具”呢？而且，经济富有并非“人类幸福”。

因此，自然科技的发展必须体现以人为本，“关心人的本身，应该始终成为一切技术奋斗的主要目标”。在自然科技领域，克服去人化与无视人的倾向，实现全面科技发展与社会进步和人的发展的和谐统一，乃是当前的一项重要任务。如人们往往将“科学技术是第一生产力”与“人的因素第一”对立起来，主张什么自然科学技术“统治”论或“决定”论。很难想象，离开人和人的活动，自然科学技术作为知识体系"独自能够"成为第一生产力，并"决定"人类的前途和命运。其实，在现实的生产活动中，单一的自然科学技术还不是"第一生产力"，单一的人文科学技术或者社会科学技术也不是"第一生产力"，只有三者相互作用的过程和"集成起来"，才是现实的第一生产力。因为自然科学技术活动是主体认识和变革自然，实现人做事的行为变换；人文科学技术活动是主体认识和变革人自身，实现人自身的行为变换；社会科学技术活动是主体认识和变革社会，实现社会关系变换，正是主体，也只有主体，才使三者在现实活动及其发展过程中"协调和集成起来"。这就是我们提出的"全面科学技术观——以人为本，全面、协调、可续地发展自然科技、人文科技和社会科技"[14]。

在这里，我们强调"同一性"，正是以它们之间的区别为前提的。因为人文现象的主体性（精神性）、价值性、意义性和历史性决定了人文科学技术区别于研究社会现象（人与人之间的关系）的社会科学技术和研究自然现象的自然科学技术的独特性质和特征。正是由于"和而不同"，才有"和实生物"，而"同则不继"。

参考文献

[1] 何祚庥．我为什么要批评反科学主义［N］．科学时报，2004-05-13．

[2] 龚育之．两种文化：从分离走向交融［R］．2003-11-08．

[3] 肖显静．科学主义、反科学主义、"反科学"主义与反"科学主义"［N］．科学时报，2004-05-13．

[4] 赵南元．科学人文，势如水火：评杨叔子《科学人文，和而不同》［R］．"万继读者网络"教育与学术，2002-06-23．

[5] 陈文化，谈利兵．关于 21 世纪技术哲学研究的几点思考［J］．华南理工大学学报：社会科学版，2001（2）：23-26．

[6] 转引自成思危．切实推进我国的软科学事业［J］．中国软科学，1998（7）：6．

[7] 舒马赫．小的是美好的［M］．北京：商务印书馆，1985．

[8] 陈文化，胡桂香，李迎春．现代科学体系的立体结构：一体两翼——关于"科学分类"思想的新探讨［J］．科学学研究，2002（6）：565-567．

[9] 马克思．1844 年经济学-哲学手稿［M］．北京：人民出版社，1985．

[10] 马克思，恩格斯．马克思恩格斯选集：第 1 卷[M]．北京：人民出版社，1974．

[11] 马克思，恩格斯．马克思恩格斯全集：第 2 卷[M]．北京：人民出版社，1979．

[12] 马克思，恩格斯．马克思恩格斯选集：第 2 卷[M]．北京：人民出版社，1974．

[13] 爱因斯坦．爱因斯坦文集：第 3 卷［M］．北京：商务印书馆，1979．

[14] 陈文化，陈艳．全面科学技术观与科学技术哲学门类构成探究［J］．自然辩证法研究，2004（8）：179-182．

二、试论自然科学通过人文科学到社会科学的一体化※

(2002年12月)

在现实生活中，我们常常看到："两种科学"（自然科学与社会科学）、"两种教育"（科学教育与人文教育）、"两个文明"（物质文明与精神文明）、"两种精神"（科学精神与人文精神）、"两个科学院"（自然科学院与社会科学院），以及"做事"与"做人"等的彼此分离甚至相悖不容的提法和做法。

这种二元对立的思想方法是当前面临的一个突出的文化困境。本文拟从科学门类结构的角度，对这个问题进行一些探讨，为消除人类社会的这种文化困境探寻新的途径。

1. 人文科学：现代科学体系中不可或缺的一大门类

科学技术是有人世界的根本特征。天然自然界的自发进化到最高阶段，类人猿通过实践特别是生产劳动实现了人猿揖别，随之出现人类和人类社会，并形成属人的世界。

客观世界的这个"自然—人（含思维，下同）—社会"不仅是整个世界的基本构成，而且其演化次序及其整合体成为我们构建现代科学技术体系门类结构的客观基础。关于这个客观基础问题，钱学森指出：整个客观世界从自然到人类社会是一个不可分割的整体，各门科学构成的知识大厦也是一个整体[1]。于是，将科学整体相应地分为自然科学、人文科学和社会科学三大门类（见图1）。

人文科学是不是一个相对独立的门类？作为一门独立的科学或学科，必须要有特定的研究对象。科学作为一种思想、理论、观念和知识体系，是"一切真实的关系"，"是人们物质关系的直接产物"（马克思语）。于是，根据不同的研究对象，马克思、恩格斯明确地提出过三类基本的思想、理论和观念。他们说：人们在现实活动中"产生的观念，是关于他们同自然界的关系，或者是关于他们之间的关系，或者是关于他们自己的肉体组织的观念。"[2]30正是从这个意义上，马克思定义：自然科学是"人对自然界的理论关系"[3]191（这里的"理论关系"，我们认为是指人对人与自然关系中的"自然"的理性认识）。社会科学是"关于他们之间"即人与社会（人）之间的理论关系。而人文科学是关于人自身"肉体组织"和内心世界及其外在表达（文化）的观念，即对人、对人性、对人生的关怀和探索。

※　本文发表于《自然辩证法研究》，2002（12）。

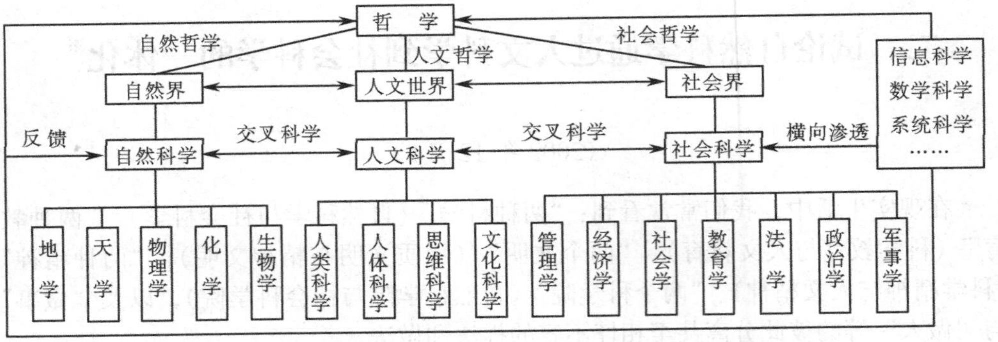

图 1 现代科学体系立体网络结构图①

可能有人会说，人文科学、社会科学的研究对象不都是人吗？大概正是这样一种观念，有人就只称谓“哲学社会科学”或者“人文社会科学”。其实，这是一种误解。因为人文科学的研究对象是人（类）自身，而社会科学是研究人与人（社会）的关系。正如恩格斯指出的：“社会科学……所研究的不是物，而是人与人之间的关系。”[4]123尽管某人会成为“关系”的承担者，但是人与人之间相互作用产生的社会现象即确立的某种关系对于个人（自我）来说是外在的，“不能要个人对这些关系负责的”（马克思语）。著名的社会学家迪尔凯姆也认为：个人生活与集体生活的各种事实具有质的不同，“如果人们同意我的观点，也认为这种构成整体社会的特殊综合体可以产生与孤立地出现于个人意识中的现象完全不同的新现象，那就应该承认，这些特殊的事实存在于产生它们的社会本身之中，而不存在于这个社会的局部之中，即不存在于它的成员之中。因此，从这个意义上来说，这些特殊的事实，正如生命的特性存在于构成生物的无机物之外一样，也存在于构成社会的个人意识之外。”[5]11-12就现实情况来说，尽管既没有脱离“关系”的“关系承担者”，也没有脱离“关系承担者”的“关系”，但是，“关系承担者”与“关系”毕竟是两回事，正如物与二物之间的距离（一种关系）不能混同一样。因为“关系”一旦确立，“关系承担者”就具有了新的特性。如距离是指二物之间的“空间差异”，而二物“都是空间的点”（马克思语）。以往没有做这样区分，就造成了学术上的混乱。如《辞海》说：社会科学是“以社会现象为研究对象的科学”，人文科学“一般指对社会现象和文化艺术的研究，包括哲学、经济学、政治学、史学、法学、文艺学……”。按照这样的定义，“社会现象”既是社会科学，又是人文科学的“研究对象”，而且人文科学还要将属于社会科学的“经济学、政治学、法学等”归于其中。

① 鉴于本文的内容，图中尚未列出余下层级的学科和边缘学科。

这样，社会科学与人文科学就同一了，实际上是取消了人文科学。其实，“人文”一词源于拉丁文 humanitas，意即人性、教养（汉语中的“人文”一词同样有这两方面的意思）。“人文”包含“人”和“文”两方面：“人”是指理想的“人”、理想的“人性”；“文”是为了培养这种理想的人和人性所设置的学科和课程，即用“文”来“化”人。“学科意义上的人文总是服务于理想人性意义上的人文，或相辅相成……语言、文学、艺术、逻辑、历史（应为人类史——引者注）、哲学总是被看成是人文科学的基本学科。”[6]

显然，按照《辞海》的定义，“人文科学”既然没有自身特有的研究对象，“理”所当然地就没有什么人文科学，或者只有“人文、社会科学”。

传统哲学和我国的哲学教材只谈“思维”，不谈“人的世界”，如定义“哲学是人们关于整个世界（自然界、人类社会和思维）的根本观点的体系”。可能有人会说，他们讲的“社会”、“思维”已经涵盖了“人”。其实，“人的世界”（有人称为“人文世界”）既不同于社会界，更不能等同于“思维世界”。因为人类社会是“社会化了的人类”（马克思语），而不是指人（类）自身。“人的世界”是包括客观世界（肉体组织）和主观世界（内心世界）两方面的统一体。而人脑思维只是一种主观精神活动，离开实践的思维不具有现实性意义。

将“思维”取代“人的世界”，是犯了黑格尔用“自我意识来代替人”的错误。黑格尔对世界的这种“颠倒”，即“把人变成自我意识的人，而不是把自我意识变成人的自我意识、变成生活在现实的实物世界中并受这一世界制约的现实人的自我意识”[7]31。同时，思维也不是人的本质特征。“人使自己和动物区别开来的第一个历史行动并不在于他们有思想，而是在于他们开始生产自己所必需的生活资料。”[8]24人是现实世界的根本存在，正是“有人存在”及其实践，才能实现自然与社会的“本质的统一”。如果说“整个世界”是由“自然、社会和思维”构成的话，那么思维又怎么能使自然与社会形成整体呢?！即使有的话，也是一种“抽象的存在”。

人的世界与自然界和社会界一样，是一个不容争辩的客观存在。自文明社会以来，就有关于人文问题的研究（有人认为自然科学和社会科学是从人文科学的母体中先后分离出来的），但近代以来的人文科学却日益萎缩了，其中的一部分被划归自然科学，如人体科学及其医学，同动物学、兽医学一起都归于理科。听起来，真有点荒唐！人与其他动物是自然存在物，但是人同时又是社会存在物，“个人是社会存在物”（马克思语）。“医治病人”与“医治病兽”，如同“人”与“兽”一样，是不能同一的。“人”与“兽”的这种混同，不仅是认识论问题，而且是旧哲学的自然存在本体论与马克思主义哲学的社会存在本体论根本对立的反映。另外的一部分，如人本科学中的人类学、民族学、伦理学、心理学以及文化科学中的语言学、文学艺术等，又被划归社会科学。这样一来，人文科学就不存在了！

人文科学的地位和作用是由人在现实世界中的地位和作用以及人对自身价值的意识程度决定的。否认或忽视人文科学是传统的工业文明视人为机器的附属物并日益“物”化的结果，特别是将“客体改造论”推至极端和市场经济大潮下的功利主义泛滥、理想的泯灭造成的。认识和改造主体（特别是“自我”）是认识和改造客体（自然、社会、他人）的必要条件，也是认识和改造世界的一个必不可少的方面与环节。

然而，迄今为止的人类文明，追求的多是对自然环境和一部分社会环境的利用与改造，从而造成了人类与环境的严重对立和对抗，致使当今人类面临着自然危机、社会危机和自我危机。然而，许多“天灾”实际上是“人祸”造成的，所以从根本上来说，主要是自我危机。其实，社会文明的兴衰或者个人事业的成败反映的是三种力量，即人与自我（内在动因）、人与自然（外在动因）和人与社会（互促动因）相互作用的整合效应。

重视人文科学和社会科学是时代发展的必然要求。人类社会正在迈向信息业文明。信息业文明与工业文明比较，在许多方面都在发生根本性变革，仅从活动方向和目标来讲，信息业文明将会是由以环境（客体）改造为主转变为以人（主体）自身改造为主的新时代，最终实现“人的全面而自由的发展”。现在人们都在谈论知识经济，知识经济由于追逐知识而回归到人本身。从这个意义上说，知识经济是人的本质复归的经济，是人的本性超越资本物性的经济，是主体经济或人才经济。人是本，知识是末，无视人、不尊重人、不注重调动和发挥人的积极性与创造性，无疑是舍本求末，当然也就不会有知识经济的蓬勃发展了。正是顺应时代之要求，国外学者（如美国的 C.R. 罗杰斯）提出了关于人格及其完善的“自我理论”。德国的彼得·科斯洛夫斯基在《后现代文化——技术发展的社会文化后果》一书中明确地指出：“后现代是重新发现自我的时代”，“在不断迅速变化的社会和自然环境中发现自我、发展个体的自我，这是当代文化的主题”，“现代……哲学成为自我发现与自我认识的文化”。在现实生活中，特别是体育比赛中，有一句名言：要取得优异成绩，要获得奖牌，首先要战胜自我。“胜在自我，败也在自我”这是一条真理。因此，重视并大力发展社会科学特别是人文科学，是顺应新的时代文明之要求。

2. 人文科学：自然科学与社会科学之间的中介

科学体系结构是随着科学自身的发展而变化的。在古代，自然科学、人文科学和社会科学作为知识，混杂于自然哲学之中。1543 年哥白尼的《天体运行论》的出版，标志着近代科学的产生，从此自然科学才从“教会的婢女”变成“唯一的科学”（恩格斯语）。19 世纪 40 年代诞生的马克思主义，使哲学由“知识总汇”、“神学的婢女”变成“独立的科学”（列宁语），“把对于社会的认识变成了科学”（毛泽东语）。随着以生命科学技术和电子信息科学技术为核心的现代科学技术的深广发展，正在或将要出现一些“新奇”的实验手段，如最近发明的一种基于DNA技术的计算机，可以在人体细胞内担当起监视器的作用，揭示出人体、生命和人脑、思维的奥秘，使人对自身的认识会更加科学。当代科学体系正在孕育着第三次历史性的大变革，逐步形成以人文科学为主体、自然科学和社会科学为两翼的三足鼎立的宝塔型网络结构。

客观世界的“自然—人—社会”演化次序及其普遍联系，为由自然科学通过人文科学到社会科学并融为“一门科学”提供了客观基础。著名的物理学家普朗克指出：“科学是内在的整体。它被分解为单独的部门不是取决于事物的本质，而是取决于人类认识能力的局限性。实际上存在着从物理学到化学，通过生物学和人类学（属于人文科学——引者注）到社会科学的连续链条，这是任何一处都打不断的链条。如果这个链条被打断了，我们就是瞎子摸象，只看到局部而看不到整体。”[9]马克思还指出：“自然科学往后将包括关于人的科学，正像关于人的科学包括自然科学一样：这将是一门科学。”[10]128这里的“关于人的科学”，似应理解为关于人自身的人文科学和关于人与人之间关系的社会科学。这样，就从理论上深刻地揭示了“一门科学”、“科学内在的整体”的缘由及其作用机制。

“科学内在的整体”是通过中间环节实现的。恩格斯指出：“一切差异都在中间环节阶段融合，一切对立都是经过中间环节而相互过渡，……除了‘非此即彼！’，又在适当的地方承认‘亦此亦彼！’，并且使对立互为中介。”[11]190在“自然—人—社会”的演化系列中，人既是自然界的一部分，也是社会界的一部分；人既是客观世界（“肉体组织”），又是主观世界（“精神世界”）；人既有自然属性，也有社会属性。因此，人的世界是“亦此亦彼”的中介世界，而以人自身为研究对象的人文科学就是介于自然科学与社会科学之间的中介性科学门类。从三大科学门类之间的关系来讲，“自然科学是一切知识的基础”（马克思语），人文科学、人文价值既是对自然科学技术的一种补充和矫正，又是社会科学的直接基础。“一切科学，不论其专门化程度如何，都与一个中心相连接，就像光线从太阳发射出来一样。这个中心是由我们最基本的信念，由那些确实对我们有感召力的思想所构成。换句话说，这个中心是由形而上学和伦理学……所构成。”[12]60正是由于这种中介型矛盾结构［A（AB）B］及其中介性的人文科学的存在，关于世界（自然、人和社会）的理论和观念就不会是“两种科学”、“两种文化”、“两种传统”、“两个科学院”，就不会只进行“两种教育”，倡导“两种精神”，建设“两个文明”。

如除了物质文明（自然科学）、精神文明（人文科学）之外，还应有制度文明（社会科学）。如果说自然科学是求“真”、社会科学是求“和”或“善”（善待人和事），那么人文科学就是求“美”（心灵美）。只有真、善、美的统一，才是我们追求的科学精神。建议将中国科学院（实为中国自然科学院）和中国社会科学院合二为一，并按照三大科学门类重组，或者将“两院”所属的人文科学研究机构组建为中国人文科学院，以切实加强人文科学研究和应用工作。

科学融为一体取决于主体的实践与社会的构建。任何一门科学的产生与发展，都是人的行为及其结果。无论是自然科学，还是人文科学、社会科学的知识及其体系结构，都是人在一定的条件（包括事实依据）下建构的。科学活动主要是认识活动，人对世界的认识是通过实践和思维对观念客体（即指主体在观念中通过逻辑形式所把握的客体，如观点、规律和范畴等）的建构表现出来的，这种观念客体又经过实践和具体的思维构建转化为物化形态。其模式为：自在客体—主体实践—观念客体—主体实践—物化形态。其中，主体的实践和思维结构成为自在客体与观念客体及其物化形态之间的转换器。因此，科学知识的产生与发展，是主体在适宜的自然、人文和社会环境中，通过主客化要素（指主客体相互作用已经形成的“观念客体”）和物质手段（属于客体要素）与科学对象相互作用的动态过程[13]9-12。在这个实践和思维构建的过程中，主体（自我）因素在一定的条件下起着决定性的作用。正如舒马赫指出的：“自然科学不能创造出我们借以生活的思想……它没有告诉人们生活的意义，而且无论如何医治不了他的疏远感与内心的绝望。如果一个人因为感到疏远与迷惑、感到生活空虚或毫无意义，他哪里还有什么进取、追求，还有什么科学实践活动呢？”[12]54-55而人的主动性、积极性和创造性的发挥又受制于他所处的自然、人文、社会环境。马克思说：“人们对自然界的狭隘的关系制约着他们之间的狭隘的关系，而他们之间的狭隘的关系又制约着他们对自然界的狭隘的关系”[2]35。“人创造环境，同样环境也创造人。”[2]43这是自然界与人、社会的统一性的表现，也是“做事”与“做人”、“处事”的同一性的表现。在现实的活动中，“做事”涉及人与物（不限于自然物）的关系；“做人”涉及人同自身；“处事”涉及人与人之间的关系，即社会联系和社会关系。因此“做事”与“做人”、“处事”是不可能分离的。“人们在生产中不仅仅同自然界发生关系。他们如果不以一定方式结合起来共同活动和互相交换其活动，便不能进行生产。为了进行生产，人们便发生一定的联系和关系；只有在这些社会联系和社会关系的范围内，才会有他们对自然界的关系，才会有生产。”[2]362马克思在这里讲的是物质生产，同样适用于精神生产和人的生产，也适用于人的生活领域。因此，一个正常的人不可能只有自然科学知识，或者人文科学知识，或者社会科学知识，而是在三者综合于一身的基础上的某种（些）特长或突出表现（当然，我们希望出“全才”）。

总之，既然客观地存在着“自然—人—社会”的有序演化进程并融为一体，于是科学也“实际上存在着”由自然科学通过人文科学到社会科学的“连续链条”并融为“一门科学”。因此，我们要努力克服“只看到局部而看不到整体”的形而上学思维方式，正确认识科学的构成及其结构，重视发展人文科学，充分发挥和凸显它的中介作用，全面推进自然科学、人文科学、社会科学及其“内在整体”的协调发展。“人创造环境，同样环境也创造人。”

参考文献

[1] 钱学森. 现代科学的基础［J］. 哲学研究，1982（3）.

[2] 马克思，恩格斯. 马克思恩格斯选集：第 1 卷［M］. 北京：人民出版社，1973.

[3] 马克思，恩格斯. 马克思恩格斯全集：第 2 卷［M］. 北京：人民出版社，1979.

[4] 马克思，恩格斯. 马克思恩格斯选集：第 2 卷［M］. 北京：人民出版社，1973.

[5] 迪尔凯姆. 社会学方法的准则［M］. 北京：商务印书馆，1995.

[6] 吴国盛. 科学与人文［J］. 中国社会科学，2001（4）：5.

[7] 列宁. 列宁哲学笔记［M］. 北京：人民出版社，1957.

[8] 马克思，恩格斯. 马克思恩格斯全集：第 1 卷［M］. 北京：人民出版社，1979.

[9] 转引自成思危. 切实推进我国的软科学事业［J］. 中国软科学，1998（7）：6.

[10] 马克思，恩格斯. 马克思恩格斯全集：第 42 卷［M］. 北京：人民出版社，1979 .

[11] 恩格斯. 自然辩证法［M］. 北京：人民出版社，1971.

[12] 舒马赫. 小的是美好的［M］. 北京：商务印书馆，1985.

[13] 陈文化. 科学技术与发展计量研究［M］. 长沙：中南工业大学出版社，1992.

三、“世界3”与科学、技术的本质特征①

（2002年1月）

对于“科学技术是第一生产力”已经有了一定的共识，但关于什么是科学技术却众说纷纭。归纳起来，主要有“知识体系”说、“活动”或“过程”论、“总合”说、“技术即劳动资料”等观点。本文拟运用波普尔“三个世界”理论，对科学、技术的本质特征进行一些新的探讨。

1. 世界3：脱离了主体的“知识世界”

传统观念认为：“整个世界”包括“物质世界和精神世界”或者“客观世界和主观世界”，即“世界上的一切事物和现象，归结起来无非属于精神和物质、主观和客观这两类现象。”1967年，英国著名的哲学家波普尔（Kart R.Poper）提出“三个世界”理论。他说：“可以区分出下列三个世界或宇宙：第一，物理客体或物理状态的世界；第二，意识状态或精神状态的世界或行为的动作倾向的世界；第三，思想的客观内容的世界，尤其是科学思想、诗的思想和艺术作品的世界。”[1]309“我指的世界3是人类精神产物”，即“自在的理论及其逻辑关系的世界，自在的论据的世界，自在的问题情境的世界。”[1]364所谓“自在的”知识，即“客观意义的知识是没有认识者的知识，亦即没有认识主体的知识。”[1]312因此，世界3既不是客观物质世界，又不是主观精神世界，是脱离了主体而存在的人类创造性思维活动的产品，即客观精神世界②。

世界3具有客观性和相对的自主性，其理论形式指概念、判断、推理等理性知识，其实践性形式指“活动方式”、“怎样生产”、“怎样生活”等操作性知识。有人认为：知识及其系统作为精神产品仍然属于“精神世界”，而且“感性形式”（指感觉、知觉、表象等感性认识）和理性形式都属于人的主观世界。这些观点混淆了“认识过程”与其“结果”或“精神活动”（意识、思维）与其活动“产品”之间的本质区别。一般来说，精神活动或认识过程是特殊的物质——人脑的机能，当然不能离开主体而存在，随着科学技术发展而出现的人工智能或“机器思维”，只是对人脑的部分思维功能的模拟，这也是人脑思维过程的部分客观化。作为创造性思维活动产品的知识，通过人们的研究、学习和掌握，可以储存在人脑里（主观知识），

① 本文撰写于2002年1月。

② 笔者认为波普尔的“三个世界”理论的缺陷有两点：一是没有社会界一人（类）的社会居所；二是“精神状态的世界”没有揭示人（类）的本质特征——实践，即创造性行动。

但更要通过讲、写、录，使主观知识客观化（即变成世界 3），供更多的人、乃至于全人类的学习和应用。如牛顿、爱因斯坦先后创立的经典力学和相对论理论，一经发表，就成为全人类的宝贵财富，不会有人否认它们的客观存在吧！因此，知识（含自然、人文、社会科学技术，下同）一经发现或发明，并依附在某种物质载体或其他载体上，即脱离了主体而变成世界 3，就具有相对的独立性、自主性和稳定性，并且日益广泛地存在于人类社会之中。如以书、报、刊、集（纸张）为载体的论著和文稿，以盘、片、带、网络为载体的计算机程序和信息资料，以声、光、电、磁波为载体的语言、符号、数码系统，以人工物为载体的“物化的智力”等，难道还属于“精神世界”或“人的主观世界”吗?!

世界 3 是一个不容争辩的客观存在。世界 3 是客观知识世界，即精神活动产品的客观化。世界 3 是“精神”的，区别于世界 1（客观物质世界）的物质性；它是“客观”的，区别于世界 2（主观精神世界）的主观性。因此，它既不是世界 1，又不是世界 2，而是介于两者之间的“中介世界”，即依附于物质载体上（脱离了主体）的知识内容，如“白纸黑字”既不是“白纸”，也不是人脑里的“字”了。

否认世界 3 必然导致否认文化知识的继承与发展。主观知识和客观知识是知识的两种基本形式（形态），它们既相互转化，又共同作用于实践，形成人类文明史和个体成长史。如果没有脱离主体而存在的客观知识，知识世界早就随着人的去世而消失，哪里还有光辉灿烂的长达数千年的人类文明史？哪里有“以文教化”的个体发育成长？波普尔在论述世界 3 的“客观实在性”时，设计了两个“思想实验”：一是我们所有的机器和工具、所有的主观知识都毁坏了，但只要图书馆（知识的载体）以及我们从图书中学习的能力还保存着，“我们的世界还会重新前进”；二是机器、工具和主观学问以及图书馆都毁坏了，“我们的文明在几千年内不会重新出现”。他接着说：“如果你想到这两个实验，第三世界的实在性、意义和自主性（以及它对第一、第二世界的作用①）也许会使你更清楚一些。”[1]311 世界 3 的相对自主性，从另一个角度也表明了它的客观性，即客观知识尽管是人类精神活动的产品，当它一旦产生并客观化以后，它不但相对独立地存在着，而且通过人的实践活动对“作为第二世界成员，甚至第一世界成员的我们，有一种强烈的反馈作用”[1]315。正是人并通过人的实践活动使三个世界之间发生相互作用，客观知识才得以增长与发展。同时，也正因为客观知识的存在和应用于生产并体现在生活中，人类社会才会不断地进步。因此，当今世界，如果没有客观知识（世界 3）的参与，人们的一切活动是不可能进行的，甚至可以说人类本身都是难以存在与发展的。

按照承认或不承认“世界 3”的客观存在，在学术界、特别是科学技术哲学界

---

① 其实，这种作用必须是“人通过人活动”（马克思语）；否则，它不会发生。

大体上分为两派。其中的反对者认为：语言及其所表达和传递的东西是人造的，应该把一切语言的东西都归于第一或第二世界。显然，这是受到物质与精神、主体与客体"绝对分立"的传统哲学观念的束缚。就连波普尔本人在明确地提出"世界3"新概念的同时，仍然未彻底摆脱这种影响。如他在《论客观精神理论》一文中多次说："作为人造物的第三世界"，"第三世界的人造物，正如蜂蜜是蜜蜂的产物、蛛网是蜘蛛的产物一样。"在《世界1，2，3》一文中又说："我指的世界3是人类精神产物，例如故事、解释性神话、工具……"，"许多世界3的对象，如书本、新合成的事物、计算机或飞机……它们是物质的人工制品，它们既属于世界3，又属于世界1。"显然，这样的表述混淆了"人造物"与其承载的知识内容之间的区别。我们知道，世界3是指客观知识的内容，它是人类精神活动的产品，但不是人造"物"，根本不能与动物的本能等同或比拟。同时，"物质的人工制品"主要是人类物质活动的产物，它只是世界3的一种物质载体，它本身就是世界1，而不"属于世界3"。

关于世界图景问题，我们在波普尔"三个世界"理论的基础上，提出了"以人的世界（世界0）为核心的客观物质世界（世界1）、社会界（世界2）、客观精神世界（世界3）和主观物质世界（世界4，即'虚拟世界'）相互作用的整合体"。因为本文内容所限，在此不再展开（详见《关于"世界"及其整合体系的新理解》和《世界图景的"一主四维整合"模型》）。

2．科学、技术的本质：客观知识

科学技术是科学技术哲学的一个基础性概念。对它们的不同理解关系到科学技术哲学的研究对象和内容，关系到如何发展科学、技术等重大问题。在此，我们根据波普尔"三个世界"理论再作些探讨。

第一，科学、技术作为一个概念系统，都是脱离了主体而存在的知识。概念是反映客体的本质特征或特有属性的一种思维形式，而本质是事物现象的内部联系。正如毛泽东在《实践论》一文中指出的，"概念这种东西已经不是事物的现象，不是事物的各个片面，不是它们的外部联系，而是抓住了事物的本质，事物的全体，事物的内部联系了。"[2]123

关于科学、技术的本质问题，波普尔早就明确地指出："科学知识属于第三世界，即客观理论、客观问题和客观论据的世界。"[1]316尽管在这句话中没有直接地提到"技术"，但在其论述中，他又说："科学理论以及它的应用"，"电力输送和原子理论"，"通过说或写而传达出信息所具有的第三世界的意义"。显然，波普尔的"科学"中包含着技术。

按照波普尔关于世界3的定义——"人类精神产物的世界"、"没有认识主体的知识"来看，技术同科学一样，都有"客观理论、客观问题和客观论据"；否则，就没有“学习技术”、“技术培训”、工程技术学院（校）、“工程院”及其院士了！技术也是“人类精神产物的世界”，而主要不是人类物质活动的产物（不排除从生产实践经验中总结和提升的“小发明”）；否则，就没有工程技术人员、技术研究工作和技术研究机构了！技术成果要经过转化，才能将知识形态变成直接的生产力；否则，就没有技术创新环节了！我国每年研制出数万项重大的技术成果，而转化率只有30%左右。所以，中央在首次全国技术创新大会上明确地提出“加强技术创新，加速科技成果产业化”的战略方针。

还有些学者认为，“科学是理论而技术是实践”。这种观点似乎绝对化了。其实，知识是关于资源增殖的理论和方法。1996年初，世界经济合作与发展组织在《以知识为基础的经济》报告中，将知识的内容分为四类，即“4个W”——“知道是什么（Know-what）”“知道为什么（Know-why）”“知道怎么做（Know-how）”“知道是谁的（Know-who）”。马克思也多次指出：自然技术是“人对自然界的活动方式”，是劳动者和生产资料相“结合的特殊的方式方法”，是“怎样生产”、“操作方法的知识”。怎么能说“怎么做”、“怎样生产”、“怎样生活”不是指实践的方式方法，而是指实践本身呢?![3]1-34其实，科学技术知识除了存在于人脑的主观形式之外，还有存在于物质载体上的静态形式和存在于人的实践活动中的动态形式，不能像“活动”论者主张的“科学技术是一种过程性存在，不是知识性存在、技能性存在、物质实体性存在”。因为主观形式和静态形式可以相对独立的存在着，而在现实活动中，是“三者”同时存在，而且“异己的存在”即“静态形式”和“精神状态的存在”即“主观形式”的作用只能在人的活动过程中才会得以展现，并实现三者之间的相互转化。这就是科技知识静态存在与动态存在（实践）的主要区别。

科学、技术都是客观知识（体系），它们之间的主要区别在于：“科学是理论性的知识体系”（主要阐释“是什么”和“为什么”），而“技术是实践性的知识体系”（主要解决“怎么做”和“是谁的”）[4]60-62，并由此派生出许多相异之处，如研究纲领、思维方式、发展模式、话语表达，以及与社会、经济之间的关系等。

第二，“技术即劳动资料”论，既抹煞了技术成果与物质产品的本质区别，又否认了对技术知识学习研究的必要性。一般来说，技术主要是科技人员通过脑力劳动创造出来的成果，而物质产品是体力劳动者按照技术工艺制造出来的实物。所谓“技术即劳动资料”或“一切用以提高劳动生产率的实物”的观点，就直接地否认了科技人员的地位和作用，直接地否认了技术所应该具有的知识性、新颖性和创造性等主要特征以及技术与生产技术（现实生产力）的区别。如果“技术即劳动资料”观点成立，那么劳动资料就成为“第一生产力”、生产过程中的“决定性因素”了，也就不要改变经济增长方式了。其实，劳动资料既是先前体力劳动的产品，又作为物质手段，进入新的劳动过程。马克思在《政治经济学批判大纲（草稿）》第3

册中指出：机器、机车、铁路、电报、自动纺棉机等劳动资料是“物或物的综合体”，“它们都是人类工业的产物”，“都是物化的智力”，即将“一般的社会知识、学问变成了直接的生产力”。所以，无论怎样辩解，“技术即劳动资料”的观点是不能成立的。劳动资料是现实生产技术的一种物质载体，而技术载体即技术知识的物质承担者或外在体现是多种多样的[3]42-49。如人工物载体——一切工厂矿山、机器、仪器、设备、交通工具、农田建设、卫生设施和社会生活设施等；无形载体——各种技术书刊和文集，以及图纸、磁带、录像、密码等；特殊载体——劳动者、特别是科技人员。仅从载体来讲，也不能说“技术即劳动资料”，难道能说“技术即纸张”吗？同时，占有物质载体并等于拥有了技术，也不能等于发挥了技术的作用。因为物质载体是看得见、摸得着、为人的感官所直接感知的东西，而技术知识即本质是隐藏于载体内部的东西。显然，把技术等同于它的载体，就取消了认识技术本质（知识）的必要性。大概正是基于“技术即劳动资料”的认识误区，我国长期以来只注重进口设备，忽视了对它们的消化、吸收和创新，致使我国的技术、特别是生产技术仍然处于比较落后的状态。

第三，“活动”论混淆了“过程”与其“结果”的本质区别。“活动”论者认为：科学技术不是知识，而“是产生知识的活动”，“技术是使自然界人工化的过程”。这种把“动态过程”本身视为科学、技术的本质的观点，是难以成立的。

首先，科技知识是科学技术研究活动的产物[5]。正如联合国教科文组织在《关于科技统计国际标准化的建议案》中明确指出的，“科技活动是指与所有科学技术领域，即自然科学、工程和技术、医学、农业科学、社会科学及人文科学中科技知识的产生、发展、传播和应用密切相关的系统的活动。”马克思也指出：科学技术从它们的源泉来看——又是劳动的产品，是“历史发展总过程的精华[6]421，是“社会发展的一般精神成果”[7]115。马克思认为，物质性劳动产品“表现为静的属性”。他说：“在劳动过程中，人的活动借助劳动资料使劳动对象发生所要求的变化。过程消失在产品中，……在劳动者那里是运动的东西，现在在产品中表现为静的属性。工人织了布，产品就是布。”[8]426既然将物质生产产品（如布匹和机器设备及其零部件）视为“静的形式”，“表现为静的属性”，为什么硬要把“脑力劳动的产物——科学”（马克思语）和技术认定为“动态系统和过程”呢？

其次，“科技知识”（“客观知识”）与“科技活动”两个系统的构成要素是根本不同的。一些学者在谈论科学、技术系统的构成要素时，总要加上“主体要素”或者“人的要素”或者“主观要素”。如前所述，无论是科学理论，还是技术理论和工艺，尽管都是人发现或发明的，但一旦公布或外化后，就脱离了主体而相对独立地存在于物质载体上，怎么还有“主体要素”或“人的要素”或“主观要素”呢？

关于科学知识系统的构成要素问题，爱因斯坦早就明确地指出：一门科学的

"完整的体系是由概念、被认为对这些概念是有效的基本定律，以及用逻辑推理得到的结论这三者构成的。"[9]313据此，笔者于1992年指出："技术知识系统是由概念（其中有基本概念）及其之间的关系（其中有基本关系，即基本定律）和根据它们拟订的实施方案这三个要素构成的一个有机整体。"[3]12-19

科技活动是人发起并参与其中的动态系统。联合国教科文组织将科技活动分为研究与试验发展（R&D）、教育与培训（STET）和科技服务（STS）等三类。最近，著名科学家杨振宁指出：科技研究可以大略分成基础研究、发展研究和应用研究三个层次。科技发展向应用研究（技术）倾斜的趋势在以后三四十年还会继续下去[10]。这里的"研究"、"试验"、"教育"、"培训"、"服务"、"发展"与"应用"等都是指活动，即人（类）的一种实践或行为。因此，科技活动系统是由主体要素（指科技劳动者的体力、智力和实践能力，包含着波普尔的"世界2"）、主客化要素（指主客体先前相互作用而产生并外化的科技知识与管理模式方法等，相当于"世界3"）与客体要素（物质手段和科技对象，即"世界1"）在一定条件下相互作用的动态过程。[3]34-40正如列宁指出的，自然"认识是人对自然界的反映……是一系列的抽象过程，即概念、规律等等的构成、形成过程，……在这里的确客观上是三项：① 自然界；② 人的认识器官——人脑（就是那同一个自然界的最高产物）；③ 自然界在人的认识中的反映形式，这种形式就是概念、规律、范畴等等。"[11]167-168列宁指出的"三项"，按照波普尔的话来说，就是世界1、世界2和世界3。所以，人的认识（知识）是自然、人文、社会"三个世界"由"人通过人的劳动"相互作用（过程）的结果。那么，技术研究是否属于人的认识活动呢？主张"技术是改造自然活动的本身而不是知识"的学者是否定的。其实，这是一种误解。技术研究活动同样是由人通过实验、试验和创造性思维才能获得"概念、规律等等的构成、形成过程"。而科学认识与技术认识的主要区别，正如M．邦格在《技术的哲学输入和哲学输出》一文中指出的："科学是为了认识而去变革，技术却是为了变革而去认识。"

再次，否认相对静止的知识状态，也就是否认了科学、技术发展的"动态过程"[3]3-9。如同其他事物、事件一样，科学、技术的发展都是连续性（过程）与间断性（状态）的对立统一，即呈现为"过程—状态—过程……"的动态发展模式。如从1687年牛顿创立的经典力学体系（假设为初始状态）到20世纪初叶爱因斯坦的相对论和海森伯等人的量子力学形成的现代力学体系（假设为目标状态）。又如电子技术的发展过程——从1905年前后发明的电子管到1947年的晶体管，再到60年代初的集成电路和70年代的微电子技术。因此，包括科学、技术在内的任何系统（事物）都依照一定的条件由一种状态转化而来，又依然一定的条件向新的状态转化而去……只承认科技发展的连续性（动态系统）而否认其间断性（静态系统），或者只承认科技发展的间断性而否认其连续性，都是片面的。

最后，"总合"说是一种抽象的科技观。前面已经论述了科学、技术是知识，而不是"活动或过程"。而"总合"说认为，"科学不仅包括获得新知识的活动，而且还包括这个活动的结果"，"技术是行为，而不仅仅是知识"，"技术是方法（或知识）和物质手段的总合"。其实，该"过程"与前一个过程的"结果"（包括"怎么样活动"和物质手段等）只有"人通过人的劳动"才能实现"总合"，而"总合"说没有提及人，是一种抽象思维；至于同一个活动与"这个活动的结果"实现"总合"，仅仅是一个想象，根本不是现实的"总合"。因此，"总和"说混淆了人的活动"过程"与外在于人的"结果"之间的本质区别，是一种"抽象的存在"。马克思明确地区分过"想象的存在"或"抽象的存在"与"现实的存在"，并认为只有人通过人的实践，才能使"想象的存在转化为现实的存在"[12]。所以，"总合"说是一种抽象的或者不如说是唯心主义观点。

参考文献

[1] 波普尔. 科学知识进化论［M］. 纪树立编译. 北京：生活·读书·新知三联书店，1987.

[2] 毛泽东. 毛泽东著作选读：上册［M］. 北京：人民出版社，1986.

[3] 陈文化. 科学技术与发展计量研究［M］. 长沙：中南工业大学出版社，1992.

[4] 陈文化. 关于技术哲学研究的再思考［J］. 哲学研究，2001（8）：60-62.

[5] 陈文化，李立生. "科技伦理"是一种抽象的伦理观［J］. 自然辩证法研究，2001（1）：23-24.

[6] 马克思，恩格斯. 马克思恩格斯全集：第26卷［M］. 北京：人民出版社，1979.

[7] 马克思，恩格斯. 马克思恩格斯全集：第49卷［M］. 北京：人民出版社，1979.

[8] 马克思，恩格斯. 马克思恩格斯全集：第47卷［M］. 北京：人民出版社，1979.

[9] 爱因斯坦. 爱因斯坦文集：第1卷［M］. 北京：商务印书馆，1977.

[10] 杨振宁. 未来科技发展仍将向"技术倾斜"［N］. 人民日报，海外版，2001-10-09.

[11] 列宁. 列宁哲学笔记［M］. 北京：人民出版社，1957.

[12] 转引自俞吾金. 存在、自然存在与社会存在［J］. 中国社会科学，2001（2）.

四、科学：相对静止的理论知识体系①

（1998年6月）

科学是相对静止的理论知识体系，还是科学活动，或是科学活动与知识体系的“总合”，目前学术界有不同看法。最近，有位学者认为：“应把科学视为一种特殊的人类活动，不能仅仅把它们局限为一种知识体系；不仅看作既成的东西，还看作活动的过程；不仅考虑到科学活动的内在方面，还考虑到它与其他人类活动的关系及其在整个人类活动中的地位。”究竟科学是什么？在深入贯彻“科学技术是第一生产力”思想和“科教兴国”战略的今天，很有必要认真地讨论一番。我们认为：要把握“科学”的本质，就要弄清楚科学、科学活动、科学发展三个概念、范畴之间的关系。

（一）

早就有人提出过“活动”论和“总合”说，它并不是“一种新的科学观”。如，1954年英国学者J. 贝尔纳在《历史上的科学》中就明确地说过：“科学是一种研究描述的过程，是一种人类活动，这一活动又和人类其他的种种活动相联系，并且不断地和它们相互作用。”转引自[1]2（简称“科学活动”论）《苏联大百科全书》（1974年版）写道：“科学，是人类活动的一个范畴，它的职能是总结关于客观世界的知识，并使之系统化；……科学这个概念本身不仅包括获得新知识的活动，而且还包括这个活动的结果，即当时所得到的综合构成世界的科学图景的科学知识的总合。”[1]2苏联著名的科学学家E. 凯德洛夫说得更简捷：“科学的概念既用于表示科学知识的加工过程，也用于表示由实践检验其客观真理性的知识的整个体系”[1]3（简称“总合”说）。

无论是“活动”论，还是“总合”说，都没有揭示出“科学”的本质特征。定义是关于事物的本质或范围的扼要说明。正如恩格斯指出的，定义是对事物最一般的同时也是最具特色的性质所作的简短解释。”[2]667毛泽东在《实践论》中也明确地指出：“概念这种东西已经不是事物的现象，不是事物的各个片面，不是它们的外部联系，而是抓住事物的本质，事物的全体，事物的内部联系。”[3]123科学知识是现象与本质的对立统一。本质是现象的内部联系，透过现象把握其本质是一个认识过程。在科学活动过程中，透过研究对象所表现出来的大量现象，靠理论思维才能正

① 本文发表于《科学技术与辩证法》，1998（3）。

确地把握其对象的本质。因此，作为理论性知识体系的科学，是科学活动（科研过程）的结果，而不是过程（活动）本身，也不是过程与其结果的“总合”。如果认为“科学本身不是知识体系”，而是“探求自然规律的活动”，显然是把“活动”或“过程”中发现的一些现象当作科学的本质。如果认为“科学这个概念本身不仅包括获得新知识的活动，而且还包括这个活动的结果”，显然是把“活动与其结果”这个混杂物当成了科学的本质。如果这样，就取消了理论思维对于认识事物本质的必要性。正如马克思指出的，“如果事物的表现形式和事物的本质会直接地合而为一，一切科学就都成为多余的了。”[4]923

（二）

科学与科学活动是既有联系又有区别的两个概念，是由不同的要素构成的两个系统。

科学是不是一个系统？科学系统是由哪些要素组成的？对此，爱因斯坦曾经明确地指出：一门科学的“完整的体系是由概念、被认为对这些概念是有效的基本定律，以及用逻辑推理得到的结论这三者所构成的。”[5]313也就是说，科学是由概念及其之间关系的定律和以它们为核心并由它们作出的逻辑推论“三者构成的完整的体系”。如图1所示，概念（还包括自然观、实在观、时空观或科学范式等）是科学系统的核心，是建筑科学大厦的基石。列宁指出：“自然科学的成果是概念”[6]2，自然科学概念“是帮助我们认识和掌握自然现象之网的网上纽结”[6]90。在一个科学体系中，包含着众多的概念，其中有基本的概念。基本概念之间的关系表现为定律、定理和公式等，而定律又可以分为不同的等次，其中基本定律更为重要一些。如牛顿在《自然哲学的数学原理》一书中，列出质点、质量、力、运动、空间、时间、加速度和万有引力等八个基本概念，并由此确立了经典力学的一些基本关系。经典力学就是以基本概念和基本关系以及由它们作出的逻辑推论构成的一个逻辑严密的、相对稳定的理论知识体系。

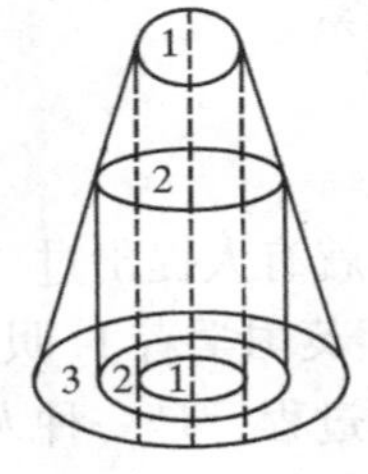

图1　科学系统及其构成要素

1—概念；2—定律；3—逻辑推论

科学概念不是杜撰出来的，而是人对大量的感性材料、科学事实进行理论的加工而提炼出来的，即由感性的材料逐次升华为抽象的概念。故以圆锥体模型（图1）来表示科学系统的结构。

科学是科学活动的结果，而不是科学活动本身。马克思指出：科学技术“从它们的源泉来看又是劳动的产品”，是“历史发展总过程的精华”[7]421，是“社会发展的一般精神成果”[8]115。这种“精神成果”如同物质性的劳动产品一样，处于相对静止的形态，“表现为静的属性”。物质性的劳动产品，如一台机器或仪器，也是一个系统，它的构成要素是零部件及其组合方式，而零部件及其组合方式又是先前劳动的产品。马克思指出：“在劳动过程中，人的活动借助劳动资料使劳动对象发生所要求的变化。过程消失在产品中，……所以，产品不仅是劳动过程的结果，同时还是劳动过程的条件”[9]169。他又说，“在生产过程中，劳动不断地由动的形式转为静的形式。例如……纺纱工人的生命力在一小时内的耗费，表现为一定量的棉纱。”[9]177既然物质生产产品不能视为“动态过程”，为什么要把“脑力劳动的产物——科学”（马克思语）认定是“科学活动”或“动态过程”呢？为什么要把科学“看作既成的东西”（知识体系）和“活动的过程”之总合呢？因此，如同其他劳动产品一样，科学知识“表现为静的属性”、“静的形式”。也就是说，科学是一个相对静止的理论知识体系（或系统）。

（三）

活动是人有目的地参与并由此产生的实践过程。科学活动是主体通过一定的手段与客体对象交互作用的动态过程。它的构成要素与其作用过程的结果（即科学）的构成要素显然是不会相同的。那么，科学活动是由哪些要素构成的呢？

在讨论这个问题之前，先看看一般的劳动过程。马克思曾经明确地指出：“劳动过程的简单要素是：有目的的活动或劳动本身，劳动对象和劳动资料”[10]202。显然，这里的“劳动对象和劳动资料”属于客体要素（马克思称为“客观的因素”），而“有目的的活动或劳动本身”包含劳动者（属于主体要素，马克思称为“主观的因素”）和如何劳动两个方面①。而“如何劳动”是劳动过程得以进行的不可缺少的一类因素。正如马克思指出的，“无论生产的社会形式如何，劳动者和生产资料始终是生产的因素。但是，二者彼此分离的情况下只在可能性上是生产因素。凡要进行生产，就必须使它们结合起来”[11]44。在劳动过程中，使其他各种生产因素“结合起来”的因素就是我们称谓的“主客化要素”。它包括生产活动原理、相关的科技知识以及管理理论、模式和方法等。可见，马克思揭示了劳动过程是“劳动者和生产资料”与其“结合方式”三者相互作用模式，并不是“劳动者和生产资料”即主体与客体相互作用的“二体”模式。

我们面临的现实世界，既有物质世界和精神世界（与主观“自我”不可分离的世界），又有介于两者之间的“中介世界”，即主客化要素。它是在一定条件下，主、客体相互作用而获得的精神性产品，并不是物质世界之外的独立实体（这是

---

① 有人把“有目的的活动或劳动本身”仅仅理解为“劳动者”，似乎不够确切。因为撇开如何劳动（即运用科学技术和管理）谈论劳动过程的构成，不符合马克思的原本精义。同时，也是一种传统观念。

"主客化要素"与波普尔称谓的"世界 3"的本质区别之一)。因为它的知识内容来源于物质世界，其知识形式内在于物质世界的事实。显然，它的内容属于精神世界，而载体是物质世界，如以纸张（书、刊、报、集）为载体的论著，以盘、鼓、片、带为载体的拷贝、计算机软件（程序），以声、光、电、磁波为载体的语言、符号系统，以样品、样机、模型为载体的人工物系统。它们既可以作为物质世界，又不是典型的物质世界；它们既可以作为精神世界，又不是典型的精神世界；它们既不是物质世界，又不是精神世界，而是介于物质世界与精神世界之间的中介世界。然而，当它们一经发现或发明①，并赋予某种物质外壳或依附于某种物质载体上，即以语言、文字、图像、符号、样品、样机、模型等外在地表现出来之后，就脱离了主体而"异己的存在"，并具有相对的独立性和稳定性。

显然，一般的劳动过程不是物质世界与精神世界相互作用的"二体"模式，而是"物质世界—中介世界—精神世界""三体"交互作用模式。如同一般劳动一样，科学劳动（活动）是主体要素通过主客化要素和物质手段（劳动资料）与科学对象交互作用，以实现预期目标的认识过程（见图 2）。列宁指出："认识是人对自然界的反映。但是，这并不是简单的、直接的、完全的反映，而是一系列的抽象过程，即概念、规律等等的构成、形成过程，……在这里的确客观上是三项：① 自然界；② 人的认识（器官）—人脑（就是那同一个自然界的最高产物）；③ 自然界在人的认识中的反映形式，这种形式就是概念、规律、范畴等等。"[12]167-168

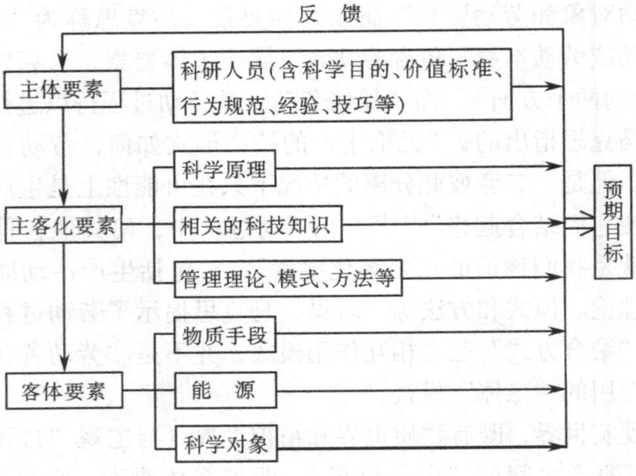

图 2 科学活动系统及其构成要素

① 我们认为，技术是实践性的知识体系。请详见陈文化《科学技术与发展计量研究》，中南工业大学出版社，1992 年，第 20-69 页。

正如列宁指出的，认识活动（即科学活动）的要素，“客观上是三项”。第一项是主体要素，指从事科学活动的人，即列宁讲的“自然界的最高产物”。第二项是客体要素，它包括三个方面：一是科学实验仪器、设备等劳动资料；二是能源；三是科学研究对象。它们就是列宁讲的“自然界”（我们认为应该把“自然界”理解为天然自然和人工自然）。第三项是主客化要素，即列宁讲的主客体相互作用形成的“概念、规律、范畴等等”。由这三项要素的交互作用与反馈而形成的科学活动，显然是一个动态过程，根本不同于由概念、基本定律和逻辑推论“三者所构成的完整的体系”——科学知识。

（四）

科学发展是科学活动（过程）与其结果（状态）相互替变的无限序列。系统状态的变化，即由初始状态达到目标状态，则为过程。系统特性的量度或描述，则表征状态。因为该系统特性的量度具有一定的稳定性，则状态是一个相对静止的系统。如用位置、速度、能量等的量度来表征力学状态，而在一定的条件及其相互作用下，这些状态发生变化，则为力学过程。力学理论体系的发展情景就是如此。17世纪中叶，由一些基本概念和牛顿第一、二、三定律等构成的经典力学体系，发展到20世纪初的相对论力学和量子力学，这是力学体系发展的一个过程。在这里，经典力学为初始状态，相对论力学和量子力学则为目标状态。尽管过程是状态的集合，状态又是过程的集合，然而力学体系状态与力学发展过程仍然是两回事。所以，过程和状态是两个不同的概念、范畴。二者既不能等同，又不能混淆。

然而，过程与状态既相互联系、相互依存，又相互制约、相互转化。于是，事物的发展就构成了过程—状态—过程……的无限序列。也就是说，任何系统都依照一定的条件，由一种系统状态转化而来；又依照一定的条件，向他种系统状态转化而去。正是系统内部要素之间及其与外部环境之间的对立与统一，决定着该系统的发展轨迹具有连续性（过程）与间断性（状态）。因此，科学的发展呈现为动—静—动……的无限序列，也就是“实践—认识—再实践—再认识”的动态发展过程。正如毛泽东指出的，“实践、认识、再实践、再认识，这种形式，循环往复以至无穷，而实践和认识之每一循环的内容，都比较地进到了高一级的程度。”[13]273但是，又不能因为科学是“不断发展着的”或科学认识是不断演化的，就否认理论知识体系的相对稳定性，或者否认原有的自然科学理论的某些正确性、合理性。相对论力学和量子力学是在经典力学的基础上发展起来的，并形成了新的理论体系和新的基本观念，而经典力学运用在宏观、低速领域仍然是正确的，它的理论体系依然是存在的。

综上所述，科学、科学活动、科学发展是既有联系又有区别的三个概念、范畴。科学是一个相对静止的理论知识体系，科学活动是科学主体通过主客化要素和物质手段与科学对象交互作用的动态过程，而科学发展是科学活动与其结果（科学知识）相互替变的无限序列（详见参考文献［15］、［16］）。

参考文献

［1］ 陈文化．科学技术与发展计量研究［M］．长沙：中南工业大学出版社，1992．

［2］ 马克思，恩格斯．马克思恩格斯全集：第 20 卷［M］．北京：人民出版社，1979．

［3］ 毛泽东．毛泽东著作选读：上册［M］．北京：人民出版社，1986．

［4］ 马克思，恩格斯．马克思恩格斯全集：第 25 卷［M］．北京：人民出版社，1979．

［5］ 爱因斯坦．爱因斯坦文集：第 1 卷［M］．北京：商务印书馆，1977．

［6］ 列宁．列宁全集：第 38 卷［M］．北京：人民出版社，1961．

［7］ 马克思，恩格斯．马克思恩格斯全集：第 26 卷［M］．北京：人民出版社，1979．

［8］ 马克思，恩格斯．马克思恩格斯全集：第 49 卷［M］．北京：人民出版社，1979．

［9］ 马克思．资本论［M］．北京：中国社会科学出版社，1983．

［10］ 马克思，恩格斯．马克思恩格斯全集：第 23 卷［M］．北京：人民出版社，1979．

［11］ 马克思，恩格斯．马克思恩格斯全集：第 24 卷［M］．北京：人民出版社，1979．

［12］ 列宁．列宁哲学笔记［M］．北京：人民出版社，1957．

［13］ 毛泽东．毛泽东选集：第 1 卷［M］．北京：人民出版社，1991．

［14］ 赵红州．大科学观［M］．北京：人民出版社，1993．

［15］ 陈文化，黄跃森．科学技术活动过程的系统研究［C］//乌杰．系统科学理论与应用．成都：四川大学出版社，1996．

［16］ 陈文化，刘枝桂．科学技术活动及其主要特征新探［J］．科学技术与辩证法，1997，14（4）．

五、科学技术活动及其主要特征新探①

（1997 年 8 月）

1．科技活动的定义及其分类

什么叫科技活动？联合国教科文组织 1987 年提出的《关于科技统计国际标准化的建议案》中明确地指出：科技活动是指与所有科学技术领域，即自然科学、工程和技术、医学、农业科学、社会科学及人文科学中科技知识的生产、发展、传播和应用密切相关的系统的活动。它包括研究与试验发展（R&D）、教育与培训（STET）、科技服务（STS）等三类活动。其中，研究与试验发展又定义为："为增加知识的总量（包括人类、文化和社会方面的知识），以及运用这些知识去创造新的应用而进行的系统的、创造性的工作。"并将 R&D 分为基础研究、应用研究和试验发展或发展研究三类。我国的一些学者根据上述定义和分类，将科技活动分为五类，即基础研究、应用研究、试验发展或发展研究、研究与发展成果应用和推广示范与科技服务。国家科委于 1990 年 6 月 14 日行文，同意按照这种分类进行"全社会对科技投入调查"与统计分析。

联合国教科文组织关于科技活动的定义及其分类，已经被许多国家和组织接受并采用。然而，随着时代的发展，上述定义和分类已经显露出明显的问题。我们运用系统科学的思想，对这个问题进行了一些探索，并予以发表，提请专家、学者们讨论。

我们认为：科学技术活动是主体要素通过主客化要素和物质手段与客体对象相互作用，获得科技知识及其发展、传播和运用，促进科技与社会、经济的有机结合，最终实现以全面提高人的素质和生活质量为中心的综合效益的动态系统，并且将科技活动过程分为科学研究（发现）、技术研究（发明）、技术创新和技术扩散四个阶段[1]95-99。

定义是对事物的本质或范围的扼要说明。正如恩格斯指出的，定义是"对（事物）最一般的同时也是最有特色的性质所作的简短解释"[2]667。要探讨科技活动的定义问题，就要认真研究它的本质及其特征。我们认为，科技活动的主要特征有作用机制上的"三体"模式、历时过程的"双向度"和价值目标的可续发展。下面分别予以讨论。

2．科技活动是一个"三体"作用的动态系统

---

① 本文发表于《科学技术与辩证法》，1997（4）。本文系国家自然科学基金资助项目的一个子课题。

科技活动是由主体要素、主客化要素与客体要素相互作用以实现预期目标的动态系统[3]12-19（如见图1）。

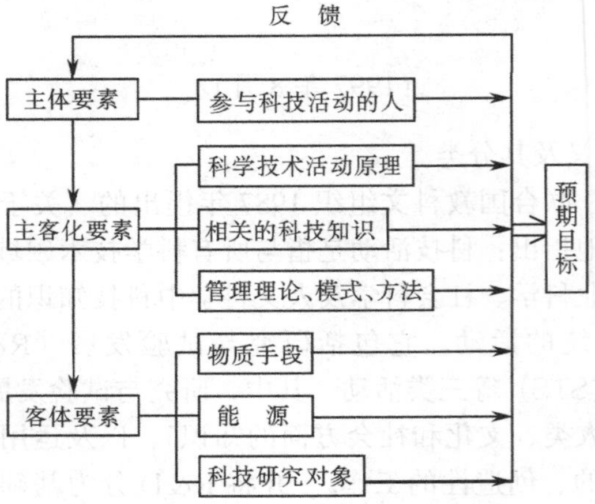

图1 科技活动的构成要素及其动态性

（1）主体要素。即参与科技活动的人，他们必须具有一定的科技知识、经验、技巧、创造性思维能力和体质，以及目的和道德等。它是科技活动中最积极、最活跃的主体能动因素，也属于与主观“自我”不可分离的精神世界。

（2）客体要素。包括劳动资料和科学技术研究对象。劳动资料包括仪器、设备等物质手段和能源。科技研究对象分为物质性对象和精神性对象两大类。物质性对象指的是天然自然、人化自然，以及人们根据自己的需要，按照一定的规律、规则创造出来的人工自然物。精神性对象指的是存储于物质载体上的人类创造性劳动的精神产品——科技知识和其他信息。如国外学者称之为“科学的科学”，即国内学者取名为“科学学”，就是以科学作为研究对象的一门学问。人类创造性劳动的精神产品既可作为科技活动的研究对象，又是使科技活动得以进行的主客化要素。

（3）主客化要素。如前所述，是在一定的条件下，主、客体相互作用而获得的创造性思维的精神产品。它包括科学技术活动原理、相关的科技知识，以及管理理论、模式和方法等。它作为方式手段，贯穿于科技活动的始终，并且是开展科技活动不可缺少的首要要素。主客化要素并不是物质之外的独立实体（这是“主客化要素”与波普尔称谓的“世界3”的本质区别之一）。但是，当它们一经发现或发明，并赋予某种外壳或依附于某种载体上，即以语言、文字、图像、符号等外在地表现出来之后，就脱离了科学技术主体，具有相对的独立性和稳定性，存在于人类社会之中。如以纸张（书、报、刊、集）为载体的论著，以盘、鼓、片、带为载体的计算机软件（程序），以声、光、电、磁波为载体的语言、符号系统，等等。它们既可以作为物质世界，又不是典型的物质世界；它们既可以作为精神世界，又不是典型的精神世界；它们既不是物质世界，又不是精神世界。它们是物质世界与精神世界之间的“中介世界”。

显然，科技活动过程不是物质世界与精神世界相互作用的“二体”模式，而是“物质世界—中介世界—精神世界”的“三体”相互作用模式。因此，从作用机制来讲，科技活动是主体要素通过主客化要素和物质手段与客体对象相互作用，以实现预期目标的动态过程。

我们认为，“三体”作用模式就是科技活动的作用机制，而联合国教科文组织的“定义”没有提及“三体”作用机制，即没有突出科学技术“第一生产力”的地位和作用。如同其他劳动一样，科技活动也是各种生产力要素的有机结合，其中科学技术的应用居于首要地位。对此，我曾经用下面公式来表述[3]34-40：

$$劳动生产力=[(劳动者+劳动资料+劳动对象)\times 管理]^{科学技术}$$

3. 科技活动是一个双向作用的历时性过程

科学技术活动是一个历时性过程，应该分为四个阶段：科学研究（发现）、技术研究（发明）、技术创新和技术扩散[4]（见图 2）。科技活动是一个双向作用过程，不仅是单向度地显示科技人员认识世界所获得的知识及其应用的过程（见图 3）。

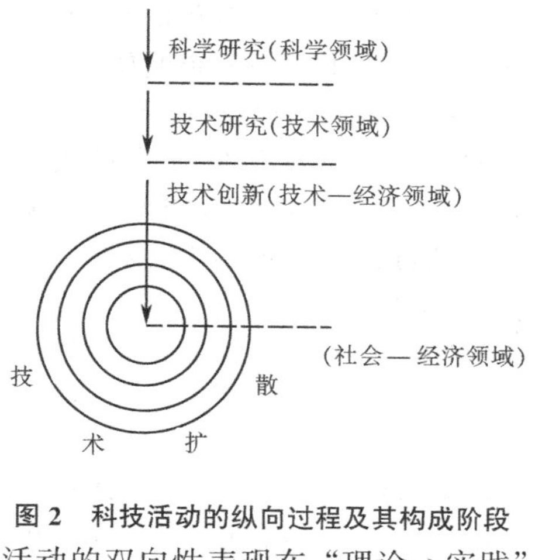

图 2 科技活动的纵向过程及其构成阶段

如图 3 所示，科技活动的双向性表现在“理论→实践”的指导、应用过程和“实践→理论”的升华、反馈过程。在科技活动中，这两个过程是并存不悖、相互促进的。尤其是广大人民群众是科技活动的主力军。同时，他们在生产、消费活动中所积累的经验教训，以及发现的问题、提出的要求，是升华、反馈过程的基础。而教科文组织把科技活动定义为“科技知识的产生、发展、传播和应用”和将

R&D活动解释为“增加知识的总量……，以及运用这些知识去创造新的应用”等，都是一种单向度的“应用”过程。按照这种单向度的“应用过程”说来指导科技活动，理所当然地要将其重心放在科研上，而且科研模式也会是多从学科出发的单向度的“供应型”，不会是以经济需求为导向开展科研，加速成果的转化与扩散，不断满足市场需要的“需求型”（见图4）。

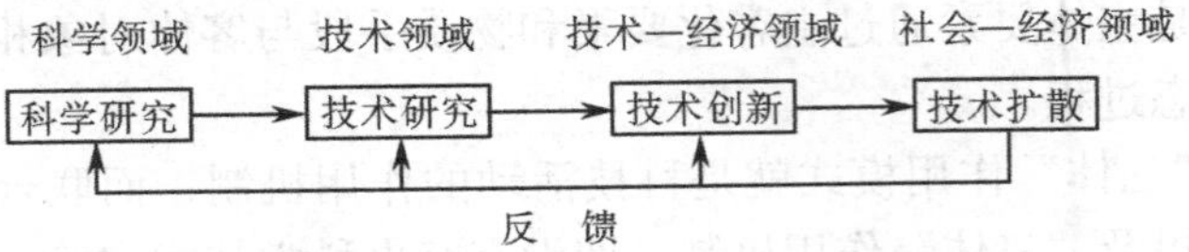

图3　科技活动的双向作用

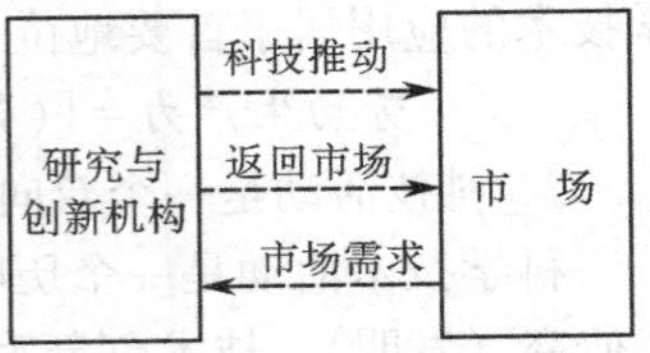

图4　科技活动的运行模式

严格地说，任何国家的科研模式不可能是完全单一的。但是，从R&D经费的来源和使用构成比例可以看出一个国家科研模式的主次（见表1）。如表1所示，发达国家的科研模式以“需求型”为主，科技与经济的关系处理得比较好；而发展中国家却以“供应型”为主，科技与经济“两张皮”的现象十分严重。1988年我国R&D经费的60%左右集中在科研机构和大学，10年来的改革在这个问题上成效不大，1994年升高为69.3%，企业由30%下降到20%（见表2），而工业发达国家却相反——企业使用的R&D经费高达60%～70%。看来，从转变科技发展观入手，改变科研模式，是我国刻不容缓的一件大事。科技活动的双向性表明科研模式的双主体——科研机构（含大学）和企业居于同等重要的地位。从根本上说，确立企业的主体地位更为关键。美国麻省理工学院唐·马奎斯对567个技术创新项目成功的企业调查结果表明：75%的项目来自企业对市场的调查和企业自身生产工艺的需要，只有20%的创新项目来自科研部门。另据美国一些经济学家的调查结果，科研部门提供的成果约有50%被生产和市场证明根本不可行，30%的成果在生产上可行而在商业上未必能成功，真正成为商品的只有20%左右。我国1978年以来，年均获得的重大科研成果超过1万项，1993年高达3.3万项，而至今转化率还不足30%，推广应用率仅为10%左右。另据报道，我国企业技术进步的方式中，43.6%依靠企业自身的力量进行技术创新，25.3%靠引进国外技术装备，18.5%靠模仿创新，由高等学校和科研机构完成的只有9%和5.6%。而我国进行研究与开发的科学家与工程师中，42%分布在科研机构，22%分布在高等学校，企业仅占27%，还有8%～9%分布在其他单位[5]。我国目前仍然处于科技与经济“两张皮”的这种落后状态，不能不说是单向度的科学活动观造成的恶果。因此，科学研究（尤其是技术研究）不仅要与生产相结合，而且必须与营销相结合，形成科研—生产—营销一体化。

表 1　　部分国家 R&D 经费来源及使用部门构成

指标/%		国别						
		美国	日本	联邦德国	法国	英国	印度	中国
经费来源	企　业	50	61	61	41	42	25.9	23.4
	政　府	47	22	38	54	48	74.1	54.9
	其　他	3	11	1	5	10		21.7
经费使用	企　业	73	65	72	57	63	28.4	27.4
	科研机构	12	9	12	29	21	76.1	50.1
	大　学	12	22	15	14	13		12.1

注：① 几个发达国家数据均为 1985—1986 年；印度为 1993 年；中国为 1990 年。

② 资料来源：陈文化、张南宁《印度科技发展战略及其经验教训》，见孙小礼主编《世纪之交的科学技术与中国》，人民出版社，1996 年。

表 2　　1988—1994 年间我国 R&D 经费使用部门构成

年　份	R&D 总经费/亿元	科研机构		大中型企业		大　学	
		使用额/亿元	比例/%	使用额/亿元	比例/%	使用额/亿元	比例/%
1988	99.7	44.75	44.9	32.3	30.2	8.2	16.5
1990	121.02	60.58	50.06	33.18	27.4	14.7	12.13
1993	196	110.8	56.5	41.4	21.1	21.4	10.9
1994	222	123.1	55.5	45	20.2	30.6	13.8

资料来源同表 1。

4．可持续发展——科技活动的价值目标

现代科技活动所追求的目标，不仅仅是“科技知识的产生、发展、传播和应用”，或者是“增加知识的总量”及其应用；也不仅仅是“促进经济发展”，或者是“提高经济竞争力和综合国力”，而应该是以全面提高人的素质和生活质量为中心的综合效益（即经济效益、社会效益、环境效益和人的存发效益的综合）[6]18。这样的价值取向是开展现代科技活动的客观要求。工业时代的科学活动价值观坚信“知识就是力量”，将知识进步等同于经济发展，或者注重“知识的应用”，却无视人与自然的协调一致，形成“征服自然”、“人定胜天”的观念，导致自然对社会以及人自身的“报复”。这种传统的科技活动价值向度偏离了人的全面发展。科技活动价值向度这种偏离的第一个代价就是生态环境的破坏，它已经直接危及到包括人类在内的一切生物的存在与发展。第二个代价是对科学技术自身形象的损害。西方出现的一股反科学主义浪潮是对人们滥用科学技术的责难，并提出“现代科学对地球上绝大多数人是惨无人道的，应回到自然经济中去”的主张，显然是对传统的科学技术及其活动观的否定。第三个更大的代价是社会与主体之间关系紧张，造成现代人格的损害。正如一些西方学者指出的，“工业发达国家依靠科技活动获得了经济增长，然而在结出现代化经济果实的同时常常会产生一系列破坏人的价值的消极后果”，“特别是60年代以后，西方人一面享受着现代化赐予的一切恩惠，一面遭受着现代化带给他们的大量灾难，除了人际关系严重失调外，性解放、同性恋、色情问题、凶杀抢劫、人性极度扭曲。”于是，“人文—科学主义”者认为：“科学进步与经济发展只有同文化因素相结合，才能做到环境的变化与人的幸福相一致。”

正是基于历史的和现实的经验教训，我们才把“以全面提高人的素质和生活质量为中心的综合效益”确定为科技活动的价值目标。全面提高人的素质和生活质量是可持续发展观的核心。正如1992年6月联合国环境发展大会指出的，可持续发展的前提是发展，既要满足当代人的基本需求，又不危害子孙后代满足其需求的能力。

我国根据联合国环境发展大会通过的《21世纪议程》而编制的《中国21世纪议程》，积极倡导“从事可持续发展科学技术研究”，并要求“深化科技体制改革，建立科学研究、技术开发、生产、市场有机相连的‘一条龙’体系”。因此，科技活动的价值取向只能是可持续发展。

参考文献

[1] 陈文化，黄跃森．科学技术活动过程的系统研究［C］//乌杰．系统科学理论与应用．成都：四川大学出版社，1996.

[2] 马克思，恩格斯．马克思恩格斯全集：第20卷［M］．北京：人民出版社，1979.

[3] 陈文化．科学技术与发展计量研究［M］．北京：中南工业大学出版社，1992.

[4] 陈文化．技术创新：技术与经济之间的中间环节［J］．科学技术与辩证法，1997（1）.

[5] 中国科技信息［J］．1996（1）.

[6] 陈文化，陈吉耀．加强科学技术与发展关系学的计量研究［C］//1995年亚洲科学技术与发展国际学术研讨会论文集（英文版）．长沙：中南工业大学出版社，1995.

[7] 夏禹龙．世纪之交的社会科学［M］．武汉：湖北人民出版社，1992.

六、新中国科技发展态势的统计分析[①]

（1992 年 4 月）

新中国成立后，在中国共产党和中央人民政府的正确领导下，经过广大科技工作者的奋力拼搏，在短短的四十多年里，就以较少的资金和比资本主义国家更快的速度建立了完整的工业体系和科研开发体系，形成了门类齐全的学科体系，从一个科学技术非常落后的国家发展成为一个具有较强科技能力和较高水平的国家。当今的中国拥有一支数量可观、实力雄厚的科技队伍（1990 年科技人员达到 1145.4 万人；研究与发展机构为 14550 个，其中县以上政府部门属科研机构 5595 个，高等院校属科研机构为 1666 个，大中型企业属技术开发机构 7289 个），成功地研制出以“两弹一星”为代表的一批高新技术成果，在空间技术、生物技术、核技术、计算机技术、农业科学技术和中医药技术等领域接近或达到世界先进水平，一批技术研究与开发成果在工农业生产中发挥了重要作用，大大提高了我国的国际地位。

（一）

新中国科技事业的发展历程，既有辉煌成就，又有坎坷磨难。根据我们的统计分析和定性考察，新中国的科技发展轨迹是一条“S”形曲线，呈现出三次大的波动（见图 1）。

第一次波动曲线（1950—1962 年）。新中国成立前，我国的科技事业几乎是一张白纸（科技人员不足 5 万人，其中专门从事科学研究工作的不到 500 人，专门的科研机构只有 30 多个）；生产和科技水平同发达国家比较，至少相差半个多世纪。新中国成立后，我国的科技事业发生了根本性的转折。如图 1 所示，在 1950—1958 年间，科技成果急剧增加。标志着这一时期的重大科技成就有：建成实验性原子反应堆和回旋加速器，研制成功“八一型”通用数字计算机和半导体器件。另外，在喷气技术、数学、天文学、石油化学、生物物理、地学和农业科技方面，都取得了可喜的成就，为以后的科技进步和经济发展奠定了基础。

然而，由于沿袭苏联发展模式所产生的弊端和受到“天灾人祸”的严重干扰与影响，使我国正在蓬勃向上的科技事业，从 1959 年开始进入饱和增长时期。

第二次波动曲线（1962—1977 年）。经过三年非常时期的挫折，全党和全国人民认真总结并吸取了经验教训以后，我国的科技事业又迈入了新的发展时期，其中

---

① 本文发表于《科学技术与辩证法》，1994（5）。

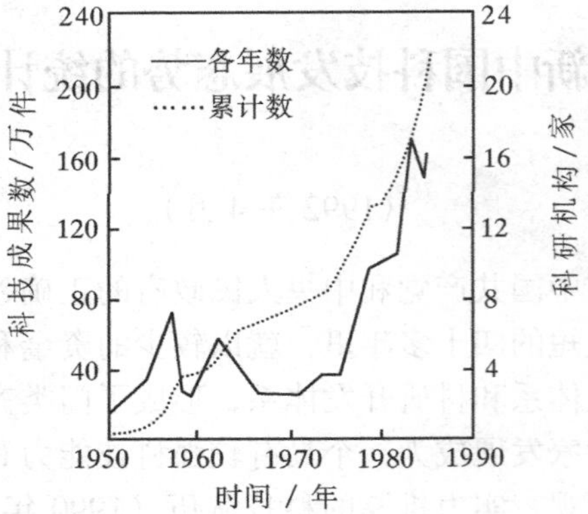

图 1　新中国科技成果曲线图示

注：数据统计于“新中国建立以来科技大事记”《科技日报》1989 年 9 月 22 日。

在 1960—1966 年间又出现了第二次高峰（见图 1）。在这个时期里，我国继美、苏、法三国之后，成功地爆炸了第一颗原子弹（1964 年），1967 年又成功地爆炸第一颗氢弹，这种速度在世界上是首屈一指；人工合成牛胰岛素（1965 年）为世界首次合成的人工蛋白质。另外，还有大型晶体管计算机、集成电路、激光器和喷气式飞机的研制成功，以及基本粒子层子模型的提出和在数学、地学理论及其应用上的某些突破，都在国际上引起了很大的反响。

这个高速的发展时期伴随着“文化大革命”的发生与发展而中断。但是，由于科研工作的继承性特点和许多科技工作者的奋力拼搏，在 1966—1977 年间，我国的科技工作仍然获得了一些重大的成果。如 1968 年研制成功运算速度达到 50 万次/秒的计算机。1969 年 9 月我国第一次进行地下核试验成功。1970 年 4 月，我国成功地将第一颗人造地球卫星送入预定轨道。1971 年我国在国际上首次用小麦花粉培养植株成功，1973 年又培养出世界上第一个籼稻杂交水稻品种。1975 年又发射第一颗返回式卫星，并回收成功。1977 年，数学家杨乐、张广厚在世界上第一次找到了函数值分布论研究中“亏值”和“奇异方向”之间的有机联系。同年 10 月，数学家陈景润把哥德巴赫猜想证明推进到（1+2），取得了世界领先成就。然而，在这个时期里，由于“四人帮”一系列的倒行逆施，我国的科技事业受到了严重干扰和破坏，在发展曲线上出现了一个巨大的低潮（1964—1968 年），以及在 1968—1972 年间和 1975—1978 年间的两次平缓阶段。

第三次波动曲线（1978—）。1978 年 12 月开始实行改革开放以后，中国出现了“科学的春天”。从此我国的科技事业迈入了一个前所未有的飞跃时期，并取得一批又一批重大的科技成果。如 1983 年研制成功的“银河”亿次计算机、千万次向量机、激光汉字编辑排版系统和全数字仿真计算机系统。我国的空间技术已经走在世界的前列，截至 1988 年，我国是世界上第五个能独立研制和发射卫星、第三个能回收卫星、第四个能用一枚火箭发射多颗卫星、第五个能用自制的火箭发射地球静止轨道卫星的国家。1990 年 4 月，我国自行研制的“长征三号”运载火箭，准确地将“亚洲一号”卫星送入转移轨道，首次成功地用我国的运载火箭为国外发射商用卫星。在生物技术、新能源、材料、天文、地学、数学、物理和医学等领域的许多方面，都取得了世人瞩目的成就①。

据统计，在 1978—1988 年的 11 年间，我国取得的重大科技成果数是前 28 年（1950—1977 年）的 1.2 倍。另据统计，1979—1988 年的 10 年间，我国获得的重大科技成果数共有 74407 项，获国家奖励的技术发明成果有 1560 项②。

通过上述的定性考察，表明图 1 曲线客观地反映了新中国成立 40 年来科学技术的发展态势。

40 年，在人类历史发展的长河中，不过是短短的一瞬间。但是这 40 年的历程（“三起两落”）对于原来科学技术非常落后的新中国来说，却是一部前所未有的、值得大书特书的光辉史篇。同时，它也为我们实事求是地总结经验教训，研究和制定科技、经济发展的战略与对策，提供了一个可供参考的定量依据。

（二）

新中国成立的 40 年，尽管出现了一些失误和曲折，但是就科技发展总的态势来看，是符合一般发展规律的，与美国独立初期（1800—1840 年）的科技发展历程大体上一致，而我国的增长速度要快得多（见图 2）。

美国于 1776 年脱离英国，宣布独立，并于 1787 年成立资产阶级专政的联邦共和国。1790 年美国只有 5% 的人口生活在城市里（总人口为 390 万人）。1800 年，75% 以上的劳动力从事农业（占 73.68%）和其他与初级产品生产直接有关的职业（如渔业和矿业），而从事制造业的劳动力不过占 3%。这几个数据表明，19 世纪初的美国与 20 世纪 50 年代初的中国的基本国情是近似的（当时的美国人口只有新中国初期的 8.7%）。从图 1 与图 2 比较可以看出：科技发展的累积曲线及其趋势，中、美两国大体上是一致的，特别是中国自改革开放以来的科技发展曲线比美国曲线的斜率更大；科技逐年发展曲线，我国比美国的增长幅度要大得多。美国在 1800—1840 年的 40 年间，有 24 个年头没有一项科技成果，其中 1821—1827 年的 8 年间，科技史栏内都是空白。再与美国 1800—1950 年间的科技发展态势（见图 3）比较，我国的科技发展曲线的斜率也大一些，尤其是 1950—1965 年间和 1978

---

① 陈文化．科学技术与发展计量研究［M］．长沙：中南工业大学出版社，1992：279-287．

② 国家统计局．奋进的四十年［M］．北京：中国统计出版社，1989．

年以后更是如此。尽管中、美两国建国时间相距160多年，分别处于两个不同的科技时代，而中国40年的科技发展速度和水平远远高出美国的40年，这是不容怀疑的事实。因此，社会主义制度的优越性也是不容怀疑的实事。

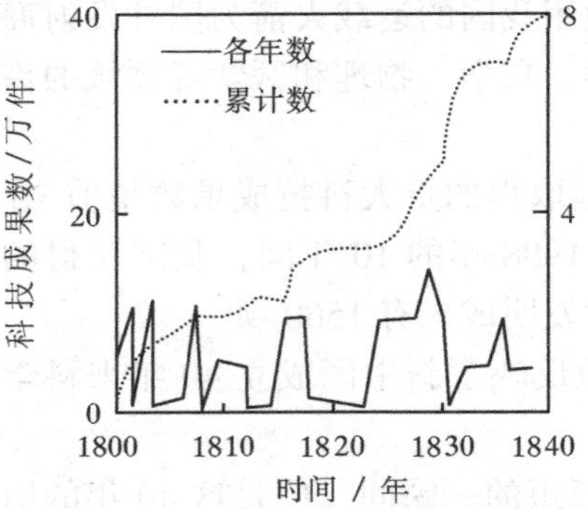

图2　美国1800—1840年间科技成果曲线图

注：数据统计于菅井准一等编《科学技术史年表》，日本平凡社，1953年。

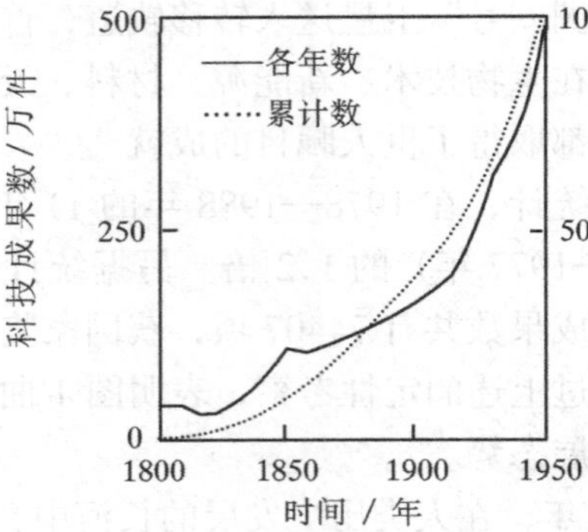

图3　美国1800—1950年间科技成果曲线图

（三）

研究结果表明：新中国的科技发展态势同科技人员和科研经费（绝对数）的增长曲线大体上是一致的（见图4）。

从图4可以看出，1978年以后，我国的科技人员急剧增加。同时科研经费绝对数的增长曲线也超出了科技成果发展曲线。因此，科技发展曲线的斜率明显增大。但是，在1982—1983年和1985—1988年间科技成果的增长速度有所减缓，其主要原因是由于科研经费投入的相对值减少造成的（见图5）。

如图5所示，我国的科技发展与其经费的投入量有着十分密切的关系。从绝对数的变化情况来看，1980—1982年间科研经费减少，随之科技发展曲线于1980—1983年出现较大的波动；1983—1984年科研经费增加较多，科技发展曲线在1984—1985年间的斜率明显增大；1985—1988年间的科研经费波动较大，科技发展曲线的斜率随之变小。从相对值的变化情况来看，科技发展曲线与科研经费占财政支出的比例（%）之间的相关性更大一些。1978—1983年间科研经费占财政支出的比例逐年增加，科技曲线也呈现上升趋势。从1984年开始，科研经费占财政支出的比例和占GNP的比例（%）均呈现直线性的下降，但1985—1988年间科技发展曲线的斜率明显减小。另据《奋进的四十年》统计，我国的重大科技成果数和获得国家奖励的发明项目数，从1984年以来，也呈现下降趋势（见表1）。

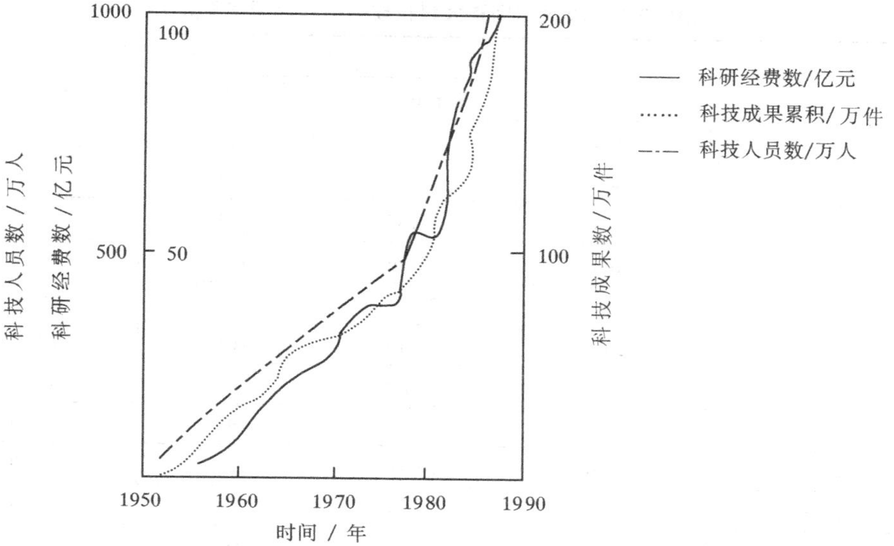

注：数据取自国家统计局编撰的《奋进的四十年》，中国统计出版社，1989年。

图 4　中国的科技发展与科技人员、科研经费之间的关系图

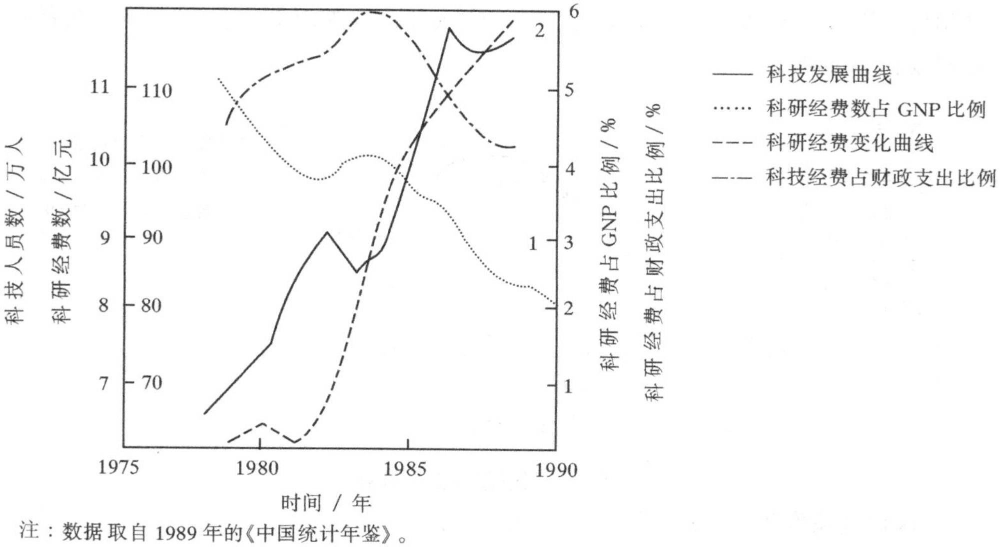

注：数据取自 1989 年的《中国统计年鉴》。

图 5　中国的科技发展与科研经费投入的关系图

表 1　　我国 1979—1988 年间重大科技成果数和获国家奖数

年　份	重大科技成果		获国家奖励的发明	
	项数	变化率/%	项数	变化率/%
1979	2820		42	
1980	2687	-4.95	109	+159.52
1981	3100	+15.87	123	+12.84
1982	4100	+32.26	153	+24.39
1983	5400	+31.71	212	+38.56
1984	10000	+85.19	264	+24.53
1985	10414	+4.14	185	-42.70
1986	14915	+43.22	30	-516.67
1987	11800	-26.40	225	+650.00
1988	9171	-28.67	217	-3.69
合计	74407		1560	

1984 年是我国一个不正常的年份。从图 6 也可以看出：在 1979—1984 年间，科研经费的增长率均高于财政收入和财政支出的增长率，而 1984 年以后的情况正好相反，即科研经费的变化率均低于财政收入和财政支出的变化率，并且唯有科研经费变化率的波动幅度更大一些。

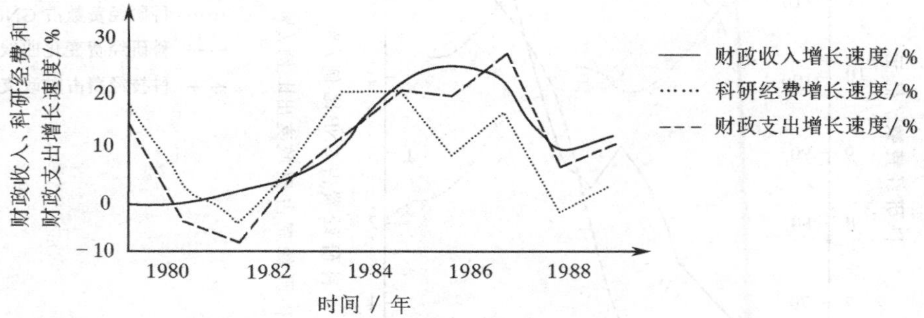

注：数据取自 1989 年《中国统计年鉴》。

图 6　科研经费变化曲线

这种现象发生在 80 年代的中后期，不能不说是一件怪事。一般来说，发达国家的研究与发展经费占 GNP 或财政收入、财政支出的比例都是逐年增加的，并且 80 年代的研究与发展经费占 GNP 的比例在 2%～4%之间。而我国的科研经费占 GNP 的比例却由 1979 年的 1.56%下降到 1988 年的 0.8%。最近的资料表明，1991 年的这个比例又下降到 0.7%。这究竟是为什么呢？值得研究，寻求对策。

（四）

为了持续、稳定、协调地发展我国的科技事业，我们建议采取以下措施。

第一，在进一步发挥社会主义制度优越性的基础上，坚持改革开放，不断完善、发展社会主义制度和我国的科研体制，最大限度地调动广大科技人员的积极性和创造性。

第二，坚定不移地继续贯彻执行“以经济建设为中心”和“经济建设必须依靠科学技术，科学技术工作必须面向经济建设”的战略指导方针。如图1所示，凡是自觉或不自觉地执行了“以经济建设为中心”的时期，我国的科技事业就得到蓬勃的发展；反之，科技工作就受到不同程度的干扰、破坏。因此，切实贯彻执行以经济建设为中心的战略方针，是促进科技事业发展的前提和重要保证。要继续贯彻执行两个“必须”的指导方针，我们认为，当前我国应该实施“T、E→S→E”发展模式[1]。当今的中国是一个科技并非十分落后而经济不发达的发展中国家。四十多年来，我国的经济发展取得了很大的成绩，但是我国的人均GNP值占世界总数的比例从1955年的4.7%下降到1980年的2.5%。1988年我国人均GNP值还只有1270多元，约居世界第100位。其中原因之一是科技成果的应用率比较低，大约在30%以下。统计分析结果表明：我国的经济增长率曲线与投资增长率曲线，在变化态势上，是完全同步的，即我国的经济发展仍然属于资金投入型。可见，我国的科技成果不少，而及时应用于生产的比例并带来直接的经济效益不高，致使今天的经济还不够繁荣。

第三，我国的科技活动应该重点开发生产技术，充分发挥科学技术的经济功能，尽可能地促使经济繁荣。为此，我们建议，要调整科研投资比例，强化中试环节。根据工业发达国家的经验，科研、中试、批量生产的投资比例为1：10：100，而我国为1：0.1：100，要提高企业科研经费的分配比例。1987年我国研究与发展经费的54.4%集中在科研机构，而企业只占29.6%，还没有达到发达国家水平（60%以上）的一半。因此，建议把我国企业、科研机构、大学科研经费的分配比例调整为60%，25%，15%；要调整科研机构的隶属关系，增强企业的科技开发能力，改变我国科技人员分布不合理的状况。

第四，保证科研经费投入的合理增长，力争尽快地达到GNP的1%～2%，形成科技—经济的良性循环，获得比翼齐飞的倍增效应。同时，要改变我国科研经费的来源结构，即把政府主导型（1987年政府拨款占60.9%，企业投入为39.1%）变为政府、企业双主型（即各占50%），发挥多方面的积极性。

参考文献

[1] 陈文化. 科学技术与发展计量研究［M］. 长沙：中南工业大学出版社，1992：279-344.
[2] 叶明，李健民. 促进科技与经济结合的组织保证［J］. 软科学，1991（1）.

第二部分　技术活动与技术——实践性知识体系

一、技术的范畴[①]

（2002 年 2 月）

技术的历史同人类历史一样，源远流长。由于技术的历史性、复杂性以及主观上的思维方式方法等原因，关于技术是什么的问题，长期以来争论未止。时至今日，理论界在技术本质及其范畴问题上，仍然存在着根本分歧。目前，这种分歧主要表现在“物质手段和方式方法的总和”说与“操作性（或实践性）知识体系”说的论争，以及技术仅局限于“自然技术”或“物质生产技术”与技术包括自然技术、社会技术和思维技术的论争。对技术本质及其范围的争辩，绝不是毫无现实意义的概念游戏，它直接涉及技术哲学研究、技术政策、技术引进与技术管理等很多问题。我们认为：技术是人类利用、控制与改造自然、社会、思维的方式方法的集合，是关于怎样“做”的知识体系，即实践性的知识体系。因此，技术应该包括自然技术、社会技术与思维技术。

1．自然技术

自然技术是指人类利用、控制或改造自然的方式方法的集合。然而，由于自然技术具有观念性和实物性的两重表现形式，有人就把自然技术视为观念形态和物质手段的总和。至今，这种“总和”说仍然很流行。其原因之一在于有人硬说马克思认为自然技术即劳动资料，或者说马克思认为自然技术是人类在生产劳动中掌握的各种物质手段。其实，这些说法是对马克思技术思想的一种误解。

马克思不仅认为自然技术是“人对自然的活动方式”，而且明确指出自然技术属于知识范畴。他说：“自然并没有制造出任何机器、机车、铁路、电报和自动纺棉机等，它们都是人类工业的产物；自然的物质转变为人类意志驾驭自然或人类在自然界里活动的器官。它们是由人类的手所创造的人类头脑的器官；都是物化的智力。”马克思的这段话非常明确地指出：工具、机器等物质手段（劳动资料）是“人类工业的产物”，是智力的物化形态，即将科学技术“知识形态”物化为“直接

① 本文发表于《科技进步与对策》，2002（2）。

的生产力”。

“总和”说把自然技术的思想内容与其载体的“物理世界”并列，视工具、机器、设备等物质手段为自然技术或其一部分，掩盖了自然技术的本质。其危害性十分明显，主要表现如下。

第一，“总和”说抹煞了自然技术成果和物质生产产品之间的本质区别。这样，它既否定了自然技术本身，也否定了自然技术成果的转化过程。

一般来说，自然技术主要是脑力劳动者发明创造出来的精神生产成果，而物质手段是体力劳动者按照技术工艺制造出来的物质产品。如果说物质手段是自然技术或其一部分，即体力劳动者创造自然技术，那么脑力劳动者（主要指科技人员）的地位被否定了，自然技术所具有的知识性、新颖性与独创性等主要特征也不存在了。既然如此，还有什么自然技术可言呢？

“总和”说混淆了自然技术与生产技术的区别，也就否定了技术成果向现实生产力的转化过程。自然技术成果只是一种潜在的或间接的生产力，只有经过技术创新、技术扩散等阶段，才能转化为生产技术（即现实的或直接的生产力）并入生产过程，从而获得物质产品及其综合效应。然而“总和”说把生产过程的产物——物质手段——当作生产技术，就是取消了自然技术成果向生产能力转化的这个必经过程。

第二，“总和”说是以进口设备取代引进技术的理论依据。他们认为，只要进口了设备或者生产流水线，也就拥有了新的技术。这种观点与做法确实存在，并且一直是困扰着我国技术进步的一个大问题。长期以来，我国的技术引进工作基本上处于引进与消化、创新工作相互脱节的现象。企业、生产部门既是进口设备的主体，又是对进口技术消化吸收的主体，然而他们既缺乏对引进技术消化、吸收、创新的内在动力，又缺少这方面的技术能力。科技部门，尤其是技术开发单位，对引进技术的消化、吸收、创新又起不到应有的作用。于是引进技术就等同于进口设备了。造成这种不正常现象的原因是多方面的，而技术概念上的错误或者混乱，不能不说是其中的一个重要原因。

由此可见，技术的本质是一种实践性的知识，而一切物质手段都是技术的物质载体（或外壳），都是技术“并入生产过程”后的物质生产产品。

2. 社会技术

有学者认为：技术只是那种人类改造与控制自然的物质性技术或“自然技术”，不可能有什么“社会技术”和“思维技术”（人文技术中的一种）。如果有，也只不过是技术概念的泛化。到底有没有社会技术呢？按照马克思的意思，技术首先表现在“人对自然”和“物质生活的生产过程中”，从而表现在“社会关系”方面，“以及由此产生的精神观念的起源”及其产生的过程中。可见，技术应该包括自然技术、社会技术和思维技术。马克思对社会技术的论述不仅如此，他还指出：劳动者与生产资料“在彼此分离的情况下，只在可能性上是生产要素。凡要进行生产，就必须使他们结合起来。实行这种结合的特殊方式和方法，使社会结构区分为各个不同的经济时期”。这里讲的“结合的特殊方式和方法”除了工艺流程之外，显然还包括组织管理在内的“特殊方式和方法”，即“社会技术”。此外，马克思还把社会技术作为现实生产力的决定性因素之一。他说：“固定资产的发展表明：一般的社会知识、学问已在多么大的程度上变成了直接的生产力，从而社会生活过程的条件已在多么大的程度上受到一般知识的控制并据此种知识而进行改造。”如果没有社会技术这个中介、条件，“一般社会知识、学问”怎么会“变成直接的生产力”呢？社会生产力的发展正如计算机一样，没有硬件（自然技术）不行，没有软件（社会技术）也不行，从某种意义上说，软件的作用比硬件更加重要。

联合国科技促进发展委员会主持编写的《知识社会——信息技术促进可持续发展》一书中指出：“一国家的创新系统概念是指技术的和组织的能力构建过程，以及能够有效选择并能实施的政策制订过程。因此，这一概念与国家的社会能力建设密切相关，在这种意义上，它具有组织结构的社会、政治和经济的特征。”显然，自然技术能力与社会技术能力之间既是互补关系，又相互制约、相互作用而整合为国家创新体系及其综合技术能力。过去只强调发展自然技术，不重视发展与它相关的“软件”——社会技术，实践证明，这种模式是难以奏效的。

3．思维技术

思维是地球上最美丽的花朵。正是它，把人与动物区分开来；也是它，指导人类进行社会实践，创造了灿烂的物质文明与精神文明，使人类离动物越来越远，从必然王国到自由王国的飞跃愈来愈加速。因此，要揭示人类进步发展的奥秘，就要从事思维研究。

钱学森倡导召开的全国思维科学讨论会及其在大会上的长篇指导性讲话，第一次把思维科学提到独立学科的地位，其贡献尤其显著。

西方关于这方面的研究也已跃进到一个新水平，即从过去的神秘性、模糊性、主观片面性逐步过渡到现代科学基础之上。可见，思维科学的存在已经成为不可争辩的事实。然而，存在思维技术吗？众所周知，科学、技术与生产都不是孤立存在的，随着科技的发展，它们之间的关系愈来愈紧密。在任何情况下，技术总是处于科学与生产之间的中介状态或中介地位。中介性是技术的重要特性，即科学只有通过技术这个中介，才能作用于生产（如自然科学只有通过自然技术，才能作用于生产；社会科学只有通过社会技术，才能作用于生产）。因此，研究思维科学就必然要研究思维技术，如果不研究思维技术，思维科学就不能指导实践，也就没有对它的研究。

如前所述，马克思讲的“精神观念的起源”就是指思维技术。人类对世界的能动反映是通过思维对观念客体（指主体在观念中通过逻辑形式所把握的客体，如观点、观念、规律等）的构建表现出来的，这种认识又经过进一步的思维构建和实践转化为物化形态。其模式为：自在客体—主体—观念客体—主体—物化形态。其中，主体及其思维结构形成了自在客体与观念客体及其物化形态的转换器，这个转换过程固定下来就形成了某种思维模式。显然，主体是信息转换的加工、调节系统。而信息转换即信息加工、调节的方式方法就是思维技术。它对于观念客体及其物化形态的构建和形成起着特定的决定性作用。

综上所述，在现实的生产过程和社会、经济活动中，根本不可能只有自然技术和社会技术。因为自然技术的发明、创新和扩散活动都是人的行为，与此相伴的就有人的历时性交流和共时性交往（怎样交往就是社会技术），以及对人的思维的控制与改进（就是思维技术）。

因此，自然技术作用的发挥，在很大程度上取决于社会技术与思维技术，并且是三者的相互作用和协调所形成的整合效应。长期以来，我们只重视自然技术，忽视社会技术与思维技术，这种状况目前在许多单位中仍然存在着，如“管物不管人”，重视自然技术而忽视人际关系的调整与思维方式的改进。这个问题表现在个体上，就是“做人”和“处事”和“做事”的分离与对立，一些人注重学“做事”，而忽视学“做人”和“处事”。当前在我国，如果说自然技术落后，那么社会技术——主要是调整人际技术关系的组织管理技术——更落后，思维技术——主要是思维模式、思维方式——更滞后。

参考文献

[1]　A. A. 库津. 马克思与技术问题［J］. 蒋洪举，译. 科学史译丛，1980（1）：2.

[2]　马克思. 资本论［M］. 北京：中国社会科学出版社，1983.

[3]　陈文化. 科学技术与发展计量研究［M］. 长沙：中南工业大学出版社，1992.

二、马克思主义技术观不是“技术决定论”①

（2001 年 12 月）

“技术决定论”原本是现代西方社会学未来学派的观点。近年来，国外学者（如 E.Mesthene）将马克思主义的技术观划归为技术决定论。国内一些学者也认为“马克思主义的技术观是社会制约的技术决定论”，“马克思主义的一元决定论并没有因为承认自己是技术决定论而否认自己”[1]35，甚至提出“马克思主义的技术决定论”[2]，“马克思主义历史观包含着科学技术决定论”[3]143。马克思主义的技术观、技术哲学思想是我们研究技术发展规律的指南，是我国制定并实施“科教兴国”战略和“加强技术创新，加速科技成果产业化”方针的理论基础之一。因此，弄清楚马克思主义的技术观与“技术决定论”的根本区别，具有重大的理论与现实意义。

（一）

什么是“技术决定论”呢？它“认为在现代社会中，科学技术已经成为影响一个社会的政治、经济、文化、军事的变迁和发展以及使不同社会结构趋同的决定性因素……现代世界正处在由‘工业社会’向‘技术统治的未来社会’过渡的转变时期”（《辞海》，1989 年版，第 1759 页）。《自然辩证法百科全书》（1995 年版）中认为：“技术决定论（Technological Deter-Minism）通常指强调技术的自主性和独立性，认为技术能直接主宰社会命运的一种思想。技术决定论把技术看成是人类无法控制的力量。”G.Ropohe 认为，技术决定论是指“技术的发展不依赖于外部因素，技术作为社会变迁的动力，决定、支配人类精神和社会状况。”[4]这些定义尽管在文字表述上不完全相同，但其基本精神是一致的，也符合“技术决定论”者的原意。如美国的布热津斯基认为：“技术，特别是电子学……越来越成为社会变革和改变社会习俗、社会结构、社会价值观以及总的社会观点的决定因素。”“正在形成一个‘技术电子’社会：一个文化、心理、社会和经济各方面都按照技术和电子学，特别是电子计算机和通讯来塑造的社会。”[5]139

应该如何看待“技术决定论”呢？我们认为：“技术决定论”的错误不在于它强调了科学技术在当代社会的经济、文化、军事变迁和发展中的关键地位，也不完全是它将现代科学技术夸大为社会发展的“决定性作用”、“唯一动力”，而其要害是企图以唯心史观否认并取代马克思主义的唯物史观。

---

① 本文发表于《科学技术与辩证法》，2001（6）。

首先，科学的历史观是自然史（即自然科学）与人类史的统一。马克思、恩格斯指出：历史可以“划分为自然史和人类史，但这两方面是密切相连的；只要有人存在，自然史和人类史就彼此相互制约。自然史，即所谓自然科学，……意识形态本身只不过是人类史的一个方面。”[6]20如果“从历史运动中排除掉人对自然界的理论关系和实践关系，排除掉自然科学和工业，就会得出唯心主义结论。”[7]191在这里，马克思、恩格斯一方面立足于人与自然的关系来考察人类的发展，强调从人类史和自然史的分化及其相互作用中来考察历史；另一方面，立足于现实的个人与社会的关系来考察人的生存、活动与发展，把现实的活动着的个人作为全部社会历史的基础。因为只有人对自然的理论关系——自然科学与人对自然的实践关系——物质生产结合以后，历史观才有可能奠定在现实的物质生产的基础之上，也才有生产力和经济基础分别对生产关系和上层建筑的决定性作用以及在一定条件下的后者分别对前者的反作用。列宁认为，这是“唯一的科学历史观”，并指出：“只有把社会关系归结于生产关系，把生产关系归结于生产力的高度，才能有可靠的根据把社会形态的发展看作自然历史过程。不言而喻，没有这种观点，也就不会有社会科学。”[8]8而“技术决定论”者在考察社会发展时，孤立地分析技术和生产力状况，根本不提物质生产及其过程中的社会关系，尤其是生产资料所有制关系，而鼓吹什么随着科学技术和生产力的发展，资本主义社会制度会“永世长存”。这种观点违背了人类社会发展的历史事实。马克思指出：“资本只不过是一个过渡点。以往的一切社会形态都随着财富的发展，或者同样可以说，随着社会生产力的发展而没落了。”“科学的力量已经表现为固定资本的尺度”。“因此，只有用暴力消灭资本，……这是忠告资本退位并让位于更高的社会生产形态的最令人信服的形态。”[9]268-269难道唯独资本主义社会形态会像“技术决定论”所鼓吹的那样，随着新的科技革命和社会生产力的发展而“永世长久”吗?!

其次，科学技术知识只有转化为直接的生产力，才能成为社会、经济和人文发展的推动力。众所周知，包括自然科学技术在内的知识是属于人的一种对象性的具有客观内容的意识形态。自然技术是自然科学与物质生产之间的中介手段。马克思认为：自然技术是“人对自然的活动方式”或“能动关系”[10]374，是实现劳动者和生产资料“结合的特殊的方式方法”，属于“精神生产领域”的成果或“脑力劳动的产物”[11]97。恩格斯也将技术发明作为“生产要素”中的一种“精神要素”，即除劳动和资本之外的“第三要素”[12]607。列宁也明确地指出“人类的这些发明是属于精神的”范畴[8]3。这种知识形态的技术，尽管可以充实人在精神上的匮乏和具有潜在的价值，而实验室阶段的技术发明、研究报告、样品、样机、模型等，在尚未转化为现实生产力即物化形态之前，对社会、经济和人文发展不会有多大的影响。当它一旦转化为实现生产力并应用于生产，其作用就完全不一样了。马克思指出：

“固定资本的发展表明：一般的社会知识、学问，已经在多么大的程度上变成了直接的生产力，从而社会生产过程的条件本身已经在多么大的程度上受到一般知识的控制并根据此种知识而进行改造”[13]。“随着大工业的持续发展，创造现实的财富……决定于一般的科学水平和技术进步或科学在生产上的应用。”[14]206

而“技术决定论”者把作为“精神要素”和“精神生产”产品的技术知识说成是社会发展的“决定因素”或“唯一动力”，并直接主宰社会命运。显然，这是历史唯心主义观点。

奈斯比特说什么“在信息社会里，价值的增长不是通过劳动，而是通过知识实现的。”[15]15这是一个被扭曲了的新问题。马克思主义认为：物化为现实生产力的科学技术是发展经济、变革社会的主要动因。这是因为“科学技术”与“科学技术物化”是两个不同的概念。也就是说，知识形态的科学技术不是“直接的生产力”。无论在什么时候，知识都是“脑力劳动的产物”，而“价值的增长”是“人通过人的劳动”使知识物化的结果，知识总不会通过自己实现其价值吧！在信息业社会和知识经济时代，知识及其应用上升到“第一”的地位，也是人赋予它的。因为撇开人，它是“死物”。所谓知识经济，是指知识的经济化与经济的知识化的统一，而且只有知识的经济化（即人将它物化），才会有经济的知识化。确切地说，应该是“知识业经济”和“信息业社会”。因此，要高度重视信息、知识“通过劳动”实现其价值。

再次，人们之间的关系是进行“现实的生产和再生产”的先决条件。马克思主义认为：生产力与生产关系是内容和形式的辩证统一关系。“人们在生产中不仅仅同自然界发生关系。他们如果不以一定的方式结合起来共同活动和相互交换其活动，便不能进行生产。为了进行生产，人们便发生一定的联系和关系；只有在这些社会联系和社会关系的范围内，才会有他们对自然界的关系，才会有生产。”[16]362因为“同自然界发生关系”的人是生活于人与人之间关系（社会）中的人，无论是精神生产，还是物质生产，人们之间的社会联系和社会关系成为其基本的前提和必备的条件。“技术决定论”避而不谈人们之间的社会联系和社会关系，是不现实的、虚构的“生产”。“技术决定论”者在考察社会发展时，孤立地分析技术和生产力状况，根本不提物质生产和人与人的关系，尤其是生产资料所有制关系，从而得出随着科学技术的发展，使社会主义和资本主义趋同为“技术统治的社会”或“信息社会”的结论，彻底抹杀了社会主义与资本主义两种社会制度的本质区别。即使是两者“趋同”的话，也必须是两种社会制度都朝着某一个方面变化和发展。

“技术决定论”否认生产关系和上层建筑在一定条件下的反作用，也不符合历史事实。按照科学技术和生产力的发展水平来说，中国的隋唐时期（公元3—9世纪）处于封建社会的鼎盛时期，居于世界领先水平，但却迟迟不能迈向资本主义社会形态。而社会、经济和科学文化水平都远远低于东方的西欧，却成为近代资本主义的发源地和世界经济中心[17]284-285。究其原因，主要是中国没有发生过类似于西欧的“文艺复兴”等思想解放运动和比较彻底的资产阶级政治革命。另外，一些科学技术和生产力相对落后的国家却发生了无产阶级革命，并建立了社会主义制度。上述史实表明：在特定的历史条件下，生产关系和上层建筑的革命对社会发展同样起着决定性的反作用。因此，“技术决定论”鼓吹技术知识直接决定社会经济的发展和社会形态的演化，是一种历史唯心主义。

（二）

为什么有人把马克思主义的技术观、技术哲学思想误解为“技术决定论”呢？其中一个重要原因，就是他们把工具、机器等劳动资料或技术手段等同于技术，并加在马克思的头上。

如苏联学者A.A库津在《马克思与技术问题》一文中说：“马克思认为技术即劳动资料”，“马克思认为技术实质上是人类在生产劳动中所掌握的各种活动手段”。他还在文中多次说：“马克思指出了劳动资料（技术）……。”[18]这些说法在国内学界时有所见。如“马克思把技术……归结为工具、机器和装置这些机械性的劳动资料”，“马克思在这里所说的……‘劳动资料’、‘机械性的劳动资料’等无疑是关于技术的论述”[1]36。

技术概念是马克思主义技术观的核心和基础。马克思从来没有说过“技术即劳动资料”等类似的话。如前所述，马克思明确地指出：自然技术是“人对自然的活动方式”或“能动关系”，是“运用于实践的科学”，是“怎样生产”的“特殊的方式和方法”或“操作方法的知识”[14]207，即实践性的知识体系。而劳动资料（“包括机器、器具、工具、厂房、建筑物、交通运输线等等”[10]636）“它们都是人类工业的产物；……都是物化的智力”[13]3。同时，马克思对机器、劳动资料、技术手段等，分别给出了明确的根本不同于技术的定义。他说：“利用机器的方法和机器本身完全是两回事”。“因为机器是劳动工具的结合，但绝不是工人本身的各种操作的组合。”“劳动资料是劳动者……用来把自己的活动传导到劳动对象上去的物或物的综合 体”，“技术手段，如机器等”[19]481。总之，马克思认为，技术是“脑力劳动的产物”，而劳动资料“是人类工业的产物”，“是物化的智力”，这就深刻地揭示了它们之间的联系和区别。有人将两者等同起来，既取消了科学技术向直接生产力转化的必经过程，又贬低了科学技术在现代生产力构成和发展中的“第一”地位和关键作用，更否定了科技人员是开展科技创新的主力军、先进生产力的开拓者、先进文化的创造者和传播者[20]61。

一些学者囿于“技术即劳动资料”的偏见，对马克思主义的技术观作出了错误的理解，认为："马克思把劳动资料作为区分经济时代的唯一标志"，并提出"马克思主义的技术决定论"。

关于经济时代区分的标志问题，A.A. 库津说："把劳动资料与经济时代联系起来"，"马克思揭示了从一个经济时代过渡到另一个经济时代的历史过程的实质和内容；指出了劳动资料（技术）在这个改变过程中所起的作用。"[18]苏联学者尼·阿·洛赫马洛柯也断言："马克思强调经济时代是以劳动的技术手段来划分的。"[21]63这是对马克思主义思想的误解。马克思指出："各种经济时代的区别，不在于生产什么，而在于怎样生产，用什么劳动资料生产。"[10]168他在这里强调的是"怎样生产"，即生产技术——技术的物化形态。只有这样理解，才符合马克思的原意。如在《资本论》第 2 版中，他在"怎样生产"这句话的后面特意作了一个重要的注释："从工艺上比较各个不同的生产时代"，只在"史前时期是按照制造武器和工具的材料，划分为石器时代、青铜时代和铁器时代的。"[10]168他还明确地指出：实行劳动者和生产资料"结合的特殊的方式和方法，使社会结构区分为不同的经济时期"[22]44。列宁也指出："由于有各种不同的技术方法，我们看到资本主义发展的各种不同的阶段。"[23]196马克思明明讲的是"技术方法"，怎么能说是以物质资料作为区分经济时代的标志呢？马克思认为：劳动资料是劳动得以进行的物质资料，但工具、机器本身又不能完全体现出一个经济时代的特征。"很多这样的工具，在很早以前，在工场手工业时期就已经发展为机器，但并没有引起生产方式的革命"。而大工业是"必须用机器来生产机器"，"这样，大工业才建立起与自己相适应的技术基础，才得以自立。"[10]386

马克思主义认为：生产技术是区分经济时代的标志。技术与生产技术是两个不同的概念。生产技术即"怎样生产"，显然是指将知识形态的技术物化为生产过程中的方式方法、工艺流程、操作规则以及组织、管理程序与方法等。于是，有什么样的生产技术，就要"用什么劳动资料生产"。同时，只有生产技术，才是使生产活动得以进行的决定性因素。因为劳动者和生产资料，在彼此分离的情况下，只在可能性上是生产因素。凡要进行生产，就必须用"特殊的方式和方法"使它们结合起来。所以，马克思反复强调的是要把"自然科学并入生产过程""变成直接的生产力"，才能加速经济发展和社会进步。

国内某些学者将技术等同于劳动资料或生产技术，误解了马克思关于经济时代区分的标志，进而提出"马克思主义技术决定论"。他们说："在这个意义上，我们可以说马克思的技术哲学在某种程度上反映了技术决定论思想。因为马克思认为，'社会历史发展的决定性基础是经济关系，而经济关系是指一定社会的人们用以生产生活资料和彼此交换产品的方式说的。因此，这里面也包括生产和运输的全部技术装备。这种技术装备，照我们的观点看来，同时决定着产品的交换方式以及分配方式，从而在氏族社会解体后也决定着阶级的划分，决定着统治和从属的关系，决定着国家、政治、法律等等。'"[2]其实，这句话是恩格斯在《致符·博尔吉乌斯》的一封信中说的[24]505。在这封信中，恩格斯主要阐述了唯物史观的一些根本观点，同时也谈到了技术与科学之间的关系，但没有直接谈及技术与社会的关系问题。一些学者借以为据，提出"马克思主义的技术决定论"，就是将信中的"技术装备"等同于"技术"。我们认为，这里的"技术装备"是指劳动资料，而不是技术。如果把"技术装备"理解为技术，就会得出荒谬的结论，即技术"决定着阶级的划分，决定着统治和从属的关系。"那么，谁有技术或者谁的技术多，谁就成为统治者或统治集团（阶级）。这样，马克思主义就与西方资产阶级学者的"技术决定论"或"技术统治论"没有任何区别了！

显然，这是一种明显的曲解。当然，恩格斯在文字表述上有没有不够"清晰而明确"的地方还值得进一步研究。恩格斯在该信的末尾特别声明："请您不要过分推敲上面所说的每一字句，而要始终注意到总的联系，可惜我没有时间能像给报刊写文章那样清晰而明确地向您阐述这一切"。因此，我们认为，只有将"这种技术装备"理解为"这种技术装备（劳动资料）的占有关系"，才符合该信的原意和恩格斯的一贯思想。

有学者在论述"马克思主义技术决定论"时，又提出"马克思主义的一元决定论"（即指"经济决定论"），并说技术的"这种决定性作用不过是经济决定社会发展的、典型的、突出的、更本质的表现而已"。其实，恩格斯在一百多年前就反对将唯物史观说成为"经济因素是唯一决定因素"。他于 1890 年 9 月 21 日致柏林大学学生约·布洛赫的信中明确地指出："根据唯物史观，历史过程中的决定性因素归根到底是现实的生产和再生产。无论是马克思或我都从来没有肯定比这更多的东西。如果有人在这里加以歪曲，说经济因素是唯一决定性因素的话，那么他就是把这个命题变成毫无内容的、抽象的、荒谬无稽的空话。经济状况是基础，但是对历史斗争的进程发生影响并且在许多情况下主要是决定着这一斗争的形式的，还有上层建筑的各种因素。"历史事变的发生是"有无数互相交错的力量，有无数个力的平行四边形……起着作用的力量的产物。"[24]477-478一百多年后，有人又提出什么"马克思主义的一元决定论"、"马克思主义的技术决定论"、"马克思主义的经济决定论"等等，显然是"歪曲"了马克思主义的唯物史观。

参考文献

[1] 牟焕森．存在"马克思主义的技术决定论"吗？［J］．自然辩证法研究．2000（9）：35.

[2] 陈凡．马克思主义是技术决定论吗？——对马克思主义技术观的探讨［N］.

科技日报，1988-10-10.
[3] 王森洋，周林东. 科学技术是第一生产力［M］. 上海：上海人民出版社，1994.
[4] G. Ropohe. A critique of technology determinism［M］. In Pdurbin and Rapp (ed). Philosophy and Technology. Dor-drecht：D Reidei Publishing Company，1983.
[5] 布热津斯基. 两个时代之间：美国在技术电子时代的作用［C］//. 樊期谷. 现代科技革命与未来社会——评两种社会制度“趋同论”. 北京：中国人民大学出版社，1993.
[6] 马克思，恩格斯. 马克思恩格斯全集：第 3 卷［M］. 北京：人民出版社，1980.
[7] 马克思，恩格斯. 马克思恩格斯全集：第 2 卷［M］. 北京：人民出版社，1980.
[8] 列宁. 列宁选集：第 1 卷［M］. 北京：人民出版社，1980.
[9] 马克思，恩格斯. 马克思恩格斯全集：第 46 卷（下）［M］. 北京：人民出版社，1980.
[10] 马克思. 资本论［M］. 北京：中国社会科学出版社，1983.
[11] 马克思，恩格斯. 马克思恩格斯全集：第 25 卷［M］. 北京：人民出版社，1980.
[12] 马克思，恩格斯. 马克思恩格斯全集：第 1 卷［M］. 北京：人民出版社，1980.
[13] 马克思. 政治经济学批判大纲（草稿）［M］. 北京：人民出版社，1980.
[14] 马克思. 机器. 自然力和科学的应用［M］. 北京：人民出版社，1980.
[15] J. 奈斯比特. 大趋势：改革我们生活的 10 个新方向［M］. 北京：中国社会科学出版社，1984.
[16] 马克思，恩格斯. 马克思恩格斯选集：第 1 卷［M］. 北京：人民出版社，1980.
[17] 赵红洲. 科学能力学引论［M］. 北京：科学出版社，1984.
[18] A. A. 库津. 马克思与技术问题［J］. 蒋洪举，译. 科学史译丛，1980(1)：2.
[19] 马克思，恩格斯. 马克思恩格斯全集：第 27 卷［M］. 北京：人民出版社，1980.
[20] 陈文化. 科学技术与发展计量研究［M］. 长沙：中南工业大学出版社，1992.

[21] 阿·洛赫马洛柯. 技术进步与社会主义生产关系 [M]. 王茂根，译. 沈阳：辽宁人民出版社，1988.
[22] 马克思，恩格斯. 马克思恩格斯全集：第 24 卷 [M]. 北京：人民出版社，1980.
[23] 列宁. 列宁选集：第 3 卷 [M]. 北京：人民出版社，1957.
[24] 马克思，恩格斯. 马克思恩格斯选集：第 4 卷 [M]. 北京：人民出版社，1974.

三、试析马克思的技术观①

(2001 年 3 月)

“技术”，是当今社会使用频率最高的词语之一。然而，什么是技术？学术界却众说纷纭。其中，认为“技术是劳动手段、生产工具和一切用以提高劳动生产率的实物”，或者“技术是物质手段与方法的总和”，是当前的主流观点。苏联的一些学者还将这些观点加在马克思的头上。如苏联的 A.A. 库津在《马克思与技术问题》一文中说：“马克思认为技术即劳动资料。”“马克思认为技术实质上是人类在生产劳动中所掌握的各种活动手段。”[1]这些说法在国内时有所见、所闻。最近，在讨论哲学研究中的“技术转向”问题时，有学者还定义技术哲学是“研究造物过程的哲学”，“是研究关于人的造物、用物和生产的哲学问题的哲学分支”。由此看来，技术范畴是一个值得深入探讨的重要问题。弄清技术概念，特别是对于深刻理解马克思主义的技术范畴、技术观，对于深入讨论哲学研究中的“技术转向”与技术研究中的“哲学转向”问题，对于正确地理解“科学技术是第一生产力”思想和贯彻执行“加强技术创新，加速科技成果产业化”方针，都具有十分重要的意义。

(一)

“人们的观念、观点和概念，一句话，人们的意识随着人们的生活条件、人们的社会关系、人们的社会存在的改变而改变”[2]270。列宁也指出：“人的概念并不是不动的，而是永恒运动的，相互转化的，往返流动的；否则，它们就不能反映活生生的生活。对概念的分析、研究，运用概念的艺术（恩格斯），始终要求研究概念的运行、它们的联系、它们的相互转化。”[3]277就是说，观点和概念是一个历史的范畴。同样，技术概念也是一个历史范畴。现代技术已经渗透到人类社会的生产、生活等各个领域，凡是人类的活动都伴有技术。于是，我们将技术分为自然技术、社会技术、思维技术和人本技术[4]。正如吴国盛指出的，“技术就是现代性的象征和标志”，“一切问题都是技术问题，而一切技术问题都不是（狭义的）‘技术’问题。”[5]

在这里，只讨论狭义的“技术”，即自然技术概念的演变过程。

1. 自然技术是一个历史范畴

观点和概念是一个历史范畴，就得用历史的方法（按照客体的时间顺序，按照

---

① 本文发表于《求实》，2001（6）。

历史表明的具体形态，阐明客体发展的各个不同阶段）来考察。我们认为：自然技术概念的演变，大致上经历了以下三个阶段。

① 古代的自然技术概念—“技巧、技能”说。技术的历史同人类一样，源远流长。人类社会是从采集狩猎时期开始的。整个农业文明时代，都是简单（初级）的物质生产、生活方式，即以采掘、直接利用或简单加工和消费原始资源的活动方式为主的时代。生产的初始产品保持了其直接的自然属性。于是，在手工劳动中，主要依赖于如何获取和简单加工自然物质的技巧、经验和技能，并不断地充实而承传给后代。正如恩格斯指出的，在人猿揖别之后的漫长岁月中，“具有决定意义的一步完成了：手变得自由了，能够不断地获得新的技巧，而这样获得的较大的灵活性便遗传下来，一代一代地增加着……这些遗传下来的灵巧性以愈来愈新的方式运用于新的愈来愈复杂的动作，人的手才达到这样高度的完善。”[6]150-151马克思也认为，古代自然技术是人们劳动的“经验”、“手艺”、“技巧”、“技能”和“秘诀”[7]341。还说：在大工业“以前的生产阶段上，范围有限的知识和经验是同劳动本身直接联系在一起的，……因而整个说来从未超出制作方法的积累和范围，这种积累是一代代加以充实的，并且是很缓慢地、一点一点地扩大的。（凭经验掌握每一种手艺的秘密。）手和脑还没有相互分离。”[8]207-209于是，贝尔纳在《历史上的科学》一书中把技术的起源表述为由个人所获得而由社会保持下来的操作方法、技巧。

② 近代的自然技术概念——“物质手段”说或“劳动资料”说。任何事物的发展，都是通过否定（或扬弃）而实现的。随着技术和生产力的不断发展，人类社会迈入了工业社会。工业社会是以开发、加工、利用自然资源（特别是能源）为主的复杂（高级）的物质性活动方式，这是对农业文明的技术范畴、技术基础的根本变革。正如列宁指出的，“从手工场向工厂过渡，标志着技术的根本变革。这一变革推翻了几百年积累起来的工匠手艺。”[9]411这样，“用机器生产机器”的机器大工业第一次把巨大的自然力和科学技术“并入生产过程”，即机器生产的整个过程不是屈从于劳动者的直接技巧，而是科学技术在生产上的应用。于是，机器就成为科学技术物化的综合体。正是这种机器的特征、机器生产的功能和原则，引起了技术观念的变化。然而，受到机械自然观影响的人们，只看到了机器“代替劳动者而自己具有技巧和力量”、“直接的劳动则被贬低为这个过程里面一个单纯的环节”[10]347这个表面现象，而没有追究其现象的本质——“从直接劳动转移到机器、转移到死的生产力上面的技巧”（马克思语）。因此，“物质手段”说或“劳动资料”说是机器时代的产物，也是机械唯物主义自然观的由来和反映。

③ 现代的自然技术概念——实践性的知识体系。随着科学技术的发展和应用，技术从古代的主观形态转化为近代的客观形态，这是历史前进的必然。然而，当今世界已经进入了信息业社会及其知识经济时代。信息业文明是以信息活动为主导的

综合活动方式，信息、知识不仅成为物质性活动方式得以进行的决定性因素，而且信息业将会成为社会的主导产业（犹如工业社会的制造业一样）。显然，信息活动的内容主要不是从事物质性活动，即经济活动，而是以发现、发明、创新一体化为基本特征的知识创新活动，即“知识和信息的生产、分配、使用（消费）”的动态过程，按照联合国经济合作与发展组织的定义，这就是“知识经济”[11]10。于是，信息活动方式就从工业社会后期的服务于物质性活动的附属地位转变为信息业社会的主导和支配地位。因此，信息业文明时代的客观现实，要求我们彻底改变“技术即劳动资料”这个传统的落后的观念。于是，我们认为：“技术是利用、控制和改造自然、社会或思维的方式方法体系，即关于怎么‘做’的知识体系或实践性的知识体系”[12]。也就是说：“技术的本质特征就是知识性，属于精神范畴，不是什么物质实体。”[12]第一，现实存在的技术，如同其他事物一样，都是现象与本质的对立统一。工具、机器或其他设备只是技术的一种物化形态，是形于外的现象，而藏于内的本质——技术原理，制造、使用和维修的方式方法，则看不见、摸不着，只有依靠理论思维才能把握。因此，科学技术研究的任务在于“把可以看见的、仅仅是表面的运动归结为内部的现实的运动”[13]349。第二，现实的技术是知识内容与外在形式的统一。同一种内容的技术在不同的条件下表现出不同的形式、形态或不同的物质载体（人、物、电磁波等），同一种形式的技术会在不同条件下体现为不同的内容。因此，不能因为技术具有实物性的表现形式，就认为“技术是各种不同形态的物质”，甚至把技术与机器设备完全等同起来。同样，也不能因为技术具有观念性和实物性的两重表现形式，就把技术定义为“观念形态和物质手段的总和”。第三，现实的技术，按照 K. 波普尔的“三个世界”理论，既不是世界 1——“物理世界的实体”或客观物质世界，也不是世界 2——“精神状态世界”或主观精神世界，而是人（类）精神活动的一类产物、“世界 3”——“思想内容的世界”或客观精神世界，即技术的内容是精神的，其载体或外壳是物质的（因为科学技术同属于世界 3，我们将科学定义为“理论性的知识体系”[14]1-19，揭示了现代科学与技术之间的关系）。第四，将技术等同于物质手段，抹煞了技术成果与物质生产产品之间的本质区别。这样，它既否定了技术本身，也取消了技术成果的物化过程；既否定了科技人员的脑力劳动成果，又贬低了技术在现代生产力构成和发展中的地位与作用。岂不是把物质手段、劳动资料视为“第一生产力”了吗?！第五，持“技术即劳动资料”论者中的某些学者又提出“马克思主义技术决定论”主张，那么，马克思主义的技术观不就成了“劳动资料决定论”、“武器决定论”了吗?！显然，技术不能等同于物质手段或劳动资料。第六，把技术等同于它的运用甚至它的物质产品，或者视为“物质手段与方法的总和”，并将其作为技术哲学的研究对象，就会忽视技术及其发展过程所蕴涵的丰富的哲学问题研究。于是，技术哲学就变成了设备哲学或人造物哲学。正如M. 邦格指出的："技术哲学把它的研究重点放在探讨技术本身所蕴涵的哲学问题以及技术过程所提出的哲学思想上"，"显然不是从技术的产物——汽车、药品、被治愈的病人或技术战争的牺牲者当中去探索"。"由于有些人把技术与它的运用甚至与它的物质产品等同起来，技术的概念方面就被轻视甚至被抹煞。（奇怪的是，不仅唯心主义哲学家而且实用主义者都忽视技术概念的丰富性，因此，不能指望他们对技术本身所蕴涵的哲学作出正确的阐明。）"[15]因此，技术与其物质载体是有联系的，但绝非同一，犹如科学知识与其物质载体——纸张——的关系一样。如果是同一，那么科学不就成了研究纸张或其他物质载体的学问了吗?！显然，"技术即劳动资料"的观念，在理论上是站不住脚的，在实践上是十分有害的。

2."实践性的知识体系"：自然技术概念上的否定之否定

马克思指出："一切发展，不管其内容如何，都可以看做一系列不同的发展阶段，它们以一个否定另一个的方式彼此联系着……任何领域的发展不可能不否定自己从前的存在形式。"[2]169自然技术概念、观念上的"技巧"说—"劳动资料"说—"实践性知识体系"说就表现为肯定—否定—否定之否定的发展形式。初始形式的"技巧"说和对它的否定（"劳动资料"说）构成一对对立面，它们都包含着抽象的片面性，只有克服了这种片面性，才能有进一步的发展，即对这两种片面性的对立形式的综合（"实践性的知识体系"说）。

"技巧"、"劳动资料"和"实践性知识"是技术的三种不同的存在形式或形态，即主观形式、客观形式和主客化形式（属于K. 波普尔的"世界3"）。在一定的条件下，这三种形式可以认为是并存的。但是，从本质或生成上说，劳动资料与其他两种形式之间又存在着因果关系。正如马克思说的，机器、机车等等劳动资料，"都是物化的智力"；从载体来说，劳动资料只是自然技术的物质载体中的一种（样品、机样、模型、纸张等也是技术的物质载体），而古代的技巧、技能的载体是人（主要是工匠），现代技术的载体主要是现实的人，其中人的知识和一些技巧、技能既可以通过文字、语言、通讯网络等进行传播与扩散，又可以转移到机器、软盘等物质手段上；从作用和地位来说，"随着大工业的继续发展，创造现实的财富……决定于一般的科学水平和技术进步或科学在生产上的应用。"因此，"只有资本主义生产方式才第一次使自然科学为直接的生产过程服务"，"才第一次把物质生产过程变成了科学在生产中的应用——变成运用于实践的科学"[8]207-209。

普列汉诺夫指出："任何现象，发展到底，转化为自己的对立物；但是因为新的，与第一个现象对立的现象，反过来，同样也转化为自己的对立物，所以，发展的第三个阶段与第一个阶段有形式上的类同。"[16]635显然，"实践性知识体系"说所肯定的是曾经被否定过的初始形式（技巧、方法）的东西，又维持和保存了第二阶段（物质手段）的全部积极内容，并在更高的基础上实现了综合（方法与物质载体的统一）。因此，技术概念上的演变如其他事物一样，也表现为前进性与回复性的统一——既不是直线，也不是循环，而是螺旋式的上升与波浪式的前进运动。

总之，自然技术概念的发展所表现的是从一种质（或质态）向另一种质（或质态）的变化。这种由旧到新的变化是一个消灭和生成的过程，即新陈代谢的过程。当今社会，人类正在迈向信息业社会和知识经济时代，还坚持“技术即劳动资料”或“各种活动手段的总和”说，显然是落后于时代之举。

（二）

1. 马克思的技术范畴

马克思于1873年指出：“工艺学揭示出人对自然的活动方式，人的物质生活的生产过程，从而揭示出社会关系以及由此产生的精神观念的起源。”[7]374（这里的“工艺学”，按照德语、英语和法语的词义，特别是其上下文的意思，学界都视为“技术”。）按照马克思的意思，技术是指人对世界（自然、社会和人类思维）的“活动方式”。这种“活动方式”首先表现在“人对自然”的关系和“物质生活的生产过程”中，从而表现在“社会关系”方面，“以及由此产生的精神观念的起源”及其产生的过程中。于是就把技术视为人与自然、人与社会、人与思维之间的中介和桥梁，即人类改造自然、社会和思维的“活动方式”方法。

关于技术是人对世界的“活动方式”的思想，马克思还有一系列的论述。如他指出：劳动者和生产资料，“在彼此分离的情况下，只在可能性上是生产因素。凡是要进行生产，就必须使它们结合起来。实行这种结合的特殊的方式和方法，使社会结构区分为各个不同的经济时期。”[17]44这里讲的“结合的特殊方式和方法”，除了工艺流程（自然技术）之外，显然还包括组织管理在内的社会技术和人自身的思维方式方法。马克思在谈到各个经济时代的区分标志时指出：“怎样生产，用什么劳动资料生产”或“从工艺上比较各个不同的生产时代”[7]168。马克思强调技术是人对世界的“活动方式”，是“劳动者和生产资料”“结合的特殊的方式和方法”，是“怎样生产”或生产“工艺”。而说什么“马克思认为技术即劳动资料”或“各种劳动手段的总和”，显然是一种误解或歪曲。

马克思明确地指出：技术属于知识范畴，“固定资本的发展表明：一般的社会知识、学问，已经在多么大的程度上变成了直接的生产力，从而社会生活过程的条件本身已经是多么大的程度上受到一般知识的控制并根据此种知识而进行改造，不但在知识的形态上，而且作为社会实践的直接器官，作为实际生活过程的直接器官被生产出来。”[10]347这就明确地指出了社会生产力中既有“知识形态”，又有实物形态的物质手段，而且后者是由前者转变来的“直接的生产力”。还指出：“直接的生产过程……就是知识的运用。"[18]220因此，在工厂里劳动的工人可以“获得某些操作方法的知识”[8]207。马克思还强调指出：技术知识是“精神生产领域”的产品。他说：“一个生产部门，例如铁、煤、机器的生产或建筑业等的劳动生产力的发展——这种发展部分地又可以和精神生产领域内的进步，特别是和自然科学及其应用方面的进步联系在一起。"[13]349恩格斯也将技术发明作为“生产要素”中的一种“精神要素”，即除劳动和资本之外的“第三要素”[2]607。显然，作为“精神要素”和“精神生产”产品的技术，不是指工具、机器等物资设备。

有人说什么“马克思认为技术即劳动资料”或“是各种活动手段的总和”，其实，在马克思、恩格斯的论著中，不但没有类似的提法，而且他们对工具、机器、技术手段、技术装备、劳动资料等概念，分别给出了明确的不同于技术的定义。马克思多次指出：“机械就是由许多简单工具的结合而成的物”，“机器和发达的机器体系”是“大工业特有的劳动资料。"[19]379“劳动资料是劳动者置于自己和劳动对象之间，用来把自己的活动传导到劳动对象上去的物或物的综合体。"[19]414“机器、机车、铁路、电报、自动纺棉机等都是人类工业的产物，……都是物化的智力。"[10]358还说：“利用机器的方法和机器本身完全是两回事。"[20]981因为“机器是劳动工具的组合，但绝不是工人本身的各种操作方法的组合。"[21]108这就非常明确地揭示了机器等劳动资料与技术之间的本质区别。显然，所谓“技术即劳动资料”或“各种劳动手段的总和”的观念是强加给马克思的。

2. 马克思的技术范畴是我们开展技术哲学研究的指南

国内外的一些学者囿于“马克思认为技术即劳动资料”的偏见，硬说“马克思强调经济时代是以劳动资料（技术）来划分的。”（库津语）我们认为，这是对马克思思想的曲解。马克思指出：“各个经济时代的区别……在于怎样生产，用什么劳动资料生产。”显然，这里所强调的是生产技术。他在“怎样生产”后面特意做了一个注释：“从工艺上比较各个不同的生产时代”，只在“史前时期是按照制造武器和工具的材料，划分为石器时代、青铜时代和铁器时代的。"[7]169他又指出：凡要进行生产，就必须使劳动者和生产资料结合起来。“实行这种结合的特殊的方式和方法，使社会结构区分为各个不同的经济时期。"[17]45马克思讲的使生产力诸要素“结合的特殊的方式和方法”，显然不是指劳动资料，而是指生产技术。列宁也指出：“由于有各种不同的技术方法，我们看到资本主义发展的各种不同的阶段。"[9]44马克思还认为：工具、机器等劳动资料是劳动得以进行的物质条件，而本身又不能完全体现出一个经济时代的特征。“很多这样的工具，在很早以前，在工场手工业时期已经发展为机器，但并没有引起生产方式的革命。"[7]377而大工业是“必须用机器来生产机器”，“这样，大工业才建立起与自己相适应的技术，才得以自立。"[7]386国内有些学者不仅将“怎样生产”的方式方法误解为“劳动资料”，而且认为：“在这个意义上，我们可以说马克思的技术哲学在某种程度上反映了技术决定论的思想”，甚至提出“马克思主义的技术决定论”[22]。他们之所以这样说，其中一个原因就是把“技术即劳动资料”或“技术装备”强加在马克思的头上。他们说：“因为马克思认为，社会历史发展的决定性基础是经济关系，而经济关系‘是指一定社会的人们用以生产生活资料和彼此交换产品的方式说的。因此，这里面也包括生产和运输的全部技术装备。这种技术装备，照我们的观点看来，同时决定着产品的交换方式，从而在氏族社会解体后也决定着阶级的划分，决定着统治和从属的关系，决定着国家、政治、法律等等’。”其实，这句话是恩格斯在《致符·博尔吉乌斯》一封信中讲的。这里的“技术装备”，应该是指劳动资料。而引用者把技术装备等同于技术，就会得出荒谬的结论，即技术“决定着阶级的划分，决定着统治和从属的关系”。那么，谁有技术或者谁的技术多，谁就会成为统治者或统治集团（阶级）。这样，马克思主义就与西方资产阶级学者鼓吹的“技术决定论”、“技术统治论”没有任何区别了！正如恩格斯在该信末尾特别声明过的“不要过分推敲上面所说的每一个字句，而要始终注意到总的联系”那样，我们认为，对“这种技术装备”应该理解为“这种技术装备（劳动资料）的占有关系”，才符合该信的原意和恩格斯的一贯思想。

按照马克思的意思，技术是人对世界（自然、社会和人类思维）的“活动方式”。这样，就把技术的本质视为人与自然、人与社会、人与思维之间的中介和桥梁[24]10，也就将技术视为由自然技术、社会技术和思维技术构成的“内在的整体”，即“一门技术”[4]。

我们认为，社会技术是处理、协调或改造（善）人际关系的方式方法的集合。调整好人际关系的社会技术，也是生产力。马克思、恩格斯指出：“社会关系的含义是指许多个人的合作”，以一定的生产方式与一定的共同活动的方式联系着，“而这种共同活动方式本身就是‘生产力’；由此可见，人们所达到的生产力的总和决定着社会状况”[2]34。又说：“受分工制约的不同个人的共同活动产生了一种社会力量，即扩大了的生产力。”[2]39“他们的力量就是生产力……而这些力量从自己方面来说，只有在这些个人的交往和相互联系中，才能成为真正的力量。”[2]37然而，长期以来，人们只认为自然技术才是生产力，也就只注重自然技术，而忽略了社会技术的生产力功能，特别是在提高“生产力的总和”上下工夫不够。因此，如何处理、协调、改造或改善人际关系，成为当今世界一个人、集体、乃至于国家事业成败及其大小的关键。

自然技术与社会技术既双向制约，又相互促进和塑造。社会技术是自然技术产生和发挥作用的先决条件与“决定性因素”之一。马克思指出：“人们在生产中不仅仅同自然界发生关系。他们如果不以一定方式结合起来，共同活动和互相交换其活动，便不能进行生产。为了进行生产，人们便发生一定的联系和关系；只有在这些社会联系和社会关系的范围内，才会有他们对自然界的关系，才会有生产。”[6]150-151马克思还把社会技术作为现实生产力中“决定性因素”之一。他说：“如果把不同的人的天然特性和他们的生产技能上的区别撇开不谈，那么劳动生产力主要应当取决于：① 劳动的自然条件……；② 劳动的社会力量的日益改进，这种改进是由以下各种因素引起的，即大规模生产，资本的集中，劳动的联合，分工，机器，生产方法的改良……以及其他各种发明……并且劳动的社会性质或协作性质也是由于这些发明而得以发展起来的。”[25]140还说：“生产力的发展，归根到底是来源于发挥着作用的劳动的社会性质，来源于社会内部分工，来源于智力劳动特别是自然科学的发展。”[13]97-100要实现大规模生产、资本的集中、劳动的联合、分工与协作和生产力的发展，显然只靠自然技术是绝对不行的，而且“劳动的社会力量的日益改进”是由社会技术与自然技术相互作用而“引起的”。

我们认为，思维技术是开展和改进思维活动的方式方法集合。恩格斯在《自然辩证法》中指出：科学技术“离开思维便不能前进一步”，“一个民族想要站在科学的最高峰，就一刻也不能没有理论思维”[13]97-100。马克思也指出：劳动生产力的发展和精神生产领域内的进步是联系在一起的[13]97-100。尽管“动物也有思维”（马克思语），但是思维技术是人（类）的专利，人的任何实践活动都必然地伴随着思维技术。

总之，现实活动中的技术都是自然技术、社会技术、思维技术相互作用而形成的“内在整体”，而一些学者囿于“马克思认为技术即劳动资料”之偏见，一直把技术局限于人与自然之间关系的狭义范围。于是，将技术哲学定义为“研究关于人的造物和用物的哲学问题的哲学分支”或“自然改造论”，并据此提出“马克思主义的技术哲学”。显然，这些观点和主张不符合马克思关于技术是人对世界（自然、社会和思维）的“能动关系”或“活动方式”的思想。

在人类思想史上，马克思第一次把实践提升为哲学的根本原则，也第一次把实践作为技术范畴的基础。按照马克思的意思，技术揭示出人对自然的活动，人的物质生活的生产过程和社会关系活动以及由此产生的精神观念的产生过程，即实践是人与自然、人与社会、人与思维双向作用的活动过程。在这些实践活动中，人一方面改造了外部世界，使其变成了人的活动客体；同时也改造了人，由此人才成为自身活动的主体。因此，人虽然最初来自自然界，而人更是自己活动创造的产物。马克思指出：“个人怎样表现自己的生活，他们自己也就怎样。因此，他们是什么样的，这同他们的生产是一致的——既和他们生产什么一致，又和他们怎样生产一致”[2]25。而以往的技术概念，无论是“劳动资料”说，还是“各种活动手段的总和”说，都忽视甚至抹煞了人及其实践。因此，传统的技术概念是抽象的、与人分离的、纯自然的。而那种“被抽象地孤立地理解的、被固定为与人分离的自然界，对人说来也是无。”[26]178同时，他们又把“实践”看成为单纯物质性的活动，于是他们的技术仅仅指“自然技术”或“物质性技术”。正如马克思在《关于费尔巴哈的提纲》中指出的，“从前的一切唯物主义（包括费尔巴哈的唯物主义）的主要缺点是：对对象、现实、感性，只是从客体的或直观的形式去理解，而不是把它们当作感性的人的活动，当作实践去理解，不是从主体方面去理解。”[2]16其实，人对世界的关系都是通过实践活动而实现的。具体来说，以物质生产实践为中介实现人对自然的关系，以社会交往实践为中介实现人对社会的关系，以精神生产实践为中介实现人对思维的关系，以自身发展活动（一种特殊的实践）为中介实现人对自我的关系。而且，在统一的“共同活动”中，它们又互为前提，互为中介，相互制约，缺一不可。

因此，我们认为，马克思的技术范畴不仅是提高人应有的地位和作用，而且找到了返回现实世界，把人加以具体化的现实基础和道路；不仅是摒弃传统技术概念上的形而上学思维方式，而且是确立了能够彻底否定这种传统观念的实践思维方式。坚持这两点，就会实现技术哲学理论的根本转变，也为新时代的技术哲学研究提供了坚实的理论基础和基本框架。

参考文献

[1]　A. A. 库津. 马克思与技术问题［J］. 科学史译丛，1980（1）：2.
[2]　马克思，恩格斯. 马克思恩格斯选集：第1卷［M］. 北京：人民出版社，1974.
[3]　列宁. 列宁全集：第38卷［M］. 北京：人民出版社，1961.
[4]　陈文化，谈利兵. 关于21世纪技术哲学研究的几点思考［J］. 华南理工大学学报：社会科学版，2001（2）：23-26.
[5]　吴国盛. 哲学中的“技术转向”［J］. 哲学研究，2000（1）.
[6]　恩格斯. 自然辩证法［M］. 北京：人民出版社，1971.
[7]　马克思. 资本论［M］. 北京：中国社会科学出版社，1983.
[8]　马克思. 机器. 自然力和科学的应用［M］. 北京：人民出版社，1978.
[9]　列宁. 列宁选集：第3卷［M］. 北京：人民出版社，1960.
[10]　马克思. 政治经济学批判大纲（草稿）：第3分册［M］. 北京：人民出版社，1963.
[11]　转引自陈文化. 腾飞之路：技术创新论［M］. 长沙：湖南大学出版社，1999.
[12]　陈文化. 试论技术的定义与特征［J］. 自然信息，1983（4）.

[13] 马克思，恩格斯．马克思恩格斯全集：第25卷［M］．北京：人民出版社，1979.
[14] 陈文化．科学技术与发展计量研究［M］．长沙：中南工业大学出版社，1992.
[15] M. 邦格．技术的哲学输入与哲学输出［J］．自然科学哲学问题丛刊，1984（1）：56.
[16] 普列汉诺夫．普列汉诺夫哲学著作选集：第1卷［M］．北京：人民出版社，1986.
[17] 马克思，恩格斯．马克思恩格斯全集：第24卷［M］．北京：人民出版社，1979.
[18] 马克思，恩格斯．马克思恩格斯全集：第46卷（下）［M］．北京：人民出版社，1979.
[19] 马克思，恩格斯．马克思恩格斯全集：第23卷［M］．北京：人民出版社，1979.
[20] 马克思，恩格斯．马克思恩格斯全集：第27卷［M］．北京：人民出版社，1979.
[21] 马克思，恩格斯．马克思恩格斯全集：第4卷［M］．北京：人民出版社，1979.
[22] 陈凡，马克思主义是技术决定论吗？——对马克思主义技术观的探讨［N］．科技日报，1998-10-10.
[23] 牟焕森．存在“马克思主义的技术决定论”吗？［J］．自然辩证法研究，2000（9）：35.
[23] 刘则渊．论科学技术与发展［M］．大连：大连理工大学出版社，1997.
[24] 马克思，恩格斯．马克思恩格斯全集：第16卷［M］．北京：人民出版社，1979.
[25] 马克思，恩格斯．马克思恩格斯全集：第3卷［M］．北京：人民出版社，1979.
[26] 马克思，恩格斯．马克思恩格斯全集：第42卷［M］．北京：人民出版社，1979.

四、技术：实践性的知识体系[①]

（1998年6月）

技术的历史同人类历史一样，源远流长。技术的领域同人类的活动始终交织在一起，凡是人类的活动领域都有技术的足迹。由于技术的历史性、复杂性以及主观上的思维方式等原因，人们对技术本质的认识曾经提出过不同的见解。时至今日，仍然有人把技术等同于物质手段，或者主张“技术是物质手段、方法和知识的总和”。对技术本质的争辩，绝不是毫无现实意义的概念游戏，它涉及技术发展政策、技术引进、技术管理等很多重要问题。因此，我们认为：技术是人类利用、控制与改造自然、社会、思维的方式方法的集合，是关于怎么“做”的知识体系，即实践性的知识体系[1]。从技术与经济之间的关系而言，技术是经济发展的引擎。

1．技术概念的演变

技术概念是一个历史范畴。列宁指出：“人的概念并不是不动的，而是永恒运动、相互转化的，往返流动的；否则，它们就不能反映活生生的生活。对概念的分析、研究，运用概念的艺术（恩格斯），始终要求研究概念的运动、它们的联系、它们的相互转化。”这就是说，人类对概念的认识活动不是以某种单一状态存在的，不是某种静止的东西，而是一个向着充分、全面的客观真理运动的过程。这个过程是由互相有着必然联系的许多阶段、环节构成的。概念是一个历史范畴，就得用历史的方法来考察。这种历史的方法是按照客体的时间顺序，按照历史表明的具体形态，来阐明客体发展的各个不同发展阶段。技术概念从古到今的变化、发展，大致经历了三个阶段。

① 古代的技术概念——技巧、技能。技术一词最早来自希腊文，由古希腊语techne（“艺术”、“技巧”）和Logos（“言词”、“说话”）结合而成，意指技术是用语言、文字对艺术或技巧的表达。

1615年英国开始使用“Technology”一词，他们按照希腊文组合的意愿，将技术解释为“完美而实用的技艺”。

在古代，尤其是原始时代，人从自然界获取的生活资料，几乎全部或绝大部分是现成的自然界的直接产物，人与自然的关系是直接消费与被消费的关系。因此，如何获取和简单加工自然界物质的技巧、方法就显得格外重要。直至使用机器生产以前，人们从事的手工操作仍然主要依赖于直接的实践经验、技巧和技能。

---

① 本文发表于《科学技术与辩证法》，1998（6）。

② 近代技术概念——“物质手段”。任何事物的发展都是通过否定（即扬弃）而实现的。“每一种观念经过这样的否定，它同时就获得发展。”[2]182

1543 年是一个伟大的转折时期，“科学的发展从此便大踏步地前进”。在近代自然科学的巨大成就中，最光辉的是科学巨匠牛顿所创立的经典力学体系（1687 年），从而实现了以力学为中心的科学知识的第一次大综合。随之，技术也得到了蓬勃的发展。随着纺织机的革新和瓦特蒸汽机的发明，揭开了工艺革命的序幕，实现了工业生产从手工工具到机械化的转变，人类社会进入了一个崭新的机器技术时代。正如恩格斯指出的，“蒸汽和新的工具机把工场手工业变成了现代的大工业，从而把资产阶级社会的整个基础革命化了。工场手工业时代的迟缓的发展进程变成了生产中的真正的狂飚时期。”[2]301列宁也指出：“从手工工场向工厂过渡，标志着技术的根本变革，这一变革推翻了几百年积累起来的工匠手艺。”[3]411这样，机器大工业第一次把巨大的自然力和科学技术并入生产过程，并直接为生产过程服务，使得生产过程成为科学技术的应用过程，机器成为科学技术的综合体，成为第一生产力。机器生产的整个过程不是屈从于劳动者的直接技巧，而是科学技术在生产上的应用。正是这种机器的特征、机器生产的功能与原则，引起了人们观念的变化。

第一，由于当时只有研究宏观物体的力学发展得比较完善和机器技术的大发展，人们往往用力学的尺度去衡量一切，用力学的原理去解释一切自然现象。久而久之，就在人们的思想上形成了一种机械的自然观，认为自然界是一架按照力学规律运动着的大机器，植物是机器，动物是机器，人也是机器。

第二，随着近代机器生产的发展，人们不仅开始向自然界索取更多的东西，而且以崭新的方式从事这项活动；人们已经不是简单地消费自然界的物质，而是越来越多地从根本上加工改造这些物质，并且赋予它新的、非自然的属性。因此，在生产的全部产品中，人们通过机器所创造的社会价值远远高于自然和天然的价值。

第三，在这个时期，人们在“征服自然”的过程中，尽管仍然需要经验、技能与技巧，但是它们的作用的发挥，不仅离不开所制造的各种机械，而且利用工具、机器等物质手段进行生产所获得的效率和效益更高，似乎可以无限地向自然索取。

第四，随着科学的进步及其应用，使技术“从直接劳动转移到机器、转移到死的生产力上面。”[4]347机器“代替劳动者而具有技巧和力量，它自己就是技术专家，它在自身内部发生作用的力学规律和它自身持久不息的自身运行之中具有它自己的心灵。”[4]347而直接的劳动则被贬低为这个生产过程里面的一个单纯的环节。对此，受到机械自然观影响的人们，只看到了机器这个表面现象，而没有追究现象的本质——“转移到机器、转移到死的生产力上面去的技巧”[4]347。

由于上述种种原因，人们理所当然地把生产活动中的物质手段看作技术的主要标志，甚至是唯一的标志。因此，在对技术概念的理解上，从主观形态的技巧、技能转向客观形态的物质手段，这是大机器时代的产物，也是机械唯物主义自然观即形而上学自然观的反映。然而，否定之否定是一个极其普遍的，因而极其广泛地起作用的，重要的自然、历史和思维发展规律。随着科学技术的蓬勃发展，并且在生产过程中的地位和作用日益显得重要的今天，“物质手段”说也必然为知识体系说所取代。

③ 现代的技术概念——实践性的知识体系。现代科学技术是在高度分化基础上的高度综合，是科学技术自我完善的必然结果。19 世纪以来，随着科学技术的全面发展，它们之间的相互作用、相互渗透日益加强，不断涌现出一批“中介”学科（或技术科学）。于是，科学与技术之间的界线日趋模糊，乃至形成一体化。因此，许多学者把技术看作科学理论的应用，是科学的物化（即转化），甚至将技术归为科学的一个系统或分支。

从机械化到自动化是技术发展的一次历史性转变，是现代生产的一个突出特点。以电子计算机为中心的自动化机器系统，如果没有操作程序（软件），就不可能发挥任何功能。同一台计算机配置或使用不同的软件，就具有不同的功能，如生产控制、数据处理、医疗诊断等，而机器设备、磁带、磁盘本身都是技术的物质载体，它们的设计、研制与开发需要灵巧地运用科学技术知识，更需要人的创造性劳动。科学技术知识在生产中的重要性日益加强，成为现代的第一生产力。因此，英国的帕金将自动化技术的出现称为“第二次产业革命”或“新的产业革命”，并且认为：“如果第一次产业革命表现为机械力的发现，那么第二次产业革命就表现为借助于机械力而发现了人力。”这种说法不一定全面，但它却揭示了近、现代技术观念的变化及其特点。

当今时代，知识和智力的开发越来越成为决定生产力发展速度和经济竞争力高低的关键性因素。任何一个物质产品或者一种劳务活动都包含两个部分：一是消耗的物质与能源，二是包含的知识。农业社会是以土地与体力劳动为前提和基础的物质经济。工业社会主要是追求以数量与品种为基础的粗放型生产，因此，无论是机械化时代、电气化时代，还是自动化时代，在不断增加劳力与资金的同时，能源更是不可缺少、不可替代的，这就是人们称谓的“能源经济”。随着现代社会生产的广度与深度的巨大变化，工业社会的“能源经济”正在向信息业社会的“信息经济”或“知识经济”过渡，表明知识的重要性越来越显著，并且出现了新兴的智能产业（或称为知识产业）。这样一支产业大军的工作对象是知识和知识的载体，任务是对信息、知识进行深度加工，研究、设计和生产出新的知识产品。

从职业结构看，以体力劳动为主的职工队伍逐步向脑力与体力结合、以脑力为主的职工队伍转换。据统计，美国在 1930—1968 年间，职工增长了 60%，而工程技术人员增长 4.5 倍，科研人员增长 9 倍。这种变化态势，所有的工业发达国家都是如此，并必将成为整个世界的发展趋势。

因此，在机器时代，技术的发展往往表现为机器的发明与应用，大机器成为经济的主宰，而技巧、技能的作用相对减弱。于是，人们受到形而上学思维方式的影响，把机器看作是技术的主要的甚至是唯一的标志。随着现代技术的深入发展，知识与信息成为推进各项事业发展的主要动力，人们又重新看到了人的知识与智力的特殊重要性。由此，人们的技术观念必然地发生相应的变化。

2.“知识体系”说是对“技巧”说的否定之否定

任何事物的内部都包含肯定和否定两个方面、两种因素，事物的发展就是这两个方面相互作用的结果。否定（即扬弃）是一切发展不可避免的、合乎规律的一个环节，没有这个环节，任何新东西都不可能产生。马克思指出：“一切发展，不管其内容如何，都可以看作一系列不同的发展阶段，它们以一个否定另一个的方式彼此联系着。”“任何领域的发展不可能不否定自己从前的存在形式。”[5]169 如前所述，技术概念上的“技巧”说—“物质手段”说—“知识体系”说，就表现为肯定—否定—否定之否定的发展形式。初始形式的“技巧”说和它的否定形式（“物质手段”说）构成一对对立面，它们都包含抽象的片面性，只有克服这种两方面的片面性，才能有进一步的发展。“知识体系”说是在更高层次上对“技巧”说的肯定，同时又是对“物质手段”说的否定，从而克服了它们各自的片面性。如同其他事物的变化发展一样，技术概念的演变表现为前进性与曲折性的统一——螺旋式上升与波浪式前进。显然，在向知识经济时代迈进的今天，还将技术理解为“物质手段”是落后之举。技术作为一种实践性的知识，是由概念、概念之间的关系和根据它们拟订的实施方案三个要素构成的一个有机整体（见图1）。

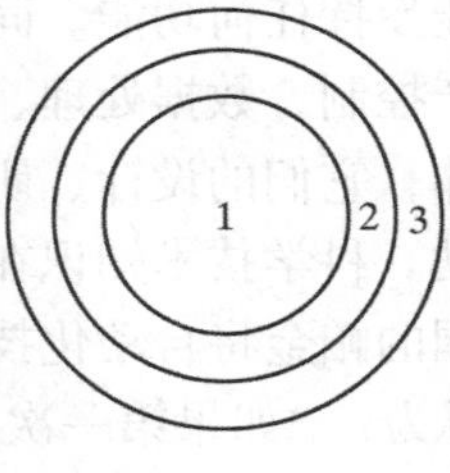

图1　技术要素图

1—概念；2—概念之间的关系；3—具体实施方案。

概念是构造技术知识体系的基础与核心。某一项技术发明过程是主观见之于客观的试验活动。试验事实是技术概念赖以产生的基础和前提，但构造技术大厦的基本砖石却不是这些事实，而是人们在试验过程中对它们进行总结、概括出来的一些概念。概念是建筑技术大厦的基石，又是技术知识系统与试验事实之间的连接点。

构造技术系统除了概念之外，还要有一些表明概念之间关系的要素。只有它们，才揭示出概念之间的联系及其结合方式；也只有有了它们，才能贯穿和连接全部概念，以构成和谐的技术系统。

技术是人们用来改造世界的方式方法，它包括输入、输出部分的规格要求及其转换过程中的条件和工艺流程等实施方案。它们是概念及其关系的具体化、程序化，一经制订，就具有相对的独立性，并且是任何一项技术不可缺少的组成要素。

如电灯的制作技术涉及电源、开关、灯泡等许多概念和输电线路、各个零部件的连接方式等诸多关系，以及各种零部件的规格要求、制作的工艺流程等实施方案。

3. 技术的本质：实践性知识

任何事物或过程的本质都不会浮现在现象的表面，不能直接地在我们的意识中反映出来。因此，科学研究的任务在于“把可以看得见的、仅仅是表面的运动归结为内部的现实的运动”。所以，我们要透过技术表现出来的现象（如技术载体、技术形态），才能认识技术的本质。

同一项技术可以同时或者不同时有多种载体、多种形态，它们是看得见、摸得着，为人的感官所能直接感知的东西，而技术的本质深藏于载体、形态的内部。显然，把技术载体、技术形态认为是技术本身，既抹煞了现象与本质的区别，又否认了二者的统一，这样就取消了认识技术本质的必要性。正如马克思所说：“如果事物的表现形式和事物的本质会直接地合二为一，一切科学就成为多余的了。”[6]349-350技术是制作、使用物质手段的操作性知识，只有它才是构成各种载体、表现为各种形态的内在依据，只有它才是各种载体、形态中重要的决定性的东西。

总之，不能因为技术具有实物性的表现形态，就认为技术是各种不同形态的物质，甚至把技术与机器设备等同起来。同时，也不能因为技术具有观念性和实物性的两重表现形式，就把技术定义为“观念形态与物质手段的总和”[7]34-49。

参考文献

[1]　陈文化. “技术——关于怎么‘做’的知识体系”［J］. 自然信息，1988（5，6）.

[2]　马克思，恩格斯. 马克思恩格斯选集：第3卷［M］. 北京：人民出版社，1972.

[3]　列宁. 列宁全集：第3卷［M］. 北京：人民出版社，1961.

[4]　马克思. 政治经济学批判大纲（草稿）：第3分册［M］. 北京：人民出版社，1963.

[5]　马克思，恩格斯. 马克思恩格斯选集：第1卷［M］. 北京：人民出版社，1972.

[6]　马克思，恩格斯. 马克思恩格斯全集：第25卷［M］. 北京：人民出版社，1979.

[7]　陈文化. 科学技术与发展计量研究［M］. 长沙：中南工业大学出版社，1992.

五、技术是一种实践性的知识

——马克思论技术范畴①

（1992年10月）

技术范畴是马克思主义技术观的核心，是技术哲学、技术论、技术学和技术史等学科中的一个最基本的概念。然而，关于什么是技术，国内外学者众说纷纭[1,2]。特别是苏联、日本和我国的一些学者说什么“马克思认为技术就是劳动资料”，或者“是劳动资料与方法的总和”。对于这样一个严肃的问题，必须要以十分严肃的态度来对待。因此，很有必要系统地、全面地进行考察，正确地理解马克思关于技术范畴的基本观点。为此，我们认真地查阅了马克思关于技术范畴的一系列论述，在分类整理的基础上，进行了一些初步的探讨，希望能引起同行们的深入研究。

1. 技术是人对世界的“活动方式”，属于“精神生产领域”

马克思一贯重视对技术、技术史的研究，并且总是把技术放在社会大系统中，放在人类历史的整个链条中来考察，从而阐明了一系列的丰富的技术哲学思想，特别是对技术范畴提出了深刻的独到见解。他在1873年明确地指出：“工艺学揭示出人对自然的活动方式，人的物质生活的生产过程，从而揭示出社会关系以及由此产生的精神观念的起源。”[3]374（着重号是引者加的，下同）。马克思讲的“工艺学”，我们认为可以理解为技术。因为德语technologie有技术、工艺学、技术规则、工艺规程之意；英语technology有（工业）技术、工艺学、工艺之意：法语technologi有工艺、工艺学、工艺过程（流程）之意。可见，在这些语种中，技术与工艺学是同义语。而且，在这句话的前面提到过“工艺史”“自然史”和“发明”。马克思还讲过：“工艺学”是自然科学的“各种应用”[4]410。这些都说明了马克思在这里讲的“工艺学”就是我们现在所理解的技术。

很明显，马克思认为技术是一种人对世界的“活动方式”（1975年版的《资本论》（第2卷）曾翻译成“能动关系”）。这种“活动方式”或“能动关系”并不只表现在“人对自然”和“物质生活的生产过程”中，还表现在“社会关系”方面，表现在“由此产生的精神观念的起源”及其生产过程中。马克思的这段话极其深刻地揭示了技术范畴的丰富内涵。特别是他并没有把技术局限在物质生产领域，而认为技术存在于人类社会生活的各个领域，并且把技术当作人与自然、人与社会、人与思维之间的中介或桥梁。一百多年前，马克思提出的“大技术观”仍然是我们今天

① 本文在1992年举办的第三届技术哲学研讨会上宣读。

研究技术，尤其是现代技术的根本指导思想。

关于技术是人对世界的“活动方式”的思想，马克思还有一系列的论述。如他指出：“劳动者和生产资料，在彼此分离的情况下，只在可能性上是生产因素。凡要进行生产，就必须使它们结合起来。实行这种结合的特殊方式和方法，使社会结构区分为各个不同的经济时期”[3]168。又说：“各种经济时代的区别，不在于生产什么，而在于怎样生产，用什么劳动资料生产”[5]206。

马克思还明确地提出技术发明即生产方法的论断。他说：“每项发现都成了新的发明或生产方法新的改进的基础。”[6]226

在马克思的这些论断中，“特殊方式和方法”、“怎样生产”、“生产方式”等，显然都是指技术。如他在讲“怎样生产”这一段话时，特意作了一个注释：“从工艺上比较各个不同的生产时代”[5]206。

马克思不仅认为技术是人对世界的“活动方式”，而且明确指出技术属于知识范畴。他说：“直接生产过程……就是知识的运用”[6]220。“钟表是由手工艺生产和标志资产阶级萌芽时期的学术知识所产生的”[5]68，因此，在工厂里劳动的工人可以“获得某些操作方法的知识”[5]207。恩格斯在谈到“火药配方（六分硝石、二分硫磺、一分木炭）”时也说：“阿拉伯人看来很快就丰富了从中国人那里得到的知识”[7]194。马克思在《政治经济学批判大纲（草稿）》第3分册中指出：“自然并没有制造出任何机器、机车、铁路、电报、自动纺纱机等等，它们都是人类工业的产物；自然的物质转变为由人类意志驾驭自然或人类在自然界里活动的器官，它们是由人类的手所创造的人类头脑的器官；都是物化的智力，固定资本的发展表明：一般的社会知识、学问，已经在多么大的程度上变成了直接的生产力，从而社会生活的条件本身已经在多么大的程度上受到一般知识的控制并根据此种知识而进行改造。它表明：社会生产力已经在多么大的程度上被生产出来，不但在知识的形态上，而且作为社会实践的直接器官，作为实际生活过程的直接器官被生产出来。”马克思在这里明确地指出了五点：①技术同物质生产手段的联系与区别；②物质手段是技术知识的物化形态：③技术知识要“变成直接生产力”有一个转化过程；④强调了技术知识在改造社会生活方面的地位和作用；⑤社会生产力中既有“知识形态”，又有实物形态的物质生产手段。马克思还强调技术知识是“精神生产领域”的产物。他说：“一个生产部门，例如铁、煤、机器的生产或建筑业等等的劳动生产力的发展，这种发展部分地又可以和精神生产领域内的进步，特别是和自然科学及其应用方面的进步联系在一起。”[8]97这里讲的“自然科学及其应用”显然是指科学和技术。恩格斯也把技术当作劳动生产力中的一个“精神要素”。他说：“劳动包括资本，此外还包括……简单劳动这一肉体要素以外的发明和思想这一精神要素”[9]607。

总之，在马克思看来，技术是人对世界的活动方式、方法和途径，并把它同科学一起划到“精神生产领域”。这就是说，马克思认为技术不是什么劳动资料之类的物质实体，而是一种实践性的知识体系。

2．技术形态随着时代的发展而变化

马克思认为，技术是一种实践性的知识，而具体的内容和形式又随着时代的发展而不断地演变。

马克思多次指出：古代技术是人们劳动的经验、手艺、技巧、技能和秘诀。他说，工场手工业工人“获得的技术工艺，即他们所谓的手工业者的诀窍”[4]533“各种特殊的手艺直到十八世纪还称为 Mysteries（Mystercs）［秘诀］，只有经验丰富的内行才能洞悉其中的奥秘”[3]498。“一个颇具典型意义的事实是，各种手艺直到十八世纪还称为秘诀。”“这些产业部门怀着焦虑不安的唯恐失去的心情守着本行业传统做法的秘密”[5]206-207。这就是说，马克思认为古代技术是劳动者自身积累的一种低级形态的经验和技巧。

马克思还进一步地指出：经验形态的古代技术是“制作方法”，“范围有限的知识”。他认为：在大工业“以前的生产阶段上，范围有限的知识和经验是同劳动本身直接联系在一起的，并没有发展成为同劳动相分离的独立力量。因而整个说来从未超出制作方法的积累的范围，这种积累是一代一代加以充实的，并且是很缓慢地，一点一点地扩大的（凭经验掌握每一种手艺的秘密），手和脑还没有相互分离”[4]420。然而，随着大工业时代的到来，技术知识形态必然地发生相应的变化。他说：“当大工业特有的生产资料即机器本身，还要依靠个人的力量和个人的技巧才能存在时，也就是说，还取决于手工场内的局部工人和手工场外的手工业用来操纵他们的小工具的那种发达的肌肉、敏锐的视力和灵巧的手时，大工业也就得不到充分的发展”[4]420。也就是说：“大工业发展到一定的阶段，也在技术上同自己的手工业及工场手工业的基础发生冲突”[4]460。于是，在大工业时代“使用工具的技巧，也同工具一起，从工人身上转到了机器上面”[5]210。“现在（指大工业时代——引者注）技巧已转移到机器上去了，而且机械技巧的应用代替了单个工人的知识”（《政治经济学批判大纲》（草稿）（1857—1858）），即技巧“从直接的劳动转移到机器，转移到死的生产力上面去了”[3]498。这样，蒙在古代技术上面的“这层帷幕在工场手工业时代被揭开了，而在大工业到来的时候被完全撕碎”[3]498。正是在这个伟大的时代，一门“完全现代的科学”——近代技术——应运而生。正如马克思指出的，大工业的原则“创立了工艺学这门完全的现代科学，工艺学把工业生活的五光十色的、一成不变的和表面上无联系的形态，分解成为自然科学按照各自不同的有用的效果的各种应用”[4]410。

马克思认为，近代技术同古代技术一样，都属于知识范畴，但它具有许多新的特点。

第一个突出的特点是技术成为“科学在生产的应用”，或者说技术是“运用于实践的科学”。马克思多次指出：“大工业的继续发展，创造现实的财富……是依靠在劳动时间以内所运用的动原（Agentien）的力量，而这种动原自身及其动力效果又跟它在自身的生产上所消耗的直接劳动时间根本不成比例。相反地决定于一般的科学水平和技术进步或科学在生产上的应用”（《政治经济学批判大纲》（草稿）（1857—1858））。于是，大工业时代的“生产过程成了科学的应用，而科学反过来成了生产过程的因素即所谓职能”[5]206。也就是说，“科学（指作为应用生产的科学，即生产技术——引者注）获得的使命是：成为生产财富的手段，成了致富的手段”。因此，马克思指出：“只有资本主义生产方式才第一次使自然科学为直接的生产过程服务”，“才第一次达到使科学的应用成为可能和必要的那样一种规模”[5]206，“才第一次把物质生产过程变成了科学在生产中的应用——变成运用于实践的科学”[5]212。显然，“运用于实践的科学”即指技术，这表明：近代技术不像古代技术处于那种经验形态的低级层次，而已经发展成为具有比较严密的体系结构的知识系统。

第二个突出的特点是“发明成了一种特殊的职业”。马克思指出：“科学的应用一方面表现为传统经验、观察和通过实验方法得到的职业秘方的集中，另一方面表现为把它们发展为科学（用以分析生产过程）；科学的这种应用，同样是建立在这一过程的智力同个别工人的知识、经验和技能相分离的基础上的”[5]207-208。“由于自然科学被资本用作致富的手段，从而科学本身也成为那些发展科学的人的致富手段，所以搞科学的人为了探索科学的实际应用而互相竞争。另一方面，发明成了一种特殊的职业”[5]208。“这样一来，科学作为应用于生产的科学同时就和直接劳动相分离”[5]206。这就是说，随着资本主义生产方式的产生与发展，技术发明成了一种同直接劳动分离的、相对独立的职业，即形成了一支专门的工程技术人员队伍。从而表明，技术已经成为一种“同直接劳动相分离”的、又“能应用于生产”的知识体系。

技术知识形态上的变化，马克思认为是历史发展的必然结果。他说：“赋予生产以科学的性质乃是资本的趋势，因而直接的劳动则被贬低为这个过程里的一个单纯的环节”（《政治经济学批判大纲》（草稿）（1857—1858））。“劳动资料取得机器这种物质存在的方式，要求以自然力来代替人力，以科学来代替成规”[3]388。

总之，马克思认为，不同时代的技术都是实践性的知识，其主要区别：一是表现形式不同。古代技术主要是劳动者的手艺、技巧、秘诀、经验等低级层次和主观形态，近代技术已经“变成运用于实践的科学”；二是产生机制不同。古代技术是生产劳动的经验的总结、积累，近代技术主要源于科学，即“科学在生产上的应用”，或者说“科学就是靠这些发明驱使自然力为劳动服务”[10]140。因此，不要由于技术形态及其载体和产生机制的不同，就否认技术的知识性。

3. 技术不能等同于机器、劳动资料和劳动生产力

马克思不仅给技术范畴提出了独到的见解，而且对机器、劳动资料和劳动生产力等概念分别给出了明确的定义。马克思指出：“机器是由许多简单的工具结合而成的”[3]344。“在真正的工具从人那里转移到机器上以后，机器就代替了单纯的工具”[11]412。“一个机器体系……以不同种工具有机的结合为基础，只要它由一个自动的原动机来推动，它本身就形成一个大自动机”[11]418。“劳动资料是劳动者置身于自己和劳动对象之间，用来把自己的活动传导到劳动对象上去的物或物的综合体”[11]203，“劳动资料和劳动对象表现为生产资料”[11]205。显然，所谓的“技术即劳动资料”是强加给马克思的。

马克思指出：“劳动生产力主要应当取决于：①劳动的自然条件。如土地的肥沃程度，矿山的丰富程度等；②劳动的社会力量的日益改进，这种改进是由以下各种因素引起的，即大规模的生产，资本的集中，劳动的联合，分工，机器，生产方法的改良，化学及其他自然因素的应用；靠利用交通和运输工具而达到的时间和空间的缩短，以及其他各种发明……，并且劳动的社会性质或协作性质也是由于这些发明而得以发展起来。”[8]140“劳动生产力的发展……来源于智力劳动特别是自然科学的发展”[8]97。显然，技术与劳动生产力之间是一种因果关系，两者不能等同。

从这些定义来看，马克思根本没有把技术同工具、机器、劳动资料、生产资料、劳动生产力等概念等同起来。当然，马克思也认为技术与机器、劳动资料、劳动生产力之间又是有着密切联系的。他说：“磨可以被看作是最先应用机器原理的劳动工具”[5]58。“机器只是一种生产力”[12]163。“大工业必须掌握它特有的生产资料，即机器本身，必须用机器来生产机器”[11]421-422。“很明显，机器和发达的机器体系这种大工业特有的劳动资料，在价值上比手工业和工场手工业生产的劳动资料增大得无可比拟”[11]424。

马克思认为，工具、机器等生产资料是“工业的产物”，是技术知识“物化的结果”。他明确指出：“自然并没有制造出机器、机车、铁路、电报、自动纺织机等等。它们都是人类工业的产物，自然的物质转变为由人类意识驾驶自然或人类在自然界里活动的器官，它是由人类的手所制造的人类头脑的器官；都是物化的智力”[8]97。“钟表是由手工艺生产和标志资产阶级社会萌芽时期的学术知识所生产的。……与钟表的历史齐头并进的是匀速运动理论的历史”[5]68。纺织机、蒸汽机、织布机和磨粉机的制造，“是工场手工业和手工业方法制造的”，“以及在上述时期有所发展的力学科学等为基础的”[11]89。

从马克思、恩格斯的论著中，还未见到过有“技术即工具、机器或劳动资料”

的提法，也没有发现“技术即劳动资料和方法的总和”的表述，倒只有把它们明确区分开来又联系起来的论述这才是辩证法。马克思在谈到技术进步的作用时写道：“几乎对于所有的机器都可以说，由于加工技术高，用同样的原料，机器生产出的产品量比手工劳动用不完善的工具生产出的产品量要多”[11]234，并且明确指出机器和工具是生产资料，他说：“一旦机器生产成为占统治地位的生产，它的生产资料（它所使用的机器和工具）本身就应当是用机器生产的”[11]111。

又如恩格斯在谈到近代科学技术对变革整个自然界的作用时写道：“巴伐利亚的落后的农村经济。……现在已是用现代农作技术和现代机器来加以耕耘的时候了”[13]241。他还多次说过：“英国工人阶级的历史是从十八世纪后半期，从蒸汽机和棉花加工机的发明开始的”[11]281。“产业革命是由蒸汽机、各种纺纱机、机器织布机和一系列其他机械装备的发明而引起的”[11]210。“彻底的自由竞争必须会大大促进新机器的发明，那时机器每天都要排挤掉比现在更多的工人”[13]288。

可见，马克思、恩格斯都认为技术与工具、机器、劳动资料不是一回事。恩格斯在这里多次提到的“机器发明”，是指机器的制造技术。马克思有时也提到“机器技巧”是指机器的使用技术。显然，马克思、恩格斯认为“机器发明”、“机器技巧”与机器本身不能等同。所以，马克思非常明确地指出：“利用机器的方法和机器本身完全是两回事”[11]481。因为“机器是劳动工具的结合，但决不是工人本身的各种操作的组合”[13]108。

综上所述，马克思尽管没有给技术下过明确的定义，但是，他从技术的本质特征和功能范围等方面，揭示出技术是人对世界的“活动方式”或者“能动关系”，即技术是一种实践性的知识，这个独到的见解是非常深刻的。如果按照武谷三男提出的判别技术定义的两条标准，即必须解决现代技术的困难对发展技术有用，在现实中有效必须对整个技术史是正确的，而且又是广泛适用的来衡量马克思的这个论断，也是十分正确的，而且同一百多年前一样，现在仍然具有巨大的理论意义和鲜明的现实感。

然而，一些学者说什么马克思认为“技术即劳动资料”或者“是劳动资料与方法的总和”，这是对马克思主义技术观的曲解或误释。同时，像库津等人在阐述马克思关于技术范畴的文章中前后又是自相矛盾的，如他在《马克思与技术问题》一文中[14]，一方面多次写道马克思认为技术即劳动资料，另一方面在引用马克思关于“工艺学会揭示出人对自然的能动关系”这一著名的论断时，又特意注释“马克思把技术作为‘工艺学’来理解”。还说马克思在某些场合“使用‘生产方式’这个专门术语，指明是狭义的生产技术，……指的是技术和工艺学。”这样，按照库津等人的逻辑，“劳动资料”与“人对自然的能动关系”就完全等同起来了。

其实，从前面的分析可以很清楚地看出：马克思认为劳动资料主要是劳动工具、机器等“物或物的综合体”，而“人对自然的能动关系”或者“活动方式”属于“精神领域”。它们之间固然有一定的联系，但“完全是两回事”。可见，“劳动资料”说、“总和”说是强加在马克思头上的，至少是牵强附会的。因此，我们认为技术是人类利用、控制、改造自然、社会和思维的方式方法，即关于怎么“做”的知识体系[15]。显然，这个定义与马克思关于技术范畴的基本思想是一致的。

参考文献

[1] F. 拉普. 技术哲学导论［M］. 刘武，康荣平，吴明泰，译. 沈阳：辽宁科学技术出版社，1986：20-31.

[2] 邹珊刚. 技术与技术哲学［M］. 北京：知识出版社，1987：181-305.

[3] 许涤新.《资本论》研究［M］. 北京：中国社会科学出版社，1983.

[4] 马克思. 资本论［M］. 北京：人民出版社，1975.

[5] 马克思. 机器·自然力和科学的应用［M］. 北京：人民出版社，1978.

[6] 马克思，恩格斯. 马克思恩格斯全集：第46卷（下）［M］. 北京：人民出版社，1979.

[7] 马克思，恩格斯. 马克思恩格斯全集：第14卷［M］. 北京：人民出版社，1979.

[8] 马克思，恩格斯. 马克思恩格斯全集：第25卷［M］. 北京：人民出版社，1979.

[9] 马克思，恩格斯. 马克思恩格斯全集：第1卷［M］. 北京：人民出版社，1979.

[10] 马克思，恩格斯. 马克思恩格斯全集：第16卷［M］. 北京：人民出版社，1979.

[11] 马克思，恩格斯. 马克思恩格斯全集：第23卷［M］. 北京：人民出版社，1979.

[12] 马克思，恩格斯. 马克思恩格斯全集：第4卷［M］. 北京：人民出版社，1979.

[13] 马克思，恩格斯. 马克思恩格斯全集：第7卷［M］. 北京：人民出版社，1979.

[14] A. A. 库津. 马克思与技术问题［J］. 蒋洪举，译. 科学史译丛，1980（1）：2.

[15] 刘友金，陈文化. 试论技术中介性的本质特征［J］. 自然信息，1989（3）：22-25.

六、论技术的国际性[①]

（1989 年 8 月）

随着新技术革命的发展，技术的触角已经伸向人类社会的各个领域，从生产到生活、从军事到民事、从经济到政治、从自然到社会乃至思维，对我们人类的生存与发展产生了全方位的影响。然而，技术如同科学一样，是属于全人类的共同财富，还是某些国家或阶级的“私人”财富呢？现代技术的基本特征是国际性，还是民族性、阶级性和保密性呢？技术的国际性与民族性、保密性之间又是什么关系呢？所有这些问题在学术界一直存在着分歧。因此，探讨这些问题，不但具有重要的理论意义，而且对开展技术引进、国际性的技术合作与交流，对正确地制定我国的技术发展战略和政策，促进技术的健康发展都具有重大的现实意义。

1．国际性是现代技术的基本特征

技术是人类利用、控制、改造自然、社会和思维的知识体系，是人与自然、社会、思维之间相互联系的一种媒介。自然技术的研究对象是自然界，主要解决“做什么”与“怎样做”的问题。所谓技术的国际性，是指技术没有民族与国别之分，是全人类共同的财富。因此，不论是什么民族和国家，都有资格参加技术的研究、开发与应用，参与国际技术大循环。技术的国际性是时代的要求，任何国家或民族企图建立封闭的技术体系，注定是要失败的。

技术的国际性主要表现在如下几方面。

① 技术规范的国际性。技术规范指的是一定的技术时代，由于某项主导技术或重大技术的突破所形成的技术思想、经验、行为方式、价值标准，以及技术工作者必须遵循的共同准则。

技术的研究对象是统一的。生产技术的研究对象是人工自然界，是反映人与自然界之间的一种“能动关系”或“活动方式”，所以技术的内容具有客观真理性，这种客观真理性是没有国别、民族和阶级之分的。也就是说，技术理论作为一种知识体系，全世界都是相同的。例如，计算机的技术原理、自动控制技术等，绝不会因为在美国或者在中国而截然不同。同时，技术的基本内容有其自身产生、发展和消亡的历史规律，不会随着社会制度的变化而变化。因此，技术规范既没有国界，也没有阶级性，它是全人类共同的精神财富。技术规范的非阶级性、超民族性是技术国际性的重要内容。尽管技术人员有国别、民族之分，但都必须共同遵循技术规

① 本文发表于 1989 年《自然信息》，第 4 期。

范。因此，技术工作者在世界各地都可以找到自己的同行，都能使用同一种符号系统和图纸，互相交流思想，而不管语言是否相同。例如，建筑师设计的图纸、自动化的自动控制设计图、计算程序等，就像一种国际语言，通行于全世界。因此，图纸等被称为世界各国工程师的共同语言。正是这种技术理论规范的国际性特征，使得工程师们使用不同工具、不同文字，从不同的角度，对人类共同的问题进行国际性合作研究。

技术有统一的度量标准。例如，机械加工中的规格、型号、粗糙度等技术标准逐渐走向规范化，国际上也先后成立了各项技术的标准组织，对技术的一些标准作了统一的规定。有的虽然没有明文规定，但通过竞争、自然淘汰，也达到统一标准。例如，在微型计算机中，原来常用的磁盘逐渐被 U 盘所取代。一个国家的技术之所以能为其他国家所引进，正是因为这种技术标准的一致性。各国的技术逐渐走向兼容的道路，使得技术产品系列化、规格化。例如，各国计算机基础上都是 IBM 兼容机。

随着现代化技术的发展，技术合作、交流和转移日益频繁，各国技术出现融合的趋势。因此，现代技术规范的国际性日益明显。

② 技术研究和应用的国际性。技术是一种国际性产物，它的创造和使用并不受到国别和民族的限制，而是全人类在利用、控制、改造世界中世代相传所积累的知识体系。

马克思曾经指出："批判的工艺史证明，18 世纪的发明很少是属于个人的发明。"马克思的这一原理不仅适用于 18 世纪，而且适用于近代和现代。历史上的蒸汽机、内燃机、纺织机以及其他重大技术成果的取得是与世界各国的共同研究分不开的，一项重大技术的产生不能只归功于某一个国家。恩格斯写道："蒸汽机是第一个真正的国际性发明"。现代的每一项重大技术的产生几乎都是国际性的，例如计算机的产生除美国的功劳之外，先后有法国的帕斯卡，德国的莱布尼茨、朱斯，英国的巴具治、布尔、图林等人的贡献。因此，计算机的诞生是几百年来国际性研究的结果。技术史还表明，技术的发展也是各国共同努力、共同推进的结果。一项新技术无论在什么地方产生，世界各国总是争先恐后地参加其发展的行列，出现一种推陈出新、百花争妍的动人局面。例如，当今超导技术的研究在美、日、英、苏、中等国家都在蓬勃地发展着。技术的海洋汇集了各国的涓涓细流，每一项技术的发展都凝结着许多国家和民族的研究者之智慧与汗水。

③ 技术功能的国际性。技术，特别是现代技术，在利用、控制、改造自然、社会乃至人类思维的过程中，具有日益强大的生命力和潜在力。技术作为一种社会生产力，可以把人类从繁重的体力劳动中解放出来，可以部分地代替人的脑力劳动，可以帮助人们去完成一些被动的、重复的、机械的或有害的、危险的体力劳动

和脑力劳动。因此，世界各国，不管它们的社会制度怎样不同，不管它们属于哪一个阶级，也不管他们有何种信仰，都不会拒绝现代技术给他们带来的幸福生活，都不会反对用先进的微电子技术、激光技术、原子能技术、生物技术、宇航技术、计算机技术以及其他先进技术去提高社会的生产能力，去繁荣自己国家的经济，去满足人们日益增长的物质生活和精神生活的需要。因此，一个国家所创造的技术是能为其他国家引进和应用的。瓦特蒸汽机首先在英国出现，很快为其他国家广泛应用，从而引起了世界范围内的近代第一次技术革命和产业革命。电力技术首先在德国、美国产生与应用，很快扩散到世界各国，并引起了以电力技术为主导的第二次世界性的技术革命，各地先后进入了电力时代。最先在美国产生与应用的电子技术很快便风行全球，现在没有哪一个国家没有引进和应用电子技术。正是由于电子技术在全球范围内的广泛使用，才激起了以信息技术为主导的第三次技术革命的强大冲击波。这种冲击波如今正在全球激荡着、震撼着，正在全方位地影响着全人类的生产方式、生活方式、思想观念与思维方式。如今，地球上发生一个惊天动地的声音：人类已经跨入了以电子技术为标志的“信息时代”。

④ 技术的国际性正是大技术时代的客观要求。

第一，在大技术时代，重大技术研究的课题本身就是一个大系统，必须进行国际性合作。例如，气象、海洋、环境、生态、宇航和卫星通讯等，都是国际性规模的大系统。像这样的范围如此广大的课题，单靠某个国家或地区是无法解决的，它需要各国的齐心协作，共同研究。

第二，在大技术时代，开展重大技术的研究所需要的信息是全球性的。为了获得必要的信息，就要通过现代化的设备，向全球数以千计的数据库调研资料和数据。因此，图书情报系统日益超出一个国家的范围，向着全球数据库网络迈进。像美国的Dialog国际联机检索系统，它所包括的主要文献数据库已经有200多个。其中存储1亿多篇文献，占全世界机读文献的一半以上，该系统通过卫星通讯，向10多个国家的6万多个终端提供服务。

第三，在大技术时代，重大技术的研究耗资巨大，往往超出了一个国家的承受和支付能力。例如，欧洲经济共同体的十国科研部长于1983年通过的“欧洲信息技术研究和发展战略计划”，其总投资为13亿美元，一半由共同体承担，另一半由私营企业承担。

第四，在大技术时代，重大技术的研究课题极为复杂，不同学科之间的联系日益加强，往往需要不同学科、不同文化背景的研究人员的智力互补。于是，技术人员的交流成为历史的必然。为此，一些主要技术部门都成立了相应的国际组织，如国际自动控制联合会等。各学会经常举行世界大会，相互交流、联合探讨人类共同关心的一些问题。随着交流的增多，各国技术传统便愈加在国际人才交流中走向统一，使技术的国际性特征更加突出。

第五，国际范围兴起的跨国公司为全球的技术研究课题提供了有力的物质基础和经济后盾，使技术的国际性明显增强。

总之，技术系统是一个开放系统，它必须与环境经常不断地进行物质、能量和信息的交换，必须随时与外界保持畅通的联系。当其他民族或国家出现了某项先进技术时，则技术系统的平衡受到破坏，出现不平衡，通过合作、交流、引进等涨落的诱发，协同的选择，形成一种动态的新的有序结构。一个民族或国家的技术系统正是在平衡与不平衡的辩证转化过程中不断地向前发展。

2. 技术的民族性相对于国际性而存在

技术的民族性是指在技术的发展过程中，由于各民族在语言、地理环境、经济生活和文化背景等方面的不同而形成的差异，或一个民族在技术的具体研究、开发与应用上有别于其他民族的某些特点。

在古代，由于地理分割，民族之间交往甚少，技术成果更多地带有民族特色。世界各民族几乎都有自己的传统技术、传统产品和手工艺制品。即使在现代，有些技术仍然带有各自的某些特色。如在农业技术中的生物固氮、高效低耗的灌溉技术、增加土壤肥力、减少化学肥料的施用，以及水产养殖、病虫综合防治、生态环境保护等方面，各国都存在一些差异。出现这种民族性的原因很多，既有认识论原因，也有语言、资源、地理环境、经济生活、宗教信仰和文化传统等原因。民族的文化传统作为一种不可遏制的力量，深深地扎根于各国的风土、条件之中，对技术的发展产生一定的影响。

但也应当看到，技术的民族性并不是技术的本质特征，正像国际性不是文艺的本质特征一样。这是因为技术的研究对象是全球统一的，而文艺则正好相反。

技术的民族性只是一个相对的历史范畴，它随着民族的产生而产生，也会随着民族的消亡而消亡。即使到那时，技术仍然存在而且必然地继续向前发展。技术史表明，在人类社会的历史发展过程中，随着国际交往的增多，技术交流、合作与技术转移的日益频繁，技术体系的国际性日益增强。而民族性日趋减弱，并且这种发展趋势愈来愈明显。

技术的民族性是相对于技术的国际性而存在的。没有技术的国际性，就不可能有技术的民族性。没有统一的国际标准，各国技术就失去了比较的可能。没有正常的国际交流，个别民族的技术发展就不可能具有旺盛的生命力。因此，我们既不能把技术的国际性与民族性这两个不同层次的概念相提并论，也不能借口技术的民族性而否认技术的国际性原则。

3. 技术应用的阶级性

技术的应用具有二重性。既可以为人类创造幸福生活，也可以给人类带来深重的灾难。这是控制论创始人维纳说的。在技术的应用过程中，有“为善”与“作恶”两个方面。例如，炸药既可用于采矿、修路，造福人类；也可用于战争，毁灭人类自身。将原子能技术用于战争，制造了广岛事件；而用于和平，则出现了当今众多的原子能发电站，并且是解决目前能源危机的一种希望。但技术应用的二重性不管在哪个国家、地区或民族，也不管哪个阶级，都是存在的。技术用于“干什么”、达到什么目的，技术本身管不了，主要取决于技术的应用者——人，而人在阶级社会里是有阶级性的。但是，我们不能由技术应用者的阶级性就推断出技术本身也具有阶级性；否则，就会得出像石块、沙子等能被人类利用的东西都是有阶级性的荒唐可笑的结论。

技术与技术的应用是既相互联系又相互区别的两个概念。技术作为人类利用、控制、改造世界的知识体系，是没有阶级性的，就像语言没有阶级性一样。马克思早在 1867 年《资本论》（第 1 卷）中指出：“无可争论的事实是，机器本身对于把工人从生活资料中游离出来是没有责任的……因为这些矛盾和对抗不是从机器本身产生的，而是从机器的资本主义应用产生的。”因此，他号召“工人要学会把机器和机器的资本主义应用区别开来”。我们认为，马克思的这段话对技术来说，也是完全适用的。技术的应用者与技术的应用相联系，而与技术本身没有直接的联系。因此，技术应用者的阶级性与技术本身无阶级性没有必然性的联系。认为技术有阶级性就是把技术应用者的阶级性当作技术本身的阶级性，混淆了两个不同的概念。同时，在技术应用的阶级性问题上，要严格区分其目的行为，即基于侵占他人劳动的技术及其实物载体（如工具、机器等）使用者，当然是阶级性行为（应该有限制性的政策）；凡是出于自身生存和发展的技术使用者，不但没有阶级性，应该大力支持和补偿。这种区分犹如利用资本（钱）放高利债或者发展生产一样。

对技术本身的无阶级性的认识，在苏联和我国都走过曲折的道路，曾经把西方的先进技术贴上“资本主义”的标签，当作毒蛇猛兽而拒绝应用。事实证明，这种做法是极为错误与有害的，给苏联和我国的技术发展都造成了许多不良的后果，这是我们必须吸取的沉痛教训。

4．技术的保密性是具有一定时空限制的人为规定

技术与科学不同，科学追求科学认识的真理但不太考虑它所产生的经济效益；但技术具有经济价值，应用于生产后，能创造社会财富，特别是技术与经济、政治、军事的关系十分密切，所以技术具有一定的保密性。正因为如此，一种新技术产生以后，所有者或所在国都采取保密甚至封锁技术输出等措施。例如，当超导研究还处于理论研究阶段时，各国抢先发表研究成果，但当超导开始出现有实用价值的迹象时，各国就相互封锁而暗暗地加紧研究，以便捷足先登。日本尤其如此，完全拒绝与国际之间的任何交往。在当代，随着国际上的政治、军事斗争和经济竞争

的加剧，各国之间技术保密和技术封锁往往成为国际政治斗争的一种重要手段。

但是，我们能否由此得出保密性是技术的基本特征，并否定技术的国际性呢？显然不能，正像技术的民族性不是技术的本质特征一样，技术的保密性也不是技术的本质属性。

出于政治、经济、军事等原因而对技术实行的保密，具有人为的暂时性。这种保密主要是由于人为因素造成的，不是技术本身具有的特性，而且技术保密也具有一定的时间、空间限制。当某项技术不再对技术所有者或占有国构成利益危害时，保密就失去了意义。同时，由于技术产生的国际同时性，技术的保密也只有相对的意义。例如，第一台计算机在美国制成后，美国可谓严格保密，但不几年，世界各国纷纷研制出类似的计算机。对于原子弹技术，美国的保密工作堪称不择手段，然而苏联、中国等不少国家很快都分别掌握了。再则，技术理论是不保密的，理论的物化过程和物化结果才是保密的。人们当然可以利用不保密的相同的技术理论研制出相同的或类似的东西。

技术的保密性相对于技术的国际性而存在，保密性不能与国际性相提并论。如果技术只有保密性，技术就不可能这样飞速发展，只会失传。例如，中国的许多古代技术因为缺少交流，如今只能知其名或者失传了。若保密性是技术的基本特征，则国际之间频繁的技术合作、技术交流和技术转移就不可能进行，世界性的三次技术革命更不可理解。因此，我们不能借口技术的保密性而否认技术的国际性。

综上所述，技术具有自然属性和社会属性。我们认为，国际性是技术的自然属性，而民族性、阶级性和保密性都是技术的社会属性，技术的社会属性归根到底由它的自然属性支配。正如列宁在《哲学笔记》中所说："机械的和化学的技术之所以服务于人的目的，是因为它的性质（实质）在于：它为外部的条件（自然规律）所规定。"所以，技术的国际性是现代技术的基本特征。

新技术革命的巨浪正蓬勃地发展并猛烈地冲击着每个国家、地区和民族。因此，各个国家、地区或民族的技术体系再也不可能像世外桃源，完全孤立、缓慢地发展。

历史证明，凡是奋发进取的民族，都能够充分吸收外来的先进技术；反之，凡是夜郎自大、闭关自守的民族，必然萎靡不振、无所作为。我们已经吃够了闭关自守的苦头。在新技术革命席卷全球的今天，我们若仍然不重视技术的国际性，不抓住这次良机，那么我们将会重蹈覆辙，今人叹古人，而后人怨今人！

七、试论技术中介性的本质特征[①]

（1987 年 6 月）

在生产、技术、科学三者之间的关系中，技术总是处于中间状态或中介地位。但人们对技术及其中介性却有截然不同的理解。一般说来，工程技术哲学家们理解为生产手段或工具设备等实体性物质；而人本主义技术哲学家侧重于把它看作一种文化现象。那么究竟技术中介性的本质特征是什么呢？

所谓中介，是两种不同的事物、系统或过程之间的过渡环节。从内容来看，它是新旧系统相互包含，既包含着旧系统的内容，又包含着新系统的内容；从作用来看，它是新旧系统相互衔接，即旧系统转化为新系统的桥梁，从而构成系统演化的前后相继、持续不断的发展过程。恩格斯在《自然辩证法》中指出："一切差异都在中间环节阶段融合，一切对立都是经中间环节而相互过渡，……"赵红州在《科学能力学引论》一书中有这样一段论述：什么是"中介世界"呢？"中介世界"就是介于物质世界和精神世界之间的客观存在。这种存在是这样的特殊，它既像物质世界又不像物质世界，它既像精神世界又不像精神世界。它是一种过渡性的存在方式。电子计算机中的软件就是一个十分特殊的东西。你说它是精神产品，应当隶属精神世界，可是它能够作为程控机床的软件，变成物质性的生产资料，所以它又应当隶属于物质世界。其实，现代科学技术中有许多这样的东西，既属于精神世界又不属于精神世界，既属于物质世界又不属于物质世界。这种存在往往是有物质世界作为它的物质载体，有精神世界作为它的信息内容。它们是物质世界和精神世界的复合体，也是"伟大父亲"和"伟大母亲"所诞生的"伟大骄子"。这个"骄子"就是"中介世界"。"中介世界"相对于物质世界和精神世界来说，只有相对的独立性，没有绝对的自主性"。

技术中介性的特征主要体现在以下几方面。

① 表现形态。科学成果都是知识形态，都用文字、语言或符号描述出来，最终成为概念及概念体系和论著的形式。生产产品都是物质形态的，能供人们直接使用的衣、食、住、行或作为再生产的工具、机器等。技术成果一般是专利、图纸、工艺流程、说明书、样机、样品、模型等，既有知识形态，又有物质形态。而人们往往只看到了技术的物质形态，忽视了技术的知识形态。技术哲学家道西（G.Dns）1982 年在《技术规范和技术轨道》一文中明确地指出："技术是一批知

① 本文发表于 1987 年《自然信息》第 3 期。

识，既是直接实用的知识（与具体工具和装置有关），也是理论知识（但在实际上可以应用，虽然不一定已经应用），还包括诀窍、方法、程序和成败经验，当然也包括实际的设备装置。”这里的“设备装置”只是技术知识的一种物质载体。

② 性质和范畴。自然科学是人类对自然规律的认识，是人类创造的知识财富，属于精神文明的范畴。生产[①] 是人类创造的自身生存所必要的物质财富的过程，其产品属于物质文明的范畴。自然技术是利用自然、控制自然，变革现实，创造人工自然的途径和方法，是协调人与自然之间关系的桥梁和有力武器。因此，技术既属于精神文明的范畴，又属于物质文明的范畴。加拿大著名哲学家 M. 邦格在《技术的哲学输入与哲学输出》一文中强调指出：“没有人否认技术在工业文明里的中心地位，倒是有时候有人否认技术已成为现代精神文明的一个重要部分。实际上，经常有人认为，技术与文化是格格不入的，甚至是彼此对立的，这是一种谬误的观点”。

③ 作用和功能。众所周知，自然科学的功能是认识自然。生产的功能是直接地改造世界。无论是生活资料的生产，还是生产资料的生产，都是变革世界，制造出一批一批的人工自然物。技术具有认识世界和改造世界的双重功能。首先，技术是科学认识的具体化、深化及其应用与发展；其次，技术活动可以对科学认识进行检验，它是对科学认识的再认识，特别是高技术的发展，已经成为人的认识功能中的一部分，如人工智能、仿生学、计算机模拟、机器人视觉等，集科学技术于一身的高技术将具有人的某些识别、想象、逻辑运算等功能，增加了人的认识能力。正如 M. 邦格指出的：“科学是为了认识而去变革，而技术是为了变革而去认识”。

④ 活动目标。科学研究的目标是寻求真理的本身。科学发展的重要动力之一是为了寻求宇宙的自洽、宇宙的和谐。牛顿力学的建立基本上与生产无关，它是研究天体运动规律而建立起来的。开普勒研究行星的运动规律受到和谐思想的支配。他说：“天体运动只不过是一首歌，一首连续的声音的歌，它只为智慧思索所理解，而不能由听觉感到。”技术研究的目标是寻求具体有用的真理，晶体管的发明者巴丁说：“科学研究的方向总是扩展知识面，加深理解，目的不在于应用”。而“所有的技术革新几乎都是首先认识到某种必要性，然后再寻求达到目的的手段”。M. 邦格也指出：“对科学家来说，知识是一个最终的目标；而对技术专家来说，知识是一个中介的目标，获得知识作为达到实际目标的手段。”显然，生产是具体应用有用的真理，是为了具体地实现其实际目标，制造出批量的人工自然物。

⑤ 因果关系。在生产→技术→科学模式中，生产是决定技术进步的原因，而技术是生产发展的结果。同时，技术又是科学进步的原因，科学是技术发展的结果。在科学（原因）→技术（结果或原因）→生产（结果）模式中，它们的因果关

① 此处的“生产”是狭义的，主要指物质性生产，下同。

系正好与第一个模式相反，即科学→技术→生产模式；第三种模式的组合或者叫叠加，科学⇌技术⇌生产三者之间互为因果关系。然而，不管是哪一种发展模式，也不管在这些发展模式中主要是生产起决定作用，还是科学起决定作用，技术总是处于中间状态，有着结果和原因的双重作用。

⑥ 劳动特点。科学研究是探索性、创造性的劳动，从事科研活动的科学工作者都具有较高的理论水平，一般是在实验室里进行，科学劳动相对来说自由度较大，科学发现、定律、学说等多以个人名字来命名，无不打上个人的烙印。技术研究与开发也是创造性的劳动，从事技术活动的科技工作者都具有一定的理论水平和丰富的实践经验，一般在实验室和试验工厂进行。在技术发明的研究过程中，自由度较小。技术的成果既有个人的，又有集体的，个人专利和集体专利都占有相当大的比例。生产是由集体协作进行的重复性劳动，生产者都具有一定的技能，生产劳动一般是在工厂、工地，矿山或田间进行，劳动过程中的自由度小。现在，连生产一根小小的绣花针也要通过许多道工序，经过很多工人的协作加工。

⑦ 工作程序。科学研究是从个别到一般，从实践到理论的过程，科学理论是从大量的事实材料中抽象和概括出来的事物的本质联系，是从感性认识提升出来的理性认识。例如，近代力学理论、电子感应理论、孟德尔-摩尔根遗传理论等的建立和现代自然科学中的许多重大发现，如电子、质子、中微子、核酸等，都是在科学实验中发现的。许多重大的理论突破，如宇宙不守恒定律等都建立在科学实验的基础之上。技术研究有的从个别到一般，有的从一般到个别，即从实践到理论，或从理论到实践的过程，如气功按摩、针灸治疗、传统的农田管理技术和手工工艺加工技术等，多为实践经验的总结，而材料技术、空间技术、生物技术等都是在科学理论指导下而产生的。生产是从一般到个别，即自觉或不自觉地在科学技术知识指导下的具体实践活动。

⑧ 价值观。科学家对所从事的科研活动及其成果，只考虑其科学价值，甚至有的科学家主张摆脱价值观念去处理价值问题。彭加勒说过："科学家不是因为大自然有用才去研究它，他研究大自然是因为他对它感到乐趣，是因为大自然美丽，如果它不美，就不值得认识，他就不值得活下去"。如果仅仅为了实用的目的才去行动，可以说就不会有人类文明的产生和发展。技术专家在从事技术研究与开发时，不但要考虑科学价值，而且更要考虑是否具有实用价值，即经济效益、社会效益和生态环境效益等问题；否则，就失去了技术存在的实际意义。如青霉素的诞生虽然得益于弗莱明的机遇，但只有当弗洛里、钱恩等人通过有目的的生化研究确定了它的化学结构，发明了人工合成法，即所谓"青霉素的第二次发现"之后，才成为具有工业意义的技术。又如"走马灯"作为燃气轮机的雏形，不管其结构多么精巧，却不能实用。生产者在生产过程中，自始至终要考虑产品是否能够满足人们的

某种需要，是否能够带来经济效益和社会效益。

综上所述，技术中介性包含着丰富的内容，其主要方面总结为下表。

技术中介性一览表

内容	科学	技术	生产
表现形态	知识	知识、物质	物质
性质和范畴	精神文明	精神文明、物质文明	物质文明
作用和功能	认识世界	认识世界、改造世界	改造世界
活动目标	寻求真理本身	寻求有用真理	应用有用真理
因果关系	原因（或结果）	结果、原因	结果（或原因）
劳动特点	自由度较大 实验室工作	有一定的自由度 实验室、试验厂工作	自由度较小 厂、矿等地工作
主要工作程序	个别→一般 实践→理论	个别⇌一般 实践⇌理论	一般→个别 理论→实践
价值观	科学价值	科学价值 经济价值 社会价值	经济价值 社会价值

技术中介性的主要特点虽然突出表现在上述八个方面，但概括起来，我们认为就是两个：知识性和实用性，这就是技术中介性的本质特征，其他特征都是由这两个本质特征派生出来的。如技术表现为知识形态，属于精神文明范畴，有认识世界的功能，具有科学价值等都是技术的知识性的表现；技术表现为物质形态，属于物质文明的范畴，有改造世界的功能，具有经济价值和社会价值等都是技术实用性的表现；技术的目标是寻求有用真理，技术同时处于结果和原因的双重地位，技术劳动具有一定的自由度，技术研究的程序既可以从一般到个别，又可以从个别至一般等，都是技术的知识性和实用性的综合表现。

技术中介性的本质特征还可以形象地用下面图形来描述。

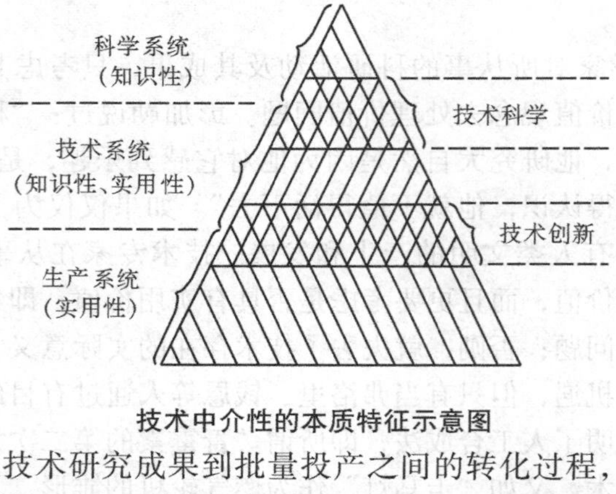

技术中介性的本质特征示意图

技术创新指从技术研究成果到批量投产之间的转化过程，如中间试验、试生产、示范推广活动等。技术中介性的本质特征是知识性和实用性，说明了技术是主体（人）对客体（对象世界）的能动关系。马克思指出："工艺学揭示出人对自然的活动方式，人的物质生活的生产过程，从而揭示出社会关系以及由此产生的精神观念的起源。"这里的"工艺学"可理解为技术。M. 邦格讲得更清楚：技术是"为按照某种有价值的实践目的用来控制、改造和创造自然的事物、社会的事物和过程，并受科学方法制约的知识总和。"因此，我们认为，技术就是关于利用、控制和改造世界的途径、方式与方法的总和，即实用的知识体系。

弄清技术中介性的本质特征，不仅具有重要的理论意义，而且具有重要的现实意义。

弄清技术中介性的本质特征，有利于端正技术发展的指导思想。技术是科学与生产之间的必不可少的环节和纽带。我们要促进科学发展或者把科学应用于生产，就必须致力于发展技术，尽可能地缩短科学与生产之间的距离。因此，在发展技术的过程中，既要注意技术的知识性，又要注意技术的实用性。然而，我们在这些方面是有经验教训的。一些科技人员曾经热衷于技术研究，而忽视技术创新工作；有关部门重视尖端技术、军事技术的研究，而轻视实用技术、民用技术的研究与开发。正如日本野林综合技术研究所技术调查部部长森谷正规指出的，"中国有两个令人费解的现象：一是卫星上天并能成功回收，而相比之下，轻纺、食品加工等一般应用技术却较为落后；二是许多科研单位人浮于事，而生产第一线的科研力量却又不足"。森谷正规还说："中国在科研经费不十分充足的情况下，莫如适当减少基础研究投资，发展技术开发投资，待到国力得到某种程度的增强后，再逐渐增加基础研究的投资"。

弄清技术中介性的本质特征，有利于开拓技术市场，搞好技术引进工作。我国为了发展生产，曾经通过不同的方式引进了技术，但主要的途径是成套地进口国外设备，而且是同样的设备进口许多套。尽管一部分进口设备在当时的生产中发挥了一定的作用，但事隔不久，生产出来的产品却是国外淘汰的产品。要想赶上发达国家水平，又不得不重新进口。而日本就不是这样，日本技术引进的主要方式是：购买专利、派人出国进修、聘请技术专家、有选择地购买各国同类设备作为样机进行综合或进口主机、买实验技术。据统计，日本从1950—1960年的十年里引进专利就占全部技术引进数量的62.4%，而我国1950—1959年设备进口金额为技术引进金额的8倍，1963—1966年为14倍，1973—1979年为109.3倍，1980—1984年为2.2倍。值得注意的是，在我国更没有关注技术引进后的消化、吸收与提高。

总之，我国在国内技术发展方面，偏重于知识性而忽视实用性；在对外技术引进方面，又偏重于实用性而忽视知识性。这些偏向的发生与存在，尽管原因是多方面的，而其中最重要的一条不能不说是与人们对技术本质特征的片面理解有着直接关系。

八、技术——关于怎么“做”的知识体系①

(1988年10月)

1. 实际工作中提出的一个重要问题

实践告诉我们：理论上的混乱，往往导致实际工作中的不良后果。目前，对于技术这个概念的含糊不清就是一例。

关于技术的定义一直存在着分歧，可谓众说纷纭。归纳起来，可分为如下四类。

① 劳动手段（工具）说。如苏联的A.A.兹雷全认为“技术是社会生产体系中劳动手段（或工具）的总和。德国的K.Kisler提出：“技术是一切达到人类目的的装置（或设备）。”

② 技巧、方法说。如贝尔纳在《社会历史中的科学》一书中指出：“技术是指社会所确认的制作各种产品的方法”。苏联大百科全书词典第41卷中写道：“技术是技巧与知识的总和，人类利用它来改造和利用自然界的各种原料和能源。”

③ 总和说。如法国的狄德罗早在18世纪指出：技术就是为了完成某种特定目标而协调动作的方法、手段和规则的完整体系。”上海辞书出版社出版的《辞海》中关于技术解释为：“除……操作技能外，……还包括相应的生产工具和其他物资设备，以及生产的工艺过程或作业程序、方法。”

④ 过程说。如国内有学者认为“技术是人类凭借经验、知识和技能并同物质手段相结合，而使天然自然变为人工自然的动态过程。”

所谓定义，就是对事物本质或范围的扼要说明。那么，上述这些定义分别对技术的本质是怎样认识的呢？第一类定义简化为“技术＝设备”；第二类定义为“技术＝技巧、方法“；第三类定义为“技术＝技巧、方法＋设备”；第四类技术为“技术＝过程”。目前，在学术界占主导地位的是第一类和第三类定义（后者更为流行）。但是，我们认为，这两类定义都没有真正揭示出技术的本质。因此，在实际工作中，难免出现这样或那样的问题。这些问题当前突出地表现在技术贸易上。

1988年第4期《国际贸易问题》杂志发表了一篇《鼓励引进技术，控制进口设备》的文章。该作者从技贸工作的实践中发现并提出一个重要问题：“进口设备和引进设备制造技术是两个不同的外贸概念。……把进口设备和引进设备制造技术混为一谈，容易造成一种假象，似乎进口了设备，就是引进了技术，也就获得了设

---

① 本论文在全国第二届技术论学术讨论会（长沙）上宣读，并发表于1988年《自然信息》第5，6期。

计、制造设备的诀窍和方法”。这是一个很重要的见解，是花费了巨大代价才换来的。据该文统计：1978 年我国进口设备总成交额达到 78 亿美元，而引进设备制造技术仅仅为 700 万美元，不足千分之一；1979 年到 1982 年间，全国成套设备的进口额达 54 亿美元，引进设备制造技术约为总额的 2.41%。显然，这是一种以进口设备取代引进技术的错误做法。它既不利于培养本国自力更生的能力，也不利于国内机械工业的发展。同时，进口设备不仅在一次性投资上要比引进技术大得多，而且设备运行后，还长期需要进口维修的零配件，要花费比原价高几倍的外汇。看来，把技术与设备等同起来，单靠买设备，以实现现代化是难以成功的。最近，有位老师在讲课时，将国内外搞现代化建设的经验教训总结成三句话：美国是吸引人才，日本是引进技术，中国是进口设备。这个概括既点出了问题的要害，又对技术的定义指明了范围，是值得我们深思的。

我们认为，出现上述种种情况，究其理论根源，是对技术这个概念缺乏明确而统一的认识造成的。因此，当前弄清楚技术这个概念，无论是在理论上，还是在实践上，都具有重要的意义。

2. 现代科技的发展，要求改变传统观念

进入现代，尤其是第二次世界大战以后，新型技术的产生与发展越来越离不开科学的指导，科学的进一步深化则愈来愈需要各种技术的保障。科学与技术的相互依赖、相互促进、紧密结合，导致了科学技术化和技术科学化的发展趋势。于是，科学与技术之间的界线也就渐趋模糊。关于当代科学技术一体化的趋势问题，苏联学者开展了深入的研究，明确地提出了“科学技术革命”的新概念，并就其特点进行了详细分析。如著名的科学哲学家 B. 凯德洛夫曾经指出：“自然科学和技术的革命融合为统一的过程。”

我们说科学与技术之间的界线日趋模糊，并不是说科学就等于技术。从目前来看，它们之间还存在着某些差别。但是，科学与技术的一体化，是现代科学技术发展的一个重要特点。面对这种现实，迫使我们不得不突破关于技术定义的传统观念。

3.“技术是现代精神文化的重要部分”

关于技术的定义，加拿大的科学哲学家 M. 邦格提出了一些很有见地的思想。他于 1979 年《技术的哲学输入与哲学输出》一文中明确地指出：“技术是这样一个研究和活动的领域，它旨在对自然的或社会的实在进行控制或改造”。“技术已经成为现代精神文化的一个重要部分”，“成了整个文化的中心”。“技术哲学把它的研究重点放在探讨技术本身所蕴涵的哲学问题以及技术过程所提出的哲学思想上”，“显然不是从技术的产物——汽车、药品、被治愈的病人或技术战争的牺牲者当中去探索”。“由于有些人把技术与它的运用甚至与它的物质产品等同起来，技术的概念方面就被轻视甚至被抹煞。(奇怪的是，不仅唯心主义哲学家而且实用主义者都忽视技术概念的丰富性，因此，不能指望他们对技术本身所蕴涵的哲学作出正确的阐明。)”并且，他把现代技术分为“物质性技术”、“社会性技术”、“概念性技术”和“普遍性技术”四个分支。还说“上面的分类曾对‘技术’的含义作部分的扩展”。在这里，M. 邦格既确定了技术的真正含义，指出了技术与其相关概念的联系与区别，又强调了弄清技术定义的重要意义。我们认为，M. 邦格的上述观点是值得认真思考的。

近几年来，我们就技术的定义和主要特征发表过一些意见。什么是技术？我们认为：技术是人的知识和智慧与物质手段相互作用而产生的利用、控制和改造自然、社会或思维的方式、方法体系。技术是一种关于怎么“做”的知识，属于现代文化的重要组成部分。因此，技术这个概念，既有其特定的内涵，也有它一定的外延，不可与其他相关的概念混同。

① 技术与技术载体不同。如前所述，技术是关于利用、控制和改造自然、社会或思维的方式、方法，属于知识范畴，而不是一件件看得见、摸得着的东西。然而，在现实生活中，我们却无处不觉察到它的存在。那么，技术存在于哪里呢？技术隐藏于其载体之中。所谓技术载体，就是技术的承担者。它有各种不同的类型，如生物载体、人工物载体、无形载体和特殊载体等。

第一，生物载体。各种生物——动物、植物或者微生物等——体内隐含着某种“技术”。人们通过解剖、研究生物体，可以获得某些特种技术。所谓仿生技术，就是这样产生和发展起来的。

第二，人工物载体。一切工厂、矿山、仪器设备、交通工具、农田建设、卫生设施和社会生活设施等人工自然物（或人工产品）都是科学技术的物化，特别是先进的设备、精密的仪器、现代化的生活设施等，更是凝聚着复杂的高级技术。

第三，无形载体。各种技术论著、杂志和文献资料，以及图纸、磁带、录像、密码等，都记录着各种各样的技术及其参与社会活动的历程。

第四，特殊载体。劳动者不仅能创造、发明技术，消化、吸收技术，而且能把技术转化为有生气的力量，并应用到各种各样的生产过程。可见，知识分子是科学技术的一种特殊的活的载体。

在上述四类载体中，劳动者既是一种特殊载体，又是技术的主体。生物载体还可以作为技术研究的对象，人工物载体和无形载体也可以称为技术的产物，但“载体”与“产物”之间仍然具有明显的区别，后面再讨论。

所有这些载体，无论是有形的，还是无形的，多属于物质范畴。但是，不能因为技术依附在物质性的载体上，就把技术本身归结为物质性的产品（实物）。

② 技术与技术形态不同。技术虽然属于知识的范畴，而它却具有多种不同的

表现形式，这种表现的形式就是我们所说的技术形态。一般来说，技术存在着理论化形态、信息形态和实物形态等。技术的理论化形态，如技术论文、专著等，它们不等于生产者的实际经验。技术的信息形态，如工艺流程图、技术操作规程等，它们既不同于理论化形态的技术，也不等同于具体的机器设备。技术的实物形态，如样品、样机、模型等，虽然具有物质的外壳，但也不能把它们同正在或准备使用的生产资料等同起来。所以，不能因为技术具有实物性的表现形式，就认为“技术是各种不同形态的物质”，甚至把技术与机器设备完全等同起来。同时，也不能因为技术具有知识性和物质性的双重表现形式，也就把技术定义为“观念形态和物质手段的总和”。

③ 技术与技术过程不同。技术过程是指技术产生、发展的过程，也是人们运用技术来利用、控制和改造自然、社会或思维的过程，即发挥技术作用的过程。显然，它不能与技术本身等同起来（见图 1 和图 2）。

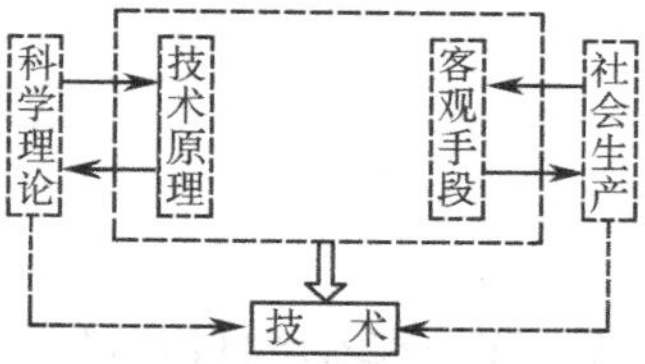

图 1 现代技术产生机制示意图

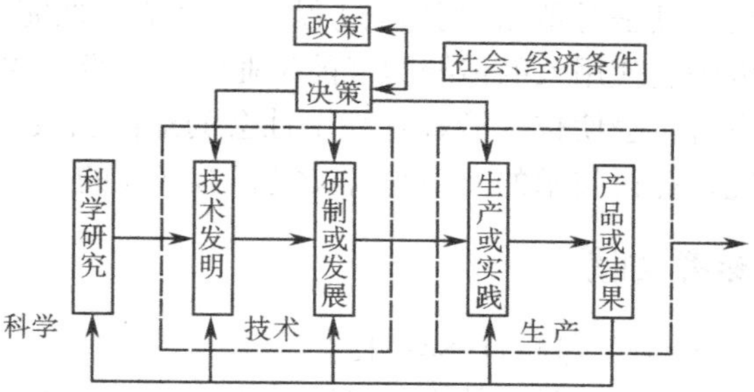

图 2 技术发展流程示意图

如图 1 和图 2 所示，无论是从技术的产生机制，还是从技术的发展流程来看，技术与技术过程完全是两回事。如果因为新旧技术的更新是一个发展变化的过程，就认为技术本身是一个动态过程，那么人们到哪里去学习、掌握和利用技术呢？

④ 技术与技术结果（产物）不同。马克思指出：“利用机器的方法和机器本身完全是两回事”。机器、机车、铁路、电报、自动纺织机等，“它们都是人类工业的产物；……都是物化的智力”。所以，机器设备是机器设备制造技术物化的结果，而如何制造、使用和维修机器设备的方式方法则是技术自身。因此，技术与技术结果（如机器、车床等）在交换过程中的特性也是不同的。技术交易只出卖使用权，即可以多次出售；而技术结果是出卖所有权，即一次性出售。

⑤ 技术与技术手段不同。技术手段和技术结果在某种意义上是等价的，但从使用范围和目的来讲，显然又不能等同。生产领域里的工具、设备、仪器等，既是某一项技术物化的结果，又是产生另一项新技术及其物化为他物的手段。一般来

说，只有批量生产的产品，才能作为劳动工具并入生产过程，怎么能把样品、样机同正在或准备使用的劳动工具等量齐观呢?!

综上所述，技术是关于怎样“做”的知识体系，其本质特征就是知识性，属于客观精神范畴，不是什么物质实体。对此，马克思早就明确地论述过。他说：“一个生产部门，例如铁、煤，机器的生产或建筑业等等的劳动生产力的发展——这种发展部分地又可以和精神生产领域内的进步，特别是和自然科学及其应用方面的进步联系在一起 。”显然，马克思把自然科学及其应用（即技术）都归为“精神生产领域”。因此，技术是属于知识形态的潜在的生产力，只有当它们正式应用于生产过程，才算转变为创造社会财富或社会效益的现实的生产力。最近，M. 邦格还进一步指出：现代技术不仅在工业文明里居于中心地位，而且成了整个文化的中心”。对于这种新思想，若固守传统观念，是难以接受的。正如邦格指出的：“经常有人认为，技术与文化是格格不入的，甚至是彼此对立的。这是一种谬误观点，是对技术过程尤其是对革新性技术过程的理论丰富性完全无知的表现。这种谬误导致恶果，因为它使用人的传统的（前工业的）思维方式和概念模式去训练学者”。于是，就“没有机会使技术沿着有利于社会的道路去发展”。因此，当前深入开展技术论的研究，探讨技术的实质与含义是很有必要的。

参考文献

[1] 文摘报［J］. 1984：154.

[2] 陈文化. 科学技术与经济的协调发展［C］//全国第三届科学学与科技政策学术讨论会论文集. 北京：学术期刊出版社，1983：9-22.

[3] Ъ. 凯德洛夫. 马克思与科学技术革命［J］. 国外社会科学，1984（7）.

[4] M. 邦格. 技术的哲学输入与哲学输出［J］. 自然科学哲学问题丛刊，1984（1）.

[5] 陈文化. 加速科研成果转化为现实的生产力［J］. 自然信息，1980（2）.

[6] 陈文化. 试论技术的定义和特征［J］. 自然信息，1983（4）.

[7] 马克思，恩格斯. 马克思恩格斯全集：第27卷［M］. 北京：人民出版社，1979.

[8] 马克思. 政治经济学批判大纲（草稿）：第3分册.［M］. 北京：人民出版社，1963.

[9] 马克思，恩格斯. 马克思恩格斯全集：第25卷［M］. 北京：人民出版社，1979.

九、试论技术的定义和特征①

（1983年8月）

什么是技术？技术的特征是什么？目前，学术界众说纷纭，莫衷一是。本文不想对众多观点加以评说，只提出我们一点粗浅的看法，旨在和同行们讨论。

（一）

关于技术，我们把它理解为人的知识和智慧与客观的手段（软件和硬件）相互作用而产生的控制和改造自然的方式、方法的体系。在这里，① 自然是广义上的自然，它不仅包括第一自然，而且包括第二自然，还包括人在内。因此，技术的外延不仅仅局限在物质生产领域，而是伸向了非物质生产领域。这是现代技术发展的客观反映。当代技术的发展已经深入到社会生活的各个方面，技术的研究已经扩展到许多新的领域，在物质生产过程中，不仅有传统意义上的制造工具、机器等产品的非生物技术，而且出现了生物技术，如遗传工程技术等。在非物质生产过程中，不仅有建立和规定社会关系与政治关系的组织管理技术，而且出现了思维技术、审美技术、表演技术等。所有这些技术汇成一股洪流，直接地推动着现代物质文明和精神文明的发展。② 技术的实质在于如何运用客观的手段去控制和改造自然。因此，技术是一种关于"怎么做的知识""Know-how"，它是客观的手段（硬件和软件）与人的知识和智慧相互作用的产物。③ 技术是一个体系，它是人类推陈出新、逐渐积累的结果。可见，技术作为技术论的一个基础性概念，既有它一定的外延，又有其特定的内涵，不可与其他有关的概念混同起来。因此，把这些相关的概念区别开来，将更有利于理解技术的定义。

首先，技术和技术结果不同。"利用机器的方法和机器本身完全是两回事"[1]481。机器是机器制造技术物化的结果，但如何使用机器，则是技术自身。任何技术结果都是技术的转化，是技术的外在体现。"自然并没有制造出机器、机车、铁路、电报、自动纺织机等等。它们都是人类工业的产物；自然的物质转变为由人类意志驾驭自然或人类在自然界里活动的器官，它们是由人类的手所制造的人类头脑的器官；都是物化的智力"[2]。正因为技术是通过技术结果（如机器、设备等）表现出来的，人们就可以通过考察技术结果的价值来衡量技术本身的进步程度；而

① 本文发表于《自然信息》，1983年第4期；1984年《中国哲学年鉴》摘载，并称为"一种新的观点"。

透过技术结果，人们又可以掌握其中蕴涵着的技术，进而为另一个控制和改造自然的过程服务。例如，某研究院研制成功的强磁选机（被列为1981年全国重大科技成果），就是工程技术人员在参观国外的同类产品（属于专利）后，在没有得到任何有关的技术资料的情况下，凭着记忆和印象自己模仿、设计、研制出来的。可见，技术结果并不就是技术本身，但二者具有密切的联系。我们既不能抹煞它们之间的差别，也不能忽略它们之间的联系。

其次，技术与技术手段不同。技术手段和技术结果在某种意义上是等价的。物质生产领域里的工具、设备，仪器等，既是某一项技术物化的结果，又是另一项技术物化为他物的手段。任何工具都是技术的集中体现，同时又是实现技术的手段。在物质生产领域，“劳动资料是劳动者置于自己和劳动对象之间，用来把自己的活动传导到劳动对象上去的物或物的综合体”，劳动者把它“当作发挥力量的手段，依照自己的目的作用于其他的物”[3]203。可见，任何技术都离不开技术手段；一切工具、设备、仪器等劳动资料都可作为技术手段而存在，但手段并不是技术本身，就像通讯技术中离不开电话，但电话不是通讯技术本身一样。

再次，技术与技术过程不同。所谓技术过程，就是指技术产生和实现的过程。一般来说，人类总是首先将科学理论和经验知识转化成控制与改造自然的方式、方法；然后借助于技术手段，作用于自然，从而获得人类所预想的结果。这一过程既是从理论到实践的过程，也是技术产生和实现的过程，显然也是人类控制和改造自然的过程。但是，这个过程却不能和技术自身等同。有人把技术定义为控制和改造自然的过程，显然是值得商榷的。因为它首先把技术与技术过程等同起来了。另外，这种“技术＝技术过程＝控制和改造自然的过程”的定义方法，在逻辑上也是不合理的。

总之，技术与技术结果、技术手段、技术过程既有联系，又有区别。确定了它们之间的差异，就使技术的内涵更加明确了。

（二）

技术是伴随着人类的出现而产生的。它历史悠久，却永葆“青春”，其中的奥妙，必不寻常。下面，我们根据对技术定义的讨论来考察技术的特征，也许会略见其端倪。

① 技术的主观性。技术的实质在于如何运用客观的手段去控制和改造自然。尽管具体的技术千差万别，但都是在某一具体的控制和改造自然的过程之前就以主观的形式存在着的。对于任何控制和改造自然的过程来说，如果没有过程前关于过程如何进行和怎样进行的设想与计划，也就是说没有一定的技术作指导，那么是不堪设想的。马克思说：“最蹩脚的建筑师从一开始就比最灵巧的蜜蜂高明的地方，

是他在用蜂蜡建筑蜂房以前，已经在自己的头脑中把它建成了。劳动过程结束时得到的结果，在这个过程开始时就已经在劳动者的表象中存在着，即已经观念地存在着。”[3]201-202因此，技术的主观性恰恰表现了人的主观能动性和人类的创造能力，进而显示了技术存在的价值。

② 技术的科学性。任何控制和改造自然的方式、方法，都受到客观规律的支配。因此，技术的科学性首先表现在它与客观规律的一致性上。马克思在《资本论》中指出：“飞矛、投杈及巧妙的回头镖流星和飞砣的作用都暗合物体系统在空间运动时的颇为复杂的动力学和空气动力学原理”，“旧石器时代后期才发明的具有关键性的弓，这是人们利用机械储存起来的能量的第一例”。这些说明原始技术就已经不自觉地利用了一定的自然规律。实践证明：符合自然规律的技术一定成功；相反，任何违背自然规律的所谓“技术发明”都是不可能实现的。历史上人们对“永动机”的探索的失败，就是典型的例证。其次，技术的科学性还表现在它是科学的应用上。科学是客观规律的正确反映，因而对技术发明具有指导作用，成为技术研究和创造的基础。又说：“在机器生产中，这个主观的分工原则消失了。”在这里，“机器生产的原则是把生产过程分解为各个组成阶段，并且应用力学、化学等等，总之就是应用自然科学来解决由此产生的问题。这个原则到处都起着决定性的作用”。任何技术都是一定科学原理的转化，都是在一定的科学知识的基础上而形成的关于“怎么做”的方式、方法，是直接地为控制和改造自然的过程服务的。技术的科学性表现了技术的客观性，是构建和创造技术的内在根据。

③ 技术的综合性。技术的综合性首先表现在技术是多种知识的应用上。无论是古代技术，还是现代技术，经验知识始终是技术产生的一个不可缺少的基础。随着社会的进步，科学对技术起着越来越大的作用。几乎每一项技术都是应用科学理论的结果。到了现代，甚至每一项技术上的突破都是几门学科的知识的综合应用的结果。其次，表现在技术的内容上。技术的内容是丰富的，每一项技术都是由不同的分技术所构成的综合体。高一层次的技术是由低一层次的技术组成的；同级的技术之间相互联系、相互制约，形成具有整体功能的整体技术。例如，计算机技术就是由硬件技术和软件技术组成的整体技术。再次，表现在技术的作用上。控制和改造自然的过程是技术的“用武之地”。但由于这个过程受到多种因素（自然的、科学的、人为的、社会的）影响和制约，因此，对这个过程和结果是多种因素的综合效应，而技术则只有在这种综合效应中才能显出的“英雄本色”。可见，综合性也是技术的重要特征。

④ 技术的历史性。技术作为一种推动社会前进的力量，也是随着社会前进而进步的。一方面，技术具有稳定性，这种稳定性又表现为重复性和继承性；另一方面，技术具有前进性，这种前进性又表现为渐变性和突变性。每一项具体的技术一

旦产生后，由于生产（广义）过程是重复的，因而可能日复一日、甚至年复一年地被应用。如果天天变，那么人们无法熟练地掌握技术，也就无法进行生产。这种情况，我们称之为重复性。但是，生产过程不可能完全地、绝对地同一，因而技术在重复中也是发展变化的。不过，这种变化是渐变，不是飞跃。当着某项技术不适应甚至根本不适应已经发展了的生产过程时，它就会被新的技术所代替而发生突变。这种技术上的突破叫做“技术发明”。然而，每一项技术都具有不会过时的合理因素。这些合理因素被新的技术所继承而具有新的生命力。任何技术的发展既是对传统技术的否定，又是对它的继承和延伸。稳定性与前进性的对立统一，构成技术的辩证的历史性特征。

上述四个主要特征是相互联系的。科学性是主观性的基础，主观性不能离开科学性而存在；科学性与主观性的对立统一，说明了技术的现实存在；综合性体现了技术的横向联系，历史性揭示了技术的纵向发展规律，二者相辅相成，说明了技术是一个纵横交错的网络结构体系。总之，它们都从不同的侧面表明：技术是主观与客观的统一、横向与纵向的整合，是一个不断发展着、充实着的体系。因此，技术的生命力不仅不会衰落，而且会愈来愈旺盛。

（三）

确定技术的定义和特征是技术论研究的前提，同时对四个现代化建设也具有现实的意义。通过上面的讨论，我们可以得到如下有益的启示。

① 在技术引进过程中，不仅要引进先进的物质生产技术，也要引进非物质生产技术，特别是要引进组织管理技术。随着自动化程度的提高和社会分工的越来越细，组织管理技术的作用也愈来愈大。因此，在引进外国的生产技术的同时，也要注意学习外国的先进的管理技术。

② 在技术引进过程中，要把技术和技术结果、技术手段区分开来。前几年，我们国家在技术引进过程中，出现一些问题，如引进大型的设备，由于国内技术跟不上去而只能将它锁在仓库里或放在露天场上让其生锈，做了一些劳民伤财的事情。这里面的一个重要原因，就是在理论上把技术的结果和手段等同于技术本身。因而在引进先进技术的名义下，进口了许多国外的先进设备或技术的最终产品，而忽视了引进技术本身。当然，外国的产品可以进口，但问题是在进口这些产品时，应该考虑我们国内的消化能力。在目前我国的材料、设施、人才等方面，还不太适应外国产品的情况下，我们应该多引进些外国的先进技术，而少进口一些外国的产品（技术设备、仪器等）。对于引进的技术，经过我们自己的消化，然后制造出适合我国国情的产品。这样，不仅会促进我国自己的技术的发展，而且既经济又可行。同时，进口先进设备的主要目的应该是用来研究、消化、吸收，而不仅仅是用

于生产。

③ 在技术引进、改造和开发过程中，既要强调技术的重要作用，也要注意技术与社会、经济的协调发展。技术不是孤立的，具有自然的和社会的双重属性。技术作用的大小，不仅受制于一个国家的资源条件和生态环境，而且取决于一个国家的生产水平、文化传统、教育体制和管理能力等因素。因此，我们必须置技术于自然—科学—社会—人文这个大系统中，从本国国情出发，制定技术政策（包括技术引进政策、技术开发政策等），从而使技术更好地为国民经济服务，为四化建设出力。

参考文献

[1]　马克思，恩格斯．马克思恩格斯全集：第 27 卷［M］北京：人民出版社，1979.

[2]　马克思．政治经济学批判大纲（草稿）：第 3 分册［M］．北京：人民出版社，1963.

[3]　马克思，恩格斯．马克思恩格斯全集：第 23 卷［M］北京：人民出版社，1979.

第三部分 “创新理论”与技术创新——技术与经济之间的中介环节

一、慎待“自主创新”[①]

（2006年5月）

创新活动既离不开继承，也离不开自己创造（自创），二者缺一不可。更重要的是，我国在现阶段，什么更重要？我们认为，是继承，是模仿、技术引进，而不是自创。

多年来，有一个问题值得我们深思：我国为什么总是“单条腿走路”呢？改革开放之前，我国将“独立自主，自力更生”作为国策，“关起门来搞建设”；之后推行“以市场换技术”、“筑巢引凤”方针，也没有“拿来”多少核心技术，反而压抑了自己的创造精神；如今又主张“自主创新”，试图改变被动局面。从我国经济转型的角度讲，强调创新改变目前的低人力资源投入、低技术含量、高成本、高污染的经济增长方式，具有积极的战略意义。这个用意和主观愿望是可以理解的，但结果很可能是事与愿违。因为大家对“创新”和“自主创新”存在着一些误解。

创新不能泛化为“创造新东西”。20世纪初，熊彼特首次赋予创新经济学内涵，认为“创新实际上是经济系统中引入新的生产函数，原来的成本曲线因此而不断更新”，并清晰地阐述了创造发明（“新工具或新方法的发现”）与创新（“新工具或新方法的实施”）之间的关系。这样，就将传统意义上的发明（“创造新的东西”）提升为具有技术-经济学内涵的创新。这一观念的变革很快就在国际上形成了共识，并推动了世界经济的发展。

我国在20世纪50年代将“技术创新”译成“技术革新”（技术学概念），80年代末又将创新泛化为“创造新东西”。我们认为，创新的关键是“新东西”的应用或“旧东西”的新应用获得新的产品和服务，首次实现其市场价值的过程。创新是连接科技与社会、经济的纽带，而这个纽带的纤细成为我国社会、经济发展的“瓶颈”。我国长期存在这种科技与经济脱节的现象，与人们曲解和泛化“创新”概念

① 本文发表于2006年5月《北大商业评论》。

不是没有关系的。

“自主创新”的概念不清，意义不明。作为一个概念，必然有其独特的、区别于其他概念的含义。按照新颖性程度，创新分为突破型或原始型与渐近式创新；按照类别，创新分为产品、服务与流程创新等；按照途径，创新分为模仿、技术引进与自创等。我们不明白“自主创新”是相对于何物而言，意义何在，是根据哪一维度和标准划分的？我们也不清楚“自主创新能力”与创新能力有何区别？在英文中，没有“自主创新”概念和它的对应词。创新本来就是人们根据市场需求和现有的科技发展态势“自己做主”而进行的一种特殊活动。所谓的“自主创新”，只是画蛇添足而已。

创新活动是在继承基础上的自创与自创指导下的继承交互作用和反馈的过程。我国“两弹一星”和载人航天技术辉煌成就的取得，就是继承与自创有机结合的成功范例，并不是没有继承的“自主创新”。美国研制成功世界上第一颗原子弹，是运用了爱因斯坦相对论中的质能关系式（科学原理）和中子轰击 U^{235} 的技术原理（费米），而爱因斯坦又是“站在牛顿的肩膀上”才创立了相对论。

其实，没有科学技术知识的不断积累，就不会有人的“自主性”，当然也就没有“创新”。日本、韩国的经济腾飞主要取决于在继承基础上的自创。日本政府明确规定，同样的设备只准“引进”一套，专门用于研究，而我国却是进口几十、成百套用于生产。韩国的研究开发投入占 GDP 的比例高达 2.96%（2001 年），而且技术引进与其消化吸收经费的比例高达 1:7（日本为 1:6），我国的研究开发投入却一直在 1% 以下，技术引进与其消化吸收经费的比例仅仅在 1:0.05 左右。这就是问题的症结所在。因此，我国当前的关键问题是高度注重消化吸收（继承），并在这个基础上，不断增强自身的创新能力，而不是什么“自主创新”。随着我国的技术、经济实力的增强，技术引进的成分就可以减少，“创新”的成分则应该加强。

如果“自主创新”概念无明确的界定，当然就会造成人为的思想混乱。若将自主创新理解为独立自主创新，就是仅仅依靠自己的技术实力而拒斥技术引进及其消化吸收，那么实践已经证明，此路不通。而若将自主创新理解为独自创新，即中国企业不与其他机构、特别是国际先进企业合作的独自创新，则是逆势而行。殊不知，在美国，整合性产品开发，即强调供应商、顾客、使用者等积极介入新产品的开发，正逐渐成为主导开发模式。而且企业之间的战略联盟或外包又是另一大热点。同时，开放性创新正成为新的研究热点。

提出自主创新，或许旨在强调中国需要突破型创新。例如，芯片技术、系统集成技术、航空与航海技术，当然极为重要，也正是我国亟待发展的。但它要求高投入、高风险，而成功率低，不是一两家企业可以承担或胜任的。国家需要承担重担，积极吸收国际技术精英，组织人才，重点投资，长期潜心研究，而不是仅仅喊喊口号，特别是不能频繁地提出新方针、新口号。对中国的大多数企业而言，目前的资源实力薄弱，技术水平相对低下，盲目追求突破型创新恐怕是舍本逐末。实际上，对大多数企业而言，也不需要突破型创新。而渐近式创新正是日本、韩国第二次世界大战后经济腾飞的一个关键，也应该是我国当前经济社会发展的主要驱动力。

我们认为，企业采取何种途径创新，在其发展战略方针下，取决于资源与技术实力，不可一概而论。例如，航空航天、核工业等行业，一般得不到国际先进技术，也就只能在继承、借鉴的基础上，自己创新。家电、无线通信行业具有相当的技术基础，当然应该强调自己创新（并不拒斥继承）。但对技术水平还比较落后的大多数企业，则应该走模仿、技术引进、消化吸收后创新的道路。只有在消化吸收国际先进技术的基础上，才可能谈创新；否则，所谓的创新成果，或许只是别人几十年前的技术。

同时，我们还要注意企业行为与政府行为的区别。“神五”、“神六”升空，此乃政府行为，企业不可效仿。企业必须按照市场经济规律办事。一旦“自主创新”成为国家战略和基本政策，并大力“一阵风”实施，必将严重地影响企业行为，破坏力将难以估计。国有企业仍然是中国企业的主体。若大多数国有企业一窝蜂地上马各种“自主创新”项目，“关起门来搞创新”，恐怕“大跃进、大办钢铁”等群众运动又会再度重演。那将是中国的又一悲哀。

二、马克思主义的"全面生产"与科技创新①

（2004年10月）

党的十六大报告中指出：我们要在本世纪头二十年集中力量，全面建设惠及十几亿人口的更高水平的小康社会。为完成党在新世纪新阶段的这个奋斗目标，发展要有新思路，改革要有新突破，开放要有新局面，各项工作要有新举措。这里的四个"新"是实现全面小康社会的保证。本文认为，对科技创新和生产要有新理解、新把握，并讨论实现全面小康社会与全面科技创新和"全面生产"的关系问题。

关于科技创新的理解，我们认为，目前存在着两个误区：一是将"科技"仅仅理解为自然科学技术，并将自然科技与社会科技、人文科技视为"对立和对抗的两种文化"；二是将"创新"仅仅理解为"创造新的东西"，并且到处泛用。我们一直认为：创新是科技成果首次商业化或首次实现其市场价值的动态过程[1-3]。本文先从科技观问题谈起。

（一）

传统的科技观是片面的，并与"两种截然不同的文化"论交织在一起。而"两种文化的对立"是当前人类社会面临的一个突出的文化困境，并成为一个"世界性难题"。

在国际上，长期存在着科学主义与人文主义截然不同的两大学派。20世纪末，科学主义从推崇科学转向对科学的价值重估，人文主义从技术的社会批判转向对技术的合理重建，开始出现"科学与人文相统一的探索"。然而，这种探索仍然是从科技、人文之间的"外在关系"求得"二者的和解和沟通"，没有从科学技术自身"内在的整体"上研究。著名的物理学家普朗克指出："科学是内在的整体。它被分解为单独的部门不是取决于物质的本质，而是取决于人类认识的局限性。实际上存在着由物理学到化学，通过生物学和人类学到社会科学的连续链条，这是任何一处都打不断的链条。如果这个链条被打断了，我们就是瞎子摸象，只看到局部而看不到整体。"[4]他正确地指出"科学是内在的整体"，但是他没有提出"科学分类"的内在根据，其科学性缺少客观基础的支撑，也没有明确地提到人文科学。因此，要从根本上消除人类社会的文化困境，真正求得"两种文化的和解和沟通"，还得探索新的思路。

① 本文发表在《中南大学学报（社会科学版）》，2004（5）。

在国内，一谈起“科学技术”，人们只指自然科学技术。而且也将“科技”与“社科”“人文”视为分裂与对立的“两种文化”。还有人认为，人文科学“允许（甚至鼓励）胡说”，而称之为“人文学科”或“人文社会科学”或“哲学社会科学”。许多人还混淆了人文科学与社会科学的研究对象。在科学界和教育界，将人文科学中的一部分划归自然科学，如人体学及其医学和技术，同动物学、兽医学及其技术一起归于理科；将人类学、民族学、伦理学、语言学和文学艺术等又划归社会科学。这样，人文科学就人为地不复存在了。同时，有些学者对于这场旷日持久的论战和“两种文化对立”困境的认识，似乎也不够深刻。如认为它“暴露了在人类文化领域里普遍存在的误解、偏见与不信任达到了非常严重的程度”，只要“主体扩展‘概念构架’、改变‘认知图式’，就不存在两种文化对立的问题。”还有人主张“通过科学史促进科学文化与人文文化的整合”，这才是“文化和解的希望所在”。显然，这仍然是“外在关系”论的反映。

关于“科学分类”的客观基础问题，我国普遍采用恩格斯在《自然辩证法》中以对象物质“运动形式所固有的次序”，将自然科学分为六类，虽然有学者也提出过“社会运动形式”、“思维运动形式”，但没有对其进行具体的“科学分类”。钱学森在《现代科学的基础》一文中，提出科学技术部门同整个客观世界的基本组成和发展历史相一致的新见解，认为“科学大厦”是由自然科学、人体科学、社会科学、思维科学、数学科学、系统科学六大部门组成的“一个整体”，并将“工程技术”列为“科学技术体系”中的一个组成部分。这是钱学森对科学分类理论的一个重大发展。但是，由于他未能将“人类”与“人类社会”、“人类”与“人类思维”加以区分，因此，在他的“科学大厦”里，没有“人文科学”。尽管他提出过“人体科学”和“思维科学”，但也没有将其归属于人文科学。显然，没有人文科学的“科学大厦”是不现实的，也是难以构建成“内在整体”的。

关于技术分类问题，长期以来，人们只承认自然技术，现在有学者承认了社会技术，而很少有人提到人文技术。我们曾经根据客观世界由天然自然到人类再到人类社会的“自然历史过程”和世界由自然界、人文界与社会界构成的有机整体，将科学技术分为自然科学技术、人文科学技术和社会科学技术三大门类（见表1）。关于三大门类的思想，马克思、恩格斯早就明确地表述过：人们在现实活动中“产生的观念，是关于他们同自然界的关系，或者是关于他们之间的关系，或者是他们自己的肉体组织的观念。”[5]30并定义自然科学是“人对自然界的理论关系”，自然技术是“人对自然界的能动关系”或“活动方式”，即如何“做事”或“造物”、“用物”的方式方法体系。我们认为：人文科学是关于人文界（人自身的“肉体组织”和内心世界及其外在表达）的观念，即对人、对人性、对人生的关怀和探索。人文技术是自我调控，如何“做人”的方式方法体系。社会科学是关于社会界即“他们之间的关系”。社会技术是协调、善待人际关系，如何“处世”的方式方法体系。总之，自然科学技术研究人与自然物的关系，人文科学技术研究人自身，而社会科学技术研究人与人之间的关系。显然，人文界不能简单地归结为社会界，因为“关系的承担者”（个体、自我）与“关系”是两回事，正如物与二物之间的距离（一种关系）不能混同一样。这样，人文界的精神性（主体性）、意义性和价值性决定了人文科学技术不同于以客观性、整体性和抽象性为其特点的社会科学技术。当然，它们之间也具有密切的联系。而且“自然科学是一切知识的基础”（马克思语），人文科学技术、人文价值是对自然科学技术的一种补充和矫正，又是社会科学技术的直接基础。人文科学技术是科学技术整体的中介环节（A[AB]B）。因此，现代科学技术体系是“一主两翼”——以人文科学技术为主体、自然科学技术和社会科学技术为两翼的整合体，而许多交叉、边缘学科渗透于各门类、各学科之间[6]。

表1　　科学技术三大门类与“全面小康社会”的关系

世界演变的“自然历史过程”	天然自然	人	人类社会
世界的基本构成	自然界	人文界	社会界
科学技术的研究对象	人对自然界的关系	人（类）自身	人与人的关系
科学门类	自然科学	人文科学	社会科学
技术门类	自然技术	人文技术	社会技术
生产门类	物质生产	人的生产；精神生产	社会关系生产
新阶段我国的奋斗目标	全面小康社会		

从微观层面来看，每一个现实的活动都是如何“做人”（人文技术）、如何“处世”（社会技术）、如何“做事”或“造物”、“用物”（自然技术）并产生其综合效应（行为）。正如马克思指出的，“人们对自然界的狭隘的关系制约着他们之间的狭隘的关系，而他们之间的狭隘的关系又制约着他们对自然界的狭隘的关系。”[5]35这是自然、人类与社会的统一性的表现，也是如何“做人”、“处世”与“做事”的统一性的表现。因为“做事”涉及人与自然物的关系，“做人”涉及自我及其与他人之间的关系（因为人既是自然存在物，又是社会存在物），“处世”就是处理人与人之间的关系。因此，在现实的活动中，“做人”、“处世”、“做事”是不能分离的（见图1）。

因此，一个现实的正常的人不可能只有自然科学技术知识，或者只有人文科学技术知识，或者只有社会科学技术知识，而是三者综合于一身的基础上的某种（些）特长或突出展现。然而，“三者同时存在”又不是“同等重要”的。美国学者舒马赫指出：“自然科学不能创造出我们借以生活的思想……它没有告诉人们生活的意义，而且无论如何医治不了他的疏远感与内心的绝望。如果一个人因为感到疏远与迷惑、感到生活空虚或毫无意义，他哪里还有什么进取、追求，还有什么科学

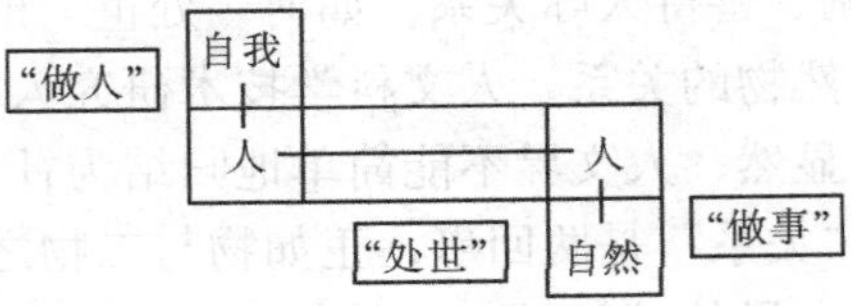

图 1 "做人"、"处世"、"做事"的内在整体

实践活动呢?"还指出:"一切科学都与形而上学和伦理学"(都属于人文科学——引者注)构成的"这个中心相联结"[7]60。显然,舒马赫的观点与我们提出的现代科学技术体系"一主两翼"立体网络结构是一致的。

"两种文化对立"① 的观念及其表现,在我国还有一些新的特点。在科技领域,机构分立,管理分散。国务院设立的科技部,只抓自然科技——被视为唯一的第一生产力;院士制、科技进步奖励制专为自然科技而设;国家创新体系也未涉及人文科技和社会科技;"两种科学"和"两个科学院"——自然科学院和社会科学院、"两个基金委"——国家自然科学基金委和国家哲学社会科学规划办公室,分别归属于国务院和党中央领导。于是,造成我国"三大科技门类"的现实态势——自然科技大大强于社会科技,社会科技又强于人文科技,没有形成一支合理的整合力量,致使自然科技的作用未能得到充分发挥。因此,树立"大科技"观、全面科技创新观,是当前我国现实之急需,也是新世纪的客观要求。在教育界、特别是高等教育领域,重自然科技、轻人文科技和社会科技的现象较为普遍。高等学校都设有人文科学、社会科学的院(系)和课程,但在一些高等学校(特别是理、工、农、医院校),普遍存在着忽视人文科技、社会科技的学科建设和教育,正如一位日本教育家指出的,偏重自然科技教育却"忘记了方向"。在许多领导、教师和学生乃至公众中,仍然存在一种"只要学好数理化"的传统观念,并不以为三大科技门类"同等重要",而只注重学习"做事"或"造物""用物"(自然科技),忽视学习"处世"、善待关系(社会科技),尤其是忽视学习"做人"(人文科技);在各级领导和干部中,多是自然科技专家,知识结构不够合理,又不太注意弥补自身知识结构上存在的缺陷,仍然是局限于各自的理工科专业范围并谋求其发展,这种状况难以扭转重自然科技、轻人文科技和社会科技的倾向。在科学技术队伍中,人文科学、社会科学的师生和人员不够重视自然科技学习,很少参与自然科技课题的研究

① C.P.斯诺于 1959 年提出"两种文化分裂"论,四年后,在《再看两种文化》一文中,又提出"第三种文化",指包括社会历史学、社会学、经济学等的社会科学文化。其实,马克思早在 1844 年提出自然科学和关于人的科学"将会是一门科学"论,其中后者包括"关于人本身"或"他们自己"和"关于他们之间的关系"两门科学。

工作和学术活动；理、工科的师生和人员也不注意加强人文、社科知识学习，很少参加人文、社科的学术活动和科研工作。因此，树立“大教育”观，培养“和谐发展的完整人”（爱因斯坦语）的理论和实践问题还有待花费大气力。

我国重自然科技、轻人文科技和社会科技的这种状况，与许多国家形成极大的反差。如我国大学的文科学生仅占在校大学生总数的8.9%，而据联合国教科文组织1977年的统计，在全世界1000万人口以上的50个国家中，文科学生占在校大学生的比例大于50%的国家有13个，介于30%～50%的有26个国家，介于20%～30%的有7个国家，介于18%～20%的有4个国家。一些经济发达国家非常重视弘扬人文精神。如1984年的《日本经济白皮书》指出：“在当前政府为建立日本企业所做的努力中，应该把哪些条件列为首要的呢？可能既不是资本、法律和规章，因为这二者都是死的东西，是完全无效的，使资本和法规运转起来的是精神。因此，就有效性来确定这三个因素的分量则精神占十分之五，法制占十分之四，而资本只占十分之一。”显然，自然科技和物资设备、资本这些“死的东西”要“运转起来”，靠的是生活于和谐的社会关系中的人。人的科学技术实践、科技成果的获得及其首次实现市场价值的创新过程，都是“人通过人的劳动”使自然科技与人文科技、社会科技相互作用的综合效应。这就是我们提出全面科技创新观的缘由。因此，在全面建设小康社会的过程中，在全面开展科技创新的前提下，要更加重视发挥人文科技和社会科技的决定性作用，即发挥人的主体性作用。

（二）

传统的生产观是片面的。在以往的哲学教科书中，通常把“生产”理解为单纯的经济学意义上的概念，人们也普遍认为“生产”即是指物质生产活动，经济发展也只追求GNP的增长。这种传统的生产观是对马克思“全面生产”理论的一种曲解。

马克思指出：“动物的生产是片面的（Einseitig），而人的生产是全面的（Universell），动物只是在直接的肉体需要的支配下生产，而人甚至不受肉体需要的支配也进行生产，并且只有不受这种需要的支配时才进行真正的生产；动物只生产本身，而人再生产整个自然界，动物生产的产品直接同它的肉体相联系，而人则自由地对待自己的产品。”[8]53-54他和恩格斯在《费尔巴哈》一文中，谈到个人的精神财富取决于他的现实关系的财富时，进一步指出：“仅仅因为这个缘故，各个单独的个人才能摆脱各种不同的民族局限和地域局限，而同整个世界的生产（也包括精神的生产）发生实际联系，并且可能有力量来利用全球的这种全面生产（人们所创造的一切）。”[5]42显然，马克思的“全面生产”是指“人们所创造的一切”，也就是指整个人类社会的生产和再生产[9]。

我们认为:"全面生产"的主要内容应该由以下四类生产组成。

一是物质生活资料的生产，即"物质生产"。人类的生存活动主要是物质生产活动。马克思指出:"这种活动、这种连续不断的感性劳动和创造、这种生产，是整个现存感性世界的非常深刻的基础，只要它哪怕只停顿一年，费尔巴哈就会看到，不仅在自然界将发生巨大的变化，而且整个人类世界以及他（费尔巴哈）的直观能力，甚至他本人的存在也就没有了。"[5]49-50

二是人的生产，即人的"增殖"和培育。马克思指出:"每日都在重新生产自己生活的人们开始生产另外一些人，即增殖。这就是夫妻之间的关系，父母和子女之间的关系，也就是家庭。这个家庭起初是唯一的社会关系，后来，当需要的增长产生了新的社会关系，而人口的增多又产生了新的需要时，家庭便成为（德国除外）从属的关系了。"[5]33人的生产既包括"人口的增多"，又包括人的成长和素质的提高（"如何做人"），这就是上述几个"关系"相互作用的综合结果。

三是精神生产，即"脑力劳动"。马克思指出:"思想、观念、意识的生产最初是直接与人们的物质活动，与人们的物质交往，与现实生活的语言交织在一起的。观念、思维、人们的精神交往在这里还是物质关系的直接产物。表现在某一民族的政治、法律、道德、宗教、形而上学等的语言中的精神生产也是这样。"[5]30精神生产的产品既与"语言交织在一起"，即以文字语言作为一种载体，又以其他（如纸张，光、电、声、磁波，软盘，数码符号系统、拷贝等）物质产品等为载体，都是主观精神的客观化，也就是波普尔称谓的"世界3"或"客观精神世界"，即"没有认识者的知识"或"思想的客观内容的世界"。显然，这里的"精神生产"包括了自然科技、人文科技、社会科技及其文化产品的生产。

四是社会关系的生产。马克思指出:"通过异化劳动，人不仅生产出他同作为异己的、敌对的力量的生产对象和生产行为的关系，而且生产出其他人同他的生产和他的产品的关系，以及他同这些人的关系。"[8]53-54在现实的生产中，在生产出产品的同时，也就生产出社会关系，因为只有在这些社会联系和社会关系的范围内，才会有生产。

四类生产形式之间相互渗透、彼此制约、相互作用，并形成整个社会的生产体系（见图2）。

现实生活中的四类生产成为"内在的整体"，是对自然界、人文界、社会界由"人通过人的劳动"形成的"世界整体"性[8]88的具体反映。物质生产属于自然界。按照马克思的意思，"物质生产"是"人对自然界的实践关系"，如同"自然科学是一切知识的基础"一样，物质生产"即生产物质生活本身"是其他一切生产形式的基础，但不是唯一的生产形式。

人的生产和精神生产（脑力劳动）属于人文界。"人文"一词包含"人"和

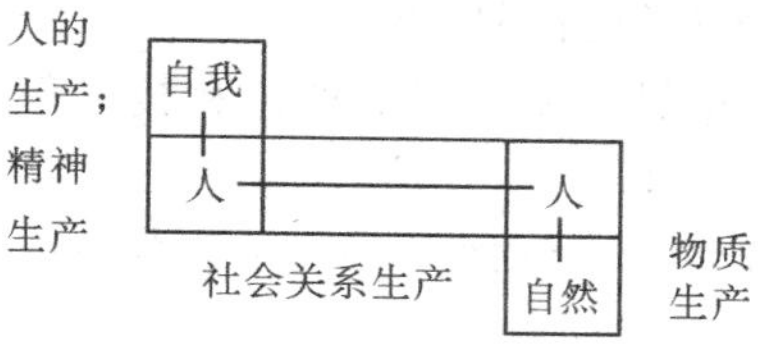

图 2 “全面生产”的“内在整体”

“文”两方面，即人生产出“文”，又用“文”来化“人”，主要解决“如何做人”的问题，这是进行生产的根本条件。“科学意义上的人文总是服务于理想人性意义上的人文，或相辅相成……语言、文学、艺术、逻辑、历史（应为人类史——引者注）、哲学总是被看成是人文科学的基本学科。”[10]从其内容来讲，同马克思讲的“思想、观念、意识的生产”和“政治、法律、道德、宗教、形而上学等的语言中的精神生产”完全一致。精神生产（脑力劳动）的一项重要任务是要解决“怎么样”的问题。马克思说：一个人怎么生活，他就是怎么样的人；一个社会是什么样的，不在于生产什么，要看它怎么生产，一个社会怎么样生产，这个社会就怎么样。“因而，个人是什么样的，这取决于他们进行生产的物质条件。”[5]25因此，一般说来，在全面生产中，“如何做人”即“怎么生活”、“怎么生产”即精神生产处于最高的层面上。

社会关系生产属于社会界。一方面，社会关系的生产是物质生产、人的生产、精神生产的前提条件，即“生产本身又是以个人之间的交往为前提的。”[5]25马克思指出：“为了进行生产，人们相互之间便发生一定的联系和关系，只有在这些社会联系和社会关系的范围内，才会有他们对自然界的影响，才会有生产。”[5]362另一方面，社会关系的生产在其他一切生产中起着决定性的作用。马克思在谈到现代土地制度的变迁时，指出：“一切关系都是由社会决定的，不是由自然决定的。”在谈到现代社会中的个人只有作为交换价值的生产者才能存在时，又指出：“这种情况就已经包含着对个人的自然存在的完全否定，因而个人完全是由社会所决定的。”这里的“社会”本质上是“社会关系”。“社会不是由个人构成，而是表示这些个人彼此发生的那些联系和关系的总和。”[11]234,200,220显然，在现代社会中，社会关系的生产是最具本质性的生产形式，处于“中介层面”，因为它像一只看不见而又感觉到的手，贯穿于物质生产、人的生产和精神生产整个过程的始终。因此，“从事实际活动的人”（马克思语）应该而且必须从事“全面生产”，如同人从事每一个现实活动都是“做人”“处事”“做事”三者相互作用形成的总体效应一样。

参考文献

[1] 陈文化，黄耀森，王光明．技术创新：技术与经济之间的中间环节［J］．科

学技术与辩证法，1997（1）：51-56.
[2] 陈文化，黄耀森，王光明．关于创新理论和技术创新的思考［J］．自然辩证法研究，1998（6）：37-41.
[3] 陈文化，彭福扬．关于“创新”研究的几个问题［J］．自然辩证法研究，1999（3）：28-31.
[4] 转引自成思危．切实推进我国的软科学事业［J］．中国软科学，1998（7）：5-15.
[5] 马克思，恩格斯．马克思恩格斯选集：第1卷［M］．北京：人民出版社，1974.
[6] 谈利兵，陈文化．试论自然科学通过人文科学到社会科学的一体化［J］．自然辩证法研究，2002（12）：5-7.
[7] 舒马赫．小的是美好的［M］．北京：商务印书馆，1985.
[8] 马克思．1844年经济学-哲学手稿［M］．北京：人民出版社，1985.
[9] 俞吾金．作为全面生产理论的马克思哲学［J］．哲学研究，2003（8）：16-22.
[10] 吴国盛．科学与人文［J］．中国社会科学，2001（4）：4-15.
[11] 马克思，恩格斯．马克思恩格斯全集：第46卷［M］．北京：人民出版社，1985.

三、全面技术创新及其综合效益的评估体系研究①

（2004 年 12 月）

创新是主体（个人或社会）的一种实践活动。技术创新的重要性或不可替代性在于它是联结科学技术研究活动与批量生产和营销等经济活动的桥梁，从而使认识世界和改造世界的活动实现一体化。然而，传统工业时代的技术创新观，无论是对技术创新的本质、动力和过程的揭示，还是对其效益的追求，都是片面的。故我们提出“全面技术创新”及其综合效益观。

本文拟就这些问题展开讨论，不妥之处，请同仁们批评指正。

（一）

我们根据客观世界演变的“自然历史进程”（天然自然→人类→社会）和世界的基本门类构成（自然界、人文界和社会界），将科学技术分为自然科学技术、人文科学技术和社会科学技术三大基本门类（见表 1）。

表 1　世界的基本构成与科学技术体系的关系表

世界的演变过程	天然自然 ↔	人　类 ↔	社　会
世界的基本构成	自然界 ↔	人文界 ↔	社会界
科学技术的研究对象	人与自然界的关系	人（类）自身	人与人之间的关系
科学技术的基本门类	自然科学技术	人文科学技术	社会科学技术
技术创新的基本门类	自然技术创新	人文技术创新	社会技术创新

注：↔表示“人通过人的劳动”发生双向作用，形成“内在的整体”，下表同。

三大基本门类的科学技术既有区别，又有内在的联系。“自然科学是一切知识的基础”（马克思语），人文科学技术、人文价值是对自然科学技术的一种补充和矫正，又是社会科学技术的直接基础。因此，现代科学技术体系是“一主两翼”——以人文科学技术为主导、自然科学技术和社会科学技术为两翼的整合体[1]。

人文科学技术是科学技术体系中的中心环节。正如英国经济学家舒马赫指出的，“自然科学不能创造出我们借以生活的思想……它没有告诉人们生活的意义，而且无论如何医治不了他的疏远感与内心的绝望。如果一个人因为感到疏远与迷惑、感到生活空虚或毫无意义，他哪里还有什么进取、追求，还有什么科学实践活

① 本文发表于《科学技术与辩证法》，2004（6）。

动呢?”他还强调指出：一切科学，都与一个中心相连接。这个中心就是由我们的最基本的信念、形而上学和伦理学（都属于人文科学——引者注）所构成[2]60,54-55。我们认为：一个从事现实活动的人不可能只有自然科学技术知识，或者只有人文科学技术知识，或者只有社会科学技术知识，而是三者综合于一身的。1984 年的《日本经济白皮书》中指出：“在当前政府为建立日本企业所做的努力中，应该把哪些条件列为首要的呢？可能既不是资本，也不是法律和规章，因为这二者都是死的东西，是完全无效的，使资本和法规运转起来的是精神。因此，就有效性来确定这三个因素的分量则精神占十分之五，法制占十分之四，而资本只占十分之一。”显然，自然科技和物资设备、资本、法规等“死的东西”要“运转起来”，只能靠生活于社会关系中的人和人文精神的作用的充分发挥。

（二）

传统的技术创新观认为：技术创新是指将自然技术成果物化为产品、工艺或服务，并首次实现其商业利润的过程，或者说是“技术发明的首次商业化应用”。联合国经济合作与发展组织的这种理解中，虽然隐含着主体的行为，但在现实中它关注的往往只是自然技术的体系化、工程化和完善化的程度，却遮蔽了主体精神和行为在技术创新过程中的决定性作用。其实，在现实生活中，技术创新过程是自然技术、人文技术、社会技术的相互作用的集成效应。

马克思认为，自然技术是“人对自然界的活动方式”[3]374，即人如何“做事”的方式方法体系，如造物技术、用物技术等。而人文技术是自我调节、如何“做人”的方式方法体系，如“怎样生活”、思维技术等；社会技术是协调人际关系、如何“处世”的方式方法体系，如组织技术、管理技术等。在每一个现实活动中，如何“做人”（人文技术）、“处世”（社会技术）、“做事”（自然技术）是不能分离，即融为一体的（见图 1）。

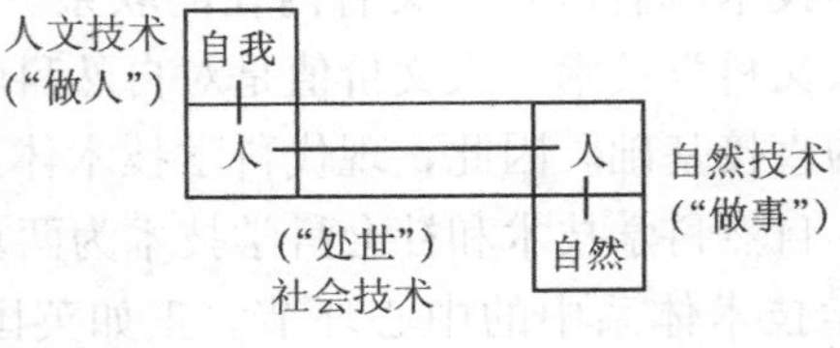

图 1　“做人”“处世”“做事”的内在整体图示

技术创新过程始终都伴随着自然技术、人文技术、社会技术和“人通过人的劳动”（马克思语）的相互作用（见图 2）。

如图 2 所示，技术创新是“人通过人的劳动”发生双向作用的动态过程，大致分为三个阶段。

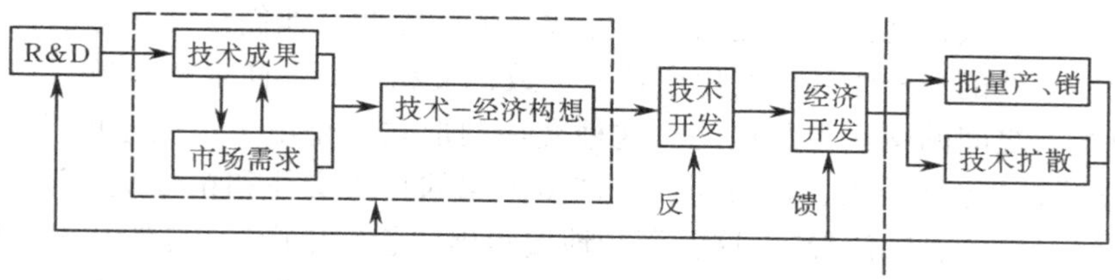

图 2 技术创新过程及其运行机制图

① 技术-经济构想形成和决策阶段。这个阶段的具体内容包括：第一，主体（人）通过对市场的调查研究，确认市场的有效需求，并准确地把握市场机会；第二，主体对自然技术发展状况的调查分析，并选择出能够满足市场需求的技术成果；第三，主体在可行性研究和科学论证的基础上作出决策，制定出该项创新活动的实施方案。决策的及时、正确与优化主要取决于决策者的人文素质及其对各种信息的掌握和使用的能力。企业家的主要职能就是决策。美国通用汽车公司董事长威尔逊说：我一天没有做几件事，但有一件做不完的工作，那就是计划未来。日本企业家松下幸之助又说：一位经营者不一定是万能的，但都应该是一位品格高尚的人，因为只有后者，才能使员工受到感召而毫不保留地奉献。

② 技术开发阶段。它是创新主体及其团队根据实施方案，将选定的自然技术成果进行技术难点攻关和中间（放大）试验，并实现其完善化、工程化和体系化，即获得新产品样品、样机或新工艺模型的过程。这个过程能否顺利进行并实现其目标，首先取决于该项技术的现实可能性（这是物质技术基础），更取决于创新主体行为及其团队的协作状况。因为即使自然技术成果具有转化为现实生产力的可能性，但它作为客体对象（物质或物质性的东西），自身不能自动地转化，只有靠创新主体及其团队的不断努力才能实现。

③ 经济开发阶段，即创新主体将技术开发成功的成果组织试生产并首次实现其市场价值（并非单一的“商业利润”）的过程。通过试产、试销，使批量产销过程及其组织管理在“实战”前得到演练，通过培训生产工人、技术骨干和营销服务人员，保证获得合格的产品或工艺和服务，并使创新产品迅速占领市场或创造新市场。显然，经济开发阶段既是创新过程的完成，又是批量产销和技术扩散的开始。因此，经济开发活动是一个目的性行为，而自然技术本身没有目的，它只是实现人的目的和扩大人类外化能力的方式手段。

总之，技术创新过程不仅仅是“人对自然界的活动方式”（自然技术），更主要的是人对自身和社会关系的合理调控。马克思、恩格斯指出：“人们用以生产自己必需的生活资料的方式，首先取决于他们得到的现成的和需要再生产的生活资料本身的特性。这种生产方式……在更大程度上是这些个人的一定的活动方式，表现他们生活的一定形式，他们的一定的生活方式。……因此，他们是什么样的，这同他们的生产是一致的——既和他们生产什么一致，又和他们怎样生产一致。”“生产本身又是以个人之间的交往为前提的。这种交往的形式又是由生产决定的。”[4]25（这里的“交往”，“包括个人、社会团体、许多国家的物质交往和精神交往”《马克思恩格斯选集》编译者的注释）。这就深刻地揭示出“怎样生产”（自然技术）同“个人的活动方式”（人文技术）和调控“个人之间的交往形式”（社会技术）在现实活动中的“一致”性。因为技术是“人的活动方式”、“一定的生活方式”和“交往方式”，而“人对自然界的活动方式”（自然技术）中的人，又是生活于人与人之社会关系中的，即“从事现实活动的人”[4]30。因此，自然技术同人对自身的活动方式（人文技术）和人对社会的活动方式（社会技术），在现实的技术创新活动中，总是融为一体的。比如说“皮影戏好看”，是因为幕后皮影师们的个人技艺和艺德与其团队通力合作的综合表现，绝不是皮影这些“死的东西”（也是人做的）自身能够“运转起来”。这就是我们提出“全面技术创新”观的缘由。而一些学者往往把主体的作用只当作开展技术创新活动的“影响因素之一”，这是一种客体思维，颠倒了主客体之间的关系，否认了主体目的行为的决定性作用。这是“见物不见人”的传统思维方式的反映。

（三）

马克思的“全面生产”理论是我们提出“全面技术创新”观的理论基础。

传统的生产观是片面的。人们通常把“生产”理解为单纯的经济学意义上的概念，即指物质生产活动，经济发展也只追求 GDP 的增长。这种传统的生产观是对马克思“全面生产”理论的一种曲解。马克思指出：“动物的生产是片面的（Einseitig），而人的生产是全面的（Universell），动物只是在直接的肉体需要的支配下生产，而人甚至不受肉体需要的支配也进行生产，并且只有不受这种需要的支配时才进行真正的生产；动物只生产本身，而人再生产整个自然界，动物生产的产品直接同它的肉体相联系，而人则自由地对待自己的产品。”[5]96-97他和恩格斯在《费尔巴哈》一文中谈到个人的精神财富取决于他的现实关系时，进一步指出：“仅仅因为这个缘故，各个单独的个人才能摆脱各种不同的民族局限和地域局限，而同整个世界的生产（也包括精神的生产）发生实际联系，并且可能有力量来利用全球的这种全面生产（人们所创造的一切）。”[4]42显然，马克思的“全面生产”是指“人们所创造的一切”的活动，也就是指整个人类社会的生产和再生产[6]。

“全面生产”的主要内容由以下四类生产组成。

一是物质生活资料的生产，即“物质生产”。马克思指出：“这种活动、这种连续不断的感性劳动和创造、这种生产，是整个现存感性世界的非常深刻的基础。”[4]50所以，物质生产是“全面生产”中最基本的生产形式，但不是唯一的生产形式。

二是人的生产，即“人口增多”及其素质的全面提高。马克思指出：“每日都在重新生产自己生活的人们开始生产另外一些人，即增殖。这就是夫妻之间的关系，父母和子女之间的关系，也就是家庭。这个家庭起初是唯一的社会关系，后来，当需要的增长产生了新的社会关系，而人口的增多又产生了新的需要时，家庭便成为（德国除外）从属的关系了。”[4]33人的生产既包括“人口的增多”，又包括人的成长和素质的全面提高，这是上述几个“关系”相互作用的综合效应。

三是精神生产，即“脑力劳动”。马克思指出：“思想、观念、意识的生产最初是直接与人们的物质活动，与人们的物质交往，与现实生活的语言交织在一起的。观念、思维、人们的精神交往在这里还是物质关系的直接产物。表现在某一民族的政治、法律、道德、宗教、形而上学等的语言中的精神生产也是这样。”[4]30精神生产的产品既与“语言交织在一起”，即以文字语言作为一种载体，又以其他（如纸张，光、电、声、磁波，软盘、数码符号系统、拷贝等）物质产品等为载体。“脑力劳动的产物”都是“异己的存在”（马克思语），即都是主观精神的客观化，也就是波普尔称谓的“世界3”或“客观精神世界”，即“没有认识者的知识”或“思想的客观内容的世界”。

四是社会关系生产。马克思指出：“通过异化劳动，人不仅生产出他同作为异己的、敌对的力量的生产对象和生产行为的关系，而且生产出其他人同他的生产和他的产品的关系，以及他同这些人的关系。”[5]99-100在现实的生产中，同时也就生产出社会关系，因为只有在这些社会联系和社会关系的范围内，才会有生产。

上述四种不同门类的生产及其相互关系，构成了马克思“全面生产”理论的基本内容。四类生产形式之间相互渗透、彼此制约、相互作用，并形成整个社会的有机统一的生产体系（见图3）。

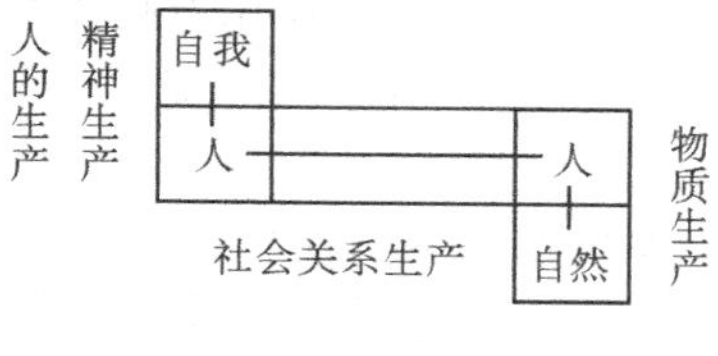

图3 马克思“全面生产”的“内在整体”图示

物质生产属于自然界。按照马克思的意思，“物质生产”是“人对自然界的实践关系”[4]362，如同“自然科学是一切知识的基础”一样，物质生产即“生产物质生活本身”是其他一切生产形式的基础。

人的生产和精神生产（脑力劳动）属于人文界。“人文”一词包含“人”和

"文"两方面，即用"文"来化"人"，主要解决"如何做人"的问题，这是进行生产的根本条件。精神生产的重要任务是要解决"是什么"、特别是"怎么做"的问题。马克思、恩格斯说：一个人怎么生活，他就是怎么样的人；一个社会是什么样的，不在于生产什么，要看它怎样生产，一个社会怎么样生产，这个社会就怎么样[7]200。因此，人的生产和精神生产在"全面生产"中处于被奠基的和最高的层面上。

社会关系生产是从事生产的人对社会的实践关系。一方面，社会关系生产是物质生产、人的生产和精神生产的前提条件。马克思指出："为了进行生产，人们相互之间便发生一定的联系和关系，只有在这些社会联系和社会关系的范围内，才会有他们对自然界的关系，才会有生产。"[4]362另一方面，社会关系生产在其他一切生产中起着某种决定性的作用。马克思指出："一切关系都是由社会决定的，不是由自然决定的。"[7]234在谈到现代社会中的个人只有作为交换价值的生产者才能存在时，又说："这种情况就已经包含着对个人的自然存在的完全否定，因而个人完全是由社会所决定的。"[7]200这里的"社会"，本质上就是指"社会关系"。因为"社会不是由个人构成，而是表示这些个人彼此发生的那些联系和关系的总和。"[7]220因此，在现实的生产活动中，社会关系生产是最具有本质性的生产形式，处于"中介层面"（见图 3）。因为它像一只看不见而又感觉到的手，贯通于物质生产、人的生产和精神生产整个过程的始终。

马克思的"全面生产"理论为"全面技术创新"观提供了理论支撑。因为它们具有同源关系，即源于同一个现实存在——客观世界的演化进程及其基本构成（自然界、人文界和社会界）的"内在整体"（见表 2）。因此，那种只重视物质生产和自然技术创新及其经济效益，忽视人的生产、精神生产和社会关系生产，忽视人文技术创新和社会技术创新，忽视"综合效益"的观念和行为，都违背了客观世界的"存体"和"存态"。我国目前正是由于这三个"忽视"，造成了一些人的积极性、创造性未能充分发挥，致使自然技术创新的作用发挥不够理想，即科技与经济的脱节状况尚未得到根本性的改变。所以，树立和落实"全面技术创新"观是当今我国"经济、社会和人的全面发展"之急需。

表 2　"全面技术创新"和"全面生产"与综合效益的关系表

整个世界的基本构成	自然界 ↔	人文界 ↔	社会界
技术创新的基本门类	自然技术创新	人文技术创新	社会技术创新
全面生产	物质生产	人的生产；精神生产	社会关系生产
综合效益	自然生态效益；经济效益	人的生存与发展效益	社会效益

（四）

如表2所示，“全面技术创新”和“全面生产”与“综合效益”之间也是一种同源关系。

第一，“综合效益”观的提出是客观现实的必然要求。传统技术创新的效益观是片面的。传统工业社会的生产和技术创新都只是为了追求少数人（资本家）的利润最大化。这样既破坏了自然生态平衡，又造成了个人的畸形发展和人与人之间社会关系的对立及对抗。因此，变革工业社会的效益观是时代发展的客观要求[8]。为此，我们提出“综合效益”，即自然生态效益、经济效益、社会效益和人的生存与发展效益之综合。

这里的“自然生态效益”是指在生产过程中，技术的采用、产品的使用及其后果，不增加对自然环境的污染，甚至有利于维持或恢复自然生态的平衡。“经济效益”是指资源消耗的极小化和产出价值的最大化，而资源消耗的极小化也是保证自然生态效益的要求，产出价值的最大化是经济利益的需要，技术为实现“极小化”和“最大化”提供可能的选择空间。“社会效益”是指为了社会的全面进步和社会的和谐稳定，建立和改善人与人之间的合理关系，如社会对人际技术关系、分配关系和其他社会联系的有效调控，在生产过程中和新技术工艺的选用中，都要以有利于调整人际关系为基础，不至于因为开展技术创新活动或者其成果在生产中被采用之后，造成人与人之间关系的失调、紧张或对立，如社会福利、劳动就业、社会公正、收入分配等。“人的生存与发展效益”指人的生活质量的提高和发展空间的扩大，如生物技术（人的基因工程）、网络技术、计算机人脑模拟技术等现代高新技术的研究开发和运用都要有利于人类自身的生存和全面发展。

上述四种效益是一个以人的生存与发展效益为主导的多维整合体。其结构关系是：自然生态效益为客观制约条件，人的生存与发展效益既是出发点又是目的，经济效益和社会效益是实现目的之手段。这里要强调的是：生态效益不仅仅是一种人与自然的关系，而且是人与自身和人与人之间的和谐关系。因为要建立这种关系，首先要克服人的片面性认识和单一追求，要调整不合理的人际关系，并且要在可持续发展观指导下的经济实力作支撑，实现社会、个人的全面发展。正如马克思指出的，“表现为生产财富的宏大基业，既不是人本身完成的直接劳动，也不是人从事劳动的时间，而是人本身对一般生产力的占有，是人对自然界的了解和通过人作为社会体的存在对自然界的支配。总之，是社会个人的发展。”[7]100-101因此，生态既承载经济，又制约人文和社会的发展；经济活动消耗自然资源，其产出满足人文、社会的需要；人文精神及其实践驱动着社会、经济发展，社会状况决定着人文活动的空间和效果；实现人文追求是人类社会的终极目标，技术是人类消解制约条件、扩大活动空间、实现目标的途径。这就是我们提出"综合效益"观的客观基础。

第二，"综合效益"的评估指标体系。综合效益评估不仅要反映生态效益、社会效益、经济效益和人的生存与发展效益等四个方面，也要反映这四个效益之间的结构关系。综合效益状况应从有关因素的消耗和贡献来评价，即从主体活动的外部结果来评价。可观测的外部结果（因素）列于表3。

表3　技术创新的综合效益的观测因素表

自然生态效益	社会效益	经济效益	人的生存与发展效益
野生动植物	安全建设投资	国土利用率	居民收入结构、水平
森林植被	产品的普适度	资源再生利用率	基本生活费用
水土流失	社会统筹与管理	能源节约率	社会基本福利水平
自然景观	社会福利保障	经济增加值	受教育程度
地面毁坏程度	政府态度	劳动生产率	医疗保健费用
自然资源消耗量	国际威望	制造成本降低率	文化娱乐费用
自然资源利用率	安全生产管理	销售价格增减率	精神文明费用
矿物资源采用率	文化古迹保护	使用费用降低率	道德宗教约束
环境污染	劳动人口就业率	技术转换成本	民众态度
水资源污染	社会公正与稳定	产品替代能力	民俗信仰
毒性物质排放量	人口调控	精密度等级升幅	犯罪率
"三废"排放量	突发事件的控制	新产品替代率	体力劳动强度
产品寿命延长量	收入分配结构	人均可支配收入	法规与政策限制
自然资源节约率	税收增加额	自然灾害控制	宜人化设计

技术创新的综合效益评估主要体现在经济发展能力及其对生态、社会、人文的贡献。由于宏观评价和微观评价的要求不同，技术创新结果的宏观评估以社会统计资料为基础，对上述因素可以采用总量测算对比的方法设计评估指标体系；微观评估时，注意到各行业具有很大的差异性，把社会总体情况作为参照系来评估没有实际的意义，则可以根据技术创新对上述观测因素的具体贡献，以其边际贡献率为基础来设计评估指标体系。把所有需要讨论的因素记作集合 $U=\{u_1,u_2,\cdots,u_n\}$，无论哪种情况，一项技术创新对应于每个评估因素 u_i 都会有一个评估指标值 a_i。如此，该项技术创新的指标特征就可以用集合 $N=\{(a_i,u_i)\mid i=1,2,\cdots,n\}$ 来描述。为了陈述简便，假设指标已经标准化，例如已经作归一化处理。

第三，"综合效益"的评估模型。对效益的评估也要考虑评估的效益。因此，建立综合效益评估模型时，要区分宏观评估和微观评估。宏观方面，分析各国的成功经验而形成范式。范式的指数结构就可以作为具有优势综合效益的榜样，记作 $M_k=\{(b_i^k,u_i)\mid i=1,2,\cdots,n\}$，$M=\{M_k\mid k=1,2,\cdots,m\}$ 就是榜样集。与榜样相似可以作为具有综合效益的依据，若技术创新的指标为 N，则可以按照与榜样的差距 $d(N,M_k)=\sum_{i=1}^{n}\alpha_i(a_i-b_i^k)^2\delta(a_i,b_i^k)$，采用择近原则，建立如下综合效益评估模型。

综合效益

$$V = \sum_{d(N,M_k)=D} \beta_j V_j$$

$$M(N) = \{M_j | d(N,M_j) = D, j = 1,2,\cdots,m\}$$

$$D = \min d(N,M_k) = \sum_{i=1}^{n} \alpha_i (a_i - b_i^k)^2 \delta(a_i, b_i^k)$$

$$\text{s.t.}\ \alpha_1 + \alpha_2 + \cdots + \alpha_n = 1,\ \alpha_k \geqslant 0$$

$$\delta(x,y) = \begin{cases} 1, & x < y \\ 0, & x \geqslant y \end{cases}$$

$$\beta_j = \frac{\alpha_j}{\alpha},\quad \alpha = \sum_{d(N,M_j)=D} \alpha_j$$

$$k = 1,2,\cdots,m$$

将 V_k 定义为 M_k 的综合效益。

计算分辨能力系数和差异化范围系数

$$d = \min\{d(M_i,M_j) | i \neq j; i,j = 1,2,\cdots,m\}$$

$$d' = \max\{d(M_i,M_j) | i \neq j; i,j = 1,2,\cdots,m\}$$

若 $d(N,M_k) = D = d$，则可认为 N 与 M_j 几乎无差异，称 N 类似榜样 M_j。当 $M(N)$ 仅有一个元素时，就称 N 是典型的；否则，就是非典型的。当 $D = d'$ 时，则 N 就远未达到 M_j。D 数值大小可以用来描述与榜样的差异化程度。采用此模型的思路进行评估，不仅可以确定技术创新的类型，根据榜样来评估技术创新的综合效益，而且可以确定差距所在，为确定下一轮技术创新方向提供指引。例如，根据对比分析，采取新技术 M_1、专业化 M_2、规模化 M_3 为主导推动技术创新各有一个成功典型，彼此再无进一步比较的可能，各榜样对自然、人文、经济、社会的指数分别如下表。

指标	自然	人文	经济	社会	$d\ (N,\ M_k)$	效益指数
新技术 M_1	10.9	0.6	0.95	0.8	0.036	1000
专业化 M_2	20.7	0.95	0.9	0.9	0.043	800
规模化 M_3	30.6	0.75	0.8	0.6	0.003	600
技术创新 N	0.8	0.85	0.75	0.5		
指数权重 α_k	0.2	0.2	0.4	0.2		

计算得

$$d = 0.009, d' = 0.06,$$

$$N\ \text{的效益指数} = [1 - d(N,\ M_3)][1 + d(M_3, N)]$$

$$M_3\text{的指数} = (1-0.003)(1+0.01)\times 600 = 658$$

这说明该项技术创新属于典型的规模化创新，并且是有进步意义的。

参考文献

[1] 陈文化，胡桂香，李迎春．现代科学体系的立体结构：一体两翼——关于“科学分类”问题的新探讨［J］．科学学研究，2002（6）：565-567．

[2] 舒马赫．小的是美好的［M］．北京：商务印书馆，1985．

[3] 马克思．资本论［M］．北京：中国社会科学出版社，1983．

[4] 马克思，恩格斯．马克思恩格斯选集：第 1 卷［M］．北京：人民出版社，1972．

[5] 马克思，恩格斯．马克思恩格斯全集：第 42 卷［M］．北京：人民出版社，1960．

[6] 俞吾金．作为全面生产理论的马克思哲学［J］．哲学研究，2003（8）：16-22．

[7] 马克思，恩格斯．马克思恩格斯全集：第 46 卷［M］．北京：人民出版社，1985．

[8] 陈文化，朱灏．这是任何一处都打不断的连续链条［N］．科学时报，2004-03-19．

[9] 马克思，恩格斯．马克思恩格斯全集：第 31 卷［M］．北京：人民出版社，1957．

四、创新：一种新的社会经济发展观

——关于创造观与创新观的思考

（2001 年 1 月）

“创新”，如今在我国成了一个很时髦的词，在许多论著、报告、传媒和日常用语中，都要提到“创新”。那么什么是“创新”？“创新就是创造新东西”即创新等同于创造吗？在首次“全国技术创新大会”之后，“等同”论倾向为什么愈益显现？这些问题的的确确值得国人深思。

1.“创新”概念演变过程中的三个阶段

“人的概念并不是不动的，而是永恒运动的，相互转化的，往返流动的；否则，它们就不能反映活生生的生活。对概念的分析、研究，运用概念的艺术（恩格斯），始终要求研究概念的运动、它们的联系、它们的相互转化。”[1]277这就是说，概念不是永恒不变的，对概念的认识活动不是以某种单一状态存在的、某种静止的东西，而是一个朝着充分、全面的客观真理不断逼近的过程，即由互相有着必然联系的许多环节、阶段或方面构成的过程。

概念是客体在人们思维中的反映。在思维中，概念从客体的全部客观性、具体性上再现客体，即从发展中、从历史上理解客体。因为“人们的观念、观点和概念，一句话，人们的意识随着人们的生活条件、人们的社会关系、人们的社会存在的改变而改变”[2]270。观点和概念既然是一个历史范畴，就得用历史的方法来考察。这种历史的方法是按照客体发展的时间顺序，按照历史表明的具体形态，来阐明客体发展的各个不同阶段。

我们认为，创新概念的演变过程大致上可以划分为三个阶段，即“创造新东西”—“经济学的内涵”—“整合”论。

古代的“创新”是指“创造新的东西”。英语里的创新（Innovation）一词源于古拉丁语里的“Innovore”，意即“更新，创造新的东西或改变”。

近代的“创新”成为一种经济学理论，还是 20 世纪初的事情。1912 年，奥地利经济学家（后为美国哈佛大学教授）约·阿·熊彼特（Jose ph A.Schumpeter，1883—1950）的成名著作《经济发展理论》的出版，标志着其“创新”理论的创立。我们认为：熊氏“创新”理论包含三个基本内容[3]1-14：

第一，首次赋予“创新”经济学内涵。什么是创新？熊彼特认为：所谓创新，“是指一种生产函数的转移”，或者是“生产要素和生产条件的一种重新组合”，并“引入生产体系，使其技术体系发生变革”，以获得“企业家利润”或“潜在的超额利润”的过程。1939年，他在《经济周期》一书中，明确地指出：“创新实际上是经济系统中引入新的生产函数，原来的成本曲线因此而不断更新。经济的变革，诸如成本的降低、经济均衡的打破、残酷的竞争，以及经济周期本身，都应主要地归因于创新。”所以，“创新才是熊彼特的经济发展中真正重要的因素，他认为，只有创新才是所有变化和发展的原动力。”[4]

第二，它从经济学角度，揭示了发明与创新之间的关系。熊氏指出：“先有发明（Invention），后有创新（Innovation）；发明是新工具或新方法的发现(Discovery)，创新则是新工具或新方法的实施（Implementation）。”熊彼特认为：创新源于发明而不包括发明，创新又不都是以发明为基础的。正如金指基指出的，新的或重新组合的或再次发现的知识被引入经济系统，并导致一种非连续性的经济过程，熊彼特称之为创新[4]37,69。显然，发明创造与创新是既有联系又有区别的两个概念，不能等同或混淆。

第三，“企业家的职能就是创新”——熊彼特理论的独到之处。熊彼特多次指出：“我们将新组合的实现称为‘企业’，实现这些组合的个人称为‘企业家’”。“企业家的风格或企业家的职能就是创新”，如果“他未能抓住机会进行创新，就是企业家的渎职行为”。金指基指出：“企业家所作的经济创新，总是在新力量的推动下得到实现的——这是熊彼特思想的一个关键。”“这种以企业家活动为中心的经济周期理论，是熊彼特理论的独特之处。”[4]42,81因此，上述三条即创新是什么而不是什么及其实现的关键，构造成较为完整的熊氏创新理论体系。

总之，熊彼特的“创新”，不是指发明即创造新的东西，而是指“新东西”的应用或“旧东西重新组合”的新应用，以获得“企业家利润”的经济过程。国外学者用更简捷的语言来定义技术创新。如美国经济学家E. 曼斯菲尔德说：“一项发明当它首次应用时，可以称之为技术创新”。联合国经济合作与发展组织在1994年的《科学政策概要》中指出：“技术创新，它是指发明的首次商业化应用。”缪塞尔（R.Musser）于20世纪80年代中期进行的一项统计分析结果表明：在他收集的300余篇相关论文中，约有3/4的论文在技术创新界定上接近如下表述：当一种新思想和连续性的技术活动，经过一段时间后，发展到实际和成功应用的程序就是技术创新[5]7。

20世纪90年代前后，“创新”概念发展为“整合”论。当今社会，人类开始迈入信息业社会和知识经济时代，创新概念也在向纵深拓展，呈现出整合型的特征。随着科学的技术化和技术的科学化而使科学—技术—经济一体化的趋势日益显现，即从科学发现到技术发明，再通过技术创新，物化为社会经济效益的周期日趋缩短，或者发现、发明与创新日趋一体化，特别是利用现代虚拟技术在电子计算机上可以加快科技成果转化为现实生产力。同时，自然科学与人文科学、社会科学等各类知识的融合也在加快。于是，“创新”概念出现两个方向的拓展：一是技术创新的内涵包含着“创造新东西”。如鲁特恩（Ruttan）认为，“发明与创新之间含义的准确区分是令人困惑的。……能够获得专利的技术发明可看成是‘技术创新’概念中的一个特殊的子集。”[6]9缪塞尔指出：“技术创新是以其构思新颖性和成功实现为特征的有意义的非连续性事件。”[5]7我们在《创新与高校体系结构》一文中曾经指出：“创造性与市场成功是技术创新的基本特征。”[7]7-8“技术创新是一个科技与经济结合的概念，或者说它首先是一个经济学的概念，然后才是技术学的概念。它当然包括了技术本身的创新，但决不仅仅是指技术本身的创新。”“技术创新实质上就是技术形态的转化过程，即通过技术本身的不断完善化，不断地向现实的生产力转化。没有创新不会有技术形态的转化，……也就不会有技术的社会经济价值。”[8]29-31“创新的基本特征就是创造和创效（创造效益）。没有创造便没有创新，但主要不是‘创造新东西’，而是将‘新东西’创造性地引入社会、经济系统。创新的出发点和目的，不仅仅在于‘创造新东西’，而主要在于‘首次实现其商业价值’”[3]14。二是由技术创新拓展而来的“科技创新”、“知识创新”等概念应运而生，而“知识创新”概念中就包含了“创造”和“创造新的财富的能力”。1993年，美国麻省恩图维国际咨询公司总裁、著名的战略研究专家阿米顿（Debra M. Amidon）首次提出“知识创新”，并将其定义为“通过创造、演进、交流和应用，将新思想转化为可销售的产品和服务活动，以取得企业经营成功、国家经济振兴和社会全面繁荣。”[9]又如欧盟1995年度的《创新绿皮书》中指出：“创新是在经济和社会内成功地生产、吸收和应用新事物。它提供解决问题的新方法，并使得满足个人和社会需求成为可能。”“创新不仅是一种经济机制或技术过程，此外还是一种社会现象”。著名的管理学家彼得·德鲁克也认为，创新就是赋予资源以新的创造财富的能力的行为。由此可见，当代的创新概念是对前两个阶段的整合，既包含“创造新东西”，又更加强调“将新思想转化为可销售的产品和服务”和“创造新的财富的能力”，以满足个人和社会日益增长的需求。

综上所述，“创新”这个概念由古代的“创造新东西”到熊彼特赋予经济学内涵，再到当代的“整合”论，经历了“肯定—否定—否定之否定”的历史演变过程。普列汉诺夫指出：“任何现象，发展到底，转化为自己的对立物；但是因为新的，与第一个现象对立的现象，反过来，同样也转化为自己的对立物，所以，发展的第三阶段与第一阶段有形式上的类同。”[10]635因此，“整合”论的创新既肯定了曾经被否定过的初始形式“创造新的东西”，又维持和保存了第二阶段的全部积极的、合理的内容（如熊彼特的经济学内涵），并且在更高的基础上实现了整合，从总体上具有前进的、上升的性质。这就是创新概念逐渐逼近充分、全面的客观真理的认识过程。显然，“创造新东西”的创新观是复古而不是所谓的“创新”。

2．创新理论在我国

据说，我国于20世纪50年代中后期从日本引进熊彼特的“创新”理论。1956年日本的《经济白皮书》中首次把英文“Innovation”一词译成“技术革新”，并解释为“技术革新将对经济产生极为广泛的影响，将促进经济现代化”。“作为这种投资活动的原动力的技术进步，就是以原子能的和平利用和自动化技术为代表的技术革新。”日本技术评论家森谷正规指出：“由于某种技术的普及，开辟了广大的市场，强烈地刺激经济活动，对经济和社会产生了巨大的影响，使社会和生活得到了改善，这就是技术革新——由技术而产生的革新。”[11]4日本的“技术革新”和熊氏的“技术创新”均为一个技术与经济相结合的概念，而我国的“技术革新”却曲解了日语词“技术革新”的原意，仅仅只是用来专指“技术上的小改小革”或“技术上的渐进性改进”，（《辞海》，上海辞书出版社，1989年版）。显然，这是一个纯技术学的概念。长期以来，我国先后提出和使用过的诸如“技术革新”、“技术革命”、“技术改造”、“技术开发”等许多词汇，都是就技术本身而言的，没有一个技术与经济相结合的概念，这也正好反映了我国技术进步同经济发展相分离的现实。80年代中后期，我国才开始引进真正意义上的“技术创新”概念。然而，当时国内对“技术创新”的理解可谓众说纷纭，其中居于主导地位的是“全程”说，即认为“技术创新是指由概念的构想到形成生产力并成功地进入市场的全过程”，“它包括科学发现、发明到研究开发成果被引入市场、商业化和应用扩散的一系列科学、技术和经营活动的全过程，从最初的发现直到最后商业化的成功”。或者“技术创新是指知识的创造、转换和应用的过程。”对此，一些学会、研究会的专家、学者们展开了广泛的研讨。如中国自然辩证法研究会技术哲学专业委员会先后召开过四次“全国科技成果产业化研讨会”，对技术创新概念问题和“全程”说开展了深入的讨论。认为“技术创新是介于技术与经济之间的中间环节”，“是以市场机制为基础的商品技术开发”，“技术创新并非直接始于科学发现，而是技术发明”，或者“更确切地说是始于技术-经济构想，终于首次商业化应用”（见图1）。“创新是一个过程，按照先后发生的次序分为：技术-经济构想、技术开发和经济开发（即试生产并首次实现其商业价值）三个阶段”（见图2）[7]7-8。

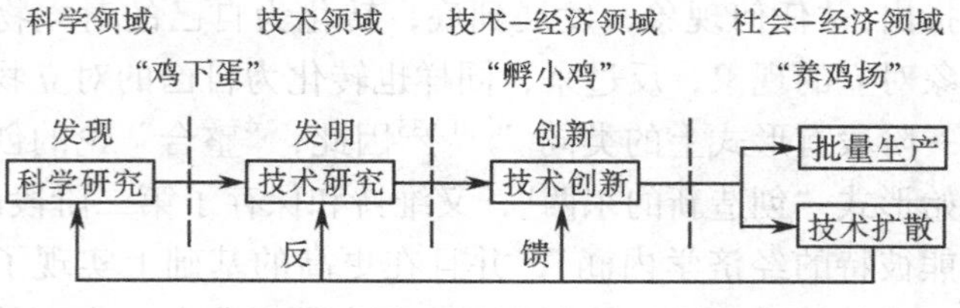

图1　科学技术活动过程示意图

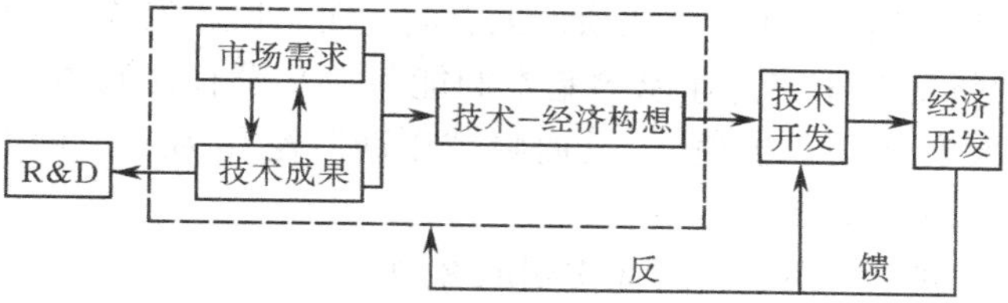

图 2 技术创新活动过程图

"全国技术创新大会"的召开，彻底否定了"全程"说。中共中央、国务院在《关于加强技术创新，发展高科技，实现产业化的决定》中的技术创新定义，由送审稿的"全程"说改为"应用"说同时，大会非常明确地指出：加强技术创新，加速科技成果产业化，从根本上解决我国科技、教育与经济脱节的问题。这就是大会的基本精神。我国把技术创新提到这样的高度，并形成为全党、全国人民的共识，这是前所未有的，也是21世纪"振兴中华"的希望所在。正当全国人民积极贯彻大会精神的时候，却又盛行起"创新就是创造"的"等同"论。其实，"等同"论在我国早已有之，如《现代汉语词典》就将"创新"定义为"抛开旧的，创造新的"。1989 年版的《辞海》上还没有"创新"和"技术创新"条目，而只有"创造"，并指"做出前所未有的事情，如发明创造"。最近，许多人在论著中公然还说："发明创造前所未有的事物应与创新等同"，"创新就是创造新的东西"，"创新，也就是创造。""提创造教育或创新教育，提创新能力或创造能力，可以视为同义词。"甚至还有人认为"想别人没有想到的，就是创新。"由于将"创新"等同于"创造"，许多人认为："技术创新即发明"，或者"技术的创新"，或者"新技术的研究活动"。显然，他们都将技术创新、知识创新误为技术学概念或科学学概念，曲解了其本质，阉割了其经济学内涵。还有官员"学者"认为："知识创新是指通过科学研究获得新的基础科学和技术科学知识的过程"，或者指"知识的生产"，"创造新的知识"，"当代的知识创新包括科学创新和技术创新"，并以此为据，将中国科学院的"知识创新工程"、国家教育部的"211 工程"和国家经贸委的"技术创新工程"分别作为"科学知识的生产、传播、应用"彼此并列又各成体系的三大工程，拼凑成"国家创新体系"。这是将"创新"误为"创造"而导致的逻辑混乱，也是我国传统的"接力赛"模型导致"系统失效"的产物。若按照此实施，可能会造成我国科技、教育与经济的再度脱节。"等同"论不仅是少数人的学术观点，而且在我国已经形成了一种思潮。最近，我们在某高等学校 99 级博士生和部分本科生中作过一次问卷调查，赞同"等同"论的分别占 45.5% 和 68.3%，认为技术创新实施主体是科研机构和高等院校的分别为 61.8% 和 75.3%。由此看来，"等同"论成为我国当前创新观念上的一种主要倾向。

还要指出的是，我国一些官员在谈论创新问题时，既没有全面阐述熊彼特理论（如很少提到“创新是企业和企业家的基本职能”），又没有强调衡量创新成功的唯一标准——“首次实现商业价值”，反而将“创新”泛化为“一种不断追求卓越、追求进步、追求发展的理念”。

3. 树立新的“创新”观是新时代文明的客观要求

汉语里的“创新”与“创造”虽然仅有一字之差，但其实质是两个不同的概念，绝不可混同。正如国家科技部朱丽兰部长指出的：“创新不是‘创造新东西’的简单缩写，而是具有特定的经济学内涵。……创新与发现和发明的不同之处在于它是一种具有经济和社会目标导向的行为。一般来说，为了使一项发明带来利润需要创新，但一项创新不一定要基于一项发明。”[12]在全国技术创新大会期间，她又明确地指出：“技术创新不是纯粹的科技概念，也不是一般意义上的科学发现和发明，而是一种新的经济发展观。通过技术创新，把科学技术转变为产业竞争力，转变为整个国民经济的竞争力，是一项攸关全局的战略举措。”[13]因此，“等同”论的实质就是阉割了创新的本质——科技与经济之间的中介环节。如果不消除“等同”论及其造成的负面影响，势必再度回到科技、教育与经济脱节的老路。这是违背全国技术创新大会的基本精神和科技与经济一体化的世界潮流的。

中国是一个有着数千年文明历史的国度，为人类的科学技术发展作出过不可磨灭的贡献。据有关研究的统计曲线表明：在公元前 6 世纪至公元后 14 世纪的 2000 年间，中国的科学技术成果数占世界总数的 25% 以上。其中在公元 6 世纪至 13 世纪超过 35%，在公元 2 世纪至 7 世纪超过 50%[14]273-275。英国著名学者坦普尔认为：“公元 6 世纪之前，世界的重要发明创造 554 项，其中中国占 312 项。公元 6 世纪到公元 1500 年，重要的发明创造中国占 58%。”[15]31-32然而，创造发明与创新在中国历史上并不是“等同”的，如具有革命性意义的四大发明诞生在中国，而创新过程的完成与中国无缘。四大发明在西方获得大规模应用，并带来巨大的社会效益和经济效益。正如马克思所说：“火药、指南针、印刷术——这是预告资本主义社会到来的三大发明，火药把骑士阶层炸得粉碎，指南针打开了世界市场并建立了殖民地，而印刷术则变成了新教的工具，总的来说，变成了科学复兴的手段，变成对精神发展创造必要前提的最强大的杠杆。”[16]67而“四大发明”在其故乡却是另外一种情景，正如鲁迅所言：“外国用火药制造子弹御敌，中国却用它做了爆竹敬神；外国用罗盘针航海，中国却用它看风水。”[17]429对此，李约瑟认为：“这是因为中国在一个官僚们决心要保护和稳定的农业社会里缺乏这种需要”[18]293。国内有学者也认为，最根本的原因是“中国古代科学技术的发展缺乏经济上的动力”，“由于中国古代经济结构中缺乏国内外市场需求的刺激，许多创造始终停留在胚胎状态，不能形成对社会产生革命性影响的技术力量。”[19]303现在类似的事例还不少，仅从 20 世纪 90 年代以来，我国年均获得 3 万余项重大科技成果，而转化率仅为 20%～30%，其中形成规模效益的又只有 5%～10%。由此看来，制度机制的不利因素和忽视发明创造的商业化应用是中国传统文化的弊端。如今一些人只强调“创造新东西”或“追求卓越”的创新观，仍然是一种传统观念。其实，“科学技术的发展”与“科学技术的应用”是两个不完全相同的概念。一般来说，前者主要是指科学技术自身的变化、发展，即指新的科学发现和技术发明。无论是科学，还是技术，均表现为知识形态，还只是潜在的生产力，它们只有通过创新过程，才能变成现实的生产力，实现其社会经济价值。如图 1 所示，若把发现、发明喻为“鸡下蛋”，创新则为“孵小鸡”，而批量生产就是“养鸡场”。只有不停顿地孵出“小鸡”，“养鸡场”才会兴旺不衰。而要孵出“小鸡”，又必须是科技成果与市场需求相互作用（“交配”）后的“受精蛋”（见图 2）。所以，创新就是“孵化企业”的过程。

拥有知识并不等于拥有物质财富。知识的价值不在于如何去获取，而在于如何去应用。只知道“知识的生产”或“知识的获取”，实际上等于“知识的荒废”，正如钱没有进入流通领域未变成资本（现实财富）一样。这些近乎常识的道理，长期以来，我们却没有弄清楚，而“等同”论盛行的原因大概也就在于此。这种传统落后的科技发展（创造）观，与未来的信息业文明及其知识经济时代的客观要求是相悖不容的。我们知道，从采集狩猎社会、经农牧业社会、畜牧业社会到农业社会的整个农业文明时代，都是简单（初级）的物质生产活动方式，即以采掘、直接利用或简单加工和消费原始资源的活动方式为主的时代。工业文明是以开发、加工、利用自然资源（特别是能源）为主的复杂（高级）的物质性（含能源）活动方式，即使是工业社会后期出现的信息活动方式，仍然处在服务于物质性活动的附属地位。信息业文明将是以信息活动为主导的综合活动方式，信息、知识不仅成为物质性活动方式得以进行的决定性因素，而且信息业将成为社会的主导产业（犹如工业社会的制造业一样）。显然，信息活动的内容主要不是从事物质性活动即经济活动，而是以发现、发明、创新一体化为基本特征的知识创新活动，即“知识和信息的生产、分配、使用（消费）”的动态过程，按照联合国经济合作与发展组织的定义，这就是“知识经济”。而知识经济是知识的经济化与经济的知识化两种趋势相结合、相统一的经济形态。知识经济化只有通过技术创新这个中介环节，才能得以实现。同时，也只有知识经济化，才会有经济知识化，才会使人的经济活动向科技成果产业化转变。从这种意义上来说，“知识创新”与“知识经济”是同一个意思，只是考虑的角度和各自的侧重点不同而已——前者强调经济发展的源头，后者强调知识发展的结果。因此，信息业文明的价值观就由农业文明的“物质驱动”、工业文明的“利益驱动”转变为“知识驱动”[3]57-60。正如让·利奥塔尔在《后现代状况：关于知识的报告》一书中指出的，“不论现在还是将来，知识为了出售而生产，为了在新的生产中增殖而被消费，它在这两种情形中都是为了交换。”又说：知识的生产者和消费者与知识之间的关系，“越来越具有商品的生产者和消费者与商品的关系所具有的形式，即价值形式。”显然，那种“知识的生产是为了求知，满足欲望而非实用”，或者将“创新”等同于“创造”的传统观念，是落后时代之举，与知识经济时代的要求相去甚远。所以，传统的创造观被创新观所取代是时代发展之必然要求。

参考文献

[1] 列宁．列宁全集：第38卷［M］．北京：人民出版社，1961.

[2] 马克思，恩格斯．马克思恩格斯选集：第1卷［M］．北京：人民出版社，1972.

[3] 陈文化．腾飞之路：技术创新论［M］．长沙：湖南大学出版社，1999.

[4] 金指基．熊彼特经济学［M］．林俊男，金全民，译．北京：北京大学出版社，1996.

[5] 傅家骥．技术创新学［M］．北京：清华大学出版社，1998.

[6] 施培公，雷中强．国外有关技术创新的观点选介［J］现代电子技术．1992（2）：9.

[7] 陈文化．技术创新：企业腾飞之路［J］．自然信息．1992（增刊）：7-8.

[8] 远德玉，陈昌曙，王海山．中日企业技术创新比较［M］．沈阳：东北大学出版社，1994.

[9] Debra M Amidon. Innovation strategy for the knowledge economy-The Ven Awadening Batteworth Heinemann［R］. 1977.

[10] 普列汉诺夫．普列汉诺夫哲学著作选集：第1卷［M］．北京：人民出版社，1986.

[11] 森谷正规．日本的技术力量［M］．哈尔滨：黑龙江人民出版社，1982.

[12] 朱丽兰．知识正在成为创新的核心［N］．人民日报，1998-07-23.

[13] 记者关于全国技术创新大会的综合报道，光明日报［N］．1999-08-27.

[14] 陈文化．科学技术与发展计量研究［M］．长沙：中南工业大学出版社，1992.

[15] 燕国桢．科学创造性思维探索［M］．长沙：湖南人民出版社，1996.

[16] 马克思．机器·自然力和科学的应用［M］．北京：人民出版社，1978.

[17] 鲁迅．鲁迅选集：第1卷［M］．成都：四川人民出版社，1981.

[18] 李约瑟．李约瑟文集［M］．沈阳：辽宁科学技术出版社，1986.

[19] 朱亚宗，王新荣．中国古代科技与文化［M］．长沙：国防科学技术大学出版社，1992.

五、关于“创新”研究的几个问题①

（1999年3月）

最近，由中国自然辩证法研究会技术哲学委员会和重庆市江北区委党校等单位，在重庆市召开了'98企业技术创新运作研讨会，与会者围绕技术创新及其有关的一些热点、难点问题，展开了比较深入的探讨。本文就其中的主要问题发表一些看法。不当之处，请批评指正。

1. 创新与技术创新

“创新”（Innovation）一词是奥地利经济学家熊彼特于1912年提出的。他认为：“创新”是指企业家将“生产要素和生产条件的一种从未有过的新‘组合’”引入生产系统，以获得“超额利润”的过程，并将“创新”的内容概括为五个方面：引入新的产品（含产品的新质量），采用新的技术（含生产方法、工艺流程），开拓原材料的新供应源，开辟新的市场，采用新的组织、管理方式方法。1939年，他又指出：“创新实际上是经济系统中引入新的生产函数，原来的成本曲线由此而不断更新。”“先有发明，后有创新；发明是新工具或新方法的发现，创新是新工具或新方法的实施。”熊彼特还明确地指出：企业家是创新的主体，并将发明引入经济系统的企业家，称为“创新者”，“创新是企业家的基本风格或企业家的基本职能”，如果不抓住机会开展创新，是“企业家的渎职行为”。

1950年熊彼特去世之后，人们根据他创立的“创新理论”，明确地提出“技术创新”概念，并由美国经济学家爱德华·曼斯菲尔德和比尔科克等人创立“技术创新经济学”这一新的分支学科。显然，熊氏的“创新”即技术创新是一个技术-经济学概念，即介于技术与经济之间的纽带、环节。笔者据此认为：技术创新是企业家按照市场需求，将科技成果（不限于发明）转化为商品，并首次实现其商业价值的动态过程[1]。

20世纪50年代中后期，我国将“Technology Innovation”一词译成“技术革新”，并解释为“技术上的小改小革”或“技术上的渐变性改进”（《辞海》，1989年版）。据说，我国的“技术革新”是从日本引进来的。日本于1956年将其译成“技术革新”，但它的解释是：“技术革新将对经济产生极为广泛的影响，将促进经济的现代化”“技术革新——由技术产生的革新”（1956年的《经济白皮书》）。近几年来，我国学界重视了技术创新的研究与宣传，然而对“创新”这个概念的运用存

① 本文发表于《自然辩证法研究》，1999（3）。

在着泛化的倾向，即在谈论技术创新时，对“创新”有截然不同的理解。归纳起来，有四种不同的观点：一是认为创新指经济系统中“引入新东西”，以促进经济发展和社会进步。二是指“创造新东西”，如《现代汉语词典》中的“创新”，就定义为“抛开旧的，创造新的”。还有人说：“技术创新，即发明”。这样，就把“创新”等同于“创造”。三是认为“技术创新指科学、技术和经营活动的全过程，它包括从最初的发现，直到最后商业化的成功”（简称“全程”说）。四是认为“技术创新从本质上说是一种理念，即一种不断追求卓越、追求进步、追求发展的理念”。我们认为，应该鼓励和提倡对“创新理论”的研究、继承和发展，但必须持有正确的态度和科学的方法，正如马克思指出的，“一个人如想研究科学问题，首先要在利用著作的时候学会按照作者写的原样去阅读这些著作，要在阅读时不把著作中原来没有的东西塞进去。”[2]26 显然，把“创新”等同于“创造”，或拓展为“全程”，是对熊氏“创新理论”的一种曲解，也是对技术创新活动的一种误导。

2．技术创新与“技术的创新”

如上所述，技术创新是实现技术与经济有机结合的必经环节或过程，而有人说“技术创新，即发明”或“技术的创新”。其实，技术创新与“技术的创新”（即“技术创造”）是完全不同的两个概念（见表1）。

表1　“技术的创新”与技术创新的区别和联系

内　　容	技术的创新（发明）	技术创新
范畴	技术领域	技术–经济领域
范围	新技术知识的创造	产品创新，工艺创新，原材料创新，市场创新，组织和管理创新，服务创新等
主体	主要是科研机构和科技人员	企业（企业家）和“销、产、学、研”人员
价值目标	技术的先进性和实用性	创造性和效益性（商业价值）
过程	选题立项—实验室研究—综合、总结（撰写论文）	技术、经济构想—技术开发（放大试验）—经济开发（试生产及其产品首次实现商业价值）
产品	知识形态（含样品、样机、模型等物质载体）	实物形态（现实生产力）
两者的联系	创新的技术源泉（发明）	发明的后续过程

如表1所示，若将技术创新理解为“技术的创新”，会使技术创新活动误导为技术研究（发明）活动。这样，就背弃了技术创新的本质（将科技成果转化为现实生产力，实现技术与经济的有机结合）。正如朱丽兰指出的，“创新不是‘创造新东西’的简单缩写，而是具有特定的经济学内涵。”“发现是知识的新的增加，是发明和创新的重要知识来源；一项发明……不一定能为经济和社会带来利益；而创新是创造或执行一种新方案，以达到更高的经济或社会效果。”[3]

3．技术创新与“国家创新体系”

众所周知，知识与经济是两个范畴、两大领域。要实现知识与经济的结合，其关键就要加速科技成果向现实生产力的转化，即大力推进技术创新工程。而我国由于受到传统计划经济体制的长期影响，分别赋予科研机构、高等院校和企业的知识生产、知识传播（分配）和知识应用的单一职能，并形成各自独立的体系。由此导致我国科技与经济的严重脱节和分离的状况，至今尚未发生根本性改变。然而，最近有人提出“知识创新工程”，并将它与“211工程”和“技术创新工程”分别作为知识（仅指科学）的生产、传播、应用彼此并列又自成体系的三大“工程”，拼凑成“国家创新体系”。

国家创新体系并不否认知识（含科学和技术）的生产、传播、应用之间的社会分工，而是在承认销、产、学、研自然分工的基础上，打破知识与经济之间的壁垒，紧紧抓住科技知识向经济转化的创新这个中心环节，在微观上实现销产学研一体化，在宏观上形成营销（市场）、科教、经济协调统一的有机体系。换句话说，国家创新体系要以销、产、学、研各个主体构成的科技活动系统为前提，构建以技术创新为核心的知识网络系统。如果国家创新体系仍然是由各自独立的三大“工程”构建，并照此“试点”或实施，势必再度强化产、学、研的分离体制，重蹈科技与经济脱离的老路[4]。

“国家创新体系”概念来自于运用系统科学思想对创新过程的系统分析。联合国经济合作与发展组织认为，国家创新体系是由一系列公共机构（国家实验室、大学）和私营机构（企业）组成的系统网络。创新就是这些机构相互联系、作用和影响的活动结果。也就是说，国家创新体系是由企业、大学和科研机构组成的共同体，其中企业技术创新居于核心地位，市场成为联系各个主体之间的桥梁。为此，当前急需将我国绝大部分科技能力（指研究与创新人员、经费等）转移到企业，切实强化技术创新活动，并建立企业技术创新制度，促进企业的研究与创新—产品生产—市场营销的橄榄型组织结构（即中间大、两头小的结构）向两头大、中间小的哑铃型组织结构转变，增加知识和智力的投入，导致企业收益递增，形成良性循环。

有人说：“知识创新是指通过科学研究获得新的基础科学和技术科学知识的过程。”我们认为，“知识创新”并非“知识的生产”或“创造新的知识”，更不是只限于“科学知识的生产”（因为技术相对于科学来讲，是“实践性的知识体系”[5]20-91）。科学技术知识的生产属于精神生产领域，其产品属于知识形态，并不直接影响经济活动和过程。只有当它“引入经济系统”，实现其商业价值，才能赋予“创新”的含义。同时，科学理论知识必须经过转换（化），才能成为实践性的技术知识；再经过转化（即技术创新环节），才变成生产技术（现实生产力）。如果考虑到当代的和未来的科学技术发展的主要特点和趋势——转化周期日趋缩短，并将会使发现、发明与创新融为一体，特别是利用虚拟技术，在电脑上实现科技成果转化，可以将“技术创新”拓展为“知识创新”。那么，知识创新应该是根据市场需求，将新思想的产生、传播、转化并“引入经济系统”，以促进经济发展和社会进步的动态（反馈）过程。国外学者正是从这个意义上提出“知识创新”的，如美国的阿米顿于1993年给“知识创新”下的定义：“通过创造、演进、交流和应用，将新的思想转化为可销售的产品和服务，以取得企业经营成功、国家经济振兴和社会全面繁荣。”[6]朱丽兰也指出：“什么是知识创新？根据国外有关文章的定义，知识创新是指新思想产生、演化、交流并应用到产品（或服务）中去，以促使企业获得成功，国家经济活力得到增强，社会取得进步。”[3]

4．技术创新与知识经济

如上所述，技术创新是实现知识经济的必由之路和关键环节。“知识的生产”作为创新的技术源是很重要的，但是在当今社会、特别是我国，通过技术创新环节实现科技成果的转化显得更为重要和急迫。因此，撇开技术创新，将“知识经济”炒得再火暴，至多也只是建造“空中楼阁”。这里的道理很简单，有知识未必有经济效益，只有创新经济，才有生命力。

知识经济大致包括四层含义：一是指知识和信息成为经济发展的主导要素、决定性因素的一种经济活动。按照中国的话说，就是“科学技术是第一生产力”的时代；二是指知识和信息的生产成为主导产业的一种经济形态，这是知识经济时代的本质特征；三是指包括知识产业、知识密集型服务业、高技术制造业（工业）和高技术农业等以知识为基础的部门所构成的一种经济体系[4]；四是知识经济是实现公有制为主体的社会的一种新途径。

知识经济是高级公有制的一种实现形式[7]。所有制的主导形式在人类社会发展的整个过程中，经历着原始公有制—私有制—高级公有制的演变轨迹，这是“肯定—否定—否定之否定”的螺旋上升的推进过程。所有制是人们对生产资料（含劳动资料和劳动对象）的占有形式，它不同于所有权，后者随着阶级、国家、法律的产生而产生，消亡而消亡。在原始制时代，只有占有而没有所有权。在私有制时代，生产资料的占有与所有权是统一的。在知识经济时代，生产资料的占有与所有权既分离又统一。在知识经济时代，知识的应用替代物质、能源而成为一种战略资源，成为社会进步、经济发展的主要的决定性因素。同时，知识和信息既成为主要的劳动对象、劳动资料（手段），又成为劳动者的主要标志。也就是说，知识、信息的生产是“知识型工人”通过知识信息等劳动手段与作为劳动对象的知识信息相互作用，获得新的知识信息产品的动态过程。这是知识经济与农业社会的物质经济、工业社会的能源经济的本质区别。后者的劳动对象、劳动资料均属于物质和（或）能源，劳动者的能力主要取决于体力，科学技术知识只是不同程度地渗透到诸种生产力要素之中，产品主要是物质形态。在知识经济时代，生产力的结构由“物质主导型”转变为“知识主导型”，知识信息在生产过程中的地位和作用发生了根本性变革。

这些变革主要源于知识与物质的不同特性。知识与物质相比，其本质特性是知识、信息的中介性，并由此产生的共享性。物质生产资料和物质产品既可以私有，也可以公有或者共有，但同一个或同类物质资料和产品始终只有单个人或部分人占有与所有。而科学知识是全人类的共同财富，尽管其发现者是个人或部分人，但占有和拥有权属于全人类（不学习者除外）。技术知识（包括经验、诀窍等意会知识在内）虽然有产权问题（限于专有技术），但也可以有偿共享，最终（当转化为生产技术并广泛扩散之后）是人类共享。而且技术知识的共享程度和广度随着时代的发展日趋全球化，知识作为知识经济时代主要的起决定性作用的生产资料日趋共有化。如因特网（除专有技术是有偿上网之外）传递的知识、信息，全世界人都可以享用。

在知识经济时代，知识生产过程中的生产资料（知识、信息）和物质生产过程中的决定性因素（知识、信息）都是劳动者共同占有，劳动者与生产资料和劳动产品不再分离，掌握知识的人就成为企业的真正主人（以往是资本所有者才是企业的主人）。这样，工业社会的资本私有制就会转变为信息业社会的知识共享制。由此，在分配方式上，也会发生根本性变革，即由按照资本分配转变为按照知识分配，如知识（包括思想、主意、技术等）入股参与分红，实现了知识、信息等无形资产的货币化。而这些知识股本归于拥有这些“思想、主意、技术”的人，人格化的知识就取得了控制地位。这样，就由以往的资本雇佣劳力和知识转变为知识成为资本、知识雇佣资本，知识及其创造就成为知识生产劳动和知识型企业最宝贵的资产、最主要的资源。同时，知识不仅具有共享性，而且具有增殖性，即在共同使用和交流的过程中，不断地创造出更多的知识。于是，知识的拥有者就要不断地学习和创造并转化为现实生产力，力图控制知识的生产、交换和分配来强化自己的权利。以知识为基础的权利就意味着效率，就使企业不断地提高决策的效率、生产的效率和管理的效率。归根到底，是不断地提高人力资本的效率。这样，就会形成一种完全新型的人际关系，相互尊重、互相学习，既合作又竞争，求得共同发展。

5．尚未结束的结束语

我国几乎没有提出和使用过一个科技与经济相结合的概念。从 20 世纪 50 年代后期以来，我国将“技术创新”理解为“技术革新”或“技术的创新”，现在又有人将“知识创新”理解为“知识的生产”（即知识的创新）[8]。为什么要把“创新”等同于“创造”呢？为什么要把“经济系统中引入新东西”改为“科技领域创造新东西”呢？这个问题应该引起学界、政界、企界的高度重视[9]。我国体制改革的根本目的是要“解决科技与经济脱离的难题”，而现在一些地方或部门搞“技术的创新工程”或“知识的创新工程”，已经产生了不当的结果。当然，不在于一个名词，而取决于对该词含义的正确理解。然而，鉴于我国上述历史和现状与汉语中创新（“创造新东西”）使用上的泛化倾向，我们建议：将“技术创新”和“知识创新”这两个外来语分别译成“技术创革”和“知识创革”（因为英文 Innovation 一词有“创新、革新”之意）或者其他，以恢复熊氏“创新”概念的本来面貌，也会有助于促进我国科技与经济的有机结合。

参考文献

[1] 陈文化. 技术创新：技术与经济之间的中间环节［J］. 科学技术与辩证法，1997（1）.

[2] 马克思. 资本论［M］. 北京：中国社会科学出版社，1983.

[3] 朱丽兰. 知识正在成为创新的核心［N］. 人民日报，1998-07-23.

[4] 刘则渊. 国家创新体系与企业技术创新制度［J］.’98 全国企业技术创新运作研讨会（重庆）会议论文.

[5] 陈文化. 科学技术与发展计量研究［M］. 长沙：中南工业大学出版社，1992 年.

[6] Debra M Amidon. Innovation strategy for the knowledge economy—The Ken Awadening Batteworth Heinemann［R］. 1997.

[7] 陈文化. 关于“知识经济”的几点思考［J］.’98 全国企业技术创新运作研讨会（重庆）会议论文.

[8] 陈文化. 中日企业技术创新比较及其启示［J］. 中国科技论坛，1998（6）.

[9] 陈文化，彭福扬. 关于创新理论和技术创新的思考［J］. 自然辩证法研究，1998（1）.

六、关于创新理论和技术创新的思考①

（1998 年 2 月）

“大力推进技术创新工程”，是我国跨世纪转变中的一项重大举措，是解决我国长期存在的科技与经济脱节问题、变革经济增长方式的根本途径，是企业提高综合效益、增强活力和市场竞争力的内在源泉。一项技术创新本身就是观念创新；开展技术创新，首先在于观念创新。然而，长期以来，我国在高度集中的相对封闭的计划经济体制和观念的影响下，未能从科技与经济的结合上正确地把握技术创新，而把它理解为“技术革新”。即便是今天，还不能说已经消除了这种影响。

本文拟就创新理论和技术创新及其有关的几个问题进行一些探索。不当之处，赐予批评、指正。

1．创新理论体系的“飞鸟模型”

“创新”（Innovation）一词是奥地利经济学家约·阿·熊彼特于 1912 年出版的《经济发展理论》一书中首次提出的。他把创新定义为“生产要素和生产条件的一种从未有过的新组合”，将其引入生产体系，以获得“企业家利润”或“潜在的超额利润”。他将创新概括为五个方面：生产新的产品，引入新的生产方法、工艺流程，开辟新的市场，开拓原材料的新供应源，采用新的组织方法。1935 年，他又定义“创新是一种生产函数的变动”。1939 年在《经济周期》一书中进一步完善了他的创新理论。“创新实际上是经济系统中引入新的生产函数，原来的成本曲线因此而不断更新。经济的变革，诸如成本的降低、经济均衡的打破、残酷的竞争，以及经济周期本身，都应主要地归因于创新。”显然，熊氏的“创新”是指技术与经济之间的纽带和环节。

熊彼特去世之后，“创新”理论朝着两个不同的方向发展：一是技术创新，二是制度创新。前者主要是美国经济学家爱德华·曼斯菲尔德和比尔科克等人，从技术推广、扩散和转移以及技术创新与市场结构之间的关系等方面，对技术创新进行了深入研究，并形成了技术创新经济学这一新的分支学科。后者主要是兰斯·戴维斯和道格拉斯等人，把熊彼特的“创新”理论与制度派的“制度”结合起来，研究制度的变革与企业的经济效益之间的关系，由此创立了制度创新经济学这样一门新学科，从而丰富和发展了“创新”理论。

国内一些学者认为“创新与技术创新是同义语”。我国辞书上在解释“创新”

① 本文系国家自然科学基金项目结题报告的一部分。本文发表于《自然辩证法研究》，1998（1）。

时，几乎全是引用熊彼特1912年说的那段话。在创新理论已经大大地丰富和发展了的今天，对“创新”和“技术创新”还不加以区分，显然是落后时代之举。

我们认为，创新是人们的破旧立新并求得综合效益的活动。创新是一种创造性的活动，没有创造便没有创新；创新同时也是一个“破旧”过程，是一种创造性的“破坏”。一项技术创新、制度创新本身就是观念创新；开展技术创新、制度创新，首先在于意识创新，或者在意识创新的指导下才得以进行。因此，创新理论既包括技术创新、制度创新，还应包括意识创新。这三类创新活动分别属于生产力范畴、生产关系范畴和上层建筑领域。可见，企业的创新过程，既是技术、经济的过程，又是价值的形成过程；既创造使用价值，又创造价值。因此，创新理论应涉及生产力、生产关系和上层建筑三个方面，其任务就是要研究和揭示这三个方面的内在统一的规律及其相互作用的机制，以推动社会进步和经济发展，提高国家和（或）企业的竞争能力，获得以全面提高人的素质和生活质量为中心的综合效益（即经济效益、社会效益、生态环境效益和人的存发效益等方面的综合）。

创新活动的进行并获得预期结果，是技术创新、制度创新、意识创新三个方面的交互作用，这就是我们称谓的“大创新观”。因此，要实现经济增长方式和经济体制两个“根本性转变”，意识创新是不可或缺的。换句话说，如果没有正确的价值观、道德观，没有奋发向上、勇于拼搏的创新精神，没有创新思想、理论的指导，要实现两个“根本性转变”，会遇到巨大的困难，甚至还可能步入歧途。由上述三部分构成的创新理论体系，其构成要素不仅各自的内容、含义相异，而且其地位、功能、作用也是不同的。于是，我们提出创新理论体系的“飞鸟模型”。

飞鸟的躯体即创新主体，技术创新和制度创新分别为两翼，飞鸟的头部为意识创新，尾部为管理创新，具有协调和整合作用。主体的创新活动是在意识创新的指导和管理创新的调控下的技术创新与制度创新相互协同的整合行为。目前，已经有了技术创新经济学和制度创新经济学，应该创建一门新的分支学科——研究意识变革与企业综合效益之间关系的意识创新经济学，填补创新理论体系中的空缺。

2. 技术创新与科技活动

关于技术创新的定义，国内学界大致有两类。其中一类，即曾经在国内影响较大的一种观点认为：“技术创新指由新概念的构想到形成生产力并成功地进入市场的全过程”，“它包括科学发现、发明到研究开发成果被引入市场、商业化和应用扩散的一系列科学、技术和经营活动的全过程，它包括从最初的发现，直到最后商业化的成功。”这种观点将技术创新涵盖科学技术活动的全过程，我们将它简称为“全程”说。

“全程”说不符合技术创新理论的本意。熊彼特的重要贡献之一是他正确地揭示了发明创造与技术创新的关系。他说：“先有发明，后有创新；发明是新工具或新方法的发现（Discovery），创新则是新工具或新方法的实施（Implemetation）。”曼斯菲尔德认为：“一项发明当它首次应用时，可以称之为技术创新”。英国科技政策专家弗里曼早在1973年就明确地指出：“创新本身可定义为将新制造品引入市场，新技术工艺投入实际应用的技术的、工业的及商业的系列步骤。尽管创新是一种复杂的社会过程，但其中最为关键的步骤是新产品或新系统的首次商业应用。”[1]联合国经济合作发展组织也明确地定义技术创新“是指发明的首次商业化应用”。

近年来，“全程”说的观点不多见了，而认为“技术创新是指与新技术的研究开发、生产及其商业化应用有关的经济技术活动”的观点常见于报刊。技术创新是科技活动过程中的一个特殊阶段，即技术与经济之间的中介环节。科技活动是一个包括科学研究（发现）、技术研究（发明）、技术创新、批量生产及其营销或（和）技术创新成果扩散等阶段相继和（或）交织进行的动态过程[2]。正如联合国经济合作与发展组织在1988年的《科技政策概要》中指出的，“技术进步通常被看作是一个包括三种互相重叠又相互作用的要素的综合过程。第一个要素是技术发明，即有关新的或改进的技术设想，发明的重要来源是科学研究。第二个要素是技术创新，它是指发明的首次商业化应用。第三个要素是技术扩散，它是指创新随后被许多使用者采用”[3]24。因此，我们认为，技术创新是企业按照市场需求，将科技成果转化为商品，并首次实现其商业价值的动态过程[4]。这个定义强调了三点：第一，技术创新的主体是企业，不是政府或其所属的科学技术研究机构；第二，技术创新是一个双向作用过程，既始于市场，又返回市场，或者说以市场为导向，以效益为中心，而不是以学科为导向，以学术水平为中心；第三，衡量技术创新成功的唯一标志是科技成果首次实现其商业价值（请注意：不是也不可能是有学者讲的“商业利润”）。

显然，技术创新既不能理解为“包括科学发现、发明到研究成果被引入市场、商业化和应用扩散的一系列科学、技术和经营活动的全过程”，也不能认作“技术的创新”或“新技术的研究活动”。

3．技术创新与“技术开发”

有人将技术创新作为“试验发展”或“技术开发”过程中的一个阶段，还有人认为技术创新始于技术发明或者包括发明。这些问题都涉及技术创新的发展阶段问题。我们认为，技术创新是由技术-经济构想、技术开发和试生产并首次实现其商业价值（或称经济开发）三个阶段相继或交织进行的动态过程[2]。

技术创新始于技术发明与市场需求之综合而产生的技术-经济构想，终于创新成果的首次实现商业价值。这个过程包括下述三个阶段：

① 技术-经济构想的产生阶段。它是对现有的各种信息——主要是市场需求或其他社会、经济信息和满足市场需求可能采用的技术信息（含技术发明、专利或其

他科技成果等）——进行综合分析而产生的初步构想。这种新构想的产生不仅要考虑社会、经济需求，考虑技术上的可能性，而且要搜集、整理有关的各种技术、经济信息，通过综合分析，反复论证，最后作出决策，并拟出初始的实施方案。

② 技术开发——科技成果的转化阶段。当构想出特定产品或工艺的轮廓并为此进行探索时，技术创新过程就进入了第二个阶段。它包括进一步确定特定的技术-经济目标，直接面向新产品或新工艺的难点攻关，中试场所的选建或对原有中试场所的改建，开展中间试验、工艺设计、市场分析等步骤相继或交织进行。

③ 经济开发——科技成果的商业价值的实现阶段。它包括建立工厂（车间）或对原有生产设施的改建，设备选购和安装调试，试生产或者工艺技术交付使用，将其产品投放市场，首次实现商业价值等步骤相继或交织进行。

关于技术创新过程问题，国外一些学者早有明确的表述。如格罗布认为："技术创新是一个始于技术构想，终于首次商业价值实现的历时性过程。"厄特巴克也说过："按照发生的先后次序，创新过程可分为三个阶段：新构想的产生，技术难点攻关或开发；商业价值实现及扩散。"[1]

因此，技术创新过程实质上是实现技术与经济有机结合的过程。从技术本身来讲，是技术形态的转化、完善化、体系化的过程；从经济角度来讲，是技术过程、生产过程与经营过程的统一；从组织管理来讲，是将各种生产力要素和其他有关要素合理配置，获得整体优化效应的过程。在这里，需要指出的是，技术创新过程中的技术开发阶段与R&D系统中的"试验发展"或"技术开发"是有原则区别的。后者属于技术范畴，其出发点和落脚点是完善技术路线和方案，以推动技术进步，其主体是政府所属的科研机构。同时，它（即便是技术开发阶段）与批量生产及其营销活动之间仍然隔着一堵墙或一条鸿沟（经济开发阶段）。显然，技术创新绝非传统的"技术开发"，也不能将它包含在"技术开发"过程之中，而应该以市场经济的观念和思路赋予"技术开发"工作的新内容。因此，只有推进技术创新工程，才能使科技与经济紧密地结合起来，并形成"科研、创新、生产、营销"四位一体[5]。于是，我们提出研究与创新（Research & Innovation）概念，取代原来的R&D（研究与开发）[6]。显然，R&I包含科学研究、技术研究和技术创新三类活动。

按照R&D活动或者R&I活动，会形成两种不同的科研模式。如前所述，科技活动是一个双向作用的历时性过程，即表现为"理论→实践"的指导、应用过程与"实践→理论"的升华、反馈过程的交互作用过程。而联合国教科文组织1978年在《关于科技统计国际标准化的建议案》中，定义R&D是"为增加知识的总量……，以及运用这些知识去创造新的应用而进行的系统的、创造性的工作"，并将R&D分为基础研究、应用研究和试验发展或技术开发。显然，这是一种单向度的

“应用过程”，科研模式也只是从学科出发的单向度的“供应型”，不会有以社会、经济需求为导向，并不断满足市场需要的“需求型”模式。

严格地说，任何国家的科研模式不可能是完全单一的。但是，从R&D经费的来源和使用构成的比例，可以看出一个国家科研模式的主次。发达国家的科研模式以“需求型”为主，科技与经济的关系处理得比较好，而发展中国家却以“供应型”模式为主，科技与经济“两张皮”现象十分严重。1988年我国R&D经费的60%左右集中在政府所属的科研机构和大学，1994年升高为69.3%，而企业却由30%下降到20%。工业发达国家却相反，企业使用的R&D经费高达60%～70%。由此看来，从转变科技发展观入手，改变科研模式，是我国当前一件刻不容缓的大事。

R&I活动的双向性表明科研模式的双主体——科研机构（含大学）和企业——居于同等的地位。然而，从根本上来说，确立企业的主体地位更为关键。美国麻省理工学院唐·马奎斯对567个技术创新项目成功的企业的调查结果表明：75%的项目来自企业对市场的调查和企业自身生产工艺的需要，20%的创新项目来自科研部门。另据美国一些经济学家的调查，科研部门提供的成果约有50%被生产和市场证明根本不可行，30%的成果在生产上可行而在商业上未必能成功，真正成为商品的只有20%左右。1978年以来，我国年均获得的重大科技成果超过1万项，进入90年代以后，年均高达3万多项，而至今的转化率不足30%（有人认为只有20%左右），推广应用率仅在10%左右，形成批量生产能力者仅为5%。另据报道，我国企业技术进步的方式中，43.6%依靠企业自身的力量进行技术创新，25.3%依靠进口国外技术装备，18.5%依靠模仿创新，由高等学校和科研机构完成的只有9%和5.6%。而我国从事研究与开发的科学家和工程师中，42%分布在科研机构，22%分布在高等学校，企业仅占27%，还有8%～9%分布在其他部门或单位[7]。我国目前仍然处于科技与经济“两张皮”的这种落后状态，不能不说是单向度的R&D活动观造成的恶果。

4. 技术创新与科技成果转化

“技术创新”和“科技成果转化”是近年来报刊上和人们言谈中的热门话题。然而，“技术创新和科技成果转化是同义语”或曰“技术创新相当于我们通常讲的科技成果转化”，还是它们既有联系又有本质区别呢？显然，对这个问题的不同回答，反映出人们对“技术创新”和“科技成果转化”两个概念、过程及其运行机制的不同理解，实际上也是两种不同科技发展观的反映。因此，在我国“大力推进技术创新工程”的今天，认真思考并弄清两者之间的联系与区别，具有重要的理论和现实意义。

什么是科技成果转化呢？我国有一个具有权威性的定义。“科技成果转化是指为提高生产力水平而对科学研究与技术开发所产生的有实用价值的科技成果所进行的后续试验、开发、应用、推广直到形成新产品、新工艺、新材料，发展新产业等活动。”这个定义指出了如下几点：第一，科技成果转化（以下简称“转化”）的目的是“为提高生产力水平”（请注意：高水平的生产力并非必然就有高效益）。第二，没有明确指出转化的主体，但按照我国一般的说法，转化的主体是政府或政府行为。这个定义暗示：至少在“后续试验、开发”阶段的主体似乎是“科学研究与技术开发”机构及其人员。第三，转化的过程为“有实用价值的科技成果”经过“后续实验、开发、应用、推广直到形成新产品、新工艺、新材料，发展新产业等”阶段依次推进的一系列活动。显然，技术创新和科技成果转化是两个不同的概念，尽管其任务有相似或部分相同之处，但在如何完成任务（即主体、目标和过程）上，是有原则区别的。

而这些区别又源于不同的体制和运行机制。传统的科技成果转化源于高度集中的、相对封闭的计划经济体制。在这种经济体制下，我国科技与经济之间人为地隔着一堵墙或一条鸿沟，其联系主要是通过政府或政府行为间接地实现的[8]。于是，60%以上的科技人员和科研经费都集中在独立于企业的科研机构（含大学），其课题主要是政府下达的，科研机构的主要任务是“出成果”，科研模式（或运行机制）为单向度的“供应型”。而企业生产什么、生产多少，也完全由政府的计划确定，产品也由政府调拨。这样，就形成了科研和生产、科委和经委互相独立的两大体系。于是就出现了科技与经济的“两张皮”现象，即科研单位只负责研究开发，企业只负责生产销售；科委管科技，经委管生产；科技成果与企业生产经营脱节，科技成果多而企业采用少；科技成果先进而生产技术落后。正因为如此，才出现科技成果的转化问题。而工业发达国家不存在没有商业目的的研究工作，也就没有“科技成果转化”的提法。难怪国外学者不理解：为什么中国要强调科技成果转化为现实生产力的问题，中国是提倡科技成果转化为生产力最多的国家，为什么企业的产品却很落后。对此，有人认为：“科研活动没有明确的商业目的，正是我国无效科研成果多的根本原因。”[9]这就表明：要促进科技成果转化，关键在于改革体制，改变科研模式及其运行机制，仅仅靠政府的直接推动是很费劲的，也是难以奏效的。正是基于我国长期实行高度集中的计划经济体制，致使科技成果的转化率低（20%左右），形成规模效益或批量生产能力的比例更低（5%～10%）的现状，在向社会主义市场经济体制过渡的时期，适当地采用政府行为来加速成果的转化也是十分必要的。但是，又必须将科技成果转化工作纳入技术创新的思路，尽快地转向市场经济的轨道。

技术创新是市场经济的产物。技术创新与传统的科技成果转化相比较，其本质区别在于：技术创新强调以市场需求为导向，以综合效益为中心，而不是以成果为导向，以学术水平为中心。因此，运行机制则为双向作用的“需求型”，即企业按照市场、消费者的需求选择科技成果，进行技术开发和经济开发，然后将技术创新成果直接引入生产体系，并把三个阶段作为技术-经济系统中的一项工程来抓，而不是就技术论技术，也不仅仅是追求单项科技成果的应用。然而，我国科技体制的最大弊端就是企业的科技能力太弱，这个问题至今仍然严重地存在着。如1988年我国R&D经费的分配，61.4%集中在科研机构和大学，企业只占30.3%；1994年前者升高到69.3%，而后者下降到20.3%。这种与发达国家的企业使用60%～70%的R&D经费形成的极大反差，不能不说是高度集中的计划经济观念和体制还在顽固地束缚着我国社会、经济和科技的发展。

5. 技术扩散与技术改造

有些学者把技术扩散归并为技术创新过程，看来这种观点值得商讨。我们认为，技术扩散是技术进步过程中的一个相对独立的阶段，不应归属于技术创新。因为技术扩散是将“首次商业应用”成功后的技术创新成果，在社会、经济领域里的横向转移，以提高全行业乃至全社会的综合效益的过程。尽管在扩散过程中，对该项成果仍然有某些改进与完善，但其基本特征只是数量上的扩展和空间上的辐射[2]。

显然，技术创新是技术进步过程中的核心、关键，它主要是引入新产品、新工艺、新的生产方式，培育新的经济增长点，为技术扩散提供新技术源，而技术扩散则为技术创新成果实现大批量生产提供条件，以实现创新成果的更广泛的规模效益。正如联合国经济合作与发展组织指出的，“技术创新是指发明的首次商业化应用”，而“技术扩散指创新随后被许多使用者采用”[3]。厄特巴克也指出：“技术扩散发生在外部环境之中，始于创新的首次引入之后。”[1]因此，技术扩散作为技术创新“最终阶段”的观点，是混淆了技术创新与其扩散的质的规定性和基本特性、功能。

技术改造属于技术扩散范畴，应该予以“改造”，并纳入技术创新思路。技术改造作为我国特有的一个概念，《辞海》（上海辞书出版社，1989年版）的解释是：“（1）指用新技术、新设备、新工艺装备改造国民经济各部门。（2）指生产技术上的重大变革，如采用新工艺、新设备，提高效率，降低消耗，改善质量。在我国工厂中，通常把不建造厂房和车间的固定资产投资称为技术改造。”国家经贸委技术与装备司司长江旅安指出：“技术改造主要是指依托现有企业采用国内外相对成熟的先进适用技术，发挥企业原有的生产潜力和资源优势，为提高生产能力和技术水平而进行的固定资产投资活动。”[3]关于技术改造的两个定义，基本观点是一致的，即指工厂或企业除厂房、车间基本建设投资之外的固定资产投资活动。现实情况也是如此。我国许多工厂十分注重技术改造工作，因为可以得到一笔可观的投资，借以改变企业的落后面貌，使企业走出困境或者得到发展。其实，这种技术改造观念有它的局限性。技术扩散与技术改造比较，除目标、过程大体相同之外，还有许多原则性的区别。技术改造的主体是国家（政府），企业处于被动地位，而技术扩散的主体是企业；技术改造是高度集中的计划经济体制的产物，而技术扩散是市场经济体制的必然要求；从其内容来讲，技术改造主要是更新设备的固定资产投资，至少有粗放型的扩大再生产之嫌（或之果），而技术扩散则是引入新产品或（和）采用新工艺，拓展原材料，开拓新市场，改进组织管理等内容，即集约型的扩大再生产，根本改变经济增长方式；从方式来讲，技术改造只限于改建，而某些技术创新成果扩散需要新建厂房或车间（希望尽可能多地采用改建方式，减少投资）。因此，技术改造工作应纳入技术创新思路，并且建议以“技术扩散”取而代之。

6．启示：一个值得深思、求解的老问题

综上所述，技术创新是技术与经济相结合的环节。然而，我国从50年代开始，就把它理解为“技术革新”（即指“技术上的小改小革”），而日本1956年引入技术创新概念时，尽管把英文“Innovation”一词译成“技术革新”（即イノべつション）。但是他们认为：“由于某种技术的普及，开辟了广大的市场，强烈地刺激经济活动，对经济和社会产生了巨大的影响，使社会和生活得到了改善，这就是技术革新即由技术产生的革新。”[10]4 1995年9月，当我第一次明确地提出“技术创新是技术与经济相结合的中间环节”[4]时，还遭到一些人的非议。如一位从事技术创新研究的女博士对我说：“你这个观点是错误的”，因为“同我的导师的观点不一样”。时至今日，还有人把技术创新误为“技术的创新”。同时，我国提出或使用的技术革命、技术改造、科技成果转化、科技活动及其分类等概念，基本上都是就科学和（或）技术本身而言的。

在这里，不禁要问：为什么我国学者要将技术与经济相结合的技术创新概念理解为一个技术学上的概念或者把它涵盖科技活动的全过程（即“全程”说）呢？为什么我国长期以来没有一个科技与经济相结合的概念呢？这种情况是否反映了我国科学技术进步与社会经济发展相分离的现实，是否反映了我国科技发展在观念、道路上的某些问题（如片面追求“越高越新”等），是否反映了我国过分重视“争面子的国威型科技项目”而忽视了生产技术的竞争规范[11]？在我国努力实现“两个根本转变”的今天，对这些问题应该进行深入思考并展开讨论，以加速推进意识创新。

参考文献

［1］ 1992年全国第二次工业技术创新研讨会论文集［C］//现代电子技术，1992（2）（增刊）：8-10.

[2] 陈文化. 技术创新与高校体系结构［C］//'92全国科技成果产业化研讨会文集. 自然信息，1992年（增刊）.
[3] 江旅安. 提高认识，抓住关键，推动技术创新［C］//国家经贸委技术与装备司. 技术创新思路探索. 北京：中国经济出版社，1997.
[4] 陈文化. 中国科技体制改革的关键：强化技术创新环节［J］. Joint Workshop on Science and Technology Development Strategies in India and China，1995，New Delhi India.
[5] 彭福扬. 发挥技术创新在企业改革中的作用［J］. 自然辩证法研究，1998（3）.
[6] 陈文化. 技术创新——技术与经济之间的中间环节［J］. 科学技术与辩证法，1997（11）.
[7] 中国科技信息［J］. 1996（1）.
[8] 陈文化. 技术知识的商品性与科技体制的改革［J］. 湖南科协，1985（2）.
[9] 傅家骥. 大力推动技术创新，为实现“两个根本性转变”而努力［J］. 中外科技政策与管理，1996（1）.
[10] 森谷正规. 日本的技术力量［M］. 哈尔滨：黑龙江人民出版社，1982.
[11] 陈文化. 变革竞争规范，在技术创新上见高低［J］. 自然信息，1992（增刊）：33-38.

七、技术创新是实现“两个转变”的根本途径[①]

（1998 年 2 月）

我国十分强调科技进步，而企业现有的生产技术水平并不高；大力提倡科技成果向现实生产力转化，而迄今的转化率还不足 30%，形成规模经济效益的仅为 5%；强调提高经济效益，而当前企业仍然是投入多、产出少，创造的利润不算高；体制改革取得了举世瞩目的成就，而科技与经济脱节的局面至今仍然未得到根本改变。究其原因，虽然说是多方面的，但其中的关键是企业没有真正地转变角色，尚未成为科技活动的主体，没有用技术创新的思路和实践去改变自身的面貌。

（一）

什么是技术创新？“创新”（Innovation）一词由奥地利经济学家约·阿·熊彼特于 1912 出版的《经济发展理论》一书中首次提出。他认为：“创新是一种生产函数的变动”。“创新实际上是经济系统中引入新的生产函数，原来的成本曲线因此而不断更新。经济的变革，诸如成本的降低、经济均衡的打破、残酷的竞争，以及经济周期本身，都应主要地归因于创新。”他将创新的具体内容概括为五个方面：①生产新的产品；②引入新的生产方法、工艺流程；③开辟新的市场；④开拓原材料的新供应源；⑤采用新的组织方法。显然，熊氏的“创新理论”是关于技术与经济相结合的理论，人们称它为“技术创新”。熊氏的功绩还在于他正确地揭示了发明创造与技术创新的关系。他说：“先有发明，后有创新；发明是新工具或新方法的发现，创新是新工具或新方法的实施。”据此，我们认为：技术创新是技术与经济之间的中介环节，是企业按照市场需求将科技成果转化为商品并首次实现其商业价值的动态过程。清华大学的傅家骥也指出：“技术创新是指科技成果变成商品并在市场上得以销售实现其价值，从而获得经济效益的过程和行为。”

因此，谈论技术创新的含义时，应该强调三点：①技术创新的主体是企业；②技术创新是将科技成果转化为商品的中介环节，它不包括科学发现、技术发明；③科技成果能否“首次”实现其商业价值是判别技术创新成败的唯一标志。

（二）

技术创新及其扩散是实现经济增长方式根本转变、获得高质量经济增长的唯一

① 本文发表于《中国科技论坛》，1998（2）。

途径。统计分析和实证研究结果表明，无论是世界经济中心的形成与转移，还是一个国家的兴盛与衰落，都与重视或忽视技术创新直接相关。例如，美国因为早年引进西欧技术与资本，1860 年前后成为世界技术、经济的中心，1940 年经济达到顶峰，GNP 占世界的 75%，此后开始衰落，1980 年 GNP 只占 23%，1990 年又下降到 21%。第二次世界大战后，日本经过二三十年的发展，“从技术借用国转变为技术输出国”，劳动生产率从 1980 年开始超过美国，并先后成为世界技术中心和经济中心。占世界人口 2.1%的日本却生产出占世界 15%的产品。80 年代末，日本的人均产值为 2.5 万美元，超过了美国（2.1 万美元）。比照这些事实，美国前能源部部长詹姆士·沃特金斯说得很坦然：“美国现在是否输掉了，我们应该大声回答：是的！……可悲的是，人家用我们的技术制成产品，高价卖给我们，赚我们的钱。……我们每年用于研究开发的费用高达 688 亿美元，比西欧、日本的总和还多，但我们把钱给日本人作为赚我们钱的资本。”我国的杨沛霆说：“美国最大的失误是，没能够把本来占优势的科技力量步入经济，使之转化成产品。”西方有这样一个概括：“发明在欧洲，专利在美国，制造在日本”。无怪乎美国人骂日本人“缺德”、“白搭车”，而日本人则讥讽美国人抱着传统的竞争规范不放。经过这样一段痛苦的历程，美国人的竞争规范开始发生变化。布什总统下台前，在一份文件上批示：“美国如要保持和强化自己的竞争地位，我们不仅要不断开发新技术，而且要不断学会有效地将这些技术转化为民用产品。”于是，美国政府从 80 年代中后期开始，狠抓“技术商业化”。经过几年的工夫，美国的经济又回升了，1994 年夺回了失去八年之久的某些技术优势地位。

看来，要提高一个国家的经济实力和综合国力，关键在于切实强化技术创新。正如美国经济学家肯德里克指出的，“美国在 1927—1978 年的 50 年间，生产增长的 40%归因于技术创新，20%归因于资源调整，12%归因于劳动力竞争水平的提高，13%归因于规模经济，只有 15%归因于人均资本的增加。”在东亚新兴工业国家或地区中，没有一个不是重视技术创新及其扩散而腾飞起来的。对此，联合国教科文组织在 1994 年的《世界科学报道》中有一段精彩的阐述：“像韩国、新加坡、马来西亚、中国台湾和香港等新兴工业国家或地区通过运用科技改变它们的经济面貌已经取得了很大的成功。从 1962—1988 年，在一代人的时间内，韩国的 GNP 从 23 亿美元增加到 1690 亿美元。这是以技术创新为先导的发展策略的硕果。”“在这个世界，发展中国家与发达国家之间的差距是知识的差距，没有科学的转换不可能有持续的发展。因此，谁认识到技术创新的重要性并下真工夫抓，谁就会取得胜利。”

我国经济的持续发展，只能实行以技术创新为先导的发展策略。其理由是：第一，我国目前的经济增长亟待从数量扩展向质量改善（即提高产品附加值和降低资源耗费）方向转化。如我国国内生产总值（GDP）中，每万元的能耗为美国的3倍、日本的9倍；每百万元产值的钢耗日本为35吨、德国为43.7吨，而我国为127.8吨，显然，为了获得高质量的经济增长，唯一的途径是技术创新。第二，我国的发展一方面急需大量的资金和资源，另一方面又存在着大量的浪费。要解决这种短缺与浪费共存的问题，只有依靠产品创新和工艺创新。第三，在我国的经济增长中，一方面是增长速度保持在10%左右，是相当高的；另一方面却出现“产品疲软”。以机床为例，到1995年，我国机床的库存积压达11个月的产量，而1994年的进口机床设备总价款达到20.6亿美元，居世界第二位。这就说明我国的机床质量不高，产品落后，不能满足用户要求，只好依靠进口来解燃眉之急。而要改善产品结构，创造适销对路的新产品，就只有依靠技术创新。第四，我国企业管理机构和人员不少，而管理体制、观念、模式和方法较为落后，难以适应改革开放过程中出现的新情况和新问题。

因此，从某种意义上说，许多企业亏损就亏在企业的领导班子及其落后的管理上。而要改变这种状况，首先要“采用新的组织方法”（熊彼特语），不断地开展管理创新。

（三）

技术创新是提高企业竞争能力，实现由计划经济体制向社会主义市场经济体制转变的基本途径。邓小平指出：“新的经济体制，应该是有利于技术进步的体制。新的科技体制，应该是有利于经济发展的体制。双管齐下，长期存在的科技与经济脱节的问题，有可能得到比较好的解决。”应该说，我国体制改革的核心就是促进科技与经济的有机结合。改革十多年来，我国的科技体制已经取得了举世瞩目的成就，如今科技体制改革正迈向新阶段。笔者认为，新阶段改革的重点应该将政府部门所属科研院所转向企业，尽快地建立起以企业为主体的销、产、学、研有机结合的国家技术创新体系。大概是基于此，1996年8月，国家经贸委根据中央指示，作出“在全国范围内组织实施技术创新工程”的决定，并提出“用15年时间基本形成适应社会主义市场经济体制和现代企业自身发展规律的技术创新体系和运行机制”。在新的科技体制中，企业应该成为科技活动和技术创新的主体。科技资源的筹措、投入和配置应该由政府主导型转变为企业主导型，即企业应该成为科技投入、技术决策、技术创新、风险承担和利益分配的主体。

长期以来，我国科技投入中存在着两个比较突出的问题：一是投入不足及其结构不合理；二是投资效率低下。科技投入不足的责任不能完全归咎于中央财政，一味地依靠中央财政支持全国科技活动的想法失之偏颇，对科技的支持也同时要依靠地方政府和企业。另外，我国科研经费的使用结构也不合理，50%以上的R&D经费集中在科研机构，企业仅占一小部分，而且企业所占比例由1988年的30.3%下降到1994年的20.3%。这种投入状况同发达国家呈现出巨大的反差。从科技投资效率来看，我国也十分低下。在我国1990年以来年均获得的3万多项重大科技成果中，转化率不到30%，而发达国家却为60%～80%。对此，傅家骥认为：“科研活动没有明确的商业目的，正是我国无效科研成果多的根本原因。”同时，在我国企业的技术进步中，43.6%依靠企业自身的力量进行技术创新，25.3%依靠进口国外技术装备，18.5%依靠模仿创新，而由科研机构（含大学）完成的只有14.6%。这种“成果多，应用少”的状况，也是科技投资效率低下的一个表征。

技术创新是市场经济的产物。它强调以市场需求为导向，以综合效益为中心；而不是以“出成果”为导向，以学术水平为中心。企业成为技术创新的主体，是市场经济及其竞争的要求。要向社会主义市场经济体制转变，就必须把企业、特别是国有企业推到竞争的风口浪尖上，使其在生存和发展的压力下，不得不重视技术创新，以创造出规模化生产和先进工艺设备条件下的品种、性能、质量、价格和服务优势。

体制创新，首先在于观念创新。按照熊彼特的观点，企业和企业家的职能就是实现技术创新。他说“我们将新组合的实现称为‘企业’，实现这些组合的个人称为‘企业家’。”“企业家的风格或企业家的职能就是创新。”“每个人只有当他实际上在‘完成新的组合’时，才是一个企业家”，如果他未能抓住机会进行技术创新，就是“企业家的渎职行为”。长期以来，我们总以为企业的职能就是搞生产，很少对厂长、经理们进行“企业的职能”和“企业家风格”的教育并提出考核要求，也没有“企业家渎职行为”的意识，致使我国企业技术创新能力薄弱，至今仍然有不少人对技术创新感到陌生。应该尽早改变这种只抓生产不重视技术创新的落后观念，这样才有助于“两个转变”在我国的顺利实现。

八、中日企业技术创新比较及其启示[①]

（1998 年 6 月）

中日两国是“一衣带水”的近邻。第二次世界大战之后，两国都面临着严峻的经济困难，工业总产值日本（1946 年）与中国（1949 年）较为接近，技术、经济水平处于同一起跑线上。即使 60 年代初，两国的 GNP 总值仍然相近，而 1980 年日本是我国的 4 倍，1985 年是我国的 5 倍；80 年代末日本的人均产值为 2.5 万美元，超过美国（2.1 万美元），而中国如今只有 400 多美元。为什么日本早已成为世界经济强国，而我国如今还是一个发展中国家？这个问题引起了许多学者的探索和研究。本文试图从中日企业技术创新的差异来考察其原因所在，以求从中获得启示。

1. 对“企业”理解的差异：日本是“企划事业的创新组织”，中国是“生产单位”

企业是社会经济活动的基本单位，但以前对于“企业”的理解，中日两国的差异是很大的。

日本经济学家小宫隆太郎明确地指出：“所谓‘企业’，是‘企划事业’的意思，即把有关生产活动的若干新尝试拟成计划并加以实施的主体叫做企业。”或者说，“策划某种新事物就是企业”，“企业应该是积极的‘新组织方式’、‘革新’的担当者。”按照他们的理解，企业应当是企划事业的技术创新组织。显然，在他们看来，企业的本质特征或基本职能就是技术创新。而改革开放前，我国大部分“企业”实际上只是按照固定方式和指定计划进行产品加工的工场或车间，而创新对于它们来说是分外之事。

我国长期以来把企业简单地理解为“生产单位”，这种认识上的偏差，不仅直接阻碍了技术创新，而且严重地阻碍了我国企业家队伍的形成。首先，按照我国的理解，只有工厂，没有企业；自然也就只有厂长，没有企业家。事实上，在计划经济时代，根本不使用“企业家”这个名词。其次，按照计划经济的管理模式，作为“生产单位”的“企业”，生产什么，生产多少，都是由国家或代表国家行使权力的主管部门下达计划指标；生产过程发生的成本和费用都由国家负责核算与支付；生产出来的产品由国家直接调拨或统购包销；企业的技术改造、设备更新也由国家计划安排实施。可以说，计划经济时代，企业的一切由国家包办，国家是一个“超大

① 本文系国家自然科学基金项目结题报告的一部分。本文发表于《中国科技论坛》，1998（6）。

企业”，而国有企业只是“超大企业”下属的分厂或车间。因此，在这种体制下的厂长、经理，客观上缺乏成长为企业家的实践环境和实践机会，这就失去了企业家产生的基础。没有培养企业家的“企业机制”，这是中国企业与日本企业的最大差别之一，也是导致中国企业技术创新乏力的一个最根本的原因。

2. 技术创新观念的差异：日本是技术与经济相结合的概念，中国是纯技术学概念

“创新”一词是奥地利经济学家约·阿·熊彼特于1912年首次提出来的。他把创新定义为“生产要素与生产条件的一种新组合”，以获得“企业家利润”或“超额利润”，并将创新内容概括为五个方面：① 生产新的产品；② 引入新的生产方法、工艺流程；③ 开拓新的市场；④ 开辟原材料的新供应源；⑤ 采用新的组织方式。由此可见，熊彼特的“创新”就是指技术创新。显然，熊氏的技术创新是指技术与经济之间的纽带、环节，或由生产技术的变革产生出经济效益的过程。1956年，日本的《经济白皮书》首次引入技术创新概念。日本的“技术革新”和熊氏的“技术创新”均是一个技术与经济相结合的概念，均强调以市场为决策的起点，以实现商业利润为其最终的目标，是使发明成果向产业化、商品化不断逼近并带来社会经济效益的过程。而我国长期以来没有“技术创新”这个概念，50年代从日本引进“技术革新”一词，但在我国已经失去了日语词“技术革新”的原意，只是用来专指“技术上的小改小革”或“技术上的渐变性的改进”，是一个纯技术学概念。值得注意的是，日语汉字词“革新”包含了汉语词“创新”的含义；但是汉语词“革新”与“创新”却是两个意义不同的词。实际上，我国直到80年代，才真正引进“技术创新”概念，开始对技术创新问题的研究，90年代才引起了国家及有关部门的普遍重视。现在，国内对技术创新的理解正在不断地深化，但仍然有很多人没有树立正确的技术创新观念，或者说还摆脱不了过去的那种思维模式。反映在他们的技术创新指导思想、技术创新资源配置、技术创新运作、技术创新管理等方面，没有充分体现科技与经济相结合的观念，没有强调以市场为导向，以综合效益为中心，以实现商业利润为目标，而只注重技术本身的创造，即技术水平的提高。

3. 技术创新主体的差异：日本是企业，中国是政府

企业是社会经济活动的基本单位，是科技与经济的结合部，将科技成果转化为产品并首次实现其商业价值的技术创新动态过程，只可以由企业来完成，企业应当是技术创新的主体，实现技术创新的目标是企业的本质职能。

一般来说，实施技术创新的组织主要是研究与开发机构（以下称R&D机构），包括政府的R&D机构、大学的R&D机构、企业的R&D机构和民营的R&D机构。要进行技术创新，不能缺少两个基本条件：一是R&D经费的投入，二是R&D人员的投入。企业是否成为技术创新的主体，可以从R&D经费的投入与使

用分布情况和R&D人员的分布情况得到判定。

有关统计资料表明，在R&D资源配置上，我国同日本等发达国家或地区比较，呈现出巨大的反差。仅就中日比较来看，日本企业提供的R&D经费占全国R&D总经费的67%，企业使用的R&D经费占全国投入总经费的65%，企业拥有的R&D人员占全国R&D人员总数的59.4%，而中国分别为23.4%，27.4%和24.9%；日本政府提供的R&D经费仅占其总数的22%，政府所属科研机构使用的R&D经费仅占其总数的9%，政府所属科研机构拥有的R&D人员仅占全国R&D人员总数的9.7%，而中国分别为54.9%，50.1%和45.3%。有关资料还表明，80年代中期，日本企业从事R&D的工程师占职工总数的比例，全产业为3.45%，而我国国有大中型企业仅为0.75%；日本平均每100家大中型企业有R&D机构134个，而中国（据国家经贸委统计），1995年全国23026家大中型工业企业中，共有9165家大中型工业企业设立了技术开发机构，仅占全部大中型工业企业的39.8%，尚有60.2%的大中型工业企业未设立技术开发机构，43.1%的大中型企业没有技术开发活动。显然，日本的技术创新主体是企业，而中国的技术创新主体是政府。技术创新主体的错位是造成中国技术创新步履艰难的最大障碍。

4. 技术创新过程的差异：日本注重经济开发，中国注重技术开发

技术创新过程，从其先后阶段性来讲，是由技术-经济构想、技术开发和经济开发等阶段相继或交织进行的。其中，能否有效地进行经济开发，实现产品的商业价值是衡量技术创新成败的唯一标志。中日两国的技术创新过程各自偏重于不同的阶段，这从两国大型企业的技术创新过程的经费投向情况得到说明（见表1）。日本大型企业的R&D经费投向重点是与经济开发紧密相关的生产技术的改进；美国的大型企业R&D经费投向重点是既与经济开发紧密相关又与技术开发紧密相关的新产品开发；而中国的大型企业R&D经费则是分散使用，把本来就有限的R&D经费大量地投向了属于技术开发前期的技术基础研究，没有把重点放在解决生产技术难点和开发新产品方面。

表1　　四个国家大型企业的R&D经费投向比例分布

国家	日　本	美　国	联邦德国	中　国
技术基础研究				1/3
新产品开发	1/3	2/3	1/2	1/3
生产技术的改进	2/3	1/3	1/2	1/3

资料来源：《90年代科技发展与中国现代化》，湖南科学技术出版社，1991年。

从技术创新过程的整体内容来看，它是技术的、经济的、管理的三种过程创新有机结合的动态过程。随着技术创新过程的不断展开，会呈现出经济和管理创新日

益强化的趋势。也就是说，一旦技术的可行性被确认之后，市场的调查、识别和选择问题，资金投入风险问题，成本与价格问题，市场开拓与营销策划等问题便日益突出。同时，当技术的可行性被确认之后，确立新的技术与质量标准，建立相应的规章制度，合理进行创新组织和有效地进行资源配置，即管理创新，就显得格外重要。因此，技术创新能否成功，即最终能否实现商品化、产业化，则很大程度上又取决于经济和管理过程的创新。在技术创新过程中，日本突出了经济与管理过程的创新，他们注重高质量、高可靠性和低成本，围绕技术创新进行管理创新，实行“现场优先”。而中国则不注重工艺规程，不严格质量标准，搞“现场凑合”。

日本著名的技术评论家星野芳郎在《经济往来》杂志上指出：“中国的卫星能够绕地球转，而生产的各种风扇大多不能摇头。”“中国如不能解决大量生产技术难点，虽然可以依靠杰出的科学家、技术专家、熟练的工匠，制造出高水平的单件产品，但批量生产技术要达到国际水平是不可能的，实现工业的现代化也是不可能的。”

5. 技术创新目标的差异：日本突出实用性和商业利润，中国突出先进性和技术水平

在技术创新的指导思想上，日本注重商业目的和最终的经济效果，也就是突出实用性；而中国则注重“高”、“尖”、“新”，强调技术水平，也就是突出先进性。

根据联合国统计年鉴，1990 年世界上拥有专利最多的 10 个国家是：美国 1154204 项，日本 589750 项，加拿大 339184 项，法国 250051 项，联邦德国 232791 项，捷克斯洛伐克 124611 项，民主德国 118099 项，瑞士 99287 项，比利时 85935 项，瑞典 84929 项。1990 年，世界上拥有工业产品设计（发明）最多的 10 个国家是：日本 260283 项，法国 256000 项，美国 72779 项，韩国 62996 项，联邦德国 61891 项，英国 58001 项，苏联 33582 项，澳大利亚 31414 项，加拿大 21692 项，比利时 19743 项。世界上拥有商标和服务标志最多的 10 个国家是：日本 1140933 项，美国 791139 项，法国 459797 项，联邦德国 316408 项，巴西 307247 项，英国 307012 项，瑞士 285114 项，中国 279397 项，加拿大 251480 项，印度尼西亚 182358 项。从以上几组数据可以看出，尽管日本的专利数远远少于美国，居世界第二，但日本拥有的工业产品设计（发明）数和拥有的商标与服务标志数均多于美国，居世界第一。这充分显示日本比美国更注重实用的技术创新，更突出其商业目的。

日本在原理发明型创新上并无优势，而在实用改良型创新上却首屈一指。如 1953—1973 年间，全世界发明的 500 项新技术中，美国占 63%，日本占 7%（34 项）。在日本的 34 项中，88%属于改良型创新技术，创造型创新技术还不足 10%。对此，西方有这样一个概括：“发明在欧洲，专利在美国，制造在日本”。第二次世

界大战后，日本就是以能“获得利润的技术”为目标来进行技术创新，依靠对现有技术的综合和对原有技术的改良，首先使生产技术和加工技术赶上工业发达国家的水平，并注重改善现有产品的性能和质量，实现了经济腾飞。

从我国的情况来看，1986年我国首次参加日内瓦国际发明与技术展览会送展的项目中，有80%获奖，共获得6金、11镀金、16银、3铜，并有两个项目同时获得日内瓦州奖和世界知识产权组织奖，中国获奖数居参展国之首。1989年我国第一次参加巴黎国际发明展览会，又获得了唯一的一枚共和国总统大奖，还获得11枚金牌中的9枚、10枚银牌中的4枚、10枚铜牌中的4枚、8个专项奖中的3项，获奖数又一次居参展国之首。另据国家公布的数据称，仅“七五”时期的科技攻关项目中，就有6068项达到80年代国际先进水平，4112项填补国内空白。但是从统计资料也可以看出，虽然1990年以来，我国年均获得重大的科技成果数超过3万项，而至今的转化率却不足30%，推广应用率仅在10%左右，形成批量生产能力并获得规模效益的仅为5%，这与日本的科技成果转化率高达80%以上形成了极大的差距。可见，尽管在某些“国威型”项目或某些研究领域，同日本相比，我们是毫不逊色的。但这种不顾自己的生产技术基础，片面地追求技术水平，导致其创新成果不能实用，甚至造成了有限的R&D能力和R&D资源的巨大浪费。

由于两国追求的技术创新目标不一样，其结果是：在发明能力和水平方面，中国略高于日本；在样品的制造水平方面，中日不相上下；在科技成果商品化方面，中国远低于日本；在生产技术水平方面，中国的差距更大。这就使得中国许多本来很有价值的技术创新成果停留在样机、样品或展品阶段，难以批量生产、产业化、全面进入市场，最终影响了中国的现代化进程。

6．日本企业技术创新的经验及其启示

概括起来，日本成功的企业技术创新经验就是一条：有一个好的机制。这种机制的形成，以企业的创新职能为基础，以科技与经济相结合的创新观念为前提；这种机制的运作，以企业为主体，以市场为导向，以经济开发为重点，以实现商业价值为目标。正是这样一种技术创新机制，构成第二次世界大战后日本经济高速发展的驱动器。据测算，由于技术创新，进入80年代以来，发达国家技术进步对经济增长的贡献率普遍上升到60%～80%。而我国技术进步对经济增长的贡献率只有28%左右，这不仅远远低于发达国家水平，也低于发展中国家35%左右的平均水平。显然，技术创新乏力，技术进步缓慢，是我国经济发展中的一个致命的弱点，直接阻碍了我国经济的高速和高效增长。这种状况如果不能得到迅速的改变，我国经济不仅难以在较短的时间内赶上发达国家，而且与发达国家的差距将会进一步扩大。由此可见，尽快建立和完善企业的技术创新机制，加速技术创新，已经迫在眉睫。为此，借鉴日本的经验，我们提出如下几点建议：① 深化企业改革，使企业的基本职能由“生产”向“创新”转化；② 加强技术创新研究和技术创新宣传，使人们的观念由科技与经济脱节向科技与经济结合转化；③ 加速 R&D 能力企业内化和 R&D 投资政策引导，使技术创新主体由政府向企业转化；④ 把握技术创新的关键环节，使技术创新过程由注重技术开发向注重经济开发转化；⑤ 突出技术创新成果商业价值，使技术创新目标由强调成果先进性向强调成果实用性转化。

值得进一步指出的是，第二次世界大战后的和平与科技加速进步，给世界各国经济的发展创造了一个良好的环境和难得的机遇，日本等国家就是有效地把握住了这个有利时机，以技术创新实现了经济腾飞。即将到来的 21 世纪，是知识经济时代，又一次给发展中国家加速经济发展带来了新的挑战和机遇，我国能否把握好这一次新的机遇，实现经济起飞，关键在于我国能否通过体制改革，建立高效运作的企业技术创新机制，迅速地提高我国的技术创新能力和水平，获得竞争优势。

九、技术创新——技术与经济之间的中间环节①

（1997 年 2 月）

近几年来，国内兴起了关于技术创新问题的研究热潮，在言谈中或者报刊上也经常有关于它的议论，这是一件可喜的事情。然而，在什么是技术创新、“创新理论”对中国有什么现实意义等问题上，却存在不同的理解。本文拟就这些问题发表一些看法，供专家们讨论。

1. 技术创新的含义与内容

关于技术创新的定义，国内学术界大致上有两类，其中一类，即在国内影响较大的一种观点认为，“技术创新是指由新概念的构想到形成生产力并成功地进入市场的全过程”，“它包括科学发现、发明到研究开发成果被引入市场、商业化和应用扩散的一系列科学、技术和经营活动的全过程。”另外的一种表述：“技术创新是一个导致发明实现的全过程，它包括从最初的发现，直到最后商业化的成功。”我们将这类观点简称为“全程”说。

（1）“全程”说不符合“创新理论”的本意

“创新理论”是奥地利经济学家约·阿·熊彼特（J.A.Schumpeter）于 1912 年出版的《经济发展理论》一书中创立的，并首先使用了创新（Innovation）一词。他认为创新是一种新的生产函数的转移，或企业实行生产要素新的组合，即把一种从来没有过的关于生产要素和生产条件的新组合引入生产体系，以获得“企业家利润”。关于“创新”的内容，熊彼特归纳为五个方面：引进新产品，即产品创新；引进新的生产方法，即工艺创新；开辟新市场；获得原材料的新供应源，即利用和开发新的资源；实现企业的新组织形式，即组织体制和管理创新。

1928 年，熊彼特指出：创新是将新的生产资源投入实际应用的过程。创新意味着在供给方式方面的破旧立新。1939 年他又在《经济周期》一书中详细地阐述了创新理论。他说：创新实际上是经济系统中引入新生产函数，原来的成本曲线因此而不断更新。他认为经济的变革，诸如成本的降低，经济均衡的打破，残酷的竞争，以及经济周期本身等，都应主要地归因于创新。

（2）“全程”说与国外“创新”学者的观点不一致

关于国外学者技术创新的观点，施培公和雷中强编译了一份综合材料《国外有

① 本文系国家科委批准的国际合作研究项目结题报告的一部分。本文发表于《科学技术与辩证法》，1997（1）。

关技术创新观点选介》[1]。如格罗布1973年指出：某些“技术发明或新的科技构想……能够历经完整的孕育过程，最终发展成一种新型实用的商业产品、过程或技术，这样的推进过程称为技术创新。”弗里曼（Freman，1973）明确地指出：“创新本身可定义为将新制造品引入市场，新技术工艺设备投入实际应用的技术的、工业的及商业的系列步骤。尽管创新是一种复杂的社会过程，但其中最为关键的步骤是新产品或新系统的首次商业应用。”布里特（Bright，1978）指出：“技术创新过程包括那些将技术知识从理论形态转化为现实形态并对社会有所影响的规模上投入应用的系列活动。”

显然，熊彼特等人的“创新理论”是关于技术与经济相结合的理论。“创新”是技术与经济之间的桥梁、中介。就其含义和内容来说，特指技术-经济领域，并认为技术创新是经济发展的源泉，不是“全程”说所指的从科学领域、技术领域到经济活动领域的“全过程”。这就表明，科学技术不是经济发展的直接源泉，它必须经过技术创新这个中介环节的成功转化，才能“引入生产体系”，并获得首次“商业应用”。

(3) 技术创新与创新应该加以区分

国内外的许多学者认为创新与技术创新是同义语。“全程”说论者在一篇论述“技术创新”的文章中说：“80多年后的今天，创新的含义有了新的发展。创新不只是技术与经济之间的某种联系，而是在科技、经济、社会诸多领域中均有广泛的意义。”他还提出了“创新的八个特征”，即思维性、创造性、阶段性、风险性、效益性、周期性、社会性和国际性。并且认为“技术创新的链式结构”由“三个环节组成：第一环节，包括战略、策略、组织、制度、研究、设计等的观念性创新；第二环节，包括原料、材料、能源、技术、资金、人才等的运行性创新；第三环节，包括功能、质量、产品、服务、市场、效益等的绩效性创新。上述三个环节依次衔接，构成由新的‘观念’指导下的新的‘运作’和取得新的‘绩效’的链式结构。”显然，这是把技术创新与创新混同了。但是，确实也提出了一个值得研究的问题。汉语中有“创新意识”，“创新精神”，“科学创新”以及到处可见的“务实、创新”之类的校训、厂训或题词。这里的“创新”与“技术创新”这个专有名词不是同义。如果不加以区分，就会造成许多假象：似乎人们的一切创新活动都是“技术创新”，这样技术创新本身就被淡化了，或者夸大了“技术创新”的统计数据。其实，熊彼特去世之后，“创新理论”已经朝着两个不同的方向发展，并先后形成了两个分支学科——“技术创新经济学”和“制度创新经济学”。

因此，我们认为：创新应该是包括科学创断、技术创新、经济创新、意识创新、管理创新和制度创新等在内的人类一切破旧立新并获得综合效益的活动。技术创新是技术与经济之间的中间环节，是将实验室阶段的科技成果转化为商品并首次实现商业价值的过程[2]。

2. 技术创新的本质特征

定义是对事物的本质特征或范围的扼要说明。恩格斯指出：定义是“对（事物）最一般的同时也是最有特色的性质所作的简短解释”[3]667。要定义技术创新，就要研究和把握它的本质特征。

(1) 技术创新是科技活动过程中的一个特殊环节

科技活动是包括科学研究、技术研究、技术创新和技术扩散等阶段相继或交织展开与反馈的动态过程。而技术创新只是在科学—技术—经济链条上的一个特殊环节，即技术与经济之间的中介、“接口”或桥梁（见图1）[4]。

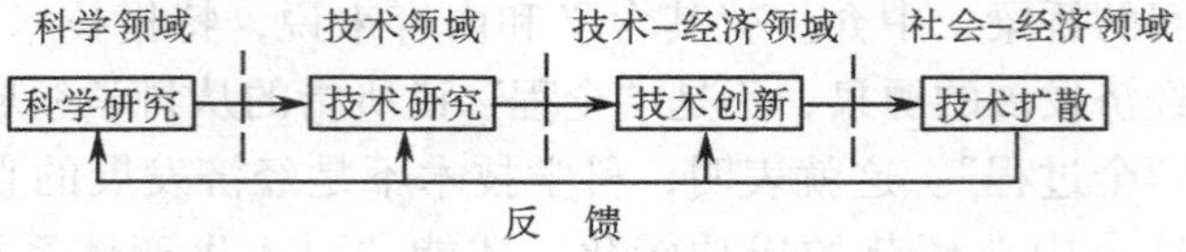

图1　科技活动过程与运行机制示意图

如图1所示，技术创新并非直接始于科学发现，而是技术发明，但又不包括发明。正如格罗布1973年指出的，“创新有别于科学发现，尽管相关的科学发现常常被吸收进创新过程。创新也有别于发明，尽管技术发明常常提供或导致创新的最初构想。”弗里曼1973年也指出：“区别创新和发明的含义至关重要，这已为自熊彼特以来的经济学家们所公识。”“从经济学理论来看，创新比发明的意义更为重大，一旦意识到技术发明的重要性依赖于其后发生的创新的结果之后，才……从技术发明延伸到技术创新。”厄特巴克（Utterback）1974年指出：“创新和发明或技术原型有截然的区别，创新是指技术的首次实际应用。”而“全程”说把技术创新既扩展到技术领域、科学领域，又延伸到社会、经济领域，即将它等同于科技活动的整个过程，它究竟是有利于强化技术创新，还是会削弱我国本来就非常薄弱的技术创新环节呢?!

(2) 中介性：技术创断的本质特征

如图1所示，技术创新是技术研究与技术扩散（推广应用）之间必不可少的中间环节。因此，技术创新的本质特征就是它的中介性。所谓中介，是指两个系统（包括事物和过程）之间的过渡环节。从内容来看，它是新旧系统的相互包含，即它既包含旧系统的内容，又包含有新系统的内容；从作用、功能来讲，它是新旧系统相互衔接的纽带，即旧系统转化为新系统的桥梁，从而构成演化的前后相继、持续不断的发展过程。恩格斯指出：“一切都在中间环节阶段融合，一切对立都是经过中间的环节而相互过渡……辩证法不知道什么绝对分明的和固定不变的界限，不知道什么无条件的普遍有效的‘非此即彼!’，它使固定的形而上学的差异互相过渡，除了‘非此即彼!’，又在适当的地方承认‘亦此亦彼!’，并且使对立互为中介”[5]190，因此，无论从内容、形式上，还是从作用、功能上来讲，技术创新都是技术发明与技术扩散之间的中介、桥梁（见图 2）[6]83-91。于是它表现出一系列的既像技术发明又不像发明，既像技术扩散又不像扩散，或者既像发明又像扩散的中介性特征（见表 1）。

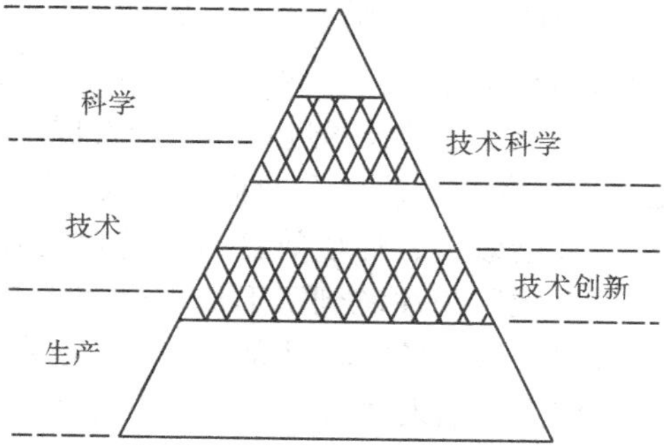

图 2 技术创新的中介性示意图

表 1 技术创新的中介性

内容 类型 项目	科学研究	技术研究	技术创新	技术扩散
基本特征	探索性、创造性	定向探索性、创造性	创造性、首次市场成功	实用性、多次市场成功
活动主体及主参人员	科研人员	科技人员	企业家、科技人员	企业家、技术推广和服务人员
活动目标	科学研究成果（发现、理论等）	技术研究成果（发明、专利等）	首次实现商业价值	广泛获得社会经济效益
因果关系	原因或结果	结果，原因	原因，结果	结果或原因
劳动特点	实验室工作	实验室工作	中试基地试验	厂矿企业或田间生产
自由度大小	自由度较大	自由度较大	自由度较小	自由度小
价值观	科学价值	科学技术价值	技术价值；商业应用价值	宏观商业应用
价值的计量标准	没有社会必要劳动量	独创性发明没有社会必要劳动量	技术商品的交换价格由买卖双方议定	用社会必要劳动时间计量
所属领域	科学领域	技术领域	技术-经济领域	社会、经济领域
受制的主要规律	科学规律	科学技术规律	技术-经济规律	社会、经济规律

（3）技术创新的基本特征——两重性和首次实现商业价值

如前所述，技术创新是把某项技术发明引入经济系统，使生产要素形成一种新的组合并首次实现其商业价值的过程。这个过程兼有破坏性和创造性两个方面，即它破坏已经过时的产品、工艺和管理，形成企业和（扩散后）行业兴衰更迭，以促使社会、经济持续发展。因此，技术创新以创造性或破坏性和首次市场成功为基本特征。这样它就既与发明又与扩散相区别。正如弗里曼指出的："尽管创新是一种复杂的社会过程，但其中最为关键的步骤是新产品或新系统的首次商业应用。正是这一从试验到成功的商业应用的步骤使我们能够更精确地区分创新和发明的本质并准确断定创新开始的时间。因此，衡量创新成功与否的标准只能是商业性的……，'成功'的创新则是产生显著的市场渗透，获得商业利润的新尝试。"由此看来，技术创新的出发点和落脚点不仅仅是推动技术进步和生产发展，而主要在于首次"实现商业价值"。因此，能否获得商业价值，全面提高以人的素质和生活质量为中心的综合效益（即经济效益、社会效益、环境效益与人的存发效益之综合），是衡量技术创新成败的关键。而"全程"说注意到了形成"生产力并进入市场"，但是却忽视了产品的社会需求和首次占领市场并获得商业价值等技术创新的基本特征。这种"全程型"技术创新观会使人们陷入"为生产而生产"、"为市场而市场"的恶性循环之中。

3. 技术创新的发展阶段与运行机制

（1）技术创新的发展阶段

技术创新是一个过程，是一系列活动相继或交织展开与不断反馈的动态过程（见图3）[7]。如图3所示，技术创新过程划分为技术-经济构想、技术开发和试生产并首次实现商业价值（或称为经济开发）三个阶段。

① 技术-经济构想。它是对现有各种信息——主要是市场和社会需要的经济信息和满足这些信息可能采用的技术信息（技术发明或专利等）——进行综合分析而产生的初步构想。这种新构想的产生，不仅要考虑社会、经济需求，考虑技术上的可能性，而且要搜集、整理各种有关的技术、经济信息，通过综合分析，反复论证，最后作出决策，并拟出初始的实施方案。

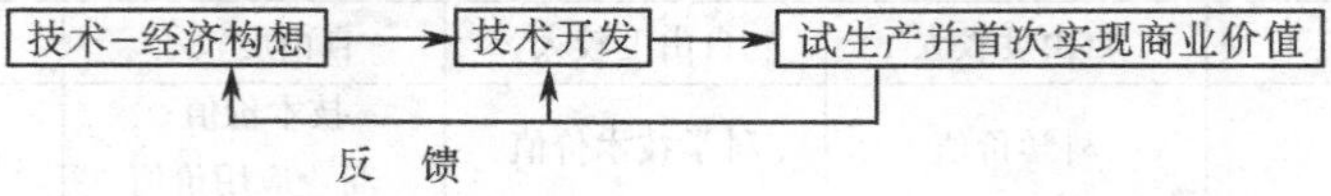

图3 技术创新的发展阶段与运行机制

② 技术开发阶段。当构想拟出特定产品或工艺的轮廓并为此进行探索时，技术创新过程就进入了第二阶段。这个阶段包括确定特定的技术-经济目标，直接面向新产品或新工艺的再研究或技术工艺难点的攻关，中试场所的选建或原有中试场所的改造以及中试实施、工艺设计、市场分析等步骤相继或交织展开的过程。这个阶段大致上相当于R&D系统中的"试验发展"或"技术开发"。

③ 经济开发阶段，即试生产并首次实现商业价值阶段。这个阶段包括建立工

厂或原有生产线的改造、设备安装、产品试制及其产品首次投放市场，或工艺技术交付使用，实现其商业价值的过程。

关于技术创新过程问题，格罗布明确地指出：“技术创新是一个始于初始技术构想，终于首次商业价值实现的历时性过程。”厄特巴克也认为，“按照发生的先后次序，创新过程可分为三个阶段：a. 新构想的产生；b. 技术难点攻关或技术开发；c. 商业价值实现及扩散。”

(2) R&I 取代 R&D 的构想

从技术创新过程来看，技术开发阶段仍然属于技术范畴，还没有“经济开发即试生产并首次实现商业价值”的含义。也就是说，在科学技术研究与批量生产、经营活动之间仍然隔着一堵墙或一条鸿沟，只能通过技术创新过程把二者紧密地联系起来，才有可能形成一体化。因此，我们提出研究与创新（Research & Innovation）的概念，以取代原来的 R&D（研究与开发）。R&I 包括科学研究、技术研究与技术创新三个阶段，即从发现、发明到首次应用并实现商业价值的全过程。

(3) 技术创新过程的运行机制

技术创新过程的每一个阶段都是具有创造性的综合活动，并且在相继或交织展开的同时，又通过反馈信号，不断地调控运行过程，谋求更佳的结果和综合效益。因此，从运行机制来说，技术创新过程是科技推力与经济拉力的双向同时作用的交汇处，其中经济拉力居于主导地位。

4. 技术扩散是技术创新成果的量的扩张

许多学者把技术扩散归为技术创新过程，看来这种观点值得商讨。我们认为，技术扩散是技术活动中一个相对独立的过程，不能归属于技术创新。因为技术扩散是将“首次商业应用”成功后的技术创新成果，在社会、经济领域里进行横向转移，以提高全行业乃至全社会的综合效益的过程。尽管技术扩散即科技成果在应用中对该项成果有某些改进与完善，但也只是数量上的扩展和空间上的辐射（见图 4）。正如厄特巴克指出的，“创新扩散发生在外部环境之中，始于创新的首次引入之后”。因此，将扩散作为技术创新“最终阶段”的观点，是混淆了技术创新与扩散的质的规定性及其基本特性。

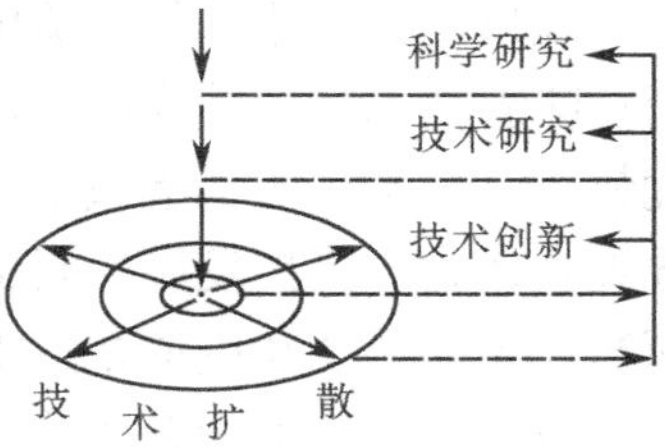

图 4　技术扩散在科技活动中的地位及其特征

5. 强化我国技术创新环节的两点建议

从总体上来说，我国是一个科技并非十分落后而经济不够发达的国家。1980 年以来，我国重大的科技成果数以年均 25% 的速度增长。1981—1991 年间，全国获得省、部级以上科技成果达 15.6 万多项，进入 90 年代后，每年登记的重大科技成果高达3万余项。从科技成果数来看，我国已经与日本、美国相当。但是，科技成果的转化率不足30%，推广应用率约为10%左右，而发达国家科技成果转化率一般都是60%~80%。也就是说，我国70%以上的科技成果都停留在实验室阶段而被束之高阁，造成科技资源的极大浪费。然而，美国、日本和中国台湾等一些发达国家或地区将我们的成果弄到异国他乡，转化为商品，返回来又赚取我们的钱。显然，技术创新已经成为我国科技活动中的薄弱环节、瓶颈、断层。这个问题到了非解决不可的时候了。如何解决呢？在此我们提出以下两点建议：

（1）变革竞争观念，在技术创新上比高低

有人说："即使我们现在不搞科研，而把自己的成果全部都派上用场，我们的经济也不是只上一两个台阶的问题。"尽管这句话有些极端，但并非无理。长期以来，我国科技发展目标偏重于赶超世界先进水平，乐于大"争一席之地"，与经济发展结合不紧密，致使生产技术相当落后。

我们认为，科技发展面向经济而重视技术创新，并不是忽视基础研究，而是把它放到适当的地位上。许多事实表明：是把主要力量放在主攻国威型项目上，还是注重把科技成果转化为商品，在获得商业利润上狠下工夫，是当今世界两种不同的竞争观。其实，连头号经济大国的美国已经改变竞争规范。布什总统曾经指出："美国如要保持和强化自己的竞争地位，我们不仅要不断地开发新技术，而且要不断地学会有效地将这些技术转化为民用产品。"克林顿入主白宫以后，就把"促进技术成果的商业化"作为美国科技新政策的核心。他认为对研究与开发的投入不完全意味着技术创新的成功，而且科学技术的优势也不能自然而然地导致经济竞争的优势[8]。显然，不考虑或不重视技术创新活动的科技政策是传统科技观的反映。传统观念认为，科技发展的目的是"追求知识"，近代科技观是"追求知识的应用"，而当代新的科技观应该是追求以全面提高人的素质和生活质量为中心的综合效益。

（2）强化技术创新环节，必须提高企业的R&I能力

在当今社会，企业是一个国家的基本经济单位。企业R&D能力（即R&D机构、人员和经费等）的强弱决定着一个国家技术创新活动的成败。美国、日本等发达国家企业的科学家和工程师以及科研经费均占全国总数的70%左右，我国恰恰相反，50.1%的R&D人员，79.3%的科学家和工程师和70%以上的R&D经费都集中在独立于企业的科研机构，连大中型企业的R&D人员、科学家和工程师分别只占全国总数的24.9%和13.8%。尤其令人担忧的是，大中型企业的R&D经费比例由1988年的30%下降到1994年的20.3%（见表3）。全国现有各类工业企业860多万家，乡镇企业2000多万家，拥有R&D机构和人员占其总数比例很低，就连大中型企业R&D机构只有9000多个，占总数的50.5%，并且这个比例近几年来也出现了下降的态势，而独立于企业的R&D机构却在1986年的基数上，还增加了

70多个。另据1986年统计，我国不足一半的大中型企业才有R&D机构，平均每个机构中从事R&D工作的工程师只有41.2人，而日本每100家大中型企业中有R&D机构134个，平均每个R&D机构从事R&D工作的工程师为76.5人。我国大中型企业的科技人员占其职工总数的3%，从事R&D的工程师占0.75%。而日本、美国工业企业中从事R&D的工程师占职工总数的比例分别为34.5%和36%。企业的技术创新能力上的差距导致经济上的差距。因此，我国的当务之急，也是长远之计，就是要采取有效的果断措施，加速实现R&I能力向企业的转移，其中包括调整科研机构及其隶属关系，向企业“分流重组”，乃是加速R&I能力企业内化进程的根本措施[6]315-321。

表3　1988—1994年我国R&D经费使用部门构成的变化

年份	R&D总额/亿元	科研部门		大中型企业		大学		其他	
		经费/亿元	比例/%	经费/亿元	比例/%	经费/亿元	比例/%	经费/亿元	比例/%
1988	99.74	44.75	44.9	32.3	30.3	8.2	8.2	16.5	16.6
1990	121.0	60.6	50.1	33.2	27.4	14.7	12.1	12.6	10.4
1993	196.0	110.8	56.5	41.4	21.1	21.4	10.9	22.4	11.4
1994	222.0	123.1	55.5	45.0	20.3	30.6	13.8	23.3	10.5

资料来源：《科学学与科技管理》，1995年第11期。

参考文献

[1] 1992年全国第二次工业技术创新研讨会论文集//[C]现代电子技术，1992(2)(增刊)：8-10.

[2] 陈文化. 中国科技体制改革的关键：强化技术创新环节[C]//科技体制改革国际学术研讨会文集. 印度：新德里，1995.

[3] 马克思，恩格斯. 马克思恩格斯全集：第20卷[M]. 北京：人民出版社，1979.

[4] 陈文化，黄跃森. 科学技术活动过程的系统研究[C]//乌杰. 系统科学理论与应用. 成都：四川大学出版社，1996.

[5] 恩格斯. 自然辩证法[M]. 北京：人民出版社，1971.

[6] 陈文化. 科学技术与发展计量研究[M]. 长沙：中南工业大学出版社，1992.

[7] 陈文化. 技术创新与高校体系结构[J]. 自然信息，1992(增刊)：8.

[8] 陈文化. 变革竞争规范，在技术创新上见高低[J]. 自然信息，1992(增刊)：33-38.

十、高度重视技术创新，促进科技与经济的密切结合①

（1996 年 2 月）

当今世界充满着激烈的竞争，国际间竞争说到底是综合国力的竞争，而综合国力的竞争实质上又是科学技术的竞争。然而，目前对科学技术竞争这个关键问题的理解以及由此制定和实施的战略与对策是有重大区别的。具体来说，是把科技的主要力量放在主攻国威型项目上，还是在技术创新上狠下工夫，这是当今世界两种不同的科学技术竞争观。

1. 技术创新：科技长入经济的必经之途

技术创新概念是美籍奥地利经济学家熊彼特 1912 年提出的。他指出："创新实际上是经济系统中引入新的生产函数，原来的成本曲线因此而不断更新。"[1]弗里曼也说："创新本身可定义为：将新制造品引入市场，新技术工艺设备投入实际应用的技术的、工业的及商业的系列步骤。"[1]这就表明，创造性和市场性是技术创新的基本特征。

技术创新是在科学—技术—经济链条上的一个特殊环节，是科技与经济之间的中介、接口或桥梁（见图 1）。

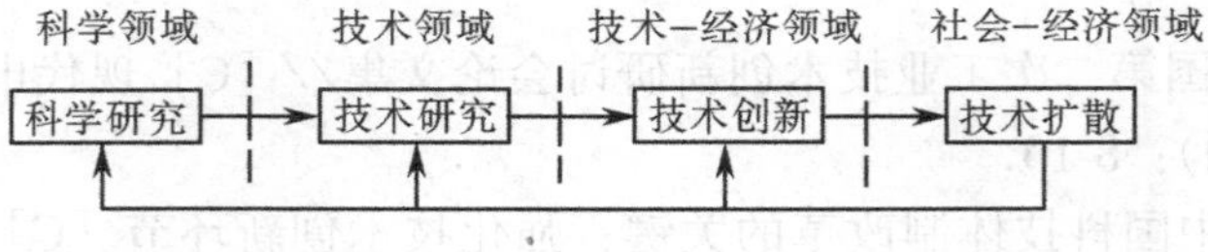

图1

如图 1 所示，技术创新并非直接始于科学发现，而是继后于技术发明，但又不包括发明。格罗布说得好："创新有别于科学发现，尽管相关的科学发现常常被吸收进创新过程。创新也有别于发明，尽管技术发明常常提供或导致创新的最初构想。"[1]

技术创新是将实验室阶段的科技成果转化为产品并首次实现商业价值的全过程。按照发生的先后顺序，可以分为：技术–经济构想、技术开发和试生产并将其产品首次实现商业价值三个阶段。由此看来，技术创新不仅仅是推动技术进步和生产发展，而主要在于"实现商业价值"。因此，能否赢得商业利润，提高社会、经济效益，是判别技术创新的重要标准，也是衡量技术创新成败的关键。

① 本文发表于《社会科学研究》，1996（2）。

2. 美国兴衰和日本崛起的启示

美国引进西欧的技术和资本，于1860年前后几乎同时形成世界的技术、经济中心。从1870年开始，美国工业总产值超过英国，1910年前后又成为科学中心，并于20世纪30—40年代达到顶峰（1940年美国的GNP占世界总值的75%）。尔后，美国的经济开始衰落。1950年美国的GNP占世界总值的比例下降到50%，1980年只有23%，1990年仅为21%。若以经济竞争能力的强弱排序，80年代中期，美国已经落到日本、瑞士之后，居第三位。当今世界，美国的科学成就仍然居于霸主地位，而美国的技术中心地位从50—60年代开始逐渐衰退。

第二次世界大战以后，日本经过短短的二三十年，从技术借用国一跃变为技术输出国。劳动生产率从1980年开始超过美国。仅占世界人口2.1%的日本却生产出15%的世界产品。80年代末，日本总产值仅次于美国，而人均产值却超过了美国。

显然，美国经济衰退和日本迅速崛起都是事实，那么，原因在哪里？对此，有学者认为：美国“最大失误是，没能够把本来占优势力量的科技步入经济，使之转化为产品”。“政府过分重视争面子的国威型科技项目，尤其是所谓‘国家安全型’，项目投入极大，经济效益较差。而对‘经济安全型’项目不闻不问，导致今日之败局”。美国的“研究成果、创造发明尽管不少，但无人去搞技术转让，更无人愿意为技术商品化献身”。美国能源部部长詹姆士·沃特金斯说得很明确：“美国现在是否输掉了，我们应该大声回答：是的！……可悲的是，人家用我们的技术制成产品，高价卖给我们，赚我们的钱，……我们每年用于研究开发的费用达688亿美元，比西欧各国和日本的总和还多，但我们把钱给日本人作为赚我们钱的资本”[2]95-96。西方有这样一个概括：“发明在欧洲，专利在美国，制造在日本。”[3]85无怪乎美国人骂日本人在基础研究方面是“白搭车”，而日本人则讥讽美国人死抱着过时的观念不放。

经过这样一段痛苦的历程，美国的科技竞争观念正在发生变化。第一，美国政府的指导思想开始转变。布什总统曾在一份文件上批示：“美国如要保持和强化自己的竞争地位，我们不仅要不断开发新技术，而且要不断学会有效地将这些技术转化为民用产品。”1992年，克林顿入主白宫以后，提出“振兴美国经济”的口号，其中发表的科研政策报告——《技术为美国经济增长服务：加强经济实力的新方针》，突出强调技术创新的重要性。美国为使高新科技尽快转化为现实生产力，决定在1997年以前，建立30个高新技术推广指导中心，以促进高技术转让，培养高新技术使用人员，加速企业的技术进步。第二，科研工作重点也表现出新的变化。美国政府有意识地放慢了远离生产技术的国威型科技项目的进展速度。如克林顿1993年决定放弃“星球大战”计划，停止超级超导对撞机等大科学项目，而把更多的研究开发力量转移到更接近生产的如超清晰度电视机、传感器，以及发展诸如信息高速公路等促进科技产业化方面。克林顿在竞选美国总统期间曾经许诺，他上台后要实行军事科研向民用科研的转变。1993年克林顿开始实施这种转变，把1992年科研经费的60%用于军事方面，40%用于民用研究的分配比例分别调整为55%和45%，并要将军事研究的费用逐步缩减到只占全部科研经费的1/3左右。第三，科研机构和科技人员的新动向。如在世界上享有盛誉的美国电报电话公司的贝尔实验室，最近将全体科研人员组成考察团，重点总结惠普公司促使科技成果尽快商品化、产业化的经验。该实验室的阿尔诺·彭琪亚斯（世界著名的天体物理学家）说：五年前，贝尔实验室从来听不到"顾客"、"市场"这些词，现在，实验室的每一个人都毫无例外地参加与产品相关的问题的研究。

美国从90年代初强化技术创新以来，经济形势有了新的起色。在资本主义国家中，率先走出衰退的低谷，1994年GNP的增长率为4.1%，大大快于日本和德国（分别为0.6%和2.9%）。1990—1993年间的劳动生产率以每年2.5%的速度增长，而日本、德国同期的生产率几乎停止增长，美国在信息技术产品的领先地位得到恢复和加强。80年代，日本半导体在世界市场上所占比例超过了美国，然而到1993年，日本的比例只占41.4%，美国为41.9%。美国人获得专利权数量近几年来再度上升，1988年美国所获专利权数占全世界的52%，1993年达到54.1%。美国在世界市场上的竞争力有所提高，1994年又升居世界第一位，过去连续8年名列世界第一位的日本下降到第三位；1995年美国仍然保持第一，日本再降为第四（新加坡第二，中国香港第三）。造成日本衰势的原因是多方面的，其中政府放松了对技术创新工作的管理是一个重要的原因。美国、日本以痛苦的历程和巨大的经济损失为代价，懂得了今后的唯一出路是在"转化"上下工夫。

强化技术创新，加速科技成果产业化，是当今世界各国，尤其是美国、日本、欧盟调整科技战略的一个突出特点。据1994年2月发表的《世界科学报告》统计，欧盟国家科技论文数占世界总数的28%，远远超过日本（8%），但在科技成果产业化方面，却落后于美国和日本。于是，欧盟科技首脑召开会议，提出"科技领先，发展生产"的方针，并通过了《第四个科技发展和研究框架计划》（1994—1998）。该计划要求"更加重视在工业竞争中有优势的技术领域和科技成果的开发与使用"。德国政府公布1995年科研预算时认为，增加科研投资是为了促进科技产业化，解决经济领域的问题。英国继1993年发表《科技白皮书》提出"让科技产生财富"之后，于1995年4月又公布了《技术展望报告》，以促进学术界、工商界、政府三者之间的合作，加快英国科技成果产业化的步伐。日本从1994年11月开始，采取积极措施，加强政府对科研投资的力度，重新制定产业技术政策，以提高技术竞争能力，争取成为21世纪的科技大国。

一些发展中国家，如巴西、印度等，近几年来也纷纷采取措施，促进科技成果产业化并取得了很大成绩。总之，在全球范围内，目前形成了一股势不可挡的科技成果产业化和商业化的浪潮。

3. 我国的现实与建议

(1) 当今的中国是一个科技并非很落后而经济不够发达的国家

从科技发展状况和水平来看，仅 1979—1990 年间，我国取得的重大科技成果就有 12 万多项（见表 1），其中 7000 多项获国家科技奖，1800 多项获国家发明奖。特别是“七五”科技攻关项目中，有 6068 项科研成果达到 80 年代国际水平，4112 项填补国内空白，在某些“国威型”或基础性研究领域，同日本相比，我们是毫不逊色的。

表 1　我国 1979—1990 年间科技成果数统计表

项目 数据 年份	重大科技成果		获国家奖励的发明	
	项　数	年变化率/%	项　数	年变化率/%
1979	2826	42		
1980	2687	−4.72	109	+159.52
1981	3100	+5.37	123	+12.85
1982	4182	+34.90	153	+24.39
1983	5397	+29.05	212	+38.56
1984	10615	+96.68	264	+24.53
1985	10476	−1.31	185	−29.92
1986	14915	+42.37	26	−85.93
1987	11800	−20.89	225	+765.38
1988	16552	+40.27	217	−3.56
1989	20278	+32.31	224	+49.33
1990	26829	+32.31	224	0
合计	126555	1807		

四十多年来，我国的经济发展也取得了举世瞩目的伟大成就。1990 年同 1952 年比较，社会总产值、工农业总产值和国民收入分别增长了 37.43 倍、39.99 倍和 24.49 倍。然而，全民所有制独立核算工业企业的全员劳动生产率只增长了 4.438 倍，而固定资产原值却增长了 78.63 倍。显然，我国的经济增长属于消耗型（即粗放型）经营方式。

从科技与经济的关系看，1990 年同 1980 年比较，重大的科技成果数增加了 9.98 倍，固定资产原值增长了 3.11 倍，社会总产值、工农业总产值和国民收入分别增长了 4.45 倍、4.46 倍和 3.91 倍，而劳动生产率的增长率却下降了 2.53 个百分点。从人均 GNP 值来看，据世界银行 1986 年报告和联合国教科文组织的报告，我国列为最低的一组（见表 2）。即使按照购买力平价计算，1988 年我国人均 GNP 为 1011 美元，也只列为第三组。

表 2　　　　116 个国家人均 GNP 等级表

组　别	人均 GNP/美元	小组平均 GNP/美元	国家数/个
第一组	＜330	210	24
第二组	330～1000	630	28
第三组	1000～3300	1860	32
第四组	3300～10000	6600	19
第五组	＞10000	13500	13

我国科技并非十分落后而经济不够发达的反差现象，是单一计划经济、产品经济体制和粗放型经营的增长方式，长期忽视科技成果的转化——技术创新活动——而造成的。

（2）我国科技与经济之间关系的分析

科技与经济脱节是由多种原因造成的。在此，仅就科技方面作些讨论。按理说，我国的科技工作重点是要提高生产技术水平，在促使科技成果转化为商品上做文章。然而，传统的观念还束缚着人们的思想，它在科技领域及某些领导人身上表现得较为突出，一些专家、学者（含居于领导岗位的）近几年来多次强调“我国要十分重视基础研究”，“我国是一个大国，在基础研究领域应有一席之地”，“我国三类研究经费应按照 1∶2∶5 的比例分配为宜，即基础研究占 12%，应用研究占 25%，试验发展占 63%左右”[2]95-96。

我们认为，当然要重视基础性研究，但它是建立在雄厚的经济实力基础上的。三类研究经费比例是由经济发展水平和实力来确定的（见表 3）。

表 3　　　　一些国家或地区三类研究经费的比例表

<table>
<tr><th rowspan="2">比例 国别
类别</th><th rowspan="2">美国</th><th rowspan="2">日本</th><th rowspan="2">联邦德国</th><th rowspan="2">英国</th><th rowspan="2">韩国</th><th rowspan="2">印度</th><th rowspan="2">中国台湾</th><th rowspan="2">匈牙利</th><th rowspan="2">苏联</th><th colspan="2">中　国</th></tr>
<tr><th>1987 年</th><th>1988 年</th></tr>
<tr><td>基础研究</td><td>12.1</td><td>14.0</td><td>20</td><td>12</td><td>15</td><td>1</td><td>1061</td><td>1</td><td>12.8</td><td>7.7</td><td>7.2</td></tr>
<tr><td>应用研究</td><td>21.1</td><td>24.3</td><td rowspan="2">80</td><td>25</td><td rowspan="2">85</td><td>2</td><td>31.5</td><td>3</td><td>60.3</td><td>31.9</td><td>33.9</td></tr>
<tr><td>试验发展</td><td>66.8</td><td>61.7</td><td>63</td><td>4</td><td>58.4</td><td>7</td><td>26.9</td><td>60.4</td><td>58.9</td></tr>
</table>

注：除中国外，均为 1985 年或 1986 年数据。

从表 3 数据可以看出：

① 发达国家（1986 年人均 GNP 超过 1 万美元）的三类研究经费之比大致为 1∶2∶4～5；

② 中等发达国家或地区（1986年人均GNP在2200美元至1万美元之间），如韩国、匈牙利和中国台湾，其比例为1∶3∶6～7；

③ 发展中国家或地区，如我国为1∶4∶8。

上述三种不同的比例是符合客观情况的。谁违背了它，谁就要遭到惩罚。如印度（1986年人均GNP为260美元）实施1∶2∶4，苏联（1986年人均GNP为2400美元）实施1∶4∶2，结果怎样呢？大家很清楚，不需赘述。可见，我们目前不能按照1∶2∶5来安排三类研究的比例。即使按照1∶3∶7，试验发展经费也应该占63%，而我国1988年的这个比例已经下降为58.9%，比某些发达国家还低3～8个百分点。为什么当前还不强调十分重视技术创新呢？

我们认为，发展中国家围绕远期需要的科学研究也要搞，但它是有限目标的，而紧扣近期需要的技术创新更要搞，还要结合产品的生产技术，大力加强技术改造和工艺革新。只有把科技工作的重点切实转向开发实用技术，向生产技术靠拢，并寻求重大突破，才是今日科技与经济结合之道。那种“十分重视基础研究”的主张不是为了“争面子”，就是如沃特金斯所说的把钱给别人“作为赚我们钱的资本”。我们知道，拥有科学技术并不等于拥有物质财富，科学技术优势并不会自然而然地成为经济优势，关键在于有无较强的技术创新意识和能力。显然，现在仅仅讲提高科技意识、经济意识已经不够了，不切实强化技术创新意识和能力都是空谈，或者说实效不明显。

我们认为，是否具有技术创新意识和能力是科技成果能否尽快转化为现实生产力的关键。日本的科研工作采用“肢解分析法”——先分解后综合的精心设计、精心研究的整体思维方法，即从市场调查入手，从市场价格出发，突出每个零部件的控制成本，并参考主要对手厂家的成本、售价进行对比研究，然后开展技术创新，促使企业获得更多的商业利润。而我们正好相反，即先科研，再找“婆家”；先设计，再分析。专家们认为：90年代将会是设计的竞争，即主要抓设计，以求最大实惠。一般产品设计竞争是在性能、质量、成本和“上市时间”四个方面开展的。正如当今的物质生产不是起于工厂、止于工厂一样，科技研究（精神产品生产）也不是起于社会、止于社会，极大地向两端延伸了。这样，科研—生产周期就会缩短，日趋形成科研、经济、社会的一体化。因此，建立科技与经济之间的中介机构，加强技术创新，强化“转化”意识，是极端重要的。

（3）几点建议

现阶段，我国的科技工作应该采用技术创新战略，具体来说，包括以下两点。

第一，实施正确的发展模式。实践表明，优先发展技术科学，加速技术成果商品化和产业化，积极推进技术创新，对于加强科技与经济的结合，强化经济发展的后劲，具有重要意义。因此，中国应采用T（技术）→E（经济）→S（科学）发展

模式。[4]309-344

第二，注意解决好以下几个问题：

① 科技活动应以开发生产技术为重点，切实加强企业的科技力量，强化技术创新能力；

② 抓住机遇，有重点地发展实用型的高新技术及其产业，特别要注意以高新技术去改造传统产业；

③ 当务之急是培养出一大批从事技术创新和技术扩散工作的科技人员，努力造就一支懂科技、懂外语、会经营管理的科技实业家和科技经纪人队伍，这是加速科技成果产业化和商品化的组织技术保证；

④ 针对中长期影响我国经济和社会发展的重大问题，根据“有限目标，突出重点”的原则，加强定向性基础研究和高新技术研究开发，为未来社会经济发展提供科技储备，增强自己的创新能力；

⑤ 多途径、多层次、多形式、全方位地发展职业技术教育，切实支持社会力量办学，提高全民族的科技素质；

⑥ 促进科技长入经济，实施技术创新工程，政府应当采取必要的强制性措施，加强宏观管理。

参考文献

[1] 1992 年全国第二次工业技术创新研讨会论文集［C］//现代电子技术，1992（2）（增刊）：8-10.

[2] 王歧鸣．九十年代科技发展与中国现代化［M］．长沙：湖南科学技术出版社，1991.

[3] 黄素庵．美国经济实力的衰落［M］．北京：世界知识出版社，1990.

[4] 陈文化．科学技术与发展计量研究［M］．长沙：中南工业大学出版社，1992.

十一、管理创新——生产过程中的一个决定性要素[①]

（1992 年 12 月）

1. 管理是现实生产力系统的结构性要素

管理与生产力之间的关系是一个十分复杂的问题。它们作为两个相对独立而又密切联系的系统，统一于生产过程之中，是现代社会生产发展的重要特点之一。长期以来，把管理排除在生产能力的构成要素之外，其实管理是决定生产力诸要素的结合状态、水平及其优化程度的一个重要因素，只有通过管理，将生产力诸要素“结合起来”，才能变成现实生产力（即生产能力）[②]。这一点从生产能力的构成及其相互关系的公式[③] 中可以得到说明：

$$生产能力 = [管理\times(劳动者+劳动资料+劳动对象)]^{科学技术}$$

（1）该公式说明：生产能力即“劳动生产力”由主体要素（劳动者）、客体要素（劳动资料和劳动对象）以及主客化要素（管理和科学技术）构成。

（2）管理不仅作为生产能力的组成要素渗透到其他的诸种要素之中，使其效能成倍扩大，而且是使生产力得以运行并成为决定其运行优劣的重要因素。正如马克思指出的，“劳动生产力是由多种情况决定的，其中包括：工人的平均熟练程度、科学的发展水平和它在工艺上的应用程度、生产过程中的社会结合、生产资料的规模和效能，以及自然条件”。这里的“生产过程中的社会结合”就是指管理。

（3）管理进步是促进生产方式发展的一个动因。管理作为生产能力的要素，也影响着经济关系的性质与发展；生产能力的状况和水平决定着经济关系的性质。马克思说：“手工磨产生的是封建主为首的社会，蒸汽磨产生的是工业资本家为首的社会”。生产力不仅决定经济关系的性质，而且经济关系的变革最终取决于生产力的发展。正如马克思指出的，“随着生产力的获得，人们便改变自己的生产方式，而随着生产力方式的改变，他们便改变所有不过是这种特定生产方式的必然关系的经济关系”。

管理还体现出某种形式的经济关系，又反作用于生产力，成为生产能力发展的一个动因。马克思指出：“一切规模较大的直接社会劳动或共同活动，都或多或少地需要指挥”。要指挥，必然就有指挥者和被指挥者。于是，他们之间形成一种社

① 本文在全国第三届技术哲学年会上报告，收入论文集《技术创新：企业腾飞之路》。

② 马克思，恩格斯．马克思恩格斯全集：第 24 卷［M］．北京：人民出版社，1979：44．

③ 陈文化．科学技术与发展计量研究［M］．长沙：中南工业大学出版社，1992：13．

会联系或社会关系。管理的本质在于协调，通过协调来发挥、放大管辖系统的整体功能。因此，管理工作就是管理主体与管理客体（即管理者与被管理者）之间的协调与被协调的关系。管理主体或管理客体，既包含个人，又包含组织。于是又有不同层次的管理关系。

地球上的根本矛盾是人和自然界的矛盾，人们以有限的生命和个人微小的力量与无限的大自然抗衡，主要是基于人类集体力量的无限性，而集体力量的发挥和发展有赖于分工与合作，即有赖于管理。任何管理都是对某一具体系统的管理。社会是一个复杂的大系统，个人生产劳动能力可以看作一个小系统，管理便是联系各个小系统的纽带。系统理论认为，大系统的功能相对于各个子系统的功能的总和是不守恒的。因此，社会集体劳动生产能力才有可能超过个人生产能力之总和，即管理起了放大、高倍放大和创造性作用，而放大的倍率及创造性的功力，则主要取决于管理功能的发挥。管理虽然不能直接生产出知识产品和物质产品，但却是在生产过程中决定社会集体劳动生产能力的关键。许多事例说明，在其他条件相同时，管理水平不同，生产能力就大不相同。这就是生产力系统中的“同素异构”现象。因此，管理在生产能力中起到决定性的和不可缺少的作用。

（4）无数事实表明：经济兴衰在很大程度上取决于管理的优劣。如果没有成功的管理作为基础，英国要完成 18 世纪的产业革命，并成为世界经济霸主几乎是不可能的；而到了 19 世纪 80 年代，英国工业落后于美国，其中主要原因是它的管理落后。第二次世界大战后，英国向美国派出的第一个考察团写的报告书《我们也能繁荣起来》，曾大声疾呼管理的重要性。著者慨叹道：产业革命发生在英国，世界上第一个工厂出现在英国，世界上第一本论述管理的书籍是由英国人写的，然而事过百年，英国人竟要跑到美国去学习管理。可是到了 20 世纪 70 年代，美国却受到了日本的挑战。美国广播公司 1979 年到日本拍了一部电视纪录片（名为《日本人能做到的，难道美国人做不到吗?》），一时轰动美日两国。其主要内容是介绍日本的管理，特别是质量管理。尽管从技术的角度来看，美国当时超过日本，然而管理水平却落后于日本。

我国河南宋河酒厂近几年来推行“创新、分核、联利”管理法，坚持实行强化管理，从严治厂。不但有硬指标、硬措施、硬纪律、硬检查，而且是硬兑现。只要符合优质、多产、利销、高效要求的劳动者，就给予奖励。在推行过程中，不管遇到来自何处的阻力，都坚持不懈。如有人不干，就硬把他撤下来，干部可以辞职，工人可以辞退。总之，管理的各个环节都要过得硬，对全厂干部、职工要一视同仁，实行重奖重罚。由于责、权、利真正结合在一起，层层落实指标，增强了全员管理与核算意识，人人是被管理者，人人又参加管理，真正调动了职工的积极性，有力地推动了企业生产的发展。从 1980 年到 1990 年，连续 11 年递增速度为 34%。

十年来，宋河酒厂累计实现利税 1.1 亿元，上交国家 8011.2 万元。产品质量四度夺冠，主导产品“宋河粮液”创省优、部优，获国家金奖、国际金奖，企业由省级企业晋升为国家二级企业，连续四年获省“经济效益显著单位”称号，1990 年成为全国五百强，同行业五十家最佳经济效益企业之一。

2. 如何搞好以人为中心的管理

管理的对象包括人、财、物、时间和信息。在整个管理思想的演变和管理科学的形成过程中，始终有一个“人的作用”如何发挥的问题。人，这里是指管理者与被管理者（生产人员和下属部门的管理人员）。人是社会系统中最基本的子系统，是社会的细胞。高效能的管理才会使人尽其才。

管理工作是创造性的劳动，是使被管理系统创造出符合高层次大系统的需要，而低层次子系统原来所不具备的新功能。管理的创新使职工的觉悟不断提高，科学技术的不断发展，职工文化、技术水平及操作熟练程度的不断提高。一个生产系统每时每刻都蕴藏着巨大的潜力，管理的主要功能之一就是不断开发潜力，使之转化为直接生产力。良好的、融洽的管理才有积极的劳动热情和良好的经济效益。调整管理关系，就是协调和理顺生产过程中个人与个人之间、组织（或群体）和组织（群体）之间、组织与个人之间的关系。比如班组内工人之间、班组之间、车间之间、科室之间、企业之间、事业之间、产业之间、集团之间、不同国家的企业之间、跨国公司和国际技术经济组织之间的关系。不管是个人与个人之间，还是个人与组织之间，抑或是组织与组织之间的关系，归根到底是人与人之间的关系。因此，加强管理方面的工作主要是加强人的思想教育和组织协调工作。政治思想教育的根本目的是提高人们认识世界、改造世界的能力。在改造客观环境的同时，改造自己的主观世界，因此必须科学地进行思想管理。一系列教育，诸如共产主义理想教育、党的路线方针政策教育、职业道德教育、革命传统教育、主人翁的思想教育、为人民服务思想和奉献精神教育等，以启发和提高人们的思想觉悟，调动人们的积极性，为建设“四化”作贡献。在现代管理科学中，非常注重人的觉悟和凝聚力。当代世界管理有三句名言：智力比知识更重要，素质比智力更重要，觉悟比素质更重要。

由此可见，思想管理工作的对象是人和技术关系。创造一个良好的和谐融洽的人际关系环境，充分调动人们的积极性，引导人们最大限度地发挥才智和力量，从而达到发展生产力，提高经济效益。调整技术关系是管理工作的一个重要部分。一个具体的企业，人的积极性的发挥更为紧要，在企业的生产管理、质量管理、经营管理中，要提高工作效率，首先必须坚持激发人的“向上心”，避免伤害人的“自尊心”，尽可能满足人的“希望”，安定人的“情绪”，激励人的“自觉性”，以发挥人的“智慧潜能”。

目前，我国的管理体制、方式还比较落后，急需改革与提高，尤其是在管理观念上要来一个大的转变。管理的核心在于协调，要着眼于依靠人员的互相协调、和谐的先进思想觉悟，增强人们的凝聚力和奋发图强的社会责任心，依靠技术进步，形成现代化管理体制，使科技力量和人力、物力、财力得以合理的组织，发挥最大的潜能，促使管理变为直接的生产力。

十二、孵育企业："高新区"的基本职能①

（2000 年 12 月）

最近，有媒体报道：我国 53 个国家级高新技术产业开发区（以下简称高新区），“去年（指 1999 年）技工贸总收入 6560 亿元，是 1991 年 75 倍；工业总产值 5660 亿元，是 1991 年的 79 倍；利税总额达到 631 亿元，出口创汇 106 亿美元。”我国高新区的成就辉煌，这是有目共睹的客观事实。然而，这个报道又激起了我们数年前的一个思虑：为什么要兴办高新区？它的基本职能是“孵育企业”，还是“产业开发”、“大办企业”呢？因为我们多年来见到的高新区业绩的所有报表、报道中都是这么“四条”。用这“四条”指标来考核高新区的业绩，不是与一般的“生产型”企业完全相同了吗？如果仅仅是为了与其他企业进行对比，也无可非议！问题是区内的“创业中心”（据说是专门从事孵化工作的机构）的力量又非常薄弱；甚至有的高新区还有一条不成文的规定：科技成果孵化成功后的企业才能进入高新区。高新区岂不成了高新技术企业的“联合国”了吗？显然，这些问题直接关系到兴办高新区的体制、方向、重点和模式问题。本文拟就这些问题进行一些探讨。

创办“科技工业园”的初衷是为了解决科技与经济的脱节问题。我国的“高新技术产业开发区”的提法主要源于美国的“科技工业园”。关于“科技工业园的由来”，吴季松多次指出：“创办的原因是（美国加州斯坦福）大学的老师和研究生们有把自己的科研成果变成产品的日益强烈的要求”。因此，研究生院与公司的结合“就是科技工业园，它实现了科研、开发与生产的结合”②。创办“科技工业园”是时代的产物。科技与经济的分离，大体上始于 17 世纪，即欧洲学院式研究作风的逐渐形成，造成了理论与实践的脱节。随着时代的前进和市场经济的发展，发现—发明—产品的转化周期日趋缩短（图 1），基础研究的性质发生了重大的变化，大学发展产生了研究生院，工厂发展形成了公司，研究生院与公司相结合的产物（即科技工业园）应运而生。正如国际科技工业园协会秘书长 Y. 奎达所言：“就像分割在河两岸的地区，终究会架起一座桥梁将两地联结起来一样，科学工业园是联结大学和企业界的一座桥梁”③。最近，美国马里兰大学钱颖一说：近年来硅谷人喜欢形容硅谷是高科技创业公司的“栖息地”④。栖息地原指动植物的歇宿隐居之处。这是对

① 本文发表于《科学学研究》，2000（4）。
② 吴季松．知识经济［M］．北京：科学技术出版社，1998：168．
③ 陈文化．技术创新——技术与经济之间的中间环节［J］．科学技术与辩证法，1997（11）．
④ 钱颖一．硅谷的故事：关于硅谷的学术研究［J］．新华文摘，2000（5）．

硅谷孵育企业，并将其企业上市或卖掉，用赚来的钱再去创办新企业这种良性循环机制的深刻揭示。

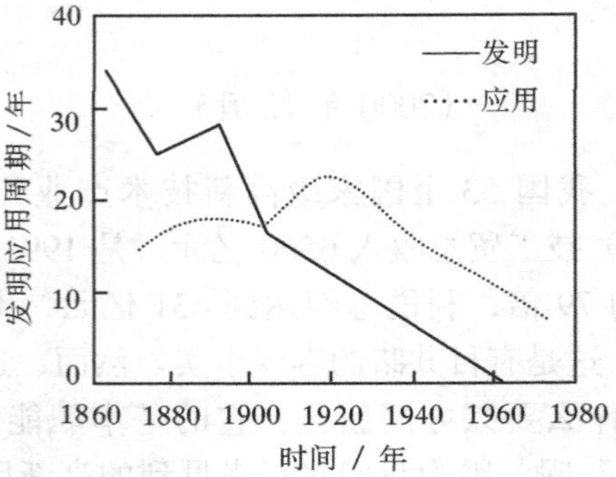

图 1　发明应用周期变化趋势图

江泽民在 1996 年 11 月亚太经合组织首脑会议上，高度评价了创办科技工业园的重大意义。他说：“本世纪在科技产业化方面最重要的创举是兴办科技工业园区。这种产业发展与科技活动的结合，解决了科技与经济脱离的问题，使人类的发现或发明能够畅通地转移到工业领域，实现其经济和社会效益。”

为什么兴办科技工业园就能“解决科技与经济脱离的问题”呢？这里就涉及对科技工业园即“高新区”的定位问题。

长期以来，人们一直在探索科研体系（大学和科研机构）及其科研活动与经济体系（企业和市场）及其经济活动之间的结合机制和方式问题，其中著名经济学家熊彼特在这方面开创了理论与实践相结合之先河。按照熊氏理论，我们认为：创新活动是联结科研活动（知识生产）与经济活动（物质生产）的中介环节，是技术知识形态物化为产品的过渡阶段（见图 2）①。

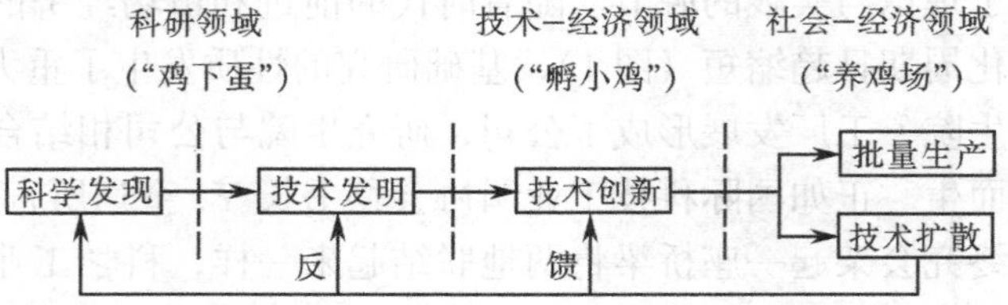

图 2　科研活动与经济活动的动态关系图

如图 2 所示，技术创新是介于知识生产活动与物质生产活动之间的中介环节（阶段），并由它“架起一座桥梁”，将两者“联结起来”，构成一个“畅通”的动态

① 转引自吴季松．21 世纪社会的新细胞：科技工业园［M］．上海：上海科技教育出版社，1995：14。

过程。1998年，联合国经济合作与发展组织在《科学政策概要》中，明确地揭示了这个过程，它指出：“技术进步通常被看作是一个包括三种互相重叠又相互作用的要素的综合过程。第一个要素是技术发明，即有关的或改进的技术设想，发明的主要来源是科学研究；第二个要素是技术创新，它是指发明的首次商业化应用；第三个要素是技术扩散，它是指创新随后被许多使用者采用。”在这个过程中，如果将科研活动比作“鸡下蛋”、经济活动喻为“养鸡场”，那么技术创新过程就是“孵小鸡”。显然，不能源源不断地孵出“小鸡”，“养鸡场”就只能养“老鸡”了，时间久了，就无“鸡”可养了，这样，“养鸡场”也就倒闭了。由于我国的科技成果转化率低，即未能及时“孵出小鸡”，一些企业不就是因为十几年、或者几十年一贯制地“养一种老鸡”甚至无“鸡”可养而亏损、破产了吗?！由此看来，“孵小鸡”是将科技优势转变成经济优势的必由之路，即只有加强技术创新，加速科技成果的产业化，才能从根本上解决我国科技与经济脱节的这个顽症。

“孵小鸡”即技术创新的主体是企业。发达国家成功的经验表明：企业就是培育技术创新的场所；它们即使在企业的创新能力很强的情况下，仍然重视发挥科技工业园的孵化功能，因而他们能够迅速地实现产业结构升级，这是他们实施以技术创新为先导的科技发展战略的硕果。而我国在企业的创新能力很弱，致使科技成果转化率低的情况下，却将一些高新区仅仅办成高新技术企业的“联合国”。有些学者曾经将“高新区的基本功能概括为：集聚功能、孵化功能、扩散功能、渗透功能、示范功能、波及功能”等。这些观点似乎很全面，却未突出“基本”功能，或者说由于具有多个“基本”，实际上也就没有“基本功能”了。因此，评价高新区业绩的指标就只是那么“四条”了。

根据国内外的先进经验，我们认为：科技工业园或高新区，以及大学科技园区的基本职能就是“孵小鸡”，即为大学和科研机构，以及其他个人的科技成果转化为现实生产力筹措和提供资金，创造条件和社会环境，以保证科技成果“能够畅通地转移到产业领域，实现其经济和社会效益”（江泽民语）。只有这样，才能显示出兴办科技工业园、高新区和大学科技园区的不可替代的社会地位与存在的意义。在这方面，清华同方股份有限公司就是一个成功的范例①。它的“运营模式是，利用与清华大学的密切关系，大力介入学校科技成果的转化，以技术+资本的运作，孵化出新的产业或者新的（内生）企业，一旦孵化成功，则一方面可以并入公司已有的产业领域，另一方面也可通过各种途径如上市参、控股或出售给社会企业，获取超额利润，由此获得的增量资金又可以进一步用来促进学校科技成果的转化。”只有这样定位，高新区的孵育企业的基本功能才能得以真正发挥。

---

① 陈文化．腾飞之路：技术创新论［M］．长沙：湖南大学出版社，1999：305-316。

总之，我们认为：高新区、大学科技园是培育技术创新的场所，是孵化企业的企业，而不是简单地圈一块地皮，构成高新技术企业的“联合国”。若是后者，国家为什么要给高新区、大学科技工业园如此优惠的政策支持呢?！难道仅仅是为了获得在其他“生产型”企业同样可以获得的上述“四条”指标（指技工贸总收入、工业总产值、利税总额和出口创汇）所产生的效益吗？因此，高新区、大学科技工业园最核心的运作机制应该是技术创新机制，即不断孵育企业的机制。也就是说，“高新区”应当而且必须有科技成果“孵化”方面的指标，只有理解这一点并付诸实施，才能办出成功的高新区和大学科技园；反之，在这种机制没有建立起来之前，尽管高新区的“四项业绩指标”取得了辉煌的成就，我们认为，其主要功能的发挥仍然是不完全的，并且由此可能造成更多的“高水平”的重复建设和更大的资源浪费。

十三、加速科研成果转化为现实的生产力[①]

（1979 年 2 月）

由于科学技术作用的效果直接决定着国民经济的发展水平、速度和解决其他社会问题的能力，所以在今天，科学技术已经成为生产发展的动力源泉。20 世纪初，劳动生产率的提高，只有 5%～20%是依靠采用新的科技成果而取得的，现在，则有 60%～80%要依靠采用新的科技成果，有的行业甚至是 100%。可是，目前我国的科技成果在生产上的应用率很低。国际经济合作组织的调查结果表明：美国为 80%～85%，英国、法国和联邦德国为 50%～75%，苏联为 30%～50%。我国没有这方面的精确统计，有人估计大约只有 10%。可见，怎样提高我国科研成果的应用率，如何加速科研成果转化为现实生产力的问题，是一个需要认真探讨的重大课题。

（一）

1979 年初，中央明确地指出：“应用科研单位和设计单位要积极创造条件，改为企业经营，不仅不用国家的钱，还要力争上缴利润”。这是改革我国科研体制，改善科学管理方法的一项重大决策。它必将在我国科技领域，乃至整个国民经济领域产生深远的影响。

我国的科研体制和管理方法，都是 20 世纪 50 年代初期，从苏联那里搬来的。按照这种体制，科研院所实行“供给制”。一切经费由国家全部包干，按照一个单位的职工人数和每人平均开支数进行拨款。这样，科研单位就同一般党政机关、事业团体一样，任务由上级主管部门的行政指令下达，不论成果多少，也不论这些成果是否能够推广应用，或者收益大小，国家一律实报实销。由于实行这种科研管理体制，人员没有得到充分利用，设备利用率很低，物力和财力浪费严重。多年来，在人们的心目中，科研是“软任务”，“科研科研、可拖可延；今年过了，还有明年”，“科研单位成了一个安置（养老）院。”而生产部门或其他单位采用科研成果不仅无偿，还要花钱送上门；科研单位创造的财富在企业的经济核算中未被承认，其价值也未计入生产成本……这种科研体制助长了上级主管部门、单位领导和机关工作人员的官僚主义作风，他们可以不学习业务，不研究管理，不深入第一线，随意下达任务，搞瞎指挥。同时，它有碍于科技人员积极性和创造性的充分发挥，也

① 本文发表于《自然信息》，1979（1）。

不利于科学研究同生产实践的结合，使一些科技人员可以“纸上谈兵”，或不求科研成果的实用价值。因此，科研成果往往停留在“礼品”、“展品”或“样品”上。总之，这种以行政方法为主的集中计划管理的科研体制，在单位内部有政治动力，但是缺乏经济动力；外部有行政压力，但是缺乏经济压力。就是说，只从政治、思想方面，而不同时使用经济办法来调动、鼓励职工的积极性。这就必然造成“大锅饭”、“低效率”、“铁饭碗”的现象。当前的这种状况，极不利于我国科学技术的发展，同加快实现四个现代化的要求很不相适应。

（二）

到底怎样促使科研成果更快地转化为现实的生产力，怎样才能使新技术更快地带来经济效果呢？我们认为，主要措施之一是改革科研体制，推行合同研究。

工业先进国家在工业化初期，就实行合同研究体制。例如，美国1925年成立的巴特尔研究所，专门接受工业界的委托，实行合同研究。日本1917年成立的理化研究所，实行以研究室为单位的独立核算制。除搞应用研究外，又接着从事工业试验，它成立研制公司并同六十余个企业组成科研与产业一体化的“理研产业集团”。联邦德国1949年成立的夫琅和费应用研究促进会，主要从事应用研究，大部分的研究所推行合同研究，而合同研究的主要部分又是委托研究。实践表明，这种合同研究体制促进了资本主义国家科学技术和国民经济的发展。

“供给制”的科研管理体制是苏联在20世纪30年代形成的。在实践的过程中，逐步暴露出这种体制的种种弊病。因此，二十多年来，苏联在科学技术领域也实行了一些重大改革。1961年至1963年，它们改组科学院，把将近一半的研究机构分别移交给各有关部门，以加强直接结合生产需要的应用研究和使科学院能够集中力量从事基础理论研究。1968年以来，又进一步改革，把各个工业部门的一些研究机构移交给企业部门管理，科研机构与企业单位建立合同制，科研经费由企业提供，研究机构保证完成任务。并逐步建立了以工厂为中心，将研究与设计单位合并为科学生产联合公司，或者以大型科研机构为核心，把有关生产企业和实验机构联合成一个科学生产综合体。到1976年，苏联已经建立了一百多个这样的公司。与此同时，对科研管理办法也进行了一系列的改革。主要是利用价值规律确定新产品的价格，提倡研究单位互相竞争，在研究机构中实行课题经济核算制，对富有成果的科研人员实行物质奖励等。据称，经过这些改革，已经取得了明显效果。20世纪60年代以来，东欧国家也先后普遍地实行了类似的改革，确立了新的科研体制。

从国外的经验来看，实行合同研究，有利于调动广大科技人员的积极性和创造性，多出成果，快出人才；有利于科研单位开源节流，使科研经费来源多元化，减少国家对科研经费的支出；有利于不断提高科研管理水平；有利于科研与生产紧密结合起来，促使科研成果较快地转化为直接的生产力。因此，结合我国的具体情况，改革科研体制，推行合同研究，实行以“课题核算，专人负责”为主要内容的管理改革，是科学技术发展的必然趋势，是提高科学研究的效率和水平，缩短科研生产周期的一项带根本性的措施。

（三）

应用科研单位改为企业经营，除了推行合同研究制以外，还应该直接出售科研成果。那么，科研成果是不是商品呢？从应用研究的任务来看，它主要是探讨基础研究的研究成果在生产实践中应用的可能性，进而研究出新技术、新工艺、新流程、新产品，以满足生产和使用的需要。也就是将基础研究的成果转化为技术和生产能力。应用科研单位的科研成果同生产企业单位的产品——实物一样，都是社会化的劳动结晶，都是为了满足社会需要而生产的交换品，也就是说，这种成果既具有价值，又具有使用价值。所以，这种科研成果与生产企业的实物产品一样，具有商品性。科研单位也就应该与生产企业一样，出售科研成果，实行企业经营。

但是，科学研究与社会生产又有区别。社会生产主要是体力劳动，生产任务和产品是相对固定的，生产工艺是确定的，产品是有形的实物性商品，产品的出售是出卖产品的所有权，即一次性出售。它的技术经济效果可以直接地用交换价值来衡量，使用周期短，影响面小，而科学研究主要是探寻未知世界的脑力劳动，科研任务和成果是多变的，技术路线是机动的，研究成果主要是无形的知识性商品（也有实物形式的，如新产品、新材料、元器件、测试仪器设备等样品、样机或模型等），使用周期长，影响面大，科研成果出售只是出卖成果的使用权，并不是出卖成果的所有权，即具有多次性出售的特性。单位劳动量创造的社会财富更多一些，利润率更高一些，它的技术-经济效果和社会影响是很难用其交换价值来衡量的。同时，科研单位不仅要完成近期任务，而且必须注意抓远期任务，有计划地开展一些与任务有关的定向基础研究作为技术的储备。具有一定的技术储备，是应用科研工作强大生命力之所在。

可见，科研单位实行企业经营的前提是拥有科研成果的所有权和科研成果实行商品化；否则，应用科研单位的企业化和自负盈亏将会成为一句空话。

（四）

商品的使用价值是交换价值的物质承担者，是构成社会财富的物质内容。科研成果要尽快地转化为直接的生产力，并获得最高的利润，就要有高标准的科研成果。这样，在国内和国际市场上，才有竞争能力。因此，无论是选定研究课题，还是评价科研成果，都要具有一个正确的衡量标准。

关于这个标准，我们认为，至少要包含以下四方面的内容，即经济上有效，技术上先进，工艺上可行，社会上无害。

“经济上有效”指取得某项科研成果的研究经费少，对资源的综合利用率高，推广应用后，在国民经济上收到较大的实际效益。

“技术上先进”指该项科研成果具有国内或国际的先进水平，或者能够解决生产中的重大的技术关键问题，显著提高劳动生产率。

“工艺上可行”指该项科研成果的工艺流程合理，生产条件又不苛求，易被采用单位采用。

“社会上无害”指该项科研成果被采用以后，不会造成环境污染、破坏生态平衡等社会公害和带来其他不良的社会后果。

衡量一项科研成果的标准固然很多，但主要的就是这四条。在这里，要特别强调的是，上述四条标准必须同时考虑，既不能把它们对立起来，也不能将其割裂开来。以前，人们比较重视“技术上的先进性”，而忽略了“经济上的有效性”，结果造成很大的浪费；或者忽略了“工艺上的可行性”，使很多科研成果不能够迅速地在生产上见效；或者忽视了“社会上的无害性”，造成自然环境的严重污染和其他社会公害。

总之，提高科研成果的质量和水平，既是加快科研成果转化为直接生产力的关键，也是科研单位实行企业经营、自负盈亏的物质基础。

（五）

如同实物商品成交一样，出售科研成果也是买（采用户）卖（科研单位）双方积极作用的结果。那么，对于科研单位来说，要重视科研成果的宣传、推广和应用工作。可是，我们长期以来，没有安排应有的人力和资金，开展这项必不可少的工作。当科学以观念的形态存在时，是潜在的生产力。当它形成为应用技术，实际应用于生产时，才转化为现实的或直接的生产力。因此，拥有新技术和发挥新技术的经济效果，从来就是两码事。要使科学技术迅速转化为直接的生产力，要使新技术的经济效果得到充分的发挥，就要作好科研成果的宣传、推广和应用工作。

应用科学研究的根本目的和最终归宿是为了推广应用，提高社会劳动生产率。同时，科研单位也只有在成果的推广应用中出售成果，才能得到经济收益。一项成果出售的次数愈多，该项成果的利润率就愈高。所以，成果的推广应用与销售是按照经济规律管理科学研究，加速科研成果转化为直接生产力的一个重要环节。为此，科研单位应该增设职能部门，除专门负责科研成果的推广和应用与销售的组织工作外，还应该在“使用”、“采用”与“科研”之间起到桥梁作用，以促进科学研究。还要积极创造条件，在科研单位建立和扩建生产试验的手段与设施，或者建立以科学研究为主的科研生产综合体系，把科研、生产、销售等各个环节有机地联系起来，这对于使科研成果迅速地推广应用是很有益处的。

科研成果的销售对象主要是生产企业。因此，科研成果能否迅速地被采用，还决定于生产企业对科学技术的重视程度及其实际应用能力的大小。而要调动生产企业的这种积极性，涉及生产企业的经济体制和一系列的方针、政策问题。比如说，如果生产企业也按照经济规律组织生产、自负盈亏、国家对生产产品实行优质优价，并且允许生产产品的价格按质波动，改变过去那种统收统支、统购包销和利润基本上缴等政策，那么生产企业就会主动地求助于科学技术。这样，就有利于科研成果的迅速推广和应用。

（六）

改革科研体制以后，管理理念和方法的好坏，直接影响到科学研究的效率和水平。从这个意义来讲，科学研究的管理理念和方法问题，决定着科研单位的命运和前途。

要搞好科研管理，就要扩大科研单位的自主权。要实现应用科研单位的企业化，实行企业经营、自负盈亏。从外部关系来讲，国家要改革国民经济体制，以得到社会的支持和配合。要建立专利法制和科学法庭，保护科研成果的所有权。从内部关系来讲，科研单位至少应该有拟订、安排研究课题的权利，应该有选择、任免或招聘科技人员的权利，以保证多出成果、快出人才。这样，“企业化”才能顺利地进行；否则，即使试点有效，也难以全面推广。纵然有效于一时，也不可能持久。

要搞好科研管理，就要按照科学研究的规律和特点，在科研的各个阶段，认真地开展技术经济分析。在选择、确定研究课题及其技术路线和方案时，要严格地按照“四条标准”组织专家和科技人员进行技术和经济论证。在科学试验的过程中，要切实地加强技术经济监督。对于科研成果，一定要进行技术和经济评价或鉴定。所以，把技术和经济分析贯穿于应用研究和发展研究的始终，可以克服那种科研“不讲成本，不计代价”的习惯，也才能产生高标准的科研成果。要搞好科研管理，就要对科技人员，乃至全体职工实行严格考核，奖惩严明。科学研究主要是探索未知世界的一种脑力劳动，考核和评定科技人员就没有简单的数量标准，平常拟定的一些考核内容及其标准，如专业知识、业务能力、工作态度、事业责任心、工作成绩、贡献大小等，本身就是定性的。虽然有些标准的具体内容是客观的，但是又会随着考核者对它的理解和对科技人员的了解不一而相异，带有很大的主观性。为了减少这种主观性，考核标准应该尽可能地定量化，用实际经济效果和工作效率来衡量。考核和考试结果应该作为晋级、提干、加薪的主要依据。而因为主观原因未完成工作任务或未达到技术和经济指标者，一定要追究组织领导者和有关人员的责任，并在经济上分别情况，给予处罚。

事物的发展没有止境，制度和管理始终存在着改进的余地。科学的科研体制和管理方法的生命力在于其本身具有自我反馈的能力，处于不断的自动调节之中。如果满足于一次调节，那么不管它开始时是多么优越，久而久之，体制和管理的所有手段，包括机构、人员和方法，都会凝固僵化。那种“几十年不变”，或者几年搞一次运动，动一次“大手术”，或者在方针政策上，“左”右摇摆，都是违背科学发展的客观规律的，直接妨碍、甚至破坏科研成果物化的进程。所以，改革科研体制，改善科学管理的方法，在态度上应该是积极的，在行动上应该是稳妥的。一切从实际出发，始终着重于实际效果。

第四部分 科学技术与发展——“经济、社会和人的全面发展”

一、科学技术与社会之间“互动机制”的探究①

——关于“去人化”倾向的思考

（2006 年 6 月）

关于“科学技术与社会”（Science，Technology and Society，简称 STS）问题，最早出现在 20 世纪 30 年代的美国，80 年代美国的许多大学相继设立研究中心或其他研究机构，并成立了全国科学技术与社会协会。随后，STS 在世界范围内形成一股研究热潮。然而，关于 STS 之间的作用机制问题仍然未取得共识。学界较为普遍地认为：“STS 是自然科学和社会科学相交叉的研究领域”，“科学技术作为社会的子系统，存在着要素与整体之间的自发作用和不可分割的互动关系”。“互动机制”论又分为“直接互动”和“间接互动”两类。前者认为：“现代科技与社会作为各自相对独立的两个实体发生互动作用”；后者认为：“科学技术通过知识、技术和产品创新……推动经济和社会的发展”，而“社会通过各种资源的投入作用于科学技术”。显然，这种“互动机制”论的要害就是一种“去人化”倾向。

1. 科学、技术和社会是一个概念系统或者关系范畴

（1）作为客观形态的科技知识对“经济和社会的发展”不会产生推动作用

科学、技术知识究竟是静态系统或者动态系统，还是动态系统与静态系统的总合呢？要弄清这些问题，就要研究科学、技术系统的组成要素问题。关于科学系统的构成要素问题，爱因斯坦明确地指出：一门科学的“完整体系是由概念、被认为对这些概念是有效的基本定律，以及用逻辑推理得到的结论这三者所构成。”[1]313科学作为理论性的知识体系，是由概念及其之间的关系（包括基本关系）为核心和由它们推导出的逻辑结论“三者所构成的完整体系”[2]1-12。技术作为实践性的知识体系，是由概念及其之间的关系（包括基本关系）和根据它们拟定的具体实施方案三者构成的一个有机整体（见图 1）[2]40-49。

① 本文撰写于 2006 年 6 月。

如图 1 所示，科学、技术知识都是概念系统或关系范畴，也就是 K. 波普尔讲的“世界 3”。他说：“我指的世界 3 是人类精神（活动）产物，例如故事、解释性神话、工具（应理解为技术知识的物质载体——引者注）、科学理论（不管是真实的还是虚假的）、科学问题、社会机构和艺术作品的世界。”“客观意义的观念的世界——这是可能的思想客体的世界：自在的理论及其逻辑关系的世界，自在的论据的世界，自在的问题情境的世界。”这种“客观精神世界”“是通过说或者写而传达出的信息”，因此，“客观意义的知识是没有认识者的知识，也即没有认识主体的知识。”尽管“雕塑、绘画以及书籍”的“版本不同，内容依然不变。这个内容属于世界 3。”[3]364,367,312,410 马克思早就指出：自然科学、自然技术和工业生产是“人对自然界的理论关系”、“能动关系或活动方式”和“实践关系”[4]191,[5]374。由此，我们认为：科学、技术是关于人对世界（自然、人类、社会）的理论关系和活动方式，即“通过说或者写而传达出的信息”，而将它们说成是什么与人无关的“相对独立的实体”，就是把其物质载体完全等同于思想内容了。科学、技术作为精神劳动产品，即以纸张和光、声、电、磁波，以及软件、人工物等为物质载体的知识内容，如同物质劳动产品一样，“表现为静的属性”。马克思指出：“在劳动过程中，人的活动借助劳动资料使劳动对象发生所要求的变化。过程消失在产品中……。在劳动者那里是运动的东西，现在在产品中表现为静的属性。工人织了布，产品就是布。”“先前劳动的产品本身，则作为生产资料进入该劳动过程。……所以，产品不仅是劳动过程的结果，同时还是劳动过程的条件。”[5]169因此，脱离主体而客观存在着的科技知识（如图书馆的藏书等），如果不通过人们的学习并运用于实践活动中，就不是现实的“力量”，对社会进步不会产生任何的推动作用。科学技术是人（主体）用来认识和改变世界的方式手段，或者是作为研究对象，而手段或者对象的效应发挥都不能撇开人的活动。所谓“科技与社会之间自发的作用和不可分割的互动关系”，只是一种抽象的想象。

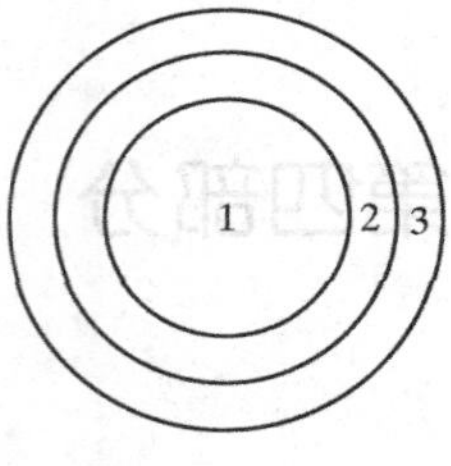

图 1

1—概念；2—概念之间的关系；3—逻辑结论或者具体实施方案

（2）社会是指人与人之间联系和关系的集合

社会即人与人之间关系的形成与关系的承担者（人）当然有着密切的关系，但是“关系”一旦形成，与“关系的承担者”就不是一回事，正如物与二物之间的距离（一种空间关系）不能混同一样。苏联的系统学家 A.N. 乌约莫夫在《系统方式和一般系统论》一书中指出：“性质是表明事物特性而不形成新事物者”，而“关系是那一旦在事物间确立了就形成新事物者”。著名的社会科学家迪尔凯姆在《社会学方法的准则》一书中指出：“个人生活与集体生活的各种事实具有质的不同”，后者“存在于构成社会的个人意识之外。”显然，“关系”是由“关系承担者”之间（即“事物间”）相互作用的结果，即关系（“新事物者”）涌现出并具有“关系承担者”没有的新特性。马克思也指出：“社会不是由个人构成，而是表示这些个人彼此发生的那些联系和关系的总和”[6]220。因此，社会是人创造的一种人与人之间的关系，并不是什么与人无关的“相对独立的实体”。“社会实体”观的“主体空缺”就是“把社会当作抽象的东西同个人对立起来”（马克思语）。然而，人又不能与以人为主体的社会“完全等同”。

总之，科学、技术和社会作为概念系统或关系范畴，其本身只有潜在的效应，它们之间的互动作用只能通过人和人的实践活动，根本没有什么“直接互动”。而“间接互动”论设定的中介，只是人活动时可能采用的手段，而不是“人的活动”。因为这些“手段”都是“死”的东西，没有人使用它们，绝不会“自发”地起到中介作用。

2. 科技活动、社会活动——人发起并参与其中的目的性行为

科技活动、社会活动都是以满足主体的某种需求而进行的主客体之间由“人通过人的活动”发生相互作用的动态过程。目的性存在于活动的开端，并物化于过程之中。这个动态过程的构成要素与它们相互作用的结果（静态系统）是完全不同的。马克思指出：“劳动过程的简单要素是：有目的的活动或劳动本身，劳动对象和劳动资料。”[7]202这里的“劳动对象和劳动资料”属于客体要素（即对象和物质手段），而“有目的的活动或劳动本身”包含着劳动者和如何劳动两个方面，即主体要素和主客化要素（指先前主客体相互作用形成的精神产品）。因此，包括科技活动和社会活动在内的人的实践活动都是主体要素通过主客化要素和物质手段与客体对象相互作用的动态过程（见图 2）[2]17,37。

如图 2 所示，人的实践活动与其结果是一个“动—静—动（下一个活动）”的演化过程。马克思指出：“在生产过程中，劳动不断由动的形式转为静的形式。例如……纺纱工人的生命力在一小时内的耗费，表现为一定量的棉纱。”[5]177

科学技术知识的产生与发展也是一个动态过程。列宁在谈到自然科学知识的形成时指出：“认识是人对自然界的反映。但是，这并不是简单的、直接的、完全的反映，而是一系列的抽象过程，即概念、规律等等的构成、形成过程……。在这里的确客观上是三项：① 自然界；② 人的认识 = 人脑（就是那同一个自然界的最高产物）；③ 自然界在人的认识中的反映形式，这种形式就是概念、规律、范畴等等。”[8]167-168显然，科技认识活动是“概念、规律等等的形成”及其实际应用的过程。这个动态系统的构成要素“的确客观上是三项”。显然，主体要素（人）的参与是科技活动与科技知识（“异己的存在”）两个不同系统之间的根本区别。

社会活动也是主体要素通过主客化要素和物质手段与客体要素相互作用的过

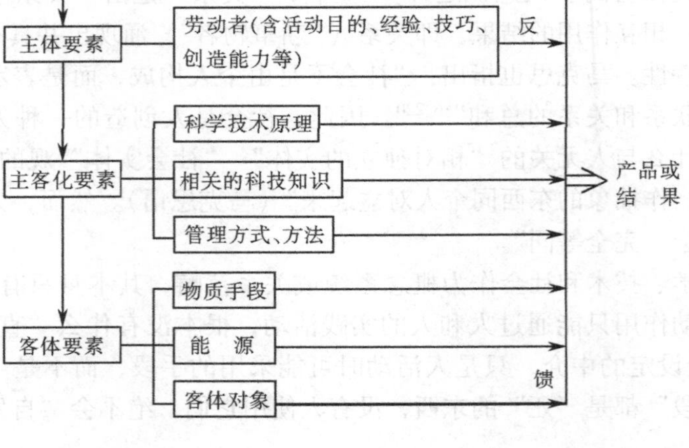

图 2

程。它与自然科技活动的不同之处，在于客体对象是人（类）及其群体之间的关系及其表现形式——社会结构和社会机构等。

因此，“科学技术与社会”的作用机制是指科技活动与社会活动之间的相互作用，即在人的现实活动中科技知识与社会（关系）之间的相互作用及其一体化的实现，是人根据一定的需求和环境条件发起并参与其中的动态过程（见图 3），而不是指科技知识与社会本身之间的“互动”。如果没有人和人的活动，这种“互动”根本不会发生。所谓“科学技术通过知识、技术和产品创新，推动经济社会发展”或者“社会通过各种资源的投入作用于科学技术”，都是一种“主体空缺”，即撇开“人通过人的活动”的抽象思维。

图 3

如图 3 所示，人是科技—社会动态系统中的主体和核心。撇开人、撇开人的活动，就没有科技与社会及其之间的非线性作用，也就没有科技与社会的协调发展及其一体化。而且这个动态系统的存在和发展与环境（自然环境、人文环境、社会环境）之间也存在着非线性的作用和反馈作用。这个问题，在此暂不讨论。

3.“去人化”已经成为当前的一种社会倾向

撇开人、撇开人的活动、撇开人对客体对象之间关系的观念、行为，已经浸透到许多领域。尽管表现形式有所不同，其基本特点都是“去人化”或“无人化”的抽象思维。

（1）哲学界有人认为：“整个世界由自然、社会和思维构成”，于是将知识分为

“自然知识、社会知识和思维知识”。其实，思维是人对世界（自然、人和社会）的反映，怎么能说它是世界的组成部分呢?！同时，也不能以“思维”取代“人”，因为“动物也有思维”（马克思语）。人与动物的根本区别在于人能够自觉地认识世界和“改变世界”并创造新世界。还有人认为：“世界统一于物质”。其实，客观世界是人（类）通过实践活动使自然界、人文界、社会界双向作用形成为一个有机整体。因此，世界本源于物质，统一于人的实践活动，而人的思维怎么能使自然与社会之间发生相互作用并形成为世界整体呢?！

（2）自然科技界有人宣扬“唯一科技”论，否认人文科学和社会科学。如“科学主义”者宣扬什么“科学仅指自然科学”，自然“科学是唯一正确的至高无上的知识体系”。自然“科学不许胡说，人文允许（甚至鼓励）胡说”；“科学人文，水火不容，如果硬要二者牵手，则会既毁了科学，又毁了人文。”[9]国内外“综合的科学主义”（应该称为“惟自然科学主义”）认为：自然“科学独自能够并逐步解决人类面临的所有的，或者是几乎所有的真正难题”，自然“科学技术是导向人类幸福的唯一有效的工具”，“一切社会问题都可以通过（自然）技术的发展而得到解决”[10]。都是一种典型的“惟自然科技”论。其实，研究自然界的自然科技如同人文科技（研究人和人类自身）、社会科技（研究人与人之间关系）一样，作为客观形态的知识体系都是脱离主体而外化于物质载体上（以人脑为载体的知识属于主观形态），都是“死”的东西，怎么能撇开人的活动而“独自”解决所有的难题呢?就拿人同自然的对话来说，人向自然作出某种行动并在自然界产生某些后果，于是人又要作出另一个行动予以回答……所以认识和改造世界（即“解决真正的难题”），实质上是人的自我问答的动态过程，而人是生活于人与人的关系之中。因此，人所从事的现实活动都是自然科技（“做事”）、人文科技（“做人”）和社会科技（“处世”）融会于一身并产生的集成效应[11]（见图 4）。

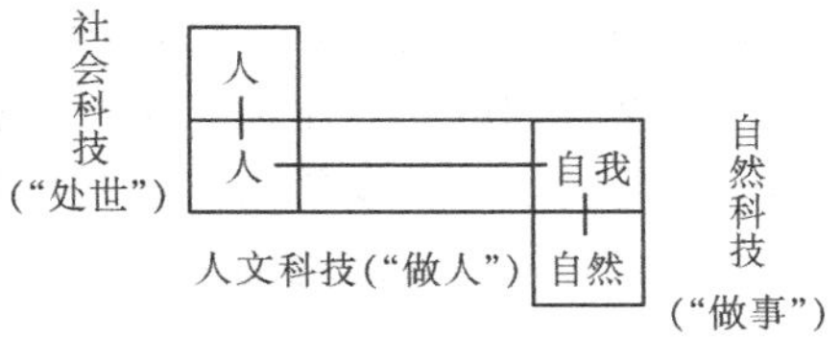

图 4

因此，科学并非“仅指自然科学”。著名的物理学家普朗克在《世界物理图景的统一性》一书中指出：“科学是内在的整体。它被分割为单独的部门不是取决于事物的本质，而是取决于人类认识的局限性。实际上存在着从物理学到化学、通过生物学和人类学（属于人文科学——引者注）到社会科学的连续的链条。这是一个任何一处都不能被打断的链条。如果这个链条被打断了，我们就是瞎子摸象，只看到局部而看不到整体。”英国经济学家舒马赫也说：“自然科学不能创造出我们借以生活的思想……它没有告诉人们生活的意义，而且无论如何医治不了他的疏远感和内心的绝望。如果一个人因为感到疏远与迷惑、感到生活空虚或毫无意义，他哪里还有什么进取、追求，还有什么科学实践活动呢?”“一切科学，不论其专门化程度如何，都与一个中心相连接……。这个中心就是由我们最基本的信念，由那些确实对我们有感召力的思想所构成。”“换句话讲，这个中心是由形而上学和伦理学（均属于人文科学——引者注）所构成。”[12]60,54-55 现实生活表明：不能做好“人”、处理好“关系”，哪里能做好“事”呢？没有人的实践活动，哪里有“唯一正确”的自然科技知识呢？它又怎么能“独自解决人类面临的所有难题”呢？大概是基于此，胡锦涛指出：落实科学发展观是一项系统工程，“要把自然科学、人文科学、社会科学等方方面面的知识、方法、手段协调和集成”为“科学技术的整体”[13]。

（3）有人将“科学技术是第一生产力”中的主语（“科学技术”）误为主体，并把自然科技知识视为财神“爷”。这就把“第一生产力”与“人的因素第一”对立起来并当作“唯一”了。其实，现实生活中的科学技术都是自然科技、人文科技、社会科技的集合，即生活于人与人关系中的人，将自然科技成果转化为现实的生产力。因此，现实生产力是人力（从事现实活动的人都是以一定方式进行的共同活动。这里的人力则为集体力）、物力和财力在一定条件下的合理匹配，而且主体之间的协作和管理也同样地创造出新的生产力。

关于劳动生产力的形成要素问题，我们曾经表述为一个公式[14]296：

$$劳动生产力=[（劳动者+劳动资料+劳动对象）\times 管理]^{科学技术}$$

这个公式是马克思关于生产力理论的一种定量表述。他指出：“劳动生产力是由多种情况决定的，其中包括：工人的平均熟练程度，科学的发展水平和它在工艺上的应用的程度，生产过程中的社会结合，生产资料的规模和效能，以及自然条件。”[15]53 因此，现实的生产力即劳动生产力，是人们运用科学技术和管理手段将劳动者与生产资料“结合起来”的整合效应。这里的“生产过程中的社会结合”包含两个方面：一是主体与客体要素之间以及劳动资料之间相互作用的原理、操作程序和方式方法，即自然科技知识；二是人与人之间的社会组织、协调、管理的形式和方法，即社会科技知识。二者只是一种手段，其效用的发挥都取决于劳动者及其主观能动性，即人文科技知识。所以，将现实生产力中的“科学技术”仅仅视为自然科技或者自然科技和社会科技，唯独没有人文科技，也是一种“去人化”倾向。

（4）在社会科学界，有人提出“完全等同”论，认为“‘社会发展’就是‘人的发展’。”这样，就为“社会实体”论无视人自身的存在与发展留下了空间。

（5）一些持后现代思潮的学者认为，“主体的内涵应扩展到自然物，而且自然物和人类是同样重要的”，甚至还有人认为“自然主体是最高的主体”，并以“生态中心主义”取代“人类中心主义”。“复杂性科学”在研究自组织、非线性等问题时，也只有“生物、生命体”。其实，“生物、生命体”等自然物与人类（尽管人是自然界的一部分）的本质区别在于人的实践活动及其过程中的自我反思（人是唯一具有自我意识的存在物）。因此，只有人才具有“主体”的资质。即使由“生态中心”取代“人类中心”，也不能解决当今世界存在的三大危机——外在自然的破坏（生态危机）、内在自然的失落（生存危机）和人际关系的对抗（社会危机），根本问题在于每一个人树立科学的生存观并付诸行动。

（6）在现实生活中，存在着“见物不见人”，或者仅仅将人视为某些人达到目的的一种手段，即只是“利用人”而不是同时“为了人”。这是一种“无民化”即无视老百姓利益的倾向。如最近发生的一些“矿难”，多数是官商勾结造成的“人祸”。有些企业管理者或私人业主不顾工人们的生命安危，以牺牲人的生命为代价，换取几个人的发财致富。如高等院校的一些官员“学者”通过关系捞到科研项目后，成为“老板”，视下属为“工人”，并侵占其科研成果，捞到许多好处后“过河拆桥”，或者打压真正的学者，这是当前学术腐败现象的一个新特点。又如前段时期的医药体制改革，造成老百姓看病贵、甚至不堪重负，以及学校的高收费等，都是无视老百姓的利益造成的。我国搞的社会主义市场经济，从根本来说，应该是使大多数老百姓获益、共同富裕的经济，从这个意义上来说，应该是以人为本的市场经济。即使是当今的资本主义国家搞市场经济，也注意老百姓的福利和就业。显然，“去民化”倾向与党中央提出的“以人为本”、“执政为民”思想相悖不容。

总之，“去人化”倾向是树立和落实“科学发展观”的主要障碍。科学发展观的科学性，首先在于“以人为本”——人是出发点，最终是“为了人”，而且是要“促进经济社会和人的全面发展”。为此，必须是自然科技、人文科技、社会科技通过人的活动“协调和集成起来”并产生综合效应。显然，克服“去人化”的社会倾向，在各个领域真正落实“科学发展观”，是一场广泛而深刻的革命。

参考文献

[1]　爱因斯坦．爱因斯坦文集：第1卷［M］．北京：商务印书馆，1977.

[2]　陈文化．科学技术与发展计量研究［M］．长沙：中南工业大学出版社，1992.

[3]　波普尔．波普尔科学哲学选集［M］．纪树立，译．北京：生活·读书·新知三联书店，1987.

[4]　马克思，恩格斯．马克思恩格斯全集：第2卷［M］．北京：人民出版社，1979.

[5]　马克思．资本论［M］．北京：中国社会科学出版社，1983.

[6] 马克思，恩格斯．马克思恩格斯全集：第 46 卷（上）［M］．北京：人民出版社，1979．
[7] 马克思，恩格斯．马克思恩格斯全集：第 23 卷［M］．北京：人民出版社，1979．
[8] 列宁．列宁哲学笔记［M］．北京：人民出版社，1957．
[9] 赵南元．科学人文，势如水火：评杨叔子《科学人文，和而不同》［R］．“万维读者网络”教育与学术，2002-06-23．
[10] 何祚庥．我为什么要批评反科学主义［N］．科学时报，2004-05-13．
[11] 胡桂香，陈文化．“科学主义”：一种传统的科学观［J］．科学技术与辩证法，2005（3）：48-52．
[12] 舒马赫．小的是美好的［M］．北京：商务印书馆，1985．
[13] 胡锦涛．在两院院士大会上的讲话［N］．人民日报，2004-06-03．
[14] 陈文化．技术的知识性与技术的市场开拓：科技·战略·体制［M］．学术期刊出版社，1986．
[15] 马克思，恩格斯．马克思恩格斯全集：第 23 卷［M］．北京：人民出版社，1979．

二、“科学发展观”与全面科技发展

（2003 年底）

“科学发展观”是我党从新世纪新阶段的客观现实出发，汲取人类关于发展问题的有益成果，创造性地对社会主义现代化建设理论的新发展。

在传统发展观指导下形成的单一自然科技发展观即传统科技发展观与“科学发展观”是相悖不容的。于是，我们提出全面科技发展或“大科技”发展。

本文就“科学发展观”与全面科技发展的内在关系问题进行一些探讨。不妥之处，请专家、学者指教。

（一）

党的十六届三中全会提出“坚持以人为本，促进经济社会和人的全面发展”，并强调按照“五个统筹”的要求，全面推进改革和发展。我们将这个“科学发展观”概括为“以人为本，全面发展”（有的文章只强调“全面、协调、可续发展”，很少提到“以人为本”这个核心根本问题）。“以人为本”就直接地否认了“以物为本”或“以钱（货币）为本”，并将发展的出发点和目标确定为“全面发展”，即实现经济全面繁荣、社会全面进步和人的全面发展。而“以物为本”是舍弃社会进步和人的发展换取一时的经济增长，即把“经济增长”当作唯一的至高无上的发展目的，理所当然地就只注重自然科技的发展。于是，人就成为经济增长的手段、工具，或者视人为机器、设备的附属物，或者将人（主体要素）与物质手段（客体要素）并列起来。总之，是“见物不见人”的传统工业社会发展观。1987 年我曾经针对一些人主张发展自然科学技术的目标就是增加物质产品的数量，并且把物质生产的绝对量或人均相对量作为衡量技术发展的根本性的指标，谓之“以物质增长为中心”，明确提出“科学技术工作要以人的发展为中心”。因为随着世界新兴技术革命的深入发展，正在改变着人们的价值观念，“以物质增长为中心”日益转变为“以人的发展为中心”。正如英国的罗伯逊指出的，“工业革命体现了在物的发展方面的划时代的突破，而后工业革命则意味着在人的发展方面的划时代的突破”。“在后工业转变时期，所有关心技术发展的人所面临的一个挑战是发展和应用以人为中心的技术。”[1]46-47其实，这个观点源于 1986 年我们在为常德地区研制中长期发展规划时，针对当地领导“以产品为中心”的主张和自然环境污染严重的现实，提出“科学技术工作以提高综合效益（即经济效益、生态效益、社会效益和人的发展效益之综合）为中心”。1999 年又明确地提出“以人的全面发展为中心的发展观”[2]84-89。

这就揭示了传统科技发展观（单一的自然科技发展观）的时代局限性。

单一的自然科技发展观在国内外仍然十分盛行。如自然“科学主义”认为：自然科学独自能够并逐步解决人类面临的所有的，或者是几乎所有的真正的难题，自然科学技术是导向人类幸福的唯一有效的工具。国内也有学者认为：“科学仅指自然科学”，自然“科学不许胡说，人文允许（甚至鼓励）胡说，这就是科学与人文的根本分歧，也是科学与人文之间不可调和的根本原因。”“科学人文，水火不容。如果硬要二者牵手，则会既毁了科学，又毁了人文。”[3]在现实生活中，人为地割裂自然科技与人文科技、社会科技的情况比比皆是。现在的中国“科学”院，似乎将人文科学、社会科学入“另册”或“降级”了；在管理体制上，政府管自然科技（“第一生产力”），党委管“人文社科”（视为意识形态，也未视为“科学”）；科技管理部门只抓自然科技这个“唯一”的第一生产力，对人文科技、社会科技很少问津；在教育界和民众中，重理轻文似乎成了一种“时尚”……。正是这种传统的科技发展观导致我国在科学技术领域中自然科技“一条腿特长”、人文科技和社会科技“一条腿奇短”的极不正常的残疾状态，严重地影响着自然科技、经济社会和人的“全面发展”。因此，我们提出全面科技发展观或“大科技”发展观，即以人为本，促进自然科技、人文科技、社会科技的同时、协调、可持续发展。

（二）

自然科技与人文科技、社会科技既是对立的，又是同一或统一的，其同一性主要表现在矛盾双方在一定条件下的相互依存和相互转化，这就是辩证法。列宁指出：“辩证法是一种学说，它研究对立面怎样才能同一，是怎样（怎样成为）同一的——在什么条件下它们是相互转化而同一的——为什么人的头脑不应该把这些对立面看作僵死的、凝固的东西，而应该看作活生生的、有条件的、活动的、彼此转化的东西。”[4]90 人们只看到“三种文化的对立”，不研究“对立面怎样成为同一的”。其实，从本体论来看，自然科技、人文科技、社会科技的研究对象是同一个客观世界这个统一体中的一部分（即自然或人类或社会），即具有同源关系。

“科学发展观”与全面科技发展观具有同源关系，即源于同一个现实存在——客观世界的演化过程和基本构成的“内在整体”。

“科学发展观”中的“促进经济（属于自然领域——引者注）、社会和人的全面发展”的科学性，在于它将被传统发展观边缘化了的人重新回归到“自然—人—社会”统一体中的中心地位。人（类）本来就是属人世界的中心。客观世界的演变是从天然自然到人猿揖别再到人类社会的“自然历史过程”。也正是有了人（类）的实践活动，才使客观世界成为一个“内在的整体”，即从自然界通过人文界（“人的世界”——马克思语）到社会界的“任何一处都打不断的链条”。客观世界内部的自然界与人文界和社会界之间本来就是同时、协调、可持续发展的，只是后来的工业社会将人边缘化或者“去人化”而破坏了这个和谐的世界。

我们根据客观世界演变的“自然历史过程”及其基本构成，将科学技术分为自然科技、人文科技和社会科技三大基本门类[5]（见表1）。

表1　世界的基本构成与科学技术基本门类、发展目标的关系表

客观世界的演变过程	天然自然界 ↔	人　类 ↔	社　会
世界的基本构成	自然界 ↔	人文界 ↔	社会界
科学技术的研究对象	人对自然界的关系 ↔	人（类）自身 ↔	人与人之间的关系
科学技术的基本门类	自然科技 ↔	人文科技 ↔	社会科技
“全面发展”的目标	经济全面繁荣 ↔	人的全面发展 ↔	社会全面进步
“全面生产”的内容	物质生产 ↔	人的生产；精神生产 ↔	社会关系生产

注：↔表示双向作用形成为内在的整体。

关于“三大基本门类”的思想，马克思、恩格斯早就表述过。他们说：人在实践中“产生的观念，是关于他们同自然界的关系，或者是关于他们之间的关系，或者是关于他们自己的肉体组织的观念。”[6]30正是从这个意义上，马克思认为，自然科学是“人对自然界的理论关系”[6]191，或“关于他们同自然界的关系”。自然技术是“人对自然界的活动方式”或“能动关系”（《资本论》），即如何“做事”（造物、用物）的方式方法体系。恩格斯指出：包括经济学在内的社会科学“所研究的不是物，而是人和人之间的关系，归根到底是阶级和阶级之间的关系”[7]123，或者是“关于他们之间的关系”。社会技术是协调人与人之间关系，如何“处世”的方式方法体系。至于人文科学，我们认为，它是关于人（类）自身的“肉体组织”和内心世界及其外在表达（文化）的观念。（“人文”指人自身固有的本质和特性，即人之所以为人的内在规定性。）人文技术是自我调节、如何“做人”的方式方法体系，即“怎样生活”（马克思语）。因此，自然科学技术研究人与自然物的关系，人文科学技术研究人（类）自身，而社会科学技术研究人与人之间的关系。有学者否认人文科学，或者将人文科学归并于社会科学（认为“人文科学和社会科学的研究对象都是社会现象”），并称之为“人文社会科学”或“哲学社会科学”。这就混淆了两类科学的研究对象——人与社会——之间的区别。其实，研究人（类）自身和人与人之间的关系不是一回事的，尽管它们之间存在着密切的联系。某个人会成为“关系”的承担者，也是生活于“关系”之中的，但是人与人之间的某种关系对于个人来说是外在的，“不能要个人对这些关系负责的”（马克思语）。著名的社会科学家迪尔凯姆在《社会学方法的准则》一书中指出：“个人生活与集体生活的各种事实具有质的不同”，后者“存在于构成社会的个人意识之外”。显然，“关系的承担者”

(人)与“关系”(社会)是两同事，正如物与二物之间的距离（作为一种关系)、“存在者”与“存在”不能混同一样。

因此，以世界（自然界、人文界、社会界）为研究对象的科学技术就由自然科学技术通过人文科学技术到社会科学技术形成为“内在的整体”。正如量子力学创立者普朗克指出的，“科学是内在的整体。它被分解为单独的部门不是取决于事物的本质，而是取决于人类认识能力的局限性。实际上存在着从物理学到化学，通过生物学和人类学（属于人文科学——引者注）到社会科学的连续链条，这是任何一处都打不断的链条。如果这个链条被打断了，我们就是瞎子摸象，只看到局部而看不到整体。”[8]而且，以人文界为研究对象的人文科学是介于自然科学与社会科学之间的中介型科学并居于科学技术这个“内在整体”的中心环节。英国经济学家舒马赫指出：“一切科学，不论其专门化程度如何，都与一个中心相连接，就像光线从太阳发射出来一样。这个中心就是由我们的最基本信念、形而上学和伦理学（均属人文科学——引者注）所构成。”[9]60在科学技术这个“内在的整体”中，“自然科学是一切知识的基础……并将成为人文科学的基础”（马克思语），人文科学技术、人文价值是对自然科技的一种补充和矫正，同时它又是社会科技的直接基础。于是，现代科学技术体系结构是“一主两翼”——以人文科学技术为主体、自然科学技术和社会科学技术为两翼的整合体，而数学科学技术、系统科学技术和其他交叉边缘科学技术渗透于各门类、各学科之间[10]（见图 1)。

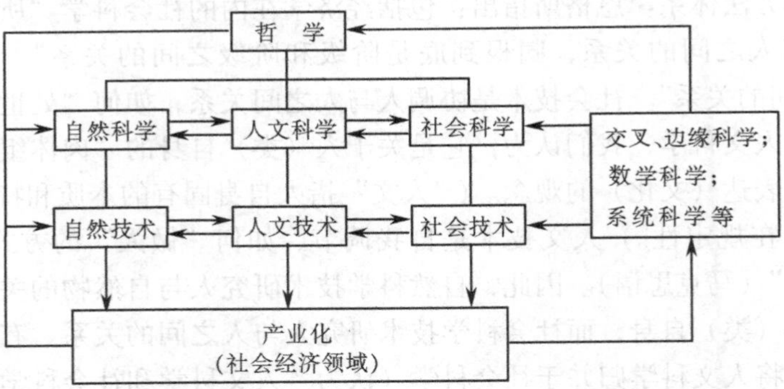

图 1　现代科技“一主两翼”立体网络结构示意图

（三）

马克思的“全面生产”理论是“科学发展观”的理论基础，也为全面科技发展观提供了理论支撑。传统的生产观认为物质生产活动是唯一的生产形式，经济发展也只追求 GDP 的增长，这是对马克思“全面生产”理论的一种曲解。

马克思指出：“动物的生产是片面的（Einseitig），而人的生产是全面的（Universell），动物只是在直接的肉体需要的支配下生产，而人甚至不受肉体需要的支配也进行生产，并且只有不受这种需要的支配时才进行真正的生产；动物只生产本身，而人再生产整个自然界（似应为“整个世界”——引者注），动物的产品直接同它的肉体相联系，而人则自由地对待自己的产品。”[11]96-97在《费尔巴哈》一文中，谈到个人的精神财富取决于他的现实关系的财富时，又进一步地指出：“仅仅因为这个缘故，各个单独的个人才能摆脱各种不同的民族局限和地域局限，而同整个世界的生产（也包括精神的生产）发生实际联系，并且可能有力量来利用全球的这种全面生产（人们所创造的一切）。”[6]42显然，马克思的“全面生产”是指“人们所创造的一切”的活动，也就是指人类社会的生产和再生产。

马克思的“全面生产”由四类生产形式组成：一是物质生产活动。他说：“这种活动、这种连续不断的感性劳动和制造、这种生产，是整个现存感性世界的非常深刻的基础”[6]49。二是人的生产，即人的“增殖”及其素质的全面提高。他说：“每日都在重新生产自己生活的人们开始生产另外一些人，即增殖。”[6]33三是“精神生产”或“脑力劳动”。他说：“思想、观念、意识的生产最初是直接与人们的物质活动，与人们的物质交往，与现实生活的语言交织在一起的……表现在某一民族的政治、法律、道德、宗教、形而上学等的语言中的精神生产也是这样”[6]30。四是社会关系生产。他说：“通过异化劳动，人不仅生产出他同作为异己的、敌对的力量的生产对象和生产行为的关系，而且生产出其他人同他的生产和他的产品的关系，以及他同这些人的关系。”[11]99-100在现实的生产活动中，同时也就生产出社会关系，因为只有在这些社会联系和社会关系的范围内，才会有生产。

上述四种不同门类的生产及其相互关系，构成马克思“全面生产”理论的基本内容。四类生产形式之间由“人通过人的劳动”相互渗透、彼此制约、相互作用，并形成整个社会的有机统一的生产体系（见图2）。

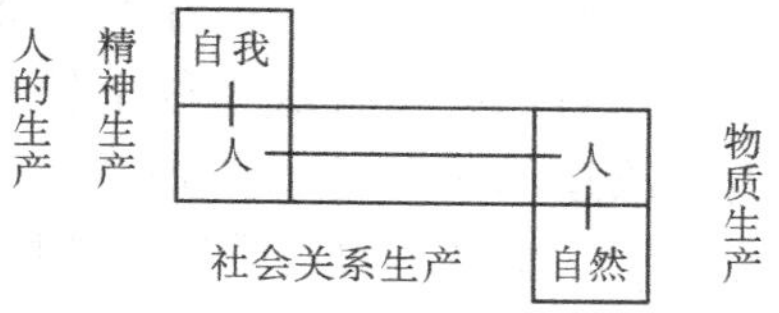

图2　马克思“全面生产”的“内在整体”示意图

物质生产属于自然界。按照马克思的意思，“物质生产”是“人对自然界的实践关系”[7]191。如同“自然科学是一切知识的基础”一样，物质生产即“生产物质生活本身”是其他一切生产形式的基础。

人的生产和精神生产（脑力劳动）属于人文界。“人文”一词包含“人”和

"文"两方面，即"人"生产出"文"，又用"文"来化"人"，主要解决"如何做人"即具备人文精神的问题，这是进行生产的先决条件。精神生产的重要任务是要解决"是什么"，特别是"怎么样"、"怎么做"的问题。马克思说：一个人怎么生活，他就是怎么样的人；一个社会是什么样的，不在于生产什么，要看它怎么生产，一个社会怎么样生产，这个社会就怎么样[6]25。因此，一般说来，人的生产和精神生产在"全面生产"中处于被奠基的和最高的层面上。

社会关系生产是人对社会的实践关系。一方面，社会关系生产是物质生产、精神生产的前提条件。马克思指出："为了进行生产，人们相互之间便发生一定的联系和关系，只有在这些社会联系和社会关系的范围内，才会有他们对自然界的关系，才会有生产。"[6]362另一方面，社会关系生产在其他一切生产中起着某种决定性的作用。马克思指出："一切关系都是由社会决定的，不是由自然决定的。"[12]234在谈到现代社会中的个人只有作为交换价值的生产者才能存在时又说："这种情况就已经包含着对个人的自然存在的完全否定，因而个人完全是由社会所决定的。"[12]200这里的"社会"，本质上就是指"社会关系"。因为"社会不是由个人构成，而是表示这些个人彼此发生的那些联系和关系的总和。"[12]220因此，在现实的生产活动中，社会关系生产是最具本质性的生产形式，处于"中介层面"（见图2）。因为它像一只看不见而又感觉到的手，贯通于物质生产、人的生产和精神生产整个过程的始终。

因此，马克思的"全面生产"理论既为"科学发展观"，又为全面科技发展观提供了理论支撑。因为它们都源于同一个现实存在——客观世界的演化过程及其基本构成（自然、人类和社会）的"内在整体"（见表1）。那种只重视物质生产（经济增长）和自然科学技术，忽视人的生产、精神生产和社会关系生产，忽视人文科技和社会科技的观念与行为，都违背了客观世界的"存体"和"存态"。

总之，客观世界（自然、人类、社会）本源于物质，统一于人的实践活动，只有人通过实践活动，才能使客观世界成为一个"内在的整体"；也只有通过人的活动运用人文科技，才能使自然科技与社会科技成为科学技术的"内在整体"。人对世界认识的科学技术和人对世界改造的生产活动都是"全面的"，这样就将"三种文化"外在关系的"对立和对抗"以及单一的物质生产转换为同一个"全面科技"、"全面生产""内在整体"中的部分（要素）之间的关系，从根本上化解了其中的"对立和对抗"性。而"走向科学的人文主义和人文的科学主义"、"自然科学工作者与人文社会科学工作者联盟"等主张，以及自然"科学主义"与反自然"科学主义"的论争，都是从自然科学与人文科学和社会科学之间的"外在关系"出发，求得"二者的和解和沟通"，没有从科学技术本身"内在的整体"上研究和思考。也就是说，他们先预设了"三种文化对立"的前提，再从其"外在关系"上"求解二者和解”的方案，显然不是像列宁那样“研究对立面怎样才能同一，是怎样成为同一的”。这也就是我们提出全面科技发展观的缘由。

（四）

无论是自然科学技术，还是人文科学技术和社会科学技术，作为人类精神生产的产物（知识体系），一旦外化或客观化以后，就脱离了主体而相对独立地存在着。然而，人在从事现实活动时，自然科学技术、人文科学技术和社会科学技术又是融汇于一身的。

从微观层面来看，一个“从事现实活动”的正常人不可能只有自然科技知识，或者人文科技知识，或者社会科技知识，而是在三者综合于一身的基础上的某种（些）特长或突出展现。也就是说，人的每一个现实活动，都是“如何做人”（人文技术）、“如何处世”（社会技术）、“如何做事”（自然技术）融为一体并产生其综合效应的行为。马克思指出：“人们在生产中不仅仅同自然界发生关系。他们如果不以一定方式结合起来共同活动和互相交换其活动，便不能进行生产。为了进行生产，人们便发生一定的联系和关系；只有在这些社会联系和社会关系的范围内，才会有他们对自然界的关系，才会有生产。”[6]362因此，在现实活动中，“做人”、“处世”与“做事”是不能分离的，即根本不存在没有人（生活于社会关系中的人）的“做事”。“科学主义”者鼓吹什么“自然科技独自解决”论不是“胡说”也是无知。(见图3)。就拿自然科学技术活动来说，活动的主体是人，而且是生活于社会关系中的人。主体（人）的精神状态、价值观念、知识结构、技巧智能和气质特点等主观因素与作用能否充分发挥的客观因素（主要指人际关系环境），决定着一个人的事业成败及其大小。正如英国经济学家舒马赫指出的，“自然科学不能创造出我们借以生活的思想……它没有告诉人们生活的意义，而且无论如何医治不了他的疏远感与内心的绝望。如果一个人因为感到疏远与迷惑、感到生活空虚或毫无意义，他哪里还有什么进取、追求，还有什么科学实践活动呢?”[9]54爱因斯坦在告诫美国加州理工学院的学生时指出：“如果想使自己一生的工作有益于人类，那么只懂得应用科学本身是不够的，关心人的本身应该始终成为一切技术奋斗的主要目标；关心怎样组织人的劳动和产品分配这样一些尚未解决的重大问题，用以保证我们科学思想的成果会造福于人类，而不致成为祸害。在你们埋头于图表和方程时，千万不要忘记这点!”[13]731984年的《日本经济白皮书》中明确地指出：“在当前政府为建立日本企业所做的努力中，应该把哪些条件列为首要的呢？可能不是资本、法律和规章，因为这二者都是死的东西，是完全无效的，使资本和法规运转起来的是精神。因此，就有效性来确定这三个因素的分量，则精神占十分之五，法制占十分之四，而资本只占十分之一。”显然，自然科技和物资设备、资本、法规等这些“死的东西”要“运转起来”，只能靠生活于社会关系中的人及其人文精神的充分发挥。

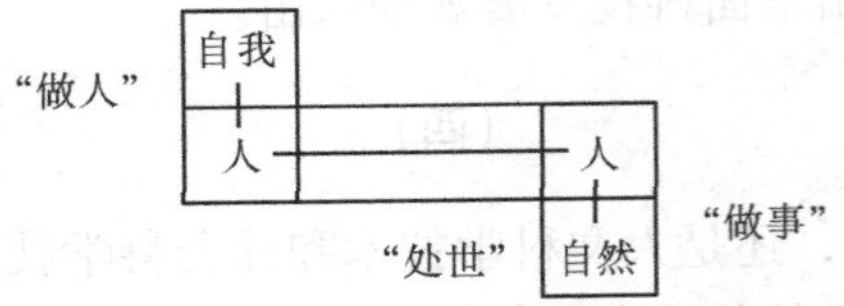

图3 “做人”“处世”“做事”的“内在整体”示意图

自然科技成果（客体）只有主体通过技术创新活动才能变成“第一生产力”。邓小平在提出“科学技术是第一生产力”论断时，还讲过“科学当然包括社会科学”。其实，在现实的生产活动中，单一的自然科学技术还不是第一生产力，单一的人文科学技术或者社会科学技术也不是第一生产力，只有由“人通过人的劳动”使三者相互作用的结果，才是现实的第一生产力。因为自然科学技术活动是主体认识和变革自然，实现自然物质变换；人文科学技术活动是主体认识和变革人自身，实现人的行为变换；社会科学技术活动是主体认识和变革社会，实现社会关系变换，正是主体、也只有主体才能使三者在社会化的实际活动及其发展过程中有机地结合在一起。正如马克思、恩格斯指出的，“只要有人存在，自然史和人类史就彼此相互制约。”（这里的“自然史，即所谓自然科学”，“意识形态本身只不过是人类史的一个方面”。）[6]21他们在谈到自然—人—社会的“同一性”问题时指出：“人们对自然界的狭隘的关系制约着他们之间的关系，而他们之间的狭隘的关系又制约他们对自然界的狭隘的关系”[6]35然而，“科学主义”者在谈论自然科学技术活动和功能发挥问题时，往往是主体空缺，即“见物不见人”，或者是主客颠倒。而马克思把对象、现实、感性当作人的活动、当作实践去理解，从主体方面去理解，把人的活动本身理解为对象性的活动[6]16。他还明确地指出：“我们的一切发现和进步，似乎结果是使物质力量具有理智生命，而人的生命则化为愚钝的物质力量。”其实，“要使社会的新生力量很好地发挥作用，就只能由新生的人来掌握它们”。“历史本身就是审判官，而无产阶级就是执刑者。”[7]79-80在教育界，人文教育也只注重知识讲授，而缺乏人文精神培育，培养出来的人只会“做事”，不会“做人”和“处世”。在社会上，一些人挖空心思赚“黑心”钱，假冒伪劣现象屡禁不止……大概就是因为这个缘由，“科学发展观”指出：只有“坚持以人为本”，才能“促进经济社会和人的全面发展”。同样，也只有“坚持以人为本”，才有全面科技的发展。

我们从现实活动的角度，讨论了自然科技通过人文科技这个中介环节与社会科技形成有机的统一体，并没有否认它们之间的区别（区别问题，许多学者已经说得很多了，本文不再赘述）。人文现象的主体性（精神性）、价值性、意义性和历史性决定了人文科学技术区别于研究社会现象（人与人之关系）的社会科学技术和研究自然现象的自然科学技术的独特性质与特征。正是由于“和而不同”，才有“和实生物”，而“同则不继”也。

当今时代尽管还在分化，但综合化、整体化的趋势日益凸显。现代的科学精神体现为真、善、美的统一，即自然科学技术求“真”、社会科学技术求“善”（善待关系、善待人和事）与人文科学技术求“美”（心灵美）的对立统一。现代文明也是物质文明、精神文明与和谐文明的对立统一。现代科学技术的思维方式使自然现象、精神现象和社会现象之间的鸿沟日趋消失，自然科学技术的概念、方法和手段向人文科学技术和社会科学技术的渗透，以及人文科学和社会科学的价值判断、伦理观念与理论观点在自然科学技术活动中的广泛应用，引起了当代思维方式的深刻变革。在日趋全球一体化的今天，许多涉及全球性的研究课题，如环境、人口、资源、气候和可持续发展等，必然要求自然科学技术、人文科学技术与社会科学技术的紧密协同等。所有这些都表明当代的自然科学、人文科学、社会科学走向融汇与整合的大趋势，马克思预示的“一门科学”的新时代绝不会是遥遥无期的。

（五）

综上所述，依靠全面科技进步，才能实现“全面发展”；要加快全面科技发展，必须贯彻“以人为本，全面发展”的科学发展观。这就是两者之间的辩证关系（见图4）。

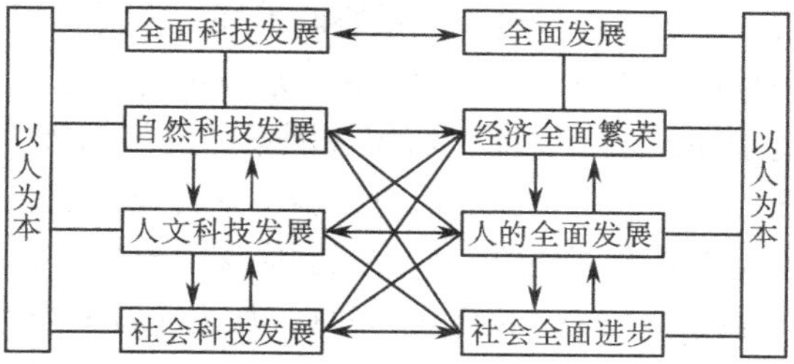

图4　“科学发展观”与全面科技发展的辩证关系示意图

如图4所示，坚持“以人为本”，才会实现自然科技或人文科技、社会科技的进步及其全面发展，也才会“促进经济社会和人的全面发展”；自然科技或人文科技、社会科技的进步及其全面发展既是“经济社会和人的全面发展”的需求，又是主体（人）与经济社会条件相互作用的结果，而“经济社会和人的全面发展”是自然科技、人文科技和社会科技的主导多维的整合效应。

因此，我们提出以下建议。

第一，深化科技体制改革，建立和完善管理部门与科研机构，规范话语系统。各级政府的科技管理部门应该统一管理自然科技、人文科技和社会科技工作。中国科学院和中国社会科学院，要么合并为中国科学院，下设三个分院；要么成立中国自然科学院、中国人文科学院和中国社会科学院，统一归属国家科技部领导。建议"科学技术"协会与"社科联"合并，统称"科学技术协会"。两个"基金委"合并，统一安排研究课题。同时，建立规范的话语系统，不要将自然科技等同于科技，也不要笼统地称呼"×××科学家"。就连"自然科学家"的"知识是分离的，被肢解的、箱格化的"，与"现实或问题愈益成为多学科性的、横向延伸的、多维度的、跨国界的、总体的、全球化的"之间的"严重不适应"[14]24。

第二，切实加强人文科技研究，充分发挥人的作用。现在的"中科院"保留几个人文科学方面的研究所、高教领域将人体医学与兽医学同划为理科，这就把人仅仅视为"自然存在物"了，真有点荒唐！由于20世纪50年代将人文科学"一分为二"，致使我国的人文科技研究十分落后，连"人文科学"的名称也很少提到。经常见到的只有"经济增长"或者"经济社会发展"，而把"人的全面发展"删掉了。没有人，哪里有发展?！一些单位的领导往往只注重采用提高岗位津贴等经济手段"引进人"或"留住人"，没有在创造人文环境上下工夫。这种视人仅为工具的"经济人"，是当前人才工作上的一个误区，怎么能称得上"以人为本"呢！

第三，加强社会科技研究，注重协调人际关系。人生存于社会关系之中，个人作用的充分发挥依赖于和谐的人际关系。目前的人际关系，如干群关系、工人与农民的关系、富人与穷人的关系、在职人员与离退休或下岗人员的关系等，仍然存在着许多突出的、甚至是尖锐的矛盾。如果这些关系协调不好，不仅直接影响到国人积极性的充分发挥，而且是一种危险的不稳定因素。在处理发展与稳定的关系时，应该实施积极的稳定政策。创造条件，充分发挥一切积极因素，并将消极因素转化为积极因素，这才是领导者的责任。一些人用掌握的权力压制、排挤业务上强过于自己的人，并导致人际关系紧张，不见得是个别现象。这个问题应该引起足够的关注。

第四，在加强"科学发展观"教育的同时，加大全面科技发展观的研究和宣传力度。应该破除"科学仅指自然科学"，而人文科学和社会科学都是"胡说"的神话。任何科学知识都是源于实践并得到实践检验的理性认识。"唯一"论和"胡说"论本身就是不科学的。建议在全国范围内，开展一次"科学发展观"和全面科技发展观的讨论与学习，使人们真正认识到自然科技、人文科技和社会科技"同等重要"，并落实到促进经济、社会和人的"全面发展"的实际行动中。在广大干部中，强化"民本"思想意识，要当领导首先要"做人"，并且要做好"人"，才能"为人民服务"。

第五，落实"科学发展观"，彻底改变教育理念，注重培育人文精神。长期以来，我们只重视专业教育（"做事"），忽视了"做人"和"处世"这个"最基本的"实践、培育。这种状况不能不说是教育理念和教育模式的一个失误。正如爱因斯坦指出的，"用专业知识教育人是不够的。通过专业教育，他可以成为一种有用的工具，但是不能成为和谐发展的人。要使学生对价值有所理解并且产生热烈的感情，那是最基本的。他必须获得对美和道德上的善有鲜明辨别力。否则，他连同他的专业知识——就像一只受着很好训练的狗，而不像一个和谐发展的人。”[15]6近些年来，开始重视人文教育，但似乎只当作“人文知识”讲座或课堂教学，关键在于社会实践和体悟，才能将人文知识内化为人文精神。因此，按照全面科技发展观安排课程和教学内容，改变教育模式和方式，真正培育出一批又一批全面的“和谐发展的人”。这不仅仅是所有学校的首要任务，而且应该作为一项全民参与的社会工程，提高全民族的“以人为本，全面发展”意识。

参考文献

[1]　陈文化．技术体系［C］//陈念文．技术论．长沙：湖南教育出版社，1987.
[2]　陈文化．腾飞之路：技术创新论［M］．长沙：湖南大学出版社，1999.
[3]　赵南元．科学人文，势如水火：评杨叔子《科学人文，和而不同》［R］．读者“万继网络”教育与学术，2002-06-23.
[4]　列宁．列宁全集：第 55 卷［M］．北京：人民出版社，1990.
[5]　陈文化，胡桂香，李迎春．现代科学体系的立体结构：一体两翼——关于“科学分类”问题的新探讨［J］．科学学研究，2002（6）：565-567.
[6]　马克思，恩格斯．马克思恩格斯选集：第 1 卷［M］．北京：人民出版社，1974.
[7]　马克思，恩格斯．马克思恩格斯选集：第 2 卷［M］．北京，人民出版社，1974.
[8]　转引自成思危．切实推进我国的软科学事业［J］．中国软科学，1998（7）：6.
[9]　舒马赫．小的是美好的［M］．北京：商务印书馆，1985.
[10]　谈利兵，陈文化．试论自然科学通过人文科学到社会科学的一体化［J］．自然辩证法研究，2002（12）：5-7.
[11]　马克思，恩格斯．马克思恩格斯全集：第 42 卷［M］．北京：人民出版社，1979.
[12]　马克思，恩格斯．马克思恩格斯全集：第 46 卷（上）［M］．北京：人民出版社，1979.
[13]　爱因斯坦．爱因斯坦文集：第 3 卷［M］．北京：商务印书馆，1979.
[14]　E．莫兰．复杂性理论与教育问题［M］．陈一壮，译．北京：北京大学出版社，2004.
[15]　转引自刘大刚，鲁克成．大学生文化修养讲座［M］．北京：高等教育出版社，2003.

三、科学技术：一个内在的整体

（2003年9月）

在我国，由反对使用“科学技术”或“科技”一词而引发的关于科学与技术关系问题的争论，已经持续了20多年。反对者中多为著名的自然科学家、社会科学家和哲学家。在20世纪80—90年代，主要是主张“科学与技术的本质不同”，先后提出“六大差异”和“九大区别”。2003年8月5日《科技日报》发表了题为《科学与技术不可合二为一》（以下简称“不可合”论）的论文。由两位院士编撰的这篇论文，尽管题目如同判决书，可是文中却缺乏“判据”，论证也不充分。针对“不同”论，1992年，我曾撰文《科学与技术的联系与区别》，提出并论述了技术中介性的本质特征。对于“不可合”论，本文不敢苟同，因为现代科学技术是一个“内在的整体”，是“对立面的同一”。下面拟从四个方面来阐述。

（一）

关于科学与技术关系问题的这场争论，其实质是对科学、技术及其本质特征的不同理解。“不同”论和“不可合”论都认为：“科学仅指自然科学，以认识自然、探索未知为目的”。还说：自然科学是关于认识自然现象和规律的知识，而自然技术是“将我们对自然界的认识去利用自然，向自然索取，改造自然以适应人类越来越复杂、越来越高标准的生活需要”。这样，就把技术视为改造自然、向自然索取的物质生产活动，或者“技术是一切达到目的的装置或设备”，即把技术拒斥于知识体系之外。于是，他们认为：“在科学—技术—经济之间的划界，分野就在于‘科学—技术’之间，而不在于‘技术—经济’之间。”

改造自然的活动与改造自然的“活动方式”（操作性的知识）、设备或装备与其制造和使用的方法之间既有联系，但又是不同的，其中涉及知识及其范围的划定问题。究竟什么是知识呢？《现代汉语词典》中的解释：“知识是人们在改造世界的实践中所获得的认识和经验的总和。”《牛津高级现代英语字典》认为：“知识是在实践中接触到的信息，了解和懂得的事物。”《辞海》也指出：知识是“人类认识的成果或结晶，包括经验知识和理论知识”。还说“知识（精神性的东西）借助于一定的语言形式，或物化为某种劳动产品的形式，可以交流和传递给下一代，成为人类公共的精神财富。”1996年，联合国经济合作与发展组织提出“知识经济”概念时，认为知识的内容包括4个“W”，即知道是什么（Know What）？知道为什么（Know Why）？知道谁会做（Know Who）？知道怎么做（Know How）？这就是说：

知识包括科学知识和技术知识两种形态。科学是回答“是什么”和“为什么”的理论性知识，技术是回答“怎么做”和“谁会做”的实践性知识，即操作性的方式方法的集合[1][2]1-82。因此，科学和技术共同构成一个知识体系。若把知识比作奔流而下的长河，科学和技术仅是分属上、下游的差异，而“不可合”论却把知识之河拦腰斩断，将下游（技术）抛入大海（经济、社会领域）。这是有悖常理的，也是对技术本质的一种“非此即彼”的形而上学的理解。

究竟什么是技术的本质特征呢？两位院士在“科学与技术的本质差异”一节中说，主要表现为科学的“不可预见性”与技术的“总体来说是可预见的”。而在“科学与技术的不可预见性”一节中又说：“科学和部分含有原始性创新的技术都有相当程度的不可预见性”。姑且不论其自身的前后矛盾，能以“预见性”与否作为科学与技术的“本质差异”吗？该文又说：“科学和技术同样以自然界为对象”，所不同的是科学认识自然，“技术是以对自然界的认识为根据来改造自然”。此处的“技术”又是指“改造自然”，而不是指改造自然的方式手段。显然，科学与技术的功能差别并不是它们的“本质区别”。同时，认识世界与改造世界的区别也不是绝对的，在认识世界的同时要改造世界，而在改造世界的活动中也要认识世界。正如加拿大科技哲学家M. 邦格在《技术的哲学输入和哲学输出》一文中指出的，“科学研究活动是为了认识而改造世界，技术研究活动是为了改造而认识世界。”

我们认为：技术的本质特征就是它的中介性[3-4],[2]83-91。无论是在“经济→技术→科学”和“科学→技术→经济”发展模式中，还是“科学⇌技术⇌经济”发展模式中，技术都处于科学与经济之间的中间地位，起着中介作用，从而构成系统演化的前后相继、持续不断的发展过程。正如恩格斯在《自然辩证法》中指出的，“一切差异都在中间环节阶段融合，一切对立都是经过中间的环节而相互过渡……辩证法不知道什么绝对分明的和固定不变的界限，不知道什么无条件的普遍有效的‘非此即彼!’，它使固定的形而上学的差异互相过渡，除了‘非此即彼!’，又在适当的地方承认‘亦此亦彼!’，并且使对立互为中介。”我们认为：这里讲的“中介”，就是指介于精神生产产品（科学）与物质生产产品（人造物）之间的一种客观存在。这种存在的特殊性在于：它既像物质生产产品，又像精神生产产品，它是一种过渡性的存在。这种存在往往是以某种形式的物质（如样品、样机、模型等）为载体，又以精神世界作为其内容。因此，无论是从内容、形态上，还是从作用、功能上来讲，技术都是科学与经济之间的中介、桥梁，呈现出既像科学又像物质的中介特征（见表1）。

表1　　技术的中介性特质

	科　学	技　术	物质生产产品
表现形态	知识	知识；物质	物质
性质与范畴	精神文明	精神文明；物质文明	物质文明
活动目标	探索真理	寻求实用的真理	应用有用真理
工作程序	个别→一般 实践→理论	个别⇌一般， 实践⇌理论	一般→个别 理论→实践
因果关系	原因（或结果）	结果；原因	结果（或原因）
劳动特点	自由度较大，实验室工作	有一定自由度，实验室、试验基地工作	自由度小，厂、矿、田间等处工作
作用与功能	认识世界	认识世界；改造世界	改造世界
价值观	科学价值	科学价值；综合效益*	综合效益
价值计量的标准	没有社会必要劳动时间	技术商品的交换价格由买卖双方协商确定	用社会必要劳动时间计量
交换（流）特点	不作为商品，并要尽快公布；学术交流形式多样	可以多次出售，交换形式多样，买卖双方是协作关系	一次性出售，交换形式单一，双方是买卖关系

*综合效益是指生态效益、经济效益、社会效益和人的生存与发展效益之整合。

技术的中介性主要表现在上述十个方面。概括起来，就是知识性及其实用性。这就是技术中介性的本质特征，其他特征都是从这个本质特征派生出来的。如技术表现为知识形态，属于精神文明的范畴，有认识世界的功能，具有科学价值等，主要是技术的知识性的表现；技术表现为物质形态，它的最终产物属于物质文明的范畴，有改造世界（作为活动方式）的功能，具有经济价值和社会价值等，主要是技术的实用性的表现；技术研究的目标是寻求真理的实用，技术同时处于结果和原因的双重地位，技术活动具有一定的自由度，技术研究的程序既可以从一般到个别，又可以从个别到一般等，是技术的知识性及其实用性的综合表现。

技术的中介性还可以进行形象的描述（见图1）。

综上所述，技术是科学与经济之间的中介。技术既不同于科学（理论性知识体系），又在某些方面类似于科学（知识）；它既不同于物质生产产品，又在某些方面类似于物质产品（物质载体）。因此，技术是一种实践性的知识体系。它的本质特征是知识性而不是物质性，也不是知识性与物质性的总和。如果把技术的本质理解为物质性（“物质手段”说），或者是物质性与知识性的总和（“总和”论），必然造成理论上的混乱和实践上的危害，“不可合”论就是典型之一。

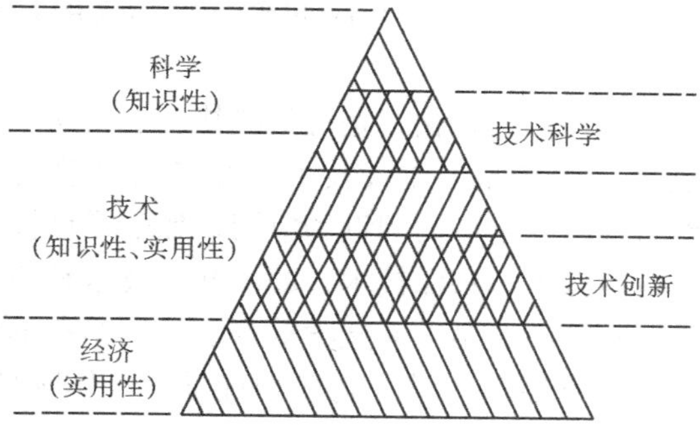

图1　技术的中介性示意图

（二）

“科学与技术不可合二为一”的论断是违反辩证法的。在现代知识系统中，科学与技术既是对立的，又是同一或统一的，其同一性主要表现在矛盾双方在一定条件下的相互依赖和相互转化。这就是辩证法。列宁指出：“辩证法是一种学说，它研究对立面怎样才能同一，是怎样（怎样成为）同一的——在什么条件下它们是相互转化而同一的——为什么人的头脑不应该把这些对立面看作僵死的、凝固的东西，而应该看作活生生的、有条件的、活动的、彼此转化的东西。”[5]90列宁讲的辩证法“研究对立面怎样才能同一，是怎样成为同一的”有两层含义：一是“事物发展过程中的每一种矛盾的两个方面，各以和它对立着的方面为自己存在的前提，双方共处于一个统一体中”；“更重要的还在于矛盾着的事物的相互转化”（毛泽东语）。

辩证法告诉我们：一切事物中包含的矛盾双方的相互依赖和相互作用，决定一切事物的生命，推动一切事物的发展。而矛盾着的双方不能孤立地存在，而是互为存在的条件。没有科学，无所谓技术；没有技术，也无所谓科学。对于一个有知识的人来说，不可能只有科学知识而没有技术知识的，反之亦然。科学院院士和科学家也不可能没有一定的技术知识，工程院院士和技术专家也不可能没有一定的科学知识。怎么能说“科学与技术不可合二为一”、不能融为一身呢?！同时，现代科学技术的发展既取决于主体具备的知识结构和认识能力，又取决于主体所拥有的技术物质条件。在天文学方面，仅靠肉眼观测所得的资料，形成“地心说”；有了基于科学原理的望远镜和其他技术设备，才能搞清楚太阳系的结构，于是形成“日心说”；后来，有了射电望远镜技术和设备，才有现代天文学。DNA双螺旋结构被发现以后，才形成分子生物学，然而没有X射线衍射技术，就没有观察DNA双螺旋结构的可能。所以，现代科学与技术是相互渗透、密不可分的，而且已经呈现出科学发现与技术发明同步化的趋势。这个从19世纪开始出现的新特点，人们已经形成共识，在此无需赘述。

科学与技术的相互促进和相互转化，是现代科技发展的又一特点和趋势。航天领域科学技术的发展就是一个典型。航天技术是在经典科学理论基础上发展起来的，它的发展不仅导致若干新技术群的问世和应用，如电子计算机技术、集成电路技术、新能源技术、新材料技术、环保技术、海洋开发技术和通讯技术等的产生与发展，而且带动了力学、物理、医学、天文学等许多经典学科的发展，促进了空气动力学、飞行力学、弹性飞行器动力学、高能物理学、天体物理学、微重力科学、空间生物学、微电子学等的发展；航天技术的发展还导致一些新学科的产生和发展，如系统工程、管理学、航空航天生物动力学、空间生理学、空间医学、信息学等[6]14-17。航天事业的发展充分地揭示了科学与技术之间的辩证关系，而“不同”论者不“研究对立面怎样才能同一，是怎样成为同一的”，“不可合”论者更是武断地否认“同一性”，把科学与技术这个“对立面看作僵死的、凝固的东西”。古语说的“相反相成”，就是认为两个不同的或对立的东西之间具有同一性，并且“和实生物，同则不继”。如果科学与技术“不同”而“不可合二为一”，哪里有现代科学技术的迅猛发展?！哪里有现代的经济繁荣和社会发展呢?！

（三）

“不可合”论是传统的“概念思维”或“逻辑思维”的产物。人类思维方式是随着时代推进而变化的。从远古时代的“动作思维”或“形象思维”走向近现代的“概念思维”或“逻辑思维”(即运用概念、语言、逻辑来进行思维，把握事物的本质、规律，以及它们之间联系的一种思维方式)，是人类思维方式的第一次大变革。随着现代自然科学（如非欧几何、相对论、量子论等）的迅猛发展，概念思维已经显露出局限性。李德顺等学者最近阐述马克思的思维形态——“实践思维”，即“历史的或动态的思维”或“关系型的动态思维”[7]。本文运用实践思维，从三个方面来探讨“不可合”论在思维方式和认识论上的局限性。

第一，“不可合”论是一种单向思维。这种单向思维主要表现在两个方面：一是认为“科学以认识自然、探索未知为目的”。这是一种尊重和服从对象本身存在及其规律的认知性思维。但是“认识自然、探索未知”并非人类的最终目的，因此不能停留于认识，为认识而认识、为真理而真理。其实，认识真理的目的是为人类自身的生存和发展服务的。因此，实践思维就从认知思维前进到价值思维并将两者相统一，即使追求真理成为创造价值和实现价值的基础。二是认为“技术是科学知识的应用”。这个论断缺乏“历史的和动态的”考量。从历史来看，技术与科学的关系先后经历了“技术→科学”、“科学→技术”和“科学⇌技术”三个阶段。前美国科学研究发展局局长布什（V.Bush）指出：“新产品和新工艺是以新原理和新概念为基础的。而这些新原理和新概念是由基础科学研究产生的”。“在下一代，技术进步和基本科学发现是分不开来的，而一个借助他国供应基本科学知识的国家将放慢其工业进步的步伐，削弱其在世界贸易中的竞争地位，在创新前竞争中将处于极端不利的地位。”[8]19关于现代技术发展的动因问题，国际和国内学界有科学推动（“知识应用”）说与市场拉动说之争。对于“应用”说的单向线性模型，人们普遍地认为：“只有在十分特殊的场合和十分特殊的方面，才有近似的直线式的因果序列”，而现实存在的通常是“具有反馈作用的、相互作用的过程”。如罗斯韦尔和罗伯逊的“相互作用模型”[9]。我曾经提出一个主导多维整合模型[10]11，即以市场需求拉动为主导的，科学推动、政府导控和主体创新合力多维整合效应。另据纳尔逊等人针对工业技术创新问题进行的一项大规模调查结果表明：有些产业高度依赖于科学，而有些产业却相反，科学和产业之间的关系是相当复杂的，不能一概而论[11]24-25。此外，在现实生活中，技术的发展除源于科学（即“科学知识的应用”）外，还有源于生产实践经验的总结、提升，或者将几种相关技术的综合等。显然，现代科学与技术之间的关系展现为多面性、多维性和变化动因的多元性。因此，单向线性模型的“科学知识应用”说是一种概念思维的产物。

第二，“不可合”论是一种静态的、直观的思维。李德顺认为：人类的生活实践本身是动态的、综合的。理解事物，如何把它动态化、历史化，像历史和现实生活本身那样，这是一个极高的思维境界，也就是马克思倡导的关系型的动态思维。马克思、恩格斯说：“个人怎样表现自己的生活，他们自己也就怎样。因此，他们是什么样的，这同他们的生产是一致的——既和他们生产什么一致，又和他们怎样生产一致。”[12]25马克思又说：一个社会是什么样的，不在于他生产什么，要看他怎么生产；一个社会怎么样生产，这个社会就怎么样……[13]。这是马克思、恩格斯阐述的一个非常重要的思想，即“是什么”和“如何是”即“怎么做”是一回事；不在于是什么，而在于怎么做。邓小平也指出：“什么是社会主义和如何建设社会主义是一个根本问题。”“社会主义是一个很好的名词，但是社会主义怎样，要看我们干得怎样，政策对不对，干得好不好，优越性显没显示出来。”这就明白无误地揭示出“什么是”和“如何做”是“一个”而不是“两个”问题[14]。而“不可合”论却把科学和技术当作截然不同的“两回事”。

第三，“不可合”论是单向度认识论的产物。马克思主义的具体认识过程包括科学认识和技术认识两个密不可分的阶段。马克思指出：一个思维的逻辑运动中包括两条方向相反的“道路”：“在第一条道路上，完整的表象蒸发为抽象的规定；在第二条道路上，抽象的规定在思维行程中导致具体的再现。”[15]103何谓“具体的再现”呢？马克思明确地指出：“后一种显然是……从抽象上升到具体的方法”，“它在思维中表现为综合的过程，表现为结果”。恩格斯也认为，它是自在之物“开始制造出来就变成为我之物”的“方法”。因此，马克思主义的具体认识过程包括科学认识（“第一条道路”）和技术认识（“第二条道路”）两个密不可分的阶段[16]，并且技术认识才“表现为结果”，即一个认识过程的完成形态。如果说科学认识在于“从思想上去掌握事物”（爱因斯坦语），那么技术认识就是在思维中再现事物，实现人类认识过程的第二次飞跃。而我国的认识过程模式为“实践—理性认识—改造世界的实践”，或者“实践—理性认识—实验检验”，都是取消了“第二条道路”的一种单向度的认识论。毛泽东在《实践论》中明确地指出：“如果只到理性认识为止，那么还只说到问题的一半。而且对于马克思主义的哲学来说，还只说到非十分重要的那一半。”所以，马克思主义的认识论同样表明：弄清“是什么”和“如何做”（“开始制造出来的方法”）是一个问题的两面，而且后者才是“十分重要的那一半”。

说到这里，“不可合”论的思维方式和认识论上的错误已经暴露无遗。因为科学是回答“是什么”和“为什么”的理性认识，技术是解决“如何做”的方式方法，它们是不可分离的、融为一体的。不弄清楚“是什么”和“为什么”，固然不知道“做什么”和“怎么做”；然而，不从实际出发解决“怎么做”的问题，同样也不能真正弄清楚“是什么”。同时，也只有通过“具体的再现”，才能“证明我们对这一过程的理解是正确的”（恩格斯语），从而完成这个具体认识的现实过程。

（四）

在谈到科学与技术融为一体的问题时，我们想到了量子力学创立者普朗克的一段极为深刻的话。他说：“科学是内在的整体。它被分解为单独的部门不是取决于事物的本质，而是取决于人类认识能力的局限性。实际上存在着从物理学到化学，通过生物学和人类学（属于人文科学——引者注）到社会科学的连续链条，这是任何一处都打不断的链条。如果这个链条被打断了，我们就是瞎子摸象，只看到局部而看不到整体。”[17]我们认为：科学通过技术科学到技术，也是“任何一处都打不断的连续链条”[18-19]（见图1）。

历史和现实都告诉我们：凡是把科学、技术视为“一回事”的国家就兴旺发达；凡是把科学、技术当作“两回事”的国家就会停滞不前，甚至衰退。英国、美国和日本的发展历程就是典型的事例[2]259-267。

近代英国开创了以牛顿力学为代表的经典自然科学的黄金时代，开始比较注重科技成果向社会生产力的转化和应用，全面采用机器生产，其经济得到很大的发展。如1830年，英国工业产值占全球的一半，1880年达到顶峰。可是，此后的英国，尽管在科学上仍然处于世界领先地位，却逐渐轻视技术研究和技术创新工作，其经济发展也就趋于衰退的过程中。正如卡德韦尔在《科学、技术和经济发展：英国的经验》中指出的，“问题是否有足够的最有才能的人从事技术工作（指相对于科学而言）并在工业界工作……在英国拥有最高声誉的大学，因其历史、哲学、文学、化学和物理的学派而闻名于世界，但是在技术方面却没有任何声誉。”当1949年建立战后第一批大学时，技术被排除在教学大纲之外，虽然学校离一个大工业区很近。1972年在白金汉建立的最新的大学学院在大纲中仍然没有为技术预作安排。英国工程技术调查委员会在《工程技术——我们的未来》报告中也指出：英国只有扭转重科学、轻技术的偏向，才能摆脱经济衰退的困境。

美国是当今世界科学技术和经济最强大的国家。从1860年以来，美国的科学技术和经济持续繁荣，创造了现代人类社会的奇迹。这是它长期既重视科学，又（或更）重视技术和技术创新的结果。

日本从20世纪40年代末开始起飞，经过30～40年的工夫，一跃成为全球第二经济大国。1986年，日本人均GDP接近美国水平，1989年人均GDP又达到2.5万美元，超过美国2.1万美元的水平。但进入80年代后期，开始出现徘徊局面。其原因正如美国的G. 拉尼斯和日本的中山茂在《科学技术与经济发展——几国的历史与比较研究》一书中指出的，日本长期实施“技术立国”战略，忽视科学、特别是基础理论研究，造成日本经济从20世纪80年代以来持续16年的徘徊不前。

近20年来，我国的科学技术和社会经济均取得了高速发展，GDP总量跃居世界第五位。然而，推动我国经济增长的要素主要是资源（包括劳力和实物资源）、投资（投资率为42%）和出口。这是典型的资源消耗型的粗放经济，我国的资源产出率远远低于工业发达国家的水平。例如，每千克油当量能耗所生产的GDP，我国仅为0.7美元，而美国为3.4美元，德国为7美元，日本为10.5美元。更为严重的是我国资源消耗增长速度是国民经济增长速度的2.07倍，资源产出率是全球平均水平的47%，即我国经济的技术含量不是在上升，而是在下降。面对如此严峻的现实，一些学者（包括几位院士）所关心的只是“真正的科学”与技术孰轻孰重的问题，或将科学技术视为截然不同的“两回事”。我们认为，对于当今的中国来说，将科学技术合二为一，即将科学原理尽快地转变成技术发明，将技术发明成果尽快地转化为现实生产力，促进国民经济水平的提升，才是更重要的。只有这样的认识和实践，才有利于我国科学技术与“经济社会和人的全面发展”。

参考文献

[1]　陈文化. 试论技术的定义与特征［J］. 自然信息，1983（4）.

[2]　陈文化. 科学技术与发展计量研究［M］. 长沙：中南工业大学出版社，1992.

[3] 陈文化，樊勇．从技术成果与物质产品的区别看技术的本质特征．[J] 自然信息，1989 (3).

[4] 陈文化，刘金友．试论技术中介性的本质特征 [J]．自然信息，1989 (3).

[5] 列宁．黑格尔《逻辑学》一书摘要 [C] //列宁．列宁全集：第 55 卷．北京：人民出版社，1990.

[6] 何继伟，潘坚．国外航天技术的直接经济效益 [J]．中国航天，2000 (8)：14-17.

[7] 李德顺．21 世纪人类思维方式的变革趋势 [J]．新华文摘，2003 (5).

[8] Bush V．Science—The Endless Frontier [M]．Washington：National Science Foundation，1996.

[9] Rosenberg N．The commercial exploitation of science by American industry [C] //Clark B，Hayes R H，Lorenze C．The Uneasy Alliance，Boston：Harvard Business School，1985.

[10] 陈文化．腾飞之路：技术创新论 [M]．长沙：湖南大学出版社，1999.

[11] 柳卸林．技术创新经济学 [M]．北京：中国经济出版社，1981.

[12] 马克思，恩格斯．费尔巴哈 [C] //．马克思恩格斯选集：第 1 卷．北京：人民出版社，1974.

[13] 马克思．资本论 [M]．北京：中国社会科学出版社，1983.

[14] 李德顺．“什么是”与“如何建”的统一：社会主义思维方式的跃迁 [J]．新华文摘，1998 (12).

[15] 马克思．《政治经济学》批判导言 [C] //马克思，恩格斯．马克思恩格斯选集：第 2 卷．北京：人民出版社，1974.

[16] 谈利兵，陈文化，文援朝．马克思主义认识过程新探 [J]．中南大学学报：社会科学版，2003，9 (5).

[17] 转引自成思危．切实推进我国的软科学事业 [J]．中国软科学，1998 (7)：6.

[18] 谈利兵，陈文化．试论自然科学通过人文科学到社会科学的一体化 [J]．自然辩证法研究，2002 (12)：5-7.

[19] 陈文化，胡桂香，李迎春．现代科学体系的立体结构：一体两翼——关于“科学分类”问题的新探讨 [J]．科学学研究，2002 (6)：565-567.

四、40°N现象与21世纪的“中国中心”[①]

（1999年6月）

1. 40°N现象的统计分析与“关系模式”推导

1962年，日本著名学者汤浅光朝通过统计分析，发现了“科学活动中心转移”现象。1984年，我国著名学者赵红州也通过统计分析，发现了人类“科学文化的特长周期涨落现象”。关于“世界中心”演变及其前景问题，一些国家的学者进行过定性研究与阐述。1992年，我们通过统计分析日本伊东俊太郎等360位教授编的《简明世界科学技术史年表》上所载七千年（公元前50世纪至公元后20世纪）间的科学、技术成果数，发现了科学时代、技术时代以及技术中心、科学中心、经济中心[②]（统称为世界中心）纵横向交替演变现象（简称为40°N现象），并据此预测：世界中心将会从东太平洋地区逐步向亚洲转移，而且继日本之后，中国、印度将会于21世纪先后成为世界中心[1]92-117。

统计分析结果表明：自公元前50世纪以来，技术时代与科学时代的交替演变，和近、现代“世界中心”的纵横向转移均呈现出明显的规律性（表1和表2）。

表1　技术与科学的交替演变

地域		时代特征	时间	地理位置	转移方向	持续时间
古老王国	古埃及	T	公元前50—前40世纪	30°N	东	3000年
	古巴比伦	T	公元前40—前20世纪	33°N	东	2000年
	古中国	T	公元前25—前10世纪	40°N	西	1500年
古希腊		S	公元前9—前3世纪	40°N	西	600年
古罗马		T	公元前3世纪—公元3世纪	40°N	东	500年
中　国		S	公元3—9世纪	40°N	西	680年
阿拉伯地区		T	公元9世纪—1480年	35°N	西	580年
西　欧		S	1480年—1860年	45°N	西	380年
美、苏、日		T	1860年—?	40°N	（东）	

① 本文发表于《科学学研究》，1999（3）。

② 技术时代指重大技术成果数超过同期世界科技成果总数50%的时期（即 $T/\Sigma ST > 50\%$）；科学时代指 $S/\Sigma ST > 50\%$ 的时期；科学中心指重大科学成果数超过同期世界科学成果总数20%（即 $S_i/\Sigma S > 20\%$）的国家；技术中心指 $T_i/\Sigma T > 20\%$ 的国家。经济中心指GDP总值在世界各国排序中居于第一、二位的国家。

表 2　　　　　　　　“世界中心”纵横向转移现象统计表

时代	中心国	纬度	转移方向	技术中心(T)、科学中心(S)、经济中心(E)纵横转移	关系模式
古近代之交	意大利	40°N	西北向	150　　180 T(1380—1510)→S(1530—1640)←E(13 世纪中叶)	E→T→S
近代	英国	54°N	东南向	10　　150 S(1640—1740)→T(1650—1900)→E(1800—1913) 短↓30　长↓110　长↓60	S→T→E
	法国	47°N	东北向	90　　100 T(1670—1800)→S(1760—1840)→E(1860—1895) 长↓130　短↓60　短↓10	T→S→E
	德国	52°N	西南向	20　　93 S(1800—1910)→T(1820—1940)→E(1913—1940) 短↓60　长↓90　长↑43	S→T→E
现代	美国	40°N	西北向	50　　40 T(1860—　)→S(1910—　)←E(1870—　) 长↓70　短↓40　长↓70	T→E→S
	原苏联	55°N	东向	20　　10 S(1930—1989)→T(1950—1989)←E(1940—1989) 长↓50　长↓70　长↓49	S→E→T
	日本	40°N	西向	40＊　　21 T(1980—　)→S(2020＊—　)←E(1989—　) 长↓>40　短↓<20　短↓<20	T→E→S
未来	中国	40°N	西南向	S(2020—　)→T(2040—　)←E(2010—　) 短↓<40　长↓>30　长↓>30	E→S→T
	印度	28°N	西南向	T(2050—　)→S(2070—　)←E(2040—　)	E→T→S
	东非某国		东向	S(　—　)→T(　—　)→E(　—　)	E→S→T

注：＊及其以后均为预测值。

如表 1 所示，技术时代与科学时代的横向转移是在北纬 40°左右，沿着“东→东→西→西→东→西→西→西”的方向交替演变的。表 2 也表明，在近、现代的大轮回中，自英国以来，“世界中心”的横向转移也是在北纬 40°左右，沿着“东→东→西→西→东……”的方向交替演变。同时，科学中心（S）与技术中心（T）、经济中心（E）的纵横向转移都是长、短周期（周期的长短按照纵向比较划定）相互交替的；科学中心与技术中心，无论是横向还是纵向，都是 T→S→T…交替演变，而经济中心从上一个轮回中的古代（意大利）模式位于开头，经近代西欧（英、法、德）模式的末尾，到现代（美、苏、日）模式的居中，呈现出明显的规律性变化[1]200-257。我们将这种规律性的横向转移称为北纬 40 度（40°N）现象。

40°N 现象的发现源自对系列历史数据的统计分析，即对众多的偶然性的历史事实的升华。正如恩格斯指出的，“历史事件似乎总的来说同样是偶然性支配的。但是在表面上是偶然性在起作用的地方，这种偶然性始终是受内部的隐蔽着的规律支配的，而问题只是在于发现这个规律。”[2]243科学技术的历史演进是受内在的一般规律支配的，其变化既有重复性，又有不可重复性，重复性又是在不可重复的事件中体现出来的，是重复性与不可重复性的对立统一。因此，40°N 现象揭示了世界科学、技术、经济交替演变的历史大势和总体效应。

40°N 现象是作者在赵红州研究工作基础上的新发现。赵红州“通过对 4000 年（公元前 20 世纪至公元后 20 世纪）的人类重大科学成果数的分析，发现了科学文化的特长周期涨落现象。”他认为：这种“涨落现象”是“多中心”时期与“科学高潮”的不断更替，其演变顺序为：“多中心时期Ⅰ”（指古老王国的埃及、中国、印度、巴比伦）→“古希腊科学高潮”→“多中心时期Ⅱ”（指汉代中国和古罗马）→“隋唐中国科学高潮”→“多中心时期Ⅲ”（指阿拉伯、意大利和中国明朝）→“欧美科学高潮”[3]284-285。

40°N 现象与“涨落现象”通过统计分析所揭示的人类科学技术发展的历史大势是一致的，它们与所有的科学技术史著作或教材中史实的时序也是一致的。更令作者欣慰的是，近代以来的科学、技术、经济之间的关系模式（即先后发展次序）及其演变的统计分析结果，与“关系模式”的理论推导结果完全一致。

从理论上讲，科学、技术、经济之间的关系及其变化，只可能有两种组合排列方式和六类关系模式（见图 1 和图 2）[4]。在顺时组合方式中，有 E→T→S，T→S→E 和 S→E→T 三种模式；在逆时组合方式中，有 E→S→T、S→T→E 和 T→E→S 三种模式。这样，科学、技术、经济之间的关系模式及其演变的理论推导与统计分析的结果完全吻合，并且呈现出明显的规律性：在一个小轮回中，顺时组合方式与逆时组合方式的交替演变呈现出“肯定—否定—否定之否定”三段式结构，并形成一个时代的主导模式；在近、现代轮回中，由三个小轮回构成一个大轮回，其主导模式的演变也呈现出一定的规律性。如从英国模式（S→T→E），经过美国模式（T→E→S），到中国模式（E→S→T）（表 3）。

因此，近代以来的经济中心与科学中心、技术中心之间的关系模式及其演变具有鲜明的时代特征，即古、近代之交的主导模式（E→T→S）、近代的主导模式（S→T→E）和现代的主导模式（T→E→S）；由此预测 21 世纪的主导模式，将会转变为 E→S→T（表 2 和表 3）。

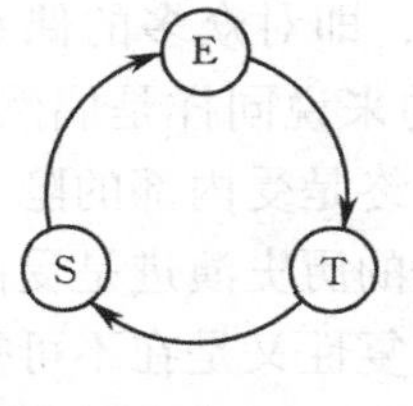

图 1　顺时组合方式

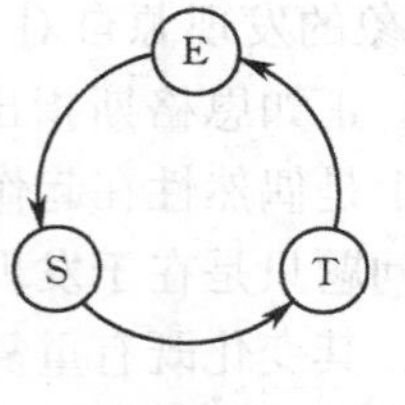

图 2　逆时组合方式

表 3　　科学、技术、经济之间关系模式的理论推演

轮回时期		关系发展模式类别		顺时组合方式	逆时组合方式
古代轮回	？—1640 年	中国模式	E→T→S	√	
		阿拉伯模式	E→S→T		√
		意大利模式	E→T→S	√（重现）	
近、现代轮回	1640—1940 年	英国模式	S→T→E		√
		法国模式	T→S→E	√	
		德国模式	S→T→E		√（重现）
	1860—20 世纪	美国模式	T→E→S		√
		前苏联模式	S→E→T	√	
		日本模式	T→E→S		√（重现）
	21—22 世纪	中国模式	E→S→T		√
		印度模式	E→T→S	√	
		东非某国模式	E→S→T		√（重现）

2．促成“中国中心”的“关系模式”

据预测：21 世纪的“世界中心”将会是从日本开始连续三次的西向，即先后转移到中国、印度和非洲东部某个国家，即从太平洋地区（美国中心、日本中心和 21 世纪的中国中心）向印度洋地区转移。同时，根据“世界中心”转移的长、短周期交替演变现象，我们预测中国可能于 2010 年前后※成为世界经济中心，随后于 20～40 年代先后成为科学中心和技术中心（见表 2）。

40°N 现象和历史事实表明：一个国家要成为“世界中心”，关键在于实施顺应历史大势的关系模式。历史的规律是不可抗拒的，英国曾经顺应历史大势实施

※　作者在“文集”出版时注：我们于 1992 年发现 40°N 现象，并根据它先后三次（1992、1996 和 1999 年）预测世界科学、技术、经济中心及其之间关系模式演变的未来轨迹，如“中国将会于 2010 年前后成为世界经济中心”（即世界第二经济大国）。这个近 20 年前的预测，据近日外电报道称：中国的 GDP 总量将会于 2009 年超过日本，变成现实。印度目前的发展态势也是我们 20 年前的预料之中，当然要看它能否于 2040 年前后成为世界第二经济大国。这个预测只能靠后人来判断了。

S→T→E模式，一度成为世界最强国。然而，当“关系模式”演变到 T→E→S 时代，英国仍然坚持 S→T→E 模式而很快地衰落了。美国实施 T→E→S 模式而成为世界最强国后，尽管出现过动摇，但仍然加强科学技术研究与创新，至今还保持着世界领先地位。日本也实施 T→E→S 模式，很快成为世界技术中心和经济中心；但是科学中心至今尚未形成，直接影响了日本的发展。因此，我国要成为 21 世纪的“世界中心”，就要从现在开始实施 E→S→T 关系模式。这就是说，要把科技工作的重点切实放在技术创新环节上，加速科技成果产业化，促进经济发展，力争 2010 年前后成为世界经济中心[5]。

我国科技工作的重心应该放在技术领域，而重中之重又是切实强化技术创新环节。因为技术创新是技术与经济之间的中介环节，是企业将实验室阶段的科技成果转化为商品并首次实现其商业价值的动态过程[6]。因此，技术创新是科技进步的核心与关键（见图 3）。

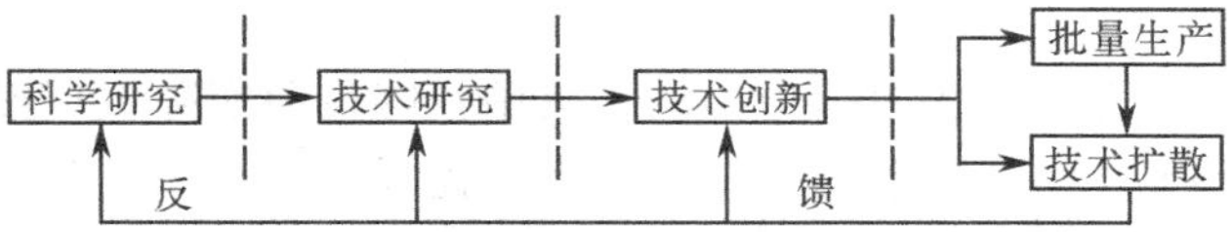

图 3　科技进步过程及其双向作用机制示意图

正如联合国经济合作与发展组织 1988 年在《科技政策概要》中指出的：“技术进步通常被看作一个包括三种要素的综合过程。第一个要素是技术发明，即有关新的或改进的技术设想，发明的重要来源是科学研究。第二个要素是技术创新，它是指发明的首次商业化应用。第三个要素是技术扩散，它是指创新随后被许多使用者采用。”如果只是笼统地强调“科学技术是第一生产力”和技术进步的重要性，而不落实在技术创新上，或者说只注重科学、技术研究，并取得许许多多的实验室阶段的科技成果，而不重视通过技术创新转化为现实生产力，那么将会成为无效劳动，最多也只是空中楼阁。1978 年以来，我国年均获得重大的科技成果 1 万多项，1990 年后增至 3 万多项，而至今的转化率只有 20%左右（最近有人说还只有 6%～8%）。其实，工业发达国家和新兴工业化国家或地区的经济增长主要依靠技术创新。

联合国教科文组织在 1994 年《世界科学报道》中指出：“在这个世界，发展中国家与发达国家之间的差距是知识的差距，没有科学的转换不可能有持续的发展。因此，谁认识到技术创新的重要并下真工夫抓，谁就会取得胜利。”目前，美、日、欧共体都将技术创新作为科技新政策的核心。正如傅家骥指出的：“在工业发达国家，不存在没有商业目的的研究工作，科研活动没有明确的商业目的，正是我国无效成果多的根本原因”[7]。显然，我们与某些学者的分歧，并不是他们讲的“要不要重视基础研究"，而是如何正确处理好基础研究与发展研究、科学与技术（尤其是技术创新）之间的关系问题。因为它关系到我国在目前阶段实施哪一种"关系模式"。

我国要大力推进技术创新，就要进行制度创新，尽快改变政府主导型而确立企业技术创新的核心主体地位。目前，我国大中型企业的研究与创新（R&I）经费、人员分别只占全国总数的20.3%和24.9%，而工业发达国家均为60%以上。我国大中型企业中有R&I机构的只占其总数的50.5%，而美、日、德均在90%以上。只有增强企业的R&I能力，才能改变我国的科学技术研究与创新能力主要集中在独立于企业之外的研究机构和大学的现状，并且要将科研模式由单向度的"供应型"改变为双向度的"需求型"[8]。为此，要采取果断措施，改革现有的科技体制，在提倡"销产学研"联合创新或成立"研产"集团的同时，改变科研机构的隶属关系，实行"分流重组"，把一些科研机构逐步归并于企业，使企业真正成为技术创新的主体。

造成上述巨大反差的原因是多方面的，其中我国目前实际上仍然实施着近代的西欧模式（S→T→E）是一个重要原因。因此，我国应该变革竞争规范，遵循T→S→T…交替演变规律和"关系模式"演变规律，实施21世纪的发展模式：E→S→T，加速实现"两个根本性转变"，迎接知识经济时代的挑战，为我国于2010年成为"世界经济中心"而奋斗，尔后随着情势的变化进行适当调整。

参考文献

[1] 陈文化. 科学技术与发展计量研究 [M]. 长沙：中南工业大学出版社，1992.

[2] 马克思，恩格斯. 马克思恩格斯选集：第4卷 [M]. 北京：人民出版社，1974.

[3] 赵红州. 科学能力学引论 [M]. 北京：科学出版社，1984.

[4] 陈文化. 张南宁. 印度科技发展战略及其经验教训 [M]. 北京：人民出版社，1998.

[5] 陈文化. 科学·技术·经济互动关系模式及其演变的探讨 [J]. 长沙电力学院学报：自然科学版，1996（2）.

[6] 陈文化. 技术创新与高校体系结构 [J]. 自然信息，1992（增刊）.

[7] 傅家骥. 大力推进技术创新，为实现"两个根本性转变"而努力 [J]. 中外科技政策与管理，1996（1）.

[8] 陈文化. 关于创新理论和技术创新的思考 [J]. 自然辩证法研究，1998（6）.

五、科学、技术、经济互动关系模式及其演变的探讨①

（1996 年 5 月）

科学、技术、经济三者实际上构成了相互影响的循环链条，解开这个链条的着眼点不同，就呈现截然不同的结果。我们通过统计分析和历史考察，发现科学(S)、技术（T)、经济（E）之间关系模式有它自身的演变过程。

1. 近现代科学、技术、经济互动关系模式

统计分析结果表明，近现代以来，科学、技术、经济之间互动关系模式具有鲜明的时空特征。

第一，科学、技术、经济之间的关系模式及其随着时间的演变如表 1 所示。

① 世界性第一次科学高潮（1550—1670 年)，没有引起技术高潮和经济高潮；

② 第一次科学革命（1670—1740 年）→第一次技术高潮（1755—1805 年）→第一次经济高潮（1790—1825 年)，即 S→T→E;

表 1　　世界性科学革命、技术革命与经济发展关系统计表

科学（S）革命	技术（T）革命	经济（E）发展
①1550—1670 年 高　潮 1670—1740 年 低　潮	→ ①1755—1805 年　高潮 → 1805—1815 年　低潮	①1790—1825 年　高潮 1825—1843 年　低潮
②1740—1930 年 高　潮	→ ②1815—1885 年　高潮 → 1885—1905 年　低潮	②1843—1875 年　高潮 1875—1989 年　低潮
1930—（2000）年	← ③1905—1995 年　高潮 ⇌ → （1995—2025 年）　低潮→	③1898—1927 年　高潮 1927—1955 年　低潮 ④1955—1981 年　高潮 1981—（2014 年）　低潮

资料来源：菅井准一. 科学技术史年表［M］. 东京：东京平凡社，1956；简明世界科学技术史年表［M］. 哈尔滨：哈尔滨工业大学出版社，1984；国外科技动态［J］.1981（6).

③ 第二次科学高潮（1740—1930 年）→第二次技术高潮（1815—1885 年）→

---

① 本文系国家自然科学基金资助项目结题报告的一部分，发表于《长沙电力学院学报（自然科学版)》，1996（2).

第二次经济高潮（1843—1875年），即S→T→E；

④ 1898年的经济高潮与1905年的技术高潮几乎同时开始→第二次科学革命（1930—2000年）→第四次经济高潮（1955—1981年），即E，T→S→E。

第二，科学、技术、经济之间关系模式及其空间的演变按照起始年代计算，自13世纪以来，主要的工业发达国家科学、技术、经济的发展顺序为表2所示：

① 意大利是经济中心（13世纪中叶）→技术中心（1380—1510年）→科学中心（1530—1640年），即E→T→S；

② 英国是科学中心（1640—1740年）→技术中心（1650—1900年）→经济高潮（1780—1913年），即S→T→E；

③ 法国是技术中心（1670—1800年）→科学中心（1730—1860年）→经济高潮（1850—1890年），即T→S→E；

④ 德国是科学中心（1780—1940年）→技术中心（1810—1940年）→经济高潮（1913—1940年），即S→T→E；

⑤ 美国是技术中心和经济繁荣分别出现于1860年、1870年→科学中心（1910年至现今），成为现代世界经济、科学、技术强国，即T→E→S；

⑥ 苏联30年代成为科学中心，40年代成为经济中心，50年代成为技术中心，即S→E→T。

这些国家的发展模式大致可以分为5类，即意大利模式：E→T→S；英、德模式：S→T→E；法国模式：T→S→E；美国模式：T→E→S和苏联模式：S→E→T。

表2　科学中心、技术中心与经济中心之间关系模式的演变

	技术（T）中心	科学（S）中心	经济（E）中心	关系模式
意大利	1380—1510年	1530—1640年	13世纪中叶	E→T→S
英　国	1650—1900年	1640—1740年	1780—1913年	S→T→E
法　国	1670—1800年	1730—1860年	1850—1890年	T→S→E
德　国	1810—1940年	1780—1940年	1913—1940年	S→T→E
美　国	1860—	1910—	1870—	T→E→S
苏　联	1950—1989年	1930—1989年	1940—1989年	S→E→T
日　本	1980—		1989—	T→E→（S）

资料来源：赵红州．科学能力学引论［M］．科学出版社，1984：269.

杨沛霆．科学技术史［M］．浙江教育出版社，1991：91.

赵涛．经济长波论［M］．中国人民大学出版社，1988：150.

技术中心：一个国家重大技术成果数占世界重大技术成果总数20%以上的时期。

科学中心：一个国家重大科学成果数占世界重大科学成果总数20%以上的时期。

经济中心：一个国家的GNP居世界各国排序第一、二位的时期。

第三，五种关系模式及其演变具有鲜明的时代特征。

① 它们是不同历史时代的产物。处于古代与近代之交的意大利，随着向资本主义生产方式过渡，手工业和商品生产获得了较大的发展。意大利于 1289 年废除农奴制后，经济出现短时期的发展，并于 1380—1510 年形成世界技术活动中心，接着又成为世界科学中心，但随后没出现经济上大发展，到 20 世纪以后，才成为工业发达国家。

17 世纪中叶至 19 世纪末，西欧英、法、德都处于以牛顿力学为主导的经典科学的黄金时代，都处于科学技术转化为社会生产力、全面使用机器生产、资产阶级的上升时期和资本主义生产方式的发展阶段，三国先后通过科学技术的进步，大大促进了经济发展。

19 世纪末至 20 世纪初开始跨入现代，科学、技术、经济之间的关系发生了重大变化。美国通过积极引进和大力发展新技术，促使经济急速发展，雄厚的经济实力反过来又推动着科学技术的继续发展，成为现代技术高潮时代的第一个科学、技术、经济中心。

苏联 S→E→T 模式也是时代的产物。可能有人要问，科学发现怎么能直接促进经济发展呢？为了弄清楚这个问题，我们来看看苏联的发展历程。苏联于 1917 年建立了第一个社会主义国家，在资本主义国家的重重包围和严密封锁之下，列宁倡导并于 1918 年开创对科学事业进行规划之先河，首次建立国家级的科研组织。随后，利用高度集权的计划经济体制，实施“大炮”优先的国家战略，将 80%的科研经费用于军事科研，显示“国威”的科技项目成就斐然。依靠人民群众的政治积极性和不断增加投入资本、劳动力来推动经济增长。国民生产总值从 1940 年开始跃居世界第二位。国民收入从 1950 年相当于美国的 31%上升到 1975 年的 66%，工业总产值从不到 30%上升到 80%，工业劳动生产率从不到 30%也上升到 55%。由于苏联是“在数量扩张和粗放经营支撑下实现的经济高速增长，是以高能耗、高物耗、低效益、低产出为代价的”，这种增长方式到了 70 年代中期以后，“它的经济和科技实力开始急剧下降。”[1]

② 它们是科学技术的不同发展时期及其特点的必然反映。古、近代之交的意大利发展模式处于中世纪后期技术高潮向近代西欧科学高潮的转换时期。

近代英、法、德模式正值西欧科学高潮的繁荣时期。当时的科学技术水平较低，科学劳动基本上属于个体的“自由研究”，科学技术的研究对象主要是宏观层次上的物质，社会、经济条件对开展科学研究的影响、制约作用不显突出。

美国模式形成的背景正是现代技术高潮的兴起与发展时期。同时，科学技术的研究对象既拓展到宏观，又深入到微观，科学研究的规模愈来愈大，技术基础和经济实力对科学的发展具有决定性的作用。

③ 它们是科学技术的经济功能不断增强的表现。在生产力水平低下，社会组织不发达的古代，科学技术与经济的关系不很密切。而从近代第一次产业革命于1760年发生后，科学技术与经济的关系愈来愈紧密。在科学技术蓬勃发展并向现实生产力迅速转化的今天，综合国力的竞争实质上就是科学技术的竞争，科学技术日益成为现代生产力中最活跃的因素和最主要的支撑力量。

综上所述，科学、技术、经济之间的关系是随着时代的发展而有规律变化的。因此，要处理好三者之间客观存在的相互依存、相互制约、相互推动的关系，就必须选择好符合时代要求的发展模式。诞生于近、现代之交的美国T→E→S发展模式显示出强大的生命力，被实践证明在现代具有普遍性意义。近20～30年来，日本、“四小龙”（韩国、新加坡、中国台湾和香港）经济的迅速崛起，显然是T→E→S模式，而不是前四种。因此，T→E→S模式已经成为当今世界科学、技术、经济发展的一般模式。

2. 21世纪科学、技术、经济互动关系模式的推测

科学（S）、技术（T）、经济（E）之间的关系是一个十分复杂而又非常重要的问题。通过统计分析并运用简单的推理，我们发现，S，T，E可能有如下6种关系模式（见图1）。先看内环，有E→T→S，T→S→E和S→E→T三类模式；再看外环，有E→S→T，S→T→E和T→E→S三类模式。

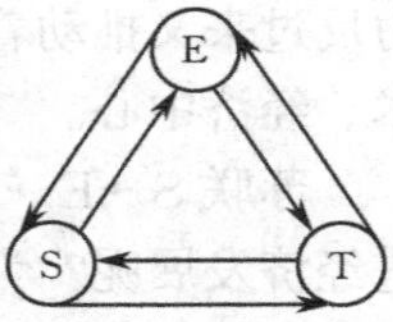

图1 科学、技术、经济之间关系类型

上述6类科学、技术、经济互动关系模式，如表2所示，在历史上已经出现了五种，即意大利的E→T→S；英国和德国的S→T→E；法国的T→S→E；美国和日本的T→E→S；苏联的S→E→T。科学、技术、经济互动关系模式既然是历史的产物，又按照一定的规律演变着，可以推测21世纪可能会出现新的模式：E→S→T模式。统计分析结果和目前的发展态势表明，未来的科学、技术、经济之间的关系模式已经显示出了某些征兆。

第一，2000年以后科学的发展将会处于高潮期。我们将上海人民出版社编的《自然科学大事年表》上所载近代以来的重大科学成果数，分别按照每10年统计一次，经过“三项滚动平均法”处理后，绘制出近、现代科学的发展曲线（见图2）[2]212。从图2可以看出，近代以来的科学发展呈现出明显的统计规律性，即兴盛期与衰退期相互交替地变化，即1550—1670年为近代科学的第一个高潮时期；1670—1740年为第一个衰退时期（科学革命时期）；1740—1930年是第二个高潮时期；1930年左右开始进入现代科学革命时期。统计分析结果还表明，兴盛期持续$50+70n$年（n为兴衰周期次序，分别取$n=1，2，3，\cdots$），而衰退期大约为70年。因此，从1930年开始的科学革命，预计延续到2000年左右，届时将会开始出现第三个科学高潮时间。

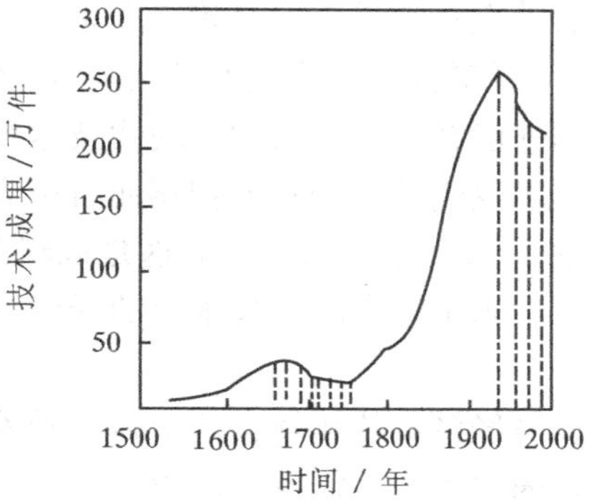

图 2 科学纵向发展曲线

第二，2025 年以后才会出现新的技术高潮期。我们将《科学技术史年表》（日本）中技术栏内 1700—1950 年间所载的全部技术成果，按照每十年统计一次，再经过“三项滚动平均法”处理后，绘制出近、现代技术发展曲线[2]118。如图 3 所示，技术的发展也是按照一定的周期，即兴盛期与衰退期相互交替而波浪式前进的：1755—1805 年间为近代技术发展的第一个兴盛时期；1805—1815 年间为第一个衰落时期；1815—1885 年间为第二个兴盛时期；1885—1905 年间为第二个衰落时期；1905 年开始进入第三个兴盛时期。于是得到一个公式：技术发展的兴盛时期为 $30+20m$ 年，其衰落时期为 $10n$ 年（m，n 分别表示兴盛时期和衰落时期的次序，相应地取 1，2，3，…）。由此可以推测，技术发展的第三个兴盛时期会延续到 1995 年左右，其衰落时期发生在 1995—2025 年间。2025 年以后技术的发展才会出现新的高潮时期。

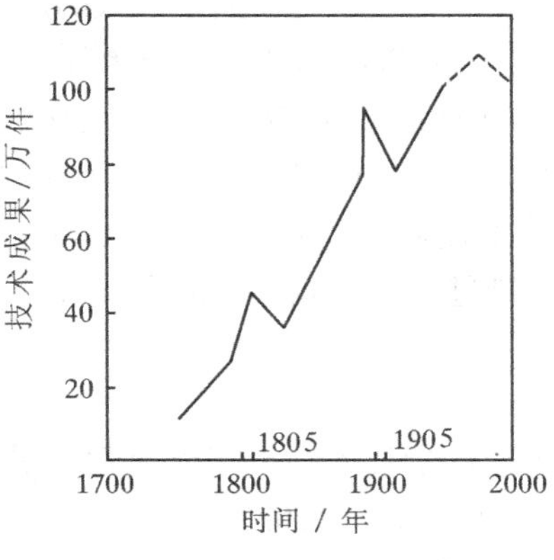

图 3 技术纵向发展曲线

第三，科学已经成为当代及未来技术发展的源泉。进入 20 世纪以来，科学与技术的关系表现出一个显著特点：科学不但开始走在生产的前面，而且走在技术的前面。从19世纪下半叶起，很多技术都来自科学理论的突破，有时在科学上早已阐明的问题，要待许久时间才能在技术上实现。现代技术没有科学的基础，难有进展，这就彻底打破了过去技术仅凭技工经验的积累而可以先于科学的局面。尽管当今世界的科学和技术都出现了综合化的趋势，但这是以科学乃技术之母为基础的，科学是“源”，技术是“流”。未来一个时期技术上的任何进展，都必须依赖于科学的进步。

第四，未来的科学发展对经济的依赖性会趋增强。随着科学技术研究对象的愈益复杂，科技活动的规模愈来愈大，所需巨额的投资，不仅个人，即使几个单位或部门都是难以支付的，只有调动整个国家乃至多个国家的经济力量才能办到。未来的科学技术的发展将在更大程度上由经济实力来决定。

由于21世纪正值科学高潮期，特别是未来技术对科学的依赖性以及经济实力对科学技术发展的决定性作用，这就使得20世纪行之有效的E→T→S发展模式面临着挑战。我们推测，进入21世纪以后，科学、技术、经济互动关系模式会发生重大变化，即可能为E→S→T模式，它就是本文提到的自近代以来唯一尚未实施的第六种关系模式。

根据我们于1992年首次发现的40°N现象[2]254-267和全球目前的发展态势，我们认为，中国可能成为E→S→T模式的第一个代表。人们普遍认为，21世纪初，中国会继日本之后，成为世界经济中心。从中国科学技术能力及发展态势来看，科学研究一直受到格外重视，且在世界上具有一定的优势，某些领域达到了世界先进水平。以经济建设为中心和科教兴国战略的实施，都为E→S→T模式开辟了道路。在此，必须强调一点，时代发展是连续的，关系模式的演变也是连续的。在实施21世纪E→S→T模式时，要兼顾20世纪的T→E→S模式，即将两种模式综合成T→E→S→T模式。因此，当前中国的急迫问题之一，是在稳妥改革经济体制的同时，将增长方式尽快地转变为依靠科学技术进步和技术创新上来。为此，必须下大力气，切实加强培育企业的技术创新意识和能力，加速科技成果向现实生产力的转化。否则，我国将会又一次错过这个千载难逢的发展机遇。

参考文献

[1] 于德惠．理性的光辉：科学技术与世界新格局（苏联：国力大起大落之谜）[M]．长沙：湖南人民出版社，1992.

[2] 陈文化．科学技术与发展计量研究［M］．长沙：中南工业大学出版社，1992.

六、一门新的交叉学科：科学技术与发展关系学[①]

（1995 年 5 月）

科学技术与发展关系学（Relationlogy of Science，Technology and Development，简称 RSTD）是我们将 STS 研究与“发展研究”综合而成的一门新的交叉学科。

1．STS 研究

STS 是“Science，Technology and Society”（科学技术与社会）的英文缩写。把“科学技术与社会的相互关系”作为一个相对独立的对象进行系统的研究，始于 20 世纪 60～70 年代的美国，它是人类对科学技术发展的社会后果进行哲学反思的结果。

STS 作为研究科学技术与社会相互关系的一门交叉学科，它研究科学技术的性质、结构、功能及其相互关系，研究科学技术与社会其他子系统（如政治、经济、文化、教育等）之间的互动关系，研究 STS 在整体上的性质、特点、结构、功能及其相互关系和协调发展的动力学机制。

STS 作为一种新的价值观，它摈弃了科学技术发展上的悲观主义和乐观主义的片面性以及“征服自然”的工业世界观，追求自然—人—科技—社会之间的和谐与统一、物质与精神之间的平衡及协调。

STS 作为一种新的科技观，它扬弃了近代科学技术的机械决定论，主张系统决定论。它认为自科文化与人文文化、社科文化日趋融汇，思维模式由“整体—部分—整体”取代“部分—整体—部分”，将整体作为思维的出发点和归宿。这种整体论的科技观，把自然、人类和社会看作一个有机的统一体，运用相互联系、相互作用的观点研究自然科学技术、社会科学技术和人文科学技术。

STS 是一门实践性很强的交叉学科，它的研究成果集中地反映在教育观、科技观和公共政策，以及生态环境等全球性问题。如 STS 教育观，重视学生的科学、工程能力和人文社会科学能力密切结合的真正交叉学科教育。目前，在美国已经有 10 多所大学设立了 STS 系或与 STS 有关的系；100 多所大学建立了 STS 计划或研究中心；1000 多所大学开设了 2000 门左右 STS 方面的课程；许多大学培养了一批与 STS 有关的本科生和硕士研究生、博士研究生。美国的 STS 教育正向中小学、甚至全社会渗透，以增强 STS 意识。

---

① 本文发表于 1995 年中南工业大学和印度科学技术与发展研究所联合举办的国际学术会议，并被收入由陈文化主编的论文集（英文版），长沙：中南工业大学出版社，1995.

2. 发展研究

发展研究（Development Studies，缩写 DS）起源于 20 世纪 50～60 年代的美国。“发展”[①] 实质上是关于现代化的理论及其实现和巩固的途径、方法与模式问题。

当前，在发展问题上的几种思潮：

一是“科学主义”（实为唯自然科学主义），认为“现代化是以自然科技进步为中心的经济发展过程”。还有人认为“工业化仅仅是现代化的一个方面”，“现代化是一个多方面的进程，涉及人类思想和活动的所有领域的变化”，其中更强调“政治现代化包含权威合理性、结构区分化和参政扩大化三项内容”。尽管这两种观点有很大的不同，但学术界仍然归为一类。

二是“人文主义”（也称人道主义），认为人和人的价值在实现现代化过程中，具有首要的意义。现代化“不应该被理解为一种经济制度或政治制度的形式，而是一种精神现象或一种心理状态”。因为“执行和运用这些现代制度的人”，如果“自身不从心理、思想、态度和方式上都经历一个向现代化的转变”，“再完美的现代制度和管理方式，再先进的技术工艺，也会在一群传统人的手中变成废纸一堆”。东亚经济的迅速崛起，为人文主义提供了新的论据。他们认为“东亚经济的奇迹在于其文化的推动”，“庸俗化的儒家思想[②] 能产生现代化”。

三是“人文-科学主义”（即新人文主义），认为“科技发展引起的经济增长不仅会因为文化或心理的滞后变化而发生挫折，而且在结出现代化经济果实的同时，常常会产生一系列破坏人的价值的消极后果”。“特别是 60 年代以后，西方人一面享受着现代化赐予的一切恩惠，一面遭受着现代化带给他们的大量灾难。除了人际关系严重失调外，性解放、同性恋、色情问题、凶杀抢劫、人性极度扭曲。”因此，“科学进步与经济发展只有同文化因素相结合，才能做到环境的变化与人的幸福相一致”，“即以人与环境的关系为中心来达到现代化”。

3. 科学技术与发展之间关系的计量研究

80 年代以来，先后在中南工业大学、中国有色金属总公司、国家科委、国家自然科学基金委和物宝天华国际基金会等的大力支持下，我们采用定性和定量相结合的“综合集成法”，对科学、技术与发展之间的相互关系进行了较为深入的计量研究，试图创建科学技术与发展关系学。

(1) RSTD 的孕育

---

① 发展作为一个哲学名词，是指事物由小到大、由简到繁、由低级到高级、由旧质到新质的变化过程。此处的“发展”赋予了新的含义。

② 指“老百姓日常生活中的伦理、信仰和价值”。

和平与发展是当今世界的两大主题，“发展研究”已经引起国内外学者的普遍关注，并成为热门话题。但是在“发展”的含义、内容及其实现的途径与模式问题上，有必要进行深入的探讨。

我们认为，发展是一个动态系统，是由主体要素、主客化要素和客体要素相互作用而不断变化的动态过程（见图 1）。

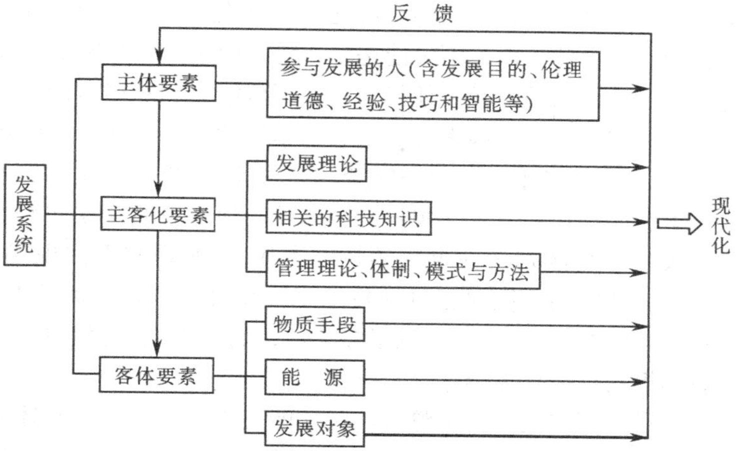

图 1　发展系统构成要素及其动态性

主体要素是指参与发展活动的人。发展主体是发展活动中最积极、最活跃的要素。他们必须具有一定的科学技术知识、经验、技巧和智能以及发展目的与良好的伦理道德观念。作为主观形态的目的、观念存在于发展活动的开端，物化于发展过程之中。

主客化要素即人们创造性思维的产物，或主客体相互作用的精神产品，类似于波普尔的“世界 3”——“客观精神世界”。主客化要素相对于它所描述、表征的事物而言，它们是一种精神事物。但是，它们一经发现、发明或外化并赋予某种物质的外壳或依附在某种物质载体之后，就具有自身的相对独立性。主客化要素在发展过程中，始终起着定向、开路的作用，正如计算机程序被人们称为计算机的“灵魂”一样，主客化要素是发展活动的灵魂。

客体要素包括物质手段、能源和发展对象。物质手段（如仪器、设备等）是实物化了的科学技术知识。发展对象是一种对象化的客观存在，它有物质性对象和精神性对象两大类。因此，研究一个国家的发展问题，就要立足于该国的物质和精神方面的国情及国际环境。

因此，发展是主体要素通过主客观化要素和物质手段与发展对象相互作用的动态过程。

然而，在实现和巩固现代化的途径、方法和模式问题上的“科学主义”和“人文主义”都带有片面性，“人文-科学主义”又是一种折衷的解释。我们认为：实现和巩固现代化是在一定环境条件下多种因素相互作用的整合效应，其中主体拥有的现代科学技术知识的广泛应用是主导因素，起着关键性作用，具有决定性意义。因此，我们提出一种“主导多维整合”解释。

这种“主导多维整合”解释是对事物辩证发展过程的客观反映。任何事物存在与发展的原因，既有多元的一面，不可能是单一的，但是其中又有起着主导作用的一元。没有这个起主导作用的一元，任何事物都不可能是相对稳定的。不同的事物有不同的主导因素。因此，主导因素是决定事物本质的主要方面。毛泽东在《矛盾论》中明确地指出：“在复杂的事物发展过程中，有许多矛盾存在，其中必有一种是主要矛盾，由于它的存在和发展，规定和影响着其他矛盾的存在和发展。”“这种特殊矛盾，就构成一事物区别于他事物的特殊本质。”实现和巩固现代化的关键，是现代科学技术的广泛应用。同时，科学技术现代化又是现代化的重要标志之一。显然，“科学主义”和“人文主义”否认了多元性，而“人文-科学主义”忽视了主导性。所以，我们提出“主导多维整合”解释。

我们认为：也只有用“主导多维整合论”才能正确地、全面地阐述科学技术与社会之间的相互关系。科学技术发展的社会后果既有它本身存在着的不足之处，也与外部环境、尤其是人的因素有关系。因此，当今社会出现的所谓“巨大灾难”，不能像许多西方的哲学家、社会学家、人类学家那样完全归罪于科学技术本身，并掀起一股反科学潮流。同时STS研究除追求物质与精神的协调之外，还应该把它同实现和巩固现代化的现实目标直接联系在一起。这样，就会给STS研究赋予新的意义和生命力。

基于上述考虑，我们在对科学技术与发展之间关系进行较为深入研究并出版《科学技术与发展计量研究》专著的基础上，提出了创建RSTD的构想。

(2) RSTD学科的体系结构

根据“主导多维整合”思想，我们构造了RSTD学科的体系结构[①]（见图2）。

如图2所示，RSTD有几个不同的层次和分支学科。

① 经济发展——发展经济学的研究对象。经济发展为其他诸发展提供了必要的物质基础，而它只是社会发展的一个方面。

② 社会发展——发展社会学的研究对象。社会发展一般是指人与人之关系的实体建构的变化，它为其他诸发展创造良好的社会关系环境，而它只是人类历史活

---

① 详见拙文《RSTD学科及其体系结构》，欧洲STS协会举办的“'94科学技术与发展新理论与实践”国际学术会议（1994年8月，布达佩斯）。

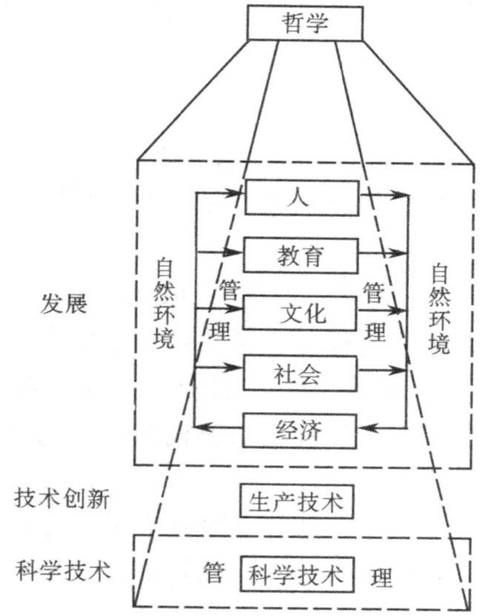

图 2　RSTD 学科的体系结构

动中的一部分内容。

③ 文化发展——发展文化学的研究对象。这里的“文化”不仅指人类创造的一切物质文明和精神文明，而且指物质活动与精神活动之间的相互关系和相互作用。

④ 教育发展——发展教育学的研究对象。教育是实现和巩固现代化的基础性事业，它不仅指传授知识和能力的活动，而且指社会领域一切对人具有影响作用的活动。

⑤ 人的发展——发展人学的研究对象。人是实现和巩固现代化的主体性决定因素。实现人的全面发展是实现现代化的最终目标，不能以牺牲人的精神文明为代价换取物质文明。否则，就是现代化的异化。

⑥ 管理发展——发展管理学的研究对象。现代化的成败在很大程度上取决于管理。管理的核心在于协调、在于协调人的行为和人际关系，即实施以人为中心的管理。

⑦ 自然生态环境发展——发展生态环境学的研究对象。一般来说，人类面临的自然环境正在日趋恶化（如人口激增，资源锐减，土壤瘠化，环境污染和“生态危机”等），已经危及到包括人类在内的一切生物的存在与发展。

⑧ 科学技术发展——发展科学技术学的研究对象。实现和巩固现代化的关键是广泛地应用现代科学技术。加速科技成果转化为现实生产力——生产技术及其扩散，即技术创新与转移是现代科技发展中具有决定性意义的环节。

⑨ 哲学发展——发展哲学的研究对象。研究发展哲学的工作者，既要对发展问题进行“哲学式”的研究，又要对各门学科的发展理论及其丰富资料进行了解、把握与概括，形成具有哲学特色的发展理论。

因此，RSTD 是一门具有特定的研究对象和内容的新型学科，它主要是研究科学、技术与发展之间的相互关系，为探讨实现和巩固现代化的途径、方法与模式提供理论依据。

RSTD 这门新型的交叉科学是自然科学性质的社会科学。它既像自然科学那样作出定量描述，像工程技术那样具有可控制性和可操作性，又像社会科学那样具有抽象性和人文科学的主体性。因此，研究 RSTD，不仅需要有自然科学和人文科学、社会科学知识，而且要使许多学科的知识相互渗透与融汇，通过综合，得以创新。

RSTD 是一门新型的边缘学科。它在运用数学工具方面，具有“硬科学”的特点；在定性描述方面，具有某些“软科学”的特征；在坚持科学性方面，既有自然科学所追求的真实性，又有人文科学和社会科学的模糊性。

(3) 科学、技术与发展之间动态关系计量研究的重要成果

实践证明，我们采用“综合集成法”对科学、技术与发展之间的动态关系进行探索，在不确定性中捕捉到了具有相对确定性的规律，在非模式活动中发现了相对稳定的模式。

① 科技混合体—分化—科技综合体的统计规律。我们通过对七千年（公元前 50 至公元 20 世纪）重大科学、技术成果数的统计分析，首次发现了人类社会的科学技术发展是沿着“科技混合体—分化（技术与科学交替演变）—科技综合体”波浪式发展的“演变轨迹”（见表 1 和图 3）。

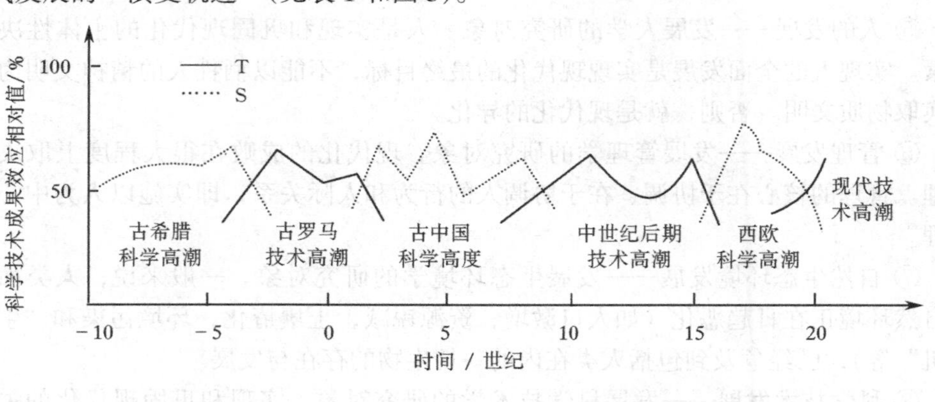

图 3

表 1　　公元前重大的科学、技术成果数统计表

成果数＼项目 时期	技术成果数 A	科学成果数 B	技术成果数的比例 $A/(A+B)/\%$
公元前 50 世纪前	16	0	100
公元前 50—前 40 世纪	13	8	61.9
公元前 40—前 30 世纪	22	6	75.6
公元前 30—前 20 世纪	25	11	69.4
公元前 20—前 10 世纪	88	97	47.5
合　计	164	122	57.3

② 北纬 40 度现象。我们通过统计分析和定性考察，第一次发现了北纬 40 度现象（简称 40°N 现象）。

科学技术发展的 40°N 现象。人类社会的科学、技术发展高潮时代都是在北纬 40 度左右，沿着东向→东向→西向→西向→东向→西向→西向→西向→（东向）转移的（见表 2）。

表 2　　技术高潮（T）、科学高潮（S）转移表

时代特征		起止时间	地理位置	转移方向	持续时间/年
古埃及	T	公元前 50—前 20 世纪	30°N	东向	约 3000
古巴比伦	T	公元前 40—前 20 世纪	33°N	东向	约 2000
古中国	T	公元前 25—前 10 世纪	40°N	西向	约 1500
古希腊	S	公元前 9—前 3 世纪	40°N	西向	约 600
古罗马	T	公元前 3—公元 3 世纪	40°N	东向	约 600
中　国	S	公元 3—9 世纪	40°N	西向	约 600
阿拉伯	T	公元 9 世纪—1480 年	35°N	西向	约 500
西　欧	S	1480—1860 年	48°N	西向	380
现　代	T	1860 年—	45°N	（东向）	?

科学、技术与经济发展的 40°N 现象（见表 3）。

表 3　　科学中心(S)、技术中心(T)、经济中心(E)纵横向转移表

时代	国　别	地理位置	科学、技术、经济中心转移			转移方向
近代	意大利	40°N	T(1380—1510 年)	S(1530—1640 年)	E(12 世纪中叶)	西向
近代	英　国	54°N	S(1640—1740 年)	T(1650—1900 年)	E(1800—1913 年)	东向
近代	法　国	47°N	T(1670—1800 年)	S(1730—1860 年)	E(1860—1895 年)	东向
近代	德　国	52°N	S(1780—1940 年)	T(1810—1940 年)	E(1913—1940 年)	西向
现代	美　国	40°N	T(1860—1980 年)	S(1910 年—?)	E(1870 年—?)	西向
现代	苏　联	52°N	S(1930—1989 年)	T(1950—1989 年)	E(1910—1989 年)	东向
现代	日　本	40°N	T(1980 年—?)	S(2020—)①	E(1989 年—?)	(西向)①
未来	中　国①	40°N	S(2020—)	T(2040—)	E(2010—)	(西向)
未来	印　度①	28°N	T(2050—)	S(2070—)	E(2040—)	西向

①为作者的预测值，下同。

社会形态演变的40°N现象。新旧社会形态（生产方式）更替及其演变也是在40°N左右，沿着……东向→西向→东向……进行的（见表4、5和图4）。

表4　生产方式演进表

生产方式	策源地	地理位置	起始时间	转移方向
奴隶制	埃　及	30°N	约B.C.35世纪	东北向
封建制	中　国	40°N	约B.C.3世纪	西向
资本主义	意大利	40°N	1289年	东北向
社会主义	苏　联	52°N	1917年	（西向）

表5　社会形态与科学技术之间关系演变的历史过程表

社会形态	起止时间	历　时	技术、科学演变模式
原始社会	新石器后期以前	约百万年	[T]
“次始社会”	（新石器中期前后—公元前20世纪左右）	约8000年	T—（S_0）
奴隶制社会	公元前35世界后—D.C.476年	约4000年	T—S—T
封建制社会	公元前475年后—D.C.1453年	约2000年	T—S—T
资本主义社会	1289年—23世纪左右	（1000年左右）	T—S—T
社会主义社会	1917年—25世纪左右	（500年左右）	T—（S）
共产主义社会	22世纪以后	数百万年	[S]

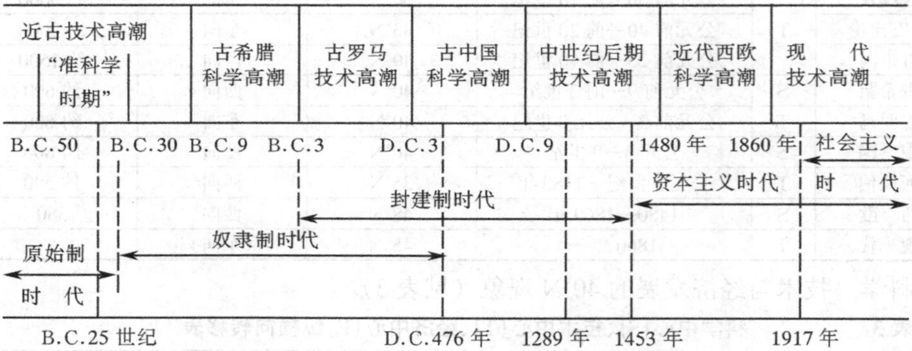

图4

③科学技术发展与社会形态演变。如图4所示，奴隶制、封建制和资本主义三种社会形态的产生、发展与消亡都（或将要）经历技术高潮时代—科学高潮时代—技术高潮时代（即T—S—T）过程。这就表明了科学、技术与社会发展之间的辩证关系①。

如图4所示，各种社会形态与其技术、科学演变模式相对应。社会主义是由阶级社会（资本主义）演变为无阶级社会（共产主义）的过渡型的社会形态。可见，

① 陈文化．科学技术与发展计量研究［M］．长沙：中南工业大学出版社，121-133.

中介性是社会主义社会的重要特征[①]（见图 5）。

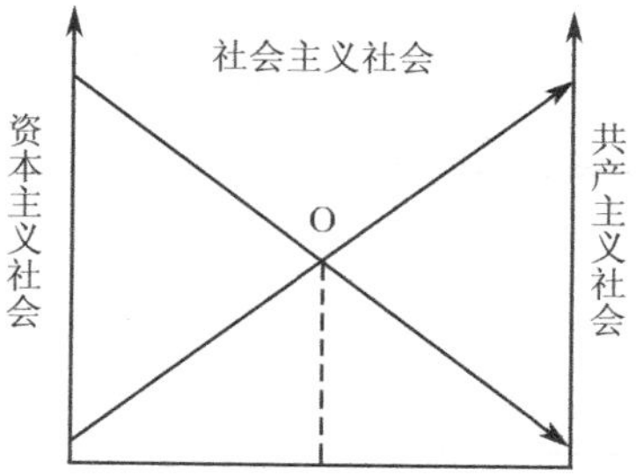

图 5

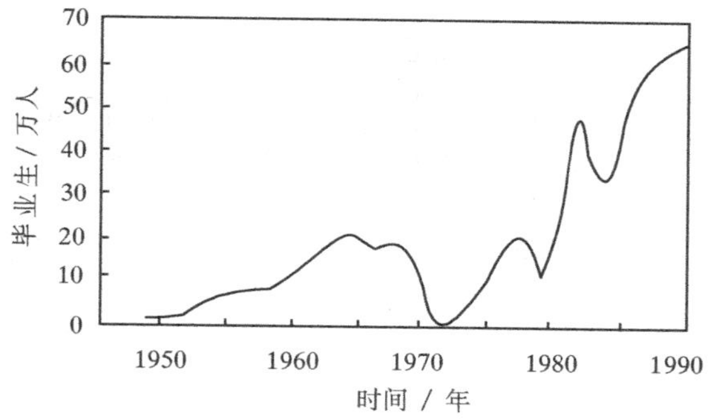

图 6

如图 5 所示，社会主义社会是私有经济与公有经济共存并彼此消长的“自然历史过程”。当私有经济自然地消失之日就是共产主义社会到来之时。显然，人为地“割资本主义尾巴”或者“实行完全的私有化”都不是真正的社会主义社会。

④ 我国的科技、高等教育与经济发展关系曲线[②]（见图 6，7，8）。显而易见，对科学、技术与发展之间动态关系的计量研究，其结果可以为研究和制定全球的和（或）国家的发展战略和政策提供参考依据。同时，我们的这些研究成果和 RSTD 构想已经得到国内外部分学者的肯定与支持。从 1983 年以来，我们培养了科学技术与发展方向的硕士研究生 30 多名，并先后在本科生和硕士研究生、博士研究生中开设科学技术与发展课程，受到学生们的普遍好评。

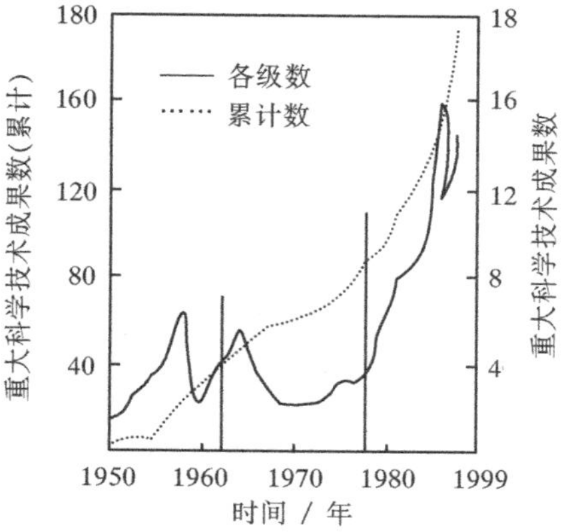

图 7

① 陈文化．科学技术与发展计量研究［M］．长沙：中南工业大学出版社，182-187.

② 陈文化．科学技术与发展计量研究［M］．长沙：中南工业大学出版社，280-308.

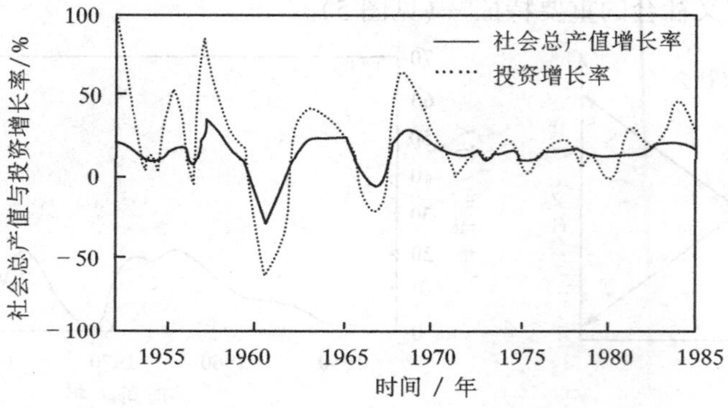
100
50
0
−50
−100
社会总产值与投资增长率/%
社会总产值增长率
投资增长率
1955
1960
1965
1970
1975
1980
1985
时间 / 年

图 8

七、技术进步决定经济发展的作用机制①

（1990 年 8 月）

“技术进步促进经济发展”这个问题，大概没有人提出什么异议。如果把“促进”改成“决定”两个字，那么就会招来种种麻烦，甚至有人还以什么“经济发展外因论”或者“技术决定论”来加以批驳，这至少是一种误解。

（一）

首先讨论几个基本概念。

第一，技术和技术进步的概念问题。

关于技术的定义，长期以来，众说纷纭。时至今日，还没有一个普遍公认的技术定义。其中有“物质手段”说、“方法技巧”说、“知识”说和“总和”说（即认为“技术是物质手段（工具、机器等）与方法、知识的总和”）等。这些定义对技术的本质作了几种不同的说明，而“本质是事物的主要矛盾和主要矛盾方面”[1]847，“事物的性质，主要地是由取得支配地位的矛盾的主要方面所规定的”。任何事物或过程“只有一种主要的矛盾起着领导的作用，这是完全没有疑义的”[2]162-163。显然，“物质手段”说、“总和”说未能揭示技术的本质。特别是这些定义都把技术仅仅局限在自然领域，即物质生产的狭窄范围，这是不够确切的。因为技术的存在范围是伴随着它自身的发展和人类社会的进步而不断扩展的。随着现代科学技术的进步，技术的触角已经伸向人类社会的各领域，从生产到生活、从民事到军事、从经济到政治、从自然到社会乃至思维，对人类的生存与发展产生着全方位的影响。我们认为，技术是人类利用、控制、改造自然、社会或思维的方式方法的集合，即关于怎么“做”的知识体系[3-6]。因此，技术不仅包括自然技术（即物质生产、物质生活技术），而且包括社会技术（“各种社会组织的运行程序就是社会技术知识，即可操作的社会知识。”[7]）和思维技术（即精神生产的程序和方式方法）。尽管马克思没有给技术专门下过定义，但他对技术的本质和范围提出过许多独到的见解。如早在 1873 年，马克思指出：“工艺学揭示出人们对自然的活动方式，人的物质生活的生产过程，从而揭示出社会关系以及由此产生的精神观念的起源。”[8]347照马克思看来，技术是人对世界（自然、人文、社会）的“活动方式”或者“能动关系”。它不仅表现在“人对自然”和“物质生活的生产过程”中，还表现在“社会关系”

---

① 本文发表于 1990 年《自然信息》第 4 期。

和“精神观念”及其产生过程中。这是马克思一百年前明确提出的“大技术观”，它仍然是我们今天研究、理解技术本质和范围的指导思想。

进步是发展的一种形式，即指向上、向前的发展。技术进步是指人们提高技术自身水平及其综合效益（经济效益、社会效益和生态环境效益）的动态过程[9]。它是由绝对进步和相对进步构成的，技术的绝对进步是指提高迄今为止的世界技术领域所达到的最高水平。技术的相对进步是指技术个体或体系的应用、拓展，提高整个社会的技术水平及其综合效益。

第二，经济和经济发展的概念问题。

经济这个概念，在不同的场合，具有不同的具体含义。一般说来，有四个方面：一是指经济活动，即生产和再生产过程；二是经济基础，即生产关系的总和；三是经济结构，即国民经济各部门和社会再生产各个环节的构成及其相互关系；四是经济效益。近年来，经济学界对经济这个概念进行了深入的研究，认为“经济就是生产力和生产关系的统一。”[10]28因此，经济发展就是生产力与生产关系相互作用的整体效应。

第三，生产关系的概念问题。

长期以来，人们把生产关系只理解为由所有制关系决定的人与人之间的“财产关系”。其实，在劳动过程中形成的人与人之间的关系，并不只具有经济性，还有技术性，即生产关系中有经济性关系（简称“经济关系”）和技术性关系（简称“技术关系”）。经济关系是指在社会生产过程中，基于生产资料占有关系而产生的人与人之间的一种社会关系，技术关系是基于技术要求所形成的人与人（作为劳动者的人，不是作为生产资料占有关系所体现的人）之间的一种社会关系[11]105-106。正如罗马尼亚经济学家康斯坦丁内斯库指出的，“生产关系有两方面：一方面是技术性的，另一方面为经济性的。技术关系是与生产工艺和按照工艺流程的进行而组织的劳动组织相联系的。这样，在一个工业企业里，按车间、工段、联动机、劳动岗位由技术领导、工程师和工段长等有效地正确分配工人，每一个人在技术上都同其他人发生联系，服从领导这是由技术、工艺和生产的工艺流程的要求决定的。”[12]14

经济关系与技术关系之间，既相互联系，又相互影响。经济关系构成生产关系的实质，影响着技术关系的性质和发展方向，制约着技术关系的变化。而技术关系主要是随着技术的进步、生产力的发展而不断变化的。技术关系不断变化的积累，也会促使经济关系发生变化。

把生产关系分为经济关系和技术关系，意义是十分重大的。因为它们是人与人之间的不同性质的两类关系，也就有不同的变化发展规律。因此，它们与生产力之间既有同时的，又有分别的相互作用，推动着经济的发展。

(二)

技术与经济之间的关系是一个十分复杂的问题。它们作为两个相对独立的而又相互联系的系统，是现代社会发展的重要支柱，其间关系也甚密切。技术作为社会经济大系统中的一个子系统，它们之间存在着作用与反作用的问题。在这里，我们只着重讨论技术进步对经济发展的作用途径、方式等问题。

第一，技术进步是推动生产力发展的一个决定性因素。

技术进步不仅影响甚至决定着生产力诸要素的状况和水平，而且只有通过技术将它们“结合起来”[8]44，才能变成现实的生产力。这一点从劳动生产力的构成及其相互关系的公式[13]296可以得到说明。

$$\text{劳动生产力}=[(\text{劳动者}+\text{劳动资料}+\text{劳动对象})\times\text{管理}]^{\text{科学技术}}$$

该公式表明：

① 生产力由主体要素（劳动者）、客体要素（劳动资料和劳动对象）以及主客化要素（管理和科学技术知识）构成；

② 管理、特别是科学技术在生产力构成中的突出地位和作用：科学技术不仅作为生产力的组成要素渗透到其他诸种要素之中，使其效能成倍地扩大，而且是使生产力得以运行的矛盾主要方面。因为生产力的主体——人——必须是具有相应的科学技术知识和技能的劳动者；

③ 生产力具有技术性（主要的）和社会性两个方面。正是因为它的社会性方面同经济关系联系着，其技术性方面又同技术关系联系着。所以，在生产力与生产关系之间才有可能发生相互作用；

④ 生产力诸要素之间以及生产力与生产关系之间的相互作用，形成了现实的生产和再生产过程，推动着经济的发展。

所以，科学技术在生产力中是一种起着决定性作用的、革命的力量。正如马克思指出的，“劳动生产力是由多种情况决定的，其中包括：工人的平均熟练程度，科学的发展水平和它在工艺上的应用的程度，生产过程中的社会结合，生产资料的规模和效能，以及自然条件。”[14]53

第二，技术进步是促使生产关系变化的一个动因。

在生产力和生产关系这一对矛盾中，生产力是矛盾的主要方面，是最活跃的因素，生产力决定生产关系。生产力是内容，生产关系是形式，内容决定形式，形式服从内容。

首先，技术进步是通过生产力影响着经济关系的性质与发展。生产力的状况和水平决定着经济关系的性质。马克思说：“手工磨产生的是封建主为首的社会，蒸汽机产生的是工业资本家为首的社会。”[15]108生产力不仅决定经济关系的性质，而且经济关系的变革最终取决于生产力的发展。正如马克思指出的，“随着生产力的获得，人们便改变自己的生产方式，而随着生产方式的改变，他们便改变所有不过是这种特定生产方式的必然关系的经济关系”[16]322。

如前所述，技术进步是推动生产力发展的一个决定性因素。因此，技术进步通过生产力的发展，促使经济关系的变化。

其次，技术进步决定着技术关系的形成与发展。技术关系是人们与按照生产技术（如工艺流程等）和社会技术（如管理方式和方法、组织形式和程序等）而进行的劳动密切联系着的，因此，它主要是随着技术的进步、生产力的发展而不断变化的。一个工厂的车间（班组）之间、各道工序之间、工人与工人之间、技术人员与工人之间的分工协作关系，是由工艺流程决定的。生产的集中或专门化的程度、劳动分工与在此基础上的合作所形成的组织形式及其运行程序，都与技术进步有直接的关系。正如列宁指出的，“在手工生产的基础上，除了分工的形式以外，不可能有其他的技术进步。”[17]386“技术进步必然引起生产的各部分的专业化……”[18]85。至于对劳动者、劳动资料以及人与物关系的管理方式和方法，更是随着技术进步而发展与完善的。

同时，工艺关系、组织关系、管理关系之间也会发生相互作用，并影响、发展着人与人之间的技术关系。

再次，技术关系变化的积累通过社会革命会引起经济关系的质变。

技术关系受到经济关系的制约，但是，即使在经济关系基本上不变的情况下，它也会随着技术的发明与应用发生相应的、甚至是重大的变化。技术关系不断地变化的积累，导致社会生产力的飞跃，于是会促使社会关系和所有制关系发生质变。马克思说：“社会关系，所有制关系，总是由于劳动方式和分工的经常变化而被推翻的”，“因为没有劳动和分工，就没有社会！”[19]221。匈牙利经济学家J.努伊拉斯在论述“第二次世界大战以后生产力的革命性变化”时也指出：“严格意义上的社会生产关系，即社会经济关系，不是由生产力直接决定的，而是由生产力通过技术关系变化的积累作用来决定的，技术改进和革新的不断增加的数量积累，必然导致生产力发展中大规模的质变；而这种质变必然引起生产关系的革命性变革。”[20]117

第三，技术及其关系是生产力与生产关系的联系环节。

首先，技术是人与自然或人与社会之间的中介。从技术的性质来讲，它具有自然的基础和社会经济的基础。具体来说，一方面技术是人类根据自然规律或社会规律创造性劳动的产物；另一方面技术的产生要适应社会经济的需要，技术的应用还要服从于社会经济规律。正是由于技术具有的自然属性和社会属性，所以它在人与自然之间或人与社会之间是联系媒介。而生产力主要是自然性，生产关系主要是社会性。因此，技术也就成为自然与社会之间的联系环节。技术进步也是人类利用自然规律和社会规律改造自然、社会的重要标志。

其次，由技术基础确定的技术关系是生产力与经济关系之间的中介。如前所述，生产力与生产关系的相互作用，是通过技术关系这个中间环节实现的。因为包括工艺关系、组织关系和管理关系在内的技术关系都具有中介的特性。工艺关系、组织关系都是直接以劳动的技术分工与合作为基础的。由于劳动的分工与合作、生产的集中与专门化所形成的技术关系，一方面反映出生产力的状况和水平，另一方面又表现为某种经济关系。管理关系也是如此。从组织、协调方面来看，它属于生产力的要素；而从社会经济方面看，则接近于经济关系。资本家的管理和体现资本家意志的管理，有剥削社会劳动的职能，其管理关系的主体（资本家）与其客体（劳动者）之间就是剥削与被剥削的经济关系。这是资本主义管理与社会主义管理的本质区别。

（三）

综上所述，技术进步与经济发展之间的关系及其作用机制，可以用下图表示。

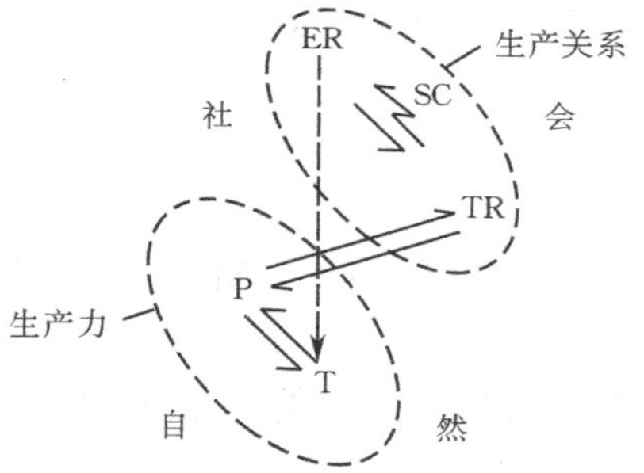

图示：T—技术；P—生产力；TR—技术关系；SC—社会变革；ER—经济关系

如图所示，在外部环境（自然—社会环境）条件下，现实活动中发生的生产力与生产关系的相互作用，推动着经济的发展。因此，技术进步决定着经济发展的论断，既不是什么“经济发展的外因论”，也不是什么“技术决定论”。因为技术决定论者是把科学技术看作社会发展单一的、直接的、决定性的因素，并且把科学技术对社会发展作用的社会机制简单化，即撇开了人和人的活动，说“科学技术的发展可以直接地自动地导致资本主义制度的不断完善，导致人类社会自然而然地过渡到新的历史阶段”，从而否定了社会变革的必要性。学界的一些同仁们在谈论“科技进步”或“经济发展”或“科技与经济之间关系（如“直接互动”、“间接互动”等）问题时，都撇开了人通过人的活动这个根本的、不可替代的机制。这是抽象思维（而不是实践思维）的产物。所以，技术进步（不仅是自然技术）决定着经济发展的观点，既不是“经济发展的外因论”，更不是“技术决定论”，而应当是马克思主义技术哲学中的一条重要原理。

参考文献

[1] 毛泽东．毛泽东著作选读：下册［M］．北京：人民出版社，1986.

[2] 毛泽东．毛泽东著作选读：上册［M］．北京：人民出版社，1986.

[3] 陈文化．试论技术的定义与特征［J］．自然信息，1983（4）.

[4] 陈文化．关于怎么“做”的知识体系［J］．自然信息，1988（5，6）.

[5] 陈文化．从技术成果与物质生产产品的区别来看技术的本质特征和试论技术中介性的本质特征［J］．自然信息，1989（3）.

[6] 陈文化．新的大技术观［J］．学坛，1989（6）.

[7] 董光璧．论社会技术［N］．自然辩证法报，1989.

[8] 马克思．资本论［M］．北京：中国社会科学出版社，1983.

[9] 陈文化，张石均．技术进步及其统计规律［J］．科学管理研究，1987（5）：1.

[10] 周叔莲．中国式社会主义经济探索［M］．沈阳：辽宁人民出版社，1985：28.

[11] 陈文化．技术与经济［C］//陈念文主编技术论．长沙：湖南教育出版社，1987.

[12] N.N. 康斯坦丁内斯库．政治经济学［M］．张志鹏，译．北京：人民出版社，1981.

[13] 陈文化．技术的知识性与技术市场的开拓［C］//科技—战略—体制．北京：学术期刊出版社，1986.

[14] 马克思，恩格斯．马克思恩格斯全集：第23卷［M］．北京：人民出版社，1979.

[15] 马克思，恩格斯．马克思恩格斯选集：第1卷［M］．北京：人民出版社，1974.

[16] 马克思，恩格斯．马克思恩格斯选集：第4卷［M］．北京：人民出版社，1974.

[17] 列宁．列宁全集：第3卷［M］．北京：人民出版社，1961.

[18] 列宁．列宁全集：第1卷［M］．北京：人民出版社，1961.

[19] 马克思，恩格斯．马克思恩格斯全集：第6卷［M］．北京：人民出版社，1979.

[20] 约瑟夫·努伊拉斯．世界经济现行结构变化的理论问题［M］．仇启华，译．北京：人民出版社，1984.

第五部分　可持续发展与和谐世界——三大基本矛盾的“真正解决”

一、构建和谐世界——三大矛盾“真正解决”的过程和结果

（2008 年 4 月）

我国率先提出“和谐社会”“和谐世界”的概念，并多次承诺愿与各国人民一起共同构建“和谐世界”。这是一个伟大的创举，它对于整个世界的和平发展，已经并将继续产生极其重大的影响。然而，目前关于“和谐世界”的理解，还不完全一致。如有人仅仅将它理解为“人与自然之间的和谐”，更多的人理解为“人与自然的和谐和人与社会的和谐”。其实，都是撇开了人的活动的一种抽象思维。我们在 20 世纪末讨论可持续发展观时，明确提出“以人的发展为中心的发展观”[1]78，即“四维超循环模型”（见图 1）。

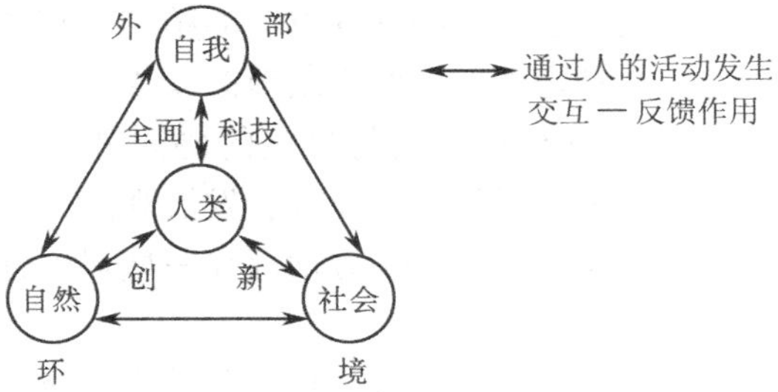

图 1　和谐世界的构件及其形成机制示意图

图 1 形象地揭示了和谐世界——人与自然的和谐、人与社会的和谐、人与自我的和谐及其整体形成的非线性作用机制。下面分别予以探讨。

1. 人与自然之间的和谐

第一，人与自然之间的关系由对立转向和谐，是人类史上的一次重大变革。

人与自然之间的和谐是构建和谐世界的物质基础。从客观世界演化的“自然历史过程”来看，人和社会是从自然界演变而来的。从生成论来讲，人和社会是自然界的一部分。并且，“从历史最初时期起，从第一批人出现时，三者就同时存在”[2]34 与变化发展着。进入资本主义社会和工业社会以后，一些人追求单纯的经济

效益和利润的最大化，不顾一切地征服自然，掠夺自然资源，造成人与自然之间的矛盾和对立，直接危及包括人类在内的一切生物的存亡。面对这种全球性的自然危机，联合国环境与发展委员会在前人研究工作的基础上，于1987年公布了《我们共同的未来》研究报告，该报告首次提出“可持续发展”观，并认为“可持续发展是既满足当代人的需求，又不损害后代人满足其需要的能力的发展”。“可持续发展战略旨在促进人类之间以及人类与自然之间的和谐。”于是，开创了“人与自然之间和谐”的新纪元。

然而，该报告还存在着一些不足之处或者局限性[1]75-78。

一是代际关系上的“利己不损人”是消极的。该报告认为“可持续发展是既满足当代人的需求”（即“利己”），“又不损害后代人满足其需求的能力”（即“不损人”）。这种“利己不损人”相对于“损人利己”、“坑他或它（自然）利他（它）”来说，具有积极的意义，而相对于“利己利人利他（它）”来说，至少是不全面的和消极的，也是难以或者不可能实现“人与自然之间的和谐”。

二是发展目标上的片面性和短视性。《我们共同的未来》提出的“人的需求”是指“粮食、衣服、住房、就业”或“住房、供水、卫生设施和医疗保健”以及“要求较好生活愿望”。还说：“人类需求和欲望的满足是发展的主要目标，务必要在可持续发展的概念中再强调它的中心作用。”显然，这里讲的都是物质需求，并将满足人的基本需求作为“发展的主要目标”是合理的、必要的，但又是不全面的。因为除此之外，还有文化、社会、心理等方面的精神需求和发展需求，而且人的需求是主导多元的整合，并且随着发展而不断地改变人的需求结构。同时，它只讲满足“人”的基本需求，而没有提出人与自然的协同进化、互利共荣的发展目标。因此，这种单一的物质需求论仍然是工业社会发展观的反映。

该报告还在人与社会和人与自我之关系方面存在一些局限性，留待下面专门讨论。

第二，人与自然为伴共繁荣——实现人与自然和谐之关键。

在讨论人与自然之间矛盾和对立产生的原因问题时，有学者认为：问题源自“人类中心主义”。因为它主张人的意志决定一切，片面地夸大人的主观能动性，人对自然享有绝对的权利，对自然实施征服和控制，从而导致环境的破坏。于是主张“非人类中心主义”或“自然中心”、“客体中心”，“只有回到以大自然为中心的世界观，才能从根本上解决生态危机问题”[3]。这种主张如同将一个曾经得过病的人实行枪毙一样。在过去的几百年里，人与自然之间的关系由统一转向矛盾和对立，是由于人的观念和行为——视自然为征服、奴役的对象来掠夺——出了问题，而不是人及其主体地位本身造成的。从人猿揖别之后的近二百万年，人的主体地位于15～16世纪才逐渐形成。其实，在人与自然（物）之间的关系中，人是目的，“物”

是手段，人在活动中利用“物”实现自己的目的，正是物性和人性共同构成了我们人类的主体地位。这就是“以人为本”与“以物为本”的根本区别。马克思指出：“一旦人已经存在，人，作为人类历史的经常前提，也是人类历史的经常的产物和结果，而人只有作为自己本身的产物和结果才成为前提。”[4]545现实的自然界都是“属人的自然界”，即人类活动的“产物和结果”，当然要以人类为“前提”，怎么能“回到以大自然为中心的世界观”呢？无人的“大自然”能有“世界观”吗?！1992年联合国环境与发展会议宣言（《里约宣言》）指出：“人类处于普受关注的可持续发展问题的中心，他们享有以与自然相和谐的方式过健康而富有生产成果的生活的权利。”如果掩“回到以大自然为中心的世界”，即汉斯萨克塞在《生态哲学》中讲的史前时期的自然，“不是人类的朋友，它是狂暴的，是人的敌人”，人类怎么会“享有以与自然相和谐的方式过健康生活的权利”呢?！E. 莫兰也承认人类“位居中央”，不过要“思考主体的两重性”，即“同时思考他的位居中央和他的能力有限，他的富有意义和他的没有价值，既是一切又是无有的特点。”[5]224显然，莫兰强调的是人类“位居中央”，但要正确地认识自己。

关于人与自然、主体与客体之间的关系问题，有两种对立的倾向，都要防止和反对：一是认为主体是一切，如自我中心主义；二是认为主体不存在，如有学者主张“自然界是最高的主体，绝对的主体”，就是否定了人的主体地位。正是“主体是一切”的观念和行为造成了自然生态危机，而今天在克服这种全球性危机时，却要否定人的主体地位。主体与客体在活动中是相互依存、相互作用、不可分离的，问题只在于正确地认识主体。正如莫兰说的，“主体摇摆于一切和不存在之间。我对于我是一切，而在宇宙中我微不足道。”“这就是主体的概念的复杂性本身。”[5]223

因此，人只有正确地认识自己的主体性或自主性，老老实实地将自然界视为人(类）的伴侣和朋友，并时时处处付诸行动，这才是解决人与自然之间矛盾、对立的前提。而有学者赋予自然的“绝对主体”，乞求“上帝”的恩赐，不仅无济于事，而且表明他们的消极和无奈。

2. 人与社会之间的和谐

E. 莫兰认为：“个人之间的相互作用产生了社会，而展现了文化的涌现的社会，又通过文化反馈作用于个人。”“在人类学的层面上，社会为个人而生存，而个人为社会而生存；社会与个人为族类而生存，而族类又为个人和社会而生存。这三项中的每一项都同时是手段和目的”。这就是“个人⟷社会⟷族类的三元联立的关系”并形成“圆环”，而且“任何真正人类的发展意味着个人的自主性、对共同体的参与和对人类的归属感这三者的联合的发展。”[5]40因此，人类社会就成为一个“全球命运的共同体”或“真正的联合国组织”。

显然，人与社会之间的关系既有横向——代内人之间的关系，又有纵向——代际人之间的关系。从代内来讲，个人之间的关系、个人与社会之间的关系、个人与族类之间的关系，以及社会或国家之间的关系要求得和谐，应该坚持协调性原则，体现为代内人人平等，即任何个人、地区、民族、国家都要增强相互理解，都要以诚信善待对方。为此，要树立他人意识、全球意识，并将“他”与“我”统一起来，极大地促进全球各国的同时发展。这就是我们曾经提出的“利他（它）利己发展观”[1]78-84，也是莫兰说的“相互理解的世界化”和“人类伦理学”，即我们现在经常听到的“双赢”或“多赢”。从代际来讲，当代人与后代人之间的关系要求得和谐，应该坚持可续性原则，体现为代际平等，即当代人的和谐发展要为后代人的和谐发展创造必要的条件或奠定有利的基础。这就要求当代人将理性的目标投向未来，并以人类的未来规范现在的言行，在实践中，将“今天”与“明天”统一起来，极大地促进全人类的历时发展。这也就是代际之间的“利他（它）利己发展观”。

代内的人与社会之间的和谐是构建和谐世界的必需条件和前提。联合国环境与发展委员会在《我们共同的未来》报告中，忽视了代内的人与人（社会）之间的关系问题，直到1993年，才作出一个重要的补充：“一部分人的发展不应损害另一部分人的利益”。其实，一部分人损害另一部人的利益是当代的人与人之间不和谐乃至于整个世界不和谐的症结所在。但是，这一概括还需要全面的阐述，因为代内的人与人之间的不和谐表现在诸多方面，要进行具体的剖析。

一是国民与政府之间的不和谐。造成这一矛盾的原因很多，一般来说，矛盾的主导方面是政府。政府的大政方针和具体举措符合大多数国民的要求，并且卓有成效又关注民生，国民安居乐业，不会同政府发生矛盾和冲突。如果出现了矛盾和冲突，一般来说国民处于弱势地位，政府要及时主动地面对，并组织、带领国民加以解决。在解决问题时，政府要本着利他（国民）、利己（政府）原则，并将“他”与“我”统一起来，促进新的发展。这就是中央提出的要建设以人为本的“服务型政府”。我们还认为：各种社会组织和企事业单位的管理机构都要过渡到“服务型”。正如马克思在《1844年经济学-哲学手稿》中多次指出的，一切都是由人、通过人、依靠人并且为了人创造出来的。这就是“以人为本”、服务于民的真谛。

二是官民之间或领导者与群众之间的不和谐。官员（领导者）一心一意为老百姓谋福利，工作确有成效，深受多数民众的爱戴和拥护。在这种情况下，即使某些官员有些不轨的“小动作”，民众也会理解和原谅。然而，少数或者个别官员“我”字当头，想方设法捞取“向上爬”的资本，贪污腐败，欺上压下，搁置或不顾民生等，造成官民之间的矛盾和对立。对此，莫兰指出：需要建立“个人对社会和社会对个人的相互控制，亦即民主”。“民主制度建立在被控制者对于权力机构的控制基础上，从而减少屈从（这个屈从是不遭受它所控制的人们的反馈作用的权力所造成的）。"莫兰还针对西方的情况明确地指出："现有的民主政体并不完满，还是不完全的或未完成的"，而且"还存在着民主倒退的问题"。"民主的巨大倒退"是指"公民们被抛离日益由'专家们'大权独揽的政治领域，'新阶级'的统治实际上阻止了认识的民主化。""在这种条件下，把政治还原为技术和经济，把经济还原为增长，失去了方位标和视野。所有这些导致公民的爱国心和责任感的削弱……民主的制度尽管被保持着，民主生活在衰败。"因此，莫兰认为：在民主社会内部"存在着重新产生民主的必要性，而在世界的很大部分地区存在着产生民主的问题。"并且"民主的再生以公民感的再生为条件，而公民感的再生以共生意识和责任心的再生为条件"，从而"实现一个被组织起来的全球共同体"。[5]86-91显然，我国当前既有"产生民主"并完善的问题，也有"重新产生民主的必要性"。一些单位和官员"把政治还原为技术和经济"，用专家咨询取代并排斥公民参与决策，使公民们的"爱国心和责任感"流于形式，反而培植了一些善于阿谀奉承（拍马庇）的庸才。这种状况如不制止，后患无穷。当前，我国急需加强民主监督（包括舆论监督）的制度化建设。

三是富人（包括富国、先富地区）与穷人（包括穷国、后富地区）之间的不和谐。《我们共同的未来》主张构建人类社会的可持续发展，确实是一个巨大的进步与变革。但它更多地是站在富人、富国的立场上，对当代的许多现实问题避而不谈或避重就轻，转移了人们的注意力。联合国粮农组织指出：当前"真正的敌人是贫穷和社会不平等，怎么能让饥饿着的人们连生存都无法保障的情况下来保护自然资源和环境，以及为后代创造财富呢?"怎么能不顾穷人的死活来构建和谐世界呢?!

缩小贫富之间的差距，追求共同富裕是构建和谐世界的必然要求，也是社会进步的重要表现。在全球化的今天，全人类既是利益共同体，也是灾难共同体。如美国霸权主义侵略伊拉克，伊拉克人民直接遭殃并致使数百万人的生灵涂炭和整个中东地区人民不得安宁，而美国也没有得到什么好处，死伤数千人，耗资数千万美元，至今还难以脱身，并成为美国衰退的原因之一。

目前，全球的贫富悬殊已经达到难以想象的程度，而且还在拉大。如世界上最富的250人的财产相当于世界上2.5亿最贫穷人口一年的所得。造成全球贫富悬殊的主要原因是美国，它拥有最多的大财主，其中60个大富翁的财产总和高达2994.5亿美元。全球最富有的3名大富豪的财产已经超过48个发展中国家收入的总和。而发达国家对贫穷国家的援助却很少，即使挪威算是最高的，也只占它的GNP的1.04%；美国是最低的，约为它的GNP的0.15%。其实，缩小全球贫富之间的差距，富国负有不可推卸的责任。工业发达国家早在二三百年之前就进入工业化，正是它们从那时起廉价地占有、掠夺、消耗了世界上绝大部分资源、能源而成为富国、富人，同时也就大面积地污染了全球大部分土地、空气和水体，并造成了如今的资源耗竭、生态失衡和发展能力降低。历史和现实都表明：今天的富国、富人是昨天以牺牲世界上大部分资源和环境为代价发展起来的，并导致了今天的自然生态危机、社会危机和不可续发展的灾难。即使是今天，世界上的大部分资源仍然被富国所消耗。如美国的人口只占世界人口的5.5%，但消耗一次性资源约占世界的40%。

缩小贫富差别要立足于本人、本国、本地区的发展，力争外援。以美国为首的西方发达国家及其许多富人只有本国（人）利益（利己），没有"利他"意识、人类意识。美国仅用于研制新式轰炸机的费用就高达680亿美元，等于2000年以前净化该国水源所需资金的2/3。冷战结束后，美国的军事预算一直为2500亿~2700亿美元，相当于德国、法国、日本、俄罗斯和我国的总和。联合国开发计划署估计，只需全球军费开支减少2%的追加投资，便可使世界上每个人不仅可以获得足够的营养，而且可以获得初等教育、保健、计划生育服务以及安全的饮用水。这个美好的愿望，只有世界各国人民团结起来，奋发图强，遏制和消除霸权主义之后，才有实现的可能。

3. 人与自我之间的和谐

《我们共同的未来》提出的可持续发展观，是对"以物质增长为中心"的传统工业社会发展观的扬弃，对于构建和谐世界也具有重要的指导意义。但是，它只提到"人类之间以及人类与自然之间的和谐"，没有涉及人与自我之间和谐这个根本性问题。学界不仅没有提及这个问题，甚至有人"反对人类中心主义"并主张"客体中心"、"自然中心"、"生态中心"，或者将自然界说成"最高的主体、绝对的主体"。我们正是针对可持续发展观的缺失和学界的极端言论，于1999年提出"以人的发展为中心的发展观"[1]84-89。然而，在今天讨论构建和谐世界问题时，较为普遍地只涉及人与自然的和谐或者是人与自然、人与社会的和谐，很少提及人与自我的和谐问题。因此，坚持以人自身的全面发展为中心的和谐观，即以人为本的和谐观，仍然是当前之急需。

和谐世界实质上就是人与自我（"人同自身"）的和谐。人与自然的关系是作为主体的人与作为客体的自然界之间的关系；人与社会的关系是作为主体的人与作为人的社会居所的社会（或他人）之间的关系。在这两类关系中，人始终居于主导、核心地位。而这里的"主体的人"既指人类整体或其一部分，又指个体。显然，人与自我之间的关系是指人类整体或其一部分与个体（自我）之间的关系，在将自己作为主体的同时，又将其自身当作客体对象进行不断的反思，即"自我意识"。莫兰指出："我们（看来）是地球生物中唯一拥有超级复杂的神经脑器官的，唯一拥有双重分节的语言在个人和个人之间进行通讯的，唯一拥有意识的……"[5]122马克思早就指出："人等于自我意识"，而"物性只能是外化的自我意识"。"一般地说人同自身的任何关系，只有通过人同其他人的关系才得到实现和表现。”“当人同自身相对立的时候，他也同他人相对立。凡是适用于人同自己的劳动、自己的劳动产品和自身的关系的东西，也都适用于人同他人、同他人的劳动和劳动对象的关系。”[6]123,55,54因此，人与世界之间的对立或者和谐的时候，也就是“人同自身相对立”或者和谐。同时，在当今世界，作为人之外的存在物—自然界和作为人的社会居所—社会界的存在与发展实质上是人（类）自身的生存与发展。而且，自然与社会之间只有通过人的活动，才会发生相互作用。人与自然、人与社会之间的关系都是人通过人的活动并且是为了人才得以发生与发展。而且每一次实践活动的出发点、过程、手段、目标都是人根据当时所掌握的自然规律、社会经济规律和实践经验以及对未来发展趋势的把握所确定的。而自然界和社会界（即人与人之间的关系）不会也不可能自动地满足人（类）需求，只有依靠人的实践活动，并在创造、利用的同时，保护或“破坏”自然环境和社会环境。因此，和谐世界的参照系是人，而不是物（指自然物和社会物），而且人与自然、人与社会之间的和谐以及自然与社会之间的和谐都取决于人，而不是自然、社会本身，不管有人说“自然界是最高的主体”也无济于事。

构建和谐世界取决于人与自我的和谐。我们曾经习惯于只探询“什么是”或“是什么”，而不同时探询“如何是”、“如何做”。其实，“什么是”与“如何是”是一个问题。如“什么是和谐世界”与“如何构建和谐世界”是不可分割的一个问题，并且只有在“如何建”的过程中，才能加深对“什么是”和谐世界的认识。这就是实践思维，即在“一种运动中的认识、一种从部分走向整体又从整体走向部分的穿梭中前进的认识”[5]206。莫兰在“探询什么是进步”时，认为它“并不取决于历史的必然性，而是取决于人类的自觉的意志。”[5]189也就是说，“是什么”取决于“如何做”。邓小平说过：“什么是社会主义和如何建设社会主义是一个根本问题”，“社会主义怎么样，要看我们干得怎么样！”[7]因为人的两重性逻辑“总是展现为两副相反的面孔：文明和野蛮、创造和破坏、创生和创死……”（莫兰语）。正因为这个“唯一拥有自我意识”的动物，才能将野蛮、破坏、创死转化为文明、创造、创生，将人与自然、人与社会的对立转化为和谐。显然，促进并实现这个转化的根本的或唯一的条件就是正确地认识人自身，正确对待“自我”。

我们强调的“自我”指的是人的思想观念和行为对自身的意义、作用与影响，并有利于他人、集体、社会、自然和全球，而不是在鼓吹个人主义、自我中心、自我膨胀。这就是莫兰提倡的“相互理解的世界化，人类在理智上和精神上的相依共在的世界化”[5]82。他认为“存在着两种理解：一种是理智的或客观的理解，另一种是人类主体间的相互理解”[5]75。前者指人对自然或社会的“认识”或“把握”、“说明”，而主体间的理解“是通过把他同化于我和把我同化于他”，这就需要开放、同情和宽宏，并将“理解自我”作为“理解他人”的一个重要前提。因为“人自己对自己掩饰其缺陷和弱点，这使得他对他人的缺陷和缺点毫不留情。”[5]77因此，相互理解也是不同文化之间的“学习和再学习”。而“自我中心主义←→自我辩护←自我欺骗的圆环、狂信和还原，以及报复和复仇”，构成理解的“最严重的障碍”[5]79。马克思说过：“在选择职业时，我们应该遵循的指针是人类的幸福和我们自身的完美。不应认为这两种利益是敌对的，互相冲突的。人们只有为同时代人的完美，为他们的幸福而工作，才能使自己达到完美。”经济发展是人类幸福的物质基础，而个人的经济富有并不等于人的幸福。意大利著名的企业家奥·佩切依在其自传《人的素质》一书中指出：“当代确实为许多人带来了繁荣，但是并没有使人类从贪婪中解放出来……现在已经使自己变为一种怪诞的单向的经济人。可是，新的富裕的真正的受益者只是社会的有限部分，他们对其他活着的或还没有出生的人，为他们的幸福所付出的代价似乎并不关心。”其实，人的特质就是具有自我意识，本着“利他（它）利己”原则，追求自身的人格高尚和人类的生活美满，而一味追求物质享受或者贪婪是人格、人性的异化。只有当所有的“自我”都增强了和谐意识并付诸行动，而且每一个“自我”内心的变革并融汇于全人类的“合力”之中，才能极大地推动并实现和谐世界。

总之，构建和谐世界是人类的一个伟大创举，需要全人类为之奋斗和拼搏。其中，又以每个人自身的全面而自由发展为关键。英国的阿·汤因此和日本的池田大作在《展望21世纪》一书中指出：“要消除对人类生存的威胁，只有通过每一个人的内心的革命性变革。”恩格斯还指出：“要实行这种调节，首先要解决人的认识问题，然而单靠认识又是不够的”，“还需要对我们现有的整个社会制度实行完全的变革”。因此，从根本上来说，“全面发展”的和谐世界只有在共产主义的条件下，才能得以最终实现。

4. 三大矛盾的“真正解决”及其主要途径

第一，构建和谐世界就是逐步解决“三大矛盾”的过程和结果。

世界是自然界（“物的世界”）、人文界（“人的世界”）、社会界由“人通过人的活动”交互一反馈作用形成的有机整体。构建和谐世界就要逐步解决人与自然之间、人与社会之间、人与自我之间的矛盾。马克思指出：“共产主义是私有财产即人的自我异化的积极的扬弃……它是人和自然界之间、人和人之间的矛盾的真正解决，是……个体和类之间的斗争的真正解决。”[6]77我们将“共产主义”理解为和谐世界。因为实现三大矛盾的“真正解决”是一个相当长的历史过程，也会出现许许多多的不确定性或迂回曲折，但世界发展的这个总的趋势是不会改变的。而人类文明总是由低级不断地向高级文明发展，通过人类活动创造的和谐世界是由当代文明过渡到未来的高级文明。而且文明的形成和发展取决于三种根本力量——人与自我之间的关系（内在动因）、人与自然之间的关系（外在动因）、人与社会之间的关系（互促动因）协调和集成效应。在不同的外部环境条件下，整体与其部分之和之间的关系，一般会有大于、等于、小于三种不同的情况。当三种力量的集成效应大于其部分之和时，和谐文明就会形成与发展；反之，就会停滞不前或衰落。

人类总是在不断地追求自由。人的全面发展意味着人的个性的丰富性和能力的多样性，使人在复杂多变的生存环境中显示出更多的主动精神和创造力，因而就更为自由。这里的“自由”包含三个方面：一是人（类）对自然的自由（即对外界自然和人自身自然的全面的支配能力）；二是个人对社会的自由（即每个人的自由发展是他人、一切人自由发展的条件）；三是主体对自身及其活动的自由（即主体对其自身的调控能力）。显然，这种全面自由只有到三大矛盾“真正解决”的和谐世界才会实现。只有到那时，人们才完全自觉地创造自己的历史，“这是人类从必然王国进入自由王国的飞跃”。因此，正确地认识世界发展的总趋势和当今世界的时代特征是十分重要与必要的。我们认为：当今社会正在为实现和谐世界创造条件，正在向和谐世界过渡，即当今世界的时代特征是由“三大矛盾”的对立转向和谐的过渡型形态，如同社会主义社会是由资本主义社会向共产主义社会过渡一样。[8]182-199立足于此，我们就会采取顺应时代发展特点的新举措。

第二，加强全面科技创新是“真正解决”三大矛盾的主要途径。

在这里拟讨论三个问题。首先，是全面科学技术，还是单一的自然科学技术？要回答这个问题，直接涉及存在论问题。如前所述，从客观世界演化的进程来讲，人猿揖别之时，自然、人类、社会“三者就同时存在”与变发着。从现实活动来看，“人们”或“他们”、“他们之间的关系”（即社会）、“他们同自然界的关系”三者也是“同时存在”与变发着。正如马克思明确指出的，“人们在生产中不仅仅同自然界发生关系。他们如果不以一定的方式结合起来共同活动并交换其活动，便不能进行生产。为了进行生产，人们便发生一定的联系和关系；只有在这些社会关系和社会联系的范围内，才会有他们同自然界的关系，才会有生产。”[9]362这里的“生产”，显然是指马克思的“全面生产（人们所创造的一切）”——“物质生产”（属于自然界），人自身“生命的生产”和素质的提高以及“精神生产”（属于人文界）、社会关系生产或“交往形式本身的生产”（属于社会界）[10]，即三大门类生产（物质生产、人文生产和社会关系生产）融汇于每一个现实的生产活动之中。因为每一个现实活动都是生活（生存）于社会联系和社会关系中的人同客体对象（自然、社会或人文）之间的实践关系，即“以一定的方式结合起来共同活动并交换其活动”，也就是如何“做人”（人文科技）、“处世”（社会科技）、“做事”（自然科技）集成于一身的总体效应。很难想象：一个从事现实活动的人只有自然科技知识而没有人文科技和社会科技知识，或者只有“做事”而没有“做人”和“处世”，难道无人也能“做事”吗?!然而，有学者宣称什么“科学技术仅指自然科学技术”，“自然科技独自能够解决人类面临的所有难题，是解决一切社会问题的唯一有效的工具”。还有学者认为：实现个人解放的“根本路径是发展自然科学技术”，并“通过发展自然科技，消灭私有制、消灭阶级和国家”。

这些言论在我国还一度成为“话语霸权”。其实这些主张不是“胡说”，也是无知。自然科技是“关于人同自然界的理论关系”和“活动方式”（马克思语），怎么能“解决一切社会问题”，并“消灭私有制、消灭阶级和国家”呢？人与物（自然）的关系同人与自我的关系和人与人的关系是两类不同性质的关系，怎么能将人视为物或者将自然科技拟人化“独自能够”解决人及其之间的关系呢?!英国经济学家舒马赫早在《小的是美好的》一书中明确地指出：“自然科学没有告诉人们生活的意义，而且无论如何医治不了他的疏远感与内心的绝望。如果一个人因为感到疏远与迷惑，感到生活空虚或毫无意义，他哪里还有什么进取、追求，还有什么科学实践活动呢?”科学技术作为一种知识体系，撇开人的活动怎么能“独自解决难题”呢?!这是一个普通的常识问题。所谓“科学技术仅指自然科学技术”，即“唯一的自然科学”技术，其实是唯心主义的产物。马克思、恩格斯在《德意志意识形态》一文中批评圣麦克斯时，尖锐地指出：“关于‘唯一’的自然科学”的“狂言是多么荒诞的胡说”，“因为在他那里，每逢‘世界’需要起重要作用时，世界立刻就变为自然。”这就是将“自然界的产物”——人和社会——“还原为天然自然界”（E. 莫兰语）。因此，关于人对世界（自然、人文、社会）的理论关系和活动方式的科学技术，就是自然科技、人文科技、社会科技并在现实活动中融为一体。我们将其称为“全面科学技术”[11]。正如胡锦涛指出的，“落实科学发展观是一项系统工程……要把自然科学、人文科学、社会科学等方方面面的知识、方法、手段协调和集成起来。”[12]现在有人将“全面科学技术”（或三类科学技术“集成”）说成是“泛科学主义”，是没有任何根据的“胡说”。

其次，是“科技创新”，还是“科技发展”？一些人以为，实现个人解放的“根本路径是发展自然科学技术”，并“通过发展自然科技，消灭私有制、消灭阶级和国家”。这种观点不仅是完全排除了人和人的活动，而且是无限地夸大了自然科技的作用。科学技术本来是人（类）科技活动的精神产品，即“脑力劳动的产物”，它的知识内容是脱离了主体而相对独立存在的“客观精神世界”（K. 波普尔语）。马克思也指出：“劳动的产品，作为一种异己的存在物，作为不依赖于生产者的力量，同劳动相对立。”“工人同自己的劳动产品的关系就是同一个异己的对象的关系”，“工人在他的产品中的外化，不仅意味着他的劳动成为对象，成为外部的存在，而且意味着他的劳动作为一种异己的东西不依赖于他而在他之外存在，并成为同他对立的独立力量；意味着他给予对象的生命作为敌对的和异己的东西同他相对立。”[6]47-48显然，外化的科技知识及其“物化的智力”都是“异己存在”的“死的东西”，其作用、功能的发挥或展现都必须要依赖于人和人的活动，它根本不能“独自解决”任何问题，也不能主动地满足人的需求。人们应用科学技术创造了无法估量的社会财富或者造成了“三大危机”，并非科学技术自身的必然结果，而是取决于利用科学技术的人（类）本身。正如爱因斯坦说的，“科学是一种强有力的手段，怎样用它，究竟是给人类带来幸福还是带来灾难，完全取决于人自己而不是取决于工具。”因此，“关心人的本身，应该成为一切技术奋斗的主要目标；关心怎样组织人的劳动和产品分配（属于社会关系——引者注）这样一些尚未解决的重大问题，用以保证我们科学思想的成果造福于人类，而不至于成为祸害。在你们埋头于图表和方程式时，千万不要忘记这一点。”[13]73

“科技发展”或“科技进步”与“科技创新”尽管都是人的行为和活动的结果，但二者并不完全是一回事。因为“科技发展”或“科技进步”都只是指科技“本身”的进步，并不包括其应用的效果，即经济、社会和人的发展。曾经有不少人认为科技成果应用于生产不是科研人员的本分，于是造成我国科技进步与社会、经济和人的发展脱节的现象，乃至今天，尚未从根本上解决这个“瓶颈”。正基于西方19世纪的这种“脱节”状况，奥地利的经济学家熊彼特于1912年在《经济发展理论》一书中首次给创新概念赋予经济学内涵。他指出：“所谓创新是指一种生产函数的转移”，或者是“生产要素和生产条件的一种重新组合”，“引入生产体系使其技术体系发生变革”，以获得“企业家利润”或“潜在的超额利润”的过程，即技术创新是技术与经济之间的中间环节[14]。基于熊氏创新理论，美国麻省恩图维国际咨询公司总裁D.M.爱米顿于1993年首次提出“知识创新”概念，并定义为：“通过创造、演进、交流和应用，将新思想转化为可销售的产品和服务活动，以取得企业经营成功、国家经济振兴和社会全面繁荣”。于是，我们明确地提出“科技创新是人们按照市场需求将自然科学成果通过技术研究和技术创新物化为产品或工艺、服务并首次实现其商业价值的动态过程。” “科技创新横向拓展为知识创新”[1]37-41。而国内有学者在提出“知识创新工程”时却认为“知识创新是指通过科学研究获得新的基础科学和技术科学知识的过程”。显然，这就阉割了爱氏“知识创新”的灵魂，即公然将“新思想的创造、演进、交流和应用”并转化为效益（“企业经营成功、国家经济振兴和社会全面繁荣”）篡改为“获得基础科学和技术科学知识”。同样是讲“知识创新”，西方学者强调“取得效益”，而我国的一些官员“学者”追求的只是“获得知识”，这就又一次表明我国科技与经济分割思维的顽固性[1]15,92-93。在我国，特别是在政界，更为普遍地是将熊氏“创新”解释为“创造新的东西”。其实，古代是将拉丁语里的“Innovore”解释为“更新、创造新的东西或改变”。而熊氏的贡献正是冲破传统观念，提出“创新理论”。发明本来就是创造新的东西，而“创新则是新工具或新方法的实施”（熊彼特语）。怎么能将“创新”说成是“创造新的东西”呢?！可是，到了21世纪的今天，我国的一些官员、学者却要将“创新”观念拖回到古代，只关注“创造新的东西”或“获得新的知识”，而不提“转化为效益”，不知其用意何在?！看来，与时俱进地转变观念、“与国际接轨”是何等的艰辛呀！

再次，是综合效益，还只是经济效益？无论是熊彼特，还是爱米顿，在创新目标上，都是侧重于经济效益（爱氏已经注意到“社会全面繁荣”）。现在看来，他们仍然未与传统的工业社会发展观彻底决裂。于是，我们提出“综合效益——经济效益、社会效益、生态环境效益和人的存发效益之综合”，并认为“经济发展、社会进步要服从于可持续发展，要有益于环境和人的发展”[1]15,92-93。随后，我们又提出“全面技术创新观”，即认为技术创新是人文技术、社会技术、自然技术在现实活动中的集成效应及其综合效益的评估模型，并把“环境效益和人的存发效益”放到更突出的位置，主张“实行一票否决”[15]。

因此，大力加强全面科技创新，才能促使三大矛盾的“真正解决”，逐步建成和谐世界。所谓“通过发展自然科技”的“根本路径”，最多可能会缓解人与自然之间的一些矛盾，但达不到“真正解决”，建成和谐世界更是不可能的。

5. 构建和谐世界与外部环境

综上所述，和谐世界是以人类为中心，自然、自我（个体）、社会之间“通过人的活动”交互—反馈作用形成为一个四维超循环巨系统（见图1）。其中的人类及其个体（自我）、自然、社会，以及人与自我、人与社会、人与自然都是具有自组织作用的子系统。这个巨系统及其各个子系统的存在与变发都是与其外部环境不可分割的。也就是说，整个世界或每一个子系统的和谐状态和程度都是与其所处的外部环境交互—反馈作用的涌现。而这里的“环境”，许多人都是指与人无关的自然环境。这是当前环境构建上的一个盲点或误区。

第一，和谐世界的外部环境是自然环境、人文环境、社会环境由“通过人的活动”交互—反馈作用形成的整合效应。构建和谐世界是人（类）的活动，人的所有活动当然与自然环境——自然条件、物质生活条件、物质手段等“物的因素”有关，同时也与人文环境——人文精神和文化氛围等“人文因素”和社会环境——和谐氛围和团队精神等“社会因素”有关，而且是“三者同时存在”与变发的集成效应。长期以来，我们受到传统自然科学“分割思维”的影响，在环境问题上，缺乏整体观念。曾经只注重人文精神，忽视物质生活建设，甚至提出“先生产、后生活”的主张；如今是一些人“一切向钱看”，缺少人文关爱和应有的公平、正义，人文精神“被总体的组织性所压抑”的现象时有发生。大概是基于此，中央提出“坚持以人为本，促进经济社会和人的全面发展”的科学发展观。

莫兰明确地提出过整体环境观。他说：“把任何事件、信息或知识放置于它们与其环境的不可分离的联系之中，这个环境是文化的、社会的、经济的、政治的，当然还是自然的。”“环境是生物的、文化的，还是社会的”[5]113,214。显然，将环境仅仅视为“自然环境”是分割思维的产物，或者是只利用物质刺激来调动人的积极性和主观能动性，这是将人视为一般动物的还原性思维。莫兰曾经提出“依靠环境的组织”（这里的“组织”，他指的“包括生物、人类及其社会”）观念。除此之外，在现实世界，还有“依靠人的环境”，而且环境是“依靠环境的组织”与“依靠人的环境”“通过人的活动”交互—反馈作用的有机整体。

世界与外部环境是不可分割的。主体的自主性是依赖于其环境的自由。人（类）作为一个生命体，必须利用他所依赖的环境中的物质、能量和信息（包括情感）来滋养自己、改变自己、完善自己。以人为主体的社会也是如此。自然（包括生物和无生命物）作为客体，也依赖于环境而存在，并随着环境的改变而演变（这里的“环境”主要是指自然条件，不过在现实生活中，是属人的自然条件）。与人不同的地方，就是人既能按照人的需要创造一定的环境，又能主动地适应改变了的环境。即使在天灾人祸降临时，人能充分地施展其自主性，尽可能地减少损失。主客体之间的相互作用一定是在环境中发生和发展的。因此，在营造环境时，既要考虑自然环境的人文性和社会性，又要考虑人文环境和社会环境的自然性，并形成有机整体。只有这样的全面环境，才有利于实现“以人为本，促进经济（属于“自然”领域——引者注）社会和人的全面发展”。因此，营造全面环境是落实科学发展观的必然要求，也就是营造全面环境的目标和目的。

第二，和谐世界是“四维超循环巨系统”与外部环境之间“通过人的活动”交互—反馈作用的过程和结果。人（类）构建的和谐世界与其外部环境始终是不可分割的。如图1所示，巨系统及其子系统（人类、自我、社会、自然和人与自然、人与自我、人与社会，以及自我与自然、自我与社会、自然与社会）与外部环境之间都是通过人的活动双向的交互—反馈作用，而且它们都以一定的环境而存在，并随着环境的变化而变发。从这个意义上来说，环境先于系统（人和物、事件）而存在和变发，人类和社会的出现就是随着宇宙温度的不断降低，由原始自然物质逐渐演化而来的。个体人的生命源于先在的适宜环境中的受精卵，个人的发育成长与其环境也有着密切的关系。这就是环境的不确定性与系统（主要是人的活动）之间的相互作用影响。其实，人既能适应环境，又能创造环境，即在适应中的创造与创造中的适应的对立统一。

构建和谐世界需要和谐的外部环境。这个环境应该是没有物质利益冲突和对立的高级文明。文明是由低级不断地演变为高级的动态过程。前现代文明把人的物质贪婪视为破坏性的驱动力，现代文明（传统的资本主义和工业社会）却把贪欲当作进步的动力和创造的源泉，舆论、媒体和主流意识形态无时不在地激励着人们的贪欲、市场制度，公司和企业也是以赚钱作为最高目标（目的），“一切为了赚钱”，还把商界巨子凸显为成功的榜样，甚至奉为道德楷模。显然，过度商业化、市场化的社会必然激化“三大矛盾”——人格异化为“经济动物”、人与人之间异化为“金钱关系”、掠夺自然获取暴利。曾经的社会主义极力推行与天斗、与地斗、与人斗的“斗争哲学”，就是不准讲“关爱”。于是，第一个社会主义国家被自己斗垮了。我国率先实行社会主义市场经济体制，挽救了社会主义伟大事业，但是在社会主义与市场经济之间的关系问题上，还要进一步完善和发展。我们认为：社会主义社会应该实行以人为本的市场经济，而资本主义市场经济的“初级阶段”是以物为本，以金钱为依归。因此，应该把国人在抗击自然灾害中展现出的“中国精神”——大善、大爱、关爱一切生命和全民一心、众志成城等融入市场经济建设之中，就显现出社会主义社会过渡型的本质特征[8]182-199。我们正在构建的和谐世界、和谐社会也是一种过渡型形态，正如社会主义社会那样。列宁指出：“在资本主义和共产主义中间隔着一个过渡时期……这个过渡时期不能不兼有这两种社会经济结构的特点或特征。这个过渡时期不能不是衰亡着的资本主义与生长着的共产主义彼此斗争的时期。”[16]84因此，构建和谐世界就是“生长着”的和谐因素与“衰亡着”的不和谐因素“彼此斗争”的过程，我们就要创造这样一个和谐的外部环境——大力支持“以人为本”的和谐因素茁壮“生长”的社会氛围，逐步减少“以物为本”的不和谐因素所寄生的温床。

和谐世界的外部环境只能依靠人来创造。人与自然之间关系系统的和谐环境，就是依靠人并通过人的活动来创造的。有学者借以“人类生存永远都依赖于自然环境，依赖于地球生物圈的稳定和健康”为据，主张“人须敬畏自然才不至于肆意破坏生态环境”，才能与自然和谐。这种观点不仅要求当代人如同“初民那样都有对自然的敬畏”，而且赋予“一切非人自然物的主体性”地位，“只能由大自然掌管的惩罚权”才不再惩罚人类和社会。这样，人类与“一切非人自然物”之间就是主体际关系了！其实，这种将“大自然作为终极实在”的“上帝”来敬畏、乞求，从古至今，都是无济于事的。

人和人的行为既是大自然唯一的建设者，又是最大的破坏者。人与自然之间的矛盾和对立，是人（类）自身危机、特别是自我危机造成的，不能归罪于“大自然”；否则，就是为人（类）推卸责任。其实，唯一具有自我意识的人（类）主动承担责任并决心付诸行动，才是实现人与自然之间和谐的唯一有效的先决、前提条件。我们提出的“以自然为伴”、“善待自然”、“关爱自然”就是这个道理。因为对待自然越敬越畏越疏远，越关越爱越亲近。人与自然之间关系还不同于人与人之间存在着利害冲突和对立。即使是后者，还要强调人们之间的相互理解、支持和双赢！而自然界对于人（类）付出的合理劳动都给予了无偿的馈赠。我们应该像对待母亲和亲人那样关爱自然。这份情感我是出自内心的。我几次病后治愈都是在岳麓山这个“免费的氧吧”度过的。我几乎天天上山走一趟，从不损坏一草一木，经常见到一些人随意发威并践踏草木时，我真揪心。因为它们像人一样，也是一条生命，人要以感恩的心态给予它们关爱。其实，每一个人无时无刻不在享受着大自然的馈赠，只要人人都付出一点爱，大自然就会变得更美好。古语说得好：“天时，地利，人和”。“天地之性，人为贵”，而“人之性也，和为贵”。人不以“和为贵”，岂为“人之性”也！

我们提出“关爱自然”、“与自然为伴”，是将人和社会与自然视为同一个命运共同体的成员，其间是共存亡、共繁荣的关系。而大自然作为“物”（无论是“死物”还是“活物”），它不可能像人（包括社会）那样与人共存、共荣，只能是也只有人将大自然视为“存亡攸关者”予以关爱。显然，这种对自然的关爱就是对人（类）自身的关爱。坚持人人都从自我做起，感动周围的你和他，成为关爱自然的全民意识，就形成了大自然存发的一种外部环境。这样，系统与环境之间的关系发生了位变，而那种“敬畏自然”的主张是把大自然视为“超越于人类之上的存在、作为终极实在”的“上帝”。因此，将人与物之间关系的割裂和颠倒，不可能实现人与自然之间的和谐。

总而言之，构建和谐世界就是人们在外部环境下，逐步解决人与自然、人与自我、人与社会之间矛盾的过程，其中，人与自然之和谐是基础，人与社会之和谐是关键，人与自我之和谐是根本。只有始终坚持“以人为本”——依靠人、通过人并且为了人，方能实现和谐世界。

参考文献

[1] 陈文化．腾飞之路：技术创新论［M］．长沙：湖南大学出版社，1999．

[2] 马克思，恩格斯．马克思恩格斯选集：第 1 卷［M］．北京：人民出版社，1972．

[3] 杨通进．争论中的环境伦理学：问题与焦点［J］．哲学动态，2005（5）．

[4] 马克思，恩格斯．马克思恩格斯全集：第 26 卷第 3 册［M］．北京：人民出版社，1979．

[5] E．莫兰．复杂性理论与教育问题［M］．陈一壮，译．北京：北京大学出版社，2004．

[6] 马克思．1844 年经济学-哲学手稿［M］．北京：人民出版社，1985．

[7] 李德顺．“什么是”与“如何建”的统一——社会主义思维方式的跃迁［J］．新华文摘，1998．

[8] 陈文化．科学技术与发展计量研究［M］．长沙：中南工业大学出版社，1992．
[9] 马克思，恩格斯．马克思恩格斯选集：第1卷［M］．北京：人民出版社，1974．
[10] 谈利兵，陈文化．马克思主义的"全面生产"与科技创新［J］．长沙：中南大学学报：社会科学版，2004（5）．
[11] 陈文化，胡桂香，李迎春．现代科学体系的立体网络结构：一体两翼——关于"科学分类"问题的新探讨［J］．科学学研究，2002（6）：565-567．
[12] 胡锦涛．在两院院士大会上的讲话［N］．人民日报，2004-06-03．
[13] 爱因斯坦．爱因斯坦文集：第3卷［M］．北京：商务印书馆，1979．
[14] 陈文化．技术创新：技术与经济之间的中间环节［J］．科学技术与辩证法，1997（11）．
[15] 陈文化，朱灏．全面技术创新及其综合效益的评估指标体系研究［J］．科学技术与辩证法，2004（6）．
[16] 列宁．列宁选集：第4卷［M］．北京：人民出版社，1962．

二、可持续发展：以人（类）为中心的互利共荣[①]

（2002 年 3 月）

可持续发展的提出和确认，摈弃了传统工业社会以“物质增长为中心”的发展观，是人类发展观的一次划时代的变革与飞跃。可持续发展已经成为当今世界发展的主题，也是中国面向 21 世纪的必然选择。然而，目前一些学者似乎又走向了另一个极端。如有人提出“二元主体”——“将自然界、生态链或环境物当作和人一样的独立的、平等的价值主体”，主张“人们应服从于它们的利益”，要用“自然中心”取代“人类中心”。这些观点和主张直接关系到对可持续发展的认识与实现的问题，很有必要展开讨论。

1. 自然界根本不具有与人“独立的、平等的价值主体”的“资质”

第一，人与自然的关系是主体与客体之间的关系。自然即地球先于人类而生成和存在。人类一旦生成就成为宇宙中唯一具有自我意识的存在者，人与自然之间就是具有自我意识的存在者与无自觉意识的存在物之间构成主体与客体的关系。在远古时代，由于生产力低下以及人自身的发展水平落后，自然界处于支配地位并成为人的主宰，即人对自然界的依赖。随着人的不断发展和生产力水平的不断提高，人类逐渐从自然的控制中解脱出来。然而，在人类日益壮大的同时，又越来越远离、甚至对抗我们赖以生存的大自然，即近代的人成了自然的主宰。于是，人类日益遭到来自自然界的报复。这时，人们才从追求短期的局部的物质利益的“美”梦中惊醒，逐步确认自然是人的“朋友”。人与自然之间的关系从（古代的）自然是人的主宰到（近代的）人是自然的主宰再演变为（当代和未来的）人是自然的“朋友”。人与自然关系上的这种根本性变化，只能说明人类和自我的不断发展与完善，即不断寻求人类生存和发展的高级方式。这种变化也只是人类社会不断发展和进步的表征，并没有也根本不会改变人与自然之间的主客体地位——人始终是认识和实践主体，自然客体是认识对象。正如《辞海》（上海辞书出版社，1989 年版）指出的：“主体……在哲学上同‘客体’相对，构成认识论的一对基本范畴。主体指认识者（人），客体指作为认识对象或实践对象的客观事物。主体是有意识性、自觉能动性和社会历史性等基本特征，意识、思维是主体的机能和最重要的特性。整个外部世界，包括人本身及其身体和生活的各个部分也都可以成为认识的客体，它不依赖主体而独立存在。……现实客体的范围与主体的能力是相互制约的。人类在改造客观

---

① 本文发表于《株洲工学院学报》，2002 年第 3 期。

世界的过程中，既扩大了现实客体的范围，又促进了主体本身自觉能动性的发展。认识既是主体能动性地作用于客体的结果，又是主观对客观的反映。”显然，除人之外的自然只能是客体，不可能具有与人等同的价值主体地位。“二元主体”论既然视自然也是主体，那么客体是什么呢？没有客体难道还有主体吗？人与自然之间还有没有主客体关系呢？近代的人是自然的主宰及其造成的恶果，难道依靠赋予自然的“主体”地位或者混淆主客关系就能彻底解决吗？我们认为，唯一的办法和途径，只有不断地提高与完善人类和自我的主体意识、价值观念与认识实践能力，才能逐步实现可持续发展。

第二，主客体关系既是绝对的，又具有某种意义的相对性。认识论上的主客体关系是很复杂的，要进行具体分析。在人与非人自然之间的主客体关系是绝对的，同时又是相互依存、相互制约和相互作用的，但是主客体关系的地位不能转化；在人与人之间既有主—主关系，也有主—客关系，而在相互交流（往）的过程中，这两种关系可能会同时存在着，并且这种主—客体关系的地位会不断地发生转化；在人与自我之间既是同一主体，又存在着主—客关系，平常讲“在改造客观世界的同时要改造主观世界”以及“自我认识、自我完善”就是这个道理；在人与信息（含知识）之间既是一类新的主客关系，又要运用信息，通过实践，不断地完善主体，而且信息在各类主—主之间、主—客之间、客—客之间充当中介而发生相互作用，构成现实的关系系统。因此，从这个意义上来说，主客关系是绝对性与相对性的对立统一。然而，现在有人断言：“主客关系不是绝对的，而是相对的。”还说：人（类）不会总是主体，在中世纪的上帝与人（类）之间就是主体与客体的关系。这种观点与论述是苍白无力的。我们知道，无论是上帝，还是菩萨或者神仙，被推崇为“绝对主体”都是人为虚构的，则上帝与人类之间的“主客关系”是根本没有也从未存在的，怎么能够以此为据就断定“主客关系是相对的”或者笼统地说“人（类）是客体”呢?!

第三，自然只有在“人化”的过程中，才显示出其价值和意义。价值是相对于人的需要而言的，没有人及其需求的满足，就无所谓价值。当然，自然界并不是为了人的生活、生产和供养人类而存在的，它们有其自身的“意向、目的”性，即生态系统有其内在的、独立于人之外的存在意义；自然的价值是人赋予的，总是以人的价值为参照系来判断的。这两个方面是对立的统一，不可偏废。长期以来，只强调后者，忽视了前者，并将自然作为人的奴役、征服对象，肆无忌惮地进行征服、掠夺、宰割。这种无度行为的结果，必然地遭到自然界的报复和惩罚。然而即使这样，也不能说明自然界具有人一样的某种自觉的抗争能力。人类在伊始时期，并未破坏自然，却依然受到它的摆布和主宰。再说，何谓受到自然的惩罚？其本意是指人类不合理地、缺乏理性地开发和利用自然而造成的自然界对人（类）的负面效应。所谓“不合理”“负面效应”“惩罚”等都是相对于人类的利益而言，以人类理性和目的作为判断依据的。因此，人与自然在客观上也不可能是等同的“主体”，自然界只有在“人化”的过程中，才显示出其价值和意义。

第四，人与自然关系的“好”与“不好”及其程度如何的评价标准都是由人来制定的。不管某些人怎样赋予自然的“主体”地位，而它始终不能制定出一个评价标准。我们之所以遭到自然的惩罚，问题源于人的价值观及其评价标准，即只追求一部分人的物质利益的享受，而不是为了全人类和万物更好地生存与发展。按理说，评价标准既要符合人类的利益，又要符合“自然的内在价值”。这个客观、平等的价值标准正是我们现在所企求的，不过它也只能是逐渐逼近，使主观认识尽可能地符合客观实际，即人类要不断地认识和实践方可获得，不是人为地赋予自然的“主体地位”使一蹴而就的。

第五，人与自然之间发生矛盾，双方并不能共同协商，只有人类被迫地或主动地采取措施来解决。古语中的“天人对话”只是人将自然拟人化的一种想象，实际上是人—自然—人之间的对话。随着科学技术的不断发展，使人类能够获得更多的自然信息和奥秘，才有可能与其“对话”。即使这样，其实质也是人与人之间对话的一种形式。生态失衡的实质是人类的失衡，是自我的失衡。因此，要恢复生态平衡，根本在于人人都从自我做起。正如一首歌词唱道的：“只要人人都献出一点爱，世界将会变得更美好”。人类要生活得更美好，只有依靠全人类的共同努力，寻求建立能够指导人们认识世界、改造世界、维护和发展自身生存以及善待自然的模式，绝不能像某些人借以赋予自然界的“主体”地位所能奏效的。

第六，混淆或颠倒主客关系并不能克服“主客二分”的思维模式。过去那种僵硬的“主客二分”的思维模式，过分地刺激了人类对自然客体的宰割性、扩张性和掠夺性的主体特征。于是，不仅导致了人与自然之间的紧张和对抗关系，而且加剧了人与人之间、国家（或地区）与国家之间、民族与民族之间的对抗和敌视关系，特别是某些工业发达国家仰仗自己强大的科技、军事、经济实力，任意地侵略、制裁弱小国家或民族，造成世界不得安宁，招致世界人民的普遍不满和强烈反对。然而，要改变“主客二分”的思维模式及其后果，绝对不能企图通过混淆、甚至颠倒主客关系的客观存在，或者鼓吹“二元主体”的虚幻世界所能了事的。其实，只要人类如实地认识到大自然界中的一切都有生存或存在的意义，万物既互利共生，又彼此竞争，求得共同进化、共同发展与繁荣，改变人的价值观念和活动方式并付诸实施，就能实现真正的可持续发展。

第七，“自然中心”论是一种错误的价值导向。在讨论如何实现可持续发展的方略时，有人主张用“自然中心”论取代“人类中心”论（确切地说，应该称为“人类主宰”论或“人类征服”论），还说“人们应服从于它们的利益”。其实，是

“自然中心”，还是“人类中心”，都是一种价值取向。因此，“自然中心”论不仅仅是思想认识问题，同时也是价值观问题。

我们认为，“自然中心”论是一种倒退的价值观。如前所述，就人与自然的关系来说，社会历史发展大体上可以划分为人的依赖性（自然是人的主宰）社会、物的依赖性（人是自然的主宰）社会和人的全面而自由发展（人是自然的朋友）社会三种依次更替的社会形态。这种演变历程表明了人类社会的不断发展和进步。按照“自然中心”论的主张——“人们应服从于自然界、生态链或环境物的利益”，这岂不是要人类退回到古代“人的依赖性社会”吗?! 自然环境，顾名思义，是指人的生活环境，即人（类）系统存发的外围空间，系统与其环境之间存在着交互—反馈作用（必须是人通过人的活动才会发生），而自然本身并没有什么“利益”可言。人类的生存与发展需要善待自然、保护环境，而保护好自然环境正是为了人类的存发和幸福。因此，可持续发展并不是指自然本身的发展，也不是以自然环境为中心，而是指人类的发展，应该以人类为中心。不顾这个基本事实而一味地提出“以自然为中心”，并要“人们服从于它们的利益”，其实质就是要人们重新沦为自然的奴隶。这种主张，任何一个有理智的人都是不会接受的。

从活动内容与方式来讲，人类社会历史是从以客体为中心开始的，并经历一个以主体为中心到以客体为中心再到更高形式的以主体为中心的发展历程。在人猿揖别后的相当长的历史时期，自然界主宰着人类。在农牧业社会，劳动者没有分工和分化，凭着简单的劳动工具，主要依靠体力劳动进行简单（初级）的物质活动方式，即以采掘、直接利用或简单加工和消费的活动方式为主的时代。到了工业社会、特别是大机器时代，劳动者个人不再起到主导作用，个人只能在分工的格局中和生产流水线上充当一个配角，尽管物质生产提高了效率，但却使人的本质力量对象化，被物异化。这就是工业时代“以物质增长为中心”的情景。信息业社会将会是以信息活动为主导的综合活动方式，信息业即拥有知识（信息）的劳动者运用知识（劳动资料）与知识（劳动对象）相互作用生产出新的知识（劳动产品），将会成为社会的主导产业（犹如工业社会的制造业一样）。同时，工业文明后期出现的物质性（含能量）生产活动的科技化趋势必将导致其自身的科学（知识）化转变。于是，物质资本不再能支配知识的拥有者，而知识资本成为一种独立于物质的力量并可以决定物质资本，信息的力量可以战胜物化的力量，劳动者因为拥有并运用知识，就可能重新成为整合世界的主导力量。这就是人的本质力量回复到自身。正是基于此，许多学者认为，知识经济“是人的本质复归的经济”，“是人的本性超越资本物性的经济”，是“主体的经济”[1]301,305。因此，从农业文明的以初级主体为中心到工业文明的以客体为中心再到信息业文明的以更高形式的主体为中心，这是社会发展否定之否定的必然。当人类正在沿着这种大趋势迈进的时候，却有人主张

“自然中心”论或“客体中心”论并取代“人类中心”论，显然是一种倒退论。

“自然中心”论实际上主张的是“无主体的发展”。可持续发展是指人类的发展，即人与自然的协调、永续发展。同时，自然界不能自动地满足人类的需求，只能依靠人类的主动创造，自然界才会被人类所利用。显然，保护自然环境，实现可持续发展，本身并不是以自然环境为中心，而是以人类为中心，以人（类）的发展为中心。在人类未产生之前，是单一的自然选择与演化。人类的产生，即使是作为生物体的人的最初生成，自然选择也不是人类生成和发展中唯一的决定性因素。否则，“劳动创造人”（属于社会选择的范畴）的经典命题便无任何意义了。所以，人类的生成与发展是自然选择与社会选择的整合效应。人类一旦生成，便以相对独立的姿态与先在的自然界构成了对象性关系。从此以后，自然界的演化、发展就不同程度地留下了人类活动的足迹，深深地打上了人类意志的烙印，从根本上来说，整个世界（包括自然界、人类、社会）就是人类（主体）发展的世界。所以，撇开主体就没有发展，也不是发展，更不可能实现可持续发展。

总之，“二元主体”论和“自然中心”论既违背科学常理，混淆或颠倒了人与自然之间的主客体关系，又为人类推卸责任或将责任转嫁于“自然主体”制造了一个令人迷惑的“理论依据”。

2．“以人（类）发展为中心”与“互利共荣”哲学

我们曾经针对布鲁兰特夫人关于“可持续发展”定义的某些片面性和局限性，提出一个新的定义：“可持续发展是以人（类）发展为中心，知识创新为中介手段的自然、社会、自我协调（横向）与永续（纵向）发展相统一的整合效应，并形成一个“一主四维超循环的巨系统”[2]（见图1）。

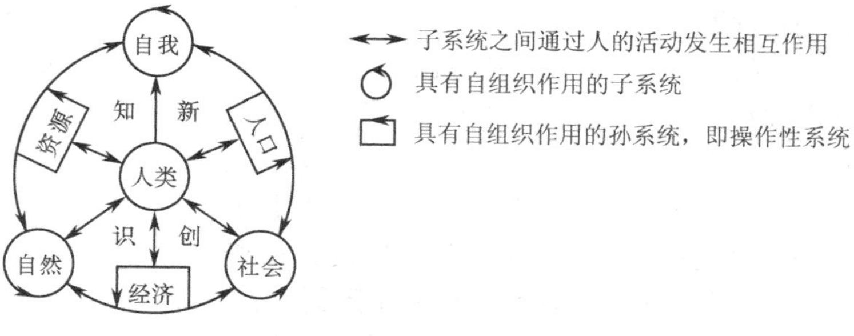

图1　可持续发展系统的构成及其作用机制示意图

可持续发展观是现代和未来社会的一种高级文明。文明的兴衰是由三种根本力量——人与自我（内在动因）、人与自然（外在动因）和人与社会（互促动因）综合集成（即整合）的结果。在实现可持续发展的过程中，人与自然的协调、和谐和统一是前提与基础，人与社会的协调、和谐和统一是保证及目标，人与自我的协

调、和谐和统一是根本及关键。因此，可持续发展是人（指人类或其一部分）的一种行为，从根本上说，就是人（类）的可持续发展。“一主四维超循环模型”的最大特点是把人（类）的发展回复到应有的中心位置，以揭示人的主导、核心和决定性作用。就人的社会价值来讲，人类是价值的主体，个人是客体；就人的自我价值而言，个人既是主体又是客体。这样，不仅在个体层次上实现了主客体的统一，而且把人类也看作是主客体的统一。于是，可持续发展的最高价值取向应该是实现全人类的解放，使一切人都得到“全面而自由的发展”（马克思语）。从这个意义上说，实现可持续发展的根本途径就是人的不断革命。正如英国的阿·汤因比和日本的池田大作在《展望21世纪》一书中指出的，“要消除对人类生存的威胁，只有通过每一个人的内心的革命性变革。”恩格斯也指出：要实现这种调节，首先要解决人的认识问题，然而单靠认识又是不够的，“这还需要对我们现有的整个社会制度实行完全的变革”。因此，从根本上来讲，只有在共产主义条件下，可持续发展的终极目标——“人的全面而自由的发展”——才能得以最终实现。

要实现可持续发展，就要树立“互利共荣”观。布鲁兰特夫人的可持续发展是一种“利己不损人”的发展观[3],[4]75,78。最近，华中理工大学张曙光提出“存在哲学”和湖南五清集团公司总裁吴飞驰等提出“共生理念”概念，探讨“人的生存方式”，即“人‘何以’生存和‘怎样’生存的问题”。他们认为：“个体生命、社会生活和自然生态方面的问题”，无不是“人类生存实践‘本质自身中的矛盾’”，或是“人类之间、自然之间以及人与自然之间形成的一种相互依存、和谐、统一的命运关系”，即“多种异质”的“共同生存”问题[5]。显然，他们关注的是“人类通过多样性方式达到和谐生存或存在的状态”，而对如何才能生存或共生，为什么生存或共生，特别是发展与“共生”的关系问题，似乎尚未涉及或者关注不够。我们在《腾飞之路——技术创新论》一书中提出“以人（类）发展为中心的互利共荣可持续发展观（简称互利共荣哲学）”。“互利共荣”是指人与自然、人与社会、人与自我之间通过互利互惠的交往（或反思）实现共同发展与繁荣的动态过程。具体来说，在人与自然之间，既要有利于人（类），又要有利于自然（除人之外的全部自然）的发展，并求得包括人类在内的一切生物的存在和共同进化；在人与社会之间，既要有利于当代人的协调发展，又要有利于后代人的永续发展，在代内既要有利于这一部分人（国家或地区、民族），又要有利于其他部分人、乃至于全球的发展，并求得全人类的共同发展与繁荣；在人与自我之间，既要有利于他人，又要有利于自我的发展，以求得每个人的自我发展与完善。因此，只有人与自然、人与社会、人与自我的协调、和谐与整合，才会实现可持续发展[4]78-94。

“互利共荣”是手段与目的的既对立又统一的整合体。只有“互利”，才能求得“存在”或“共生”，实现共同发展（进化）和繁荣。“共荣”是“互利”的出发点和立足点，没有共荣观，就不可能有真正的互利观。所以，没有“共荣”的“互利”或者没有“互利”的“共荣”都是不可思议的，也是不现实的、不长久的。当然，它们之间又不是线性关系，尽管存在着转化的必然性和可能性，但要通过人的活动，努力创造并具备一些必要的和充分的转化条件，才能成为现实，这也是互利共荣哲学必须予以研究的内容之一。

当今世界，全球化、一体化浪潮滚滚而来，地球的概念已经缩小为一个村庄，每个人、每个群体的行为都将影响到全球。人类只有一个地球，信息共享、资源共享、环境共享、灾难共担，一荣俱荣，一损俱损，人类不得不面对巨大的共同利益。目前，全球性的人与自然、人与社会、人与自我关系的紧张与对立的无情现实，已经唤醒人们，并且正在形成“互利合作”的共同呼声：人与自然的和谐、人与人的公平和人与自我的完善，以求共同发展与繁荣。“互利共荣”将会是历史的必然。现在出现的“互利互惠”、“竞争带来‘双赢’”、“信息资料的共生共享共荣”、“全球信息网络化”、“全球经济一体化”、“平等合作关系”或“战略伙伴关系”等概念在几十年前乃至十几年前都是未曾有过的。正是基于这种共同呼声日渐明显的情境，我们提出“互利共荣哲学”新概念，它也是我国传统文化“大同思想”的现代表述与深化形式。

参考文献

[1] 姜奇平等．知本家风暴［M］．北京：中国友谊出版公司，1999．

[2] 陈文化，陈晓丽．关于可持续发展内涵的思考［J］．科学技术与辩证法，1999（2）：1-5．

[3] 陈昌曙．从哲学的观点看可持续发展［C］//厦门“哲学与现代化”学术讨论会论文，1998．

[4] 陈文化．腾飞之路：技术创新论［M］．长沙：湖南大学出版社，1999．

[5] 哲学动态［J］．1999（10）．

[6] 周济．可持续发展的理论与实践［M］．厦门：厦门大学出版社，1999．

[7] 陈兴华，李明华．论可持续发展的自然限度及其超越［J］．新华文摘，1998（3）．

[8] 邓伟志．社会发展纲论［J］．新华文摘，1998（3）．

三、关于可持续发展内涵的思考①

（1999年4月）

1. 可持续发展的内涵

什么是可持续发展？目前比较权威的定义是布鲁兰特夫人1987年在《我们共同 的未来》（又称为"布鲁兰特报告"）中提出的："可持续发展是既满足当代人的需求，又不损害后代人满足其需求的能力的发展。"它深刻地表明，人类的发展不能削弱、危害自然界多样性的生存与变化能力，当代人的发展不能削弱、危害后代人发展的可能性，同时也暗示了一部分人的发展不能削弱、危害另一部分人发展的能力。这种思想是对传统发展观的一次巨大的变革，是人类跨世纪的发展观。关于可持续发展的定义，目前学界还有不同的表述和阐释，但基本上没有超出"布鲁兰特报告"。我们认为，布鲁兰特的定义仍然存在着较大的局限性。其主要有三点：一是它仅从人与人的关系方面定义可持续发展，没有明确地突出人与自然的关系；二是在人与人的关系中，只指出了代际关系（纵向），忽视了当代人之间（横向）的矛盾，更没有突出人与自我的关系在发展中的基础地位；三是它提出可持续发展的目标是"满足人的物质需求"，没有突出"以人的发展为中心"这个具有根本意义的问题，更没有提及"人的全面而自由的发展"这个终极目标。针对这些局限性，我们提出一个新的定义：可持续发展是以人的发展为中心的人与自然、人与社会、人与自我的协调与永续相统一的整合效应。

2. 可持续发展与"人类中心主义"

可持续发展观的提出，本应是对"以物为中心"传统发展观的否定。而现在有些文章提出"生态伦理"、"环境价值"等概念，重新提倡"客体中心"、"自然中心"、"生态中心"等原则，或者把人类和自然看作平等的二元主体，并以此来彻底否定"人类中心主义（论）"。

他们批判的"人类中心"论实际上是指"人类主宰"论或"人类征服"论。关于人与自然之间关系的历史演变，正如耗散结构理论创始人I·普利高津指出的，"我们当前正处在自伽利略、牛顿以来的另一个重要的科学革命时期。从牛顿到现在三百年来，人与自然的关系发生了深刻的变化。人本来是自然的一部分，人和自然有一个古老的同盟。但随着经典科学的建立，人与自然的同盟破裂了，形成了两个世界、两种科学、两种文化。现代科学正在把两者重新统一起来，建立人和自然

① 本文发表于《科学技术与辩证法》，1999（2）。

的新的同盟，形成一种新的自然观。”[1]337回顾人与自然的关系史，人类在图腾时代曾经处于全力保护自己免受自然威胁的状态，人类顺从、依偎自然，即崇拜自然的时代。从某种意义上来讲，当初的人类是自然界的奴隶。进入到工业社会，人类凭借科技之力，“像征服者统治异民族一样”（恩格斯语）征服自然、支配自然、主宰自然，导致了“人与自然的同盟破裂”，并且使人类逐渐陷入不可持续发展的困境之中。当今的人类已经进入到必须把自己如实地作为自然界的一员和把自然界当作人类的朋友并与之协调发展的时代。显然，人与自然的协调发展是历史与逻辑相统一的必然。而主张“客体中心”论、“自然中心”论（即“自然顺从”论），实质上是要将人类社会拖回到“崇拜自然的时代”，使人类重新沦为自然界的奴隶。同时，“自然中心”论的主张也是可笑的，如他们制定的《动物权利法》中规定：“猪栏里一定要安放草席供猪休息”，在市场上买活的家禽时不准倒立着拿，如脚朝上，违者要罚款或拘禁一个月以上。

人与自然的关系是作为主体的人（人类整体或其一部分）与作为客体的自然界之间的关系。其中，人始终居于主导、核心地位。自然生态环境是指人的生存与发展的环境，保护自然环境就是为了人类的协调和永续发展。作为人之外的存在物——自然界——的存在与变化实质上是人类自身的生存与发展。人与自然之间的关系是人通过实践活动才得以发生，而且实践活动的出发点、过程、手段、目标都是人根据当时所能掌握的自然规律和实践经验所确定的。自然界不会也不可能自动地满足人类的需求，它只有依靠人的实践活动去创造、利用的同时，“破坏”或保护自然生态环境才能实现，它不是自然界的自然行为，都是人的行为。传统的发展观是由实践的正面效应促成的（实际上包括了负面效应），而可持续发展观的形成虽然也具有实践正面效应的作用，但更多地源于对负面效应的反思。

与自然的协调、和谐和统一是可持续发展观的核心与希望，当然也应该是人类的终极追求，也是人类为之奋斗应有的权利和责任。因此，可持续发展实质上就是人的可持续发展，离开人和人的实践活动来谈可持续发展，是毫无意义的空谈。这里的“人类中心”即以人的发展为中心主要是指人（类）在自然界面前的自我权利和责任意识，意味着人的实践行为的出发点、过程和归宿的选择界限之所在。有人要抛弃或否定“人类中心”，那么，“客体中心”、“自然中心”具有这种权利和责任意识吗？它们能够实现人与自然的协调统一吗？显然，这只是一种良好的愿望。

人与自然的关系是人与人之间的社会关系的折射或延伸。人与社会（即人与人）的关系的演变史也经历了否定之否定的过程，是从“自然必然性王国”经过“外在（经济）必然性王国”、“赤裸裸的金钱关系”到开始进入“和谐与公平”的新时期，并向“自由人的联合体”过渡。恩格斯指出：“人与自然”的关系，始终和“人与人”的社会关系联系在一起。我们认为，“以人的发展为中心”是指在人与自然的关系方面，在强调人是自然的一部分、自然界是人的朋友的同时，形成以人为中心的人与自然的一体化；在人与人的关系上，在立足于任何个体之间的关系的同时，要强调以“人类”即整体为中心。因此，“以人的发展为中心”要求发展出自人类（并不是个人或一部分人）的需要，既不要脱离自然环境追求人和社会的发展（或者是以破坏自然生态环境为代价换取人的眼前利益，求得一时发展），又不要脱离人和社会的发展去维护自然生态环境，而应该是将二者有效地结合、统一与和谐，最终实现有利于人类的协调（横向）与永续（纵向）相统一的发展。因此，我们应该批评的是“人类主宰”论，而不是“人类中心”论。

3. 可持续发展与“人与自我的关系”

可持续发展观是现代和未来的一种高级文明。哲学上的文明是指一整套价值观、伦理观、人生观和科学的思维方式，是人类对客观存在的积极反映。文明的兴衰是三种根本力量——人与自我（内在动因）、人与自然（外在动因）和人与人（互促动因）——综合集成的结果。可持续发展的实现过程都是人的活动，而人的任何活动都是人与世界（指自然界、人文界、社会界由人通过实践活动形成的统一体）的关系，这种关系从总体上可以分为人与自然的关系、人与社会的关系和人与自我的关系。因此，认识和把握可持续发展的内涵绝不能撇开人与自我的关系。如上所述，“破坏”或者保护人类生存与发展的环境（自然环境、人文环境和社会环境）都是人的行为。过去或现在出现的生态环境危机问题不是出自自然本身，而是社会尤其是人自身的原因。人的问题也不仅仅是科学技术水平的问题，而是人的价值观念、思维方式和认识能力等问题，即“自我”的问题，当然也有不同利益集团之间的利益冲突问题。在诸多问题中，“自我”问题更加具有根本性。历史与现实已经表明：人如何对待周围环境实质上是人类如何对待自我的问题，是人能否正确地认识和处理局部与整体、眼前与长远、现在与未来之间的关系问题。正是人在物质生活追求上的短视和局部利益的价值取向，使人类面临着三大危机：自然危机、社会危机和精神危机（或称自我危机，指人们的物质生活与精神生活的分裂、思维方式的片面性和绝对化以及人性的扭曲等）。而后者更具根本性，人们在向外追求物质利益的时候，把自我的“存在”、“生存”忘却了，即人被“物化”或“异化”了。从这个意义上来讲，实现可持续发展的根本途径不是科技革命，而是人的革命、“自我”的革命。

我们强调的“自我”指的是人的思想和行为对自身的意义、作用和影响，并有利于他人、集体、社会、自然和全球，并非鼓吹个人主义、自我中心、自我膨胀。正如马克思说的，“在选择职业时，我们应该遵循的指针是人类的幸福和我们自身的完美。不应认为这两种利益是敌对的，互相冲突的。人们只有为同时代人的完美，为他们的幸福而工作，才能使自己达到完美。”[2]7 人类的特点是具有自我意识，重视自我价值，并积极追求人格高尚和生活美满、幸福。只有当所有的“自我”都增强了可持续发展意识并付诸行动，而且每一个“自我”的作用汇成全人类的“合力”，才能推动并实现可持续发展。

布鲁兰特夫人的可持续发展观是利己（“满足当代人的需求”）不损人（“不损害后代人满足其需求的能力”）。这种“利己不损人”发展观摒弃了传统的“损人（损害别人和后代人发展的能力）利己（只顾满足个人或当代人的物质需求）”、“坑人（物）利己”发展观，是社会的一大进步。但仅仅“不损人”是不够的，我们认为，应该是“利己利他（它）”的发展观。对于人类社会来讲，可持续发展既要有利于当代人，又要有利于后代人的发展；在同代人之间，既要有利于这一部分人（国家或地区）的发展，又要有利于其他部分人的发展；在个体之间，既要有利于自己，又要有利于他人的发展；对于人与自然组成的大系统来讲，可持续发展是既要有利于人又要有利于自然（除人之外的全部自然）的发展。所以，“利己利他（它）”才是可持续发展的核心和本质。

4. 可持续发展与“人的全面而自由的发展”

“布鲁兰特报告”的定义明确地指出：可持续发展的目标是“满足当代人的需求，又不损害后代人满足其需求的能力”。它把“满足人的需求”作为可持续发展的目标（或目的）是合理的，但同时又存在着一定的局限性：一是没有指出它与工业社会的传统发展观的本质区别，后者的“满足人的需求”是以牺牲人类生存与发展环境和人类长远利益为代价的单纯追求物质财富的满足。二是该定义只从时间维上指出满足代际之间的人的需求，没有同时从空间维上指出既要满足地区（区域）内的需求，又要不损害其他地区和全球人满足其需求的能力，即代内全体人的需求。三是“满足人的需求”过于笼统，其实它只指基本生活上的物质需求。人的需求除物质需求之外，还有文化、社会、心理、精神等方面的需求，而且是物质与精神需求的有机结合。四是对需求的“满足”似乎是一种外在目标，不是内化目标、自我实现的追求。我们认为，可持续发展的目标应该是人按照自身的内在需求、自我价值实现的需求与客观条件相结合而构建的。仅就可持续与发展的关系而言，属于手段与目的的关系范畴。目的是主体需求的意识化和实践化，即人的需求转化为实践活动及其结果的自觉趋向。此处的手段则是指人用来实现其目的所必需的方式。可持续发展的立足点只能是人，因为只有人类诞生之后，才逐步出现不可持续发展问题；也只有人，才能思考和解决不可持续发展问题。解决不可持续发展问题的目的最终是为人的生存与发展。也就是说，可持续发展的参照系是人而不是物，能否实现可持续发展，决定于人对可持续发展的认识和实践。从这个意义上说，可持续发展是人的可持续发展，以实现人的价值和幸福的发展。同时，人的内在需求随着客观条件的改变而不断地变化，随着时代的前进而不断地升华，目标或目的的构建随之也由低级向高级发展。可持续发展的实现是一个漫长的历史过程，其低级阶段的目标是实现以全面提高人的素质和生活质量为中心的综合效益（即经济效益、社会效益、环境效益与人的发展效益之综合）。这种价值取向是实施可持续发展战略的客观要求。工业社会的价值观就是掠夺自然、追求高额利润，无视人与自然的协调性，从而导致自然对社会以及人自身的“报复”，偏离了人的全面发展的目标。一些西方学者指出：“工业发达国家依靠科技活动获得了经济增长，然而在结出现代化经济果实的同时，常常会产生一系列破坏人的价值的消极后果。西方的现代化给欧美社会带来了物质生活的巨大进步，但同时出现了人心的动荡、精神的空虚、社会的动乱。特别是20世纪60年代以后，西方人一面享受着现代化赐予的一切恩惠，另一面却遭受着现代化带给人们的大量灾难，除了人际关系严重失调以外，性解放、同性恋、色情问题、凶杀抢劫、人性极度扭曲。”[3]16-17历史的经验教训告诉我们：经济发展是实现人类幸福的物质基础，但个人经济的富有并不等于人的幸福，经济上的“有利”并不等于对人和社会的“有益”。正如美国学者维克多·莱保指出的，“生活在九十年代的国人平均比世纪之初他们的曾祖父要富四倍半，但是他们并不因此比其曾祖父辈也幸福四倍半。”[4]意大利著名企业家奥·佩切依在其自传《人的素质》一书中也写道：“当代确实为许多人带来了繁荣，但是并没有使人类从贪婪中解放出来，……现在人类已经使自己变为一种怪诞的单向度的经济人。可是，新的富裕的真正的受益者只是社会的有限部分，他们对其他活着的或者还没有出生的人，为他们的幸福所付出的代价似乎并不关心。”正是基于此，我们才把“实现以全面提高人的素质和生活质量为中心的综合效益”确定为可持续发展的低级阶段的价值目标。这种价值观相对于仅从数量上被动地满足人的物质需求的传统价值观来说，主要是对人自身的素质和内在需求在质量方面的规定性。因为要解决不可持续发展问题，不仅取决于科学技术和法制保障，更取决于人自身素质和人类科技伦理意识的提高。因此，全面提高人的素质和生活质量是当前和今后一段时期可持续发展的目标。可持续发展的终极目标是实现“人的全面而自由的发展”。人类的一切努力，自觉或不自觉地寻找一条“人的全面而自由发展”的现实道路。正如马克思指出的，“全面发展的个人是历史的产物，资本主义的商品生产在产生出个人同自己和同别人的普遍异化的同时，也产生出个人关系和个人能力的普遍性和全面性。”[5]109未来的社会是“一个更高级的、以每个人的全面而自由的发展为基本原则的社会形式”[6]649。

个人发展的全面性是其现实关系和观念发展的全面性。高度发展的社会生产力及其创造的社会物质条件，是个人全面发展的现实基础。离开这个前提讲人的全面发展，是不切实际的空谈。然而，生产力的高度发展或经济繁荣并不直接等于人的全面发展。如果仅以价值的增殖为目标，为生产而生产，就会以牺牲人的全面发展为代价换取经济上的一时繁荣。这种情况在人类历史发展的一定阶段尽管是难以避免的，但又是必然要作为过渡阶段被扬弃或超越的。人的全面发展意味着人的个性的丰富性和能力的多样性，使人在复杂多变的生存环境中，显示出更多的主动精神和创造力，因而更加自由。这里的"自由"包含三方面意思：一是人类对自然的自由（即对外界自然和人自身自然的全面的支配能力）；二是个人对社会的自由（即每个人的自由发展是他人、一切人自由发展的条件）；三是主体对自身及其活动的自由（即主体对其自身的调控能力）。不可持续发展已经远远超出个人、地区和国家的范围，是全球面临的挑战，是整个人类面临的挑战。英国的阿·汤因比和日本的池田大作在《展望21世纪》中指出："要消除对人类生存的威胁，只有通过每一个人的内心的革命性变革。"恩格斯也指出：要实行这种调节，首先要解决人的认识问题，然而单单依靠认识是不够的。"这还需要对我们现有的生产方式，以及和这种生产方式连在一起的我们今天的整个社会制度实行完全的变革。"[7]519因此，从根本上来说，只有在共产主义条件下，"人的全面而自由的发展"才能得以最终实现。

5．可持续发展与"主导四维超循环模型"

综上所述，可持续发展是由以人（类）为中心（主导）的人—自然、人—社会、人—自我三个子系统通过人的活动相互作用整合成一个巨大系统。于是，我们提出可持续发展的主导四维超循环模型（见图1），而"生态环境"、"人口"和"经济"属于孙系统。

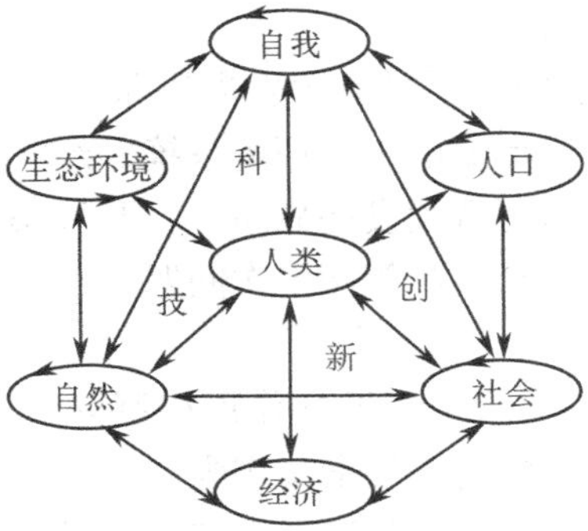

图1　可持续发展系统的构成及其作用机制图

可持续发展问题的研究是从经济增长与自然资源的关系开始的。随后，人们又把注意力放在生态环境与社会进步之间关系上，并力求实现二者的动态平衡。这些都属于两维模型。随着研究工作的不断深入，人们便把眼光转到经济、社会与生态环境三者之间的协调上。于是，对可持续发展的认识跃升到一个新的高度——三维模型。当人们对人口、资源、生态环境与经济发展、社会进步的关系进行深入研究后，认为可持续发展是社会大系统中的社会、经济、人口、资源、生态环境的相互作用和协调发展，即五维模型。

这些模型的一个共同缺陷是对发展主体和发展目标的偏离或错位。

发展是当今世界的主题之一。发展是主体要素通过主客化要素（科学技术与管理）和物质手段与客体对象通过人的活动的相互作用，以实现人的预期目标的动态过程[8]。这就是说，可持续发展是主体——人的一种行为，或者说就是人的可持续发展。没有主体的发展，或者离开主体及其目标的发展，都是不可思议的。此处的“人”是指从事发展活动的人（类）。就人的社会价值来讲，人类是价值的主体，个人是客体；就人的自我价值而言，个人既是主体又是客体。这样，不仅在个体层次上实现主客体的统一，而且把人类也看作主客体的统一。于是，人生价值或可持续发展价值的最高取向应该是实现全人类的解放，使一切人都得到“全面而自由的发展”。从这个意义上说，实现可持续发展的根本途径就是人的不断革命。所以，“主导四维超循环模型”的最大特点是把人（类）回复到应有的中心位置，起到主导、核心、决定性的作用。同时，又实现了可持续发展系统的主导多维整合的特性[9]。

显然，不能把“物种共同进化”、“社会进步”、“经济发展”等作为可持发展的终极目标。因为物种共同进化只是实现“人的全面而自由的发展”这个终极目标的一种必不可少的支持手段，或者是为实现终极目标提供和谐的生态环境。而经济发展、社会进步也只是为“人的全面而自由的发展”提供必不可少的物质基础和社会环境。就是说，通过“物种共同进化”、“社会进步”、“经济发展”来实现“人的全面而自由的发展”的最终目的。

“主导四维超循环模型”揭示了可持续发展巨系统的分层网络结构。如图 1 所示，在各个子系统之间，分别形成的生态环境系统、经济系统和人口系统，都属于操作性系统，即孙系统。实施可持续发展战略，就要从操作系统入手，同时或进而解决人与自然、人与社会、人与自我等深层次问题。于是，就把科学技术及其创新作为实现可持续发展的主要途径。

“主导四维超循环模型”揭示了超循环作用机制是人通过人的活动实现的相互作用。它既强调了每个子系统的内部要素（实为一个系统）之间的相互作用，又强调了各个子系统之间的相互作用，还强调了它们对外界环境所具有的自我调节、适应能力，即自组织行为。如自然环境在其自净能力之内可以吸收、消耗人类排放的废物。因此，要实现可持续发展，就要把握这个“度”，即地球承载力、环境自净力、生态自衡力、社会承受力和人的自控力等。如果超过了任何一个“度”，人类就要遭受无度行为的种种报复。

参考文献

[1] 湛垦华，沈小峰．普利高津与耗散结构理论［M］．西安：陕西科学技术出版社，1982 年．

[2] 马克思，恩格斯．马克思恩格斯全集：第 40 卷［M］．北京：人民出版社，1979．

[3] 夏禹龙．世纪之交的社会科学［M］．武汉：湖北人民出版社，1992．

[4] 储雷蕾．未来的幸福观：高消费并不意味着幸福［J］．未来与发展，1993（4）．

[5] 马克思，恩格斯．马克思恩格斯全集：第 46 卷（上册）［M］．北京：人民出版社，1979．

[6] 马克思，恩格斯．马克思恩格斯全集：第 23 卷（上册）［M］．北京：人民出版社，1979．

[7] 马克思，恩格斯．马克思恩格斯选集：第 3 卷［M］．北京：人民出版社，1972．

[8] 陈文化．加强科学技术与发展关系学的计量研究［C］//1995 International Symposium on Asian Science & Technology and Development. Central South University of Technology Press，1995（11）．

[9] 陈文化．主导多维整合思维：矛盾思维与系统思维之综合［J］．毛泽东思想论坛，1997（3）．

[10] 邓伟志．社会发展论纲［J］．杭州研究，1997（6）．

[11] 袁贵仁．人的素质与当代中国发展［J］．中国社会科学，1998（1）．

[12] 陈华兴，李明华．论可持续发展的自然限度及其超越［J］．自然辩证法研究，1997（10）．

[13] 夏甄陶．人：关系活动发展［J］．哲学研究，1998（10）．

第六部分　科学技术体系结构与科学教育
——“生产全面发展的人”

一、现代科学体系的立体结构：一体两翼[①]

——关于“科学分类”问题的新探讨

（2002 年 6 月）

谈到“科学”，不少人认为就是指自然科学。有人认为“科学”与“人文”是“两种文化”并且处于分裂和对立的局面；或者说“自然科学”与“人文社会科学”是“两种科学”，并表现为事实判断与价值判断、真理性与合理性的两种“根本不同的性质”；或者认为以人道主义为标志的近代人文传统与以技术理性为标志的近代科学传统正日益背道而驰。于是，在现实生活中，表现为“科学教育”与“人文教育”，“物质文明”与“精神文明”，“科学精神”与“人文精神”，“做事”与“做人”互相分离、甚至相悖不容。这种二元对立和冲突，是当前人类面临的一个突出的文化困境。本文通过考察发现：“自然—人—社会”的演化次序与科学本身的“固有发展次序”具有内在的联系，从而认为现代科学体系是由自然科学通过人文科学到社会科学的“连续链条”，并构成“一体两翼”的“内在整体”，从而揭示出“二元对立”之根源，为消除人类社会目前的这种文化困境探寻了新的途径。

1. 科学分类的根据及其客观基础

科学作为一种观念形态和知识体系，是对整个世界（自然、人文、社会通过人的活动形成的整体）的认识和反映。科学结构与它所反映的客体结构（即整个客观世界的结构）及其“固有次序”是一致的。因此，按照研究对象不同，可以区分为科学的三大门类及其学科的排列。

早在 1874 年，恩格斯就基于“运动着的物质的性质是从运动的形式得出来的”认识，首次将对象物质的运动形式作为“科学分类”的客观基础。他说：“每一门科学都是分析某一个别的运动形式或一系列互相关联和互相转化的运动形式的。因此，科学分类就是这些运动形式本身依据其内部所固有的次序的分类和排

① 本文发表于《科学学研究》，2002（6）。

列”[1]227,190，并据此将科学分为数学、力学、天文学、物理学、化学、生物学和“地文学”七类。显然，恩格斯在《自然辩证法》一书中的“科学分类”只限于“自然科学领域”，而他在其“总计划草案”中也只提到过“政治学和社会学说”、“经济学”等。毛泽东在《矛盾论》中，从实践辩证法理念的角度，进一步提出按照科学对象所具有的矛盾特殊性来进行科学分类的思想。他说：“科学研究的区分，就是根据科学对象所具有的特殊的矛盾性”和“每一个物质运动形式……中的每一个过程的特殊的矛盾及其本质”[2]309-310。

毛泽东提出了“矛盾的特殊性”的范畴，并将其作为“区分科学研究领域”的根据，这样就把科学分类的客观基础同以处理和解决矛盾特殊性为其任务的具体实践统一起来，开创了科学技术分类史上之先河。但是，毛泽东没有具体地进行“科学分类”。

我国著名科学家钱学森根据现代系统科学的理论和方法，认为整个客观世界从自然界发展到人类，也就同时出现人类社会和人类思维，而科学技术部门同整个客观世界的基本组成和发展历史相一致，于是提出整个科学大厦由自然科学、人体科学、社会科学、思维科学、数学科学、系统科学六大部分组成[3]。“整个客观世界是从自然到人类社会的一个不可分割的整体，各门学科构成的知识大厦也是一个整体”。这是钱学森对科学分类理论的一个发展。但是，他对“整个客观世界的基本组成和发展历史”的揭示缺乏客观性，特别是未能将人（类）与“人类社会”、人（类）与“人类思维”加以区分，尽管他提出了“人体科学”和“思维科学”，但没有将它们归属于人文科学，则科学分类中就没有“人文科学”。同时，对“数学科学”、“系统科学”的定位也似乎欠妥。于是，他构建的“现代科学的结构”的真实性、合理性和指导性令人怀疑。因此，有必要重新探讨科学分类的客观基础问题，即世界的演化过程及其构成问题（见图 1）。

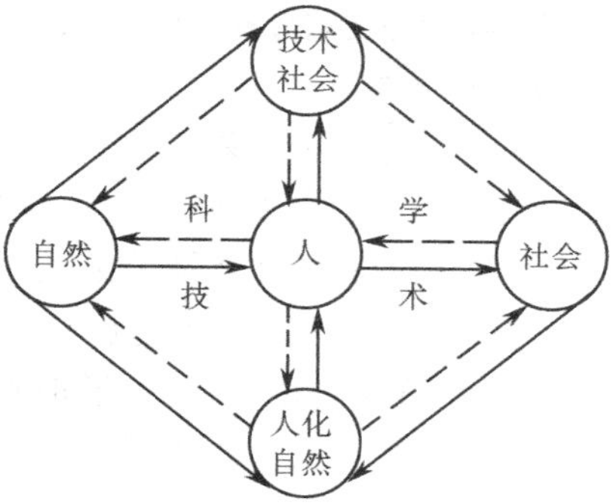

图 1　世界的演化过程及其结构示意图

如图1所示，科学技术是有人世界的根本特征。自然界在人类出现之前，是无意识、无精神的世界，即天然的自然。其进化是自然界的自发演化，演化到最高阶段就是类人猿通过实践、特别是生产劳动实现了人猿揖别，随之出现人类和人类社会，并形成属人的世界。在有人世界，世界的进化取决于人的实践活动、特别是发现、发明与创新活动，从而实现了客观世界从“自在”的存在向“为人”的存在的根本转变。在世界这个“自然—人—社会”的演化过程中，由于它们之间（通过人的活动）的相互作用，不断地扩展为社会的自然—人化自然和自然的社会—技术社会，并通过科学技术的实践活动与这个中介环节融为一体。

科学技术作为“理论性和实践性的知识体系”[4]9-12，是人对世界（指自然、人自身和社会）的认识和“活动方式”，也是人类认识世界和改造世界（作为方式、方法、手段）的结晶与武器。因此，科学技术的体系结构源于人对世界的关系，图2所示的“自然—人—社会”演化进程及其整合结构成为构建科学技术体系结构的客观基础。于是，我们将科学分为自然科学、人文科学和社会科学三大门类，并以此为基础，建构了现代科学体系宝塔形多层次的网络结构※（见图2）。

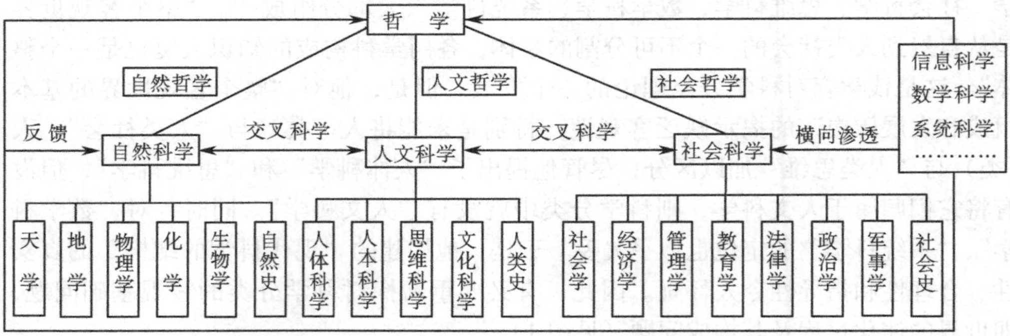

图2　现代科学体系宝塔形多层次网络结构图

2. 人文科学是一门相对独立的科学

什么是人文科学？目前尚无一个明确的定义。科学作为一种思想、理论、观念和知识体系，是“一切真实的关系”也“是人们物质关系的直接产物”（马克思语）。如图2所示，自然科学、人文科学、社会科学是相对独立的三大基本门类。马克思、恩格斯也明确地提出过三大门类观念、思想和范畴，即“关于他们同自然界的关系，或者是关于他们之间的关系，或者是关于他们自己的肉体组织的观念。”[5]30正是从这个意义上，马克思定义：自然科学是“人对自然界的理论关

※　此处只列出三大门类中第一层级的部分学科。若都列出的话，就成为“宝塔形多层次的网络结构”了。

系”[6]191，自然技术是“人对自然界的能动关系”或“活动方式”[7]374。我们认为：社会科学是关于人与人之间的理论关系，即“关于他们之间的关系”。它涉及人们的社会生活形式和社会结构、社会组织等方面。人与人之间的社会关系在阶级社会里表现为阶级性（经济性）、非阶级性（技术性）及其中介性，即技术-经济性。人文科学是关于人自身（作为社会的存在物）“肉体组织”和内心世界及其外在表达（文化）的观念，即人与自我之间的理论关系，或者对人、对人性、对人生的关怀和探索，并将其分为人体科学、人本科学（指研究自我内心世界的学问，国外有学者称为“自我理论”）、思维科学、文化科学和人类史等类。

作为一门（类）独立的科学或学科，必须要有确定的研究对象。仅从这一点来说，以社会为研究对象的社会科学与以人文为研究对象的人文科学就不能混同，尽管它们之间存在着密切的联系。恩格斯指出：“社会科学……所研究的不是物，而是人与人之间的关系”。尽管某个人会成为“关系”的承担者，但是人与人之间相互作用产生的社会现象，即确立的某种关系，对于个人（自我）来说，是外在的，“不能要个人对这些关系负责的”（马克思语）。著名的社会科学家迪尔凯姆也认为：个人生活与集体生活的各种事实具有质的不同，“如果人们同意我的观点，也认为这种构成整体社会的特殊综合体可以产生与孤立地出现于个人意识中的现象完全不同的新现象。那就应该承认，这些特殊的事实存在于产生它们的社会本身之中，而不存在于这个社会的局部之中，即不存在于它的成员之中。因此，从这个意义来说，这些特殊的事实，正如生命的特性存在于生成生物的无机物之外一样，也存在于构成社会的个人意识之外。”[8]11-12就现实情况来说，既没有脱离“关系”的“关系承担者”，也没有脱离“关系承担者”的“关系”，但是“关系承担者”与“关系”是两回事，正如物与二物之间的距离（一种关系）不能混同一样。当“关系”一旦确立，就形成了“关系承担者”所没有的新特性。而按照《辞海》（上海辞书出版社，1989 年版）的定义，社会科学是“以社会现象为研究对象的科学”，人文科学“一般指对社会现象和文化艺术的研究，包括哲学、经济学、政治学、史学、法学、文艺学等”，就混淆了两门科学的研究对象。于是“社会现象”既是社会科学又是人文科学的“研究对象”，甚至把属于社会科学的经济学、政治学、法学等又归于“人文科学”。这样，社会科学与人文科学就同一了。这样，“人文科学”没有自身特有的研究对象，就只有“人文社会科学”或“哲学社会科学”了。其实，“人文”一词源于拉丁文 Humanitas，意即人性、教养。汉语中的“人文”一词同样有这两方面的意思。“人文”包含“人”和“文”两方面：“人”是指理想的“人”、理想的“人性”；“文”是为了培养这种理想的人（性）所设置的学科和课程，即人创造“文”，又用“文”来“化”人。“学科意义上的人文总是服务于理想人性意义上的人文，或相辅相成，……语言、文学、艺术、逻辑、历史、哲学总是被看成人文科学的基本学科。”[9]

自古以来，就有关于人文问题的研究（有人认为自然科学和社会科学是从人文科学的母体中先后分离出来的）。但近代以来的人文科学却日益萎缩了，我国于20世纪50年代中期又将其中的一部分划归为自然科学，如人体科学及医学，同动物学及兽医学一起都归于理科。听起来真有点荒唐！人和其他动物都是自然存在物，但人又是社会存在物（马克思语）。“医治病人”与“医治病兽”，如同“人”与“兽”一样，是不能同一的。“人”与“兽”的这种混同，不仅是认识论问题，而且是旧哲学的自然存在本体论与马克思主义哲学的社会存在本体论根本对立的反映；另一部分，如人本科学中的人类学、民族学、伦理学、心理学以及文化科学中的语言学和文学艺术等，又被划归社会科学。这样一来，人文科学在我国就人为地不复存在了。

人文科学的地位和作用是由人在现实世界中的地位和作用以及人对自身价值的意识程度决定的。否认或忽视人文科学是传统的工业文明视人为机器的附属物，特别是“客体改造论”和市场经济大潮中的功利主义泛滥、理想的泯灭造成的。认识和改造主体（特别是“自我”）是认识和改造客体（自然、社会、自身或他人）的必要条件，也是认识和改造世界的一个必不可少的方面与环节。然而，迄今为止的人类文明追求的多是对自然环境和一部分社会环境的利用与改造，特别是传统的工业文明把“客体改造论”推到极端，从而造成人类与环境的严重对立和对抗，致使当今人类面临着自然危机、社会危机和自我危机。然而，从其根源来说，主要是自我危机，或者是以“天灾”形式展现出来的“人祸”。

人类社会正在迈向信息业文明。信息业文明与工业文明比较，在许多方面都已发生根本性变革。仅从活动方向和目标来讲，信息业文明是由以环境（客体）改造为主转变为以人（主体）自身改造为主的新时代，最终实现“人的全面而自由的发展”。现在人们都在谈论知识经济，而知识经济由于追逐知识而回归到人本身。从这个意义说，知识经济是人的本质复归的经济，是人的本性超越资本物性的经济，是主体经济或人才经济。人是本，知识是末，无视人、不尊重人、不注重调动和发挥人的积极性与创造性，无疑是舍本求末，当然不会有知识经济的蓬勃发展。

正是顺应时代之要求，国外学者（如美国的C.R.罗杰斯）提出了关于人格及其完善的“自我理论”。德国的彼得·科斯洛夫斯基在《后现代文化——技术发展的社会文化后果》一书中明确地指出：“后现代是重新发现自我的时代”，“在不断迅速变化的社会和自然环境中发现自我、发展个体的自我，这是当代文化的主题”，“现代……哲学成为自我发现与自我认识的文化”。在现实生活中、特别是体育比赛中，有一句名言：要取得优异成绩，要获得奖牌，首先要战胜自我。“胜在自我，败也在自我”，这是一条真理。因此，重视并大力发展社会科学、特别是人文科学，是顺应新时代文明之要求。

3. 自然科学通过人文科学到社会科学并融为“一门科学”

在古代，自然科学、人文科学和社会科学作为知识，混杂于“自然哲学”之中。1543年哥白尼《天体运行论》的出版，标志着近代自然科学的产生和发展，从此，自然科学才从“教会的婢女”变成“唯一的科学”，“这是地球上从来没有经历过的最伟大的一次革命”（恩格斯语）。19世纪40年代诞生的马克思主义，使哲学由“知识总汇”、“神学的婢女”变成“独立的科学”（列宁语），“把对于社会的认识变成了科学”（毛泽东语）。随着以生命科学技术和电子信息科学技术为核心主导的现代科学技术的深入发展，正在揭示出人体、生命和人脑、思维的奥秘，使人对自身的认识变成科学正在成为现实。当代科学体系正在孕育着第三次历史性的大变革，逐步形成以人文科学为核心支柱的三足鼎立的宝塔型网络结构。

科学融为一体源于“自然—人—社会”客观世界的统一性及其普遍联系。如图1、2所示，无论是“自然—人—社会”的进化过程，还是从天然自然到人化自然、从自然人到文化人、从技术型社会到经济型社会，都是从自然性向社会性的演变并形成有序的统一体，这就为由自然科学通过人文科学到社会科学并成为“一门科学”提供了客观基础。马克思、恩格斯也明确地指出：“自然史，即所谓自然科学”与“人类史”（主要指社会“意识形态”）是密切相连的。“只要有人存在，自然史和人类史就彼此相互制约。”马克思还指出：“自然科学往后将包括关于人的科学，正像关于人的科学包括自然科学一样：这将是一门科学。”[10]85这里的“关于人的科学”，似应理解为关于人自身的人文科学和关于人与人之间关系的社会科学。这就从理论上深刻地揭示了“一门科学”、“科学整体”的缘由及其作用机制。

事物之间的联系是通过中间环节实现的。在“自然—人—社会”的演化系列中，人的世界既是自然界的一部分，也是社会界的一部分；人既是客观世界（指“人的无机的身体”），又是主观世界（精神世界）；人既有自然属性，也有社会属性。因此，人的世界是“亦此亦彼”的中介世界。这样，以人自身为研究对象的人文科学就是介于自然科学与社会科学之间的中介型科学。从三大科学门类之间的关系来讲，“自然科学是一切知识的基础”（马克思语），人文科学、人文价值是对自然科学技术的一种补充和矫正，又是社会科学的直接基础。英国经济学家舒马赫认为，形而上学（哲学）和伦理学、人生观是经济学、政治学的重要基础。“一切科学，不论其专门化程度如何，都与一个中心相连接，就像光线从太阳发射出来一样。这个中心是由我们最基本的信念，由那些确实对我们有感召力的思想所构成。换句话说，这个中心是由形而上学和伦理学……所构成。”[11]60正是由于这种中介型的矛盾结构［A（AB）B］的世界及其中介性的人文科学的存在，认识和反映世界（自然、人、社会）的理论和观念就不会是“两种科学”、“两种文化”、“两种传统”、“两个科学院”，就不会只进行“两种教育”、倡导“两种精神”、建设“两个文明”。如除了物质文明（自然科学）、精神文明（人文科学）之外，还应该有制度文明（社会科学）。如果说自然科学是求“真”、社会科学是求“善”（善待人和事），那么人文科学就是求“美”（心灵美）。只有真、善、美的统一，才是我们应该追求的真正的科学精神。

自然与社会之间的关系，不是与人无关的外部世界之间的关系，而是与人有直接关系的，并且只有人通过人的实践活动才能实现其关系。这是自然界和人、社会的统一性的表现，也是“做事”与“做人”、“处世”的同一性的表现。在现实的活动中，“做事”涉及人与物（不限于自然物）的关系；“做人”涉及自我及其与他人之间的关系；“处世”涉及社会联系和社会关系。因此，“做事”与“做人”、“处世”是不可能分离的。但是，在现实的生活中，往往只注重“做事”或学习“做事”，而忽视“做人”、“处世”或者不学习“做人”、“处世”，这是忽视人文科学和社会科学研究与宣传教育的一种恶果。马克思明确地指出：“人们在生产中不仅仅同自然界发生关系。他们如果不以一定方式结合起来共同活动和互相交换其活动，便不能进行生产。为了进行生产，人们便发生一定的联系和关系；只有在这些社会联系和社会关系的范围内，才会有他们对自然界的关系，才会有生产。”[5]362其实，一个正常的人不可能只有自然科学知识或者人文科学知识或者社会科学知识，而是在三者综合于一身的基础上的某种（些）特长或突出展现。

总之，既然客观地存在着“自然—人—社会”的有序演化进程并通过人的活动融为一体，于是科学也“实际上存在着由自然科学通过人文科学到社会科学的连续链条，而科学“被分解为单独的部门，是人类认识的局限性”造成的（普朗克语）。因此，我们要努力克服“只看到局部而看不到整体”的形而上学思维方式，正确认识科学和科学结构，重视发展人文科学，充分发挥和凸现它的主导与中介作用，全面推进自然科学、人文科学、社会科学及其“内在整体”的协调发展。鉴于目前忽视人文科学之现实和顺应新时代之要求，我们建议将中国科学院（应改称中国自然科学院）和中国社会科学院合二为一个科学院，并按照三大科学门类重组，或者将各自所属的人文科学研究机构组建为中国人文科学院，以切实加强我国的人文科学研究和宣传工作。

参考文献

[1] 恩格斯．自然辩证法［M］．北京：人民出版社，1971.

[2] 毛泽东．毛泽东选集：第1卷［M］．北京：人民出版社，1991.

[3] 钱学森．现代科学的基础［J］．哲学研究，1982（3）.

[4] 陈文化．科学技术与发展计量研究［M］．长沙：中南工业大学出版社，

1992.
[5] 马克思，恩格斯. 马克思恩格斯全集：第 1 卷 [M]. 北京：人民出版社，1974.
[6] 马克思，恩格斯. 马克思恩格斯全集：第 2 卷 [M]. 北京：人民出版社，1979.
[7] 马克思. 资本论 [M]. 北京：中国社会科学出版社，1983.
[8] 迪尔凯姆. 社会学方法的准则 [M]. 北京：商务印书馆，1995.
[9] 吴国盛. 科学与人文 [J]. 中国社会科学，2001，(4)：5.
[10] 马克思. 1844 年经济学-哲学手稿 [M]. 北京：人民出版社，1985.
[11] 舒马赫. 小的是美好的 [M]. 北京：商务印书馆，1985.

二、莫兰的“生态化”教育观与我国的教育改革

——科学教育观初探

（2006 年 4 月）

法国当代著名的哲学家埃德加·莫兰（Edgar Morin）在其论著《复杂性理论与教育问题》中，深刻地揭露了传统工业社会教育观的分割/还原性的本质，提出并阐述了一些全新的教育理念。联合国教科文组织曾经呼吁各国采取措施，将莫兰“新的教育理念付诸实践，从而改革各国的教育政策和教学纲要”[1]5。我们对莫兰的教育理念进行了认真的探讨，并将其称之为“生态化”教育观，在这里，我们拟讨论三个问题。

1．“生态化”教育观的基本内涵

生态系统本来是生态学的一个概念，意指“生物群落及其与地理环境相互作用的自然系统”（《辞海》，上海辞书出版社，1989 年版），一般由“无机环境、生物的生产者（绿色植物）、消费者（草食动物和肉食动物）、分解者（腐生微生物）”等四个基本组成部分相互作用而形成的。生态系统的最大特点是系统及其组成部分与其环境的不可分割性和整体与部分之间关系的总体性。正是这两个突出特点，我们才用来概括莫兰“新的教育理念”。其实，莫兰提出过“‘生态化’思想”新概念。他说：“所谓‘生态化’思想意指这个思想把任何事件、信息或知识放置于它们与其环境的不可分割的联系之中，这个环境是文化的、社会的、经济的、政治的，当然还是自然的”。即“把这些知识整合到它们的背景中和它们的总体中。因此，发展把知识背景化和整体化的能力变成对教育的绝对要求。”[1]112-113

这里的“知识背景化和总体化”是指“把特殊的知识放置到它们的背景中和它们在一个整体中定位”。因为“认识的进步主要地……是由于愈益能够把这些知识整合到它们的背景中和它们的整体中”[1]112，或者认识“是依靠实行背景化和整体化的能力而进步的”[1]103。具体来说，一种知识的背景就是指该知识是在什么环境（包括文化的、社会的和自然的条件等）中产生、提出问题、变得僵固、发生变迁的。“知识的背景化”就是把这个知识定位于其背景，促使看到这个知识“怎样或者改变这个背景，或者另样地说明这个背景”，寻求其间的交互—反馈作用。[1]113“知识的总体化”就是将知识组织起来，“包含着分解和连接、分析和综合”，寻求“整体与部分之间的相互作用——一个局部的改变怎样在整体上引起反应，和一个整体的改变在各个部分引起反应。这同时涉及多样性内部的统一性和统一性内部的多样性”。而且操作的“过程是循环的：从分解过渡到连接，从连接过渡到分解；

此外，从分析过渡到综合，从综合过渡到分析。换言之，认识同时包含着分解和连接、分析和综合”[1]113。

因此，将教育视为生态系统，就是强调要把知识整合到它们的背景（环境）和它们的总（整）体之中。于是，教育的主要任务就要培育并提高受教育者“将知识整合到其背景化、总体化的能力”。

2．“生态化”教育观与传统教育观的本质区别

第一，思维方式上的区别：“分割/还原性思维”与复杂性思维。

传统教育观的思维方式就是经典自然科学的“分割/还原性思维”。“经典科学的思维方式是建立在‘有序’、‘分割’和‘理性’三大支柱上的”。其中的“有序”是指绝对排斥无序的机械决定论；“分割”是指将研究对象机械地“分解为简单的要素”和“将系统置于背景之外”，又将“观察者与观察活动相分离”；“理性”是指“建立在归纳法、演绎法和同一律（意味着否弃矛盾）这三个东西基础上”的一种思维逻辑。传统的教育是“教我们孤立对象（于其环境）、划分学科（而不是发现它们的联系）、分别问题（而不是把它们加以连接和整合）。”[1]103而且它致力于单纯灌输的“知识是分离的、被肢解的、箱格化的”[1]24，分割与封闭的专业化“把一个对象从它的背景和它的总体中提取出来，舍弃它与它的环境之间的联系和相互交流，把它插入一个抽象概念化的区域亦即被箱格化的学科的区域。后者的边界线任意地打碎了现象的系统性（一个部分对于整体的关系）和多维度性。”[1]29-30比如讲授经济学，“在抽象中除去了与经济活动密不可分的社会的、历史的、政治的、心理的、生态的条件”。于是，“相互作用、反馈作用、背景、复杂性处于学科之间的无人地带中变得不可见。”又比如讲授人类的知识“失去他本来的面目”，要么把人类放在包围着他的宇宙之外，“作为一个孤岛来认识”；要么“把人类统一体还原为纯粹的生物—解剖学的基质”；人类诸科学也被切分为小块和箱格化。“因此，人类复杂性变得不可见，而人‘如同沙滩上的痕迹’消失了。”[1]34同时，孤立于背景的知识也是无意义的。如“‘爱情’一词在宗教的背景中和在世俗的背景中具有不同的意思，一封求爱信由引诱者或受引诱者宣读，其真实性的含义也大相径庭。”因此，“背景化是（认识运作）发挥效能的一个基本条件”[1]25。

总之，传统的教育和认识模式是把认识对象彼此分开，又把对象孤立于它们的自然环境和由它们构成的整体。于是受教育者仅仅成为一个“充满知识的头脑”，而缺乏将所学到的知识整合到它们的背景和总体即现实活动中的能力。而“生态化”教育观运用的“复杂性思维方式绝不是……排除确定性以便建立不确定性，排除分割性以便建立不可分割性，排除逻辑以便允许对逻辑规则的任何违反”的一种思维方式。“相反地，它的做法是不断地往返穿梭于确定性和不确定性之间、基本元素和总体之间、可分割性和不可分割性之间”，并“把它们整合到一个更加广泛

和更加丰富的框架内”[2]13。

第二，培养目标上的区别：培养“充满知识的头脑”与“培育善于组织知识的能力”和“人类精神”。

E.莫兰在《构造得宜的头脑》论著中，提出“教育的五个目标——给予我们组织知识的能力的构造得宜的头脑，对人类地位的教育，学习生活，学习迎战不确定性，公民教育”。并且，它们之间“彼此相互关联、相互促进”[1]188。

培养“什么人”与培育“人的什么”是两种不同教育观的根本区别之一。目前的教育仍然“致力于灌输知识”——主要是自然科技知识，其目标就是要学生的头脑里堆积、装满被“分割与封闭的专业化知识”，即培养成“有知识的人”。“生态化”教育观把“培育构造得宜的头脑”——善于选择、连接、组织知识的头脑，即能“将知识整合到其背景化、总体化之中的能力”并作为“教育的五个目标”之首，“生态化”教育观要求正确地认识“人类地位”，增强“全球性的人类之间的相互理解”，自觉地养成具有独立人格、人性健全的人和“具有全球命运共同体”的意识；“生态化”教育观要求“启动一般智能”，即“实施和组织把知识的总体调动到每个特殊的案例中去”，而“这个充分运用需要好奇心的自由发挥”[1]27-28，还“需要把它的发挥与怀疑联系起来”。“后者是任何批评行动的酵母……使得我们能够‘反思思想’，而且还包含着‘对于自身的怀疑的怀疑’”[1]110-111。这样，就把培养“什么人”与培育“人的什么”有机地结合起来，即莫兰主张的“培育式的教育”。因此，与传统教育的根本区别在于“生态化”教育观主张：“教育的任务不是传授纯粹的知识，而是传授我们据以理解我们的地位和帮助我们进行生活的文化；它同时促进一种开放的和自由的思维方式。”[1]100

培养“充满知识的头脑”即“有知识的人”与“培育构造得宜的头脑”即“善于组织知识，从而避免知识的无效堆积的头脑”，是两种不同教育观的本质区别。长期以来，我们的教育改革并没有在“培育构造得宜的头脑”问题上下工夫。为了克服应试教育的种种弊端而提出的“全面素质教育”，在实施过程中，仍然是将被片段化和箱格化的人文文化（其实莫兰认为“人文文化是一种总体文化”）当作知识来传授或讲座。于是，出现“推进素质教育步履艰难”的局面并不出乎意料。

素质教育理应在培育学生组织和运用知识的能力、好奇心和“质疑精神”上狠下工夫。好奇心本应受到鼓励和引导的禀赋，却因为“过分经常地被训导所窒息”或者“被局限在一个狭小的专业化范围”内。质疑精神也是一种“反思和探询的能力”，却往往被什么“不听话”、“逆反心态”等政治性语言予以贬斥，并形成了一种社会性的“顺从意识”。这种意识极大地阻碍着学术上的百家争鸣。

第三，教育系统与环境之间关系上的区别：单向作用与“互动—反馈作用”。

我国的哲学教科书将事物发展的原因机械地分为内因和外因，并说内因是根本的，而事物之间（系统与环境）的联系是第二位原因。“因为这样，事物才是自我运动、自我发展”。“因此，只有抓住了内因，才能正确把握事物的自我发展。”[3]191这是经典科学“孤立/分割思维”在哲学观念上的体现，它在我国教育界也具有重要的影响。其实，在现实世界里，既没有无环境（即外因）的事件（事物），也没有无事件的环境；任何事件与环境都是相互渗透、融为一体的。如果一个生命体离开了空气、水分、食物等环境条件，那么它已经就不存在了，还有什么“自我运动、自我发展”呢?！因此，莫兰总是强调“把事件、信息或知识放置于它们与其环境的不可分离的联系之中”。生物的存在和发展“需要从它们的环境中汲取能量、信息和组织，它们的自主性与这种依赖性是不可分割的。因此必须把它们看为自我的—依靠环境的—组织性的存在。”[1]181所谓的“自主性”，并不完全是我国辞书上讲的“独立自主，不受别人支配”，“而是依赖于其环境的自主”，因为一个生命体“必须利用它依赖的环境中的能源来滋养自己”。因此，“自主性不是绝对的可能的，而是有条件的和相对的可能的。”[1]214-215这就是复杂性范式与“孤立/分割思维”方式在“自主性”问题上的根本区别。莫兰还特别指出：要把“同一事物既是原因又是结果、既承受作用又施加作用、既间接存在又直接存在的思维方式”，“引入我们的任何教育之中，从小学开始”[1]113-114。因为教育系统的存在和发展本来就与背景（环境）是不可分的，而且大学在“适应社会和使社会适应自己”“之间存在着互补性和对立性，二者互相凭借形成一个应该是创造性的圆圈。”[1]170

在外部环境问题上，我国一直视为与人无关的自然环境，并且与人的基本生活有关的物质条件建设曾经也是被忽视的。如今注意到了自然环境（包括物质生活条件）建设，但似乎又忽视了比它更为重要的人文关爱和营造和谐氛围。其实，外部环境是由自然环境、人文环境、社会环境通过人的实践活动使其相互作用而形成的动态系统。莫兰也指出：“这个环境是文化的、社会的、经济的、政治的，当然还是自然的。”[1]113而且，人不同于其他动物，人的积极性、主动性和拼搏精神主要依靠人文关怀和社会氛围的激励。同时，人创造环境，环境也塑造人。这里的“创造”和“塑造”都具有建设性和破坏性的“两重性逻辑”。

人们经常讲“整体大于部分之和”，这是在适宜的外部环境条件下整体与部分之间相互作用产生的放大效应。莫兰最近又提出“整体同样小于部分之和的原理，因为部分可能具有被总体的组织性所压抑的优秀品质”[2]11。这种“总体的组织性”可视为人文环境和社会环境，即一个单位营造的氛围。如果它压抑了其部分的“优秀品质”，当然会造成“整体小于部分之和”的非常局面。

莫兰曾经提出“依靠环境的组织”（这里的“组织”包括生物、人类及社会）。其实，在现实世界，还有“依靠人的环境”，而且环境是“依靠环境的组织”与“依靠人的环境”之间交互—反馈作用的有机整体。因此，在营造环境时，既要考虑自然环境的人文性和社会性，又要考虑人文环境和社会环境的自然性。否则，外部环境就是被割裂的。从某种意义上来说，包括科技人员在内的人的聪明才智主要地依靠人文关爱与营造和谐氛围来激发。如果仅仅利用物质刺激来调动人们的积极性，就是把人视为一般动物了。因此，现实活动中，在关注自然环境的同时，更要注重激发多数人的人文精神和营造和谐的社会氛围，乃是当前我国环境建设之根本。

第四，未来发展观上的区别：机械决定论与“迎战不确定性”。

传统的教育给人们灌输了许多确定性的知识，总以为原因就是原因，结果就是结果，而且其间的关系是线性的。至于说未来（包括自然、人类及其社会的），也总是存在于历史进步的决定性的框架之中。莫兰针对这种机械的决定论，提出“迎战不确定性原则”。他说：“人类历史过去是、今后仍将是一个未知的探险”，“进步肯定是可能的，但它是不确定的”。“历史在前进，但不是像一条河那样正面直行，而是由于内部的革新或创造或者外部的事件或变故而曲折行进”。因为它要“同时遵从决定论和偶然性”，即在历史的进程中，存在着许多与“无数使这个进程分岔或改道的偶然事变和随机因素发生着不稳定的和不确定的关系”。“因此未来的教育应该重新考虑与认识有关的不确定性”。从小学开始，“应该学习超越‘原因—结果’的线性因果性。学习双向的相互关联的因果性、循环的因果性（反馈的、回归的），以及因果性的不确定性（为什么同样的原因并不总是产生同样的结果——这时原因所影响的系统的反应是不同的，为什么不同的原因可以引起同样的结果）”。“教育应该包含教授关于在物理科学（微观物理学、热力学、宇宙学）、生物进化科学和历史科学中出现的不确定性的知识”，“应该教授策略的原则，使人们能够对付随机因素、意外事件和不确定性”，“培养准备应付不测事件而处理它们的头脑”。所以，受教育者“必须学会迎战不确定性”，“必须学会在散布着确定性的岛屿的不确定性的海洋中航行”。而且，“所有身负教育之责的人们应该走向迎击我们时代的不确定性的最前哨”[1]63-73,166。

第五，教育管理模式上的区别：分割式与总体式。

传统教育观的弊端之一是在专业设置上越分越细及其管理上的分割式，至今仍然存在着莫兰批评的“超级专业化”，即把“自己关闭在自身之中的专业化”。如某综合性大学的社科系原本不足百名教师，一下子分成五个学院，与莫兰的主张反向行之。关于大学的改革，莫兰认为应该实行“多学科合并”，并建立“以一个复杂的系统为对象的科学”，如宇宙学院（包含其哲学部门）、地球学院（包含地球诸科学，生态学，物理的和人文的地理学）、认识学院（集合认识论，有关认识的哲学，认知科学）、生命学院（含生物诸科学）、人类学院（集合史前学，生物人类学，文化人类学，人类的、社会的、经济的诸科学，整合有关个人/族类/社会的问题），以及历史学院、文学院和世界化问题学院。还可以考虑在每所大学设立一个关于复杂性和超学科性问题的研究中心和一些研究室。总之，这样的设置将有利于人类、社会诸科学与自然诸科学之间的沟通，并保证培养出具有多学科或超学科的文凭和毕业论文的学生[1]169-173。

如今某些大学开始关注人文科学和社会科学的研究工作，但仍然是将自然科技与人文科技和社会科技人为地割裂为“两大块”，分别由校长和党委领导，分设两个机构，安排两套人马。党委本来主要抓政治思想和意识形态工作，却取代学校行政直接抓起文科的科学研究工作了。如此强化被人为割裂的“两大块”意识，似乎自然科技工作不需要人和社会的参与，而人文科技和社会科技工作不需要与“自然”（物质）打交道，一些人还说“这是党委工作改革的一项重要成果”。可是，莫兰明确地指出：教育改革“使我们可能把两个分离的文化连接起来”，并“结束两种文化之间的分离”，使受教育者变得胜任“生活中存在的整体性的和复杂性的问题提出的巨大挑战”。在莫兰看来，自然科学与人类科学、社会科学的分离还是集成，是目前教育（“传授纯粹的知识”）与未来教育（“培育构造得宜的头脑”）之间的本质区别。“这是教育的一个根本问题，因为它关系到我们组织知识的能力。”[1]24

第六，教学内容上的区别：“知识被片段化和箱格化”与“背景化和总体化的重大合并”。

莫兰指出：传统的教育“从小学起就教我们孤立对象（于其环境）、划分学科（而不是发现它们的联系）、分别问题（而不是把它们加以连接和整合）。”而“未来的教育……实行对来自自然诸科学的知识的大合并以便在世界中给人类的地位定位；实行对来自人类诸科学的知识的大合并以便阐明人类的多维度性和复杂性；必须在其中整合人文文化的极其珍贵的成果，不仅是哲学的和历史学的，而且还有文学的、诗歌的、艺术的……”[1]35这样，既要将对象（事件、信息或知识）置于其背景之中、乃至于“背景之背景即全球范围”内，也要将对象置于其总体之中，提出和思考问题。“特别是在今天，因为任何政治的、经济的、人类的、环境的……认识，其背景都是世界本身。全球纪元要求把任何事情都定位于全球的背景和复杂性中”[1]24。因此，莫兰认为：“各门科学和学科将是连接的，彼此成为对方的分支，教学将可以在对各局部的认识和对整体的认识之间穿梭运行。以这种方式，物理学、化学、生物学可以互相区别，变成不同的教材，但是不再互相隔离，既然它们一直被置于它们的背景之中。”“这样，从小学开始人们就实现了把对人类地位的探询和对世界的探询连接起来的举措。”[1]164-165

3. 关于我国教育改革的五点建议

第一，变革思维方式，重在树立“新的教育理念”。

20 世纪末联合国教科文组织总干事长 F. 马约尔备加推崇 E. 莫兰“新的教育

理念”，并呼吁世界各国迅速采取措施，以便付诸实践，从而改革各国的教育政策和教学纲要。十年过去了，连我国教育界知道莫兰“新的教育理念”的人都是微乎其微，就不要说什么“付诸实践”了。究其原因，是多方面的，其中的一条还是传统的分割/还原性思维方式作怪。因为莫兰“新的教育理念”及其“生念化”教育观是复杂性范式在教育领域的首次成功运用。正如F. 马约尔说的，“莫兰在他的‘复杂思想’观点的背景下表达他对未来教育的本质的看法”[1]5。因此，要理解和把握莫兰“新的教育理念”及其“生念化”教育观，首先要学习和运用复杂性思维方式。在此，我们建议在教育界组织一些学习活动，认真探讨复杂性范式和莫兰“新的教育理念”，总结我国教育改革实践的经验教训。

根据莫兰的观点和我国的实践经验，我们认为：“教育改革”的根本在于“改革思想观念”。“改革思想和改革教育密不可分、相互促进”，并且“思想的改革”才是“根本性的改革”，因为它“将产生一种关于背景和关于复杂性的思维方法”[1]179。正是经典自然科学的分割/还原性思维和传统观念造成教育领域的严重后果，如“知识被分割、肢解和箱格化”，人文文化和社科文化与自科（自然科学的简称）文化之间的分离①，学生们只有“充满知识的头脑”、“分割与封闭的专业化”等将“现实被粉碎，人类被肢解”的知识，甚至造成“教育者只有职业和挣钱，被教育者只有厌倦”。因此，教育改革实际上就是思想观念的变革。“教育的改革应当导致思想的改革，而思想的改革应当导致教育的改革”。“思想改革的本性不是程序性的，而是范式性的，因为它关系到我们组织知识的能力。只有它使得可能达到造就得宜的头脑的目标，亦即实现智能的充分运用。”这就是教育改革的出发点和落脚点。莫兰还认为：思想改革要整合人文文化和自科文化。“新人文科学将复苏探询精神”，如果一个未来的公民要走向专业化，“必须首先经过文化的洗礼”[1]182-183。而我国的教育改革较多地采用“加减法”，比较注重形式上的变化或者口号上的所谓“创新”，没有在“根本性的改革”上狠下工夫。

第二，育人目标：“德、和、智、体”全面发展。

我国的教育方针是“德智体全面发展”或“德才兼备的接班人”。其中的“德指立身根据和行为准则”（《辞海》，上海辞书出版社，1989年版），体指“身体好”，智即才也。“体”是“德”、“才”的物质载体，而且德与才都限于孤立的个人，没有包含处理人与人之间的社会联系和关系的内容。莫兰指出：“个人之间的相互作用产生了社会，而……社会又通过文化反馈作用于个人”。“在人类学的层面

① 英国的C.P. 斯诺于1959年提出“两种文化分裂”问题，两年后，在《再看两种文化》中又提出“第三种文化”，按其内容我们称之为社会科学文化。并且他认为：要克服三种文化的分裂，“我们首先能做的是教育，主要是小学和中学教育，但也包括大学教育。”（《两种文化》重译本，上海科学技术出版社，2003年，第59、51页）。

上，社会为个人而生存，而个人为社会而生存；社会与个人为族类而生存，而族类又为个人与社会而生存。”[1]40显然，个人和社会是有密切联系的两回事，而且人既是自然的一部分，也是社会的一部分，即离开社会联系和关系就没有人的存在。在人才规格上，没有“和”的要求，现实生活中不会“处世”或者喜欢“整人”的人，怎么会有“人的全面发展”呢?！同时，教育方针中的“智”或“才”仅仅指自然科技方面的知识，没有包含人文科技和社会科技。而撇开后者，不可能有现实的发展（后面还要专门讨论这个问题）。因此，我们提出“德、和、智、体”全面发展。这里的“和”，指平和、和睦、和谐，即“贵和乐群”，融己于群，群己合一，“和实生物”。“智”指包括自然科技、人文科技、社会科技在内的“总体知识”、“组织知识的能力”和“一般智能”。

现在提出“和”是时代精神的产物。首先，社会主义的生产关系是由对抗形式向非对抗形式的过渡形式，因为“资产阶级的生产关系是社会生产过程的最后一个对抗形式”（马克思语）。社会主义生产关系的这种性质，要求我们总体上的和谐，而不是搞“斗争哲学”。其次，构建和谐社会、和谐世界，必须建立在每一个人自身和谐发展的基础上，这就要求从教育入手，“从娃娃抓起”。再次，无数事实表明：搞“斗争哲学”，后患无穷。人与自然斗，已经导致包括人类在内的一切生物的存发危机；人与人或与社会斗，其结果要么是两败俱伤，要么是整人的人最终会身败名裂，造成“整体小于部分之和”的非常局面；人与自我斗，迫于闭门思过，“斗私批修”，搞得人人自危或者得过且过。最后，只有形成“一人有事，众人关爱”、“一处有难，八方支援”的和谐氛围，才会有“众志成城”、“融为一个总的合力”；反之，如果只关注个人的名利、升迁和物质享受，即后现代出现的“自我中心主义”、离群倾向和个人奋斗等必然地要影响人际关系与和谐社会的构建。总之，只有对多样性的不断协调、博弈，才能“和实生物”、“和则万事兴”。

我们提出“德、和、智、体”的育人目标和人才规格要求，是基于客观世界的演化次序和由其基本构成部分交互—反馈作用形成的有机整体。大约在45亿年前的一次宇宙大爆炸中产生了地球；原始物质在外部环境的不断变化下，于35亿年前后出现低等生物；200万年前后人猿揖别；大约50万年前开始出现人类社会的原初形态。于是，世界就由自然界、人类世界（或人文界）、社会界并通过人类的实践活动形成为一个“内在的整体”。正是基于客观世界演化次序的这个客观基础和发展原则，我们才提出新的“育人目标”（见表1）。

正如世界是一个“内在整体”一样，“德、和、智、体”也是一个整体，即三者融汇于一身。“智”既包含自然科技的知识、能力，又包含人文科技和社会科技的知识、能力。莫兰认为：“在调动总体知识和启动一般智能之间有相关性”，而一般智能的充分运用需要好奇心和质疑精神的自由发挥[1]28。现在的素质教育强调

"动手能力"，增加了实践活动的锻炼时间。这个举措对于培养学生的能力是必要的。但同时也要强调"动脑能力"——"善于组织知识的能力"，这才是"动手能力"的实质。因为"动手"旨在发现问题并解决问题，这就直接涉及"组织知识的能力"。的确，培育和崇尚质疑精神是当前德育的一项重要的任务。科学的最大特点就是怀疑，有怀疑才会发现问题，也才会有争鸣，百家争鸣是推动科学发展的重要动力。我国从幼儿园开始，就形成一种"听话就是好孩子"的顺从意识。在大学里，教师面对的总是"沉默的大多数"，学生（包括研究生）中很少有敢于提问和质疑的。在现实生活中，往往是以"听话与不听话"作为一个标准来辨别"好与坏"。对于喜欢发问的人，往往受到一些领导者或者老师的非议。对于主流观点或者"权威"之言，很少进行"反思和探询"，这种氛围不利于培育人的质疑精神。

表 1　客观世界的演化及其整体性与人才规格之间的关系

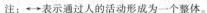

客观世界演化的次序	天然自然	←→	人　类	←→	人类社会
世界的基本构成	自然界（含无生命物和生物等）	←→	人文界（指人类自身及其文化）	←→	社会界（即人与人之间的关系）
人才规格要求	体、智	←→	德	←→	和
全面教育内容	自然科学技术教育	←→	人文科学技术教育	←→	社会科学技术教育

注：←→表示通过人的活动形成为一个整体。

现实生活中有一个是与非的"划界"问题。政治上需要保持行动上的一致，而学术上需要勇于质疑的精神。政治与科技、经济的整合程度越高，社会冲突和内耗就越小，越会促进科技、经济的发展；反之亦然。但是，政治与科技、经济发展也有不一致的地方和时候。正如恩格斯指出的，政治即"国家权力对于经济发展的反作用可能有三种"情况：一是"沿着同一方向起作用"；二是"沿着相反方向起作用"；三是"阻碍经济发展沿着某些方向走，而推动它沿着另一种方向走"。"很明显，在第二和第三种情况下，政治权力能给经济发展造成巨大损害，并能引起大量的人力和物力的浪费[4]483。即使在政治与科技、经济发展的方向一致的时候，在强调政治上"维护稳定"的同时，也要大力提倡学术上的质疑精神，而不能以政治上的"稳定"为忽视或否认培育质疑精神制造口实。有一位重点大学的党委书记提出"要把党支部建立在学科上"的主张，这就将学科建设混同于军队的"连队建设"，难道学术问题是政治斗争、甚至是阶级斗争吗?!

第三，实施科学教育，培育"和谐发展的人"。

在传统科技观基础上形成的传统教育观，总是以为教育工作就是培养充满自然科技知识的头脑，即"重理轻文"的人。"重理轻文"是惟自然"科学主义"，即传统科技观在教育观上的体现。如自然科技界有人说，"科学技术仅指自然科学技术”，“自然科学技术独自能够解决人类面临的所有难题”，并且“是导向人类幸福的唯一有效的工具”，“一切社会问题都可以通过发展（自然）技术来解决”[5-6]。这样的话语霸权使得“重理轻文”成为一种社会“时尚”。其实，“重理轻文”是传统工业社会发展观的反映。传统的资本主义市场经济视“发展”为单一的GDP增长，并以“追求利润的最大化”作为天经地义的目的。当“经济指标”、“物质利益”成为价值标准并成为整个社会的强势话语之后，就扭曲了教育理念。于是，课程（专业）设置、教学内容取舍等一切教学活动似乎都是为了GDP的增长和获得“最大利润”，结果使受教育者“成为一种有用的机器”。正如爱因斯坦指出的，“用专业知识教育人是不够的。通过专业知识教育，他可以成为一种有用的机器，但是不能成为和谐发展的人。要使学生对价值有所理解并且产生热烈的感情，那是最基本的。他必须获得对美和道德上的善有鲜明的辨别力。否则，他连同他的专业知识就像一只受着很好训练的狗，而不像一个和谐发展的人。”爱因斯坦的这句话，尽管有些尖刻，却击中了要害。他又说：“如果只懂得应用自然科学本身而不关心人、不关心怎样组织人的劳动和产品分配这样一些尚未解决的重大问题，那么科学思想的成果不会造福于人类而成为祸害。在你们埋头于图表和方程式时，千万不要忘记这点！”[7]73,56这就是说，“教会做事”与“教会做事的人”，即落脚点在“做事”还是“做人”是两种截然不同的教育观。因此，既要教会“做人”、“处世”，又要教会“做事”，这才是“科学教育观”。

莫兰的“生态化”教育观主要是从教育系统与外部环境之间的关系和系统内部整体与部分之间的关系而言的。我们的“科学教育观”主要是指在开放的条件下教育系统内部的改革，实施“全面教育”。因为传统教育观的最大弊端在于它的片面性或者非科学性，犹如片面的生产观只注重物质生产、片面的科技观只注重自然科技一样，片面的教育观只注重灌输自然科技知识，使受教育者“成为一种有用的机器”。其实，无论是自然科技，还是人文科技和社会科技，作为客观化（外化或物化）的知识形态（“世界3”）是脱离主体而相对独立地存在于物质载体上的。但是它们的产生及其作用的发挥，都是人的目的性行为和结果。而且，在人的任何一个现实活动中，都是自然科技（“做事”）、人文科技（“做人”）、社会科技（“处世”）在一定的环境条件下交互—反馈作用的综合效应[8]。

其实，现实活动是生活（存）于人与人之关系（社会）中的人（自我）与自然之间的相互作用，即三类科学技术的集成效应。正如胡锦涛指出的，“落实科学发展观是一项系统工程，……要把自然科学、人文科学、社会科学等方方面面的知识、方法、手段协调和集成起来”[9]。这是中央领导第一次明确地提出“人文科学……的知识、方法、手段”，即人文科学技术概念，第一次提出将三类科技“协调和集成”为“科学技术的整体”。这是一种全新的科技观。显然，撇开人、撇开人的活动，就没有自然科学技术，它也根本不能“独自解决”任何难题。也就是说，现实生活中的整体性和复杂性的问题，只能靠三类科学技术的“协调和集成”（即“全面科技”）才能解决。因此，我们认为：只有实施“三类科技教育集成”或“全面科技教育”，即“科学教育”，才能培育出“德、和、智、体”全面发展的人。

第四，落实科学教育观的关键在于变革教学内容。

传统的即片面的教育造成目前教师的知识结构不够合理，即理工科教师嫌弃人文科学和社会科学，而文科教师缺少自然科技知识。于是，在教学活动中，“三类知识”的传授始终处于分离状态，“各负其责”。同时，传统的教学只注重客观知识（脱离了主体而相对独立地存在于物质载体上的静态知识）本身构成内容的传授，几乎不讲授知识生成的动态过程。如讲授爱因斯坦的狭义相对论时，只讲授狭义相对论的理论基础，即两个基本假设（光速不变原理和相对性原理，以及几个重要结论——“同时性的相对性”、“尺缩效应”、“钟慢效应”、“质增效应”和“质能关系式”等）。传授客观知识的静态结构是必要的、不可缺少的，但是就提高受教育者“组织知识的能力”和促进人的全面发展而言，更应该讲授客观知识的生成过程——在一定的背景条件下主客体相互作用的“一系列的抽象过程”（列宁语）和整体与部分之间相互作用的总体化。这就直接关涉到主体在科技实践活动中的精神境界和思维方式等文科的内容。如爱因斯坦对牛顿经典力学的绝对时空观敢于大胆怀疑和抛弃传统思想观念，运用“思想试验”创造性思维和演绎逻辑方法，创立了相对论，谱写了现代物理学革命的新篇章，这些重要内容在物理学课程中从未提及。同样，文科的教学内容也是一种知识构成论，应该大量增加知识生成过程（即背景化和总体化）的内容。显然，知识构成论的教育思想是撇开人、撇开人的活动、撇开人与客体之间关系的一种“去人化”倾向。

“科学教育”与“德和智体”全面发展是一个复杂性系统，其间存在着非线性的交互—反馈作用（见图1）。

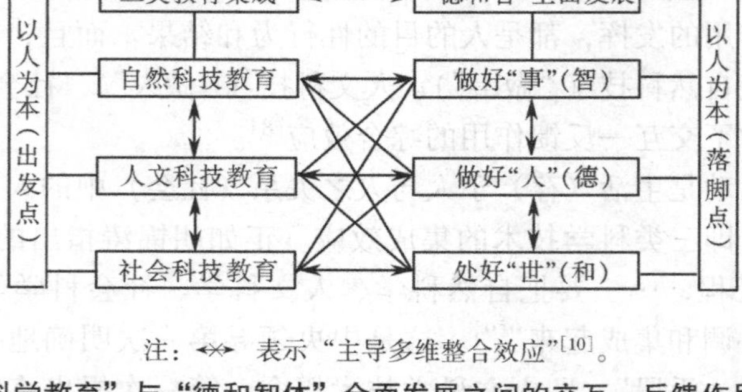

注：<-> 表示“主导多维整合效应”[10]。

图1　“科学教育”与“德和智体”全面发展之间的交互—反馈作用机制图示

如图1所示，坚持“以人为本”，才会有“科学教育”，也才能培育出“德和智体”全面发展的人。反过来说，要培育出“德和智体”全面发展的人，必然要求实施“科学教育”。这是一种非线性的交互—反馈作用。传统的即片面的科技观是一种单因单果和线性作用的机械决定论。如什么“自然科学技术独自能够解决人类面临的所有难题”，“是导向人类幸福的唯一有效的工具”等。其实，“自然科学是一切知识的基础”，但绝不是“唯一有效的知识”，撇开人的活动，它是一个“死物”，根本不能“独自解决难题”。因为自然科技作为认识自然和改变自然的一种工具，只能依靠生活于人与人关系中的人的正确合理的运用，才能解决自然界中的“难题”。如果不被人使用，它仍然是一种客观形态的知识，即一个“死”的东西。而且滥用了它，只会给人类造成无法估量的损失和灾难。传统的即片面的教育观也是一种机械决定论。它只注重传授被箱格化了的自然科技知识，忽视“做人”、“处世”能力和情感的培育。很难想象，不会“做人”和“处世”的被自然科技知识充满头脑的“人”，在现实世界还能够生存与发展?！其实，有所成就者，都是“德和智体”全面发展的人。如图1所示，在“科学教育”活动中，都有培育“做人”、“处世”、“做事”的功能，只是三者各有主次之别，即主导多维教育的集成效应[10]。如“智”的培育由自然科技教育为主导、人文科技教育和社会科技教育共同参与的综合结果。其他也如此。因此，每一位教师要教好“书”，也必须同时具备做好“人”、处好“世”和做好“事”的本领与情感。这就是“教书育人”的整合效应。

我们根据“科学发展观”提出的科学教育观是一种新的教育理念，“坚持以人为本”，同时、协调、可续地实施“三类科技教育集成”，促进人的“德和智体”全面发展。科学教育观与非科学教育观的根本区别：首先，在教育什么、怎样教育和为什么教育中，是否坚持以“为了人”与“依靠人”相统一为根本；其次，在培养目标上，是否坚持“德和智体”全面发展的人才观；再次，在作用机制上，是否坚持非线性的交互—反馈作用机制。显然，传统教育观的非科学性就是以物为本，视人为机器或工具，实施单方面、单因素、单层次、单向度的片面教育。因此，树立和落实科学教育观是一场深刻的革命。这是将党中央的“科学发展观”具体落实到教育领域之关键所在。

第五，落实科学教育观，着力转变教学方式方法。

近些年来，大学的教学方式方法有了很大的改进，但仍然未根本改变灌输知识的“应试教育”模式。一些教师在课堂上还是“照本宣科”，与过去不同的是一字不漏地念着Point（过去是将教材内容转抄在黑板上）。我们认为，开放式教学主要是启发学生们的思维，教师要重点讲授对教材内容的理解中可能出现的问题、学界的不同观点（包括教师本人）及其最新的学术动向，激励学生们大胆地思考并提出问题。通过双向或多向（讨论）交流，将客观知识转化为学生们的本领。

关于教育改革问题，我们建议：一是将综合大学里的单一学科或“超级专业化”的学院尽快地变革为“多学科合并”的学院，并组建“以一个复杂的系统为对象的”跨学院、多学科交叉的研究中心，推动学科交叉、教师优势互补和新学科的产生。二是建立以学院为主体的纵向教学体系和以研究中心为主体的横向研发体系，形成一套矩阵式的学术组织，并在两个体系中同时设立固定和流动岗位（在校内外聘请兼职人员）。三是加速培育文理渗透基础上的专业教师队伍，切实改变教师的知识、能力结构。四是教学形式逐步过渡到以专题讲授为主（根据专题内容，挑选主讲人或者由学生讲授），编写授课提纲，采用学生预习—大班讲授—小班讨论—答疑—校内调研—社会实践—再次答疑等多环节、多途径的互动—反馈作用机制，以体现莫兰的“培育式的教育”思想。五是改变考试制度、内容和方式。注重平时的全面考察，考试内容主要是考查学生掌握“总体知识”的深度和广度、“组织知识的能力”以及思维方式等，尽量减少那些死记硬背的内容。

参考文献

[1] E. 莫兰. 复杂性理论与教育问题 [M]. 陈一壮，译. 北京：北京大学出版社，2004.

[2] 中南大学科学技术与社会研究所. 长沙国际学术讨论会论文集《复杂性方法》，长沙：2005.

[3] 李秀林. 辩证唯物主义和历史唯物主义 [M]. 北京：中国人民大学出版社，1997.

[4] 马克思，恩格斯. 马克思恩格斯选集：第 4 卷 [M]. 北京：人民出版社，1972.

[5] 赵南元. 科学人文，势如水火. 评杨叔子《科学人文，和而不同》[R]. “万继读者网络”教育与技术，2002-06-23.

[6] 何祚庥. 我为什么要批评反科学主义 [N]. 科学时报，2004-05-13.

[7] 爱因斯坦. 爱因斯坦文集：第 3 卷 [M]. 北京：商务印书馆，1979.

[8] 谈利兵，陈文化. 试论自然科学通过人文科学到社会科学的一体化 [J]. 自然辩证法研究，2002（12）：5-7.

[9] 胡锦涛. 在两院院士大会上的讲话 [N]. 人民日报，2004-06-03.

[10] 陈文化，陈吉耀. 主导多维整合思维：矛盾思维与系统思维之综合 [J]. 毛泽东思想论坛，1997（3）.

三、三类科技教育“集成”与“德和智体”全面发展

——关于科学教育观再探

（2006 年 10 月）

如果说莫兰的“生态化”教育观关注的重点是教育系统与外部环境之间的关系问题，那么我们提出的科学教育观关注的重点是教育系统内部的改革问题。本文对后者再进行探讨。

科学发展观坚持“以人为本”，强调“促进经济、社会和人的全面发展”，为我国改革教育体制、机制和教学模式提供了新的理论指导。胡锦涛在党的十七大报告中指出：“要全面贯彻党的教育方针，坚持育人为本、德育为先，实施素质教育，提高教育现代化水平，培育德智体美全面发展的社会主义建设者和接班人。”这是“办好人民满意教育”的指导思想。教育工作主要是教会“做事”，还是重在教会“做人”、“处世”，是传统教育观和全面教育观的根本区别。也就是说，“培养什么样的人、如何培养人”仍然是新世纪新阶段的一个根本问题。本文根据“科学发展观”和“一主两翼”的科学技术体系结构提出全面教育观。

1. 关于科学技术和教育问题理解上的缺失及其原因探析

（1）传统的科技观造成三类文化的对立

自然科技界的“科学主义”者宣扬“惟自然科技”论，极力贬否人文科学和社会科学。如有人说：“科学技术仅指自然科学技术”，“科学人文，水火不容。如果硬要两者牵手，则既会毁了科学，又会毁了人文。”“自然科学不许胡说，人文允许（甚至鼓励）胡说，这就是科学（应为自然科学，简称自科——引者注）与人文的根本分歧，也是科学与人文不可调和的根本原因。”[1]甚至有人还武断地说：“自然科学技术独自能够解决人类面临的所有难题”，并且它“是导向人类幸福的唯一有效的工具”，“一切社会问题都可以通过发展（自然）技术来解决”[2]。正是这种“现代迷信”和话语霸权，人们理所当然地只重视自然科学技术及其教育。

社会科学界有学者将人文科学混同于社会科学，或者将人文科学包含在社会科学里面。如《辞海》（上海辞书出版社，1989 年版）认为：人文科学“一般指对社会现象和文化艺术的研究，包括哲学、经济学、政治学、史学、法学、文艺学、伦理学、语言学等”。（其实，在这些学科中，只有哲学、文艺学、语言学才属于人文科学门类，其他学科属于社会科学门类）。有学者认为：“社会科学知识是人类对社会和人自身的认识”或者“社会科学包括人文科学和狭义社会科学”，“社会科学的对象是人和社会，归根结底是人。”[3]还有学者将社会“完全等同”于人，认为：

"社会发展中的'社会'完全可以用'人'来代替,'社会发展'与'人的发展'完全可以等同,'社会发展'就是'人的发展'。"[4]于是,在我国只有自然科学院和社会科学院,就是没有人文科学院。一个主管"人文社科"研究工作的官员"学者"在报告中大谈"自然科学和社会科学同等重要",就是只字不提人文科学。其实,以人自身为研究对象的人文科学与以社会即人与人之关系为研究对象的社会科学,尽管其间有着紧密联系,但区别是不容混淆的。正如马克思、恩格斯指出的,社会关系"本来是由人们的相互作用所产生的,但是对他们说来却一直是一种异己的、统治着他们的力量。"[5]42 人与人之间的相互作用产生社会,人怎么会"完全等同"于人与人之间的关系呢?!而社会上普遍地称为"人文社会科学"或者"哲学社会科学",就混淆了两类科学的研究对象——人与社会的本质区别。因此,人文科学技术教育即"教会做人"长期被忽视,并导致现实生活中视人为物和"以物为本"的许多奇怪现象。

(2)工业社会的发展观扭曲了教育理念

无论是东方,还是西方,古代都是以人文教育为主。如我国四书中的《大学》明确地指出:"大学之道,在明明德,在新民,在止于至善。""止于至善"四个字充分说明我们的先辈们以个人的完善进而"治国平天下"作为教育的根本目标。古希腊也是以人文教育为主,如苏格拉底认为教育在于"认识你自己"。到了中世纪,教育成为宗教的仆从和工具,并以神学为主要内容。文艺复兴运动在一定程度上推动了人文教育的发展。然而,进入近代后,教育越来越多地受到传统的资本主义市场经济的影响,视"发展"为单一的 GDP 增长,并以"追求利润的最大化"为天经地义的目的。当"经济指标"、"物质利益"成为价值标准,并进而成为整个社会的强势话语之后,便扭曲了教育理念,课程(专业)设置、内容取舍等一切教学活动似乎都是为了 GDP 增长和获得"最大利润",于是培养出来的人就"成为一种有用的机器"。对此敏感的思想家们提出了人文主义的教育理念。如卢梭、康德等人认为:"人只有通过教育才能成为人"。爱因斯坦在对加州理工学院的学生讲演时指出:"用专业知识教育人是不够的。通过专业知识教育,他可以成为一种有用的机器,但是不能成为和谐发展的人。要使学生对价值有所理解并且产生热烈的感情,那是最基本的。他必须获得对美和道德上的善有鲜明的辨别力。否则,他连同他的专业知识……就像一只受着很好训练的狗,而不像一个和谐发展的人。"[6]73 爱因斯坦的这段话虽然有些尖刻,却击中了要害。他还说:"如果要使自己的一生有益于人类,那么只懂得应用(自然)科学本身是不够的,关心人的本身应该始终成为一切技术奋斗的主要目标;关心怎样组织人的劳动和产品分配这样一些尚未解决的重大问题,用以保证我们科学思想的成果会造福于人类,而不致成为祸害。在你们埋头于图表和方程式时,千万不要忘记这点!"[6]56 总之,从古代的"以人文教育为主”，到近现代的片面教会“做事”，再到当代和未来的教会“做人”、“处世”（处理好人际关系）、“做事”的一体化，即实施人文科技教育、社会科技教育、自然科技教育一体化（我们将其称为“全面教育”或“三类教育集成”），是教育理念演变的基本脉络。因为片面的“教会做事”只能使人“成为一种有用的机器”，扭曲了“育人为本、德育为先”并成为“和谐发展”或“全面发展的人”的教育理念。也就是说，“教会做事”与“教会做事的人”的落脚点在“做事”还是“做人”是两种截然不同的教育观。因此，要实施“全面教育”，即科学教育，首先要克服传统的科技观。于是，就要研究现代科学技术的体系结构问题。

2. 三类科学技术集成：“一主两翼”的立体网络结构

（1）科学技术体系结构上的纷争

现代教育实际上是科学技术教育，而传统观念认为：“科学技术仅指自然科学技术”。所谓的“科学技术的体系结构”就只有“唯一的”自然科学技术本身了。近年来，一些学者将现代科学技术构建为“一主两翼”——以人文科技为主体（导）、自然科技和社会科技为两翼的立体网络结构（见图1）[7]，并且将其称为“全面科学技术观”[8]。

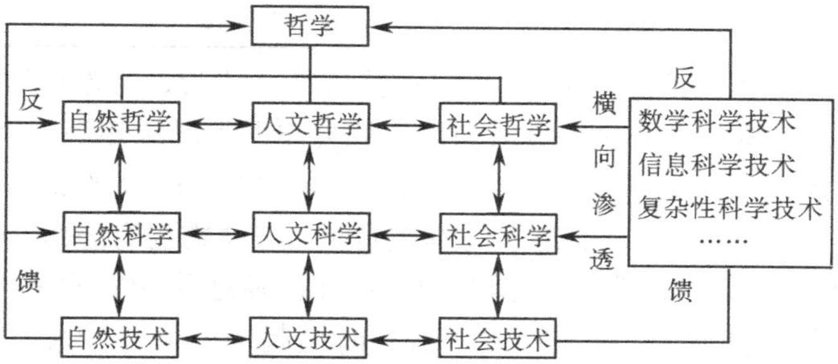

图1 现代科学技术“一主两翼”立体网络结构图示

最近，胡锦涛提出一种全新的科学技术观。他说：“树立和落实科学发展观是一项系统工程……要把自然科学、人文科学、社会科学等方方面面的知识、方法、手段协调和集成起来”[9]。这是中央领导第一次提出“人文科学……的知识、方法、手段”，即人文科学技术概念，并首次认为自然科技、人文科技、社会科技“协调和集成”为“科学技术的整体”。这里有两个“集成”：一是科学与技术“集成”；二是三类科技“集成”。我们认为，这是一种全新的科学技术观，并将其表述为“三类科学技术集成”思想。这就为“全面科技观”提供了理论依据，可以用来解释图1中的“科学与技术”之间、“三类科技”之间、“三类哲学”之间以及哲学与科学之间使用双箭头（“↔”）的意义所在。正是它们之间“通过人的活动”的交互—反馈作用或“协调和集成”作用，形成为“一主两翼”的立体网络结构。

（2）“三类科技集成”的客观基础：客观世界的演化次序及其基本构成的“内在整体”

客观世界的演化是从天然自然（地球出现于46亿年前的一次宇宙大爆炸，35亿年前后才出现低等生物）到200万年前后的人猿揖别，再到大约50万年前后的人类社会（原初社会）的“自然历史过程”。于是，客观世界由自然界（包括生物界）、人文界（或“人的世界”）、社会界等构成，并通过人类的实践活动，形成为“一个任何一处都不能被打断的连续链条的内在整体”（见表1）。

表1　客观世界的演化及其基本构成与科学技术分类的关系

客观世界的演化次序	天然自然 ↔	人类 ↔	社会
世界的基本构成	自然界	人文界	社会界
科学技术的研究对象	人对自然的关系	人（类）自身	人与人之间的关系
科学的基本门类	自然科学	人文科学	社会科学
技术的基本门类	自然技术	人文技术	社会技术
“一门科学”的内容	自然科学	关于人（类）自身的科学	关于人与人之间关系的科学
“科学发展观”的目标	经济的全面繁荣	人的全面发展	社会的全面进步
“三类教育集成”	教会“做事”（智）	教会“做人”（德）	教会“处世”（和）

关于世界的基本构成问题，我国的哲学教科书上认为，“整个世界由自然、社会和思维构成”，并将知识分为“自然知识、社会知识和思维知识三类”。思维是相对于存在而言的属于意识或精神范畴，它只是人脑对世界的反映过程，怎么能说它是世界的构成呢？而且思维并不是人的本质特征，“动物也有思维”（马克思语）。显然，不能用思维取代“人”。马克思、恩格斯明确地指出：自然界（“物的世界”）、“人的世界”、社会界，“从历史的最初时期起，从第一批人出现时，三者就同时存在着，而且就是现在也还在历史上起着作用”[5]34，并“通过人的活动”形成为一个世界整体。而有一位院士正是没有将“人”与“思维”、“人类”与“社会”区分开来，在他的科学分类中，有“思维科学”、“行为科学”、“人体科学”，就是没有人文科学。没有人的“世界”和没有人文科学的“科学大厦”都是不可思议的。而且科学技术是关于人对世界（自然界、“人的世界”即人文界、社会界）的“理论关系”和“能动关系”或“活动方式”（马克思语）。因此，以世界为研究对象的科学技术也就由自然科学通过人文科学到社会科学形成为一个“连续链条的内在整体”。量子力学创立者普朗克在《世界物理图景的统一性》一书中指出：“科学是内在的整体。它被分割为单独的部门不是取决于事物的本质，而是取决于人类认识的局限性。实际上存在着从物理学到化学，通过生物学和人类学（属于人文科学——引者注）到社会科学的连续的链条。这是任何一处都不能被打断的链条。如果这个链条被打断了，我们就是瞎子摸象，只看到局部而看不到整体。”因此，“三类

科技教育”也是一个“连续链条的内在整体”。

（3）“三类科技集成”的思想渊源：马克思的“一门科学”理论

马克思在一百多年前就预示过自然科学、人文科学和社会科学将会集成为“一门科学”。他在《1844年经济学-哲学手稿》一书中指出：“正像关于人的科学将包括自然科学一样，自然科学往后也将包括关于人的科学：这将是一门科学。”这里的“关于人的科学”，我们认为，应该理解为“关于他们自己”的科学和“关于他们之间关系”的科学，即人文科学和社会科学（显然，不是“社会科学包括人文科学”）。马克思、恩格斯明确地提出过“三类科技”思想，他们说：人们在现实活动中产生的思想、理论、观念，“是关于他们同自然界的关系，或者是关于它们之间的关系，或者是关于他们自己的肉体组织的观念。”[5]30其中，自然科学是“人对自然界的理论关系”，自然技术是“人对自然界的活动方式”，即“如何做事”、“怎样生产”的方式方法体系。人文科学是关于人自身“肉体组织”和内心世界及其外在表达（文化）的观念，人文技术是自我调控、“如何做人”或“怎样生活”的方式方法体系。社会科学是“研究人与人之间的关系”（恩格斯语）的知识体系，社会技术是协调人际关系、如何“处世”的方式方法体系。因此，如表1所示，自然科学技术研究人与自然物（包括生物）之间的关系，人文科学技术研究人（类）自身，社会科学技术研究人与人之间的关系（包括城乡关系、地区之间关系、国际之间关系、贫富之间关系等）。显然，人（类）自身和人与人之间的关系不是一回事，尽管它们之间存在着密切的联系。某个人成为“关系”的承担者，也是生活于“关系”之中的，但是人与人之间的某种关系对于个人来说是外在的，“不能要个人对这些关系负责的”（马克思语）。著名的社会科学家迪尔凯姆在《社会学方法的准则》一书中指出：“个人生活与集体生活的事实具有性质的不同”，后者“存在于构成社会的个人意识之外”。因此，“关系的承担者”（个人）与“关系”（社会）是两回事，正像物与二物之间的距离（空间关系）、“存在者”与“存在”不能混同一样。显然，“人文社会科学”的表述否定了人文科学这一基本门类的相对独立的客观存在。“哲学社会科学”的提法也勾销了人文科学的独立地位和作用。我们认为：马克思关于自然科学、人文科学、社会科学“将是一门科学”的论断，正是基于客观世界是由“属人的自然界”通过人文界与“属人的社会界”相互作用而形成的“内在整体”。大概是基于此，胡锦涛才提出“三类科技集成”的全新科技观。因此，马克思的“一门科学”论也就成为“三类教育集成”的理论基础。

（4）“三类科技集成”的作用机制：人文科技的中介性

从客观世界的演化次序及其基本构成来看，人（类）居于中介地位。人既是自然界的一部分，同时又是社会界的一部分；人既是自然存在物，同时又是社会存在物。因此，人文界的精神性（主体性）、意义性和价值性决定了人文科学技术不同于以客观性、整体性和抽象性为其特点的社会科学技术。马克思指出："自然科学……将成为人文科学的基础，正像它现在已经——尽管以一种异化的形式——成了现实的、人的生活的基础一样。"① 显然，人文科技、人文价值是对自然科技的一种补充和矫正，又是社会科技的直接基础。因此，人文科技就是介于自然科技和社会科技之间的一个相对独立的基本门类，并成为科学技术"内在整体"中的中心环节，从而形成"一主两翼"（即以人文科技为主体或主导、自然科技和社会科技为两翼）的立体网络结构（见图 1）。正如英国经济学家舒马赫在《小的是美好的》一书中指出的，"一切科学，不论其专门化程度如何，都与一个中心相连……这个中心就是我们最基本的信念，由那些确实对我们有感召力的思想所构成。换句话讲，这个中心由形而上学和伦理学（均属人文科学门类——引者注）所构成。"

如图 1 和表 1 所示，正是人文科技的中介地位和作用（A［AB］B），才使科学技术集成为一个"内在的整体"。恩格斯在《自然辩证法》一书中指出："一切差异都在中间环节阶段融合，一切对立都是经过中间环节而相互过渡。"人既是自然的一部分，又是社会的一部分，正是通过人及其实践，自然与社会才会发生交互作用并形成为统一体。因此，没有人文科技的中心地位和中介作用，就没有"三类科技集成"。图 1 还表明：同一层次的学科结构及其演化序列也是"任何一处都不能被打断的连续的链条"。因此，"重理轻文"或者"重文轻理"（文科院校）和"文理分科"的观念、行为都直接违背了客观规律及其基础上形成的科学技术自身的体系结构。

（5）在现实活动中，三类科学技术"同时存在"并集成于一身

一个"从事现实活动"的正常人不可能只有自然科技知识，或者只有人文科技知识，或者只有社会科技知识，而是在三者集成于一身基础上的某种（些）特长或突出展现。马克思指出："人们在生产中不仅仅同自然界发生关系。他们如果不以一定的方式结合起来共同活动和相互交换其活动，便不能进行生产。为了进行生产，人们便发生一定的联系和关系；只有在这些社会联系和社会关系的范围内，才会有他们对自然界的关系，才会有生产。"[5]362 这就充分地揭示了：人们从事的现实活动都是人文科技（"做人"）②、社会科技（"处世"）、自然科技（"做事"）"三者同时存在"并将它们"协调和集成"的过程与结果。然而，单一的自然科技成果，如同人文科技、社会科技成果一样，作为静态的知识体系（"世界 3"），是脱离了主

---

① 马克思，恩格斯．马克思恩格斯全集：第 3 卷［M］．北京：人民出版社，1956：20。在 1985 年我国出版的《1844 年经济学-哲学手稿》中也有类似的话，只有一字之别，即"人的科学"或"人文科学"。我们认为两者的意思完全一致。

② 这里的"做人"、"处世"、"做事"并非仅限于知识层面，还包括实践能力等方面。因为人的每一个现实活动都是知识与能力等多因素的集成效应。

体（人）而相对独立地存在于物质载体（如纸张、光盘等）上。但是，它们的产生及其作用的发挥都是人的目的性行为，即它们在现实活动中，都不可能是单独存在的。而且，在人所从事的每一个现实活动中，"如何做人"（人文科技）是根本，"如何处世"（社会科技）是前提；否则，就没有"做事"（自然科技），或者是"一事无成"，或者是"事倍功半"。就拿自然科技活动来说，任何一个现实活动都是人这个唯一主体的目的性行为，而这个主体的活动又必须是以人与人之间的交往为前提，也只有在这些社会联系和社会关系的范围内，才会有人的自然科技活动。正如马克思、恩格斯在《费尔巴哈》一文中指出的，在社会活动中，"他们同自然界的关系"（自然界）、"他们之间的关系"（社会界）和"他们自己"（人文界）"从第一批人出现时，三者就同时存在着"。这是自然界、人文界、社会界的统一性的表现，即"三类科学技术集成"性的体现。而且每一个现实活动得以进行或取得预期结果取决于做事的"人"，而不仅仅是"做事"（自然科技）。如不择手段地赚钱（做事），对他自己、人类和社会都会造成危害。因此，开展"全面教育"或"三类科技教育集成"，是使"人成其为人"和每一个人"从事现实活动"的内在需求（见图2）。

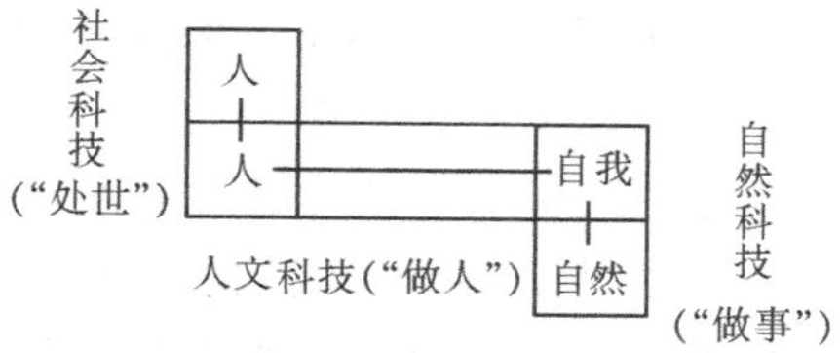

图2　现实活动中的自然科技、人文科技、社会科技的"内在整体"示意图

如图2所示，生活（存）于人与人间关系（社会）中的人（自我）与自然界的关系，是三类科学技术的"协调和集成"效应。因此，撇开人、撇开人的交往活动，就没有自然科学技术。也就是说，现实生活中的整体性和复杂性问题提出的挑战，只能依靠三类科学技术的"协调和集成"才能解决，撇开了人的自然科学技术如同图书馆收藏的书刊一样，根本不能"独自解决"任何难题。所以，只有"三类科技教育集成"，才能培养出"全面发展的人"。

总之，我们根据"科学发展观"提出的全面教育观，是一种全新的教育理念，即"坚持以人为本"，同时、协调、可持续地实施"三类科技教育集成"，促进人的"德、和、智、体"全面发展。全面教育观也称科学教育观，科学教育观与非科学教育观的根本区别：首先，在于在教育活动中，是否坚持以"为了人"、"依靠人"、"惠及人"的统一为根本（即出发点和落脚点），是"教会做事"，还是"教会做事的人"，是两种教育观的根本分歧；其次，在于在培养目标上，是否坚持面发展的人才观；再次，在教育什么和怎样教育中，是否坚持"全面教育"，即"三类科技教育集成”；最后，在作用机制上，是坚持“通过人的活动”的交互—反馈作用机制，还是所谓的“直接互动”论，是实践思维与抽象思维的根本区别。显然，传统教育观的非科学性就是以物为本，单方面、单因素、单层次、单向度的片面教育。因此，树立和落实全面教育观是在观念上的一场深刻的革命。这是党中央的“科学发展观”具体落实到教育领域的关键之所在。

长时期以来，我国的教育改革只注重形式上的变化和内容上的增减，目前有人主张解决“教育公平”问题。这是我国教育上的一个重大问题，不过它是教育与社会之间的关系，即教育为社会服务上的不公平，即侵占了农村、贫困学生平等享受教育的权利。我们提出的科学教育观是针对教育本身，解决传统教育观和传统人才观的非科学性弊端。

3. 关于树立和落实科学教育观的几点建议

（1）教育界率先转变观念，树立和落实科学教育观。建议从教育部到每一所学校的各级领导和广大教师深刻领会马克思的“一门科学”，“全面生产”理论和胡锦涛的“科学发展观”，“育人为本、德育为先”，“培养德智体美全面发展的社会主义建设者和接班人”思想，为广泛开展“全面教育”奠定坚实的思想基础。

（2）加强舆论宣传，改变惟自然“科学主义”的话语霸权。马克思、恩格斯在《费尔巴哈》一文中指出：在“革命的实践”中，“人创造环境，同样环境也创造人。”在工业社会的“片面经济”发展观主导下形成的惟自然科学主义，即“片面科技”发展观的话语霸权（环境）中，改变了人们的意识。科学这个名词的本来含义是指“学问”、“知识”，而我国将它译为“格物致知”并延续至今。于是，关于“格人”的学问（人文科学）、“格社会”的学问（社会科学）全被排斥在“科学”之外。这样，“科学技术”就人为地被视为“仅仅指自然科学技术”，并成为一种话语霸权和社会意识。其实，“唯一的自然科学”论是一种唯心主义的“狂言”。马克思、恩格斯在《德意志意识形态》一文中批评圣麦克斯关于“‘唯一的’自然科学知识”的“狂言是多么荒诞的胡说”。“因为在他那里，每逢‘世界’需要起重要作用时，世界立刻就变为自然”[10]203-204，意即否定了人（类）和社会的存在。于是，人“创造”的这种“环境”也就创造了“单面人”①。现在某重点大学的校园里，竖着唯一的“天道酬勤”匾牌。为什么不宣传“以人为本”或“全面发展”、全面教育呢?！应该按照胡锦涛的指示，分别称为“自然科学、人文科学、社会科学”，并将三者“协调和集成”为“科学技术的整体”，以昭示三类科技“同时存在”并具有“同等重要的地位”，才能“促进经济（属于自然领域——引者注）社会和人的

① 最近有学者批评将自然科学、人文科学、社会科学称为“全面科学”是所谓的“泛科学主义”，仍然是固守圣麦克斯的“唯一的自然科学”观。

全面发展”。因此，要大力弘扬“科学发展”、“全面发展”、“全面科技”和“全面教育”等新理念，促进全社会树立和落实科学教育观。

（3）落实科学教育观的关键在于变革教学内容。传统的即片面的教育造成目前教师的知识结构不够合理，即理工科教师嫌弃人文科学和社会科学，而文科教师不太懂得自然科学。于是，在教学活动中，“三类科技”知识的传授处于被割裂状态，“各负其责”。同时，片面的教学只注重客观知识（脱离了主体而相对独立地存在于物质载体上的静态知识）本身构成内容的传授，几乎不讲授知识生成的动态过程。如讲授爱因斯坦的狭义相对论时，只讲授狭义相对论的理论基础，即两个基本假设（光速不变原理和相对性原理，以及几个重要结论：“同时性的相对论”、“尺缩效应”、“钟慢效应”、“质增效应”和“质能关系式”等）。传授客观知识的静态结构是必要的、不可缺少的，但是就提高学生“组织知识的能力”和促进人的全面发展而言，更应该讲授客观知识的生成过程——在一定的背景条件下，主客体相互作用的“一系列的抽象过程”（列宁语）和整体与部分之间相互作用的“总体化、背景化”，这样才能“构造一个得宜的头脑”[11]109。这就直接涉及主体在科技实践活动中的精神境界和思维方式等文科的内容。如爱因斯坦对牛顿经典力学的绝对时空观敢于大胆怀疑和抛弃传统思想观念，运用“思想试验”创造性思维和演绎逻辑方法，从而创立了相对论，谱写了现代物理学革命的新篇章。同样，传统的文科教学内容也是一种构成论，应该大量增加知识生成过程（即背景化和总体化）的内容。显然，静态知识构成论的教育思想是撇开人、撇开人的交往活动、撇开人对客体的关系的一种“去人化”倾向。

（4）落实科学教育观，着力转变教学方式方法。近些年来，大学的教学方式方法有了很大的改进，但仍然未根本改变灌输知识的“应试教育”模式。一些教师在课堂上还是“照本宣科”，与过去不同的是一字不漏地念着 Point（过去是将教材内容转抄在黑板上）。我们认为，开放式教学主要是启发学生们的思维，教师就要重点教授对教材内容的理解中可能出现的问题、学界的不同观点（包括教师本人）及其最新的学术动向，激励学生们大胆地思考并提出问题。通过双向或多向（讨论）交流，将客观知识转化为学生们的实践本领。

我们建议：一是将现在的单一学科或“超级专业化”的学院变革为“多学科合并”的学院，并组建“以一个复杂的系统为对象的”跨学院、多学科交叉的研究中心，推动学科交叉、教师优势互补和新学科的产生，也才有“可能进行人类—社会诸科学和自然诸科学之间的沟通”[11]172-173。传统教育的根本问题不仅仅在于分割，而在于在区分一切的同时没有将它们连接起来。这就是我国教育系统内部问题的症结所在。二是建立以学院为主体的纵向教学体系和以研究中心为主体的横向研发体系，形成一套矩阵式的学术组织，并在两个体系中同时设立固定和流动岗位（在校内外聘请兼职人员），广泛吸收学生们参与。三是教学形式逐步过渡到以专题讲授为主（根据专题内容，挑选主讲人或者由学生讲授），编写授课提纲，采用学生们预习—大班讲授—小班讨论—答疑—校内调研—社会实践—再次答疑等多环节多途径的互动—反馈作用机制，以体现莫兰的“培育式的教育”思想。四是改变考试制度和内容、方式。注重平时的全面考察，考试内容主要考查学生掌握“总体知识”的深度和广度、“组织知识的能力”以及思维方式等，尽可能地减少那些“死记硬背”的试题。

参考文献

［1］ 赵南元. 科学人文，势如水火：评杨叔子《科学人文，和而不同》［R］. “万继读者网络”教育与学术，2002-06-23.

［2］ 何祚庥. 我为什么要批评反科学主义［N］. 科学时报，2004-05-13.

［3］ 周昌忠. 试论社会科学的哲学本质［J］. 哲学研究，2006（7）：73.

［4］ 贺来. “以人为本”的社会发展观的哲学前提［J］. 哲学研究，2005（1）：25.

［5］ 马克思，恩格斯. 马克思恩格斯选集：第1卷［M］. 北京：人民出版社，1972.

［6］ 爱因斯坦. 爱因斯坦文集：第3卷［M］. 北京：商务印书馆，1979.

［7］ 谈利兵，陈文化. 试论自然科学通过人文科学到社会科学的一体化［J］. 自然辩证法研究，2002（12）：5-7.

［8］ 陈文化，陈艳. 全面科学技术观与科学技术哲学门类构成探究［J］. 自然辩证法研究，2004（8）：179-182.

［9］ 胡锦涛. 在两院院士大会上的讲话［N］. 人民日报，2004-06-03.

［10］ 马克思，恩格斯. 马克思恩格斯全集：第3卷［M］. 北京：人民出版社，1979.

［11］ E. 莫兰. 复杂性理论与教育问题［M］. 陈一壮，译. 北京：北京大学出版社，2004.

四、三类科学技术“集成”：一种全新的科技观①

（2006 年 6 月）

“科学仅指自然科学”，还是由自然科学、人文科学、社会科学集成的“内在整体”；科学与技术只有“根本区别”，还是“和而不同”，这是两种截然不同的科技观。要树立和落实科学发展观，必须要有全新的科技观。本文拟就这些问题进行探讨。

1．三类科学的“集成”

2004 年 6 月 2 日，胡锦涛《在两院院士大会上的讲话》中明确地提出一种全新的科学技术观：“树立和落实科学发展观……要把自然科学、人文科学、社会科学等方方面面的知识、方法、手段协调和集成起来”[1]。这是中央领导第一次提出“人文科学……的知识、方法、手段”，即人文科学技术概念，并首次将自然科技、人文科技、社会科技“协调和集成”为“科学技术的整体”。这里有两个“集成”：一是三类科学“集成”；二是科学与技术“集成”。我们将其表述为“三类科学技术集成”思想。

（1）“三类科学集成”思想的客观依据

传统科学技术观的片面性在于“科学分类”原则的局限性。恩格斯在《自然辩证法》中，以自然“物质运动形式本身固有的次序”作为“科学分类”的客观基础，将自然科学分为数学、天文学、力学、物理学、化学和生物学。他还提出过“社会运动形式”和“思维运动形式”，但没有对其进行具体的“科学分类”。毛泽东在《矛盾论》和《整顿党的作风》中，“根据科学对象所具有的特殊的矛盾性”，分为“自然科学、社会科学两门知识”。传统的哲学教科书根据“整个世界（自然、社会和思维）的构成”分为“自然知识、社会知识和思维知识”。思维是人对世界的反映，怎么能说它是世界的组成部分呢？而且思维并不是人的本质特征，动物也有思维。正如马克思、恩格斯指出的，“这些个人使自己和动物区别开来的第一个历史行动并不在于他们有思维，而是在于他们开始生产自己所必需的生活资料。”[2]24同时，思维根本不能使自然与社会相互作用而达致统一。钱学森在《现代科学的基础》论著中，首次提出科学技术部门同整个客观世界的基本组成和发展历史相一致的新见解，认为“科学大厦”是由自然科学、人体科学、社会科学、思维科学、数学科学、系统科学、文艺理论、地理科学、军事科学和行为科学等十大部

① 本文发表于《科学学研究》，2006（3）。

门组成的“一个整体”，并将“工程技术”列为“科学技术体系”中的一个组成部分。这是他对科学技术分类理论的一个重大发展。但他没有将“人（类）”与“人类社会”、“人（类）”与“人类思维”加以区分，其“科学大厦”里没有“人文科学”。尽管他提出“人体科学”“思维科学”“行为科学”和“文艺理论”，但将它们与“自然科学”、“社会科学”并列，混淆了不同层次的区别。

传统的“科学分类”原则的局限性，源于对客观世界的片面性认识。我们曾经提出以客观世界的演化次序及其基本构成的“内在整体”作为科学技术分类的客观基础和发展原则[3]。客观世界的演化是从天然自然到人猿揖别再到人类社会的“自然历史过程”，于是客观世界就由自然界、人文界、社会界等基本构成，并通过人（类）的实践活动，才使它成为一个“内在的整体”。因此，以世界（自然界、人文界、社会界）为研究对象的科学技术也就由自然科学通过人文科学到社会科学形成为“连续链条”的整体。正如量子力学创立者普朗克指出的，“科学是内在的整体。它被分割为单独的部门不是取决于事物的本质，而是取决于人类认识的局限性。实际上存在着从物理学到化学，通过生物学和人类学到社会科学的连续的链条。这是一个任何一处都不能被打断的链条。如果这个链条被打断了，我们就是瞎子摸象，只看到局部而看不到整体。”因此，客观世界演化的“自然历史过程”及其由自然界、人文界、社会界基本构成的“内在整体”，就成为胡锦涛关于“三类”科学分类及其“协调和集成”思想的客观基础（见表1）。

表1　客观世界的演化及其基本构成与科学技术分类的关系

客观世界的演化次序	天然自然 ↔	人类 ↔	社会
客观世界的基本构成	自然界	人文界	社会界
科学技术的研究对象	人对自然界的关系	人（类）自身	人与人之间的关系
科学的基本门类	自然科学	人文科学	社会科学
技术的基本门类	自然技术	人文技术	社会技术
“一门科学”的内容	自然科学	关于人（类）自身的科学	关于人与人之间关系的科学

（2）“三类科学集成”思想的理论渊源

马克思在一百多年前就预示过自然科学、人文科学和社会科学将会集成为“一门科学”。他说：“正像关于人的科学将包括自然科学一样，自然科学往后也将包括关于人的科学：这将是一门科学。”[4]82这里的“关于人的科学”，显然应理解为“关于他们自己”的科学和“关于他们之间关系”的科学。马克思、恩格斯指出：人在现实活动中产生的思想、理论、观念，“是关于他们同自然界的关系，或者是关于他们之间的关系，或者是关于他们自己的肉体组织的观念。”其中，自然科学是“人对自然界的理论关系”，自然技术是“人对自然界的能动关系”或“活动方式”，即“如何做事”或“怎样生产”的方式方法体系。人文科学是关于人自身“肉体组织”和内心世界及其外在表达（文化）的观念，人文技术是自我调控、“如何做人”或“怎样生活”的方式方法体系。社会科学是“研究人与人之间关系”的知识体系，社会技术是协调人际关系的方式方法体系。因此，自然科学技术研究人与自然物的关系，人文科学技术研究人（类）自身，社会科学技术研究人与人之间的关系。

然而，学术界有人借否认人文科学或者将人文科学混同于社会科学来否认“一门科学”。有学者认为：“自然科学技术独自能够解决人类面临的所有难题”，并且“是导向人类幸福的唯一有效的工具”[5]。社会科学界将人文科学包含在社会科学里面，认为社会科学知识即“人类对社会和人自身的认识”，“‘社会发展’中的‘社会’完全可以用‘人’来代替，‘社会发展’与‘人的发展’完全可以等同；‘社会发展’就是‘人的发展’。”[6]马克思指出：“社会不是由个人构成，而是表示这些个人彼此发生的那些联系和关系的总和。”[7]226我们认为，“处于社会关系中的人”和“人与人之间的关系”不能“完全等同”，“人类”与“人类社会”也不是完全同一的。因此，研究人（类）自身的人文科学与研究社会（人与人之间的关系）的社会科学不是一回事，尽管它们之间存在着密切的联系。某个人会成为“关系”的承担者，也是生活于“关系”之中的，但是人与人之间的某种关系对于个人来说是外在的，“不能要个人对这些关系负责的”。著名的社会科学家迪尔凯姆在《社会学方法的准则》一书中指出：“个人生活与集体生活的各种事实具有质的不同”，后者“存在于构成社会的个人意识之外”。显然，“关系的承担者”（人）与“关系”（社会）是两回事，正如“存在者”与“存在”不能混同一样。同时，“人文社会科学”和“哲学社会科学”的表述也不妥。“人文”、“哲学”后面没有“的”，则表示是并列的。仅仅是“人文”又指什么门类呢？在“哲学社会科学”的表述中，又勾销了“人文科学”。尽管哲学属于人文科学门类，但它又不能取代“人文科学”。

马克思关于“一门科学”的论断，正是基于客观世界是由“属人的自然界”通过人文界与“属人的社会界”相互作用而形成的“内在整体”。他说：“正像社会本身生产作为人的人一样，人也生产社会……因此，社会是人同自然界的完成了的本质的统一，是自然界的真正复活，是人的实现了的自然主义和自然界的实现了的人道主义。”[4]78于是，“自然科学……将成为人文科学的基础，正像它现在已经——尽管以一种异化的形式——成了现实的、人的生活的基础一样”[4]85。又说：只要有人存在，自然史和人类史就彼此相互制约，并形成一门“历史科学”[8]20。马克思就是通过揭示客观世界的生成机制及其“本质的统一”而提出“一门科学”的论断。可见，胡锦涛关于三类科学“协调和集成”的思想与马克思的“一门科学”的论断一脉相承，并且在新形势下作出的重大发展。

（3）科学与技术的“协调和集成”

科学技术是“关于人对世界的理论关系”和“能动关系”。有学者只讲“科学与技术的本质不同”，甚至两位院士发表题为《科学与技术不可合二为一》的文章。其实，胡锦涛提出要把“知识、方法、手段协调和集成起来”，既指出了科学与技术的区别，更强调了它们的“集成”。科学是回答“是什么”和“为什么”的理性认识，技术是解决“如何做”的方式方法，在现实生活中，它们是融为一体的。马克思、海德格尔讲过：“是什么”和“如何是”是一回事。邓小平也指出：“什么是社会主义和如何建设社会主义是一个根本问题”，而不是“两个本质不同”的问题。在“科学—技术—经济”系列链条中，技术总是处于中间地位，发挥其中介作用，如图1所示。

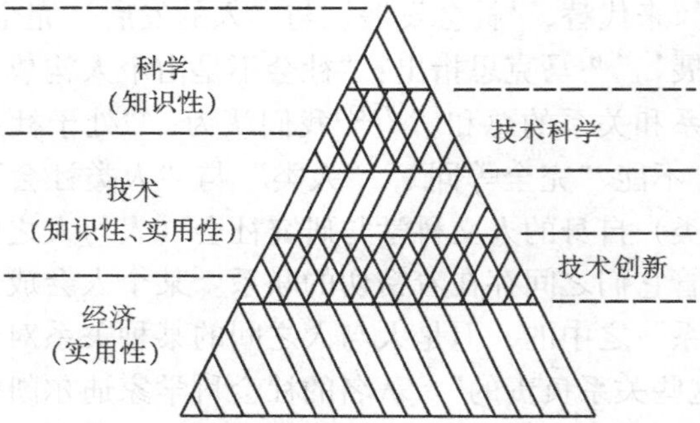

图1　技术的中介地位和作用示意图

笔者曾于1992年从十个方面阐述过技术的中介性特征[9]83-91，在此不再赘述。如图1所示，技术（“如何做”的方式方法体系）既不同于科学（理论性的知识体系），又在某些方面类似于科学（属于实践性的知识体系）；它既不同于生产（“做”），又在某些方面类似于生产（“如何做”）。“如何做”与“做”在现实活动中是联系在一起的，但它们又不能完全等同。因此，技术的本质特征是实用性的知识，而不是纯物质性（因为技术活动既属于精神性活动，又属于物质性活动），也不是知识与物质手段的总和（因为技术知识作为“世界3”，可以脱离主体而相对独立地存在着，但其作用的展现不能与物质手段分离）。显然，“不同”论和“不可合”论都是否认了技术的中介性特征和中介作用的形而上学思维。“不同”论和“不可合”论都不是辩证法。列宁指出：“辩证法是一种学说，它研究对立面怎样才能同一，是怎样（怎样成为）同一的——在什么条件下它们是相互转化而同一的——为什么人的头脑不应该把这些对立面看作是僵死的、凝固的东西，而应该看作活生生的、有条件的、活动的、彼此转化的东西。”“辩证法简要地确定为关于对立面的统一的学说”[10]86,210。“不同”论者不“研究对立面怎样才能同一，是怎样成为同一的”，“不可合”论者更是武断地否认其“同一性”，把科学与技术这个“对立面看作是僵死的、凝固的东西”。古语说“相反相成”，就是认为两个不同的东西之间具有同一性，并且“和而不同”中的“和”正是以“不同”为前提的，而且“和实生物，同则不继”。如果科学与技术“不同”而“不可合二为一”，那么哪里有现代科学技术与经济社会的协调发展呢？

以往英国只强调科学，日本只强调技术，它们的经济也只是短时间的繁荣，而只有美国把科学与技术视为“相互转化而同一”并实现“一体化”，才使经济长时期地兴旺发达。科学技术事业的发展事实也充分揭示了科学与技术之间的辩证关系。

2．三类科学与技术的“集成”

(1)“三类科学技术集成”思想的现实基础

思想、观点、理论源于现实生活，并要经受实践的检验。“一门科学”和“三类科技集成”思想也是如此。单一的自然科技成果，如同人文科技、社会科技成果一样，作为静态的知识体系（“世界3”），可以脱离主体（人）而相对独立地存在于物质载体上，但是它们在人的现实活动中，又是不可能单独存在的。因为人所从事的每一个现实活动，都是自然科技（“如何做事”）、人文科技（“如何做人”）和社会科技（“如何处世”）融汇于一身并产生的“集成”效应。就拿自然科技活动来说，任何一个现实活动都是人这个唯一主体的目的性行为，而主体的活动又是以人与人的交往为前提的，也只有在这些社会联系和社会关系的范围内，才会有人对自然界的关系，才会有人的自然科技活动。“在这种自然的、类的关系中，人同自然界的关系直接地包含着人与人之间的关系，而人与人之间的关系直接地就是人同自然界的关系，就是他自己的自然的规定。”[4]76这是自然界、人文界、社会界的统一性的表现，也是如何“做人”、“处世”、“做事”的同一性的表现，即三类科学技术的“集成”性的体现。因此，在现实活动中，人文科技、社会科技与自然科技是“协调和集成”的（见图2）。

如图2所示，一个“从事现实活动”的正常人不可能只有自然科技知识，或者只有人文科技知识，或者只有社会科技知识，而是在三者集成于一身基础上的某种（些）特长或突出展现。马克思指出：“人们在生产中不仅仅同自然界发生关系。他们如果不以一定方式结合起来共同活动和互相交换其活动，便不能进行生产……只有在这些社会联系和社会关系的范围内，才会有他们对自然界的关系，才会有生产。”[2]362马克思、恩格斯在《费尔巴哈》一文中还指出：“从历史的最初时期起，从第一批人出现时，三者就同时存在着，而且就是现在也还在历史上起着

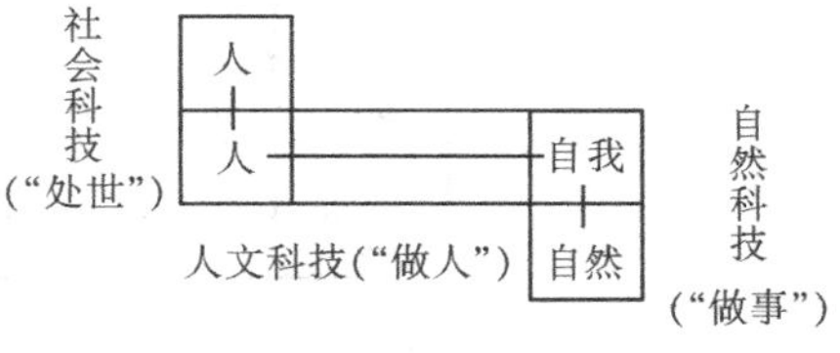

图2 在现实活动中，自然科技、人文科技、社会科技的“内在整体”图示

作用"[2]34。显然，借以宣扬"自然科学唯一正确"和"唯一有效"、"科学与人文，水火不容"来否认三类科技集成的言论，只是某些人的一种抽象思维，它在人的现实活动中不会存在。因为三类科技"协调和集成"是人的活动，只有人的"协调和集成"，才能"解决人类面临的所有难题"；否则，就是对"一门科学"和"三类科学技术集成"思想的背离。

(2)"三类科技集成"的作用机制及其结构

从客观世界的演化次序及其基本构成来看，人（类）都是居于中介地位，人既是自然界的一部分，又是社会界的一部分。因此，人文界的精神性（主体性）、意义性和价值性决定了人文科学技术不同于以客观性、整体性和抽象性为其特点的社会科学技术。而"自然科学是一切知识的基础"，也是"人文科学的基础"，人文科技、人文价值是对自然科技的一种补充和矫正，它又是社会科技的直接基础。因此，人文科技就是介于自然科技与社会科技之间的一个相对独立的基本门类，并成为科学技术"内在整体"中的中心环节，从而形成"一主两翼"，即以人文科技为主体（导）、自然科技和社会科技为两翼的立体网络结构（见图3）。正如舒马赫所言："一切科学，不论其专门化程度如何，都与一个中心相连接……这个中心就是我们最基本的信念，由那些确实对我们有感召力的思想所构成。换句话讲，这个中心是由形而上学和伦理学所构成。"[11]60

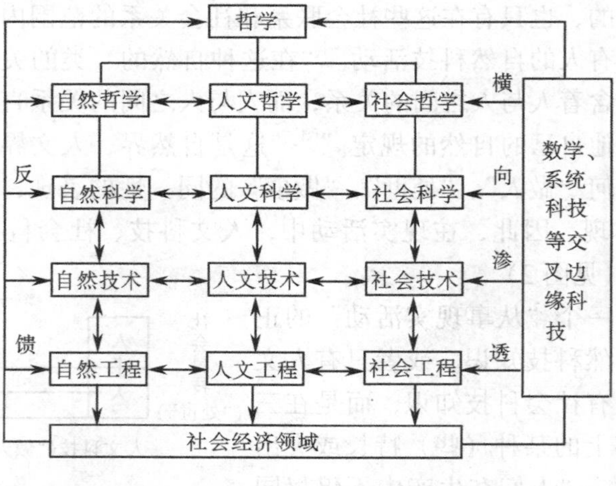

图3　现代科学技术"一主两翼"立体网络结构示意图

如图3所示，现代科学技术体系的结构类似于一只飞鸟：人文科技为飞鸟的"躯体"，其中的"头部"是哲学，"尾部"为工程；自然科技和社会科技分别为"两翼"，立足于"大地"（社会经济领域），并拟展翅高飞。"一主两翼"是一个"内在的整体"，没有"两翼"不能腾飞，而飞行的方向、速度和高度均由"大脑"

和“尾部”来调控。

（3）复杂性系统：三类科技集成与落实科学发展观之间的非线性交互作用

科学发展观的实质是“以人为本，促进经济社会和人的全面发展”。胡锦涛在谈到“落实科学发展观是一项系统工程”之后，紧接着提出三类科技“协调和集成”思想。这就揭示了“三类科技集成”与“落实科学发展观”之间的辩证关系（见图4）。

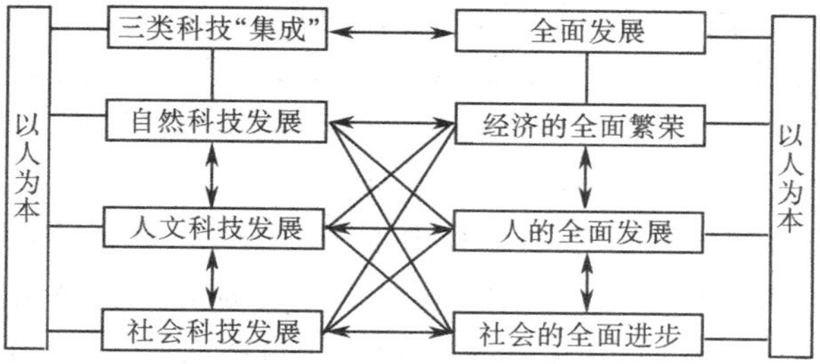

图4　“落实科学发展观”与“三类科技集成”之间的辩证关系示意图

注：↞↠ 表示主导多维整合效应[12]。

如图4所示，坚持“以人为本”，才会有自然科技、人文科技、社会科技的进步与集成，也才会“促进经济社会和人的全面发展”；自然科技及人文科技、社会科技的进步与集成是“经济社会和人的全面发展”的需求和动力，而“经济社会和人的全面发展”是自然科技与人文科技、社会科技以及“经济社会环境、自然环境”通过人的实践活动交互作用的集成效应。因此，落实科学发展观与三类科学技术进步及其集成之间都是通过人的实践活动的交互作用，从而实现“以人为本”的根本目的。而一些学者宣扬“自然科技的唯一有效”或者“经济发展万能”论等都是单因素、单层次、单方面的、有害的“机械决定”论。

3.“三类科技集成”思想的重大意义

胡锦涛关于“三类科技集成”思想具有重大的理论价值和现实意义。

（1）“三类科技集成”：消解“三种文化对立”① 观念和行为的有效路径

无论是国内，还是国外，都将自然科学和人文科学视为两种截然不同的文化。就国内而言，“三种文化的对立和对抗”状况更为激烈。在自然科学界，有人极力否认人文科学、社会科学的科学性，认为如果硬要两者牵手，则会既毁了科学，又毁了人文。”自然“科学不许胡说，人文允许（甚至鼓励）胡说，这就是科学与人文的根本分歧，也是科学与人文不可调和的根本原因。”[13]

① 三类科技就是三种文化。其实，英国学者C.P.斯诺于1959年提出“两种文化分裂”问题，六年后又在《再看两种文化》一文中提出“第三种文化”，按其内容我们称之为社会科学文化。

一些学者宣扬的“唯一科学”、“自然科技唯一有效”论，是典型的无视或排斥人文科学和社会科学的社会倾向，并已经成为我们树立和落实科学发展观最大的思想障碍。胡锦涛提出要把自然科技、人文科技、社会科技“协调和集成”为“科学技术的整体”，这就将它们之间的“对立和对抗”转换为一个整体中的“内部矛盾”，为克服“三种文化对立”的世界性难题提供了一条有效的路径。其实，“三种文化对立”状况在实践中是不存在的，而且其矛盾“本身的解决，只有通过实践方式，只有借助于人的实践力量，才是可能的；因此，这种对立的解决不只是认识的任务，而是一个现实生活上的任务，而哲学把这仅仅看做理论的任务。”[14]53 显然，撇开人、撇开人的活动、撇开人与科技的关系，抽象地谈论解决“三种文化的对立”是一种“无视人”或“去人化”的社会倾向。

(2)“三类科技协调和集成”：科学技术工作实施统一规划和管理的指导思想

早在 50 年代，我国就将人文科学一分为二，分别划归自然科学院和社会科学院，似把一个人劈成两个“半边人”，一方研究“自然人”，另一方研究“社会人”；将人体学及其医学与动物学、兽医学一同划为理科（自然科学），见“病”不见人、缺失人文关怀就成为一种倾向；将自然科学院升格为“科学”院，而人文科学贬为“人文学科”，“重理轻文”成为一种社会时尚，于是造成我国自然科技“一条腿特长”，人文科技和社会科技“一条腿奇短”的残疾状态。在现实生活中，往往是“见物不见人”，或将人边缘化，或视人为机器、设备的附属物，或将人（主体要素）同物质要素（客体）并列起来，甚至当作“物”来使用，严重地挫伤了人的主观能动性。其实，没有人和人的活动，就没有自然科学技术，无视人和人文科技的客观存在，就是否认“科学技术的整体”性。

世界的统一性决定了科学技术的整体性，这是科学技术工作实施统一规划与管理的客观基础。然而，我国科技工作的规划与管理都是分散的，且科技门类及其管理部门之间缺少交流。因此，我们建议成立中国科学院，下设三个分院；或成立自然科学院、人文科学院和社会科学院，统一归国务院领导与管理，并自下而上和由上而下编制统一的发展纲要，切实推进自然科技、人文科技、社会科技的“协调和集成”，以“促进经济（属于自然领域——引者注）、社会和人的全面发展”。

(3)“三类科技协调和集成”：实施三种教育“集成”，加速培养“和谐发展的人”的客观要求

我国曾经提出的教育方针是培养“德智”或“德才兼备”的接班人。“德”仅侧重于个人的道德和美德，即“如何做人”，没有直接包含“如何处世”的内容。现在实施的教育（学）模式仍然是“重理轻文”（理工科院校）或“重文轻理”（文科院校、女性教育）和“文理分科”。近些年来开始注意“文化素质教育”，似乎也只当作文化知识传授而未能突出如何“做人”、“处世”情感和能力的培育。在现实

生活中，人们只注重学习自然科技，忽视学习社会科技和人文科技，并成为一种社会倾向。这些现象和问题在当前突现出来，是传统的教育（学）思想和模式造成的。正如爱因斯坦指出的，“用专业知识教育人是不够的。通过专业知识教育，他可以成为一种有用的机器，但是不能成为和谐发展的人。要使学生对价值有所理解并且产生热烈的感情，那是最基本的。他必须获得对美和道德上的善有鲜明的辨别力。否则，他连同他的专业知识……就像一只受着很好训练的狗，而不像一个和谐发展的人。”[14]73这段话虽然有些尖刻，却击中了要害。把受教育者培养成“一种有用的机器”，还是“一个和谐发展的人”，这是教育（学）“以物为本”与“以人为本”的根本区别。“一个和谐发展的人”，就是指一个人同时具有“做人”、“处世”和“做事”的素质和本领，即“三类科技教育集成”于一身的整合效应。这是教育（学）改革的根本内容和途径，而目前的“德才兼备”的人才观和“重理轻文”或“重文轻理”的教育（学）模式都是“一元教育”或“二元教育”观念的反映。因此，在落实“科学发展观”和“三类科技集成”思想以及“构建社会主义和谐社会”的今天，教育界乃至全社会实施“三类科技教育集成”，是我国进入新世纪新阶段的客观要求，也是事关全面建设小康社会大局的一项重大任务。

参考文献

[1]　胡锦涛. 在两院院士大会上的讲话［N］. 人民日报，2004-06-03.

[2]　马克思，恩格斯. 马克思恩格斯选集：第1卷［M］. 北京：人民出版社，1974.

[3]　陈文化，谈利兵. 关于21世纪技术哲学研究的几点思考［J］. 华南理工大学学报：社会科学版，2001（2）：23-26.

[4]　马克思. 1844年经济学-哲学手稿［M］. 北京：人民出版社，1985.

[5]　何祚庥. 我为什么要批评反科学主义［N］. 科学时报，2004-05-13.

[6]　贺来. “以人为本”的社会发展观的哲学前提［J］. 哲学研究，2005（1）：25.

[7]　马克思，恩格斯. 马克思恩格斯全集：第46卷（上）［M］. 北京：人民出版社，1980.

[8]　马克思，恩格斯. 马克思恩格斯全集：第3卷［M］. 北京：人民出版社，1956.

[9]　陈文化. 科学技术与发展计量研究［M］. 长沙：中南工业大学出版社，1992.

[10]　列宁. 列宁哲学笔记［M］. 北京：人民出版社，1957.

[11]　舒马赫. 小的是美好的［M］. 北京：商务印书馆，1985.

[12] 陈文化，陈吉耀．主导多维整合思维：矛盾思维与系统思维之综合［J］．毛泽东思想论坛，1997（3）．
[13] 赵南元．科学人文，势如水火：评杨叔子《科学人文，和而不同》［R］．“万继读者网络”教育与学术，2002-06-23．
[14] 爱因斯坦．爱因斯坦文集：第 3 卷［M］．北京：商务印书馆，1979．

第七部分　全面科学技术哲学构建

一、关于科技哲学研究中几个基本问题的再思考[①]

（2008 年 12 月）

1. 问题的提出

有一个现象值得高度关注：20 多年来我国哲学和自然辩证法界的不同变化，自然辩证法曾经的壮丽景观现在似乎变成了表面上的热闹。我认为其主要原因是自然辩证法界在一些基本问题上没有与时俱进地实现根本转变。2004 年编撰出版的一本《自然辩证法概论》全国通用教材认为："自然辩证法是马克思主义的重要组成部分，其研究对象是自然界发展和科学技术发展的一般规律[②]、人类认识和改造自然的一般方法以及自然科学技术在社会发展中的作用。"并且，它"是一门自然科学、社会科学与思维科学相交叉的哲学性质的学科"，"是马克思主义关于自然科学、技术及其与社会的关系的已有成果的概括和总结。"马克思主义自然观、自然科学观和自然技术观一起"构成马克思主义世界观的整个理论体系。"还多次讲："自然界先于人类历史而存在"，而且只说"人是自然存在物"[1]1,12,183,40，但是没有同时讲"个人是社会存在物"和"人等于自我意识"，以及"人正因为是有意识的存在物"才"把人同动物的生命活动直接区别开来"[2]79,123。这样，就把人等同于其他动物（自然）了，世界就被还原为自然界，即无人的世界。还有学者甚至提出"世界即自然界"。"科学技术仅仅指自然科学技术"，"自然科技独自能够解决人类社会面临的所有难题"。"自然科学技术哲学是关于科学技术的哲学"或者"是对科学技术的系统哲学反思"。这些观念和观点直接关涉到科技哲学的存在与发展，我们要严肃对待。下面拟讨论四个问题。

2. 关于科技哲学的研究对象问题

① 本文系湖南省自然辩证法研究会第七届会员大会上的主题报告，后被中国自然辩证法研究会收入《自然辩证法与改革开放 30 年征文文集》。

② "自然界发展规律"从总体上进行研究，是属于自然哲学的自然辩证法的任务。这里的"科学技术"该教材特别注明"一般是指自然科学技术"[1]1。"自然科学技术发展的一般规律"是自然科学技术学的研究内容。而科学技术哲学是关于科技观的理论。这些问题将在后面予以讨论。

研究对象是认识论上的一个基本问题。传统认识论认为：认识对象是“独立于人的外部世界”或“与人无关的客观世界”。新编自然辩证法全国通用教材认为：“自然辩证法的研究对象是自然界发展和自然科学技术发展的一般规律”。“科学技术哲学是以科学技术为研究对象，对科学技术的哲学思考”。这种观点直接背离了马克思主义。马克思在《关于费尔巴哈的提纲》中指出：对事物（新版本已经译为“对象”）不要“只从客体的或直观的形式去理解”，还要“当作实践去理解，从主体方面去理解”。因此，我们认为：认识对象是人与外部世界关系中的客体，具有客观性和主体性的双重属性。

在此，仅以我国哲学界关于哲学研究对象的认识过程为例，作些说明。哲学的研究对象是“整个世界”本身，还是“思维和存在的关系问题”（恩格斯语），即人与世界的关系问题，是传统哲学与马克思主义哲学的一个根本区别。我国曾经定义“哲学是人们关于整个世界（自然、社会和思维）的根本观点的体系”（《辞海》，上海辞书出版社，1989 年版）。直至 20 世纪 90 年代，还将哲学定义为“关于整个世界的普遍规律的理论”。1997 年出版的《辩证唯物主义和历史唯物主义原理》认为，“哲学是以总体方式把握世界以及人和世界关系的理论体系”。由肖前主编的《马克思主义哲学原理》中首次改为：“哲学是从总体上教导人们善于处理和驾驭自己同外部世界的关系的学问。”近几年来，哲学界才提出“哲学是关于世界观的理论”。不过对这个命题要正确的理解：一是“世界”是自然界、人文界、社会界“通过人的活动”交互—反馈作用形成的内在整体，而不是“由自然、社会和思维构成的”。因为“动物也有思维”（马克思语）。二是这里的“世界观理论”，究竟是“观”世界而形成的关于“整个世界”的理论，还是“揭示”和“反思”人同世界的“矛盾”而形成的关于人与世界（即思维与存在）相互关系的理论呢？显然，前者是指“处于世界之外和超乎世界之上”（《费尔巴哈》）来观“世界”，而不是人生活于其中的现实世界。所以，孙正聿指出：“作为哲学的‘世界观理论’，它不是直接地断言‘世界’的理论，而是‘揭示’和‘反思’思维把握和解释世界的‘矛盾’的理论，是推进人对自己与世界的相互关系的理解和协调的理论。”[3]

哲学在研究对象问题上的这种变化，就是“回到马克思”。而作为“哲学的分支学科”——“自然辩证法是关于自然界发展和自然科学技术发展的一般规律”的学科或者“自然科技哲学是关于自然科学技术的哲学”或“对自然科学技术的系统哲学反思”，都将与人无关的“自然界和自然科学技术”作为研究对象。这样，在基本内涵、逻辑结构上，与哲学相悖不容。

无情的现实迫使我们转变观念。长期以来，自然科学技术及其哲学只研究自然科学技术本身，不研究人和人与外部世界（包括科学技术）的关系问题，造成人与自然、人与社会、人与自身、人与科学技术之间的对立和对抗，导致人类社会的不可续发展，直接威胁着包括人类在内的一切生物的存在与发展。爱因斯坦早就指出："如果想使自己一生的工作有益于人类，那么只懂得应用科学本身是不够的。关心人的本身，应该始终成为一切技术上奋斗的主要目标；关心怎样组织人的劳动和产品分配这样一些尚未解决的重大问题，用以保证我们科学思想的成果造福于人类，而不致成为祸害。"[4]73

马克思认为，共产主义是三大基本矛盾的"真正解决"。他说："它是人和自然界之间、人和人之间的矛盾的真正解决，是……个体和类之间的斗争的真正解决。"[2]77胡锦涛提出的"科学发展观"，即"坚持以人为本，促进经济（属于自然领域——引者注）社会和人的全面发展"，也就是马克思讲的"三大矛盾"的逐步解决。显然，解决"三大矛盾"的前提是通过揭示和反思并准确地把握和正确处理"三大矛盾"之间的关系。其中的根本问题还是马克思讲的"通过人并且为了人而对人的本质的真正占有"[2]77，也就是"坚持以人为本"。因为自然危机、社会危机，从根本上来说是人类自身、特别是自我危机以及由此产生的人与外部世界（包括科学技术）之间的不协调造成的[5]。显然，从人类如何实现人与自然、人与社会、人与自身的同时、协调、可续发展的角度研究科学技术必然要取代孤立地研究科学技术本身。因此，科技哲学的研究对象是人与科技之间的关系问题，即研究人与科技之间的主客关系、认识关系、实践关系和价值关系，以及人与科学、技术、生产、生活、社会之间的关系。实际上，是将人的科技实践活动视为研究对象。

3. 关于马克思主义全面科技观的解读

长期以来，我国很少提及马克思主义的科技观问题。最近，在一次"研讨马克思科学观"的会议上，自然辩证法界的一些学者认为："马克思关于科学的思想只是一种萌芽状态的原生态，尚未展现出抽象统一的理论基础和清晰的体系结构轮廓"，"用人文观点来看待科学在马克思著作中只是有所提及"，或者是发问："马克思是否有科学思想?"自然辩证法界有人公然宣称："科学技术仅指自然科学技术，人文允许（甚至鼓励）胡说"。"自然科学技术是唯一正确的知识，它独自能够解决人类面临的所有难题，是导向人类幸福的唯一有效的工具。"社会科学界有学者武断地说：按照马克思的意向，要实现个人的解放，"根本的路径即是发展自然科学技术"，并"通过发展自然科技，消灭私有制、消灭阶级和国家，建立新的共同体。"对于这种传统的科技观，马克思、恩格斯早在一百多年前就予以严厉的批驳，如在《德意志意识形态》一文中批评圣麦克斯"关于'唯一的'自然科学"的"狂言是多么荒诞的胡说"，"因为在他那里……世界立刻就变为自然。"时至今日，唯自然科技观还禁锢着许多人的思想。

马克思明确地界定过"科学力量"的全面含义。他在《政治经济学批判大纲（草稿）》中指出："在这些生产力里面也包括科学在内"。"社会的劳动生产力作为资本所固有的属性而体现在固定资本里面；既是科学的力量，又是在生产过程内部联合起来的社会力量，最后还是从直接劳动转移到机器、转移到死的生产力上面的技巧。”“所谓科学力量，不仅指它自身，而且还包括为生产所占有的、甚至已经实现于生产中的科学力量”，并且“科学力量只有通过机械的运用才能被占有”。这就明确无误地揭示出“科学力量”在横纵两方面的展现。因此，我们认为：马克思主义的全面科学技术观是由三个方面——现实活动（横向）中三大门类科技“同时存在”与变发论、科学纵向发展过程中“不同阶段”形成反馈圆环论，以及科学整体“动—静—动”的无限发展论——“通过人的活动”交互—反馈作用形成为一个整体。在此，我们对马克思主义的全面科学技术观展开一些初步探讨。

（1）关于活动中三大门类科技“同时存在”与变发论的解读

马克思、恩格斯明确地定义：自然科学和工业（即物质生产）是“人对自然界的理论关系和实践关系”。自然技术是“人对自然的活动方式”或“能动关系”。“关于人的科学本身是人在实践上自我实现的产物”，即马克思称谓的“人文科学”。社会科学“研究的不是物，而是研究人与人之间的关系”。据此，我们认为：科学技术是关于人对世界（自然界、人文界、社会界）的理论关系和活动方式。

马克思主义认为：科学技术“作为社会发展的一般精神成果”，一经外化，就是“一种异己的存在物”。马克思在《1844 年经济学-哲学手稿》中指出：“脑力劳动的产物——科学”技术如同物质劳动的产品一样，“作为一种异己的存在物，作为不依赖于生产者的力量，同劳动相对立”。它们作为“生产力表现为一种完全不依赖于各个个人并与他们分离的东西，它是与各个个人同时存在的特殊世界。”（《费尔巴哈》）但是，在现实活动中，“人们”、“他们之间的关系”、“人同自然界的关系”“三者是同时存在”与变发的。马克思在《雇佣劳动与资本》中指出：“人们在生产中不仅仅同自然界发生关系。他们如果不以一定方式结合起来共同活动和互相交换其活动，便不能进行生产。为了进行生产，人们便发生一定的联系和关系；只有在这些社会联系和社会关系的范围内，才会有他们同自然界的关系，才会有生产。”其实，人的每一个现实活动都是人文科技（“做人”）、社会科技（“处世”）与自然科技（“做事”）交互作用的过程和整合效应。即一个从事现实活动的人，不可能只有自然科技知识，或者只有人文科技知识，或者只有社会科技知识，而是“三者同时存在”并融汇于一身基础上的某种（些）突出展现（见图 1）。

马克思、恩格斯明确地提出过三大门类科学。在《费尔巴哈》中指出：“从事现实活动的人”产生的思想、理论、观念，“是关于他们同自然界的关系，或者是关于他们之间的关系，或者是关于他们自己的肉体组织的观念。”马克思还阐述过三大门类科学之间的关系。他在《经济学手稿（1861—1863）》和《1844 年经济学-哲学手稿》中明确地指出：“自然科学是一切知识的基础”。“自然科学……将成为

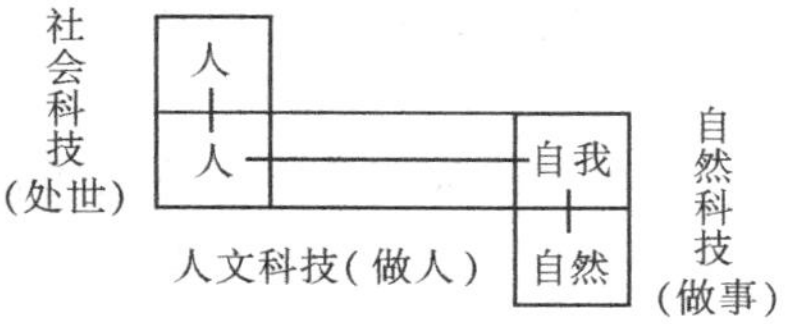

图1　现实活动中“三类科技”融为一体示意图

人的科学的基础，正像它现在已经——尽管以异化的形式——成了真正人的生活的基础一样。”因此，“自然科学往后将包括关于人的科学，正像关于人的科学包括自然科学一样：这将是一门科学。”显然，“一门科学”论与三大门类科学“同时存在”论是完全一致的。大概是基于此，胡锦涛2004年6月3日《在两院院士大会上的讲话》中指出：“落实科学发展观是一项系统工程……要把自然科学、人文科学、社会科学等方方面面的知识、方法、手段协调和集成起来”。这是党中央领导第一次提出“人文科学的知识、方法、手段”，即人文科学技术概念，第一次提出将自然科学技术、人文科学技术、社会科学技术三大门类“协调和集成”为“科学技术的整体”，即“一门科学”技术。这是一种全新的科学技术观。德国著名的物理学家普朗克在《世界物理图象的统一性》一书中明确地指出：“科学是内在的整体。它被分割为单独的部门不是取决于事物的本质，而是取决于人类认识的局限性。实际上存在着从物理学到化学，通过生物学和人类学（属于人文科学门类——引者注）到社会科学的连续的链条。这是一个任何一处都不能被打断的链条。如果这个链条被打断了，就是瞎子摸象，只看到局部而看不到整体。”

“三者同时存在”论本来就是一个本体论的命题，它是建立在客观世界演化的“自然历史过程”及其由自然界、人文界、社会界等基本构成门类“通过人的活动”形成的世界整体的基础之上的。马克思在《1844年经济学-哲学手稿》和马克思、恩格斯在《费尔巴哈》等论著中指出：天然自然是“先于人类历史而存在的自然界”，“人本身是自然界的产物，是在一定的自然环境中并且和这个环境一起发展起来的。”“正像社会本身生产作为人的人一样，人也生产社会”，而“在人类社会产生的过程中形成的自然界，才是人的现实的自然界”。并且，“只要有人存在，自然史和人类史就彼此制约”形成为一个有机整体。所以，“整个所谓世界历史不外是人通过人的劳动而诞生的过程，是自然界对人说来的生成过程”[2]88。这就揭示了“自然—人—社会—现实自然”之间形成为一个反馈圆环。这些精辟的论断已经得到现代科学研究成果的证实：世界产生于无。地球出现于46亿年前的一次宇宙大爆炸，随着温度的不断下降，约在35亿年前从原始自然物演化出低等生物，200万年前后开始人猿揖别，大约50万年前后出现人类社会的原初形态。于是，自然界（“物的世界”）、“人的世界”（即人文界）和社会界“从历史的最初时期起，从第一批人出现时，三者就同时存在着，而且就是现在也还在历史上起着作用。”（《费尔巴哈》）因此，在现实活动中，自然科技、人文科技、社会科技“三者就同时存在”与变发着，根本不存在什么“自然科技独自能够解决人类面临的”任何一个难题。

（2）关于科学发展过程中“不同阶段”形成反馈圆环论的解读

马克思主义的全面科技观，除了横向活动中三类科技“同时存在”外，还将科学、技术、生产、生活、科技进步与社会“全面变革”视为纵向发展过程中的“不同阶段”。马克思、恩格斯在论述现实活动中“三者同时存在”时明确地指出：“不应把社会活动的这三个方面看做是三个不同的阶段”。因为“不同的阶段”是异时性的存在。这就是说，在重视自然科学、人文科学、社会科学的“协调和集成”的同时，又要重视科学—技术—生产—生活—社会“不同阶段”的“一体化”发展（并非有人主张的“科学和技术不可合二为一”）。

科学作为“劳动生产力”，既是自然科学、人文科学、社会科学的集成效应，又是科学、技术、生产、生活、社会“一体化”结果的展现。恩格斯 1894 年在《致符·博尔吉乌斯》的信中指出：“如果像您所断言的，技术在很大程度上依赖于科学的状况，那么科学却在更大的程度上依赖于技术的状况和需要……则这种需要就会比十所大学更能把科学推向前进。”在《自然辩证法》中谈到中世纪之后“科学以意想不到的力量一下子重新兴起，并且以神奇的速度发展起来”时又明确地指出：“我们再次把这个奇迹归功于生产”。马克思在《机器·自然力和科学的应用》一文中指出：“自然因素的应用……是同科学作为生产过程的独立因素的发展相一致的。生产过程成了科学的应用，而科学反过来成了生产过程的因素即所谓职能。”在《资本论》中还指出：“劳动生产力是由多种情况决定的，其中包括：劳动者的平均熟练程度，科学的发展水平和它在工艺上应用的程度，生产过程中的社会结合，生产资料的规模和效能，以及纯粹的自然条件。”而且劳动者和生产资料“在彼此分离的情况下只在可能性上是生产因素。凡要进行生产，就必须使它们结合起来。”“实行这种结合的特殊方式和方法”就是自然技术（使人与物、物与物结合）、社会技术（使人与人结合即“社会结合”）和人文技术（使人自身的德、智、能、和、体结合）。马克思、恩格斯在这里不仅指出了科学作为现实的生产力是自然科学、人文科学、社会科学的整合效应，而且强调了“科学的力量”只有通过技术在“生产过程中成为因素”才能得以发挥。

马克思主义认为：在现实活动中，科学、技术、生产、生活也是一体化。马克思在《经济学手稿（1861—1863）》中指出：“自然科学本身的发展也像与生产过程有关的一切知识的发展一样，它本身仍然是在资本主义的生产的基础上进行的。”而且，“随着资本主义生产的扩展，科学因素第一次被有意识的和广泛的发展，应用并体现在生活中，其规模是以往的时代根本想象不到的。”在《1844 年经济学-哲学手稿》中又指出："自然科学却通过工业日益在实践上进入人的生活，改造人的生活，并为人的解放作准备，尽管它不得不直接地完成非人化。工业是自然界同人之间，因而也是自然科学与人之间的现实的历史关系。""自然科学成了真正人的生活的基础"，而人"是社会的活动和社会的享受"，"他的生命表现……也是社会生活的表现和确证"。恩格斯在《反杜林论》中也指出：纯数学与"其他一切科学一样"，都"是从人的需要中产生的"，而且都要"在以后被应用于世界，虽然它是从这个世界得出来的"。因此，产生于生活、生产基础上的科学技术"在实践上进入人的生活，改造人的生活"，并且"是社会生活的表现和确证"，即"生活实践是检验真理的最终判据"[6]。如毒奶粉事件是在生产过程中有人故意加入三聚氰胺，导致食用了毒奶粉的消费者病残、甚至丧命才被揭露出来。其实，所有的产品不能被消费者"享用"或"确证"都只能是更大的浪费或破坏。显然，生产实践并不是检验真理的"唯一标准"。这就深刻地揭示了科学—技术—生产—生活—科学由"人通过人的活动"形成反馈圆环的作用机制。

马克思主义还认为：在现实活动中，科学、技术与社会（人与人之间的关系）也是一体化。恩格斯在《英国工人阶级的状况》一文中指出："英国工人阶级的历史是从十八世纪后半期，从蒸汽机和棉花加工机的发明开始的。大家知道，这些发明推动了产业革命，产业革命同时又引起了市民社会中的全面变革，而它的世界历史意义只是在现在才开始被认识清楚。"马克思在《机器·自然力和科学的应用》中也指出："随着一旦已经发生的、表现为工艺革命的生产力革命，还实现着生产关系的革命。"马克思、恩格斯在许多著作中明确地指出社会革命就是解放生产力，推动科学技术的发展。如恩格斯在《反杜林论》中说："没有奴隶制……就没有希腊文化和科学"。马克思、恩格斯在《共产党宣言》中指出："资产阶级在它的不到一百年的阶级统治所创造的生产力，比过去一切时代创造的全部生产力还要多，还要大。"恩格斯在《自然辩证法》中指出："在这个新的历史时期（指社会主义——引者注）中，人们自身以及他们的活动的一切方面，包括自然科学在内，都将突飞猛进，使以往的一切都大大地相形见绌。"这就深刻地揭示了科技进步与社会"全面变革"通过"人们自身以及他们的活动"形成反馈圆环（"一体化"）的作用机制（见表1）。正如恩格斯在《英国状况十八世纪》一文中指出的，"科学和实践结合的结果就是英国的社会革命。"

自然辩证法界有学者主张科学技术与社会之间的"互动机制"论却是一种典型的"去人化"倾向。其中的"直接互动"论认为"科技与社会是两个相对独立的实体之间的直接互动"，"间接互动"论认为"科学技术通过知识、技术和产品创新，推动经济社会发展"或者"社会通过各种资源的投入作用于科学技术"。自然"科学主义"者还宣扬什么"自然科学技术独自能够解决人类面临的所有难题，是导向人类幸福的唯一有效的工具”。社会科学界有学者还说：“一切社会问题都可以通过自然技术的发展而得到解决”，甚至还认为“通过发展自然科技，消灭私有制、消灭阶级和国家，建立新的共同体”。所有这些观点和观念都是一种“主体空缺”的抽象思维、“去人化”倾向的产物。

表 1　**“科学力量”的纵横向发展平台**

	横向发展（活动） 纵向发展（过程）	自然界	↔	人文界	↔	社会界
		人对自然的关系	↔	人同自身的关系	↔	人与人的关系
	全面科学	自然科学	↔	人文科学	↔	社会科学
	全面技术	自然技术	↔	人文技术	↔	社会技术
	全面技术创新	自然技术创新	↔	人文技术创新	↔	社会技术创新
反馈圆环	全面生产力	自然生产力；物质生产力	↔	个人生产力；精神生产力	↔	集体生产力
	全面生产	物质生产	↔	人自身生产；精神生产	↔	社会关系生产
	全面生活	物质生活	↔	个人生活；精神生活	↔	社会交往生活
	科技与社会“全面变革”	物质生产力变革	↔	人自身全面发展；观念变革	↔	生产关系革命

注：① 这里的“自然界”包括天然自然和人工自然。

② ↔ 表示“人通过人的活动”交互—反馈作用形成为一个“内在的整体”。

如表 1 所示，纵向上的科学—技术—生产—生活—社会—科学之间“通过人们自身以及他们的活动”双向作用形成反馈圆环，并与横向上“同时存在”的自然科学技术、人文科学技术、社会科学技术“通过人的活动”交互—反馈作用形成为一个“科学力量”全面发展的平台。

在这里，笔者对传统的分类原则进行了新的尝试，提出按照世界演化的“自然历史过程”及其基本构成进行分类。这样，无论是科学技术还是生产生活都分为各自的三大基本门类，于是就纠正了传统分类的任意性。如过去的“三产”——第一产业为农业，第二产业为工业，第三产业为服务业，而按照我们的分类原则“一产”为物质生产，“二产”为人文及其精神生产，“三产”为社会关系生产即教育、医疗卫生、金融、信息和中介咨询、餐饮、旅游等社会服务业。“三产”不仅“通过人的劳动”形成一个有机整体，而且每一次生产活动都是“做人”、“处世”、“做事”三者的整合效应。

（3）关于科学整体发展“动—静—动”无限序列论的解读

马克思主义认为：包括科学、技术在内的所有事物都有“动的形式”和“静的形式”两种不同的存在状态（当然还包括以人脑为载体的主观存在状态）。科学技术“活动”（或“过程”）论否认科学技术的“静的形式”是混淆了人的活动与其活动产物之间的本质区别。马克思在批评“霍布斯认为技艺之母是科学”时明确地指出：科学技术是“脑力劳动的产物”。它们一经外化，就与物质产品（“物化的智力”）一样，都是处于相对静止的形态，“表现为静的属性”。马克思在《资本论》中指出：“在劳动过程中，人的活动借助劳动资料使劳动对象发生所要求的变化。过程消失在产品中……在劳动者那里是运动的东西，现在在产品中表现为静的属性。工人织了布，产品就是布。”“先前劳动的产品本身，则作为生产资料进入该劳动过程……所以，产品不仅是劳动过程的结果，同时还是劳动过程的条件。”又说：“在生产过程中，劳动不断由动的形式转为静的形式。例如……纺纱工人的生命力在一小时内的耗费，表现为一定量的棉纱”。马克思就明确地揭示了人的活动与其产物之间的关系和本质区别，即活动的产物是人创造的并已经与人分离的一种“异己的存在物”。因此，马克思在《资本论》中特别告诫“工人要学会把机器和机器的资本主义应用区别开来，从而学会把自己的攻击从物质生产资料本身转向物质生产资料的社会使用形式。”这里的“应用”和“社会使用”都是指人的活动。既然不能把物质生产的产物——一台机器、设备视为“动态过程”，为什么要把“脑力劳动的产物——科学”技术知识认定为与人不能分离的“活动”或“过程中的存在”呢?！爱因斯坦曾经指出：一门科学的“完整的体系是由概念、被认为对这些概念是有效的基本定律，以及用逻辑推理得到的结论这三者所构成的。”显然，作为概念系统的科学、技术知识，不是活动或过程本身。因此，关于科学的发展，根据马克思、恩格斯的论述，大致上包括“科学本身”的发展和“科学在生产上的应用”推动着科学和社会发展两个方面，从而形成“动—静—动”的无限发展序列。

总之，我们认为，在人类历史上，很少有人像马克思恩格斯那样，全面、系统、深刻地论述过人与科学技术的关系问题，这些基本观点和观念在今天仍然具有非常重要的指导意义。但是现在看来，马克思主义的全面科技观仍然有它的时代局限性。如在谈到对科学技术的占有和应用时，更多地局限于社会关系层面，似乎没有突出它造成的生态困境这个全球性问题，也没有提及环境主体进行全球性环境合作治理机制并建立“生态社会主义”（即生态文明的社会形式，但是这里的“生态”仅指自然生态）的主张，尽管他们也提出过“自然报复”和对“现有的整个社会制度实行完全的变革”等。

4. 科学技术哲学是关于全面科技观的理论

如前所述，横向上的自然科技、人文科技、社会科技与纵向过程中的科学、技术、生产、生活、社会由“人通过人的活动”形成一个内在整体。于是，科技哲学就是横向上自然科技哲学、人文科技哲学、社会科技哲学与纵向上科学哲学、技术哲学、生产哲学（包括工程哲学、产业哲学）、生活哲学、科学技术与社会由“人通过人的活动”交互—反馈作用形成一个有机整体（见表2）。我们将其称为“全面科学技术哲学”。

表2　客观世界与全面科技哲学的关系表

	世界的基本构成	自然界	↔	人文界	↔	社会界
	哲学的研究对象	人与自然的关系	↔	人与人文界的关系	↔	人与社会界的关系
	哲学的门类构成	自然哲学	↔	人文哲学	↔	社会哲学
	科学技术的门类构成	自然科技	↔	人文科技	↔	社会科技
	科技哲学的研究对象	人与自然科技的关系	↔	人与人文科技的关系	↔	人与社会科技的关系
	科技哲学的门类构成	自然科技哲学	↔	人文科技哲学	↔	社会科技哲学
纵向上形成反馈圆环	科学哲学	自然科学哲学	↔	人文科学哲学	↔	社会科学哲学
	↕ 技术哲学	自然技术哲学	↔	人文技术哲学	↔	社会技术哲学
	↕ 工程哲学	自然工程哲学	↔	人文工程哲学	↔	社会关系工程哲学
	↕ 产业哲学	物质产业哲学	↔	精神(人文)产业哲学	↔	社会关系产业哲学
	↕ 生活哲学	物质生活哲学	↔	个人生活哲学； 精神生活哲学	↔	社会交往生活哲学
	↕ 科技与社会	自然科技与社会	↔	人文科技与社会	↔	社会科技与社会
	↕ “全面发展”目标	经济全面繁荣； 人与自然和谐	↔	人的全面发展； 人同自身和谐	↔	社会全面进步； 人与社会和谐

注：① 这里的“自然界”包括天然自然和人工自然。

② ↔ 表示“人通过人的活动”交互—反馈作用形成为一个“内在的整体”。

科技哲学是关于全面科技观的理论，而科技观是关于人与全面科技之间关系的总体看法和根本观点（哲学上定义“世界观是关于人与世界的关系的理论”）。具体来说，是关于横向上人与自然科技、人文科技、社会科技之间关系和纵向上人与科学、技术、生产、生活、社会不同阶段之间关系的总和。显然，只研究自然观、自然科技观、自然科技与社会之关系的自然辩证法或自然科技哲学不是马克思主义哲学的分支学科，而只是全面科技哲学的一个门类。

如表2所示，按照马克思“全面生产”理论，关于全面科技与全面生活之间关系的“全面生活哲学”是横向上的物质生活哲学、个人生活哲学和精神文化生活哲学、社会交往生活哲学（包括家庭生活哲学、集体生活哲学、虚拟生活哲学、政治生活哲学等）与纵向上的幼童年生活哲学、青年生活哲学、中年生活哲学、老年生活哲学由“人通过人的活动”交互—反馈作用形成为一个整体。生活哲学还要研究全面科技与生活方式（包括劳动方式、消费方式、社会交往方式、道德价值观念等）之间的关系问题。因为生活指人的全部活动及其方式。这里的“全部”既指横向上的物质生活、个人生活、精神文化生活和社会交往生活（包括家庭生活、集体生活、虚拟生活、政治生活等），又指纵向（即人的一生）上的幼童年生活、青年生活、中年生活、老年生活，而且各个年龄段“人的生活”之间也会发生相互影响，特别是在一个单位、社区或国家，各个年龄段“人的生活”相互作用形成一个反馈圆环。因此，构建全面生活哲学并积极开展研发工作，必将沟通全面科技哲学与“生产生活”之间的紧密关系并产生重大的、根本性的影响，也是科技哲学界“实践科学发展观”，坚持以人为本、为民服务，“促进经济社会和人的全面发展”的必然要求。

我们认为：从本质上来讲，哲学就是人学，科技哲学也就是科技活动中的人学或科技与“生产生活”关系中的人学。而自然辩证法或自然科技哲学撇开人、撇开“人的生活”（即活动），只研究与人无关的“自然界和自然科技的发展规律”，显然是一种典型的“去人化”倾向。

5. 学习实践“科学发展观”，要求构建“全面科技哲学”

下面从两方面讨论这个问题。

从横向来说，“科学发展观”是“坚持以人为本，促进经济（属于自然领域——引者注）、社会和人的全面发展”。我们认为，这就是马克思在《1844 年经济学-哲学手稿》一文中说的，“通过人并且为了人而对人的本质的真正占有……这种共产主义……是人和自然界之间、人和人之间的矛盾的真正解决，是……个体和类（即人与自我——引者注）之间的斗争的真正解决。”这样，就将根本途径（“通过人”）、目的（“为了人”）与发展目标（“三大矛盾”的逐步解决或“经济、社会和人的全面发展”）融为一体。2004 年 6 月 3 日，胡锦涛《在两院院士大会上的讲话》中明确地指出：“落实科学发展观是一项系统工程，不仅涉及经济社会发展的方方面面，而且涉及经济活动、社会活动和自然界的复杂关系，涉及人与经济社会环境、自然环境的相互作用……”，因此，“要把自然科学、人文科学、社会科学等方方面面的知识、方法、手段协调和集成起来”。这是中央领导在提出“经济、社会和人的全面发展”（即“三者同时存在”与变发）的奋斗目标之后，第一次明确地提出“人文科学的知识、方法、手段”，即人文科学技术概念，第一次揭示实现“全面发展”目标与三类科学技术“集成”之间的关系。同时也隐含着实践“科学发展观”与构建全面科技哲学之间的关系（见图 2）。

如图 2 所示，以人为出发点，主体（人）通过运用科学技术哲学思想，促进科学技术的集成和发展，实现“全面发展”目标，最终落脚到人的存发这个根本点上。于是，全面科技哲学与实践“科学发展观”之间在外部环境（自然环境、人文

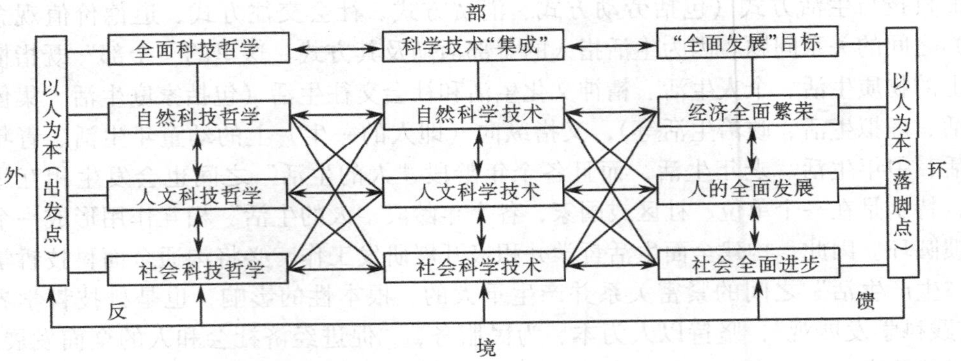

图 2　全面科技哲学与实践"科学发展观"之间横向关系示意图

注：⟷ 表示由"人通过人的活动"形成为主导多维的整合效应。

环境、社会环境的集成效应）条件下，由"人通过人的活动"，形成一个反馈圆环。

从纵向来说，"科学哲学—技术哲学—生产哲学（包括工程哲学和产业哲学）—生活哲学—全面科技与社会"与"全面发展"目标"通过人的活动"形成一个反馈圆环（见表 2）。因此，开展全面科技哲学的研究必须在"以人为本"的"科学发展观"指导下进行，运用源于全面科技活动的全面科技哲学研究成果，有力地"促进经济、社会和人的全面发展"；"实践科学发展观"要求构建全面科技哲学。然而，自然辩证法或自然科技哲学的教材和讲授中没有坚持以人为本，甚至只谈"人是自然存在物"，而没有同时指出"个人是社会存在物"，"人等于自我意识"和人"有意识的生命活动把人同动物的生命活动直接区别开来"，这样就将人视为一般动物了。

关于全面科技哲学与实践"科学发展观"之间的关系问题，我们在《人·科技·科技哲学》（2006 年）一文中提出："全面科技哲学应该是以人为中心的全面科技观的理论"。在今年 7 月为出版我的论文集写的《前言》中又提出"做学问要坚持以人为本、为民服务"的原则，即"做学问的人除'坚持以人为本'之外，还要坚持为民服务，反映老百姓的呼声、维护老百姓的利益，让学术界成为舆论监督的一部分。"同时，还认为"改革本来就是调动积极性，激发创造性，当前的开放改革、思想解放应该集中在还权于民、还民主于民、还利于民（特别是真切关爱弱势群体）和取信于民，以充分调动和发挥人的积极性、创造性、最大潜能这个根本问题上"。总之，"以人为本"、为民服务，一切要着眼于调动广大人民群众的积极性。显然，自然辩证法或自然科技哲学由于其内涵和内容的缺失，只是"以物（自然）为中心"，难以实现"为国服务"的目标和要求。

恩格斯在《共产主义原理》一文中指出：由资本主义社会的"片面发展"过渡

到“共产主义联合体”的“全面发展”，“将是废除私有制的最主要的结果”。当今的中国正处在这样一个迈向“全面发展”的新时代。在此，我再次呼吁同仁们为中国创建“全面科技哲学”这个具有“全面发展”时代特色的新型学科作出应有的贡献。谢谢!!

参考文献

[1] 黄顺基. 自然辩证法概论［M］. 北京：高等教育出版社，2004.
[2] 马克思. 1844 年经济学-哲学手稿［M］. 北京：人民出版社，1985.
[3] 孙正聿. 怎样理解作为世界观理论的哲学［J］. 哲学研究，2001（1）：6-7.
[4] 爱因斯坦. 爱因斯坦文集：第 3 卷［M］. 北京：商务印书馆，1979.
[5] 陈文化，陈晓丽. 关于可持续发展内涵的思考［J］. 科学技术与辩证法，1999（2）：1-5.
[6] 谈利兵，陈文化. 实践检验是一个由多环节构成的有序过程［J］. 湖南行政学院学报，2004（5）：83-88.

二、科学技术哲学的研究对象：人与科技的关系问题

（2008年9月）

自然辩证法或自然科技哲学的研究对象是什么呢？一般人认为："自然辩证法的研究对象是自然界发展和自然科学技术发展的一般规律，人类认识和改造自然的一般方法以及科学技术在社会发展中的作用。"（自然）"科学技术哲学是关于科学技术的哲学"或"是对科学技术的系统哲学反思"。"科学技术哲学以科学技术为研究对象，是对科学技术的哲学思考。"我们认为：科学技术哲学的研究对象是人与科学技术的关系问题，不是"自然界"或"自然科学技术"本身[1]175-180。

第一，认识对象本身具有客观性和主体性的双重属性。马克思在《关于费尔巴哈的提纲》中明确地指出："从前的一切唯物主义（包括费尔巴哈的唯物主义）的主要缺点是：对事物（新版本的译文已经改为"对象"——引者注）、现实、感性，只是从客体的或直观的形式去理解，而不是把它们当作人的感性活动，当作实践去理解，不是从主体方面去理解。"[2]16把对象"当作实践去理解，从主体方面去理解"，就是把对象作为实践活动的对象、产物和结果去理解，作为人的对象性存在去理解。这样，马克思主义哲学就以人与世界的关系实在论超越了旧哲学的物质实体论。

马克思批评从前的一切唯物主义的活动（当然是人的目的性行为）对象，"只是从客体的或直观的形式去理解，不是从主体方面去理解"，显然是认为对象具有客观性和主体性的双重属性。因为实践对象是人与世界之关系中的客体，而不是"世界"本身，实践中的客体是与实践主体同时产生的，即主体对客观世界经过选择和建构而形成为客体，即研究对象的哪些方面、内容、路径和所使用的方式手段都是主体根据对象的具体情况和主体的需要选定的，认识主体也不是一块白板似地接受外部感性材料，而是以内在的思维结构和实践需要有选择地捕捉信息，能动地建构知识。而传统认识论将认识对象视为"独立于人的外部世界"或"与人无关的客观世界"，混淆了"客观世界"或"外部世界"与客体对象之间的本质区别。

第二，马克思主义哲学的研究对象或基本问题是"思维和存在的关系问题"，即人与世界的关系问题。恩格斯指出："全部哲学，特别是近代哲学的重大的基本问题，是思维和存在的关系问题"[3]219，也就是人与世界的关系问题。哲学的基本问题就是人把自己同世界的"关系"作为对象而进行"反思"，既要反思人对世界的认识问题，又要反思人对人与世界关系的协调发展，还要反思人的存在与发展问题。也就是说，哲学不是人站在"世界"之外来"揭示"世界的"一般规律"。

我国关于哲学的认识，逐步“回到马克思”。什么是哲学？曾经公认的定义是：“人们对于整个世界（自然界、社会和思维）的根本观点的体系”（《辞海》，上海辞书出版社，1989年版）。由李秀林等主编的《辩证唯物主义和历史唯物主义原理》（1997年版）认为：哲学“是以总体方式把握世界以及人和世界关系的理论体系”，仍然将“把握世界”视为哲学的研究对象之一。前些年，由肖前主编的《马克思主义哲学的原理》中改为：“哲学就是从总体上教导人们善于处理和驾驭自己同外部世界的关系的学问”。显然，后者符合恩格斯关于“哲学，特别是近代哲学的重大的基本问题”的论断。恩格斯还指出“思维和存在的关系问题”，在近代哲学中，“才被十分清楚地提了出来，才获得完全的意义”，而古代哲学是离开“思维和存在的关系问题”，直接地“断言”世界的存在。我国在20世纪90年代之前，一直将哲学表述为“关于整个世界的普遍规律的理论”。近几年来，哲学界提出“哲学是关于世界观的理论”。不过对这个命题要有正确的理解：一是整个世界是由自然界、人文界和社会界构成，而不是“由自然、社会和思维构成”，岂能用“思维”取代人（类）呢?！因为“动物也有思维”（马克思语）；二是“所谓世界观理论”，究竟是“观”世界而形成的关于“整个世界”的理论，还是“揭示”和“反思”人同世界的矛盾而形成的关于人与世界相互关系的理论呢？前者就不是以“思维和存在的关系问题”作为哲学的重大的基本问题，而是以“世界”本身及其运动规律作为哲学的研究对象和“基本问题”。所以，“作为哲学的‘世界观理论’，它不是直接地断言‘世界’的理论，而是‘揭示’和‘反思’人的思维把握和解释世界的‘矛盾’的理论，是推进人对自己与世界的相互关系的理解和协调的理论。”[4]哲学研究对象的这种变化，是“回到马克思”，也是对当今时代特点的新概括。

第三，科学技术哲学的研究对象是人与科学技术的关系问题。科学技术“作为社会发展的一般精神成果”或“脑力劳动的产物”，一经外化，就是“一种异己的存在物”。正如马克思在《1844年经济学-哲学手稿》中指出的：“脑力劳动的产物——科学”如同物质劳动的产品一样，“作为一种异己的存在物，作为不依赖于生产者的力量，同劳动相对立”。它们作为“生产力表现为一种完全不依赖于各个个人并与他们分离的东西，它是与各个个人同时存在的特殊世界。”[2]73法国的哲学家K. 波普尔在《没有认识主体的认识论》中指出：“思想的客观内容的世界”（“世界3”），即“客观意义的知识是没有认识者的知识，也即没有认识主体的知识。”而这种“客观意义”的科学技术知识，经过主体的选择与建构成为科技哲学的研究对象时，就具有客观性和主体性了。科技哲学既要研究、反思人对科学技术及其纵向发展过程的认识问题，又要反思、研究人对自己与科学技术之间关系的评价问题，还要反思、研究人自身的存在和发展问题，从而推进人与自然、人（类）社会和人与自我相互关系的理解和协调。因此，科学技术哲学实际上是以“科学技术实践”为研究对象，因为人与科技的关系问题只会存在于科学技术实践（即人与自我、人与社会、人与自然“三者同时存在”与变发的集成效应）之中。也就是说，科学技术哲学研究的最终目标，不仅仅是“认识科学技术”、“改进技术”，而是协调人与科学技术的关系，促进实现“自然—人—社会”之间的全面、和谐、科学的可续发展。

第四，科学技术哲学研究人与科学技术的关系问题，必然地要和人与自我之间、人与人之间、人与自然之间的关系具体地联系在一起。马克思指出：自然界和人的同一性也表现在：“人们对自然界的狭隘的关系制约着他们之间的狭隘的关系，而他们之间的狭隘的关系又制约着他们对自然界的狭隘的关系。”[2]35因为在实践中，“他们”、“他们之间的关系”、“他们同自然界的关系”“三者是同时存在着的”[2]362。显然，脱离人与人之间的关系来谈论人对自然界的关系、脱离人来谈论科学技术、脱离全面科学技术来谈论实践活动都是不现实的，而那种“被抽象地孤立地理解的、被固定为与人分离的自然界，对人说来也是无。”[5]178同样地，“被固定为与人分离的”、与社会（人与人之间关系）分离的科学技术，只是一种抽象思维。因为以“科学技术本身”为研究对象的“科学技术的哲学”无法解脱旧哲学“解释世界”（认识）的怪圈，而与“改变世界”（实践）的马克思主义哲学相距甚远。

第五，长期以来，自然科学技术及其哲学只研究“自然”、“自然科学技术”本身，忽视了研究人和人与外部世界（含科学技术）的关系问题，造成人与自然、人与科学技术、人与社会、人与自身的对立和对抗，直接威胁着包括人类在内的一切生物的存在与发展，并导致人类社会的不可续发展。爱因斯坦指出：“如果想使自己一生的工作有益于人类，那么，只懂得应用科学本身是不够的。关心人的本身，应该始终成为一切技术上奋斗的主要目标；关心怎样组织人的劳动和产品分配（均属于社会关系范畴——引者注）这样一些尚未解决的重大问题，用以保证我们科学思想的成果造福于人类，而不致成为祸害。”[6]73孤立地研究“自然”、“科学技术”而不是人与自然、人与科学技术、人与社会、人与自身等关系中的“自然”、“科学技术”，由此带来了自然危机、社会危机和人类自身的危机。从根本上来说，这种自然危机、社会危机多数是由于人类自身、特别是自我危机以及由此产生的与外部世界之间的不协调造成的[7]。无数事实也表明：人为灾害所造成的破坏远远大于自然灾害，而且消除人为灾害所付出的代价更大。同时，由于人的价值观念和思维方式不当而不能正确地运用科学技术，常常是造成人为灾害的主要原因，又往往是引发自然灾害或社会危机的重要原因之一。科学技术是认识和处理人与自然、人与社会、人与自我或“人同自身”（马克思语）之间关系的中介手段，而人与科学技术的关系在很大程度上影响和制约着人与自然、人与社会和人与自我的关系。因此，从人类如何实现人与外部世界的协调发展的角度去研究科学技术问题，比孤立地研究科学技术本身更为重要。其实，前者是后者的唯一目标；否则，就是“为了研究而研究”。

第六，研究人与科学技术的关系还是研究科学技术本身，是科学技术哲学与科学技术学的本质区别。科技哲学以人与科技的关系问题作为其研究对象，就要研究人与科学技术之间的主客关系、认识关系、实践关系和价值关系，以及科学—技术—社会（包括生产和生活）之间的关系等。而以科学技术为研究对象的科学技术学，主要研究“科学技术本身”的一般性质、特点、功能、结构，以及它产生和发展的一般规律等。如自然科学学的创始人之一、英国物理学家贝尔纳在《科学的社会功能》名著中认为：自然科学学是把自然科学当作一种社会现象来研究的学科，其研究内容包括：① 自然科学在社会历史发展中的地位和作用；② 从总体上研究现代自然科学知识体系，揭示自然科学的发展规律；③ 自然科学的社会形成过程；④ 确定自然科技发展的具体任务和途径，对科研活动实行最好的管理，争取最优的成果；⑤ 研究形成完整的自然科学教育系统。显然，科学技术学预设了科学技术是外在于人的、“异己存在”的知识体系。其实，这些预设是一种虚构，因为科技学的活动是人的目的性行为。因此，科技哲学与科技学是学科性质和内容完全不同的两门学科。

第七，研究对象是物质实体，还是关系实在，已经成为科学技术是否具有当代性的一个重要判据。相对论和量子力学相对于近代的经典力学来讲，研究对象就是以关系实在取代物质实体，在自然科学领域开创了以阐明实在之关系依赖性来消解“实体”的任何绝对化解释之先河。相对论的质速关系和质能关系揭示出质量、能量是相对的，“性质本身就是客观实在”。质量作为速度的函数，相对于不同的参照系，就有不同的值。质量与能量之间的相互转化，微观领域中普遍存在的正反粒子对的湮灭和产生现象，就是实物转化为辐射，实物（如电子）的质量转化为光子的能量。同时，人与自然界的关系作为自然科学技术的研究对象，存在于同变革它的人类之间的历史关系中，“属人的世界”只存在于人类的创造性活动即实践之中。于是，物理实在必然地与认识条件相联系，并构成一个统一的整体，其认识论模式则为客体—认识条件—主体。“认识条件”的介入，并参与物理实在和观念客体的形成，这是同主客体分离的传统认识论模式的本质区别。因此，物质概念（观念）由古代的物质（即质粒）到近代的形而上学的物质实体观，再到现当代的关系实在论（即“物质非物质化”），这种逻辑顺序是肯定—否定—否定之否定普遍演变规律的具体体现。

其实，马克思、恩格斯早就基于关系实在论，明确地定义：自然科学和工业（即物质生产）是“人对自然界的理论关系和实践关系”[8]191。自然技术是“人对自然的活动方式”或“能动关系”。“关于人的科学本身是人在实践上的自我实现的产物”，即马克思称谓的“人文科学”[9]374。社会科学“研究的不是物，而是研究人与人之间的关系”[10]123。据此，我们认为：科学技术是关于人对世界（自然界、人文界、社会界）的理论关系和活动方式。

综上所述，作为哲学的分支学科的科学技术哲学，仍然定义为“关于科学技术的哲学”或自然辩证法是关于“自然界发展和自然科学技术发展的一般规律”的学科，显然是落后于时代之举。我们认为：科学技术哲学是从总体上研究人与科技关系的科技观理论，它既要从人与科技的总体关系中去把握人与自然的关系（自然科技）、人与人的关系（社会科技）和人与自我的关系（人文科技），又要研究并把握人与科学、技术、社会（包括生产和生活）之间的关系问题。我们将“关系”作为其研究对象，实际上是将“科技实践”视为对象。犹如人的身体是一个世界，要将它理解为身体的活动和活动的身体。人的身体与物打交道，形成了人与自然的关系；与他人打交道，形成了人与社会的关系；与自身打交道，形成了人与自我的关系。并且，在现实活动中，三者始终是融为一体的。因此，科学技术哲学是关于全面科技观的理论。我们再次建议：应以人文科技为主导、自然科技和社会科技为两翼及其纵向发展过程，重新构建全面科学技术哲学的体系框架，以适应新时代文明之要求[11]。

参考文献

［1］ 陈文化．技术哲学的研究对象：技术还是人与技术的关系问题［C］//中国自然辩证法研究会．中国自然辩证法研究会第五届全国代表大会文献汇编：新世纪·新使命·新课题，2001.

［2］ 马克思，恩格斯．马克思恩格斯选集：第1卷［M］．北京：人民出版社，1972.

［3］ 马克思，恩格斯．马克思恩格斯选集：第4卷［M］．北京：人民出版社，1972.

［4］ 孙正聿．怎样理解作为世界观理论的哲学？［J］．哲学研究，2001（1）：6-7.

［5］ 马克思，恩格斯．马克思恩格斯全集：第42卷［M］．北京：人民出版社，1979.

［6］ 爱因斯坦．爱因斯坦文集：第3卷［M］．北京：商务印书馆，1979.

［7］ 陈文化，陈晓丽．关于可持续发展内涵的思考［J］．科学技术与辩证法，1999（2）：1-5.

［8］ 马克思，恩格斯．马克思恩格斯全集：第2卷［M］．北京：人民出版社，1979.

［9］ 马克思．资本论［M］．北京：中国社会科学出版社，1983.

［10］　马克思．1844年经济学-哲学手稿［M］．北京：人民出版社，1985．
［11］　陈文化，谈利兵．关于21世纪技术哲学研究的几点思考［J］．华南理工大学学报：社会科学版，2001（2）：23-26．

三、论马克思主义的全面科技观

（2008 年 8 月）

长期以来，我国很少提及马克思主义的科技观问题。最近，在一次“研讨马克思科学观”的会议上，自然辩证法界的一些学者认为：“马克思关于科学的思想只是一种萌芽状态的原生态，尚未展现出抽象统一的理论基础和清晰的体系结构轮廓”，“用人文观点来看待科学在马克思著作中有所提及”，甚至还有人发问：“马克思是否有科学思想？”传统的科技观即“唯一的自然科学技术”观仍然禁锢着人们的思想观念。在国际上，三类科技文化分裂和对抗是当前人类社会面临的一个突出的文化困境，并成为一个“世界性难题”。在国内，自然科技界有人公开宣称：“科学技术仅仅指自然科学技术，人文允许（甚至鼓励）胡说。”“自然科学技术是唯一正确的知识，它独自能够解决人类面临的所有难题，是导向人类幸福的唯一有效的工具。”[1]还有人认为：“科学和技术不可合二为一”。哲学界有学者说：按照马克思的意向，要实现个人的解放，“根本的路径即是发展自然科学技术”，并“通过发展自然科技，消灭私有制、消灭阶级和国家，建立新的共同体。”[2]这些观念和观点是对马克思主义的全面科技观和解放理论的曲解。

马克思、恩格斯严厉地批驳过这种传统的科技观。他们在《德意志意识形态》一文中批评圣麦克斯“关于‘唯一的’自然科学”的“狂言是多么荒诞的胡说”，“因为在他那里……世界立刻就变为自然”。马克思也提出过全面的科学技术观，并明确地界定过“科学力量”的全面含义。他在《政治经济学批判大纲（草稿）》中指出：“在这些生产力里面也包括科学在内”。“社会的劳动生产力作为资本所固有的属性而体现在固定资本里面；既是科学的力量，又是在生产过程内部联合起来的社会力量，最后还是从直接劳动转移到机器、转移到死的生产力上面的技巧。”“所谓科学力量，不仅指它自身，而且还包括为生产所占有的、甚至已经实现于生产中的科学力量”，并且“科学力量只有通过机械的运用才能被占有”。这就明确无误地揭示出“科学力量”在横纵两方面的展现。因此，我们认为：马克思主义的全面科学技术观是由现实活动中三大门类科技“同时存在”与变发论、科学发展过程“不同阶段”形成反馈圆环论，以及“动—静—动”无限发展论，由“人通过人的活动”交互—反馈作用形成为一个整体。这是对马克思主义科技观的新发觉、新表述。本文对它展开一些初步探讨，以促进学习实践马克思主义的全面科学技术观。

1. 关于活动中三大门类科技“同时存在”与变发论的解读

马克思、恩格斯明确地定义：自然科学和工业（即物质生产）是“人对自然界的理论关系和实践关系"[3]191。自然技术是"人对自然的活动方式"或"能动关系"[4]374。"关于人的科学本身是人在实践上的自我实现的产物"[5]107，即马克思称谓的"人文科学"。社会科学"研究的不是物，而是研究人与人之间的关系"[6]123。据此，我们认为：科学技术是关于人对世界（自然界、人文界、社会界）的理论关系和活动方式。

马克思主义认为：三大门类科技在现实活动中是"同时存在"与变发着的。马克思、恩格斯在阐述"全面发展"、"全面生产"、"全部生产力总和"理论时明确地指出："人对自然界的关系"、"他们自己"、"他们之间的关系"，在现实活动中"三者就同时存在着"。马克思指出："人们在生产中不仅仅同自然界发生关系。他们如果不以一定方式结合起来共同活动和互相交换其活动，便不能进行生产。为了进行生产，人们便发生一定的联系和关系；只有在这些社会联系和社会关系的范围内，才会有他们同自然界的关系，才会有生产。"[7]362他们在《费尔巴哈》一文中论述"全面生产"——"自然产生的工具"和"文明创造的工具"，即"物质生产"（属于自然界）、人自身"生命的生产"及其素质的提高和"精神生产"（属于人文界）、"社会关系生产"或"交往形式本身的生产"（属于社会界）是生产活动中的"三个方面"或"三个因素"，并且"从历史的最初时期起，从第一批人出现时，三者就同时存在着"[7]34。因为每一个现实的活动都是生活（存）于人与人相结合的社会联系和社会关系中的个人"对自然界的关系"（物质生产），或者是生存于人与自然关系中的个人"对社会界的关系"（社会关系生产），或者是生存于自然—社会环境中的个人"同自身的关系"（人自身的生产和精神生产）。其实，马克思、恩格斯早就说过：从事现实活动中的人们所产生的思想、理论、观念，"是关于他们同自然界的关系，或者是关于他们之间的关系，或者是关于他们自己的肉体组织的观念。"[7]36显然，这里的"关于他们同自然界的关系"或"人对自然界的理论关系"指自然科学，"关于他们之间的关系"指社会科学，"关于他们自己"的观念指人文科学，即"关于人本身的科学"。因此，马克思主义的科学技术就是指包括自然科学技术在内的"一切科学"技术。马克思在《政治经济学批判大纲（草稿）》一文中明确地指出：随着大工业的发展，现实财富的创造"取决于一般的科学水平和技术进步或者说取决于科学在生产上的应用。（这种科学，特别是自然科学以及和它有关的其他一切科学的发展，又和物质生产的发展相适应。）"

马克思明确地阐述过三大门类科学之间的关系。他在《1861—1863年经济学手稿》一文中明确地指出："自然科学是一切知识的基础"。又说："自然科学……将成为人的科学①的基础，正像它现在已经——尽管以异化的形式——成了真正人的生活的基础一样。”因此，“自然科学往后将包括关于人的科学，正像关于人的科学包括自然科学一样：这将是一门科学。”[5]85显然，“一门科学”论与三大门类科学“同时存在”论是完全一致的。大概是基于此，胡锦涛明确地指出：“落实科学发展观是一项系统工程……要把自然科学、人文科学、社会科学等方方面面的知识、方法、手段协调和集成起来”[8]。这是党中央领导第一次提出“人文科学的知识、方法、手段”，即人文科学技术概念，第一次提出将自然科学技术、人文科学技术、社会科学技术“协调和集成”为“科学技术的整体”。这是一种全新的科学技术观[9]。德国著名的物理学家普朗克在《世界物理图像的统一性》一书中也明确地指出：“科学是内在的整体。它被分割为单独的部门不是取决于事物的本质，而是取决于人类认识的局限性。实际上存在着从物理学到化学、通过生物学和人类学（属于人文科学门类——引者注）到社会科学的连续的链条。这是一个任何一处都不能被打断的链条。如果这个链条被打断了，就是瞎子摸象，只看到局部而看不到整体。”无论是自然科学，还是人文科学或社会科学，作为客观知识（“世界3”），都是人类精神活动的产物，它一经外化，就脱离了主体（人）而独立地存在于物质载体上。正如马克思指出的，“脑力劳动的产物——科学”如同物质劳动的产品一样，“作为一种异己的存在物，作为不依赖于生产者的力量，同劳动相对立。”[5]48这就是说，科学技术知识是科学技术研究活动（过程）的结果，而不仅仅是“过程中存在”，更不是“活动”（过程）本身。但是，人的每一个现实的活动都是人文科技（“做人”）、社会科技（“处世”）与自然科技（“做事”）交互作用的过程和整合效应，而不仅仅是“自然科技的独自存在”。即一个从事现实活动的人，不可能只有自然科技知识，或者只有人文科技知识，或者只有社会科技知识，而是“三者同时存在”并融汇于一身基础上的某种（些）突出展现（见图1）[9]。大概是基于“三者同时存在”论，在“科学发展观”中明确地指出：“坚持以人为本，促进经济（指自然领域——引者注）社会和人的全面发展”。

“三者同时存在”论本来就是一个本体论的命题，它是建立在客观世界演化的“自然历史过程”及其由自然界、人文界、社会界等基本构成要素“通过人的活动”而形成的世界整体的基础之上的。马克思在《1844年经济学-哲学手稿》和马克思、恩格斯在《费尔巴哈》等论著中指出：天然自然是“先于人类历史而存在的自然界”，“人本身是自然界的产物，是在一定的自然环境中并且和这个环境一起发展起

---

① “关于人的科学”，我们认为应该理解为：关于人本身的科学，即人文科学和关于人与人之间关系的科学，即社会科学。人文科学是研究“人同自身的关系”，它与社会科学既是不同的，又是紧密联系的。因为“人同自身的关系只有通过他同他人的关系，才成为对他说来是对象性的、现实的关系。”[5]56

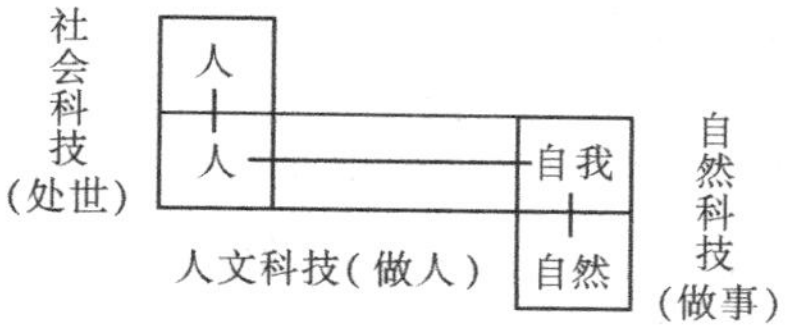

图1　现实活动中“三类科技”融为一体图示

来的。”“正像社会本身生产作为人的人一样，人也生产社会”，而“在人类社会产生的过程中形成的自然界，才是人的现实的自然界”。并且，“只要有人存在，自然史和人类史①就彼此制约”而形成为一个有机整体，即“人通过人的劳动”形成一个“自然—人—社会—（现实）自然”的反馈圆环。所以，“在社会主义的人看来，整个所谓世界历史不外是人通过人的劳动而诞生的过程，是自然界对人说来的生成过程”。[5]88这些精辟的论断已经得到现代科学研究成果的证实：世界产生于无。地球出现于46亿年前的一次宇宙大爆炸；随着温度的不断下降，约在35亿年前从原始自然物演化出低等生物；200万年前后开始人猿揖别；大约50万年前后出现人类社会的原初形态。于是，自然界（“物的世界”）、“人的世界”（即人文界）和社会界“从历史的最初时期起，从第一批人出现时，三者就同时存在着，而且就是现在也还在历史上起着作用。”[7]34这就是三大门类科技在现实活动中“同时存在”论的客观基础。否认这个基础，就是唯心主义和还原论。马克思、恩格斯在《德意志意识形态》一文中批评圣麦克斯“关于‘唯一的’自然科学”的“狂言是多么荒诞的胡说”，“因为在他那里……世界立刻就变为自然。”显然，认为“科学技术仅仅指自然科学技术”的传统科技观是视“世界即自然界”，或者是将“人的世界”和社会界还原为“天然的自然界”，即“无人的自然界”。同时，“自然科学是一切知识的基础”，但自然科学既不是“唯一的知识”，也不是“一切知识”，犹如物质生产是一切生产形式的基础，而不是唯一的生产形式一样。

2. 关于科学发展过程中“不同阶段”形成反馈圆环论的解读

马克思主义的全面科技观除了横向活动中三类科技“同时存在”外，还将科学、技术、生产视为纵向发展过程中的“不同阶段”。马克思、恩格斯在论述现实活动中“三者同时存在”时明确地指出：“不应把社会活动的这三个方面看做是三个不同的阶段”[7]34。因为“不同阶段”是指纵向发展过程中的阶段性，即异时性的存在。这就是说，在重视自然科学、人文科学、社会科学“协调和集成”的同时，又要重视科学—技术—生产的“一体化”发展（并非有的院士主张的“科学和技术

① 马克思在《1844年经济学-哲学手稿》中指出：“自然史即自然界生成为人这一过程的一个现实部分”，“人类史即人类社会的产生过程”。[5]85

不可合二为一")。科学作为现实生产力或"劳动生产力",既是自然科学、人文科学、社会科学的集成效应,又是科学—技术—生产"一体化"结果的展现。其实,马克思明确地界定过"科学力量"的全面含义。他在《政治经济学批判大纲(草稿)》中指出:"社会的劳动生产力……既是科学的力量,又是在生产过程内部联合起来的社会力量,最后还是从直接劳动转移到机器、转移到死的生产力上面的技巧。""所谓科学力量,不仅指它自身,而且还包括为生产所占有的、甚至已经实现于生产中的科学力量",并且"科学力量只有通过机械的运用才能被占有"。在《机器·自然力和科学的应用》一文中又指出:"自然因素的应用……是同科学作为生产过程的独立因素的发展相一致的。生产过程成了科学的应用,而科学反过来成了生产过程的因素即所谓职能。"在《资本论》中还指出:"劳动生产力是由多种情况决定的,其中包括:劳动者的平均熟练程度,科学的发展水平和它在工艺上应用的程度,生产过程中的社会结合,生产资料的规模和效能,以及纯粹的自然条件。"而且劳动者和生产资料"在彼此分离的情况下只在可能性上是生产因素。凡要进行生产,就必须使它们结合起来。""实行这种结合的特殊方式和方法"就是自然技术(使人与物和物与物结合)、社会技术(使人与人结合即"社会结合"或"联合起来的社会力量")和人文技术(使人自身的德、智、能、和、体结合)。马克思在这里不仅指出了科学作为现实的生产力是自然科学、人文科学、社会科学的整合效应,而且强调了"科学的力量"只有通过技术在"生产过程中成为因素",才能得以发挥。因此,恩格斯在《卡尔·马克思的葬仪》悼词中指出:"在马克思看来,科学是一种在历史上起着推动作用的、革命的力量。"同时,马克思、恩格斯又强调指出:生产对科学发展的"推动"、"决定"作用。恩格斯1894年在《致符·博尔吉乌斯的信》中指出:"如果像您所断言的,技术在很大程度上依赖于科学的状况,那么科学却在更大的程度上依赖于技术的状况和需要……这种需要就会比十所大学更能把科学推向前进。"在《自然辩证法》中指出:"科学的发生和发展一开始就是由生产决定的"。在谈到中世纪之后"科学以意想不到的力量一下子重新兴起,并且以神奇的速度发展起来"时,又明确地指出:"我们再次把这个奇迹归功于生产"。

马克思主义认为:在现实活动中,不仅是科学—技术—生产的一体化,而且是科学—技术—生产—生活的一体化。马克思在《经济学手稿(1861—1863)》中指出:"自然科学本身的发展也像与生产过程有关的一切知识的发展一样,它本身仍然是在资本主义的生产的基础上进行的。"而且,随着资本主义生产的扩展,科学因素第一次被有意识地和广泛地加以发展,应用并体现在生活中,其规模是以往的时代根本想象不到的。在《1844年经济学-哲学手稿》中又指出:"自然科学通过工业日益在实践上进入人的生活,改造人的生活,并为人的解放做准备,尽管它不得不直接地完成非人化。工业是自然界同人之间,因而也是自然科学与人之间的现实的历史关系。”恩格斯在《反杜林论》中也指出：纯数学与“其他一切科学一样”，都“是从人的需要中产生的”，而且都要“在以后被应用于世界，虽然它是从这个世界得出来的”。这就深刻地揭示了科学—技术—生产—生活—科学由“人通过人的活动”形成反馈圆环的作用机制。

马克思主义还认为：在现实活动中，科学、技术与社会（人与人之间的关系）也是一体化。恩格斯在《英国工人阶级的状况》一文中指出：“英国工人阶级的历史是从十八世纪后半期，从蒸汽机和棉花加工机的发明开始的。大家知道，这些发明推动了产业革命，产业革命同时又引起了市民社会中的全面变革，而它的世界历史意义只是在现在才开始被认识清楚。”马克思在《机器·自然力和科学的应用》中也指出：“随着一旦已经发生的、表现为工艺革命的生产力革命，还实现着生产关系的革命。”马克思、恩格斯在许多著作中明确地指出社会革命就是解放生产力，推动着科学技术的发展。如恩格斯在《反杜林论》中说：“没有奴隶制……就没有希腊文化和科学”。马克思、恩格斯在《共产党宣言》中指出：“资产阶级在它的不到一百年的阶级统治所创造的生产力，比过去一切世代创造的全部生产力还要多，还要大。”恩格斯在《自然辩证法》中指出：“在这个新的历史时期（指社会主义——引者注）中，人们自身以及它们的活动的一切方面，包括自然科学在内，都将突飞猛进，使以往的一切都大大地相形见绌。”这就深刻地揭示了科学技术与社会进步通过“人们自身以及他们的活动”形成反馈圆环（“一体化”）的作用机制。正如恩格斯指出的，“科学和实践 结合的结果就是英国的社会革命。”[10]666因此，科学技术与社会的一体化就包括自然科技与生产力变革、人文科技与人自身的变革和观念变革、社会科技与生产关系变革，并且三者由“人通过人的活动”形成一个内在的整体。然而，自然辩证法界只谈论生产力发展问题，而且关于科学技术与社会之间的“互动机制”却是一种典型的“去人化”倾向。其中的“直接互动”论认为“科学与社会本身两个相对独立的实体之间的直接互动”。“间接互动”论认为“科学技术通过知识、技术和产品创新，推动经济社会发展”或者“社会通过各种资源的投入作用于科学技术”。自然“科学主义”者还宣扬什么“自然科学技术独自能够解决人类面临的所有难题，是导向人类幸福的唯一有效的工具”。社会科学界有学者还说：“一切社会问题都可以通过自然技术的发展而得到解决”，甚至还认为“通过发展自然科技，消灭私有制、消灭阶级和国家，建立新的共同体”。所有这些观点和观念都是一种“主体空缺”的抽象思维。

所以，科学—技术—生产—生活—社会是“一体化”过程中不可分割而又交互—反馈作用的“不同阶段”，并“通过人的活动”形成反馈圆环。正是因为科学的横向发展与纵向发展的交互—反馈作用，形成了一个“全面科学”的发展平台（见表1）。

表 1　“全面科学”的发展平台

横向发展（活动） 纵向发展（过程）	自然界	人文界	社会界
	人对自然的关系	人同自身的关系	人与人的关系
发展阶段（反馈圆环）：全面科学	自然科学	人文科学	社会科学
全面技术	自然技术	人文技术	社会技术
全面技术创新	自然技术创新	人文技术创新	社会技术创新
全面生产力	自然生产力；物质生产力	个人生产力；精神生产力	集体生产力
全面生产	物质生产“自然产生工具”	人自身生产；精神生产	社会关系生产
全面生活	物质生活	精神生活；个人生活	社会生活或集体生活
科学技术与社会“全面变革”	自然科技与生产力变革	人文科技与人自身变革	社会科技与生产关系变革
保护与保障	自然环境保护；物权保护	人文环境保护；人权保护	维护他人权益；完善社会保障制度

注：←→ 表示“人通过人的活动”交互—反馈作用形成为一个“内在的整体”。

（1）我们根据现今科学技术研究（包括关于“世界”问题的研究）成果，提出“一主两翼”，即以“人的世界”为主导，自然界、社会界为两翼的世界整体图景。于是，研究“人对自然关系”的自然科学、研究“人同自身的关系”的人文科学、研究“人与人之间关系”的社会科学也展现为“一主两翼”的体系结构[11]。作为客观知识世界（“世界3”）的三大门类科学技术都是人类精神生产的产品，即马克思说的“脑力劳动的产物”。它们作为“生产力表现为一种完全不依赖于各个个人并与它们分离的东西，它是与各个个人同时存在的特殊世界”[7]73。而它们在生产过程中成为“生产因素结合起来的特殊方式和方法”，于是自然科技、人文科技、社会科技“三者同时存在”与变发着。这就是科学技术知识的两种不同的存在形式。

（2）从横向来讲，全面科学、全面技术、全面技术创新、全面生产力、全面生产、全面生活和科学技术与社会都分别由各自相对应的构成因素并由“人通过人的活动”交互—反馈作用形成为一个内在整体。

（3）在纵向发展过程中，“科学—技术—技术创新—生产力—生产—生活—社会—科学”形成一个任何一个阶段都不能被打断的连续圆环，即不仅科学与技术之间，而且科学与生产、生活、社会之间由“人通过人的活动”产生双向的“推动”、“决定”作用并形成反馈圆环。显然，撇开人的活动单向的“科学技术决定论”和科学与技术、生产、生活、社会之间的“互动论”不符合马克思主义观点。

(4) 保护或保障是科学技术发展过程中不可或缺的重要环节。它既内在于三大门类科技活动之中，又贯穿于发展全过程的始终。如从自然科技的生产到消费（生活和社会变革），都有自然生态环境保护、自然资源保护和物权保护。从人自身的生产和精神文化生产到消费，都有自身健康、安全和隐私权以及所有权、人权保护。从社会关系生产到消费，都有尊重和维护他人权益和社会公德，建立并完善各种社会保障制度，保护弱势群体的合法权益，维护全社会的民主、公正、公平权利，以充分调动并发挥每一个公民的社会主义建设的积极性、主观能动性和创造精神。总之，如果没有全过程的保护、保障，即使只在某一个环节（阶段）的缺失，整个发展过程就难以顺利进行，对于一个单位（群体）、地区和国家都会造成程度不同的无法估量的损失。正基于此，我们将“保护”列为科学发展活动和过程中的一个重要环节，这是顺应新世纪新时代要求的新举措。现在开始关注自然生态环境建设与保护，这是一种社会进步。然而，目前仍然存在着忽视人文环境、社会环境的建设和保护（保障）的社会倾向。殊不知，人的积极性、主观能动性和创造精神主要是靠人文精神氛围和社会和谐氛围的激发，满足和提高物质生活条件是必需的、必要的，但是只依靠物质刺激来调动人的积极性或者吸引人才，效果不会是长久的，而且是将人视为一般动物了。这是当前我国环境建设中的一个误区。

3. 关于“世代更替”中科学技术发展中继承与创造论的解读

科学技术作为生产力，它的全面发展既是一个活动、过程，又是一个历史范畴。马克思恩格斯指出：“历史不外是各个世代的依次更替，每一代都利用以前各代遗留下来的材料、资金和生产力”，都是在“前一代已经达到的基础上继续发展前一代的工作和交往方式”。“由于这个缘故，每一代一方面在完全改变了的条件下继续从事先辈的活动，另一方面又通过完全改变了的活动来改变旧的条件。”[7]51科学技术的发展也是在承继基础上的创造与创造指导下的承继相统一的“世代更替”的历史过程。恩格斯指出：“科学的发展是同前一代人遗留下来的知识量成比例，因此在最普通的情况下，科学也是按几何级数发展的”[10]622，或者“是从其出发点起的（时间的）距离的平方成正比”的[11]8。马克思恩格斯的这些重要思想突出了人的主体性，同时又与联合国环发委员会 1987 年在《我们共同的未来》中提出的可持续发展观基本一致。该报告指出：“可持续发展是既满足当代人的需求，又不损害后代人满足其需求的能力的发展”，“可持续发展战略旨在促进人类之间以及人类与自然之间的和谐”，并提出可持续发展的公平性、持续性和共同性三项原则。显然，“可持续发展”与“持续发展”、“继续发展”、“永续发展”是不完全相同的两类概念。“持续”、“继续”、“永续”都是指某些事物随时间的延续而不断变化的一种状态，即时间 t 的函数：$y=f(t)$，主要表现为数量变化的不间断性，或者量的累积性：而“可持续”主要指可以不断发展的能力，强调发展的主体性和整体性，它更注重发展的潜力和质量的提高。所以，从“持续发展”到“可持续发展”是人类发展观的一次根本性变革。从“人与自然的和谐”之单方面理解可持续发展，到从人与自然、人同自身和“人类之间”的整体和谐方面理解可持续发展，这是人们对可持续发展观认识的深化。然而，环发委员会只讲“人类之间以及人类与自然之间的和谐”，其实更应强调人（类）自身的和谐发展这个根本。因此，我们需要树立“以人的发展为中心的发展观”[12]84-89。然而，我们在处理承继与创造的关系问题上，是有经验教训值得总结和吸取的。如我们曾经主张“独立自主，自力更生”，却忽视了学习国外的先进技术（包括管理）；以后又主张“以市场换技术”或“筑巢引凤”，也没有“拿来”多少先进技术；如今有学者在不强调继承的前提下主张“自主创新”或者主张“我们完全可以走一条跨越的路子，走原创性的自主开发的道路”，“未必要走纯粹的消化—吸收—创新的道路”。这种“单腿跳”的发展模式“我们完全可以走”吗？其实，无论是“自主创新”、“自主开发”，还是“跨越式发展”、“原创性研究”，都是继承与创造的对立统一，为何要把两者对立起来而“单腿跳”呢？日本学者十多年前曾批评我们“只会当先生，不会当学生”，一直未引起我们的关注。一般来说，不会“当学生”，就不能“当先生”；即使是“当先生”了，还要不断地“当学生”。显然，日本朋友是劝我们“当好学生”，然而至今有人还是只想“当先生”。统计资料显示，我国的自然科技生产力比较落后主要表现在继承和消化吸收即“当学生”环节上存在问题。例如，我国引进技术的经费与其消化吸收的经费之比为1:0.05，而日本为1:6，韩国为1:8。显然，我国用于引进技术的消化吸收（“当学生”）的经费太低了。因此，没有继承即失去了全人类文化历史积累的支撑，不可能有任何发明创造，所谓的“创新”也就不能“创造出新东西”，当然也就没有可持续发展。

综上所述，科学技术的“全面”发展，就是指全方位的发展，即三维立体网络结构的整合效应（见图2）。

如图2所示，科学技术的“全面”发展是三维（横向、纵向和世代维）方体网络结构的整合效应[13]。“三维”各具不同的特性：横向活动中是自然科技、人文科技、社会科技“三者同时存在”与变发，即具有同时性；纵向过程中的“不同阶段（或环节）具有异时性存在与变发，通过协调使不同阶段、环节形成反馈圆环；“世代更替”中具有承创性，呈现出各个世代或时期之间的可持续性发展。但是，这些特性的区分只有相对性意义。如横向活动中既需要“协调和集成”，又需要承继与创造；过程中的每一个阶段分别由各自的“三者”集成，而且都是承创活动的结果；“世代更替”中的“三者同时存在”与更替，而且“更替”本身就是异在性存在。因此，科学技术的发展就是一个复杂巨系统的整合效应。

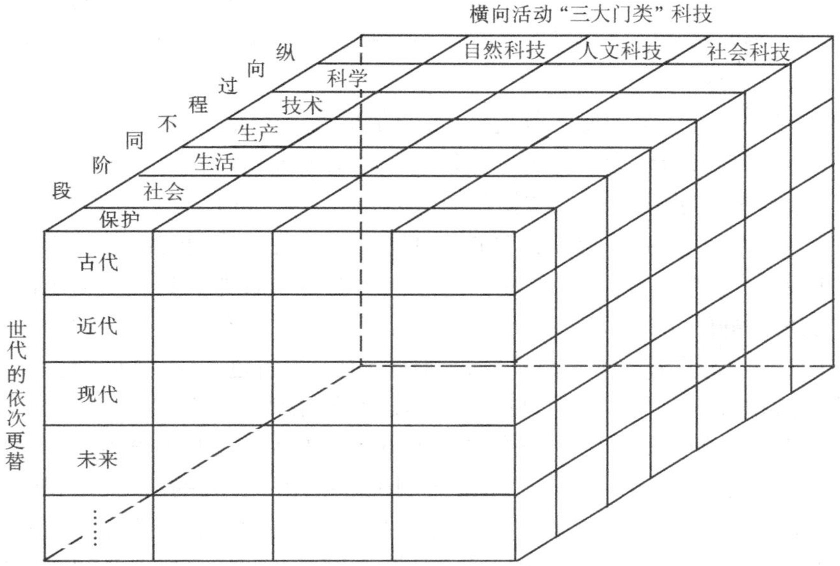

图 2　科学技术“全面”发展示意图

4. 关于科学整体（立体网络结构）发展“动—静—动”无限序列论的解读

马克思主义认为：包括科学、技术在内的所有事物都有“动的形式”和“静的形式”两种不同的存在状态。然而，科学活动论认为，“科学本身不是知识，而是生产知识的社会活动”，“科学是一种社会地组织起来探求自然规律的活动”。技术过程（活动）论认为：“技术存在于过程之中”，“即存在于人设定的目的，寻求改变自然的手段，或有了手段寻求目的的过程中”。“技术是一种过程性存在……不是知识性存在、技能性存在、物质实体性存在，离开了过程就没有技术这样一种存在。”显然，科学技术活动论将科学、技术的两种存在形式绝对地对立起来。其实，凡是“探求自然规律的活动”，或者是“寻求改变自然”的“过程”，都是人的目的性行为。因此，人的每一个现实活动，都是人运用科学技术（包括自然科技、人文科技和社会科技）知识（脱离了主体的“异己存在物”）的过程和结果。如果说科学技术只是“过程（活动）性存在”，不是知识、技能、物质实体（即知识的物质载体）的存在，那么“过程”或“活动”中存在的是什么东西呢?！如果说科学技术知识只有“一种过程性存在”，那么其主观形态和客观形态都不是“存在”，那是什么呢？至于“离开了过程就没有科学技术的存在”，如果是指科学技术知识的产生及其运用似乎还可以理解，而它同时又否定了科学技术知识的主观形态和客观形态等“静的形式”就不可思议了。难道以文字语言，数码符号，声、光、电、磁波等为物质载体的科技知识未并入生产过程之前就不“存在”吗？如果说科学技术

“本身就是（生产）过程中的存在”，难道它不要经过技术创新的转化过程就“并入生产过程”了吗?! 显然，“活动”论和“过程性存在”论绝对否认科学技术的“静的属性”，有悖常理。

科学技术“活动”论的要害是混淆了人的活动与其活动产物之间的本质区别。马克思在批评“霍布斯认为技艺之母是科学”时明确地指出：科学是“脑力劳动的产物”[14]377。它们与物质产品（“物化的智力”）一样，都是处于相对静止的形式，“表现为静的属性”。马克思指出：“在劳动过程中，人的活动借助劳动资料使劳动对象发生所要求的变化。过程消失在产品中……在劳动者那里是运动的东西，现在在产品中表现为静的属性。工人织了布，产品就是布。”“布”就是一种相对静止的“物质性存在”。“先前劳动的产品本身，则作为生产资料进入该劳动过程……所以，产品不仅是劳动过程的结果，同时还是劳动过程的条件。”[4]169 又说：“在生产过程中，劳动不断由动的形式转为静的形式。例如……纺纱工人的生命力在一小时内的耗费，表现为一定量的棉纱”[4]177。马克思明确地揭示了“人的活动”与其“产品”之间的关系和本质区别，即活动的产品或产物是人创造的并已经与人分离的一种“异己的存在物”。因此，马克思在《资本论》中特别告诫：“工人要学会把机器和机器的资本主义应用区别开来，从而学会把自己的攻击目标从物质生产资料本身转向物质生产资料的社会使用形式。”既然不能把物质生产产物——一台机器、设备视为“动态过程”（包括生产和应用过程），为什么要把“脑力劳动的产物——科学”技术知识——认定为与人不能分离的“活动”或“过程中的存在”呢? 难道图书、技术资料不是人的活动的结果，而是“过程中的存在”吗?! 难道反对科学技术的滥用或“资本主义应用”就是“攻击”科学技术本身吗?! 爱因斯坦也明确地指出：一门科学的“完整的体系是由概念、被认为对这些概念是有效的基本定律，以及用逻辑推理得到的结论这三者所构成的。”[15]313 显然，科学技术知识是一个与人分离了的概念系统，它们是“历史发展总过程的产物，它抽象地表现了这一发展总过程的精华……它们作为资本的力量同工人相对立。科学及其应用，事实上同单个工人的技能和知识分离了，虽然它们——从它们的源泉来看——又是劳动的产品，然而在它们进行劳动过程的一切地方，它们都表现为被并入资本的东西。”[14]420-421 马克思在《政治经济学批判大纲（草稿）》一文中还指出：“科学这种既是观念的财富同时又是实际的财富的发展，只不过是人的生产力的发展即财富的发展所表现的一个方面，一种形式。”在《1861—1863 年经济学手稿》中，马克思又进一步地阐述了科学与科学的应用（人的活动）之间的关系。“科学对于劳动（即活动——引者注）来说，表现为异己的、敌对的和统治的权力，而科学的应用一方面表现为传统经验、观察和通过实验方法得到的职业秘方的集中，另一方面表现为把它们发展为科学（用以分析生产过程）。”因此，科学技术与科学技术活动是既有联系又有区别的两个概念。如果将二者混同，那么既否定了科学技术作为客观知识世界的现实存在，又否定了科学发展“动—静—动”的无限序列。

关于科学的发展，根据马克思、恩格斯的论述，大致上包括“科学本身”发展和“科学在生产上的应用”推动着科学发展两个方面，即横向和纵向两方面。

一是横向上“科学本身”发展的“动—静—动”的无限序列。科学知识（“作为社会发展的一般精神成果”，或者是“历史发展总过程的产物”（马克思语）的发展是“过程—状态—过程”即“动—静—动”的无限序列。科学作为理论性知识体系，是一个概念系统，即静态系统，而科学活动是人发起并参与其中的一个动态系统。这两个系统分别被称为状态和过程，状态的变化即由初始状态到目标状态，则为过程。如用位置、速度和能量等的量度来表征力学状态；而在一定的条件下“通过人的活动”使状态发生变化，则为力学过程。力学理论体系的发展就是“过程—状态—过程”的无限序列。17 世纪中叶在前人工作的基础上，牛顿通过科学研究活动，发现牛顿第一、二、三定律，并形成经典力学体系（状态），发展到 20 世纪初的相对论力学和量子力学（新的状态），这就是力学体系从近代发展到现代的一个过程。其实，任何科学理论体系都是依照一定条件，由一种状态转化而来，又依照一定的条件向新的状态转化而去，从而形成连续性与间断性的对立统一，也就是承继性与创造性的对立统一，这就是科学活动与其结果——科学之间的动态关系[16]3-9。正如马克思、恩格斯指出的，科学技术作为生产力是世世代代活动的结果，“每一代一方面在完全改变了条件下继续从事先辈的活动，另一方面又通过完全改变了的活动来改变旧的条件。”[7]51于是，“科学的发展则同前一代人遗留下的知识量成比例，因此在最普通的情况下科学也是按几何级数发展的”[10]622，或者“科学的发展……是与从其出发点起的时间的距离的平方成正比的”[11]8。

二是纵向上科学发展的“动—静—动”的无限序列。马克思指出：科学在机器体系中的应用，其直接的现实性为：“一方面，直接从科学中得出的对力学规律和化学规律的分析和应用，使机器能够完成以前工人完成的同样的劳动……；另一方面……科学在直接生产上的应用本身就成为对科学具有决定性的和推动作用的要素。”[17]216-217因此，在科学技术与生产、生活、社会之间的关系问题上，马克思主义历来强调其间的双向作用并形成一个反馈圆环。恩格斯指出：纯数学和“其他一切科学”都“是从人的需要中产生的”，而且都要“在以后被应用于世界，虽然它是从这个世界得出来的”[18]36。他又在批评符·博尔吉乌斯断言“技术在很大程度上依赖于科学”时指出：“科学状况在更大程度上依赖于技术的状况和需要。社会一旦有技术上的需要，则这种需要就会比十所大学能把科学推向前进。”[19]505马克思也指出：“自然科学本身（自然科学是一切知识的基础）的发展，也像与生产过程有关的一切知识的发展一样，它本身仍然是在资本主义生产的基础上进行的，这种资本主义生产第一次在相当大的程度为自然科学创造了进行研究、观察、实验的物质手段。”而且，“随着资本主义生产的扩展，科学因素第一次被有意识地和广泛地加以发展，应用并体现在生活中，其规模是以往的时代根本想象不到的。”[20]572 尽管这里讲的是自然科学技术，当然也包括“其他一切科学”技术。

我们认为，在人类历史上，很少有人像马克思、恩格斯那样全面、系统、深刻地论述过人与科学技术的关系及其发展规律问题。至于说什么“马克思的科学思想只是一种萌芽状态的原生态，尚未展现出抽象统一的理论基础和清晰的体系结构轮廓”，什么“用人文观点来看待科学在马克思著作中只是有所提及”和“唯一的自然科学”等论点出自于自然辩证法学者之口，我们感到十分震惊和不安！现实生活中普遍存在的那些“科学技术仅指自然科学技术”，只重视抓“自然科技生产力”；有些人为了“一切向钱看”而不顾工人的生命安全；只注重扩大规模搞什么“工程”，不关注民生、特别是对弱势群体和农民工（被视为“二等公民”）缺少关爱之心；撇开人和人的活动，鼓吹“自然科技独自解决”论，以及“科学和技术不可合”论等观念和行为，直接背离了马克思主义的全面科技观和胡锦涛提出的“坚持以人为本，促进经济社会和人的全面发展”的科学发展观。

总之，马克思主义的全面科技观在今天仍然具有非常重大的指导意义，不过现在看来，它还存在着某种时代局限性。如在谈到对科学技术的占有和应用时，更多地局限于社会关系层面，似乎没有突出其运用后造成的生态困境这个全球性问题，也没有提及环境主体进行全球性环境合作的治理机制，并建立“生态社会主义”的主张（指生态文明的社会形式，不过国内外学者的“生态”仅指自然生态），尽管他们也提出过“自然报复”和对“现有的整个社会制度实行完全的变革”等。所以，只有“回到马克思”而不是贬否马克思，才会有“发展马克思”。

参考文献

[1] 何祚庥. 我为什么要批评反科学主义［J］. 科学时报，2004-05-13.

[2] 杨楹，李志强. 论马克思解放理论的内在逻辑［J］. 哲学研究，2006（8）.

[3] 马克思，恩格斯. 马克思恩格斯全集：第2卷［M］. 北京：人民出版社，1979.

[4] 马克思. 资本论［M］. 北京：中国社会科学出版社，1983.

[5] 马克思. 1844年经济学-哲学手稿［M］. 北京：人民出版社，1985.

[6] 马克思，恩格斯. 马克思恩格斯选集：第2卷［M］. 北京：人民出版社，1972.

[7] 马克思，恩格斯. 马克思恩格斯选集：第1卷［M］. 北京：人民出版社，1972.

［8］　胡锦涛. 在两院院士大会上的讲话［N］. 人民日报，2004-06-03.
［9］　刘金友，陈文化. 三类科学技术“集成”：一种全新的科学观［J］. 科学学研究，2006（3）.
［10］　马克思，恩格斯. 马克思恩格斯全集：第 1 卷［M］. 北京：人民出版社，1972.
［11］　恩格斯. 自然辩证法［M］. 北京：人民出版社，1971.
［12］　陈文化. 腾飞之路——技术创新论［M］. 长沙：湖南大学出版社，1999.
［13］　陈文化，胡桂香，李迎春. 现代科学体系的立体结构：一体两翼——关于“科学分类”问题的新探讨［J］. 科学学研究，2002（6）565-567.
［14］　马克思，恩格斯. 马克思恩格斯全集：第 26 卷（第 1 册）［M］. 北京：人民出版社，1985.
［15］　爱因斯坦. 爱因斯坦文集：第 1 卷［M］. 北京：商务印书馆，1977.
［16］　陈文化. 科学技术与发展计量研究［M］. 长沙：中南工业大学出版社，1992.
［17］　马克思，恩格斯. 马克思恩格斯全集：第 46 卷（下）［M］. 北京：人民出版社，1985.
［18］　恩格斯. 反杜林论［M］. 北京：人民出版社，1970.
［19］　马克思，恩格斯. 马克思恩格斯选集：第 4 卷［M］. 北京：人民出版社，1972.
［20］　马克思，恩格斯. 马克思恩格斯全集：第 47 卷［M］. 北京：人民出版社，1985.

四、科学技术哲学是关于全面科技观的理论

（2008 年 9 月）

我国从 20 世纪 80 年代的"哲学是对自然知识、社会知识和思维知识的概括和总结"到近几年的"哲学是关于世界观的理论"，这是一个重大而深远的变化。而自然辩证法界如今还认为"自然辩证法已经成为一门自然科学、社会科学和思维科学相交叉的哲学性质的学科"或"科学技术哲学是对自然科学技术的哲学思考"，是"科学技术的哲学"，显然尚未实现由旧哲学的知识论、物质实体论向人与科学技术的关系实在论的超越。我们根据马克思主义的全面科技观① 提出"全面科学技术哲学"[1]，并认为科学技术哲学是关于全面科技观的理论。"全面科学技术哲学"指横向上的自然科技哲学、人文科技哲学、社会科技哲学与纵向上的科学哲学、技术哲学、生产哲学（包括工程哲学和产业哲学）、生活哲学或消费哲学以及科学技术与社会之关系由"人通过人的活动"形成为一个内在整体。于是，自然辩证法或自然科技哲学是全面科技哲学的一个门类，而不是马克思主义哲学的"二级学科"。

第一，科技哲学是关于人与自然科技、人文科技、社会科技之间关系的理论。传统科技观认为："科学技术仅指自然科学技术"。显然，这是单一的自然科技观。科学技术是"人通过人的劳动"揭示和反映人与客观世界之关系的本质、规律及其"具体再现"的系统知识。而客观世界是由自然界、人文界、社会界"通过人的活动"形成的有机整体，于是科学技术就是自然科技、人文科技、社会科技在现实活动中形成的"内在整体"（见表 1）。

如表 1 所示，自然界产生人（类），人与人的相互作用产生社会，社会又生产或塑造人，人和社会又反作用于自然界。这就是马克思在《1844 年经济学-哲学手稿》中指出的，"整个所谓世界历史不外是人通过人的活动而诞生的过程"，即"自然—人—社会—自然"（现实自然）之间"通过人的活动"形成为一个反馈圆环。显然，传统的科技观即"唯一的自然科技"观是视"世界即自然界"，或者是将人文界、社会界还原为自然界，即原始的无人的自然界。对于这种唯心主义和还原论的观点，马克思、恩格斯早就严厉地批判过。"这种先于人类历史而存在的自然界，不是费尔巴哈在其中生活的那个自然界，也不是那个除去在澳洲新出现的一些珊瑚

① 根据马克思、恩格斯的有关论述，我们认为，马克思主义的全面科学技术观由现实活动中三大门类科技"同时存在"与变发论、科学纵向发展过程中"不同阶段"形成反馈圆环论，以及科学技术"动—静—动"无限发展论三个方面"通过人的活动"交互—反馈作用形成为一个整体。

表 1　“全面科技哲学”的纵横向结构表

横向构成	客观世界的门类构成	自然界	←→	人文界	←→	社会界
	科学技术的门类构成	自然科技	←→	人文科技	←→	社会科技
	科技哲学的门类构成	自然科技哲学	←→	人文科技哲学	←→	社会科技哲学
纵向上的反馈圆环	科学哲学	自然科学哲学	←→	人文科学哲学	←→	社会科学哲学
	技术哲学	自然技术哲学	←→	人文技术哲学	←→	社会技术哲学
	工程哲学	自然工程哲学	←→	人文工程哲学	←→	社会工程哲学
	产业哲学	物质产业哲学	←→	人文产业哲学	←→	社会产业哲学
	生活哲学	物质生活哲学	←→	个人生活哲学；精神生活哲学	←→	社会生活哲学或集体生活哲学
	科技技术与社会	自然科技与社会	←→	人文科技与社会	←→	社会科技与社会
	环境保护哲学	自然环境保护哲学	←→	人文环境保护哲学	←→	社会环境保护哲学

注：←→ 表示“人通过人的活动”交互—反馈作用形成为一个“内在的整体”。

岛以外今天在任何地方都不存在的、因而对于费尔巴哈说来也是不存在的自然界。”“他从来没有把感性世界理解为构成这一世界的个人的共同的、活生生的、感性的活动”而“重新陷入唯心主义”[2]50。他们在《德意志意识形态》一文中批评圣麦克斯“关于‘唯一的’自然科学”的“狂言是多么荒诞的胡说”，“因为在他那里……世界立刻就变为自然”。同时，“自然科学是一切知识的基础”，“自然科学……将成为人文科学的基础，正像它现在已经——尽管以异化的形式——成了真正人的生活基础一样”[3]85。但是，自然科学既不是唯一的知识，也不是“一切知识”，犹如物质生产是一切生产形式的基础而不是唯一的生产形式一样。显然，传统的科技观是分割/还原思维的产物，是违背客观现实的抽象思维。因为人的每一个现实活动都是自然科技（“做事”）、人文科技（“做人”）、社会科技（“处世”）融于一身基础上的某种（些）特长的展现。也就是马克思讲的在生产活动中，“人们”、“他们之间的关系”、“他们对自然界的关系”“三者是同时存在”与变发的[2]362。因此，科技哲学在横向上是人对人与自然科技、人文科技、社会科技之间关系问题的反思。这样，单一的自然科技哲学或“自然辩证法”被“全面科技哲学”所取代是顺应时代之要求，也是现实活动之需要。

在这里还需要指出是，国际上的科学哲学、技术哲学都是研究自然科学技术中的哲学问题。美国的技术哲学家 C. 米切姆曾经提出过“工程学的技术哲学”、“人文主义技术哲学”和“社会科学的技术哲学”三个“分支”。但是，它只是对自然技术的三种视角，即“对技术的接受和阐释（工程学的传统）”、“对技术的质疑（人文主义的传统）”和“对技术的社会批判和改造”（“社会科学的传统”）[4]17,43。米切姆的三种“传统”论尽管还是“惟自然技术”观的产物，但对于冲破时代的局限性，仍然具有一定的启示意义。

第二，科技哲学是关于人与科学、技术、社会（包括生产和生活）之间关系的理论。科学、技术、生产之间的关系问题，也是“全面科技观”的组成部分，显然仅仅只有科学哲学和技术哲学是不全面的。我国学者先后提出“工程哲学”和“产业哲学”，这是在科技哲学领域的创举。“工程”和“产业”实际上都属于“生产”范畴。按照马克思的“全面生产”理论——由“自然产生工具”和“物质生产”（属于自然界）、人自身的生产和“精神生产”（属于人文界）、“社会关系生产”或“交往形式本身的生产”（属于社会界）“通过人的活动”相互作用形成为一个有机整体[5]。显然，“工程哲学”应该包括自然工程哲学、人文工程哲学和社会工程哲学三大基本门类；“产业哲学”也应该包括物质产业哲学、人文产业（包括人自身的生产和科教文卫等产业）① 哲学、社会（关系）产业哲学三大基本门类。而有学者认为：“工程是人造物的活动”，“产业是社会化的人工自然”，“工程哲学是研究人的造物活动的哲学”。显然，这种“工程”或“产业”的“人造物”或“人工自然”说，尽管强调了人的活动和结果，但仍然是片面的物质生产观。因此，应该根据马克思的“全面生产”理论修正和完善工程哲学与产业哲学的内涵及其门类结构（见表1）。

科学、技术、生产之间关系的一体化是当今时代的主要特点和态势。然而，我国长期以来是科技与生产脱节，并成为我国全面发展中的一个“瓶颈”，乃至今天还未彻底解决。可是，学界有人只讲“科学与技术的本质不同”，就是不强调它们之间的“同一性”，甚至两位院士还发表题为《科学和技术不可合二为一》的文章。我们认为：科学与技术的不同是一种客观存在，问题在于：“在区分一切的同时要联系它们”（E. 莫兰语），这才是辩证法。列宁指出：“辩证法是一种学说，它研究对立面怎样才能同一，是怎样（怎样成为）同一的——在什么条件下它们是相互转化而同一的——为什么人的头脑不应该把这些对立面看作是僵死的、凝固的东西，而应该看作活生生的、有条件的、活动的、彼此转化的东西。”“辩证法简要确定为关于对立面的统一的学说。”[6]86,210 显然，“不同”论者不“研究对立面怎样才能同一，是怎样成为同一的”，而“不可合”论者更是武断地否认了同一性，把科学与技术这个“对立面看作是僵死的、凝固的东西”。因此，两者都否认了科学与技术之间的相互转化，都是抽象思维的产物。其实，在“科学—技术—生产”或者“生产—技术—科学”链条中，技术总是处于中介地位，发挥着中介作用，并使三者之

① 任何生产（包括工程和产业）都不要单一追求经济效益，而要追求环境效益、经济效益、社会效益和人的存发效益之综合。我们的“教育产业化”、“医疗卫生产业化”改革的失误，就在于单纯追求经济效益，忽视了“以人为本”的综合效益这条根本原则。

间形成一体化[7]83-91。

马克思主义认为：在现实生活中，不仅是科学、技术、生产的一体化，而且是科学、技术、生产、生活的一体化。马克思指出："自然科学本身（自然科学是一切知识的基础）的发展，也像与生产过程有关的一切知识的发展一样，它本身仍然是在资本主义生产的基础上进行的，这种资本主义生产第一次在相当大的程度为自然科学创造了进行研究、观察、实验的物质手段。"而且，"随着资本主义生产的扩展，科学因素第一次被有意识地和广泛地加以发展，应用并体现在生活中，其规模是以往的时代根本想象不到的。"又接着指出："自然科学却通过工业日益在实践上进入人的生活，改造人的生活，并为人的解放作出准备，尽管它不得不直接地完成非人化。工业是自然界同人之间，因而也是自然科学与人之间的现实的历史关系。"[3]85恩格斯也指出：纯数学和"其他一切科学一样"，都"是从人的需要中产生的"，而且都要"在以后被应用于世界，虽然它是从这个世界得出来的"[8]36。因此，在科学技术与生产、生活的关系问题上，马克思主义历来强调其间双向的交互—反馈作用。在现实活动中，科学与技术之间、科学和技术与生产和生活之间都存在着双向的"推动"、"决定"作用，即科学技术的发展既"是在生产的基础上进行的"或"是从人的（生产、生活）需要中产生的"，又要"应用并体现在生活中"，"改造人的生活"或"被应用于世界，虽然它是从这个世界得出来的"，从而形成"科学—技术—生产—生活—科学"之间的反馈圆环，这就深刻地揭示了"一体化"交互—反馈作用机制。于是，我们提出"生活哲学"或"消费哲学"，并参照马克思的"全面生产"理论，认为生活哲学的研究内容为：人与物质生活、个人生活和精神文化生活、社会生活或集体生活之间的关系问题（见表1）。于是，科学哲学—技术哲学—生产哲学（工程哲学和产业哲学）—生活哲学—科学哲学"通过人的活动"，在纵向上形成为一个反馈圆环。在这里还要强调的是"生活"或"消费"，不仅是科学"被应用于世界"的一个阶段，而且"生活实践"是检验真理的正确性、合理性、现实性和综效性的最终判据[9]。因为任何产品只有得到消费者的认可，才算最终成功，而生产实践检验并不是唯一的标准。这就为创建"生活哲学"提供了客观的现实基础。

科技哲学还要关注科学、技术与社会（人与人的关系）之间的关系问题。因为科学技术只有并入生产、生活、经济、社会等领域，才能发挥其效能，也才能推动社会发展。正如马克思指出的，"随着一旦已经发生的、表现为工艺革命的生产力革命，还实现着生产关系的革命。"[10]111恩格斯也指出："英国工人阶级的历史是从十八世纪后半期，从蒸汽机和棉花加工机的发明开始的……这些发明推动了产业革命，产业革命同时又引起了市民社会中的全面变革"[11]281。因此，恩格斯在《英国状况：十八世纪》一文中指出："科学和实践结合的结果就是英国的社会革命"。这就深刻地揭示了科学技术与社会之间的作用机制。然而，在关于STS之间的作用机制上的"互动论"，是一种"去人化"倾向。如有学者认为："现代科技与社会作为各自相对独立的实体发生直接互动作用"；或者"科学技术通过知识、技术和产品创新……推动经济社会的发展"，而"社会通过各种资源的投入作用于科学技术"。这就是所谓的"间接互动"论。然而，"知识、技术和产品创新"，或者"各种资源"都是一些"死的东西"。显然，撇开人、撇开人的活动（实践）来谈论科学技术与社会之间的"互动机制"，都是抽象思维的产物[12]。

科技哲学还要研究环境保护哲学和科技思想发展史。科技的发展与其环节是密不分的大系统。这里的环境是自然环境（包括物质条件）、人文环境、社会环境由"人通过人的活动"交互—反馈作用形成的整合效应。因此，环境保护哲学就是自然环境保护哲学、人文环境保护（障）哲学、社会环境保护（障）哲学形成的内在整体。科技哲学研究的是科技思想发展史，不是现行的科技史。同样地，它是自然科技思想史、人文科技思想史、社会科技思想史交互—反馈作用形成的内在整体。

第三，科技哲学是马克思主义哲学的一个"二级学科"。"哲学是关于世界观的理论"，而世界观是关于人与世界之间关系的基本观点，它包括自然观（自然哲学）、人生观（人文哲学）、社会历史观（社会哲学）。科技哲学是关于全面科技观的理论，即科技哲学是横向上关于人与自然科技、人文科技、社会科技之间关系的反思和纵向上科学哲学、技术哲学、生产哲学（包括工程哲学和产业哲学）、生活哲学、科学技术与社会的关系和环境保护哲学、科技思想发展史"通过人的活动"交互—反馈作用形成的一个"内在整体"（见图1）。

如图1所示，世界观中的自然观、人生观、社会观分别是自然哲学、人文哲学、社会哲学的研究内容，而科技哲学是关于人与科技之关系的科技观理论，不应该将自然界和自然观作为其研究内容（后者是自然科技观的理论基础），犹如哲学不能以科技观作为主要的研究内容一样。同时，科技哲学也不能由科学技术学来取代。科学技术学（包括自然科技学、人文科技学、社会科技学）主要研究"科学技术本身"的一般性质、特点、功能、结构，以及它产生和发展的一般规律等。如自然科学学的创始人之一、英国物理学家贝尔纳在《科学的社会功能》名著中认为：自然科学学是把自然科学当作一种社会现象来研究的学科，其研究内容包括："① 自然科学在社会历史发展中的地位和作用；② 从总体上研究现代自然科学知识体系，揭示自然科学的发展规律；③ 自然科学的社会形成过程；④ 确定自然科技发展的具体任务和途径，对科研活动实行最好的管理，争取最优的成果；⑤ 研究形成完整的自然科学教育系统。"最近，有学者仿照西方关于科学学定义为"科学的科学"（Science of Science），也将科学哲学定义为"科学的哲学"（Philosophy of Science）。显然，科技哲学与科技学即科学技术学是学科性质和内容完全不同的两

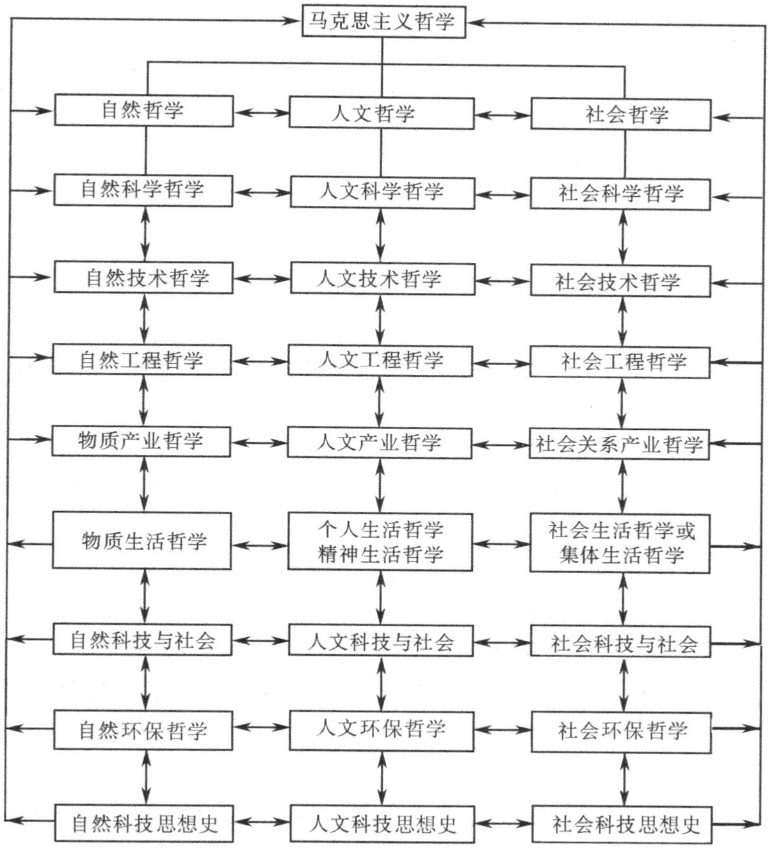

图 1　哲学与科学哲学、技术哲学、生产哲学、生活哲学、科技与社会、环境保护哲学、科技思想发展史的内在关系

注：←→ 表示"通过人的活动"交互—反馈作用形成为内在整体。

门学科。

因此，目前的"自然辩证法"或"自然科技哲学"，无论是定义为研究"自然界发展和自然科学技术发展的一般规律"的"交叉学科"，还是定义为"对自然科技的哲学反思"或"自然科学的哲学"，都不是"哲学类二级学科"。实践表明：它已经将这门学科曾经在我国出现过壮丽景观的局面带入了"死胡同"。因此，我们认为：关于全面科技观理论的科技哲学才是马克思主义哲学的一个二级学科，而"自然辩证法（自然科技哲学）"只是全面科技哲学的一个门类[13]。这是攸关这个学科的存在与发展的一个基本问题，建议中国自然辩证法研究会会刊另辟专栏进行研究和讨论，破除迷信，勇于改革开放，再创辉煌。

参考文献

[1] 陈文化，陈艳．全面科学技术观与科技哲学的门类构成探究［J］．自然辩证法研究，2004（8）：179-182．

[2] 马克思，恩格斯．马克思恩格斯选集：第 1 卷［M］．北京：人民出版社，1972．

[3] 马克思．1844 年经济学-哲学手稿［M］．北京：人民出版社，1985．

[4] C．米切姆．技术哲学概论［M］．殷登祥，曹南燕，译．天津：天津科学技术出版社，1999．

[5] 谈利兵，陈文化．马克思主义的“全面生产”与科技创新［J］．中南大学学报：社会科学版，2004（5）．

[6] 列宁．列宁哲学笔记［M］．北京：人民出版社，1957．

[7] 陈文化．科学技术与发展计量研究［M］．长沙：中南工业大学出版社，1992．

[8] 恩格斯．反杜林论［M］．北京：人民出版社，1970．

[9] 谈利兵，陈文化．实践检验是一个由多环节构成的有序过程［J］．湖南行政学院学报，2004（5）：83-88．

[10] 马克思．机器·自然力和科学的应用［M］．北京：人民出版社，1978．

[11] 马克思，恩格斯．马克思恩格斯全集：第 2 卷［M］．北京：人民出版社，1965．

[12] 谈利兵．科学技术与社会之间“互动机制”的探究［J］．自然辩证法研究，2006（9）：53-56．

[13] 陈文化，陈艳，周晓春．全面科学技术观与科学技术哲学门类构成再探［J］．东北大学学报：社会科学版，2004（5）：313-315．

五、试论“实践科学发展观”与全面科技哲学之间的关系

（2008 年 8 月）

全面科技哲学与“实践科学发展观”之间的关系问题，或者如何以“科学发展观”为指导开展科技哲学问题研究，一直是我们思考的重要问题之一。本文拟从横向、纵向两方面进行一些探讨，以引起同仁们的关注。

（一）

胡锦涛提出的“科学发展观”——“坚持以人为本，促进经济（属于自然领域——引者注）、社会和人的全面的发展”。我们认为，就是马克思讲的“共产主义是私有财产即人的自我异化的积极的扬弃，因而是通过人并且为了人而对人的本质的真正占有……它是人和自然界之间、人和人之间的矛盾的真正解决，是……个体和类（即人同自身—引者注）之间的斗争的真正解决。”[1]77恩格斯在《共产主义原理》一文中指出：由资本主义社会的“片面发展”通过社会主义社会过渡到“共产主义联合体”的“全面发展”是人类社会发展历史中的最高阶段，“这一切都将是废除私有制的最主要的结果”[2]223-224。这样，就将根本途径（“通过人”和“依靠人”）、目的（“为了人”）与发展目标（“三大矛盾”的逐步解决或“促进经济、社会和人的全面发展”）有机地融为一体。2004 年 6 月 3 日，胡锦涛又明确地指出：“落实科学发展观是一项系统工程，不仅涉及经济社会发展的方方面面，而且涉及经济活动、社会活动和自然界的复杂关系，涉及人与经济社会环境、自然环境的相互作用……”，因此“要把自然科学、人文科学、社会科学等方方面面的知识、方法、手段协调和集成起来”[3]。这是中央领导在提出“经济、社会和人的全面发展”的奋斗目标之后，第一次明确地提出“人文科学的知识、方法、手段”即人文科学技术概念，第一次揭示实现“全面发展”目标与三类科学技术“集成”之间的关系。这些思想是对马克思的“一门科学”、“全面发展”理论的继承与发展。同时，也为揭示“实践科学发展观”与构建全面科技哲学之间的关系提供了理论指导（见图 1）。

如图 1 所示，以人为出发点，主体（人）通过运用源于科技活动的科学技术哲学思想，促进全面科学技术的集成和发展，以实现“全面发展”目标，最终落脚到人的存发这个根本点上。

在这个“系统工程”中，存在着复杂的交互—反馈作用。

首先，在人从事的每一个现实活动中，人文科技、社会科技、自然科技“三者是同时存在”与变发的。科技知识作为“世界 3”的客观精神世界，是“脑力劳动

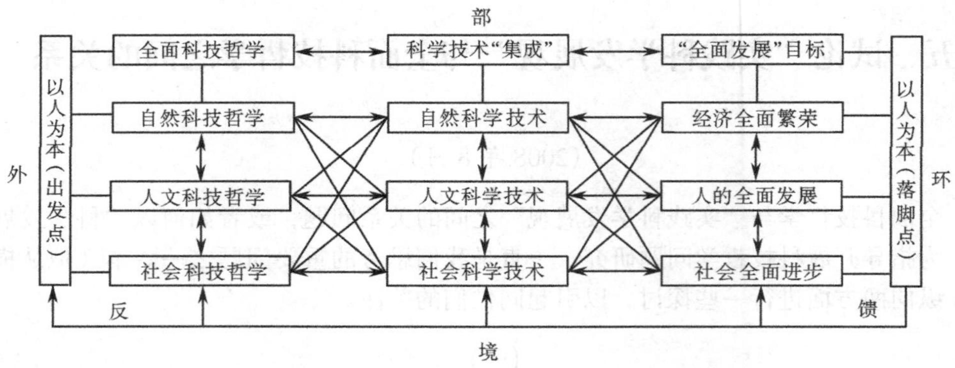

图 1　全面科技哲学与"落实科学发展观"之间横向关系示意图

注：↔ 表示"通过人的活动"形成主导多维整合效应。

的产物"、"一种异己的存在物，不依赖于生产者的力量，同劳动相对立"[1]48。然而，只有"人通过人的活动"才会有三者"协调和集成"的过程。正如马克思指出的，"人们在生产中不仅仅同自然界发生关系。他们如果不以一定方式结合起来共同活动和互相交换其活动便不能进行生产。为了进行生产，人们便发生一定的联系和关系；只有在这些社会联系和社会关系的范围内，才会有他们对自然界的关系，才会有生产。"[2]362这里是指物质生产（包括自然科技的发展），如果将客体对象换成人文界或社会界，就变成人的生产（包括素质的培育）、精神生产和社会关系生产了。其实，人的每一个现实活动，都是生活于社会关系中的人（主体）与客体对象在一定的环境中交互—反馈作用的过程，即人文科技（如何"做人"）、社会科技（如何"处世"）、自然科技（如何"做事"）"三者同时存在"并融汇于一体，即"协调和集成"的效应（行为）。其中，如何"做人"是根本，如何"处世"是前提和关键；否则，就没有"做事"，或者是"一事无成"、"事倍功半"。因此，在每一个现实的活动中，如何"做人"、"处世"、"做事"或者人文界、社会界、自然界总是并且始终是不可分离的。因为没有人的主导作用和人与人之间关系这个社会"居所"，一切现实的"做事"活动都不能发生和进行。对于从事现实活动的个人来讲，他不可能只有自然科技知识，或者只有社会科技知识，或者只有人文科技知识，而是"三者同时存在"并融汇于一身的基础上的某个（些）方面的突出展现。同样地，"全面发展"目标中，不可能只有"经济繁荣"而没有"人的发展"和"社会进步"，而是"三者同时存在"与变发着的。但是，自然"科学主义"者宣扬"科学技术仅仅指自然科学技术"，"自然科技是唯一正确的知识，它们独自能够解决人类面临的所有难题"。这是传统的科技观视"世界即自然界"的唯心主义和还原论。其实，马克思、恩格斯早在《德意志意识形态》一文中批评圣麦克斯"关于'唯一的'自然科学"的"狂言是多么荒诞的胡说"，"因为在他那里……世界立刻就变为自然"。这就为全面发展科学技术和"实现经济社会和人的全面发展"奠定了理论基础。

其次，科技哲学与科学技术集成和发展目标之间的关系并不是单向线性的，而是双向的"主导多维整合"[4]作用。在现实活动中，自然科技的发展是在一定的环境条件下，主体在以自然科技哲学为主的、人文科技哲学和社会科技哲学融汇为一个"合力"的指导下的三类科技的集成效应。反过来说，自然科技哲学的发展也是以自然科技为主的、人文科技和社会科技融汇为一个"合力"的集成效应。同样道理，无论是"经济全面繁荣"、"人的全面发展"，还是"社会全面进步"，都是以各自相对应的科学技术为主的"全面科技"（包括自然科技、人文科技和社会科技）的"协调和集成"效应。反之亦然。因此，要进行"全面生产"、实现"全面发展"目标，必须发展"全面科技"和"全面科技哲学"，并将它们"协调和集成起来"，充分发挥其整合效应；否则，人的活动就变成与动物没有什么区别的"片面生产"、"片面科技"、"片面科技哲学"了（如果动物有"科技"和"哲学"的话）！

因此，"科学发展"（以人为本、为民服务的全面发展）与全面科技哲学在一定的外部环境条件下"通过人的活动"形成一个反馈圆环。这里的外部环境是指自然环境、人文环境、社会环境"通过人的活动"形成的整合效应，并且它与这个"系统工程"及其子系统或要素之间进行双向的交互—反馈作用形成为密不可分的整体。

（二）

马克思主义的"全面发展"理论是一个复杂的体系，其中包含由横向发展（活动）与纵向发展（过程）两方面的交互—反馈作用形成的全面发展平台。全面科技哲学与"实践科学发展观"之间除了横向上的关系之外，还有如表 1 所示的纵向上的关系。

马克思、恩格斯在《费尔巴哈》一文中指出："不应把社会活动的这三个方面看做是三个不同的阶段"。因为横向活动中的"人们"、"他们之间的关系"、"人们对自然界的关系"或者人文科技、社会科技、自然科技"三者同时存在着"，而纵向过程中的"不同阶段"是具有异时性的存在。其实，根据马克思主义的全面科技观[5]，在科学纵向发展过程中，分为科学—技术—生产—生活—科技与社会（指人与人之间的关系）变革等不同阶段。其中的"生活"阶段一直被学界所忽视。马克思早就指出："随着资本主义生产的扩展，科学因素第一次被有意识地和广泛地加以发展，应用并体现在生活中，其规模是以往的时代根本想象不到的。"又接着指出："自然科学却通过工业日益在实践上进入人的生活，改造人的生活，并为人的解放作准备，尽管它不得不直接地完成非人化。”并且“它现在已经成了真正人的生活的基础”[1]85。还说：人“是社会的活动和社会的享受”，“个人是社会存在物……也是社会生活的表现和确证”[1]78-79。也就是我们认为的“生活实践是检验真理的最终判据”[7]，如毒奶粉事件是在生产过程中有意加入三聚氰胺，消费者付出血的代价才被揭露出来。显然，被某些人恶意操纵的生产实践不能成为检验真理的“唯一标准”。

表 1　全面科技哲学与“实践科学发展观”之间的纵向关系表

客观世界的门类构成		自然界	←→	人文界	←→	社会界
科学技术的门类构成		自然科技	←→	人文科技	←→	社会科技
科技哲学的门类构成		自然科技哲学	←→	人文科技哲学	←→	社会科技哲学
纵向上的反馈圆环	科学哲学 ↕	自然科学哲学	←→	人文科学哲学	←→	社会科学哲学
	技术哲学 ↕	自然技术哲学		人文技术哲学		社会技术哲学
	工程哲学 ↕	自然工程哲学	←→	人文工程哲学	←→	社会工程哲学
	产业哲学 ↕	物质产业哲学	←→	人文产业哲学（包括精神产业）	←→	社会关系产业哲学
	生活哲学 ↕	物质生活哲学	←→	个人生活哲学，精神生活哲学	←→	社会（集体）生活哲学
	科技与社会关系 ←┐ ↕	自然科技与社会	←→	人文科技与社会	←→	社会科技与社会
	环境保护哲学 ─┘	自然环境保护哲学	←→	人文环境保护哲学	←→	社会环境保护哲学

注：←→ 表示“人通过人的活动”形成主导多维整合效应。

参照马克思的“全面生产”理论[8]，我们提出“全面生活”并由物质生活、个人生活和精神文化生活、社会生活或集体生活“通过人的活动”形成一个内在整体。于是，全面科技哲学在纵向上就由科学哲学—技术哲学—生产哲学（包括工程哲学和产业哲学）—生活哲学—科技与社会之关系—环境保护哲学“通过人的活动”形成一个反馈圆环（见表 1）。同时，如表 1 所示，工程哲学和产业哲学不应该局限于物质生产领域，而要按照马克思的“全面生产”理论，进一步变革和完善。

如表 1 所示，纵向上的全面科技哲学与全面发展目标之间“通过人的活动”也形成一个反馈圆环。因此，开展全面科技哲学研究必须在“以人为本”的“科学发展观”指导下进行（即纵向上的各个阶段都要以实现“全面发展”为目标），而运用源于全面科技活动的科技哲学研究成果有利于“促进经济、社会和人的全面发展”。显然，“实践科学发展观”要求构建全面科技哲学。然而，“自然辩证法（自然科技哲学）”的教材和讲授没有坚持以人为本，甚至只谈“人是自然存在物”，而没有同时指出“个人是社会存在物”，“人等于自我意识”[1]123。于是，我们曾经提出“全面科技哲学应该是以人为中心的全面科技观的理论”[9]2-9。这样，自然辩证法即自然科技哲学在“实践科学发展观”的过程中，被全面科技哲学所取代，是“全面发展”新时代的必然要求。

我国和许多国家的科技哲学的研究现状，尽管还是自然科技哲学居于主导地位，但是最近国内已经出现研究“社会科学哲学”的声音。我国从2000年10月开始进入全面技术哲学研究的新阶段[10]，田鹏颖、陈凡2003年出版了《社会技术哲学引论——从社会科学到社会技术》专著，最近田鹏颖又出版了第二本专著。据我们所知，国内有学者正在研究人文技术哲学问题。随着人的生命科学技术、人脑科学技术和人文科学技术的深入发展，人文科技哲学研究将会成为一个重要的课题和新的学科生长点。工程哲学和产业哲学是刚刚诞生的两门新型学科，应该总结、吸取自然科技哲学发展过程中的经验教训，尽早驶入全面工程哲学和全面产业哲学研究的快车道。本文提出创建“生活哲学”——关于全面科技与全面生活之间关系即生活观的理论，有些学者开始准备撰写生活哲学专著。这是当今我国“坚持以人为本，促进经济、社会和人的全面发展”的迫切需要。

总而言之，无论是从存在论（世界的基本构成）和马克思主义有关理论（主要指“一门科学”、“全面生产”和全面科技观理论）上，还是从客观要求（落实胡锦涛的“科学发展观”、三类科学技术“集成”思想）和学术态势（我国已经出版了社会技术哲学、工程哲学、产业哲学论著以及“生活哲学”的构想）上来讲，我国正在创建的“全面科技哲学”是顺应“全面发展”新时代的创举，也是运用实践思维、复杂性思维对科学技术哲学研究框架的新构建，可能对世界科技哲学的发展产生重要的影响。因此，我们希望有关的学术组织开展讨论，修正和完善这个构想，为创建“全面科学技术哲学”这个具有时代特征的新学科作出应有的贡献。

参考文献

[1] 马克思. 1844年经济学-哲学手稿［M］. 北京：人民出版社，1985.

[2] 马克思，恩格斯. 马克思恩格斯选集：第1卷［M］. 北京：人民出版社，1972.

[3] 胡锦涛. 在两院院士大会上的讲话［N］. 人民日报，2004-06-03.

[4] 陈文化，陈吉耀. 主导多维整合思维：矛盾思维与系统思维之综合［J］. 毛泽东思想论坛，1997（3）.

[5] 陈文化，陈艳. 全面科学技术观与科学技术哲学门类构成探究［J］. 自然辩

证法研究，2004（8）：179-182.
[6] 马克思，恩格斯．马克思恩格斯全集：第47卷［M］．北京：人民出版社，1985.
[7] 谈利兵，陈文化．实践检验是一个由多环节构成的有序过程［J］．湖南行政学院学报，2004（5）：83-88.
[8] 谈利兵，陈文化．马克思主义的“全面生产”理论与科技创新［J］．中南大学学报：社会科学版，2004（5）.
[9] 陈文化．人·科技·科技哲学［C］//陈凡．技术与哲学研究．沈阳：辽宁人民出版社，2005.
[10] 陈文化．新中国技术哲学研究的回顾与展望［J］．东北大学学报：社会科学版，2005（4）：235-240.

六、新中国技术哲学研究的回顾与展望①

（2005 年 7 月）

新中国开展技术哲学研究已经 50 年了，回顾历史，总结经验，展望未来，谋划发展，是学会组织的一项重要任务。对此，我谈谈一些个人见解，请同仁们批评指正。

1. 新中国技术哲学研究的历史回顾

回顾新中国技术哲学研究的历史，与一个人的名字是紧紧地联系在一起的。他就是我国著名的技术哲学家、东北大学教授陈昌曙。就是他，开创了我国技术哲学研究之先河；也是他，组织和领导了我国技术哲学研究事业并促进了该项事业的蓬勃发展；还是他，培养和造就了我国一批又一批的高层次科学技术哲学工作者，并已经成为中坚力量。在陈昌曙的率领下，我国的技术哲学研究队伍中形成了一批分布于全国各地的核心骨干，正是他们与中青年学者一道，为我国技术哲学事业的发展作出过突出贡献。新中国技术哲学研究的发展过程，我认为可以分为开展自然技术哲学研究和开创全面技术哲学研究两个阶段。

（1）自然技术哲学研究阶段（20 世纪 50 年代—2000 年）

第一，初创时期（20 世纪 50 年代—1985 年）。在新中国建立初期，无论是哲学界，还是科技界，都很少关心技术发展和技术哲学问题。陈昌曙率先在 1957 年的《自然辩证法研究通讯》上发表文章，提出“要注意技术中的方法论问题”，成为我国技术哲学研究的先声。1960—1961 年，哈尔滨工业大学机床专业师生开展了机床内部矛盾运动问题的讨论，并先后在《光明日报》和《红旗》杂志上发表了有关论文，拉开了我国工程技术辩证法研究的序幕。1979 年，中国自然辩证法研究会（筹）在天津举办的全国工程技术辩证法讲习会，在国内产生了广泛的影响。1982 年 10 月，陈昌曙在《光明日报》上发表的《科学与技术的差异和统一》，为确立相对独立的自然技术哲学学科提供了理论依据。同年 9 月，在沈阳召开了“全国工程技术与四个现代化学术讨论会”，并出版了《技术理论与政策研究》论文集。1984 年，《中国哲学年鉴》在“研究状况和进展”栏目中，专辟“技术哲学研究简况”，介绍了陈昌曙和陈文化等人的文章，并译介到西方，产生了较大的反响。

第二，发展时期（1985—2000 年）。如果说在初创时期我国的技术哲学研究活

① 本文在首届“技术哲学与技术伦理”国际学术研讨会暨中国第十届技术哲学学术年会上作的主题报告，并被收入论文集。

动还处于自发或半组织状态的话，那么1985年在成都召开的全国第一届技术论学术讨论会上成立中国自然辩证法研究会技术论专业组（1988年在长沙召开的第二届年会上更名为“技术哲学专业委员会”）以后，我国的技术哲学研究在以陈昌曙为主任的专业委员会的组织领导下，步入了“自为”的稳健发展时期。从此，坚持每两年左右召开一次年会，并先后于张家界、益阳、长沙、重庆、宝鸡等地举办了第三届至第七届年会，集中研讨科技成果产业化和技术创新等热门课题。其中，在长沙举办的两届年会，受专业委员会的委托，原中南工业大学出版社出版了《技术创新——企业腾飞之路》和《企业技术创新运作研究》论文集。专业委员会在近10年内，紧紧抓住企业技术创新问题，在多个城市先后举办全国性学术会议，并采用官、产、学、研相结合的方式展开专门研讨，对全国产生了一定的影响。如时任国家经贸委主管技术创新工程的负责人专门题写书名“企业技术创新运作研究”，湖南省副省长为该书作序，并指出：“这种产学研结合的形式很好，对我们湖南省推进技术创新工程起到了很好的促进作用”[1]2。

第三，自然技术哲学研究内容。在这个阶段，我国技术哲学界比较深入地开展了自然技术本体论、价值论、方法论、技术与社会等多方面的研究。

在本体论研究方面，关于“自然技术是什么”的问题，先后提出过“物质手段”说或“物质手段与方法总和”说与“实践性（操作性）知识体系”说，“活动（过程）”论与“活动方式”论，并展开了长期的争辩，至今尚未取得共识。这个问题也是一个国际性的难题。我仍然认为，技术是实践性（操作性）的知识体系，即怎么“做”的方式方法体系[2]。因为机器、工具、设备既是“物化的智力”、自然技术的实物载体，又是自然技术发挥作用不可缺少的物质手段。拥有设备并不等于拥有技术，“利用机器的方法和机器本身完全是两回事”（马克思）。如果将两者等同，那么机器、设备就是“第一生产力”了！人的活动与如何活动尽管是不可分的，但它们也“完全是两回事”。即使是同一个生产过程，采用不同的生产方法（即“怎样生产”——马克思语），结果会是完全不一样的。若将技术等同于活动（“解蔽”过程）本身，就取消了技术是“解蔽的方式”（海德格尔语），或“人对自然界的活动方式”（马克思语）。

在价值论研究方面，关于“技术价值”问题，争论较多的是“技术本身是否负载价值”。关于这个问题的回答，不能采用“非此即彼”的形而上学的思维模式。在这里，我推介张华夏的观点。他说：将价值看做事物的第三性质，不是客体内部性质或客体与客体之间的关系性质，而是主体（人类）与客体之间的关系性质，即主体对客体的偏好与需要以及客体对主体的效益与满足这样的关系性质[3]。因此，价值具有主观性与客观性的两重性，价值就是与主体和客体有关的各种因素的多元函数，也就是说，价值是主体与客体之间协同并具有其分开后不再具有的一种特定的突现性质。自然技术作为人（类）劳动的知识性产品，是主体与自然客体在一定的环境条件下相互作用的结果，显然它具有价值。但是自然技术作为客体、手段（即“死的东西”），如不与主体之间发生关系（即进入实践），其价值又从何谈起呢？因此，这里的“技术本身”指什么就成为认识这个问题的关键。自然技术知识的基本内容是不依赖于人的价值观念转移的，即它是中性的。但是这种知识体系是主体目的性行为的结果，又要将它作为实现人类目的的方式手段。手段归根到底是为目的服务的，其结果“完全取决于人自己而不是取决于工具”（爱因斯坦语）。滥用技术产生的负面效应或“技术异化”的责任不能推给“技术本身”。

关于可持续发展问题，陈昌曙在重庆年会期间，明确地指出布氏定义的局限性。根据他的提示，我认为布氏定义存在着“逻辑结构上的非对称性”，“内容构成上的片面性”，“要素之间关系上的并列性”，“发展目标上的表层性和短视性”，“基本态度上的局限性”，并针对“自然中心主义”、“客体中心主义”等学术观点，明确地提出“以人的发展为中心的发展观”[4]75-94。陈昌曙于2000年出版的专著《哲学视野中的可持续发展》，对“可持续发展”的许多理论和现实问题，从哲学角度提出了一些独到的见解。还有学者提出“技术的生态化”。彭福扬提出“技术创新的生态化”，并作为全国社会科学规划的一个课题，先后发表了多篇论文。

关于马克思主义技术哲学思想研究，早期的成果有：龚育之的《马克思主义科学技术论的几个问题》(1978)，曾孝威的《马克思论技术的启示》(1982)，刘则渊的《马克思的技术范畴》(1983)；远德玉、陈昌曙在《论技术》一书(1986)中考察过马克思的技术观。随后，我在《科学技术与发展计量研究》(1992)专著中，就“马克思的技术范畴”、“马克思主义的技术哲学思想与‘技术决定论’”等问题作过比较深入的探究。更可喜的是出版了几本专著，如牟焕森的《马克思技术哲学思想的国际反响》(2001)和乔瑞金的《马克思技术哲学纲要》(2002)等。

关于欧美技术哲学思想研究与学术交流问题，随着我国改革开放的深入发展，越来越引起人们（特别是中青年学者）的关注。如对海德格尔、米切姆、皮特、拉普、胡塞尔、杜威和波塞尔等人的技术哲学思想，先后展开了比较深入的研究和评介。其中，一个重要的特点是进行中外比较研究，如远德玉、陈昌曙的《中日技术创新的比较研究》(1994)、陈文化的《中印科技发展战略与政策的比较研究》(1996)和刘则渊的《中德技术哲学思想的比较研究》(2002)，等等。

关于技术创新和自然科技成果转化问题的研究，前面已经提及，在此不再赘述。

总之，新中国的技术哲学研究及其成果的应用取得了巨大的成就，我国的技术哲学事业正在由“学术边缘”向“学术中心”转移，并吸引越来越多的人的热切关注。但是，从现实和时代的要求来讲，还存在一些问题。在这里，我提出两点看法，供同仁们思考。

一是克服撇开人、撇开人的实践活动、撇开技术与人的关系来研究技术问题的“去人化”现象。如关于“科学技术是第一生产力”的理解，就是一例。科学技术成果是生活在人与人之间关系中的人，在一定的社会经济条件下，运用科学技术和物质手段与客体对象相互作用获得的精神产品及其转化和应用，都是人的实践活动。如果没有人和人文精神的充分发挥，自然科技成果犹如物资设备、资本和法规一样，都是“死的东西”，怎么能说“自然科学技术独自能够解决人类面临的所有难题，是导向人类幸福的唯一有效的工具”呢？再如“技术统治论”、“技术决定论”等也是撇开人、撇开人的实践活动、撇开人与技术之间关系的产物。

二是改变概念思维方式，像历史和现实生活本身那样理解技术及其转化和运用。从“实体思维”、“单向思维”和“静态思维”转变为“关系思维”、“主体思维”和“动态的变革思维”[5]。

(2) 全面技术哲学研究的初创阶段（2000 年以后）

迈入 21 世纪，我国的技术哲学研究呈现出一派欣欣向荣的新局面。主要的特点表现为以下几个方面。

第一，拓展了研究内容和领域。张华夏、张志林于 2001 年提出研究技术认识论问题。陈昌曙建议讨论“技术哲学的研究纲领问题”。李伯聪《工程哲学引论》(2002)和王德伟《人工物引论》(2003)的出版，拓展和“开创哲学研究的新边疆”。

第二，创建中国技术哲学论坛的新平台。东北大学首创“技术哲学文库”和“技术哲学博士文库”（2001），出版了《陈昌曙技术哲学文集》（2002）。大连理工大学出版社出版了我国第一部《技术哲学年鉴》（2001）。受技术哲学专业委员会之托，东北大学创办了“中国技术哲学网站”、“技术哲学电子刊物”，并出版了《技术与哲学研究》。这些平台的搭建和进一步完善，为推进我国技术哲学研究产生着重大影响。

第三，具有标志性的意义，开创了我国全面技术哲学研究的新阶段。2000 年 10 月在清华大学召开的第八届年会上，我提交了一篇论文。该文根据客观世界演化的“自然历史过程”和世界由自然界、人文界、社会界“通过人的活动”形成为统一体，将科学技术分为自然科学技术、人文科学技术和社会科学技术。因此，技术哲学也由自然技术哲学、人文技术哲学和社会技术哲学“通过人的活动”形成为一个整体[6]。其实，1996 年潘天群就论述了“存在社会技术”问题，高亮华撰著了《人文主义视野中的技术》。特别是 2003 年，田鹏颖、陈凡出版了《社会技术哲学引论——从社会科学到社会技术》专著。人文科学和人文技术已经受到越来越多人的关注，而关于人文技术哲学的论著，目前还是一个空白。随着生命科学技术、人脑科学技术和人文科学技术的深入发展，人文科学技术哲学研究将会成为一个重要的课题和新的学科生长点。

2．21世纪技术哲学研究的设想与展望

（1）拓展全面技术哲学研究

① 现实活动中的科学技术是由三大基本门类构成的“内在整体”。

第一，客观世界的演化及其基本构成是科学技术分类的客观基础。

科学技术是关于人对世界的理论关系和能动关系。而关于世界的形成过程及其构成问题，在学术界似乎有不同的看法。在自然科学技术领域，有一种“去人化”的倾向，认为“科学技术仅仅指自然科学技术”，“自然科学技术独自能够并逐步解决人类面临的所有的真正难题”，“是导向人类幸福的唯一有效的工具”。在社会科学界，又有一种“完全等同论”，认为“‘社会发展’就是‘人的发展’”。这样，世界的形成和构成就没有人或人类了。传统的哲学教科书根据“整个世界（自然、社会和思维）的构成”，分为“自然知识、社会知识和思维知识”三类，有学者还只分为“自然科学、社会科学两门知识”，更多的是以自然物质“运动形式本身固有的次序”作为“科学分类”的客观基础而只对自然科学进行分类。其实，客观世界的演化是从天然自然到人猿揖别再到人类社会的“自然历史过程”。有了人，才有人与自然、人与人和人与自我的关系，并逐渐形成以人为主体的社会，社会塑造人；有了人和人的实践活动，才使自然界、人类（人文界或“人的世界”（马克思语））和社会界相互作用，形成以人类为中心的统一体。世界的演化是一个双向交互—反馈作用的“自然历史过程”。因此，以世界（自然界、人文界、社会界）为研究对象的科学技术就由自然科技、人文科技和社会科技“通过人的活动”形成一个“内在的整体”（见表1）。

表1　　科学技术和科学技术哲学的基本门类构成表

客观世界演化的过程	天然自然	←→	人　类	←→	人类社会
客观世界的基本构成	自然界	←→	人文界	←→	社会界
科学技术的研究对象	人对自然界的关系	←→	人（类）自身	←→	人与人的关系
科学技术的基本门类	自然科技	←→	人文科技	←→	社会科技
科技哲学的基本门类	自然科技哲学	←→	人文科技哲学	←→	社会科技哲学
马克思的“一门科学”	自然科学	←→	关于人自身的科学	←→	关于人与人之间关系的科学
马克思的“全面生产”	物质生产	←→	人的生产，精神生产	←→	社会关系生产

注：←→表示“人通过人的活动”交互—反馈作用形成为“内在的整体”。

如表1所示，自然科学技术是研究人与自然物的关系（解决如何“做事”），人文科学技术是研究人（类）自身（解决如何“做人”），而社会科学技术是研究人与人之间关系（解决如何“处世”）。显然，人和人与人之间的关系是两回事，尽管其间有着紧密的联系，但二者不能“完全等同”。同时，思维不是人（类）的本质特征，动物也有思维。实践才是人与其他动物的本质区别，也只有人的实践活动，才有科学技术（包括自然科技）成果及其应用。自然科学技术作为一种知识体系，可以脱离人（主体）而相对独立地存在着，撇开人、撇开人的活动，它根本不会“独自解决”任何问题[7]。

关于科学“内在整体”的思想，西方学者早就提出过。如著名的物理学家普朗克指出：“科学是内在的整体。科学之所以分为各门学科是由于人类认识能力的局限性，实际上存在着由物理学到化学，通过生物学和人类学到社会科学的连续链条，这是任何一处都打不断的链条。如果这个链条被打断了，我们就是瞎子摸象，只看到局部而看不到整体”[8]。英国经济学家舒马赫在《小的是美好的》一书中指出：“自然科学不能创造出我们借以生活的思想……它没有告诉人们生活的意义，而且无论如何医治不了他的疏远感与内心的绝望。如果一个人因为感到疏远和迷惑，感到空虚或毫无意义，他哪里还有什么进取心、追求，还有什么科学实践活动呢?”“一切科学，不论其专门化程度如何，都与一个中心相连接，就像光线从太阳发射出来一样。这个中心就是我们最基本的信念……形而上学和伦理学（属于人文科学——引者注）所构成。”这与我们提出的现代科学技术“一主两翼”（以人文科技为主体，自然科技和社会科技为两翼）立体网络结构的观点相一致。由此，我们提出全面科技观，即以人为本，同时、协调、可持续地发展自然科技、人文科技和社会科技，促进经济（自然）、社会和人的全面发展，并使之成为和谐的“内在整体”[9]。

第二，马克思的“一门科学”和“全面生产”理论为全面科技观提供了理论支撑。

马克思在《1844年经济学-哲学手稿》一书中明确地指出：“自然科学往后将包括关于人的科学，正像关于人的科学包括自然科学一样：这将是一门科学。”这里的“关于人的科学”，我们理解为关于人自身的科学和关于人与人之间关系的科学。这样的理解完全符合马克思、恩格斯的思想。他们曾经在《费尔巴哈》一文中明确地指出：人在现实活动中“产生的观念，是关于他们同自然界的关系，或者是关于他们之间的关系，或者是关于他们自己的肉体组织的观念”[10]30。马克思在《1844年经济学-哲学手稿》中还指出：“动物的生产是片面的，而人的生产是全面的。”“全面生产”指“人们所创造的一切”的活动。具体包括四类生产形式：一是“物质生产”；二是“人的生产”，即“人的增殖”及其素质的全面提高；三是“精神生产”或“脑力劳动”；四是社会关系的生产。马克思明确地指出：“只有在这些社会联系和社会关系的范围内，才会有他们对自然界的关系，才会有生产”[11]362。

马克思的“一门科学”和“全面生产”理论为全面科技观提供了理论支撑。因为两者之间具有同源性关系，即源于同一个现实存在——客观世界的演化过程和基本构成（自然、人类和社会）的“内在整体”（见表1）。正如传统的生产观（仅指物质生产）一样，传统的科技观（仅指自然科技）也是片面的[9]。

第三，人的实践活动为全面科技观提供了现实依据。

人的每一个现实的活动，都是生活于社会关系中的人与客体对象在一定的环境中交互作用的过程，即人文科技（如何“做人”）、社会科技（如何“处世”）、自然科技（如何“做事”）总是融于一体并产生其整合效应（行为）。其中，如何“做人”是根本，如何“处世”是前提和关键；否则，就不会有“做事”，或者是“一事无成”、“事倍功半”。因此，在每一个现实的活动中，如何“做人”、“处世”、“做事”总是并且始终是不能分离的。所以，没有人这个主体的主导作用和人与人之间关系的这个“中介”、“桥梁”，一切现实活动都不能发生和进行[9]。正如爱因斯坦对加州理工学院的学生所言：“如果想使自己一生的工作有益于人类，那么只懂得应用（自然）科学本身是不够的，关心人的本身应该始终成为一切技术奋斗的主要目标；关心怎样组织人的劳动和产品分配这样一些尚未解决的重大问题（均为社会关系——引者注），用以保证我们科学思想的成果会造福于人类，而不致成为祸害。在你们埋头于图表和方程式时，千万不要忘记这点！”“用专业知识（指自然科技——引者注）教育人是不够的。通过专业教育，他们可以成为一种有用的机器，但是不能成为和谐发展的人。要使学生对价值有所理解并产生热烈的感情，他必须获得对美和道德上的善有鲜明的辨别力”[12]17,6。

总之，在现实活动中，科学技术是由自然科技，通过人文科技到社会科技的“连续链条”形成的“内在整体”。

② 根据全面科技观构建技术哲学的门类结构。美国技术哲学家卡尔·米切姆在《技术哲学概论》中提出技术哲学具有三个“分支”：一是“工程学的技术哲学或者说从内部对技术的分析，而从根本上说，是把人在人世间的技术活动方式看作了解其他各种人类思想和行为的范式”；二是“人文科学的技术哲学这一分支或者宗教、诗歌和哲学（人文科学）用非技术的或超技术的观点解释技术意义的一种尝试”。“我们可以说，正是人文科学孕育了技术，而不是技术构想出人文科学。”“人文科学对技术的优先地位，是人文主义的技术哲学赖以成立的基础。”接着他又指出：在技术哲学中“不止两种传统”，还有“马克思主义的传统也许是整个社会科学的技术哲学传统很可能被用来展示一种与工程学和人文主义的传统截然不同的，值得特别重视的途径。可以认为，这种传统的基本观点既不是对技术的接受和阐释（工程学的传统），也不是对技术的质疑（人文主义的传统），而是对技术的社会批判和改造”。对此，他称之为“社会科学传统的技术哲学”[13]17,43。米切姆提出技术哲学的三个“分支”的观点，是很有见地的。但是，由于他仍然局限于传统的自然技术

观，仅仅认为三个“分支”是对自然技术研究的三个不同视角，即工程技术哲学“从内部对（自然）技术的分析”、人文技术哲学“对（自然）技术的质疑”和社会技术哲学“对（自然）技术的社会批判”。

因此，仅仅以人工自然和自然技术为研究对象的“技术哲学”是片面的。其实，技术哲学应该是由自然技术哲学、人文技术哲学和社会技术哲学三大基本门类构成的有机整体，即“三维一体”的立体结构，其主要的研究内容是存在论、认识论、价值论、历史观、方法论，以及技术与社会的关系等[7,9]。

（2）加强科学哲学、技术哲学、工程哲学一体化研究

如前所述，现实的世界是人（类）通过实践活动，使自然界、人文界、社会界之间发生非线性交互—反馈作用而形成的有机整体，以世界为研究对象的科学技术也是一个“内在整体”。而传统的科学技术研究的思维方式和操作方法都是建立在“分割”、“有序”即还原论、机械决定论基础之上的。于是，先将整体事物分割成部分进行分门别类的研究，然后又机械性地叠加在一起并运用于现实活动中。就拿科技哲学来说，长期以来，研究科学哲学、技术哲学、工程哲学总是分立的，很少往来和交流。当代已经出现科学、技术、经济一体化的发展趋势和特点，即科学、技术、经济之间已经形成一个“任何一处都打不断的连续链条”。由此，现实活动中的科学哲学、技术哲学、工程哲学也是“内在的整体”（见图 1）。

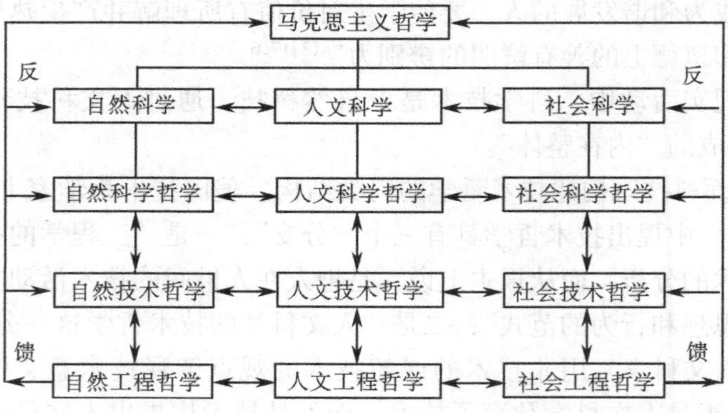

图 1　科学哲学、技术哲学、工程哲学的一体化示意图

工程哲学属于生产哲学，是关于人对世界（自然、人类和社会）的实践关系的哲学反思。从生产观层面来说，工程哲学是关于以人为中心的生产观理论。根据马克思的“全面生产”理论，工程哲学也应该是由物质生产哲学、人的生产哲学、精神生产哲学和社会关系生产哲学由“人通过人的活动”形成的“内在整体”，其研究内容也分为存在论、认识论、改造论、价值论、历史观和方法论，以及工程与社会的关系等。

目前，我国的科学哲学、技术哲学、工程哲学的研究基本上处于分立的局面。今后，应该加强“一体化”建设，就像是一条河流中的上游、中游、下游一样，既有相对的区别又有联系，即在分别研究的同时又要连接它们。因为在现实生活中，是一个动态的由无序到有序形成的整体。

总之，“回顾”可能是“挂一漏万”，“展望”只是个人设想。以上所见，仅供讨论时参考。在此，还提出三点希望：一是认真地学习和正确地领会马克思的实践哲学和科技哲学思想；二是与时俱进地改变传统的“概念思维”方式，克服“去人化”倾向，运用“实践思维”或复杂性思维方式，像历史和现实生活本身那样理解事物；三是深入实际，切实关注我国或本地区的全面科学技术发展问题。

参考文献

[1]　陈文化，彭福扬，汪忠满．企业技术创新运作研究［M］．长沙：中南工业大学出版社，1998.

[2]　陈文化．试论技术的定义与特征［J］．自然信息，1983（4）：12-15.

[3]　张华夏．主观价值和客观价值的概念及其在经济学中的应用［J］．中国社会科学，2001（6）：24-33.

[4]　陈文化．腾飞之路：技术创新论［M］．长沙：湖南大学出版社，1999.

[5]　谈利兵，陈文化．技术哲学研究的思维方式要与时俱进［J］．科学技术与辩证法，2004（5）：63-67.

[6]　陈文化，谈利兵．关于21世纪技术哲学研究的几点思考［J］．华南理工大学学报：社会科学版，2001（2）：23-26.

[7]　陈文化，陈艳．全面科学技术观与科学技术哲学门类构成探究［J］．自然辩证法研究，2004（8）：179-182.

[8]　转引自成思危．切实推进我国的软科学事业［J］．中国软科学，1998（7）：6.

[9]　陈文化，陈艳，周晓春．全面科学技术观与科学技术哲学门类构成再探［J］．东北大学学报：社会科学版，2004（5）：313-315.

[10]　马克思，恩格斯．马克思恩格斯选集：第1卷［M］．北京：人民出版社，1974.

[11]　马克思．雇佣劳动与资本［C］//马克思，恩格斯．马克思恩格斯选集：第1卷．北京：人民出版社，1974.

[12]　转引自刘太刚，鲁克成．大学生文化修养讲座［M］．北京：高等教育出版社，2003.

[13]　卡尔·米切姆．技术哲学概论［M］．殷登祥，曹南燕，译．天津：天津科学技术出版社，1999.

七、全面科学技术观与科学技术哲学门类构成探究①

（2004 年 8 月）

传统的科学技术观是片面的，并与“两种截然不同的文化”论交织在一起。而“科技与人文两种文化的对立和对抗”是当前人类社会面临的一个突出的文化困境，并成为“世界性难题”。

传统的科学技术观是单一的自然科学技术观，并将自然科技与社会科技和人文科技视为两种对立的文化。在国际上，长期存在着“自然科学主义”与“人文主义”截然不同的两大学派，20 世纪末，自然科学主义从推崇自然科学转向对自然科学的价值重估，人文主义则从自然技术的社会批判转向对自然技术的合理重建，开始出现“自然科学与人文相统一的探索”。然而，这种探索仍然是从自然科学与人文科学之间的“外在关系”求得“二者的和解和沟通”。在国内，一谈起“科学技术”，许多人认为“仅指自然科学技术”，而且有人否认人文科学，或者将人文科学混同于社会科学，并说：“人文科学和社会科学的研究对象都是社会现象。”（《辞海》，上海辞书出版社，1989 年版）还有人主张，只要“主体扩展‘概念构架’，改变‘认知图式’，就不存在两种文化对立的问题”，或者“通过科学史促进科学文化与人文文化的整合”，才是“文化和解的希望所在”。在科学技术哲学界，有人坚持用“自然辩证法”作为学科名称，有人则主张用自然“科学技术学”取代科学技术哲学。

这些观点和主张都没有从科学技术自身“内在的整体”及其基本门类构成上进行研究，因而没能从根本上消除人类社会的文化困境。我们认为，要真正求得“两种文化的和解和沟通”，从而确认科学技术和科学技术哲学的门类构成，还得探索新的路径。

1. 历史上的科学技术分类原则

传统科学技术观的片面性，首先表现在“科学分类”原则的局限性，于是就只有单一的自然科学技术门类。

关于科学知识的分类，早在古代柏拉图和亚里士多德就作过一些探索。近代前期的英国学者弗兰西斯·培根也进行过有益的尝试。他将科学知识分为记忆的科学（包括历史学、语言学等）、想象的科学（包括文学、艺术等）和理智的科学（包括哲学、自然科学和以人类社会为对象的科学）三大类。这种科学知识的分类尽管有

① 本文发表于《自然辩证法研究》，2004（8）。

些混杂，但确有某些独到的、超前的见解。遗憾的是，培根根据人类思维方式的特征进行分类，没有提出科学分类的客观原则，因此也没有得到后人的认同。18世纪末，圣西门提出以研究对象作为科学分类的标准，并按照对象由简单到复杂的发展过程，将科学排列为数学、无机体物理学、天文学、物理学、化学、有机体物理学、生物学等。黑格尔则从其唯心主义辩证法出发，认为自然界的发展过程是质量的运动→分子的运动→原子的运动→生物的运动，于是将科学分为数学、力学、物理学、化学、地质学、植物学、动物学。显然，圣西门和黑格尔的分类只限于自然科学，与培根的分类相比是一种退步。恩格斯在《自然辩证法》一书中明确地提出以自然物质"运动形式本身固有的次序"作为科学分类和排列的客观基础，并将自然科学分为数学、天文学、力学、物理学、化学、生物学。他也提出过"社会运动形式"、"思维运动形式"，但没有对其进行具体的"科学分类"。毛泽东在《矛盾论》和《整顿党的作风》中，"根据科学对象所具有的特殊的矛盾"，也只分为"自然科学、社会科学两门知识"。传统的我国哲学教科书根据"整个世界（自然、社会和思维）的构成"，将知识分为"自然知识、社会知识和思维知识"三类。思维是人对外部世界的反映，怎能说成是客观世界的组成部分呢？同时，思维也不是人的本质特征，更不能使客观世界成为统一体。正如马克思、恩格斯指出的，"这些个人使自己和动物区别开来的第一个历史行动并不在于他们有思想，而是在于他们开始生产自己所必需的生活资料。"[1]24所以，排除掉人类及其活动来谈论客观世界的构成及其统一问题，必将导致唯心主义。钱学森在《现代科学的基础》论著中，首次提出科学技术部门同整个客观世界的基本组成和发展历史相一致的新见解，认为"科学大厦"是由自然科学、人体科学、社会科学、思维科学、数学科学、系统科学、文艺理论、军事科学和行为科学九大部门组成的"一个整体"，并将"工程技术"列为"科学技术体系"中的一个组成部分。这是钱学森对科学技术分类理论的一个重大发展。但是，由于他未能将"人（类）"与"人类社会"、"人（类）"与"人类思维"加以区分，所以在他的"科学大厦"里，没有"人文科学"。尽管他提出过"人体科学"、"思维科学"、"行为科学"和"文艺理论"，但没有将其归属于人文科学。没有人文科学的"科学大厦"是不现实的，也是不能构建为"一个整体"的。关于技术分类问题，长期以来，人们也只承认自然技术，现在有学者承认社会技术，偶尔才见到"人文技术"的提法。我们认为，既然存在社会科学与人文科学，那么一定也存在社会技术与人文技术（后面将专门讨论）。这两种技术以前之所以没有被明确地提出，也是历史局限性的必然。

2. 科学技术的基本门类构成

我们曾经根据客观世界由天然自然到人猿揖别再到人类社会演化的"自然历史过程"和世界由自然界、人文界和社会界"通过人的活动"形成的有机整体，将科学技术分为自然科学技术、人文科学技术和社会科学技术三大基本门类[2]（见表1）。

表1　科学技术的基本门类构成表

客观世界演变过程	天然自然	↔	人　类	↔	人类社会
整个世界的基本构成	自然界	↔	人文界	↔	社会界
科学技术的研究对象	人对自然界的关系	↔	人（类）自身	↔	人与人的关系
科学的基本门类	自然科学	↔	人文科学	↔	社会科学
技术的基本门类	自然技术	↔	人文技术	↔	社会技术

关于三大门类的思想，马克思、恩格斯早就明确地表述过。他们说：人们在现实活动中“产生的观念，是关于他们同自然界的关系，或者是关于他们之间的关系，或者是他们自己的肉体组织的观念。”[1]30并定义自然科学是“人对自然界的理论关系”，自然技术是“人对自然界的能动关系”或“活动方式”，即如何“做事”（“造物”、“用物”）的方式方法体系。我们认为：人文科学是关于人文界（人自身“肉体组织”和内心世界及其外在表达）的观念，即对人、对人性、对人生的关怀和探索。人文技术是自我调控，如何“做人”的方式方法体系。社会科学是关于社会即“他们之间的关系”，社会技术是协调和善待人际关系，即如何“处世”的方式方法体系。在现实活动中，三大基本门类相互作用形成一个“内在整体”（见图1）。

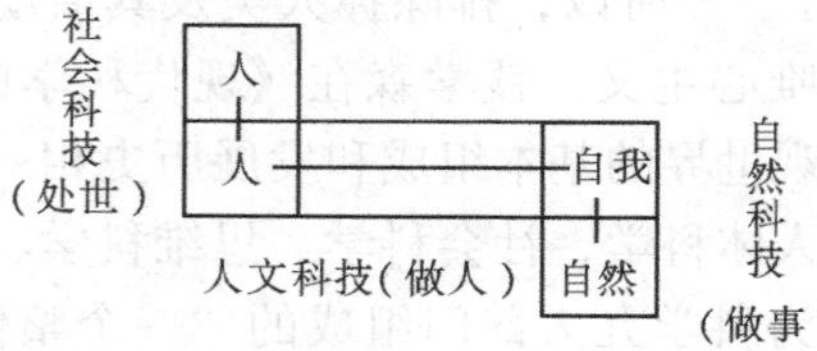

图1　自然科学技术、人文科学技术、社会科学技术的“内在整体”示意图

总之，自然科学技术是研究人对自然物（包括人工自然物）的关系，人文科学技术是研究人（类）自身，而社会科学技术是研究人与人之间的关系。显然，人文界不能简单地归结为社会界，因为“关系的承担者”（个体、自我）与“关系”是两回事，正如物与二物之间的距离（一种关系）、“存在者”与“存在”不能混同一样。这样，人文界的精神性、意义性和价值性决定了人文科学技术不同于以客观性、整体性和抽象性为特点的社会科学技术。当然，它们之间有着密切的联系。“自然科学是一切知识的基础”（马克思语），人文科学技术、人文价值既是对自然科学技术的一种补充和矫正，又是社会科学技术的直接基础。所以，人文科学技术是学科技术整体中的中心和中介环节。于是，现代科学技术体系是“一体两翼”——以人文科学技术为主体、自然科学技术和社会科学技术为两翼的整合体，而许多交叉、边缘学科渗透于各门类、各学科之间[3]。关于科学“内在整体”的思

想，西方学者早就提出过。如著名的物理学家普朗克指出：“科学是内在的整体。科学之所以分为各门学科是由于人类认识能力的局限性，实际上存在着由物理学到化学，通过生物学和人类学到社会科学的连续的链条，这条链条是不能被打断的，如果被打断了，我们就是瞎子摸象，只看到局部而看不到整体。”[4]英国的经济学家舒马赫指出：“自然科学不能创造出我们借以生活的思想……它没有告诉人们生活的意义，而且无论如何医治不了他的疏远感与内心的绝望。如果一个人因为感到疏远与迷惑，感到生活空虚或毫无意义，他哪里还有什么进取、追求，还有什么科学实践活动呢?”还明确地指出：“一切科学，不论其专门化程度如何，都与一个中心相连接，就像光线从太阳发射出来一样。这个中心就是由我们最基本的信念，由那些确实对我们有感召力的思想所构成。换句话讲，这个中心是由形而上学和伦理学（均属于人文科学——引者注）所构成。”[5]54,60普朗克和舒马赫的这些思想与我们提出的“一体两翼”立体结构是一致的。因此，我们提出全面科学技术观——以人为本，同时、协调、可续地发展自然科技、人文科技和社会科技。

3．科学技术哲学的基本门类及其研究内容

“科学技术仅指自然科学技术”的观点和观念是片面的。而现行的“科学技术哲学”或“自然辩证法”只研究自然界和自然科学技术的发展规律等问题，显然也是片面的。这是传统的概念思维方式的产物。其实，科技三大门类与科学技术哲学三大门类之间具有同源关系，即源于同一个现实存在——客观世界演变的“自然历史过程”和世界基本构成的“内在整体”（见表2）。

367

表 2　　科技三大门类与科学技术哲学基本

客观世界演变过程	天然自然	↔	人　类	↔	人类社会
整个世界的基本构成	自然界	↔	人文界	↔	社会界
哲学的基本门类	自然哲学	↔	人文哲学	↔	社会哲学
科学技术的基本门类	自然科学技术	↔	人文科学技术	↔	社会科学技术
科技哲学的基本门类	自然科技哲学	↔	人文科技哲学	↔	社会科技哲学

哲学是关于人对世界（自然、人类和社会）的关系的世界观理论。如表2所示，哲学当然包括自然哲学、人文哲学和社会哲学三大基本门类。科学技术哲学也就相应地分为自然科学技术哲学、人文科学技术哲学和社会科学技术哲学三大门类。而现在的“科学技术哲学”仅仅是其中的一个门类——自然科技哲学，显然，从逻辑推理上也是片面的。从科学技术哲学的研究内容来看，它是一门相对独立的、不可取代的哲学学科。“自然辩证法”作为一门学科的名称是片面的。列宁指出：“不必要”有“逻辑、辩证法和唯物主义的认识论”三个词，因为“它们是同一个东西”[6]233。如表3所示，“自然辩证法”只是自然认识论（包括自然科学认识和自然技术认识两个不可缺失的阶段，而“自然辩证法”只研究自然科学认识论，

否认或忽视了自然技术认识论研究。其实，技术认识是科学认识的完成形态[7]8-20。而自然科学认识论既没有包含自然科学技术哲学的全部内容，更不能等同于我们称谓的科学技术哲学。也就是说，"自然辩证法"作为哲学的一门二级学科的名称是片面的、不妥的，因为它远未涵盖科学技术哲学应该研究的全部内容（见表3）。

表 3　科学技术哲学的研究内容构成表

研究内容	本体论	认识论	价值论	历史观	方法论
自然科技哲学	人与自然科技的关系	自然科技认识论	自然科技价值论	自然科技历史观	自然科技方法论
人文科技哲学	自我与人文科技的关系	人文科技认识论	人文科技价值论	人文科技历史观	人文科技方法论
社会科技哲学	人与社会科技的关系	社会科技认识论	社会科技价值论	社会科技历史观	社会科技方法论
科学技术哲学	人与科学技术的关系	科学技术认识论	科学技术价值论	科学技术历史观	科学技术方法论

用自然"科学技术学"取代科学技术哲学是一种误导。最近出版的一本称为"21世纪研究生课程教材"的《科学技术学导论（自然辩证法概论）》中指出：自然"科学技术学是对（自然）科学技术本身的可靠性、可行性和进步标准以及科学技术对政治、经济、军事、哲学、宗教、法律、文化等各种社会生活影响的研究。""事实上，科学技术哲学只是我们的学术领域之一，不是全部。这种'衣不蔽体'的冠名，不久就暴露出了它的局限性。"如前所述，现行的"科学技术哲学"的局限性是只研究自然科学技术中的哲学问题，更没有将包括三大门类的科学技术视为一个"内在整体"，并不是没有研究"自然科学技术本身的可靠性、可行性以及科学技术对各种社会生活的影响"。因为对自然科学技术本身的可靠性、可行性问题，既不是科学技术哲学也不是自然科学技术学研究的内容，而只能由自然科学技术本身来研究，由科学实验、技术试验和生产实践来检验与判断，这是第一；第二，科学技术哲学是关于人对科学技术"内在整体"及其基本门类之关系问题的学问，它对"社会生活的影响"是双向的，甚至是多向的，不能只关注"自然科学技术对各种社会生活影响"的单向作用，这又是传统的"概念思维"的弊端；第三，自然科学技术学的学科性质属于理科，怎么能取代科学技术哲学呢?!如果硬要取代，那么就是改变科学技术哲学的哲学学科性质，也就取消了科学技术哲学。这本"21世纪研究生课程教材"只是将"自然辩证法"和自然"科学技术学"的部分内容拼凑在一起，真正意义上的科学技术哲学的研究内容过于贫乏，这也是我国科技哲学界普遍存在的问题之一。当然，也不能因为哲学功底不深就改变科技哲学的学科性质。如表3所示，从科学技术哲学的基本门类构成来讲，我们不仅要开展自然科

技、人文科技和社会科技中的哲学问题（即本体论、认识论、价值论、历史观和方法论）研究，还要从“内在整体”（即现实活动中）研究科学技术的某些共同的哲学问题。从目前的研究状况来看，关于自然科技哲学的研究已经获得许多成果，如舒伟光和欧阳康早就出版过有关自然科学认识论、方法论和社会科学认识论、方法论的论著，有关自然科技价值论、历史观和社会科技历史观、价值论的论著也不少。最近，田鹏颖、陈凡又撰写并出版了《社会技术哲学引论——从社会科学到社会技术》一书。而人文科学技术的哲学问题研究，特别是科学技术哲学“内在整体”的哲学研究几乎还是空白[8]。随着生命科学技术、人脑科学技术以及人文科学技术的纵深发展，可以预料，将会出现人文科学技术哲学和科学技术“内在整体”哲学研究的热潮。我们希望科学技术哲学工作者在全面科学技术观的指导下，更多地关注社会科技哲学、特别是人文科技哲学问题，力争创建一门具有中国特色的全面科技哲学学科。也只有这样，才能树立并落实“科学发展观”，才能“坚持以人为本，促进经济、社会和人的全面发展”。

参考文献

[1] 马克思，恩格斯．马克思恩格斯选集：第 1 卷［M］．北京：人民出版社，1974．

[2] 谈利兵，陈文化．试论自然科学通过人文科学到社会科学的一体化［J］．自然辩证法研究，2002（12）：5-7．

[3] 陈文化，胡桂香，李迎春．现代科学体系的立体结构：一体两翼——关于“科学分类”问题的新探讨［J］．科学学研究，2002（6）：565-567．

[4] 转引自成思危．切实推进我国的软科学事业［J］．中国软科学，1998（7）：5-15．

[5] 舒马赫．小的是美好的［M］．北京：商务印书馆，1985．

[6] 列宁．列宁哲学笔记［M］．北京：人民出版社，1974．

[7] 陈文化，刘华桂．试论技术哲学研究的主题性转换［C］//郭桂春．多维视野中的技术——中国技术哲学第九届年会论文集．东北大学出版社，2002．

[8] 陈文化，谈利兵．关于 21 世纪技术哲学研究的几点思考［J］．华南理工大学学报（社会科学版），2001（2）：23-26．

八、全面科学技术观和科学技术哲学门类构成再探①

(2004年9月)

笔者曾经在《全面科学技术观与科学技术哲学门类构成探究》[1]一文中，根据客观世界演化的“自然历史过程”（即天然自然→人类→人类社会）和世界由自然界、人文界和社会界“通过人的活动”形成的有机整体，将科学技术分为自然科学技术、人文科学技术和社会科学技术三大基本门类，并由此提出科学技术哲学是由自然科学技术哲学、人文科学技术哲学和社会科学技术哲学“通过人的活动”形成构成的“内在整体”。本文拟运用实践思维的方式，考察人的现实活动机制，在马克思的“全面生产”理论的指导下，提出全面科学技术观，并进一步探讨科学技术哲学的门类构成及其研究内容问题。

1. 全面科技观的提出

传统科技观认为：“科学技术仅指自然科学技术，自然科学技术独自能够并逐步解决人类面临的所有难题，并且是导向人类幸福的唯一有效的工具。”果真如此吗？我们认为，这种观念和观点是片面的。无论是自然科学技术，还是人文科学技术、社会科学技术，作为人（类）的“精神生产”或“脑力劳动的产物”（马克思语），一旦外化或客观化，即成为波普尔称谓的“世界3”以后，就脱离了主体而各自以一定的形式和方式相对独立地存在着。而人在从事现实活动时，自然科学技术、人文科学技术和社会科学技术总是融汇于一身的。人的每一个现实的活动，都是生活于人际关系中的人与客体对象相互作用的过程，即如何“做人”（人文技术）、如何“处世”（社会技术）、如何“做事”（自然技术）融为一体并产生其整合效应（行为）。其中，如何“做人”是根本，如何“处世”是前提条件，并起着关键性作用（这个问题待后专门讨论）。这是世界（自然、人类、社会）的统一性的表现，也是如何“做人”、“处世”与“做事”的同一性的表现。因为“做事”涉及人与物（自然）的关系，“做人”涉及自我（因为人是自然存在物，又是社会存在物——马克思语），“处世”就是处理人与人之间的关系。因此，在现实的生活中，如何“做人”“处世”“做事”是不能分离的。也就是说，一个从事现实活动的人不可能只有自然科学技术知识，或者只有人文科学技术知识，或者只有社会科学技术知识，而是在三者综合于一身的基础上的某种（些）特长的突出展现（见图1）。

然而，“三者”又不是“同等重要的”。如图1所示，处理人与人之间的关系即

---

① 本文发表在《东北大学学报（社会科学版）》，2004（5）。

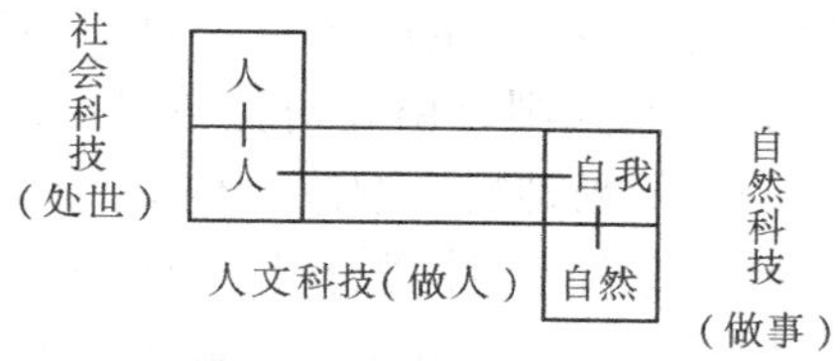

图 1　自然科学技术、人文科学技术、社会科学技术的“内在整体”示意图

“处世”是人的“社会居所”，它像一只看不见却又感觉得到的手，贯穿于人的所有现实活动的始终。同时，自然科学技术及其物资设备和资本等这些“死的东西”要运转起来，只能靠生活于社会关系中的人和人文精神的主导作用的充分发挥。所以，没有人这个主体的主导作用和人与人之间关系的这个“社会居所”，一切现实活动都不可能发生和进行。正如英国经济学家舒马赫指出的：“自然科学不能创造出我们借以生活的思想……它没有告诉人们生活的意义，而且无论如何也医治不了他的疏远感与内心的绝望。如果一个人因为感到疏远与迷惑、感到生活空虚或毫无意义，他哪里还有什么进取、追求，还有什么科学实践活动呢?”“一切科学，不论其专门化程度如何，都与一个中心相连接，就像光线从太阳发射出来一样。这个中心就是我们的最基本信念……形而上学和伦理学（均属人文科学——引者注）所构成”[2]54,60。爱因斯坦在给美国加州理工学院的学生作报告时指出：“如果想使自己一生的工作有益于人类，那么只懂得应用（自然）科学本身是不够的，关心人的本身应该始终成为一切技术奋斗的主要目标；关心怎样组织人的劳动和产品分配（指社会关系——引者注）这样一些尚未解决的重大问题，用以保证我们科学思想的成果会造福于人类，而不致成为祸害。在你们埋头于图表和方程式时，千万不要忘记这点”。仅仅“用专业知识教育人是不够的。通过专业教育，他可以成为一种有用的机器，但是不能成为和谐发展的人。要使学生对价值有所理解并且产生热烈的感情，那是最基本的”[3]17。因此，我们提出全面科技观——以人为本，同时、协调、可持续地发展自然科学技术、人文科学技术和社会科学技术，并“通过人的活动”成为和谐的“内在整体”。

2. 全面科技观的理论基础

马克思的“全面生产”理论是全面科学技术观的理论基础。人们从事现实的生产活动，是“全面生产”而不是“片面生产”，而传统的生产观是片面的。人们通常把“生产”理解为单纯的经济学意义上的概念，即指物质生产活动，经济发展也是单纯追求 GDP 的增长。这种传统的生产观是对马克思“全面生产”理论的一种曲解。

马克思指出：“动物的生产是片面的，而人的生产是全面的；动物只是在直接的肉体需要的支配下生产，而人甚至不受肉体需要的支配也进行生产，并且只有不受这种需要的支配时才进行真正的生产；动物只生产自身，而人再生产整个自然界；动物的产品直接同它的肉体相联系，而人则自由地对待自己的产品。"[4]53 马克思恩格斯在《费尔巴哈》一文中谈到个人的精神财富取决于他的现实关系的财富时又指出："仅仅因为这个缘故，各个单位的人才能摆脱各种不同的民族局限和地域局限，而同整个世界的生产（也包括精神的生产）发生实际联系，并且可能有力量来利用全球的这种全面生产（人们所创造的一切）。"[5]42 显然，马克思的"全面生产"是指"人们所创造的一切"的活动，把人类的全部活动、乃至整个社会的延伸都理解为生产的过程和结果，也就是指整个人类社会的生产和再生产。

"全面生产"的主要内容由以下四类生产形式组成。

一是物质生活资料的生产，即"物质生产"。马克思指出："这种活动、这种连续不断的感性劳动和创造、这种生产，是整个现存感性世界的非常深刻的基础，只要它哪怕只停顿一年……整个人类世界……的存在也就没有了。"[5]49-50 所以，物质生产在"全面生产"中是最基本的生产形式，但不是唯一的生产形式。

二是人的生产，即人的"增殖"及其素质的培育。马克思指出："每日都在重新生产自己生活的人们开始生产另外一些人，即增殖。这就是夫妻之间的关系，父母和子女之间的关系，也就是家庭。"[5]33 人的生产既包括"人口的增多"，又包括人的成长和素质的全面提高（主要是如何"做人"），这是上述几种"关系"相互作用的综合结果。

三是精神生产，即"脑力劳动"。马克思指出："思想、观念、意识的生产最初是直接与人们的物质活动，与人们的物质交往，与现实生活的语言交织在一起的。观念、思维、人的精神交往在这里还是物质关系的直接产物。表现在某一民族的政治、法律、道德、宗教、形而上学等的语言中的精神生产也是这样"[5]30。精神生产的产品既与"语言交织在一起"（即以文字语言作为一种载体），又以其他（如纸张，光、电、声、磁波，软盘，数码符号系统，拷贝等）物质产品为载体。"脑力劳动的产物"都是主体精神活动的产物的客观化，也就是"世界 3"或"客观精神世界"，即"没有认识者的知识"或"思想的客观内容的世界"（波普尔语）。

四是社会关系的生产。马克思指出："通过异化劳动，人不仅生产出他同作为异己的、敌对的力量的生产对象和生产行为的关系，而且生产出其他人同他的生产和他的产品的关系，以及他同这些人的关系"[4]56。在现实的生产中，同时也生产出社会关系，因为只有在这些社会联系和社会关系的范围内，才会有生产。

上述四种不同门类的生产及其相互关系，构成马克思"全面生产"理论的基本内容。在现实活动中，四种生产形式之间相互渗透、彼此制约、相互作用并形成整个人类社会的有机统一的生产体系（见图 2）。

物质生产属于自然界。按照马克思的意思，"物质生产"是"人对自然界的实

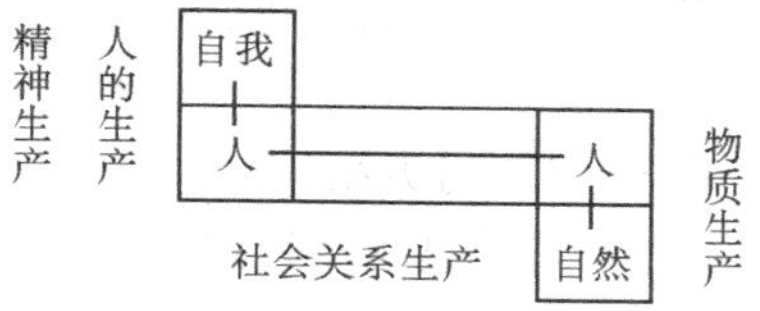

图 2　马克思“全面生产”的“内在整体”示意图

践关系”，如同“自然科学是一切知识的基础”（马克思语）一样，物质生产即“生产物质生活本身”是其他一切生产形式的基础。

人的生产和精神生产（脑力劳动）属于人文界。“人文”一词包含“人”和“文”两方面，即人生产“文”，又用“文”来化“人”，主要解决如何“做人”的问题，这是进行生产的根本条件。精神生产的重要任务是要解决“是什么”、特别是“怎么样”（“怎么做”）的问题。因此，人的生产和精神生产在“全面生产”中处于奠基的、最高的层面上。

社会关系的生产是人对社会的实践关系。一方面，社会关系的生产是物质生产、精神生产的前提条件。马克思指出：“为了进行生产，人们相互之间便发生一定的联系和关系，只有在这些社会联系和社会关系的范围内，才会有他们对自然界的关系，才会有生产”[6]362。另一方面，社会关系生产在其他一切生产中起着某种决定性的作用。马克思指出：“一切关系都是由社会决定的，不是由自然决定的”[7]234。在谈到现代社会中的个人只有作为交换价值的生产者才能存在时，又说：“这种情况已经包含着对个人的自然存在的完全否定，因而个人完全是由社会所决定的”[7]200。这里的“社会”，本质上是指“社会关系”。因为“社会不是由个人构成，而是表示这些个人彼此发生的那些联系和关系的总和”[7]220。因此，在现实的生产活动中，社会关系生产是最具本质性的生产形式，处于“中介层面”（见图 2）。因为它像一只看不见但又感觉得到的手，贯穿于物质生产、人的生产和精神生产整个过程的始终。

马克思的“全面生产”理论为全面科学技术观提供了理论支撑。因为它们具有同源关系，即源于同一个现实存在的客观世界的演化进程和基本构成（自然、人类和社会）的“内在整体”。因此，那种只重视物质生产和自然科学技术，忽视人的生产、精神生产和社会关系生产，忽视人文科技和社会科技的观念和行为，都违背了客观世界的“存体”和“存态”。

综上所述，世界（自然、人类和社会）本源于物质而统一于实践，也只有人和人的实践活动，才能使世界成为一个“内在的整体”。人对世界（自然界、人文界和社会界）认识的科学技术和人对世界改造的生产生活都是“全面的”有机整体，这样就将“对立和对抗的两种文化”论、传统的科技观和片面的生产观转换为同一个“内在整体”中的部分（要素）之间的关系，就从根本上消解了其中的“对立和对抗”，克服了其片面性。

3．根据全面科技观构建科技哲学的门类结构

现行的“科学技术哲学（自然辩证法）都只以自然界和自然科学技术为研究对象，不仅是片面的，而且将哲学或者辩证法只当作以自然为研究对象的理论（否认了人文哲学、人文辩证法和社会哲学、社会辩证法），背离了马克思主义哲学。造成这种状况的根本原因就是对现实活动中与物质生产、人的生产同时存在的精神生产、社会关系生产的忽视，也就是对与自然科技同时存在的人文科技和社会科技的忽视。如果以研究人自身为对象的人文科技和以研究社会关系为对象的社会科技在“科学技术哲学（自然辩证法）”研究中空缺，即撇开人、撇开“人的共同活动”（社会联系和社会关系），“不可能有人同自然界的关系”，那么这种“研究活动”根本就不能进行，或者就是空洞的和抽象的谈论。这就是“科学技术哲学（自然辩证法）”研究“去人化”倾向的原因之所在。因此，我们认为：科学技术哲学应该是由自然科学技术哲学、人文科学技术哲学和社会科学技术哲学三大门类“通过人的活动”形成的有机整体（见表1）。

表1　科学技术哲学的研究内容构成表

研究内容	本体论	认识论	价值论	历史观	方法论
自然科技哲学 ↕	人与自然科技的关系	自然科技认识论	自然科技价值论	自然科技历史观	自然科技方法论
人文科技哲学 ↕	自我与人文科技的关系	人文科技认识论	人文科技价值论	人文科技历史观	人文科技方法论
社会科技哲学		人与社会科技的关系	社会科技认识论	社会科技价值论	社会科技历史观	社会科技方法论
科学技术哲学	人与科学技术的关系	科学技术认识论	科学技术价值论	科学技术历史观	科学技术方法论

如前所述，人在从事现实活动时，都是“全面生产”、“全面科技”融汇于一身。哲学是关于人对世界（自然界、人文界和社会界）的关系的世界观理论，而名为“科学技术哲学”，为什么将其研究对象限定为“自然界和自然科学技术”呢？科技哲学工作者同其他科技工作者一样，所从事的现实活动都是自然科技、人文科技、社会科技相互作用的综合效应。受到传统科技观的影响，只注重自然科技及其哲学问题研究，造成目前的自然科技及其哲学的研究“一条腿特长”、人文科技和社会科技及其哲学的研究“一条腿奇短”的残疾状态。这种怪态的“人”能正常行走、能跑得快吗？

根据科学技术发展的状况和水平，先注重自然科技及其哲学的研究，是历史和

传统工业社会发展观造成的。在进入21世纪自然科技、人文科技、社会科技“同等重要”的今天，必然地要求发展“全面科技”哲学。最近，东北大学出版社出版了田鹏颖、陈凡的《社会技术哲学引论——从社会科学到社会技术》，作者用实践思维的方式研究人的社会活动，认识社会生活的本质，为技术哲学研究开创了一个新领域，这是值得庆贺的。现在人文科学技术哲学研究还是一个空白。随着生命科学技术、人脑科学技术和人文科学技术的纵深发展，特别是现实生活中对以人为本、为民服务的强烈追求，人文科学技术及其哲学研究将会出现新的热潮。

参考文献

[1] 陈文化，陈艳．全面科学技术观与科学技术哲学门类构成探究［J］．自然辩证法研究，2004（8）：179-182．

[2] 舒马赫．小的是美好的［M］．北京：商务印书馆，1985．

[3] 转引自刘太刚，鲁克成．大学生文化修养讲座［M］．北京：高等教育出版社，2003．

[4] 马克思．1844年经济学-哲学手稿［C］//北京：人民出版社，1995．

[5] 马克思，恩格斯，费尔巴哈．马克思恩格斯选集：第1卷［M］．北京：人民出版社，1974．

[6] 马克思．雇佣劳动与资本［C］//马克思，恩格斯．马克思恩格斯选集：第1卷．北京：人民出版社，1974．

[7] 马克思．资本的生产过程［C］//马克思，恩格斯．马克思恩格斯全集：第46卷（上）．北京：人民出版社，1979．

九、试论技术哲学研究的主题性转换[①]

（2002 年 9 月）

1. 技术哲学作为哲学的一门分支学科，未能像母体那样实现主题性转换与传统的技术观有关

哲学的主题性转换经历了“实体存在（本体）论—知识论—生存（实践）论”的演变轨迹。科学哲学也于 19 世纪末实现了“认识论转向”，而技术哲学的基本规范和观念似乎还停留在“实体本体论”阶段，如关于技术的本质和技术哲学的研究对象等。

技术是什么？是工具、机器等物质产品，还是操作性知识或生产的方式方法手段？在“器官投影论”（即 1877 年卡普认为技术是工具和机械，而所有的工具和机械都是人体各种器官的外化）的影响下，现在美、俄、中等国家的许多学者仍然主张“技术是一堆机械实物”，“技术即劳动资料”或“物质手段”。科学是关于“是什么”和“为什么”的知识（体系），而关于“做什么”和“怎么做”的技术却等同于工具、机器！难道“怎么”制造或使用机器的方法就是机器本身吗？其实，工具、机器只是生产技术的一种物质载体。正如马克思在《资本论》和《政治经济学批判大纲（草稿）》等论著中指出的，自然技术“是人对自然界的活动方式”，是“运用于实践的科学”，并把科学和技术的进步都视为“精神生产领域”。而“任何机器……都是人类工业的产物……都是物化的智力”。“利用机器的方法和机器本身完全是两回事”，因为“机器是劳动工具的组合，但绝不是工人本身的各种操作的组合”。因此，技术发明成果——样品、样机或模型与“人类工业的产物”——机器不能等同，犹如建筑师根据有关理论和实践经验研制出的图纸或模型，与工人师傅按照这个图纸或模型建成的房屋除在外形和内部结构上大致相似之外，两者不能等同一样。法国科学哲学家波普尔早就将科学技术等客观化了的符号体系视为不同于客观物质世界的“世界 3”——“客观知识世界”。在此基础上，我们构建了新的世界形成及其作用机制模型（见图 1）。

如图 1 所示，世界是以人类（“人的世界”）为核心主导的四维整合体。客观物质世界或自然界（世界 1）先于或外于人类而存在，人的世界（世界 0）出现之后才有社会界（世界 2），通过人的实践活动使世界 1 与世界 2 相互作用，分别产生出

① 本文发表于中国技术哲学第九届年会（2002，山西大学），并被收入郭贵春，乔瑞金，陈凡主编的文集《多维视野中的技术》，沈阳：东北大学出版社，2003 年 9 月。

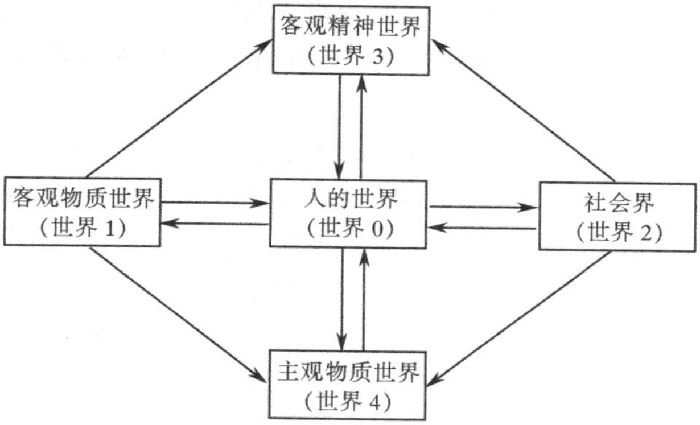

图 1　世界的形成及其作用机制示意图

世界 3 和世界 4。同时，也只有通过人的活动，世界3与世界 4 才能发生相互作用，并使虚拟物转变为现实。

波普尔把“思想的客观内容的世界，尤其是科学思想、诗的思想和艺术作品的世界”，称为世界 3。还说：“我指的世界 3 是人类精神产物”，即“自在的理论及其逻辑关系的世界，自在的论据的世界，自在的问题情境的世界”。“自在的”知识即“客观意义的知识是没有认识者的知识，也即没有认识主体的知识”。因此，世界 3 既不是客观物质世界，又不是主观精神世界，而是脱离了主体而存在的人类创造性思维活动的产品，即客观知识世界（详见《波普尔科学哲学选集》)。显然，以工具、机器等为实物载体的“物化的智力”即“没有认识主体的”技术知识也属于世界 3。

包括技术在内的“世界 3”是人类精神产品的客观化，即指依附在纸张，文字语言，数码符号系统，光、声、电、磁波，网络，软件，机器设备等物质载体上的知识内容。现实的技术是脱离主体而客观存在着的操作性的知识。打印在纸张上的科学内容称为科学知识，而打印的技术内容还称为纸张吗?！技术知识依附在机器上还等同于机器本身吗?！占有了工具、机器就拥有了技术吗?！工具和机器是“第一生产力”、是生产过程中的“决定性因素”吗?！受到机械自然观影响的人们，只看到了机器这个表面现象，而没有追究该现象的本质——“转移到机器、转移到死的生产力上面的技巧”（马克思语)。

技术概念是技术哲学和技术认识论的一个基础性的基本范畴。长期以来，将它视为“人造物实体”而拒斥“技术知识”论，技术哲学“理”所当然地就是“改造自然的哲学”了，怎么会实现“认识论转向”呢！

2. 技术哲学未能像科学哲学那样实现“认识论转向”，与否认技术认识论有直接关系第一，马克思主义的哲学认识论包括着两条思维逻辑运动方向相反的“道路”。

关于马克思主义的哲学认识论，经典作家们早就有许多深刻的论述。马克思在《（政治经济学批判）导言》中明确地指出：一个思维的逻辑运动中包括着两条方向相反的“道路”：“在第一条道路上，完整的表象蒸发为抽象的规定；在第二条道路上，抽象的规定在思维行程中导致具体的再现”。（着重号为引者加的，下同）何谓“具体的再现”呢？马克思接着指出：“后一种显然是科学上正确的方法”。“从抽象上升到具体的方法，只是思维用来掌握具体并把它当做一个精神上的具体再现出来的方式，但绝不是具体本身的产生过程”。又说：“作为思维具体，事实上是思维的、理解的产物，……是把直观和表象加工成概念这一过程的产物。”“具体之所以具体，因为它是许多规定的综合，因而是多样性的统一。因此它在思维中表现为综合的过程，表现为结果，而不是表现为起点，虽然它是现实中的起点，因而也是直观和表象的起点。”显然，“第一条道路”是指科学认识，而“第二条道路”我们认为是指技术认识。

关于“具体的再现”或“思维具体”，恩格斯在《路德维希·费尔巴哈和德国古典哲学的终结》一文中，作了明确的注释。他说：“动植物体内所产生的化学物质，在有机化学把它们一一制造出来以前，一直是这种‘自在之物’（按照列宁的解释，指“我们的感觉、表象等等之外的物”，即尚未被认识之物——引者注）；当有机化学开始把它们制造出来时（“开始制造”还不是“改造世界的实践”即批量生产——引者注），‘自在之物’就变成‘为我之物’（恩格斯指“被认识了的东西”——引者注）了，例如，茜草的色素——茜素，我们已经不再从田地里的茜草根中取得，而是用便宜得多、简单得多的方法从煤焦油里提炼出来了。”这样，“我们自己能够制造出某一自然过程，使它按照它的条件产生出来，并使它为我们的目的服务，从而证明我们对这一过程的理解是正确的。”列宁在《列宁哲学笔记》中也指出：“从生动的直观到抽象的思维，并从抽象的思维到实践，这就是认识真理、认识客观实在的辩证途径。”这里的“实践”指什么？我们认为：它是指“自在之物”“开始制造出来变成为我之物”的技术（性）试验活动，即“具体的再现”过程，而本身不是指“改造世界的实践”，只是为后续的“改造世界的实践”提供方式。列宁在《唯物主义和经验批判主义》一文中，几次引述过恩格斯的那句话，并且明确地指出：“‘自在之物’向‘为我之物’的……这种转化也就是认识。”他还在《列宁哲学笔记》中提出一个认识过程模式：“存在—无—变易”。其中的“变易，即渐进过程的中断以及与先前的存在有质的不同的他物。”因此，认识是“自在之物及其转化成为他之物”。这就是说，具体的认识过程中不仅包括科学认识和技术认识“两条思维逻辑运动方向相反的道路”，而且只有后者，即“开始变成为我之物”（通过技术创新研制出样品、样机或模型等“为我之物”）的技术认识，才能表明这个认识过程的完成。

关于具体的认识过程，无论是马克思的“完整的表象”—“抽象的规定”—“思维中的具体再现”（即“具体—抽象—再具体”），还是恩格斯的“自在之物”—“理解”或“认识”—“为我之物”，列宁的“存在—无—变易”（即“自在之物”—“抽象的思维”—“为我之物”），都是由“两条思维逻辑运动方向相反的道路”形成的“三段式”结构。为了更加明确、形象地表述一个认识过程的“两条思维逻辑运动方向相反的道路”，我们将“三段式”改为“四段式”，即在不断的实践中，“自在客体—观念存在—观念模型—观念上的具体再现”的双向作用与反馈的动态模式（见图2）。

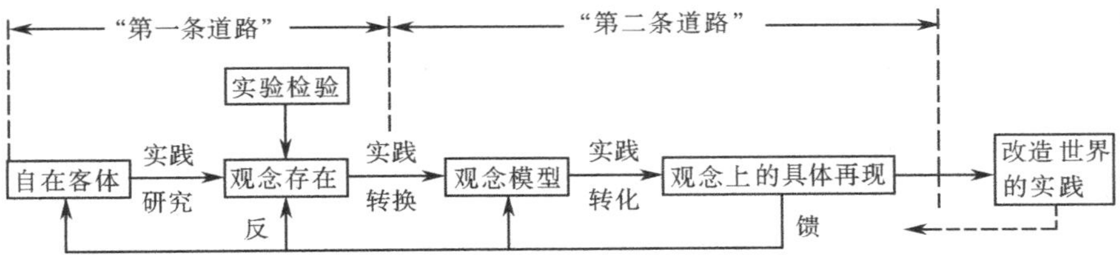

图2　哲学认识的一般过程及其作用机制示意图

如图2所示，观念存在即指“抽象的规定”或“理性认识”或“无”。观念模型指从“抽象的规定”转换而来的观念的具体化形式，如自然认识过程中根据经过实验检验的科学理论、发现作出的技术发明，或者社会认识过程中依据正确的思想、理论制定的方针、政策、计划、方案等。观念上的具体再现（即认识的结果）是指通过放大试验，将观念模型“在思维行程中导致具体的再现”或者将“自在之物开始制造出来变成为我之物”，即将“自在之物转化为与它不同质的为他之物”。这样，既解决了理性认识的真理性的检验问题，同时又解决了“改造世界”的操作性问题，于是才表明“这一具体过程的认识运动算是完成了”。这里的“完成”是指这种“多样性的统一在思维中表现为结果”，而它又“是现实中的起点”，即“改造世界的实践”的起点。“改造世界的实践”是进一步“检验理论和发展理论的过程，是整个认识过程的继续”，即人们的整个认识活动永远不会完结。

图2揭示的是哲学认识的“一般过程”。其中也包含了从“改造世界的实践”和（或）“思维具体的再现”中的经验教训的总结，并上升为“抽象的规定”或“理性认识”的过程。因此，关于双向性、反复性、反馈性和无限性的认识过程及其“思维具体”的认识结果的理论，就是马克思主义的“全部认识论”。

第二，我国的“自然认识论”和“社会认识论”都取消了“第二条道路”。

长期以来，我国对马克思主义的“全部认识论”作了形而上学的理解和宣传，所谓的“自然认识论”和“社会认识论”就是其中的典型例子。

有学者认为："自然认识论即科学认识论"，"认识过程划分为以搜集材料为主的经验阶段和以整理材料为主的理论阶段"，即"从经验上升到理论的过程"，并概括为"实践—假设（或假想）—实验检验"公式。还说："这种科学认识论与一般认识论即哲学认识论……是个别与一般、特殊与普遍的关系"。这样，认识过程中的"第二条道路"即技术认识阶段就被完全取消了。

那种否认技术认识阶段的"自然认识论"肢解、曲解和背离了马克思主义的"全部认识论"。因为只到科学认识为止的"自然认识论"，"还只说到问题的一半。而且对于马克思主义的哲学说来，还只说到非十分重要的那一半。"（《实践论》）因此，我们认为：自然认识论应该是关于人们对自然客体的科学认识和技术认识的过程及其结果的理论（见图3）。

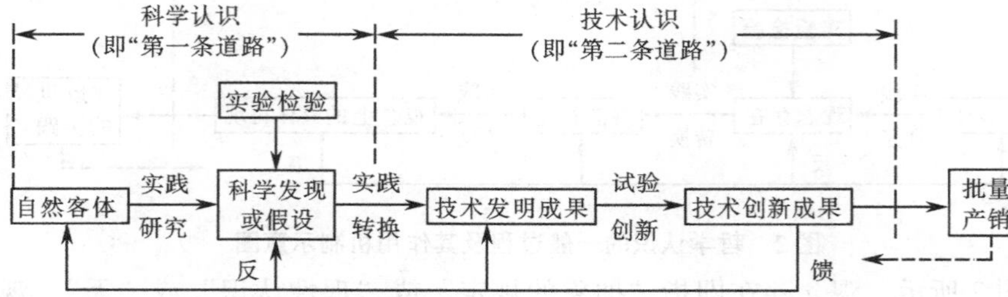

图3　自然认识的一般过程及其作用机制示意图

如图3所示，自然认识过程与一般（哲学）认识过程一样，包括着科学认识即"完整的表象蒸发为抽象的规定"和技术认识即"抽象的规定在思维行程中导致具体的再现"两条思维逻辑运动方向相反的"道路"。

图3只是指自然认识的一般过程。因为技术不仅仅源于科学，即"科学的应用"，生产实践经验的总结或将几种相关技术的综合都会产生新的技术。同时，科学认识与技术认识也不是线性关系，而是一种双向作用与反馈机制。图2和图3中的"实验检验"只是对理性认识的真理性问题的一种检验方式，从"全部认识"过程来讲，它仍然属于"理性认识阶段"。而"自然认识论"者把它当作认识过程的完成阶段，这显然是不妥的。

技术认识论是对技术发明、技术创新和技术扩散三个连续—反馈阶段及其结果的认识（评估）以及对技术应用后果的哲学反思。在技术的产生和发展过程中，都有对技术知识运行轨迹的认识问题，如技术创新过程就是一种认识活动。马克思讲的"思维具体"或"具体再现"和恩格斯、列宁讲的"自在之物""开始制造出来"或"向为我之物的转化"，就是我们现在讲的"技术创新"。按照目前国内外多数学者的看法，"技术创新是指发明的首次商业化应用"，其过程是"始于技术-经济构想，终于首次商业化应用"。因为只有新产品或新工艺"开始制造出来"并首次实现其商业价值，即得到消费者的认可，才“证明我们对这一过程的理解是正确的”，也才表明这一具体过程的认识运动“算是完成了”。尔后，才能“并入生产过程”（马克思语），即进行重复性的批量生产和营销，尽管它是“整个认识过程的继续”，但它主要是“改造世界的实践”活动[1]109-119。

由此看来，马克思主义哲学认识中的“创新”是指一个具体认识过程的完成——“开始变成为我之物”，属于认识论范畴，似乎比熊彼特的“经济学内涵”更准确。而目前许多人把创新说成是“创造新的东西”，或者说“创新与创造（发明）是同义语”，这些观点和观念是不妥的，也是有害的。

那种只到科学认识即“抽象的规定”为止的“自然认识论”即“科学认识论”与马克思主义哲学认识论不仅不“是个别与一般、特殊与普遍的关系”，而且是对马克思主义哲学认识论的一种曲解和背离。技术认识是自然认识过程中“十分重要的一半”，然而学界对于技术认识“那一半”未予重视，甚至持否定态度。如有人认为：“科学哲学即自然认识论或科学认识论”，而“技术哲学或工程哲学是研究人工物品的哲学”，是“哲学中的自然改造论”或“关于改造自然这个领域的一般规律的学问”或“人类改造自然的哲学”，它与“以研究认识过程为‘己任’的哲学分支（指科学哲学——引者注）是两个不同的哲学分支”。显然，这是一种误解，或者说是一种传统观念。现实已经并将日益充分地表明，科学这个“最高意义上的革命力量”，只有通过技术发明和创新活动，并将其成果大规模地“应用于生产并体现在生活”中，才能得以展现。科学认识的目的是服务于“改造世界的实践”，而这个目的的实现必须通过技术发明和创新这个必经的“第二条道路”，舍其别无他途。技术发明和创新过程与科学认识一样，都属于知识生产活动，只是前者的思维逻辑运动方向与后者相反而已，即将科学认识（理论知识）具体化、完善化和对象化，才能为“改造世界的实践”提供操作性的方式方法手段，而不是“改造世界的实践”即物质（性）“生产生活”本身，尽管现代技术已经渗透到物质生产和生活的一切领域和方面。正如加拿大著名的科学技术哲学家 M. 邦格 1979 年在《技术的哲学输入与哲学输出》一文中指出的，“科学是为了认识而去变革，而技术却是为了变革而去认识”。“科学研究的目标是寻求真理本身，而技术研究则是寻求有用的真理。”显然，不能因为科学认识与技术认识之间的区别与联系，就取消技术认识过程，并将技术哲学的学科性质改变为“自然改造论”。因此，只承认科学认识而否认技术认识的“自然认识论”或将其定义为“自然改造认识论”，背离了马克思主义的哲学认识论。因为由感性认识到理性认识为止的“科学认识”的客观真理性问题“没有完全解决，也不能完全解决”。而科学认识的真理性问题和“改造世界”的操作性问题，只有通过技术认识阶段，才能同时解决。尔后，再将这个经过“具体再现”的认识“回到改造世界的实践中去”，是整个认识过程的继续，也是进一步检验理论和发展理论的过程。

"社会认识论"犯了与"自然认识论"同样的错误——"只说到非十分重要的那一半"。如他们认为:"社会认识论是关于人们如何认识社会和社会如何通过对社会的认识,而达到自我意识的哲学理论。"还说:社会发现过程与一般认识过程一样,都是主体对客体的信息进行采集、选择、接受、整理和加工,"以形成系统化、理论化的认识成果"。其实,社会认识过程也同样地包括两条思维逻辑运动方向相反的"道路"(见图4)。

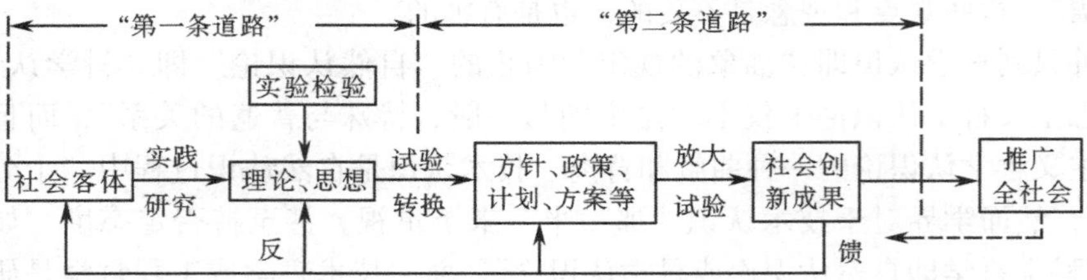

图4 社会认识的一般过程及其作用机制示意图

如图4所示,"第二条道路"是社会认识过程中"十分重要的一半"。如果没有"那一半",方针、政策、计划、方案等观念模型是否正确没有得到"检验",是否符合实际情况没有得到"证明",如何实施也没有经过"摸索",怎么能"一下子"推广到全社会呢?即使是正确的思想、理论,如马克思主义理论,也必须同本国的具体实际相结合而获得理论的具体化形式,再通过创新,使其修正、完善与发展。

第三,"自然认识论"和"社会认识论"与单向度认识论的关系。

无论是"自然认识论",还是"社会认识论",都是一种"只到理性认识为止"的传统认识论,可能与毛泽东的认识论有关。毛泽东在《实践论》、《人的正确思想是从哪里来的?》、《关于人的认识问题》等著作中,正确地指出:"只到理性认识为止"的认识论"还只说到非十分重要的那一半"。但是他阐述的"从感性认识而能动地发展到理性认识,又从理性认识而能动地指导革命实践,改造主观世界和客观世界"的认识过程中没有"思维具体再现"的"第二条道路",或者是将"改造世界的实践"直接地当作"第二条道路"。毛泽东还讲过:认识过程的两个阶段、两次飞跃,即"由物质到精神,由精神到物质"或"由存在到思想,由思想到存在",似乎也是"两条方向相反的道路",但仔细琢磨起来,又不是的。因为他讲的"由精神到物质"、"由思想到存在"都是指"把第一阶段得到的认识,放到社会实践"(即"改造世界")中去检验,并说"此外再无别的检验真理的办法"。这就把"第二条道路"取消了,成为单向度的认识论。这样,既混淆了"具体再现"与"改造世界"两个不同质的过程,又混淆了两种不同质的"物质"。因为"第二条道路"("精神变物质")即由科学认识转换而来的技术发明到"开始变成为我之物"中的

"物质"（指不同于"自在之物"的"为我之物"）与"改造世界的实践"（"精神变物质"）即将技术创新的方法运用于批量生产的过程中的"物质"（指批量生产的物质产品）是不能等同的，正如机器的发明（样品、样机或模型的研制）与机器的批量生产不能等同一样。于是，许多人把"实践—认识—实践"中的第二个"实践"或"从理性认识到实践"的"实践"都直接地当作"改造自然和社会"或"改造客观世界"的群众性活动。因此，这样的认识活动就"只到理性认识为止"，技术哲学也就变为"人类改造自然的哲学"。

这里需要特别指出的是，"自然认识论"和"社会认识论"在认识的目的问题上，直接背离了《实践论》。前者认为，认识的目的是为了揭示自然或社会的"运动规律和本质属性"，"以形成系统化、理论化的认识成果"。后者特别强调理性认识"指导改造世界的实践"。这就是传统认识论（即知识认识论）与单向度认识论的本质区别。

3. 与技术认识论研究有关的几个问题

第一，从一定意义上说，技术哲学就是技术认识论，而不是"改造自然的哲学"。

哲学与认识论是什么关系呢？恩格斯在《路德维希·费尔巴哈和德国古典哲学的终结》和《反杜林论》中指出：哲学是"一个纯粹思想的领域：关于思维过程本身的学说，即逻辑和辩证法"。"在以往的全部哲学中仍然独立存在的，就只有关于思维及其规律的学说——形式逻辑和辩证法。"这就表明：哲学就是认识论（当然"关于思维及其规律的学说"不全是哲学，还有思维科学和心理学等，不过它们不属于哲学层次），而且逻辑、辩证法与认识论本质上是一致的。列宁在《哲学笔记》中也指出："唯物主义的逻辑、辩证法和认识论（不必要三个词：它们是同一个东西）"。毛泽东在《关于人的认识问题》一文中说："什么叫哲学？哲学就是认识论。"马克思主义哲学"既要反省人对世界的认识问题（认识论），又要反省人对人与世界关系的评价问题（价值论），更要反省人自身的存在与发展问题（历史观）。"[2]反思、反省也就是认识，是以认识自身为对象的认识。因此，马克思主义哲学是世界观与认识论、方法论的统一，整个体系都具有认识论的意义和功能。

认识是什么？认识不完全是哲学教材上讲的"主体对客观实体的反映"（这只是单向度"反映"，取消了"第二条道路"），而是主体通过中介手段在主、客体之间的相互作用（即实践）中知识创造、转换和创新的动态过程。因此，关于认识的本质是"反映"与"具体再现"的同一。正如列宁在《哲学笔记》中指出的："人的意识不仅反映客观世界，并且创造世界。"还说：认识过程的结果即"绝对观念，原来就是理论观念和实践观念的同一，其中每一方单独说来都还是片面的"。因此，关于认识的"反映论"仍然没有摆脱传统认识论的影响。近代认识论把知识的生成看成认识的唯一的最终的结果，把达到对于客观事物的正确认识看成认识的唯一目的或目标。马克思主义认识论是把“具体的再现”即将“自在之物”开始转化成“为我之物”作为认识的唯一结果、唯一目标。而“开始制造出来”的为我之物，是理性认识与市场需求相结合的社会建构过程及其结果。于是，为我之物就是真善美的统一。而主体对于真善美的认识是分别通过认识活动中的认知、评价和审美来获得的。也就是说，通过认知活动达到对于真的把握，通过评价活动（主体自身的需要与客体属性、功能对主体需要的满足过程）实现对于善的把握，通过审美活动实现对于美（主客体之间的和谐及其程度）的把握。因此，在科学认识基础上的技术认识过程及其结果是真善美的统一。这就是研究技术认识论的意义之所在。因为技术认识过程只有自始至终伴随着人与技术关系的评价（价值论），才能使技术的功能得到对人有益的价值展现；另一方面，“评价”又必须建立在对它有一定认识的基础上。因此，技术哲学的核心问题是研究技术认识论问题，同时，这个问题也只有包括技术哲学在内的哲学界才会研究。

关注技术认识论已经成为一个紧迫的时代性问题。随着传统工业技术的无度发展（与人的认识有关），在获得巨大物质财富的同时，“生态失衡”、“人口爆炸”、“自然资源和能源枯竭”等成为全球性问题。随着资本主义工业化的发展，在机器“人”化的同时，人也日益“物”化（大多数劳动者变成了“被结合到机器体系中的一个机械部分”——卢卡奇语），从而沦为生产过程的被动的客体，失去了主体地位，失去了自我。同时，人与人之间的关系变成了人与物的关系并日趋紧张。人类日益面临着前所未有的生存危机和发展极限。现代技术、特别是信息和生命科学技术在给人类带来巨大物质利益的同时，也给人类文明和人类自身带来严重威胁。许多灾害，实际上是以“天灾”形式表现出来的“人祸”；许多自然危机、社会危机，从根本上来说是人的危机、自我危机造成的。因此，时代要求我们必须高度关注与人类自身生存和发展休戚相关的技术认识问题及其基础上的价值、伦理问题。

国外学者早就开始关注技术认识论问题。如M.邦格于1979年在《技术的哲学输入与哲学输出》中提出“技术的认识论”，并将其作为“技术哲学的研究重点”。美国的技术哲学家Joseph C.Pitt在2000年出版的《技术的反思：论技术哲学的基础》专著中提出“技术认识论”及其模式——“人类打算怎样活动的模式”（他简称为MT模式）。他认为，MT模式包括三个层次的转换：第一个层次的转换就是我们面对某个问题所作出的决定；第二个层次的转换就是我们改变现有的物质状况并获得人造制品；第三个层次的转换就是对技术应用后果的评估。他还明确地指出：“现在，科学哲学总是受到哲学家们的青睐。其实，技术哲学对人们的影响更深更广，应该受到哲学家们的更多的关注。然而，技术哲学要得到广泛的发展，只有将其哲学内容扩充，即从认识论、实用主义到伦理学。”Pitt的主张在美国哲学界已经引起了强烈的反响。

第二，技术认识论研究要在实践认识论或生存认识论的总体框架内，在分别研究自然技术认识论、人文技术认识论和社会技术认识论的基础上进行整合。

在实践哲学或生存哲学指导下的技术认识论，除了研究“自然技术认识”和“社会技术认识”问题外，还要重点研究人文技术认识问题，以体现技术认识论对人的关怀。我们曾经根据客观世界从天然自然到人猿揖别再到人类社会演变的“自然历史过程”，将科学技术体系划分为自然科学技术、人文科学技术和社会科学技术三大门类。因此，实践认识论或生存认识论的门类结构也就包括自然认识论、社会认识论和现在还没有的人文认识论，并构成以人文认识论为主体（导）、自然认识论和社会认识论为两翼的立体结构（见图5）。技术哲学已经有自然（工程）技术哲学和人文技术哲学，应该增加一门社会技术哲学分支学科。目前的自然认识论和社会认识论，实质上还只能称为自然科学认识论和社会科学认识论。因此，技术认识论也就由自然技术认识论、人文技术认识论和社会技术认识论“通过人的活动”形成一个“内在的整体”。

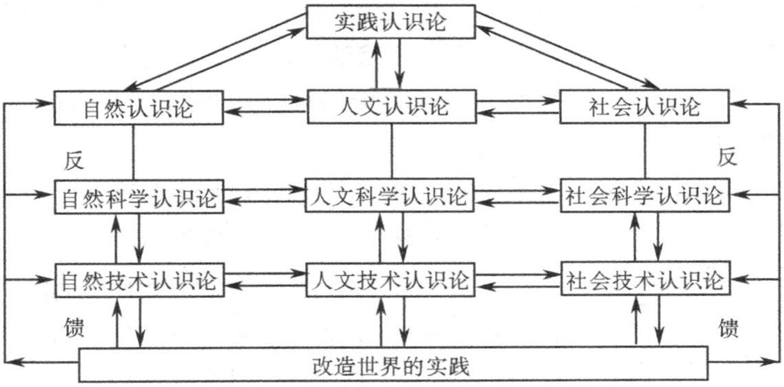

图5 实践认识论“三足鼎立”的动态模型及其作用机制示意图

如图5所示，实践认识论或生存认识论是一个立体动态结构。任何一个现实的认识活动都是主体通过中介手段（含方式方法手段和物质手段）与客体相互作用的动态过程。在这个过程中，同时存在着主体自我、主体际（人—物—人）关系、主体与客体关系和客体际（物—人—物）关系及其相互作用。而劳动者和生产资料，“在彼此分离的情况下，只在可能性上是生产因素。凡要进行生产，就必须使它们结合起来。”（马克思语）因此，在开展技术认识活动时，既要认识人与物的关系（自然技术认识），又要认识人与人的关系（社会技术认识），更要认识主体自身（人文技术认识）。因为主体的意识、行为和能力贯穿于技术认识的全过程，并居于主导地位。

第三，技术认识论研究要在马克思主义实践哲学的指导下，从有益于“人的生存与发展”出发，并以“人的生存与发展”作为技术认识合理性的主要判据，探讨技术认识过程、结果及其评估和技术应用后果等问题。在哲学发展史上，马克思的哲学革命——“实践转向”，就是马克思把哲学目光“转向”了人的生存方式——实践活动及其历史发展。因此，“实践认识论”或“生存认识论”的目光就从对“普遍规律”的寻求“转向”对人类自身生存与发展（人的生存实践活动）的关切，克服传统认识论（即建立在存在论基础上的知识认识论——站在“世界”之上或之外，凭人的“理性”去“认识”“世界的普遍规律”，并只追求客观实体背后的那种“终极存在”或“最高原因”而“解释世界”）的根本弊端。这样，技术认识论研究要以实践认识论或生存认识论为指导，以是否有益于人的生存与发展作为判断技术发展的主要标准，着重探讨技术发明—创新—扩散全过程中的认知模式、结果及其评估和技术应用后果的哲学反思，并以此规范和提高“改变现存世界”的自我理解意识，建构出有益于“人的生存与发展”的为我之物，而不是仅仅“研究人类改造自然的一般规律”或者停留于”研究技术发展的一般规律”。当然，主体在技术活动中不能违背技术发展规律，同时对于技术发展规律的运用又必须围绕有益于“人的生存与发展”这个主体的目的。这样的技术活动体现了合规律性与合目的性的统一，也体现了真善美的统一。因此，从真善美的统一中探讨技术认识的完整内容，是技术哲学研究的一个主要方面和发展方向。

关于自然“技术认识论”及其模式，尽管 Pitt 的主张过于简单，但富有启迪意义。在它的启发下，我们提出一个技术认识活动模式（见图 6）。

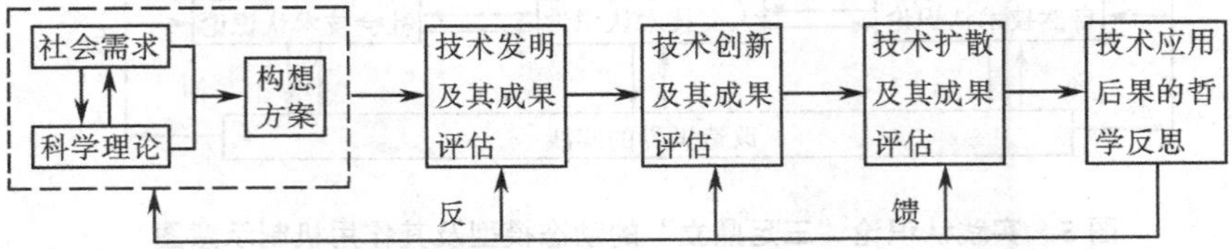

图 6　技术认识的一般过程及其运行机制示意图

如图 6 所示，技术认识包括方案的构想、发明过程的认知模式及其成果的评估、创新过程的认知模式及其成果的评估、技术扩散（产业化）过程的认知模式和技术应用后果的哲学反思等主要内容。

最后，引用马克思、恩格斯在《费尔巴哈》一文中的一句名言作为结束语：“对实践的唯物主义者，即共产主义者说来，全部问题都在于使现存世界革命化，实际地反对和改变事物的现状。”因此，要改变目前技术哲学研究的现状，就要加速实现两个转向——由实体存在论向技术知识论转向，再向生存认识论指导下的技术认识论转向。

参考文献

[1] 陈文化. 技术认识论：技术哲学的重要研究领域［C］//中国技术哲学研究年鉴《工程·技术·哲学》. 2002年卷，大连：大连理工大学出版社，2003.

[2] 孙正聿. 怎样理解作为世界观理论的哲学？［J］. 哲学研究，2001（1）：6-7.

十、技术哲学研究的"认识论转向"[①]

（2003 年 2 月）

目前，技术哲学界在诸如技术是"物质实体"还是"操作性知识体系"或"智能手段"、技术哲学的核心问题是"技术价值论"还是"技术认识论"等一些重要问题上，仍然未形成共识，技术哲学作为一门学科，似乎也尚未迈入"常规科学"阶段。

技术哲学未能像科学哲学那样适时地实现"认识论转向"，可能与否认技术认识的传统认识论有关系。哲学与认识论是什么关系？恩格斯在《路德维希·费尔巴哈和德国古典哲学的终结》一文中指出：哲学是"一个纯粹思想的领域：关于思维过程本身的规律的学说，即逻辑和辩证法。"而逻辑和辩证法与认识论本质上是一致的。毛泽东在《关于人的认识问题》一文中说："什么叫哲学？哲学就是认识论。"因此，从这个意义说，技术哲学就是技术认识论，它主要是为"改造主观世界和客观世界的实践"提供技术观及其认识论和方法论指导。然而，学界却有人认为，"科学哲学即科学认识论"，而"技术哲学是哲学中的自然改造论"，"是关于改造自然这个领域的一般规律的学问"或"人类改造自然的哲学"。这样，技术哲学就与"认识论"无缘了。

长期以来，我国对马克思主义的认识过程论作了形而上学的理解和宣传，所谓的"自然认识论即科学认识论"就是其中的一个典型。它将认识过程"划分为以搜集材料为主的经验阶段和以整理材料为主的理论阶段"，即"从经验上升到理论的过程"。还说："这种科学认识论与一般认识论即哲学认识论……是个别与一般、特殊与普遍的关系"。显然，这种"只到理性认识为止"或停留于"解释世界"的"自然认识论"不是马克思主义的认识论，因为它"还只说到非十分重要的那一半"。然而毛泽东将"十分重要的那一半"又说成"再回到改造世界的实践"，即"再实践"，似乎不妥。马克思在《〈政治经济学批判〉导言》中明确地指出：一个思维的逻辑运动中包括"完整的表象蒸发为抽象的规定"和"抽象的规定在思维行程中导致具体的再现"两条思维逻辑运动方向相反的"道路"。何谓"具体的再现"呢？马克思接着指出："从抽象上升到具体……只是思维用来掌握具体并把它当做一个精神上的具体再现出来。""作为思维具体，事实上是思维的、理解的产物……是把直观和表象加工成概念这一过程的产物。"对此，恩格斯在《路德维希·费尔巴哈和德国古典哲学的终结》一文中指出：当动植物体内所产生的化学性质，如茜草

① 本文发表于《自然辩证法研究》，2003（2）。

的色素——茜素用有机化学方法“开始把它们制造出来时，‘自在之物’就变成为我之物了”，“从而证明我们对这一过程的理解是正确的”。列宁在《唯物主义和经验批判主义》一书中也说：“自在之物”向“为我之物”的“这种转化也就是认识”。尽管这种“转化”也是一种实践，列宁在《黑格尔“逻辑学”一书摘要》中称为“技术实践”，“在技术中检验这些反映的正确性并运用它们，从而也就接近客观真理”，但不是“改造世界的生产实践”。显然，马克思的“具体再现”不同于毛泽东的“再实践”。因此，马克思主义的具体认识过程包括从完整的表象到抽象的规定（科学认识）和从抽象的规定到思维具体的再现（技术认识）“两条思维逻辑运动方向相反的道路”。(这是从具体认识的一般过程而言的。技术的产生不仅仅是科学的应用。科学认识与技术认识之间也不是线性关系，而是一种双向作用与反馈机制)。于是，技术认识就是马克思主义认识论中“十分重要的那一半”，因为只有通过它，才能同时解决理性认识的真理性问题和改造世界的操作性问题。再将这个经过“具体再现”的认识“回到改造世界的实践中去”，既是整个认识过程的继续，也是进一步检验理论和发展理论的过程。

关注技术认识论已经成为一个紧迫的时代性问题。随着传统工业技术的无度发展（与人的认识和单纯追求“最大利润”有关），人类日益面临着前所未有的生存危机和发展极限。现代技术，特别是信息和生命科学技术，在给人类带来巨大利益的同时，也给人类文明和人类自身带来严重威胁。人类的生存与发展问题从来没有像今天这样严峻和紧迫。因此，时代要求我们必须高度关注与人的生存与发展休戚相关的技术的认识问题以及价值、伦理问题。

“人的生存与发展”是技术认识合理性的主要判据。要实现技术哲学的“认识论转向”，必须在马克思主义实践哲学的指导下，从有益于“人的生存与发展”出发，着重探讨技术认识过程、结果及其评估和技术应用后果等问题。哲学的主题性转换经历了“存在（实体本体）论—知识论—生存论”的演变轨迹。马克思的哲学革命——“实践转向”就是马克思把哲学目光“转向”了人的生存方式——实践活动及其历史发展。因此，包括技术认识论在内的“实践认识论”或“生存认识论”的目光要从对“普遍规律”的寻求“转向”对人类生存与发展（人的生存实践活动）的关切，克服传统认识论（即知识认识论——以人的“理性”去”认识”与人无关的“外部世界”的“普遍规律”，并追求实体对象背后的那种“终极存在”、“最高原因”即只追求“解释世界”或停留于描述外部世界，而不是“使现有世界革命化”）的根本弊端。具体来说，技术哲学研究要以实践哲学或生存哲学为基础，以是否有益于人的生存与发展作为判断技术发展的主要标准，着重对技术发明、创新和扩散的认知过程、结果及其评估的探讨与技术应用后果的哲学反思，以规范和提高对“改变现有世界”的自我理解意识。

十一、关于技术哲学研究的再思考[①]

（2001年8月）

美国的技术哲学家Joseph C. Pitt于2000年出版专著《技术的反思：论技术哲学的基础》之后，在美国哲学协会的地方性会议上展开过多次争论，并在今年初出版的《技术哲学社会期刊》第5卷第2期（作为专集）上刊登了两种不同观点的文章。争论的焦点是技术的定义及其主要特征、“技术认识论”、技术与社会的关系以及技术哲学的学科地位和发展前景等问题。这些问题引起人们强烈的关注，反映了当今人类社会进入技术时代的要求，反映了哲学研究中的“技术转向”与技术研究中的“哲学转向”的要求，也与包括我国在内的技术哲学界目前普遍存在的一些主要分歧有关。在陈昌曙的提示下，我们特地予以评介并阐述我们的观点，希望引起关注和讨论。

1. 关于技术的定义

据《技术哲学社会期刊》第5卷第2期介绍，J. Pitt在《技术的反思》一书中多次指出：“技术是人类的活动”，“技术是一种人类行为”，“技术是一种文化活动”，并构造了一个“人类打算怎样活动的模式”。他还特别地指出：“人的问题根本性地驱动着所有的技术”。Pitt把“所有的技术与人的问题”联系起来是一种创见，但是又将“技术活动”论混同于“怎样活动”。尽管把技术看作“一种人类活动”不是Pitt的首创，但他关于“技术模式”的一些言论却是一种新视角、新思路，至少会引起人们的新思考。于是，在美国出现了赞同和反对两种不同的观点。美国明尼苏达大学的Douglas Allchin在《技术的反思和反思的技术》一文中，对Pitt关于“技术是人类的活动”的定义，展开了猛烈的抨击。归纳起来，其理由是：第一，认为把技术定义为人类活动，过于泛化。他质问：技术与其他活动的不同之处在哪里？“难道技术或许就是我们的生活经历和经验？人类的所有工作和行为都能叫做技术吗”？“哲学也是一种技术吗？”第二，认为Pitt这个“极端的技术概念”原本是要摒弃那种主张“技术是一堆机械实物”的流行观点，但是他又把技术拟人化为某种有意识的东西，既很容易偏向并屈从于“脑力的癔病”，又将机器、仪表的自动运转排斥于技术之外。第三，认为Pitt用“将技术同人及他们的日常生活相结合”来定义技术，无非要每一个人都承担技术应用的社会后果，也会挑动那些憎恨技术的人和其他一些技术批评家更加不满的情绪。这样就使技术过程政治化

① 本文发表在《哲学研究》，2001（8）。

了。第四，他主张“技术是一种工具，技术不仅仅局限于教规的、僵化呆板的机器和工具，软件同硬件一样都是工具”。显然，这是“技术实体即物质手段”说反对“技术活动即过程”论。

技术范畴是技术哲学的一个基础性概念。然而，关于什么是技术的争论由来已久，至今尚无较为一致的看法。尽管学界关于技术的定义不下百余个，但归纳起来，也只有几大类，其中J. Pitt和D. Allchin的观点颇具有代表性。如Pitt的“活动”论，在国内外还表现为“过程”说（认为“技术是一个过程”，“是使自然界人工化的动态系统或过程”）。Allchin的“工具”论，在国内外还有“物质手段”说（认为“技术是物质手段”，“技术即劳动资料”）或“总和”说（认为“技术是物质手段与方法的总和”或“软件同硬件一样都是工具”）。我们认为，无论是“活动”论或“过程”说，还是“工具”论或“物质手段”说和“总和”说，似乎都未能区分一些相关概念的内涵，也就难以揭示出技术的本质特征。

第一，技术与“人类活动”、“技术活动”概念并不相同。技术是什么？我们于1983年提出过一个定义：“关于技术，我们把它理解为人的知识和智慧与客观的手段（软件和硬件）相互作用而产生的控制和改造世界的方式、方法体系”，“技术是一种关于‘怎么做’的知识体系”。1988年又提出“科学是理论性的知识体系”，而“技术是实践性的知识体系”。这里的技术知识是“技术活动”的结果。“人类活动”与“技术活动”两个概念也不同。德国著名的技术哲学家F. 拉普曾经指出：“严格地说，一切有意识、有目的地进行的活动都遵循一定的方法论，而不管这种模式是多么粗浅。这样一来，就不得不把一切有目的的活动（个人的和社会的）都归结为技术活动”，因此，“我们必须把相当广泛的‘技术’同狭义的技术和工程师所从事的‘技术活动’区分开来。”技术知识与技术活动的构成要素也是截然不同的。关于科学知识系统的构成要素问题，爱因斯坦明确地指出：一门科学的“完整的体系是由概念、被认为对这些概念是有效的基本定律，以及用逻辑推理得到的结论这三者构成的。”据此，我们在《科学技术与发展计量研究》（中南工业大学出版社，1992年）中认为，技术知识系统是由概念及其之间的关系（定律）和根据它们拟定的实施方案“三者所构成的完整的体系”。而技术活动是由主体要素（科技劳动者）、主客化要素（指主客体相互作用而产生的科技知识和管理模式、方法等）与客体要素（物质手段和技术对象）相互作用的动态过程。

因此，从其构成要素来讲，技术（“静的形式”）不能混同于技术活动（“动的形式”）。显然，Pitt关于“技术是人类的活动”或“一种人的行为”的定义，至少在表述上是欠妥的。

第二，“人类活动”、“技术活动”与“活动方式”也是不同的概念。Pitt关于“技术是人类活动”的定义，混淆了“活动”与“活动方式”的本质区别。Allchin

等人的抨击没有抓住问题的实质。我们认为，技术不是人类的活动，而是“人类活动”或“行为”的方式方法体系，即“怎样活动”的“方法”。马克思指出：自然技术是“人类对自然界的活动方式”。“各个经济时代的区别在于怎样生产，用什么劳动资料生产。”马克思讲的“怎样生产”显然包括了生产技术。列宁也指出：“由于有各种不同的技术方法，我们看到资本主义发展的各种不同阶段。”马克思还指出：“新的技术发明或生产方法的新的改进”，都是“操作方法的知识”。所以，“活动方式”、“怎样生产”，即“操作方法的知识”，就是技术的本质之所在。其实，Pitt 在其著作《技术的反思》中，提出过“怎样活动”和活动方法问题，如他构建的“人类打算怎样活动的模式”。他还说：“技术包括许多方法的仔细设计和制作，这些方法用来控制人类不断变化的环境和满足人类日益变化的需求与目标”。可是，这些观点未能引起 Allchin 等人的注意，而对其进行了抨击。

第三，“活动方式”论与“劳动资料”论是两种不同的技术哲学观。马克思在《关于费尔巴哈的提纲》一文中明确地指出：“从前的一切唯物主义——包括费尔巴哈的唯物主义——的主要缺点是：对事物、现实、感性，只是从客体的或直观的形式去理解，而不是把它们当作人的感性活动，当作实践去理解，不是从主观方面去理解。”技术的产生与发展，即发明、创新与扩散的全过程，无一不是人的行为和社会建构的结果。因此，技术的本质及其发展规律的揭示就与人的实践（既在本体论意义上，又在认识论意义上）活动息息相关。同时，技术是人类实践活动的一种产物和新的实践活动的必不可缺的条件，它作为人类生存活动必须依存的对象而成为人类存在，即人的生活、生产和交往过程的组成部分。显然，技术是人对世界的“活动方式”，即实践性的知识体系，必须从主体方面去理解。而“劳动资料”或“工具”或“机械实物”都是“物化的智力”——外在于人的客体（物质载体）。因此，“技术即劳动资料”或“工具”或“机械实物”的说法仅仅是“从客体的或直观的形式”去理解技术。

其实，工具、机器、劳动资料等物质手段或技术手段不是技术本身，而是技术的一种物质载体或转化后的实物形态。马克思在《政治经济学批判大纲（草稿）》第 3 分册中，明确地指出：“自然界并没有制造出任何机器、机车、铁路、电报、自动纺棉机等等。它们都是人类工业的产物……都是物化的智力。”“利用机器的方法和机器本身完全是两回事。”因为“机器是劳动工具的组合，但绝不是工人本身的各种操作的组合”。

将技术与机器或物质手段等同起来，既否定了技术成果转化的必经过程（技术创新），混淆了技术与生产技术的区别，又抹煞了科技人员在技术发明与创新活动中的创造性作用。我国有些学者说“马克思认为技术即劳动资料”或“物质手段与方法的总和”，进而还提出“马克思主义的技术决定论”的新概念，这就与马克思的思想相去更远了。

2. 关于“技术认识论”

Pitt 在其著作《技术的反思：论技术哲学的基础》中明确地提出了“技术认识论”及其模式。D. Allchin 在“技术认识论”一节中指出：Pitt 的书中一个有价值的值得肯定的东西就是技术认识论。他考虑了最重要的几个问题：①对一项具体技术我们能了解到什么；②该项技术将会产生什么结果；③那种技术知识存在于什么之中。美国南卡罗林纳大学的 Davis Baird 在《技术的反思的反思》一文中，对 Pitt 构建的“人类打算怎样活动的模式”（即 MT 模式）作了比较详细的评介。他说：Pitt 所关注的主要问题是当我们要建立一个人工系统来改善和提高人类活动（技术）质量和效率时所作出的决定。该模式中有三个基本的成分，其中两个成分概括为输入和输出，或称做转换（或转化）。第一个层次的转换就是我们面对某个问题时所作出的决定；第二个层次的转换就是我们改变现有的物质状况并获得人造制品，如炼油厂将原油转换为汽油（应该是“转换”的方法）；第三个基本成分是后果评估，也就是 Pitt 倡导的“合理性的共同原则：学习经验”，即“从错误中吸取教训”。Pitt 还说：MT 模式是信息不断反馈、修正方案，从而达到目标的过程。在这个过程中“为泼了的牛奶哭泣没有什么用处”，只能将理性和人类意图在技术的评估中缝合在一起。同时，在进行技术后果的评估时，Pitt 认为，首先应该弄清技术应用后果的事实，然后采取相应的行动。我们掌握着方向盘，相信科学家们会提供给人类控制这个世界的能力，技术的弊端能够被纠正并且最终会给人类带来好处。他不同意什么“技术是非常自主的、独立的”观点，并且还明确地指出：技术是中立的，技术没有自主性，不会自动地去威胁民主。工具和工艺系统本身也是中立的。因此，他主张技术应用后产生的负面效应由人承担，而不能把责任推给技术。D. Allchin 也认为：如果我们真正地从历史中吸取经验教训，那么应该承认在技术发明与纠正该项技术未能预料的后果之间，经常会遭遇一道凄惨的鸿沟。从这个意义说，警惕性是技术构成中的一部分，即运用技术时应该学会实行预防原则。他还指出：Pitt 提出了“一个成功的技术认识论实践模式”，但是它太理想化，并且过于简单。主要缺陷是 Pitt 模式中的“我们”究竟指谁？谁参与这一过程？在技术评估过程中，谁作出判决，并且谁有权引起技术的变化？这些“谁”的问题，Pitt 没有给予明确的回答。Allchin 认为：这里的“我们”，既指工程技术人员，更要将消费者和社会公民结合于这个过程之中。因此，技术的社会批评家没有错，而 Pitt 对他们的抨击太过分了。

技术认识论及其模式问题是技术哲学界应该引起高度关注的一个重要议题。长期以来，技术哲学界的许多学者将技术局限于自然技术，又将自然技术等同于工具、机器等物质手段。还有一些学者认为：科学哲学即“自然认识论或科学认识论”，技术哲学或工程技术哲学“是哲学中的自然改造论”。这样，技术哲学中就没有认识论问题，当然也就没有“技术认识论”。其实，这是一种误解。

首先，技术哲学要关注“技术认识论”。在科学—技术—生产整个活动链条中，科学研究活动的主要功能是认识世界，生产活动的功能是运用技术改造世界（在改造世界的现实活动中，也有认识论、方法论问题），技术活动的主要功能是为了改造世界而将科学知识具体化、对象化。因此，技术活动处于中间地位，起着中介作用，从其本质特性来说，技术研究与创新活动和科学活动一样（或一起），属于知识生产活动。

科学研究成果——理论性知识——通过技术研究转化为实践性知识，再通过技术创新活动物化为生产技术，将其“并入生产过程”，并批量地生产出工具、机器等物质产品。在这个相继或交织展开的过程中，自然技术的根本作用在于为“改造自然，创造人工自然，增加物质财富”提供方式方法手段，它还不是“改造自然”的活动本身。因此，如同科学研究活动一样，技术研究与创新活动也是一个认识过程，具体揭示技术发展规律的认识过程。正如加拿大著名的科学技术哲学家 M. 邦格明确指出的，“科学研究活动是为了认识而改造世界，技术研究活动是为了改造而认识世界。”

其次，Pitt 模式是一般认识论模式的具体化。Pitt 提出的“技术认识论”及其“决定—转换—评估”不断推进与反馈模式，是将一般认识过程的具体化。按照 Pitt 的意思，技术认识过程的第一步是针对某个问题所作出的“决定”——由先前实践转换而来的某种认识与某个具体问题相作用的产物；第二步是改变现有的物质状况，“转换”为人造制品的生产方法；第三步是对某项技术的应用后果进行反思和评估，“从错误中吸取教训”。尽管他没有明确地指出这个过程中的三个阶段“循环往复以至无穷”，但他提出了“信息反馈”机制。Allchin 对此也给予充分的肯定。他说：我们应该渴求一种技术认识论，用它首先建立一种标准，按照这种标准，可以对一项已有的技术进行正确的选择（采用或者抛弃）、发展和修正。还说：Pitt 构建了一个恰如其分的“反思”技术的认识论程序，但该程序还有待于补充。因此，我们认为：Pitt 提出的“技术认识论”及其模式是有价值的，是具有启发性意义的一次尝试。

再次，Pitt 的“技术认识论”及其模式存在着严重的缺陷。在此，我们指出两点：一是 Pitt 的“技术”认识论及其模式似乎仅限于技术创新过程，而没有涵盖技术研究（发明）活动。他提出的“第一层次的转换”——“决定”——实际上只是关于“转换为人造制品”，如炼油厂将原油转换为汽油的“决定”，显然没有包括“转换为人造制品”的方法，即技术的研究活动。技术创新是企业按照市场需求，将技术成果转化为生产技术，并首次实现其商业价值的动态过程，它一般包括技术

-经济构想（类似于 Pitt 的“决定”）、技术开发（技术发明的工程化、体系化过程）和经济开发（试生产并将其产品首次投放市场，得到消费者的认可）三个阶段。即使 Pitt 模式是指技术创新，也“过于简单化”。二是 Pitt 强调了“人的活动”，这是要充分肯定的。但是他将“人的活动”或“实践”似乎仅仅局限于物质性生产，一种单一的物质性生产。人的活动方式或实践方式也就是“做”的方式。在一个现实活动中，“做”有三个不可分割的方面：一是“做事”，涉及人与物的关系；二是“做人”，涉及自我及其同他人的联系；三是“交往”，涉及社会生产关系。在现实的活动中，这三者是不可能分离的。马克思指出：“人们在生产中不仅仅同自然界发生关系。他们如果不以一定方式结合起来共同活动和互相交换其活动，便不能进行生产。为了进行生产，人们便发生一定的联系和关系；只有在这些社会联系和社会关系的范围内，才会有他们对自然界的关系，才会有生产。”在马克思看来，人们一旦脱离了“一定的联系和关系”去看待任何一个对象，去看待人对自然界的关系即物质生产，它就只能是抽象的。无论是 Pitt，还是 Allchin 和 Baird，都没有提及人与人之间的社会联系和社会关系这个重要问题。

3. 关于技术哲学及其研究

Pitt 在《技术的反思：论技术哲学的基础》一书的序言里谈到技术哲学时指出：有关技术的哲学问题是最基础和最主要的问题。他还认为：现在，科学哲学总是受到哲学家们的青睐。其实，技术哲学对人们的影响更深更广，应该受到哲学家们更多的关注。然而，技术哲学要得到广泛的发展，只有将其哲学内容扩充，即从认识论、实用主义到伦理学。Baird 指出：Pitt 用研究科学哲学的方法来考察技术哲学，用这种透视方法来分析技术中的哲学问题，还从未有过。应当表扬 Pitt 对技术哲学基础化所做的努力。Allchin 也指出，对技术“反思”是一项公共的事业，其关键是人们要形成一种共识。他认为：如果我们欲改善技术哲学，应该从更好的哲学开始。而这种哲学不是一种“反思技术”，而是一个有效的“反思哲学”的新哲学。

美国几位学者的上述言论透彻有理。但有个别问题还值得商榷。下面结合国内的一些情况，就技术哲学及其研究问题谈四点意见。

第一，关于技术哲学的研究对象问题。长期以来，一般人都认为“技术哲学以技术为研究对象”，“技术哲学是关于技术的哲学”或“是对技术的系统的哲学反思”(从美国几位学者的言论看，他们也持有这种观点)。前不久，我们提出一种观点：技术哲学是从人与技术的关系出发，研究和协调人与技术相互关系的学问。就是说，技术哲学的研究对象不是技术，而是人与技术的关系问题。“哲学……是从总体上理解和协调人与世界相互关系的理论。”由此，技术哲学的基本问题不是技术，而是人与技术的关系问题，即人把自己同技术的“关系”作为对象而进行“反思”。这样，既要反思人对技术的认识问题，又要反思人对人与技术关系的评价问题，更要反思人自身的存在与发展问题，从而实现人与技术的协调发展。也就是说，技术哲学不是“反思技术”，即不是指人站在“技术”之外来揭示技术的一般规律。恩格斯在批判自然主义时指出：“人的思维的最本质和最切近的基础，正是人所引起的自然界的变化，而不单独是自然界本身；人的智力是按照人如何学会改变自然而发展的。”显然，一切技术及其变化都是由于人的活动引起的，而技术不会自动地满足人，只有人才会以自己的行动来改变技术、改变世界，从而创造技术、创造世界。同时，技术应用后的负面效应，也不是技术本身而是人或人类自己造成的。

这里很重要的一点是要在人与人之间的社会联系和社会关系的范围内研究人与技术的关系问题。人对世界的活动，即现实的生活、生产和交往活动，都要受到人与人之间的社会联系和社会关系的制约。马克思指出，只有在社会联系和社会关系的范围内，才会有人们对自然界的关系。又说：“人们对自然界的狭隘的关系制约着他们之间的狭隘的关系，而他们之间的狭隘的关系又制约着他们对自然界的狭隘的关系。”显然，脱离今天现实的社会关系来谈论人对自然界的关系，来谈论人与技术的关系，脱离人来谈论技术都是抽象的。这样，以“技术”为研究对象的技术哲学就无法解脱旧哲学“解释世界”的怪圈，而与“改变世界”的马克思实践哲学相距甚远。

第二，现实活动中的技术是由自然技术、人文技术、社会技术三大门类形成的“内在整体”。长期以来，受到传统观念的影响，谈到科学，就是指自然科学，似乎人文科学、社会科学不是科学；谈到技术，就是指自然技术，不承认有人文技术和社会技术。我们认为：技术是人对世界（自然、人类、社会）的活动方式方法，即怎么做的知识体系。自然技术是“人对自然界的活动方式”（马克思语）。社会技术是指调整和改善人（含组织）际的社会关系，以促进社会的全面进步的方式方法集合。人文技术是指调整和改善人自身（自我）的方式方法的集合，最终实现“人的全面而自由的发展”。其实，每一个现实的活动及其结果都是人自觉或不自觉地运用自然科学技术、人文科学技术、社会科学技术的整合效应。而且，人类文明的兴衰也是三种力量——人与自然（外在动因）、人与自我（内在动因）和人与社会（互促动因）——相互作用的整合效应。

因此，就要改变传统的技术概念和观念。其实，M.邦格早已指出：“技术是这样一个研究和活动的领域，它旨在对自然的或社会的实在进行控制或改造。”并且把现代技术分为“物质性技术”、“社会性技术”、“概念性技术”、“普遍性技术”四个门类。他还说：“如果不对‘技术’的含义作部分的扩展”，必然会“导致恶果，因为它使人以传统的（前工业的）思维方式和概念模式去训练学者”，“就没有机会使技术沿着有利于社会的道路去发展”。

第三，要更多地关注技术哲学，而技术哲学界要加强基础研究、注重应用。人与技术的关系正在或即将成为哲学反思的中心议题。然而，从目前的状况来看，技术哲学作为一门学科，是不是还未进入“常规科学”阶段，即尚未形成一定的“共同的范式”呢？我们认为，似乎如此。也正是基于这种认识，我们才撰写此文，希望同仁们就技术哲学领域的一些重要问题展开深入探讨，并尽快地形成共同的“范式”。陈昌曙去年 10 月在第八届全国技术哲学年会上，就技术哲学的学科建设问题讲过三句话——“没有特色（学科特色）就没有地位；没有基础（基础研究）就没有水平；没有应用（现实价值）就没有前途”。这是颇有见地的概括。

第四，深入研究和正确地理解马克思关于技术的哲学思想。Allchin 指出，如果我们欲改善技术哲学，应该从更好的哲学开始。我们认为：“更好的哲学”就是马克思的实践哲学。在马克思的哲学宝库中，有非常丰富和极其深刻的关于技术哲学思想，有待于我们发现、挖掘和研究。正是由于我们重视不够和缺乏研究，所以至今还没有一本关于马克思技术哲学思想的专著，连专门的文章也很少。我们所看到的比较有影响的一篇文章是苏联的 A. A. 库津写的《马克思与技术问题》。然而，该文曲解了马克思的思想。如说什么“马克思认为技术即劳动资料”，并由此得出结论：“马克思强调经济时代是以劳动资料（技术）来划分的”。对此，国内的一些学者不仅广为流传，还提出并一再阐述“马克思主义的技术决定论”。因此，我们认为：“回到马克思”，正确地理解马克思技术哲学思想并用以指导我们的研究工作，是当前我国技术哲学界的一项重要任务。

参考文献

[1] 爱因斯坦．爱因斯坦文集：第 1 卷［M］．北京：商务印书馆，1977.
[2] M. 邦格．技术哲学的输入和输出［J］．自然科学哲学问题丛刊，1984（1）
[3] 陈文化．试论技术的定义和特征［J］．自然信息，1988（4）.
[4] 陈文化．技术：关于怎么“做”的知识体系［J］．自然信息，1988（4，5）.
[5] A. A. 库津．马克思与技术问题［J］．科学史译丛，1980（1，2）.
[6] F. 拉普．技术哲学导论［M］．刘武，康荣平，吴朋泰，译．沈阳：辽宁科学技术出版社，1986.
[7] 列宁．列宁全集［M］．北京：人民出版社，1959.
[8] 马克思．机器·自然力和科学的应用［M］．北京：人民出版社，1978.
[9] 马克思．资本论［M］．北京：中国社会科学出版社，1983.
[10] 马克思，恩格斯．马克思恩格斯全集［M］．北京：人民出版社，1983.
[11] 马克思，恩格斯．马克思恩格斯选集［M］北京：人民出版社，1972.
[12] 孙正聿．怎样理解作为世界观的哲学？［J］．哲学研究，2001（1）：6-7.

[13] Allchin, D. "Thinking about technology and the technology of 'Thinking about'" [J]. in Journal of Philosophy of Technology and Social, 5 (2).
[14] Baird, D. "Thinking about 'Thinking about Technology'" [J]. in Journal of Philosophy of Technology and Social, 5 (2).
[15] Pitt, C. Thinking about technology: Foundations of the philosophy of technology [M]. NewYork: Seven Bridgee Press, 2000.

十二、“生活”与全面生活哲学初探

（2008 年 10 月）

长期以来，人们只谈论自然科技应用于物质生产，一直忽视了包括自然科技在内的“全面科技”“进入人的生活，改造人的生活”这样一个极其重要的问题。同时，自然辩证法或自然科技哲学研究通过创建生活哲学有望贴近民众、为民服务，再创新的辉煌。本文根据马克思主义的全面科技观，从纵向和横向两个方面探讨“生活”和全面生活哲学的一些基本问题。

（一）

对于“科学技术仅仅指自然科学技术”的传统的科技观，马克思和恩格斯在《德意志意识形态》一文中，予以严厉批驳，指出：圣麦克斯“关于‘唯一的’自然科学”的“狂言是多么荒诞的胡说”，“因为在他那里……世界立刻就变为自然”（着重号是引者加的，下同）。一百多年过去了，惟自然“科学主义”仍然襟锢着人们的思想、观念，这是值得人们深思的。

马克思主义认为：“物的世界”（自然界）、“人的世界”（人文世界）、“社会界”由“人通过人的劳动”形成为“整个世界”。马克思指出：“在社会主义的人看来，整个所谓世界历史不外是人通过人的劳动而诞生的过程，是自然界对人说来的生存过程”[1]88。由此，我们认为：科学技术是关于人与世界（自然界、人文界、社会界）之间的关系。其实，马克思、恩格斯明确地定义过：自然科学和工业（即物质生产）是“人对自然界的理论关系和实践关系”[2]191。自然技术是“人对自然的活动方式”或“能动关系”[3]374。“关于人的科学本身是人在实践上的自我实现的产物”[1]107，即马克思称谓的“人文科学”。社会科学“研究的不是物，而是研究人与人之间的关系”[4]123。同时，马克思又指出：“脑力劳动的产物——科学”技术如同物质劳动的产品一样，“作为一种异己的存在物，作为不依赖于生产者的力量，同劳动相对立。”[1]48这就是说，科学技术知识是科学技术研究活动（过程）的结果、“产物”，而不仅仅是“过程中存在”或者所谓“存在即活动”，更不是“活动”（过程）本身。

马克思特别强调在人的现实活动中，是自然科技、人文科技、社会科技“三者同时存在着”。在《政治经济学批判大纲（草稿）》中指出：“在这些生产力里面也包括科学在内”。“社会的劳动生产力作为资本所固有的属性而体现在固定资本里面；既是科学的力量，又是在生产过程内部联合起来的社会力量，最后还是从直接劳动转移到机器、转移到死的生产力上面的技巧。”“所谓科学力量，不仅指它自身，而且还包括为生产所占有的、甚至已经实现于生产中的科学力量”，并且“科学力量只有通过机械的运用才能被占有”。这就明确无误地揭示出科学技术作为“劳动生产力”既是科技“自身”，又是生产过程中人与人联合起来的“社会力量”(即“已经实现于生产中的”社会科学技术力量)，还是“转移到死的生产力上面的技巧”(即在生产过程中实现的人与物、物与物相结合的自然科学技术)。于是，在现实的生产活动中，“人们”、“他们之间的关系”、“他们对自然界的关系”，“三者就同时存在”与变发着。马克思指出：“人们在生产中不仅仅同自然界发生关系。他们如果不以一定方式结合起来共同活动和互相交换其活动，便不能进行生产。为了进行生产，人们便发生一定的联系和关系；只有在这些社会联系和社会关系的范围内，才会有他们同自然界的关系，才会有生产。”[5]362这里的“三者”，我们认为，是指自然科技、人文科技、社会科技。正如马克思、恩格斯指出的，从事现实活动中的人们所产生的思想、理论、观念，“是关于他们同自然界的关系，或者是关于他们之间的关系，或者是关于他们自己的肉体组织的观念。”[5]30显然，这里的“关于他们同自然界的关系”或“人对自然界的理论关系”指自然科学，“关于他们之间的关系”指社会科学，“关于他们自己”的观念指人文科学，即“关于人本身的科学”。因此，马克思主义的科学技术就是指包括自然科学技术在内的三大基本门类。马克思早就明确地阐述过三大门类科学之间的关系。他在《经济学手稿(1861—1863)》一文中明确地指出：“自然科学是一切知识的基础”。又说：“自然科学……将成为人的科学① 的基础，正像它现在已经——尽管以异化的形式——成了真正人的生活的基础一样。”因此，“自然科学往后将包括关于人的科学，正像关于人的科学包括自然科学一样：这将是一门科学。”[1]85显然，“一门科学”论与三大门类科学技术“同时存在论”是完全一致的。大概是基于此，胡锦涛提出“科学发展观”——“坚持以人为本，促进经济（指自然领域——引者注)、社会和人的全面发展”之后，又明确指出：“落实科学发展观是一项系统工程……要把自然科学、人文科学、社会科学等方方面面的知识、方法、手段协调和集成起来”[6]。这是党中央领导第一次提出“人文科学的知识、方法、手段”，即人文科学技术概念，第一次提出将自然科学技术、人文科学技术、社会科学技术“协调和集成”为“科学技术的整体”。这是一种全新的科学技术观[7]。

马克思主义的全面科技观，除了横向活动中是三类科技“同时存在”与变发之

---

① “关于人的科学”，我们认为，应该理解为：关于人本身的科学，即人文科学和关于人与人之间关系的科学，即社会科学。人文科学是研究“人同自身的关系”，它与社会科学既是不同的，又是紧密联系的。因为“人同自身的关系只有通过他同他人的关系，才成为对他说来是对象性的、现实的关系。”

外，还是纵向过程中“不同阶段”（即科学—技术—生产—生活—社会（变革））的异时性存在，并由“人通过人的劳动”形成一个反馈圆环，即“不同阶段”之间的双向“推动”、“决定”作用形成一个内在的整体。

关于科学技术与生产之间在现实活动中的互动关系，恩格斯在《卡尔·马克思的葬仪》悼词中指出：“在马克思看来，科学是一种历史上起着推动作用的、革命的力量。”同时，生产对科学的发展又起着“推动”、“决定”作用。恩格斯 1894 年在《致符·博尔吉乌斯的信》中指出：“如果像您所断言的，技术在很大程度上依赖于科学的状况，那么科学却在更大的程度上依赖于技术的状况和需要……这种需要就会比十所大学更能把科学推向前进。”在《自然辩证法》中指出：“科学的发生和发展一开始就是由生产决定的”。在谈到中世纪之后“科学以意想不到的力量一下子重新兴起，并且以神奇的速度发展起来”时，又明确地指出：“我们再次把这个奇迹归于生产。”马克思在《经济学手稿（1861—1863）》又指出：“随着资本主义生产的扩展，科学因素第一次被有意识地和广泛地加以发展，应用并体现在生活中，其规模是以往的时代根本想象不到的。”在《1844 年经济学-哲学手稿》中还指出：“自然科学通过工业日益在实践上进入人的生活，改造人的生活，并为人的解放做准备，尽管它不得不直接地完成非人化。工业是自然界同人之间，因而也是自然科学同人之间的现实的历史关系。”并且“自然科学成了真正人的生活的基础”，而“人是社会的活动和社会的享受”，“他的生命表现……也是社会生活的表现和确证”。这也就是我们认为的“生活实践才是检验真理的最终判据”[8]。如毒奶粉事件是“一切向钱看的人”在生产过程中加入三聚氰胺，导致食用了毒奶粉的消费者病残、甚至丧失生命才被揭露出来。其实，任何产品不被消费者“确认”或“享用”都是一种更大的浪费或者破坏。显然，生产实践并不是检验真理的“唯一标准”。

关于生产与生活之间在现实活动中的互动关系，马克思、恩格斯在《费尔巴哈》一文中指出：“人们生产他们所必需生活资料，同时也就间接地生产着他们的物质生活本身。”“个人怎样表现自己的生活，他们自己也就怎样。因此，他们是什么样的，这同他们的生产是一致的——既和他们生产什么一致，又和他们怎样生产一致。”“人们的存在就是他们的实际生活过程”，因此，“物质生活一般都表现为目的，而这种物质生活的生产即劳动（……）则表现为手段。”于是，马克思在《1844 年经济学-哲学手稿》中指出：“劳动这种生命活动、这种生产活动本身对人说来不过是满足他的需要即维持肉体生存的需要的手段。而生产生活本来就是类生活。这是产生生命的生活。”“人正因为是有意识的存在物，才把自己的生命活动、自己的本质变成仅仅维持自己生存的手段。”而且“生活本身却仅仅为生活的手段”。恩格斯在《反杜林论》中也指出，纯数学与“其他一切科学一样”都“是从人的需要（指人的“生产生活”需要——引者注）中产生的”，而且都要“在以后被应用于世界，虽然它是从这个世界得出来的"。这就深刻地揭示了科学—技术—生产—生活—科学之间是"人通过人的劳动"形成反馈圆环的作用机制。

马克思主义还认为：在现实活动中，科学、技术与社会（人与人之间的关系）变革也是一体化。恩格斯在《英国工人阶级的状况》一文中指出："英国工人阶级的历史是从18世纪后半期，从蒸汽机和棉花加工机的发明开始的。大家知道，这些发明推动了产业革命，产业革命同时又引起了市民社会中的全面变革，而它的世界历史意义只是在现在才开始被认识清楚。"马克思在《机器。自然力和科学的应用》中也指出："随着一旦已经发生的、表现为工艺革命的生产力革命，还实现着生产关系的革命。"马克思、恩格斯在许多著作中，明确地指出社会革命就是解放生产力，推动科学技术的发展。如恩格斯在《反杜林论》中说："没有奴隶制……就没有希腊文化和科学"。马克思、恩格斯在《共产党宣言》中指出："资产阶级在它的不到一百年的阶级统治所创造的生产力，比过去一切世代创造的全部生产力还要多，还要大。"恩格斯在《自然辩证法》中指出："在这个新的历史时期（指社会主义——引者注）中，人们自身以及它们的活动的一切方面，包括自然科学在内，都将突飞猛进，使以往的一切都大大地相形见绌。"又指出："科学和实践结合的结果就是英国的社会革命。"[9]666这就深刻地揭示了科技进步与社会"全面变革"之间通过"人们自身以及他们的活动"或者"和实践的结合"形成反馈圆环的作用机制。

所以，科学—技术—生产—生活—社会—科学是"一体化"过程中的"不同阶段"，并由"人通过人的劳动"形成反馈圆环。正因为科学的横向发展与纵向发展交互—反馈作用，就形成了一个"科学力量"的全面发展平台（见表1）。

如表1所示，横向（活动）中的自然科学、人文科学、社会科学与纵向（发展过程）中的科学—技术—生产—生活—科技进步与社会全面变革由"人通过人的劳动"形成一个内在整体。这就是马克思主义的全面科技观。

表1中的"全面生产"，马克思、恩格斯在《费尔巴哈》中认为，是"人们所创造的一切"，包括"物质生产，即生产物质生活本身"和"自然产生工具"、人自身"生命的生产"及其素质提高和"精神生产"、社会关系生产，即"交往形成本身的生产"[10]。参照马克思主义的"全面生产"理论，提出全面生活，即人的全部活动及其方式。这里的"全部"，包括横向上的"物质生活"、"个人生活"和"精神文化生活"、"社会交往生活"与纵向上（即人的一生）的幼童年生活—青年生活—中年生活—老年生活（各年龄段"人的生活"之间会发生相互影响，特别是在一个单位、社区、国家各个年龄段的"人的生活"同时存在并交互—反馈作用形成一个整体）通过人与人的交往形成一个社会网络。其中的社会交往包括家庭生活、集体生活、虚拟生活、政治生活等。

表 1　　客观世界与“科学力量”的全面发展平台表

横向发展（活动） 纵向发展（活动）		自然界	人文界	社会界
		人对自然的关系	人同自身的关系	人与人的关系
不同阶段形成反馈圆环	全面科学	自然科学	人文科学	社会科学
	全面技术	自然技术	人文技术	社会技术
	全面生产	物质生产，“自然产生工具”	人自身生产，精神生产	社会关系生产
	全面生活	物质生活	个人生活，精神文化生活	社会交往生活
	科技进步与社会全面变革	自然科技与社会变革	人文科技与社会变革	社会科技与社会变革

注：① 这里的“自然界”包括天然自然和人工自然。

② ←→ 表示“人通过人的活动”形成主导多维整合效应。

（二）

我们认为：科技哲学是以人为中心的全面科技观的理论。科技观是关于人与全面科技之间关系的根本观点和总体看法，犹如哲学定义“世界观是关于人与世界关系的理论”一样。科技观所追问的科技（客观精神世界）是什么，实际是问我们存在的这个科技是什么，问我们的存在与这个科技的存在是一种什么样的关系；问科技怎样，实际是问我们的生产生活怎么样。因为我们不是科技之外的存在，而是生活于科技之中，既要创造科技，又要将它“应用并体现在”生产生活之中，“改造人的生活”。因此，科技哲学不是外在于人的科技本身的理论，也不是关于“自然观和自然科技观”的理论，而是以人为中心的全面科技观理论。于是，全面科技哲学的体系结构为横向上的自然科技哲学、人文科技哲学、社会科技哲学与纵向上的科学哲学、技术哲学、生产哲学（包括工程哲学和产业哲学）、生活哲学、科技进步与社会全面变革由“人通过人的劳动”交互—反馈作用形成一个内在整体（见表 2）。

① 全面科技哲学是马克思主义哲学的一个分支学科，而自然科技哲学或自然辩证法是全面科技哲学的一个门类。而且，按照马克思主义哲学和“全面生产”理论，自然科技哲学犹如只讲“物质生产”一样，属于一种“片面哲学”。

② 科学哲学、技术哲学、生产哲学分别由各自相对应的三大门类由“人通过人的劳动”形成一个内在整体。显然，自然科学哲学、自然技术哲学、自然工程哲

表 2　　哲学与全面科技哲学的关系表

	世界的基本构成	自然界 ↔	人文界 ↔	社会界
	哲学的研究对象	人对自然界的关系 ↔	人与人文界的关系 ↔	人与社会界的关系
	哲学的门类构成	自然哲学 ↔	人文哲学 ↔	社会哲学
	科学技术的门类构成	自然科技 ↔	人文科技 ↔	社会科技
	科技哲学的研究对象	人与自然科技的关系 ↔	人与人文科技的关系 ↔	人与社会科技的关系
	科技哲学的门类构成	自然科技哲学 ↔	人文科技哲学 ↔	社会科学哲学
发展阶段形成反馈圆环	科学哲学 ↕	自然科学哲学 ↔	人文科学哲学 ↔	社会科学哲学
	技术哲学 ↕	自然技术哲学 ↔	人文技术哲学 ↔	社会技术哲学
	工程哲学 ↕	自然工程哲学 ↔	人文工程哲学 ↔	社会工程哲学
	产业哲学 ↕	物质产业哲学 ↔	人文产业哲学 ↔	社会产业哲学
	生活哲学 ↕	物质生活哲学 ↔	个人生活哲学，精神生活哲学 ↔	社会交往生活哲学
	科技进步与社会全面变革	自然科技与社会 ↔	人文科技与社会 ↔	社会科技与社会

注：① 这里的"自然界"包括天然自然和人工自然。

② ↔ 表示"人通过人的活动"交互—反馈作用形成为一个"内在的整体"。

学、物质产业哲学犹如"片面生产"① 一样，也是一类"片面哲学"，应该按照马克思主义的全面科技观和"全面生产"理论进行改造和完善。

③ 生活哲学是全面科技与"人的生活"之间关系的理论。其研究内容由横向上的物质生活哲学、个人生活哲学、精神文化生活哲学、社会交往生活哲学与纵向上的幼童年生活哲学、青年生活哲学、中年生活哲学、老年生活哲学由"人通过人的劳动"形成为一个内在整体。全面生活哲学还要研究全面科技与生活方式（包括劳动方式、消费方式、社会交往方式、道德价值观念等）之间的关系问题。

按照马克思、恩格斯的论述，全面科技哲学还有"科技进步与社会全面变革"，因限于本文的范围，暂不讨论这个问题。在科技哲学中，创建全面生活哲学是实践马克思主义全面科技观的必然要求，也是克服目前自然辩证法或自然科技哲学研究

① 马克思在《1844 年经济学-哲学手稿》中指出："动物的生产是片面的，而人的生产是全面的；动物只是在直接的肉体需要的支配下生产，而人甚至不受肉体需要的支配也进行生产……动物只生产自身，而人再生产整个自然界（修改为"整个世界"为宜——引者注）；动物的产品直接同它的肉体相联系，而人则自由地对待自己的产品。"

活动中“去人化”倾向的重要途径。当代著名的科学哲学家马里奥·本格（Mario Augusto Bunge，1919—）的《科学技术哲学》，其体系结构为：形式科学—物理科学—生命科学—社会科学—技术科学。显然，它不是以人与科学技术的关系问题作为研究对象和研究内容，也没有人文科学，更没有延伸到生产哲学、生活哲学。我们早于1999年就提出自然科技哲学、人文科技哲学、社会科技哲学一体化的主张[11]，以及我国创建的“工程哲学”、“社会科学技术哲学”和“产业哲学”，开拓了科技哲学研究的新领域。但是，自然辩证法仍然是只研究自然界和自然科学技术的发展规律（其实，“自然界的发展”是自然哲学的研究对象和内容，“自然科学技术”是自然科学技术学的研究内容），难以服务于“促进经济（属于自然领域——引者注）、社会和人的全面发展”，也难以指导全面科技的发展及其应用于“全面生产”和全面生活。因此，我们应该根据马克思主义的全面科技观，创建具有“全面发展”新时代特征的全面科技哲学，在人类科技哲学发展史上留下中国人的足迹。

总之，我们根据马克思主义的全面科技观构建的全面科技哲学——横向上的自然科技哲学、人文科技哲学、社会科技哲学与其纵向上的科学哲学、技术哲学、生产哲学、生活哲学、科技进步与社会全面变革由“人通过人的劳动”形成为一个内在的整体，将会成为改革自然辩证法或自然科学技术哲学的有效途径。特别是创建“全面生活哲学”为科技哲学“坚持以人为本，促进经济、社会和人的全面发展”开通了一条康庄大道，必将成为科技哲学研究的新生长点和闪烁点。同时也只有这样，科技哲学才会贴近民众，为民服务，再创新的辉煌。

参考文献

[1] 马克思. 1844年经济学-哲学手稿［M］. 北京：人民出版社，1985.

[2] 马克思，恩格斯. 马克思恩格斯全集：第2卷［M］. 北京：人民出版社，1972.

[3] 马克思. 资本论［M］. 北京：中国社会科学出版社，1983.

[4] 马克思，恩格斯. 马克思恩格斯选集：第2卷［M］. 北京：人民出版社，1972.

[5] 马克思，恩格斯. 马克思恩格斯选集：第1卷［M］. 北京：人民出版社，1972.

[6] 胡锦涛. 在两院院士大会上的讲话［N］. 人民日报，2004-06-03.

[7] 刘友金，陈文化. 三类科学技术“集成”：一种全新的科技观［J］. 科学学研究，2006（3）.

[8] 谈利兵，陈文化. 实践检验是一个由多环节构成的有序过程［J］. 湖南行政学院学报，2004（5），83-88.

［9］ 马克思，恩格斯．马克思恩格斯全集：第 1 卷［M］．北京：人民出版社，1972．
［10］ 谈利兵，陈文化．马克思主义的“全面生产”理论与科技创新［J］．中南大学学报：社会科学版，2000（5）．
［11］ 陈文化，谈利兵．关于 21 世纪技术哲学研究的几点思考［J］．华南理工大学学报：社会科学版，2000（2）：23-26．

十三、人·科技·科技哲学

（2006 年 8 月）

从世界观层面来说，哲学是以人为中心的世界观理论。作为哲学的分支学科的科学技术哲学也应该是以人为中心的科技观理论。在学界，如何理解“整个世界”、“世界观”、“科技观”和“自然观”都是有分歧的。哲学界曾经有人认为：整个世界是由“自然、社会和思维”或“精神世界”构成的。因此，“哲学是关于自然知识、社会知识和思维知识的概括和总结。”还有一些学者认为：马克思主义自然观、自然科学观和自然技术观一起构成马克思主义世界观的整个理论体系。科技界不少人认为：科学技术仅指“自然科学技术”。能撇开人、撇开人的活动、撇开对象世界与人的关系来理解世界或研究对象吗?!“思维”或“精神世界”能使世界形成整体吗？“自然观”和“自然科技观”就能构成世界观吗？自然科技哲学就等于科技哲学吗？

1. 以人为中心的世界统一体与以人文科技为中心的科学技术整体

世界是以人（类）为中心的有机整体。客观世界的演化是从天然自然到人猿揖别再到人类社会的“自然历史过程”。有了人，才有人与自然的关系、人与人的关系（社会）和人与自我的关系。于是，自然界、人类（人文界或“人的世界”——马克思语）和社会界通过人的实践活动发生相互作用并形成有机的世界整体。如果“世界由自然、社会和思维”或“精神世界”构成，难道“思维”或“精神”能够使世界成为统一体吗?！可能有人会说，这里的“思维”或“精神世界”指的就是人。其实，人和人的思维不能等同，而且其他动物（属于自然界）也有思维（人的思维与动物思维有着重大的区别），则思维并不是人的本质特征，而实践才是人的存在方式。正如马克思指出的，“这些个人使自己和动物区别开来的第一个历史行动并不在于他们有思想，而在于他们开始生产自己所必需的生活资料”[1]374。所以，人与其他动物的本质区别在于人的实践活动，也只有人类的实践活动，才能使世界形成以人类为中心的统一体（见图 1）。

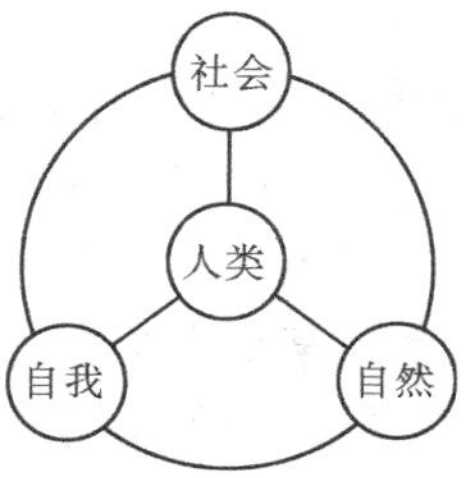

图 1　以人类为中心的世界统一体示意图

因此，我们面对的现实世界既不是撇开了人的抽象世界或先于人类而存在的那个“无人世界”（所谓的“世界即自然界”），也不是只有人的世界。最近，有位西安学者给我来信称：世界即人文界，因为“人文界实际上包括人所处的环境（自然和社会）和人本身在内”。这一论点似乎忽视了环境的相对独立性，忘记了人在改变环境的同时，环境也在改变人。

我们曾经根据客观世界由天然自然到人类再到人类社会演化的“自然历史进程”和世界由自然界通过人的世界（人文界）与社会界的相互作用形成统一体，将科学技术分为自然科学技术、人文科学技术和社会科学技术三大基本门类[2]（见表1）。

表1　科学技术和科学技术哲学的基本门类构成表

客观世界的演化过程	天然自然 ↔	人　类 ↔	人类社会
整个世界的基本构成	自然界 ↔	人文界 ↔	社会界
科学技术的研究对象	人对自然界的关系	人（类）自身	人与人的关系
科学技术的基本门类	自然科学技术	人文科学技术	社会科学技术
科技哲学的基本门类	自然科技哲学	人文技术哲学	社会科技哲学
哲学的基本门类	自然哲学	人文哲学	社会哲学

关于“三大基本门类”的思想，马克思、恩格斯早就提出过。他们说：在实践中“产生的观念，是关于他们同自然界的关系，或者是关于他们之间的关系，或者是关于他们自己的肉体组织的观念。”[3]30并且，马克思定义：自然科学是“人对自然界的理论关系”[4]191，或“关于他们同自然界的关系”。自然技术是“人对自然界的活动方式”或“能动关系”（《资本论》），即如何“做事”（造物、用物）的方式方法体系，或“怎样生产”。恩格斯指出：包括经济学在内的社会科学“所研究的不是物，而是人和人之间的关系，归根到底是阶级和阶级之间的关系”[5]123，或者是“关于他们之间的关系”。社会技术是协调人与人之间的关系、如何“处世”的方式方法体系。至于人文科学，我们认为，它是关于人（类）自身的“肉体组织”和内心世界及其外在表达（文化）的观念（“人文”指人自身固有的本质和特性，即人之所以为人的内在规定性）。人文技术是自我调控、如何“做人”的方式方法体系，即“怎样生活”（马克思语）。因此，自然科学技术研究人与自然（人工）物的关系，人文科学技术研究人（类）自身，而社会科学技术研究人与人之间的关系。一些学者否认人文科学，或者将人文科学归并于社会科学（如《辞海》释义：“人文科学和社会科学的研究对象都是社会现象”），并称之为“人文社会科学”或“哲学社会科学”，这就混淆了两类科学的研究对象——人与社会——的不同。其实，研究人（类）自身和人与人之间的关系不是一回事，尽管它们之间存在着密切的联系。某个人会成为“关系”的承担者，也是生活于“关系”之中的，但是人与人之间的某种关系对于个人来说是外在的，“不能要个人对这些关系负责的”（马克思语）。著名的社会科学家迪尔凯姆在《社会学方法论的准则》一书中也指出：“个人生活与集体生活的各种事实具有质的不同”，后者“存在于构成社会的个人意识之外”。显然，“关系的承担者”（个人）与“关系”（社会）是两回事，正如物与二

物之间的距离（一种关系）、“存在者”与“存在”不能混同一样。尽管人文科学技术与社会科学技术有着密切的联系，人文科学技术却是相对独立的一个门类，所以两者不能混同（见图 2）。

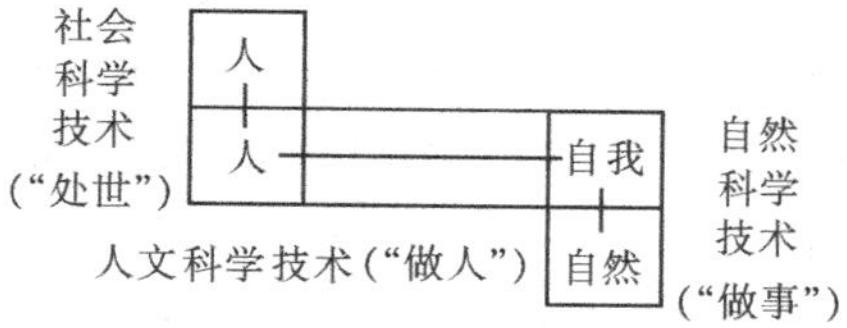

图 2　自然科学技术与人文科学技术、社会科学技术的“内在整体”示意图

因此，以世界（自然界、人文界、社会界）为研究对象的科学技术就由自然科学技术、人文科学技术和社会科学技术形成一个“内在的整体”。正如量子力学创立者普朗克指出的，“科学是内在的整体。它被分解为单独的部门不是取决于事物的本质，而是取决于人类认识的局限性。实际上存在着从物理学到化学，通过生物学和人类学到社会科学的连续链条，这是任何一处都打不断的链条。如果这个链条被打断了，我们就是瞎子摸象，只看到局部而看不到整体。”[6]而且，以人文界为研究对象的人文科学技术是介于自然科学技术和社会科学技术之间的中介性科学技术并居于科学技术这个“内在整体”的中心。正如英国经济学家舒马赫指出的，“一切科学，不论其专门化程度如何，都与一个中心相连接，就像光线从太阳发射出来一样。这个中心就是由我们最基本的信念……形而上学和伦理学所构成。”[7]60这就明确地揭示了以人文科学技术为中心的科学技术整体的内在结构。特别是人从事的现实活动，总是自然科技、人文科技、社会科技，即“做事”、“做人”、“处世”相互作用的综合效应。其中“做人”是根本，“处世”是前提条件。人是全部科技活动的出发点和归宿点，并对整个过程产生重大的影响。所以，我们要树立全面科技发展观，即以人为本，同时、协调、可续地发展自然科技、人文科技和社会科技，促进经济、社会和人的全面发展。

2. 科技哲学：自然科技哲学、人文科技哲学、社会科技哲学的“内在整体”

如前所述，科学技术是由自然科技、人文科技和社会科技构成的“内在整体”（见表 1）。自然辩证法是“关于自然界发展和自然科学技术发展的最一般规律的科学”。于是，学界就将自然辩证法等同于科学技术哲学。这样就将“自然科学技术”完全等同于“科学技术”了。

科技哲学是从总体上研究人与科技的关系的科技观理论，它既要研究人与科技的关系，也要从人与科技的总体关系中去把握人与自然的关系（自然科技），还要把握人与人的关系（社会科技）和人与自我的关系（人文科技）。其研究内容十分丰富，是其他学科取代不了的（见表 2）。

表 2　　科学技术哲学的研究内容构成表

研究内容	存在论	认识论	价值论	历史观	方法论
自然科技哲学	人与自然科技的关系	自然科技认识论	自然科技价值论	自然科技历史观	自然科技方法论
人文科技哲学	自我与人文科技的关系	人文科技认识论	人文科技价值论	人文科技历史观	人文科技方法论
社会科技哲学	人与社会科技的关系	社会科技认识论	社会科技价值论	社会科技历史观	社会科技方法论
科学技术哲学	人与科学技术的关系	科学技术认识论	科学技术价值论	科学技术历史观	科学技术方法论

将自然辩证法等同于"科技哲学"似乎欠妥当。第一，研究对象不同。科技哲学的研究对象是人与科技（指自然科技、人文科技和社会科技及其"内在整体"）的关系，而自然辩证法的研究对象是自然界发展和自然科学发展的一般规律"。第二，辩证法与认识论"是同一个东西"'。列宁在《黑格尔辩证法（逻辑学）的纲要》笔记中明确地指出：逻辑、辩证法和唯物主义的认识论"是同一个东西，都应用于同一门科学"。如表 2 所示，自然认识论即"自然辩证法"，岂能成为一门学科呢?！它既没有包涵自然科学技术哲学的全部内容，更不能等同于我们称谓的全面科学技术哲学。

将自然科技等同于全面科技就会导致"自然科技唯一有效"论。近代以来，由于广泛应用科技成果在经济领域获得了巨大的成功，而人们在强调自然科技的基础作用时，容易导致"自然科技唯一有效"论（在经济领域就是"经济决定论"）。如自然"科学主义"认为："自然科学技术独自能够并逐步解决人类面临的所有的，或者是几乎所有的真正的难题，自然科学技术是导向人类幸福的唯一有效的工具。"我们知道，经济的发展主要表现在劳动生产力的提高，这是多种因素综合决定的。正如马克思说的，"劳动生产力主要应当取决于：（1）劳动的自然条件……；（2）劳动的社会力量的日益改进，这种改进是由以下各种因素引起的，即大规模的生产，资本的集中，劳动的联合，分工，机器，生产方法的改良，化学及其他自然因素的应用，靠利用交通和运输工具而达到的时间和空间的缩短，以及其他各种发明，科学就是靠这些发明来驱使自然力为劳动服务，并且劳动的社会性质或协作性质也是由于这些发明而得以发展起来。"[8]175-176恩格斯也指出："根据唯物史观，历史过程中的决定性因素归根到底是现实生活的生产和再生产。无论马克思或我都从来没有肯定过比这更多的东西。如果有人说经济因素是唯一决定性的因素，那么他就把这个命题变成毫无内容的、抽象的、荒诞无稽的空话。经济状况是基础，但是对历史斗争的进程发生影响并且在许多情况下主要是决定着这一斗争的形式的，还有上层建筑的各种因素”。并且他还将这些因素称为“无数相互交错的力量，有无数个力的平行四边形，而由此就产生出一个总的结果，即历史事实”[9]477-478。其实，自然科技成果是生活于人与人之间的关系中的人，在现有的社会经济条件下，运用劳动手段（包括知识和物质手段）与对象（自然客体）相互作用而获得的精神产品，自然科技成果的转化和应用，即经济的发展和社会的进步，都是自然科技、人文科技、社会科技相互作用的综合效应，都是人的实践活动的结果。也就是说，自然科技成果、物资设备、资本和法规等这些“死的东西”要运转起来并发挥其作用，只能依靠人和人文精神的充分发挥。怎么能说“自然科学技术独自能够并逐步解决人类面临的所有难题”，并且“是导向人类幸福的唯一有效的工具”呢?!

局限于研究自然界和自然科学本身的自然辩证法或自然科技哲学就会导致教材和教学中的“传授知识”论。在传统的分割思维影响下，我们的自然辩证法或自然科技哲学以与人无关、游离于人的实践活动之外的自然界或自然科技为对象，并寻求对其自身和变化规律的认识。于是，教材也就成为关于自然界或自然科技的不同解释，即有关实体对象的知识的汇集。并在教材和教学中着重于回答“是什么”和“为什么”，而很少关涉“如何是”和“如何做”，更没有给予“如何做人”、“如何处世”、“如何生存与发展”的指导。因此我们认为，要将关注的眼光从聚焦于外部自然界或自然科技转向与人的实践活动密切相关的感性世界，即人与自然或自然科技的关系问题[10]75-76，克服那种撇开人、撇开人的活动、撇开对象世界与人的关系或运用概念思维方式来解释自然观和科技观的倾向。要实现这个转向，也就必然地要求将自然科技哲学、人文科技哲学、社会科技哲学融为一体。

我国正在大力提倡素质教育，这是现实的和时代的要求。素质教育就是要克服远离人的生活、仅仅“传授知识”的倾向。我们认为，素质教育要求除了学会认知、学会做事之外，更要学会做人、学会处世、学会生存与发展，其中最根本的是学会做人。做“好”人有个学习的问题，更主要的是实践、体悟问题。还是马克思说得好：“任何一种解放都是把人的世界和人的关系还给人自己”[11]443。自然辩证法或自然科技哲学和现代科技革命与马克思主义等课程的教材与教学，如果在这些方面取得突破性进展，我国的科技哲学事业必将出现新的辉煌。这就是我们的期待，也是本文写作的意愿所在。

参考文献

[1] 马克思. 资本论 [M]. 北京：中国社会科学出版社，1983.

[2] 陈文化，胡桂香，李迎春. 现代科学体系的立体结构：一体两翼——关于"科学分类"问题的新探 [J]. 科学学研究，2002 (6)：565-567.

[3] 马克思，恩格斯. 费尔巴哈 [M] //马克思，恩格斯. 马克思恩格斯选集：第1卷. 北京：人民出版社，1957.

[4] 马克思，恩格斯. 马克思恩格斯全集：第2卷 [M]. 北京：人民出版社，1974.

[5] 恩格斯. 卡尔·马克思政治经济学批判 [M] //马克思，恩格斯. 马克思恩格斯选集：第2卷，北京：人民出版社，1974.

[6] 转引自成思危. 切实推进我国的软科学事业 [J]. 中国软科学，1998 (7)：6.

[7] 舒马赫. 小的是美好的 [M]. 北京：商务印书馆，1985.

[8] 马克思. 工资、价格和利润 [M] //马克思，恩格斯. 马克思恩格斯选集：第2卷. 北京：人民出版社，1974.

[9] 恩格斯. 致约·布洛赫的信 [M] //马克思，恩格斯. 马克思恩格斯选集：第4卷. 北京：人民出版社，1974.

[10] 陈文化. 技术哲学的研究对象：技术还是人与技术的关系问题 [C] //中国自然辩证法研究会. 中国自然辩证法研究会第五次全国代表大会文件汇编：新世纪·新使命·新课题，2001.

[11] 马克思，恩格斯. 马克思恩格斯全集：第1卷 [M]. 北京：人民出版社，1956.

十四、“科技伦理”是一种抽象的伦理观①

（2001 年 5 月）

近年来，“科技伦理”、“自然伦理”、“生态伦理”成为人们的时髦话题。在报刊上，发表了许多有关“科技伦理”问题的文章。这些文章大致上有三种观点：一是将“科技伦理”混同于“科技活动伦理”。如有人说：“我们讲科技伦理，并不是指科技成果本身有什么伦理，而是指科学研究、技术探索过程中的伦理”[1]；二是认为“科技本身负载着价值”[2]；三是主张“将道德主体的谱系扩展为：自然、人、动物、植物等”，并认为“人并不是最高主体，更不是绝对主体，自然才是最高主体，甚至是绝对主体，这是新世界观的本体论命题。”[3]这些观点值得深入探讨。

（一）

科学技术是“知识体系”，还是“活动过程”，至今仍然存在着严重分歧。

第一，“科技”即“科技知识”与“科技活动”是两个不同的概念。

什么是科技活动呢？联合国教科文组织在《关于科技统计国际标准化的建议案》中明确地指出：“科技活动是指与所有科学技术领域，即自然科学、工程和技术、医学、农业科学、社会科学及人文科学中科技知识的产生、发展、传播和应用密切相关的系统的活动。它包括研究与试验发展（R&D）、教育与培训（STET）和科技服务（STS）等三类活动。”显然，这个定义指出了“科技知识”与“科技活动”之间的区别与联系。我们将“科技活动分为科学研究（发现）、技术研究（发明）、技术创新和技术扩散四个阶段相继或交织进行的动态过程”[4]。

作为知识体系的科学技术，是科学技术研究活动的产物或结果。它的内容及其表达形式既取决于研究对象（自在客体）及其认识条件，又决定于主体对客体的理解、选择、构建和解释方式。也就是说，没有主体活动和自在客体及其认识条件不会有观念客体（指主体在观念中通过逻辑形式所把握的客体，如理论、观点、规律等知识体系）；同时没有主体的理解、创造或构建过程也不会有观念客体。显然，主体的价值观念、伦理道德必然地体现在科学、技术研究活动之中。而发现、发明和创新成果一旦外化（即脱离主体）以后，就具有相对的独立性，其变化发展又要通过新的研究与创新活动。因此，科学和技术的发展呈现为“状态—过程—状态……”的动态模式，即初始状态通过研究和创新活动获得所要求的改变，并达到新

---

① 本文发表于《自然辩证法研究》，2001（9）。

的状态……。任何系统都依一定的条件由一种状态转化而来，又依一定的条件向新的状态转化而去……。马克思指出：“在劳动过程中，人的活动借助劳动资料使劳动对象发生所要求的变化。过程消失在产品中……在劳动者那里是运动的东西，现在在产品中表现为静的属性。工人织了布，产品就是布。”“先前劳动的产品本身，则作为生产资料进入该劳动过程……所以，产品不仅是劳动过程的结果，同时还是劳动过程的条件。”[5]169“在生产过程中，劳动不断由动的形式转化为静的形式。例如……纺纱工人的生命力在一小时内的耗费，表现为一定量的棉纱。”[5]177列宁也指出：人的认识是“概念、规律等等的构成、形成过程”，而“科学＝逻辑观念”[6]167。因此，包括科学、技术在内的任何系统的变化发展都是连续性与间断性的对立统一，如1687年牛顿创立的经典力学体系到20世纪初由爱因斯坦的相对论和德布罗意、海森伯等人的量子力学形成的现代力学体系的发展过程，就是一个“状态—过程—状态”。因此只承认系统发展的连续性而否认其间断性，或者只承认系统发展的间断性而否认其连续性，都是片面的[7]9。而许多学者认为：“科学本身不是知识，而是产生知识的社会活动”，“科学是一种人类活动，是一种高层次的人类活动”。“技术是按照人所需要的目的，运用人所掌握的知识和能力，借助人可利用的物质手段而使自然界人工化的动态系统或过程”，“技术是人类的活动”，“技术是一种人类的行为”。既然不能把体力劳动的物质产品——机器、设备或零部件（“表现为静的属性”）——视为“劳动过程”，为什么要把“脑力劳动的产物——科学”（马克思语）和技术知识——认为是“人类活动”或“动态过程”呢?!

第二，“科技知识”与“科技活动”的构成要素是截然不同的。

关于科学知识系统的组成要素问题，爱因斯坦明确地指出：一门科学的“完整的体系是由概念、被认为对这些概念是有效的基本定律，以及用逻辑推理得到的结论这三者构成的”[8]313。据此，我们认为：科技知识体系是由概念及其之间关系的基本定律（或基本关系）和对它们作出的逻辑推论（技术为具体实施方案）“三者所构成的完整的体系”[7]9。而科技活动系统是由主体要素（科技劳动者）、主客化要素（指主客体相互作用而产生并外化的科技知识和管理方式方法等）与客体要素（物质手段和科技对象）相互作用的动态过程[7]12。正如列宁指出的：自然“认识是人对自然界的反映。但是，这并不是简单的、直接的、完全的反映，而是一系列的抽象过程，即概念、规律等等的构成、形成过程……在这里的确客观上是三项：① 自然界；② 人的认识＝人脑（就是那同一个自然界的最高产物）；③ 自然界在人的认识中的反映形式，这种形式就是概念、规律、范畴等等。”[6]167-168这里的参与新的科技活动的“概念、规律、范畴等”就是我们指的主客化要素之一部分。

最近，刘大椿也明确地指出：“生产出知识”的科学认识活动（马克思称为科学劳动），其构成要素“可以归纳为三类：一是主体要素，二是客体要素，三是工具要素”。其中，“工具要素包括物质方面的和精神方面的。就后者而言，具有大量的概念、范畴、定律、规律以及各式各样的理论。这些东西是……主客体相互作用的结果”[9]21。

因此，我们仍然认为：科技活动是一个动态系统，即科技主体的行为、人的一种实践活动，而科学技术既是科研活动的产物——“逻辑观念”、“知识”（即马克思讲的“由动的形式转为静的形式”），又是开展新的科技活动必不可少的重要条件。

（二）

科技知识本身有没有伦理道德问题，是“科技伦理”概念和“科技伦理学”学科能否存在的前提和关键。正如一些学者说的：“如果不能对科技本身有无伦理之问题作出一个肯定的回答，则科技伦理这一概念及由这一概念所代表的这门学科就不成立。”[1]26

第一，科技知识是脱离主体而相对独立存在的主客化世界[7]14。

如前所述，这里的主客化世界是指在一定的条件下，通过主、客体相互作用而获得的创造性思维的精神产品。主客化世界并不是物质之外的独立实体（这是它与波普尔称谓的“世界3”的本质区别之一），但当它们一经发现、发明和创新并赋予某种物质外壳或依附于某种载体上，就具有相对的独立性和稳定性而存在于人类社会之中。如，以纸张（书、报、刊、集）为载体的科技论著，以盘、鼓、片、带为载体的计算机程序和信息资料，以声、光、电、磁波为载体的语言、符号系统和以人造物等实物载体的“物化的智力”等。它们既可以看作物质世界（“世界1”），又不是典型的物质世界；既可以视为精神世界，又不是典型的精神世界；它们既不是物质世界又不是精神世界，而是介于两者之间的“中介世界”（类似于波普尔的“客观精神世界”。但是他又说“第三世界是人造物，正如蜂蜜是蜜蜂的产物、蛛网是蜘蛛的产物一样。”其实，人造物只是“世界3”的一种实物载体。）。科技知识既然是独立于主体而存在的主客化世界，就不会有伦理道德问题。因为按照《辞海》的解释，伦理：一是指“事物的条理”，即“指安排事物有条有理”；二是指“处理人们相互关系所应遵循的道理和准则”，它“现在通常作为‘道德’的同义词使用”。而“道德”是指“维持、调整人们相互关系的行为规范的总和”。因此，谈及“伦理道德”必然地是指调整和规范“人们相互关系”问题，而在一些论述“科技伦理”的文章中，又没有赋予“伦理道德”新的内涵，怎么硬要说有“科技伦理”或“科技本身负载着价值”呢？难道在物质领域里有什么“工具伦理”、“机器伦理”或“自然伦理”吗?!

第二，科技知识只有“并入生产过程”之后，才可能有“伦理道德”问题。

有学者在论述“科技本身负载着价值”问题时，认为“科技与科技的运用和后果并非绝对分立”。诚然，科技运用的后果与科技具有一定的联系。但是，这种联系并不表明科技本身有什么善恶之分。作为“静的形式”的科技知识本身所具有的潜在的价值和社会经济功能，只有在人类的实践活动中，才能体现出来；只有将知识形态的科技成果转化为现实生产力（即马克思讲的“并入生产过程”），才能在社会经济领域发挥作用。因为科学技术是关于事实的知识，伦理道德是关于价值的判断，两者属于不同的领域，只有通过人的实践活动，才能联系起来。也就是说，科技知识的好与坏、善与恶，“一切取决于人从中造出什么，它为什么目的而服务于人，人将其置于什么条件之下”（雅斯贝尔斯语）的实践活动中，才能表现出来。同样，科技知识物化为工具、机器等人造物仍然是一种“死的生产力”，其价值及其大小、好坏、善恶，也只有通过劳动实践才能判别。马克思指出：“科学通过机器内部的构造驱使那些没有生命的机器肢体有目的地作为自动机来运转”[10]208，“自然力和科学的运用，表现为机器的劳动产品的运用……尽管它们是工人的结合本身的产物，但表现为存在于资本家身上的资本的职能”[11]116。因此，“机器具有减少人类劳动和使劳动更有成效的神奇力量，然而却引起了饥饿和过度的疲劳……随着人类愈益控制自然，人却似乎愈益成为别人的奴隶或自身的卑劣行为的奴隶”[12]78。所以，“机器的运用”中才有伦理道德问题。

人们常说“科学技术是一把双刃剑”。即使如此，犹如枪支弹药或其他武器等都是一种“自然存在物”，它们自身能造成人的伤亡吗?！同时，使用武器是用来故意杀人还是枪决罪犯或御敌防卫，即使是同一武器和同一结果，也是截然不同的两码事。总不能将同一武器用来故意杀人视为“恶”的，又将其御敌防卫认作“善”的吧！显然，所谓善与恶，是指主体运用中介手段作用于客体的行为后果，而不是指作为中介手段的科学技术及其物化形式本身。

（三）

如果不正确地区分“科技伦理”与“科技活动伦理”，无论是在理论上还是在实践上，都是十分有害的。

第一，“科技伦理”否认了人的实践活动，是一种抽象的伦理观。马克思哲学是实践哲学，是通过人的实践活动去研究世界、改变世界。而作为观念形态的、“自然存在形式”的科技知识“本身负载着价值”，就否认了人的实践活动。马克思明确地区分过“想象的存在”或“抽象的观念”与“现实的存在”，并认为只有通过人的实践，才使“想象的存在转化为现实的存在”[13]128。他在批判黑格尔的唯心主义观点时指出：“同样明显的是，自我意识通过自己的外化所能设定的只是物性，即抽象的物，抽象物，而不是现实的物。”如果把自然科学不与人的活动结合起来，将是“抽象物质的或者不如说是唯心主义的”[14]123。马克思指出：“工业是自然界同人之间，因而也是自然科学同人之间的现实的历史关系……因此，自然科学将失去它的抽象物质的或者不如说是唯心主义的方向，并且将成为人的科学的基础”[13]167，马克思又指出：作为“现实的物”的商品通过货币的媒介进行交换，货币就“表现为与商品的自然存在形式相分离的社会存在形式”。同样地，资本、价值、伦理也都表现为纯粹的社会存在。因此，价值、伦理作为“社会存在形式”，在关照“人们相互关系的行为规范”的同时，还必须关照人在处理人与自然之间关系中的“行为规范”。这样，就把人的行为规范扩展到人—社会—自然这个巨大的系统之中。因此，在社会实践中，运用道德规范和原则来调节“人们相互关系的行为”，又要自觉地运用道德约束力来保证人与自然环境的协调发展，以实现“互利共荣”的目标。

第二，“自然主体”论、“环境主体”论是一种社会倒退观。科学技术是“有人世界”的根本特征。自然世界在人类出现以前，是无意识、无精神的世界，即天然的自然界。当其自发地演化到最高阶段，才出现人类，此时的自然界仍然主宰着人类。随着时代的不断前进，才逐渐形成“属人的世界”，从而实现了客观世界从“自在”的存在向“为人”的存在的根本转变。

人是“自然存在物”与“社会存在物”、“具有自我意识的存在物”的统一。马克思指出：“人不仅仅是自然存在物，而且是人的自然存在物，也就是说，是自为地存在着的存在物，因而是类存在物。”[14]126我们往往只讲“人是自然的一部分”（“自然存在物”），很少或者没有主要地把人理解为“社会存在物”和“有意识的存在物。其实，马克思指出：“只有在社会中，人的自然存在对他说来才是他的人的存在，而自然界对他来说才成为人”。“人等于自我意识”，“人是具有自我意识的存在物”[14]123,53。“我本身的存在就是社会的活动”，“个人是社会存在物。”[14]79俞吾金认为：马克思的社会存在概念以及在这一概念的基础上形成的社会存在本体论思想是西方本体论发展史上的一个划时代的贡献[15]。而有人在谈论“道德主体”问题时，说什么“人并不是最高主体，更不是绝对主体，自然才是最高主体，甚至是绝对主体，这是新世界观的本体论命题”。显然，这种“自然（存在）本体论”与得到学界（如卢卡奇和俞吾金等）赞誉的“马克思的社会存在本体论”是相悖不容的。

至于道德主体，我们认为，只能是人。而“人就是人的世界，就是国家、社会”，“人作为自然存在物，而且作为有生命的自然存在物”，“具有自然力、生命力，是能动的自然存在物。”[13]178而“环境伦理学”学者把自然、环境、物种、动物、植物等都视为“道德主体”，唯独将人排斥于“最高主体”之外，真是不可思议！如果是这样的话，那么谁来建立“环境伦理学”呢？谁来治理环境、恢复生态平衡呢？其目的又是什么？我们认为：无论是治理自然环境、恢复生态平衡，还是解决其他全球性问题，从根本上来说，出发点和归宿点都是为了人类的幸福和人类的利益。因为人“是自为地存在着的存在物，因而是类存在物”。同时，现实的自然本身变成了“人化自然”，而“被抽象地孤立地理解的，孤立的，被认为与人分离的自然界，对人说来也是无。”[14]135马克思还指出：“从前的一切唯物主义（包括费尔巴哈的唯物主义）主要缺点是：对对象、现实、感性，只是从客体的直观的形式去理解，而不是把它们当作感性的人的活动，当作实践去理解，不是从主体方面去理解。”[16]16“从主体方面去理解”对象是“当作实践去理解”，如将自然界视为“人的感性活动”中的客体对象，决不是什么“最高主体，甚至是绝对主体”。其实，在一个活动中，主体和客体是同时形成的，也是同时存在的。既然没有客体，怎么会有“道德主体是自然、人、动物、植物等”呢?！而且“自然才是最高主体、绝对主体”呢?！现在的一些学者不仅如此，而且还颠倒了主体与客体的关系。当今世界的一系列全球性问题，已经危及到包括人类在内的一切生物的存在和发展，这是毋庸争辩的事实。然而如何解决呢？“环境伦理学”学者是“用脑创造”出一个“最高主体”、“绝对主体”来支配人，并似乎要使自然这个“物质力量具有理智生命”，将“人的生命化为愚钝的物质力量”，这岂不是要把人类社会退回到崇拜自然的古代吗?！

传统的工业文明是在主—客二分观念的指导下，把“客体改造论”推至极点，从而造成人与客体环境的严重对立和对抗。其实，人的社会实践是多维主体之间通过作用或改造过的中介客体而形成的主—客—主关系结构的物质性活动。正如马克思指出的：“只有在社会中，自然界对人说来才是人与人联系的纽带……只有在社会中，自然界才是人自己的人的存在的基础。”[13]122人与人之间的关系，实际上是人（类）通过自然环境这个中介结成的伦理关系。“我”破坏了自然环境，不仅损害了自己的利益和幸福，而且也损害了他人乃至全人类的利益和幸福，从根本上说，保护自然环境，就是保护人类自身。因此，人与环境的关系就成为主体际伦理关系的轴心，而伦理关系就必然地将环境作为主体际的中介而包容其中[9]77，根本没有必要也不应该“创造”出“自然主体”、“环境主体”。难道将中介手段或客体对象创设为主体就能解决问题吗?！其实，这是为主体推脱责任。现在有学者经常讲什么“计算机犯罪”、“网络犯罪”、“技术犯罪”、“技术恐惧”等等，难道销毁计算机、网络、技术之后，人就不会犯罪了吗?！

第三，“科技负载价值”是一种宿命论。随着工业文明的兴起和发展，人类进入了大规模地作用于自然的时代。于是，人类在加快向自然索取的同时，也造成了一系列始料未及的全球性问题，致使当今人类面临着日趋严重的自然危机、社会危机和自我危机。从其根本缘由来说，主要是自我危机，是人们出于狭隘的物质利益并不择手段地追求（与私有制和社会分工有关），以及由此作出的错误决策和失误造成的。恩格斯早在19世纪下半叶就明确地指出："人离开狭义的动物愈远，就愈是有意识地自己创造自己的历史，不能预见的作用、不能控制的力量对这一历史的影响就愈小，历史的结果和预定的目的就愈加符合。"[17]19 "我们必须时刻记住：我们统治自然界，绝不像征服者统治异民族一样，绝不像站在自然界以外的人一样，我们对自然界的整个统治是在于我们比其他一切动物强，能够认识和正确运用自然规律。"[17]19这就透彻地揭示了造成人与自然对立和对抗的根本原因是人（类）自身的问题，而解决的办法，只能是准确地确定人在自然中的位置以及"认识和正确运用自然规律"。然而，一些学者硬说什么"科技本身负载价值"、"技术是自主的""决不会给人带来自由"。并且"随着技术的进步和发展，技术异化的力量越来越强大"，"逐渐吞没着人的主体性"，"科学技术使'人死了，机器活着'"等。"总之，技术的进步使脆弱的人类、脆弱的人工自然、脆弱的人类社会面临诸多灾难性的、毁灭性的可能之中。"[17]既然科学技术及其进步本身是如此之"恶劣"，"人类不可能选择自己的命运"，并且这"是确定的和必然的"，那么人类就只能任其摆弄、俯首就擒吗?！其实，这样一种心态、立场和观点无法解决人类面临的各种危机。正如英国的阿·汤因比和日本的池田大作在《展望21世纪》一书指出的："要消除对人类生存的威胁，只有通过每一个人的内心的革命性变革。"恩格斯也指出："只有一种能够有计划地生产和分配的自觉的社会生产组织，才能在社会关系方面把人从其余的动物中提升出来。"[17]20只有这样，才能实现人与自然、人与社会、自我与他人的"互利共荣"的伟大目标。否则，别无他途。

参考文献

[1] 甘绍平．科技伦理：一个有争议的课题［J］．哲学动态，2000（10）：6，26．

[2] 段伟文．技术的价值负载与伦理反思［J］．自然辩证法研究，2000（8）：3．

[3] 卢风．社会伦理与生态伦理［J］．哲学动态，2000（12）：39．

[4] 陈文化．科学技术活动及其主要特征的探讨［J］．科研管理，1997（增刊）：5．

[5] 马克思．资本论［M］．北京：中国社会科学出版社，1983．

[6] 列宁．列宁哲学笔记［M］．北京：人民出版社，1957．

[7] 陈文化．科学技术与发展计量研究［M］．长沙：中南工业大学出版社．1992．

[8] 爱因斯坦．爱因斯坦文集：第1卷［M］．北京：商务印书馆，1977．

[9] 刘大椿．科学技术哲学导论［M］．北京：中国人民大学出版社，2000．

[10] 马克思，恩格斯．马克思恩格斯全集：第46卷（下）［M］．北京：人民出

版社，1980.
[11] 马克思，恩格斯. 马克思恩格斯全集：第 49 卷（下）[M]. 北京：人民出版社，1980.
[12] 马克思，恩格斯. 马克思恩格斯全集：第 2 卷 [M]. 北京人：人民出版社，1980.
[13] 马克思，恩格斯. 马克思恩格斯全集：第 42 卷 [M]. 北京：人民出版社，1980.
[14] 马克思. 1844 年经济学-哲学手稿 [M]. 人民出版社，1985.
[15] 俞吾金. 存在、自然存在与社会存在 [J]. 中国社会科学，2001 (2).
[16] 马克思，恩格斯. 马克思恩格斯选集：第 1 卷 [M]. 北京：人民出版社，1972.
[17] 恩格斯. 自然辩证法 [M]. 北京：人民出版社，1971.
[18] 李世雁. 自然中的技术异化 [J]. 自然辩证法研究，2001 (3)：24.

十五、技术哲学的研究对象：技术本身还是人与技术的关系问题①

（2001 年 2 月）

最近，有些学者提出了“哲学中的‘技术转向’”问题，即自然技术正在或即将成为哲学反思的中心话题。那么，技术哲学的研究对象是什么呢？一般人认为：“技术哲学是关于技术的哲学”或是“对技术的系统哲学反思”，“技术哲学以技术为研究对象，是对技术的哲学思考”。而技术又是什么呢？他们认为，（自然）“技术即劳动资料”或“物质手段和方法的总和”。于是，（自然）技术哲学的研究对象就是劳动资料或人工自然。这种观点在理论上是站不住脚的，在实践上是有害的。

第一，自然技术是“人对自然界的能动关系”或“活动方式”。马克思主义哲学以人与世界的关系实在论超越了旧哲学的物质本体论。马克思在《关于费尔巴哈的提纲》中明确地指出：“从前的一切唯物主义（包括费尔巴哈的唯物主义）的主要缺点是：对事物（新版中已经改译为“对象”——引者注）、现实、感性，只是从客观的或直观的形式去理解，不是从主体方面去理解。”[1]16把对象当作实践去理解，从主体方面去理解，也就是把对象作为实践活动的对象、产物和结果去理解，作为人的对象性存在去理解。技术是人类技术实践活动的产物，它作为人类生存活动必须依存于对象而成为人类存在，即人的生活、生产过程的组成部分。正是从这个意义上，马克思定义：自然科学是“人对自然界的理论关系”，自然技术是“人对自然界的能动关系”或“活动方式”，工业（物质生产）是“人对自然界的实践关系”[2]191,[3]374。显然，自然“技术即劳动资料”（或物质实体）“只是从客体的或直观的形式去理解”，“不是从主体方面去理解”，不是把感性世界理解为实践活动的对象和结果。同时，技术的内涵也不能局限在工具意义上的“器物”层次，应该拓宽到更为广泛的社会领域。技术从其产生与发展，即发明、创新与应用扩散全过程，无一不是人的行为。因此，技术的本质及其发展规律的揭示就与人的实践活动息息相关。而“劳动资料”说的技术完全排除了主体而成为纯“客观的或直观的形式”。

第二，技术哲学的基本问题是人与技术的关系问题。恩格斯指出：“全部哲学，特别是近代哲学的重大的基本问题，是思维和存在的关系问题。”[4]219“思维和存在的关系问题”就是人与世界的关系问题。哲学的基本问题就是人把自己同世界的

① 本文被收入中国自然辩证法研究会第五届全国代表大会文献汇编《新世纪·新使命·新课题》，2001 年 2 月，175-180。

“关系”作为对象而进行“反思”，既要反思人对世界的认识问题，又要反思人对人与世界关系的评价问题，更要反思人自身的存在和发展问题，从而实现人与世界的协调发展。也就是说，哲学不是人站在“世界”之外来“揭示”世界的“一般规律”。技术哲学的基本问题就是人与技术的关系问题，而将技术哲学定义为“关于技术的哲学”或“对技术的系统哲学反思”，就是直接地以孤立（即与人无关）的抽象的“技术”作为对象而形成关于“技术”的观点。恰恰相反，技术哲学是从“思维和存在”（人与技术）的“关系”出发，从整体上理解和协调人与技术相互关系的理论。因此，技术哲学研究的最终目的不仅仅是“认识技术”、“改造技术”，而是协调人与技术的关系，以促进实现“自然—人—社会”的和谐与可续发展。

第三，技术哲学研究人与技术的关系问题，而人与技术的关系是和人与人之间的关系具体地联系在一起的。马克思指出：自然技术是“人对自然界的能动关系”，“人们对自然界的狭隘的关系制约着人们对自然界的狭隘的关系，而他们之间的狭隘的关系又制约着人们对自然界的狭隘的关系”，这就是“自然界和人的同一性表现”[1]35。显然，脱离了人与人之间的关系来谈论人对自然界的关系，脱离人来谈论技术都是不现实的。而那种“被抽象地理解的，孤立的，被认为与人分离的自然界，对人说来也是无。”[5]135这样，以“技术”为研究对象的技术哲学就无法摆脱旧哲学“解释世界”的怪圈，而与“改变世界”的马克思实践哲学相距甚远。

第四，研究对象是物质实体还是关系实在，已经成为科学是否具有当代性的一个重要判据。相对论和量子力学相对于近代的经典力学来讲，研究对象就是以关系实在取代物质实体，在自然科学领域开创了以阐明实在之关系依赖性来消解“实体”的任何绝对化解释之先河。相对论的质速关系和质能关系揭示出：质量、能量是相对的，“性质本身就是客观实在”。质量作为速度的函数，相对于不同的参考系就有不同的值。质量与能量相互转化、微观领域中普遍存在的正反粒子对的湮灭和产生现象，就是实物转化为辐射，实物（如电子）的质量转化为光子的能量。同时，自然界作为自然科学技术的研究对象，存在于同变革它的人类之间的历史关系之中，属人的世界只存在于人类的创造性活动和实践之中。于是，物理实在必然地与认识条件相联系，并构成一个统一的整体，其认识论模式则为客体—认识条件—主体。“认识条件”的介入，并参与物理实在和观念客体的形成，这是同主客体分离的传统认识论模式的本质区别。因此，物质概念（观念）由古代的物质即质粒到近代的形而上学的物质实体观，再到当代的关系实在论，即“物质非物质化”[6]33，这种逻辑顺序是肯定—否定—否定之否定普遍演变规律的具体体现。显然，以“技术即劳动资料”为研究对象的“技术哲学”是传统的物质实体观的反映。

第五，长期以来，自然科学技术、技术哲学只强调研究“自然”、“技术”问题，忽视了研究人与外部世界（含技术）的关系问题，造成人与自然、人与技术、人与社会、人与自我的对立和对抗，直接威胁着人类的存在与发展，并导致人类社会的不可续发展。爱因斯坦指出："如果想使自己一生的工作有益于人类，那么只懂得应用科学本身是不够的。关心人的本身，应该始终成为一切技术上奋斗的主要目标；关心怎样组织人的劳动和产品分配这样一些尚未解决的重大问题，用以保证我们科学思想的成果造福于人类，而致成为祸害"[7]73。孤立地研究"自然"、"技术"，而不是人与自然、人与技术、人与社会、人与自我等关系上的"自然"、"技术"，由此带来了自然危机、社会危机和人类自身的危机。从根本上来说，这种自然危机、社会危机多数是由于人类自身、特别是自我的危机以及由此产生的人与外部世界之间关系的不协调造成的[8]。无数事实也表明：人为灾害远远大于自然灾害，而且消除人为灾害所付出的代价更大。同时，由于人的价值观念和思维方式不当而不正确地使用科学技术，常常是造成人为灾害的主要原因，又往往是引发自然灾害或社会危机的重要原因之一。科学技术是认识和处理人与自然、人与社会、人与自我之间关系的中介手段，而人与技术的关系在很大程度上影响和制约着人与自然和人与社会、人与自我的关系。因此，从某种意义上说，从研究人类如何实现人与外部世界的协调发展去研究科学技术问题比孤立地研究科学技术本身更为重要。

第六，请注意关于哲学的定义的变革。什么是哲学？曾经公认的定义是"人们对于整个世界（自然界、社会和思维）的根本观点的体系。"[9]1950前几年，由肖前主编的《马克思主义哲学原理》中改为："哲学就是从总体上教导人们善于处理和驾驭自己同外部世界的关系的学问"。显然，后者符合恩格斯关于哲学、特别是"近代哲学的重大的基本问题"的论断。恩格斯指出的"思维和存在的关系问题"，在近代哲学中，"才被十分清楚地提了出来，才获得完全的意义"。而古代哲学是离开"思维和存在的关系问题"，直接地"断言"世界的存在。我们在 20 世纪 90 年代之前，还将哲学表述为"关于整个世界的普遍规律的理论"，随后才提出"哲学是关于世界观的理论"。然而正如孙正聿在《怎样理解作为世界观理论的哲学?》一文中指出的："所谓'世界观理论'，究竟是'观'世界而形成的关于'整个世界'的理论，还是'揭示'和'反思'人同世界的'矛盾'而形成的关于人与世界相互'关系'的理论?"前者的"'世界观理论'就不是以'思维和存在的关系问题'作为自己的'重大的基本问题'，而是以'世界'本身及其运动规律作为自己的研究对象和'基本问题'。所以，作为哲学的'世界观理论'，它不是直接地断言'世界'的理论，而是'揭示'和'反思'思维把握和解释世界的'矛盾'的理论，是推进人对自己与世界的相互关系的理解和协调的理论。"哲学研究对象的这种变革，是对当今时代特点的新概括。作为哲学的分支学科的技术哲学，至今仍然定义为"关于技术的哲学"或"对技术的系统哲学反思"，显然是落后时代之举。

综上所述，我们认为，技术哲学是从技术观层面研究和处理人与技术之间关系的学问。由此，我们建议：应以人（类）为中心、科学技术为中介手段的自然—人—社会四元结构重新构建技术哲学的体系框架，以适应新时代文明之要求。

参考文献

[1] 马克思，恩格斯．马克思恩格斯选集：第 1 卷［M］．北京：人民出版社，1972．

[2] 马克思，恩格斯．马克思恩格斯选集：第 2 卷［M］．北京：人民出版社，1979．

[3] 马克思．资本论［M］．北京：中国社会科学出版社，1983．

[4] 马克思，恩格斯．马克思恩格斯选集：第 4 卷［M］．北京：人民出版社，1974．

[5] 马克思．1844 年经济学-哲学手稿［M］．北京：人民出版社，1985．

[6] 罗嘉昌．从物质实体到关系实在［M］．北京：中国社会科学出版社，1996．

[7] 爱因斯坦．爱因斯坦文集：第 3 卷［M］．北京：商务印书馆，1979．

[8] 陈文化，陈晓丽．关于可持续发展内涵的思考［J］．科学技术与辩证法，1999（2）：1-5．

[9] 辞海［M］．上海：上海辞书出版社，1989．

十六、关于21世纪技术哲学研究的几点思考①

（2000年10月）

技术哲学由德国E．卡普于1877年创立，至今只有123年的历史。在这一百多年里，技术哲学研究已经遍布世界各地，并得到了广泛的应用。在世纪之交，就技术哲学的有关理论和实践问题进行专门研讨，对于加强技术哲学的学科建设，形成具有中国特色的技术哲学体系是至关重要的，同时也关系着我国技术哲学界以什么样的面貌和姿态迈入21世纪。为此，我们对一些基本问题进行初步思考。

什么是技术哲学？卡普及其以后的一些名家都没有作出明确的界定，但从其论著中，“可理解为关于技术的哲学或从哲学的观点看待技术问题”，“即它是工程师的哲学，它是哲学中的自然改造论”，“是关于技术发展的根本观点和普遍规律的学问”[1]7-13。这种理解和观点，对于我国技术哲学的研究和教学起过重要的指导与推动作用。现在看来要不要进行拓展呢？

1．技术不能局限为“自然技术”或“物质生产技术”，还应包含“社会技术”和“思维技术”

关于什么是技术的问题，长期以来，争论未止。E．卡普提出技术的“人体器官投影”说；F．德韶尔认为技术在本质上既不同于工业制造，也不同于产品，而是一种创造行动，是“从思想而来的现实存在”；日本则有过“劳动手段体系”说与“客观规律应用”即“活动方式”即“活动方式”即“活动方式”说的论争。技术哲学界在技术的本质这个问题上，一直存在着根本分歧。这种分歧主要表现为“物质手段”说、“物质手段和方式方法总和”说、“操作性（或实践性）知识体系”即“活动方式”说的论争，以及随着时代的发展，演变为技术仅局限为“自然技术”或“物质生产技术”与包括自然技术、社会技术和思维技术（随后我改称为人文技术）的论争。我们曾经认为：“技术是人的知识和智慧与物质手段相互作用而产生的利用、控制和改造自然、社会或思维的方式方法体系，即关于怎么‘做’的知识体系或实践性的知识体系。”这就明确地指出了技术包括自然技术、社会技术和思维技术[2-3]。而如今有学者说：“技术只是那种人类改变与控制自然环境的物质性技术或‘自然技术’”，“不可能有什么‘社会技术’、‘思维技术’。如果有的话，也只不过是技术概念的泛化。”[4]

① 本文在2000年10月清华大学举行的全国第八届技术哲学年会上报告过，发表在《华南理工大学学报（社会科学版）》，2001（2）。

有没有社会技术呢？要弄清楚这个问题，首先要界定什么是社会技术。我们认为：社会技术是指调整人际（含组织之间的）技术关系和经济关系[5]133-170等社会领域实践性的知识体系，以促进社会的全面进步和人类社会的可持续发展。国内学者潘天群曾经界定过社会技术。他说："社会技术是形成、调整或重组社会（或社会中某个组织）的社会关系，以合理地达到某个社会目的的方法或手段。这里'合理地'包括'有效地'和'公正地'。"并提出"政治技术"、"社会组织技术"、"社会心理技术"等[6]。这样，就要改变传统技术概念和技术观念。其实，德国著名的技术哲学家拉普早就指出："严格地说，一切有意识有目的进行的活动都遵循一定的方法论而不管这种模式是多么粗浅。这样一来，就不得不把一切有目的的活动（个人的和社会的）都归结为技术活动。"还说："我们必须把这个相当广泛的'技术'定义同狭义的技术即工程师所从事的'技术活动'区分开来。"[7]30加拿大科学技术哲学家 M. 邦格于 1979 年明确地指出："技术是这样一个研究和活动的领域，它旨在对自然的或社会的实在进行控制或改造。"并且，他把现代化技术分为"物质性技术"、"社会性技术"、"概念性技术"、"普遍性技术"四个分支。他又指出："上面的分类旨在对'技术'的含义作部分的扩展。"否则，"这种谬误导致恶果，因为它使人以传统的（前工业的）思维方式和概念模式去训练学者"，"就没有机会使技术沿着有利于社会的道路去发展"[8]。

马克思、恩格斯尽管没有给技术下过明确的定义，但他们却对技术的本质和范围提出过深刻的独到见解。马克思指出："工艺学揭示出人对自然的活动方式，人的物质生活的生产过程，从而揭示出社会关系以及由此产生的精神观念的起源。"[9]374（着重号为引者所加，下同）据此，我们认为：技术是一种人对世界（指自然、社会和思维）的"活动方式"。这种"活动方式"首先表现在"人对自然"和"物质生活的生产过程"中，从而表现在"社会关系"方面，"以及由此产生的精神观念的起源"及其产生的过程之中。于是，就把技术视为人与自然、人与社会、人与思维之间的中介和桥梁。关于技术是人对世界的"活动方式"的思想，马克思还有一系列的论述。他指出：劳动者和生产资料"在彼此分离的情况下，只在可能性上是生产因素。凡要进行生产，就必须使它们结合起来。实行这种结合的特殊方式和方法，使社会结构区分为各个不同的经济时期。"[10]44这里讲的"结合的特殊方式和方法"，除了工艺流程之外，显然还包括组织管理在内的特殊方式和方法，即社会技术。马克思还明确地指出一般的社会知识是生产力。他说："固定资本的发展表明：一般的社会知识、学问，已经在多么大的程度上变成了直接的生产力，从而社会生活过程的条件已经在多么大的程度上受到一般知识的控制并根据此种知识而进行改造。"[11]如果没有人和社会技术这个中介条件，"一般社会知识、学问"怎么会"变成直接的生产力"呢？怎么会"作为实际生活过程的直接器官被生产出来”呢？马克思还把社会技术作为现实生产力中的决定性因素之一。他说：“如果把不同的人的天然特性和他们的生产技能上的区别撇开不谈，那么劳动生产力主要应当取决于：① 劳动的自然条件……；② 劳动的社会力量的日益改进，这种改进是由以下各种因素引起的，即大规模的生产，资本的集中，劳动的联合，分工，机器，生产方法的改良：……以及其他各种发明……并且劳动的社会性质或协作性质也是由于这些发明而得以发展起来。”[10]140这里讲的“大规模的生产，资本的集中，劳动的联合，分工”与“协作”，显然是指社会技术，尽管它们及其作用的发挥与自然技术发展有关。这就明确地表明：“劳动的社会力量的改进”是由社会技术与自然技术“通过人的活动”相互作用而“引起的”。正如计算机没有硬件不行，没有软件也不行，然而从某种意义来说，软件的作用比硬件的作用更加重要。联合国科技促进发展委员会主持编写的《知识社会——信息技术促进可持续发展》一书中指出：“一个国家的创新系统概念是指技术的和组织的能力构建过程，以及能够有效选择能实施的政策制订过程。这一概念与国家的社会能力建设密切相关，在这种意义上，它包括了组织机构的社会、政治和经济的特征，而学习产生于这一过程中……学习主要是一种互动的作用。因此，它是一个具体的社会性过程，而不能理解为不必考虑的组织和文化特征。”显然，自然技术能力与社会技术和文化能力之间既是互补关系，又相互制约、相互作用而整合为国家创新体系及其综合技术能力。过去只强调发展自然技术，不重视发展与它相关的“软件”——社会技术和人文技术，实践证明，这种模式是难以奏效的。

其实，在现实的物质生产过程和社会、经济活动中，根本不可能只有自然技术。同时，自然技术作用的发挥，在很大程度上取决于社会技术和人的思维技术，并且是三者的相互作用和协调所形成的整合效应。因为技术的发明、创新和扩散活动或过程都是人的行为，与此相伴的就有人的历时性交流和共时性交往。同时，任何生产过程或活动的实践结构是人与自然或人与社会的“主—客”关系并通过客体手段的中介构成的“主—客—主”三种关系的统一，或者说是主体际“物质交往”和由此产生的主体际“精神交往”的统一。长期以来（特别是在传统的工业社会），受到“主—客”二分哲学观念的束缚和影响，“见物不见人”，将人视为机器的“附属物”，也忽略了主体际关系客观存在的事实，于是忽视了主体际交往活动中的社会技术和个人的思维技术。这个问题目前在许多单位仍然存在着，如“管物不管人”，重视自然技术而忽视人际关系的调整。这个问题表现在个体上，就是“做人”与“做事”的分离和对立，一些人注重学“做事”而忽视学“做人”。当前在我国，如果说自然技术落后，那么“做人”和社会技术—主要是“以人为中心”调整人际技术关系的组织管理技术——更落后。

重视社会技术是知识经济时代的必然要求。不同的社会时代，主要的生产要素是不同的，谁占有了第一生产要素，谁就占有了社会财富。奴隶社会是抢夺奴隶，封建社会是争占土地，资本主义社会则是追逐资本，总之，都忘却了人。进入知识经济时代，由于追逐知识而回归到人本身。从这个意义上说，知识经济是人的本质复归的经济，是人的本性超越资本物性的经济，是主体经济或人才经济。显然，知识经济的发展，就是拥有知识的人及其作用的充分发挥。而人的积极性的调动和发挥，只能依靠调整人的积极性和人际技术关系的社会技术环境。所以，更要重视对人的思维技术和社会技术的研究与实践。

2. 人与世界的关系不能局限为“人与自然的关系”，还有“人与自我的关系”和“人与社会的关系”

按照“哲学就是从总体上教导人们善于处理和驾驭自己同外部世界的关系的学问”[12]2的定义，我们认为：人的外部世界既包括自然界，又包括人类社会，并使人同外部世界的关系形成以人（类）为中心、以科学技术（含社会科学技术）为中介的“自然—人—社会四元结构”。人与外部世界的关系就有人与自然、人与社会、人与自我、人与科技、科技与自然、科技与社会、自然与社会七种关系，以及由此产生的自我与他人的关系。因此，哲学就是从总体上深入研究和科学认识，并在实践中妥善处理和正确驾驭上述八种关系的学问。由于客观世界存在着“四元结构”，所以哲学就会形成不同的而又相互联络的哲学分支。

从人与外部世界的关系来讲，技术哲学应该包含自然技术哲学和社会技术哲学，以及从技术观角度研究的人本哲学。

3. 技术哲学就是“自然改造论”吗？

有学者认为：“技术哲学，自然改造论，在这里我们把它们看作是同一的东西或大致上是同一的，尽管二者有区别。”[1]9由前述可知，人的外部世界除自然界之外，还有人类和人类社会；技术除自然技术之外，还有人文技术和社会技术。因此，技术哲学与“自然改造论”不可能同一，这是其一。其二，“工程技术哲学即自然改造论”的提法不太准确。在“自然—科技—经济”大系统中，客观地存在着几个不同的而又相互联系的子系统，并形成一个相继或交织展开的动态过程。其中，人的科技活动是一个包括科学研究（发现）、技术研究（发明）、技术创新、批量生产及其产品营销或（和）创新成果扩散等阶段相继或交织进行的动态过程（见表1）。

联合国经济合作与发展组织在1998年的《科学政策概要》中指出：“技术进步通常被看作一个包括三种相互重叠又相互作用的要素的综合过程。第一个要素是技术发明，即有关的或改进的技术设想，发明的主要来源是科学研究。第二个要素是技术创新，它是指发明的首次商业化应用。第三个要素是技术扩散，它是指创新随后被许多使用者采用。”于是，如表1所示，我们就提出各个领域相对应的哲学类别，即不同层次的哲学分支学科。其中，以自然技术为研究对象的自然技术哲学，即自然认识论，而不是“自然改造论”。因为技术创新是技术与经济之间的中介环节（阶段），技术发明通过技术创新的三个阶段：技术—经济构想、技术开发、经济开发（即试生产并首次实现其商业价值）[13]，物化为现实生产力，“引入社会经济系统”。

表 1　　自然科技活动过程与其哲学类别划分的关系表

	自然领域	科学领域	技术领域	技术-经济领域	经济领域
自然科技活动过程	自然研究	自然科学研究（发现）	自然技术研究（发明）	自然技术创新	批量生产，技术扩散
自然哲学类别(Ⅰ)	自然哲学	自然科学哲学	自然技术哲学		经济哲学
	自然本体论	自然科学认识论	自然技术认识论		自然改造论
自然哲学类别（Ⅱ）	自然哲学即自然本体论或自然发展论	自然科学哲学即自然认识论或科学认识论	自然技术哲学即技术认识论		自然改造论

这里涉及一个对技术创新的理解问题。按照熊彼特的意思，创新不包括创造发明，发明只是创新的技术源之一。当今社会，随着科学的技术化与技术的科学化而使科学、技术、经济一体化趋势日益显现，特别是利用现代虚拟技术，在电子计算机上，可以加快科技成果向现实生产力的转化。于是，技术创新的内涵要拓展到发明。正如远德玉指出的，“技术创新当然包括技术本身创新，但决不仅仅是指技术本身的创新”[14]29。“技术创新实质上就是技术形态转化过程，即通过技术本身的不断完善化，不断地向生产力转化。”[14]31我们也曾指出：“创新是创造与创效（创造效益）相统一的过程。”[15]4 “没有创造便没有创新，但创新主要不是‘创造新东西’，而是将‘新东西’创造性地引入社会经济系统。”[15]14所以，技术的发展包括从技术发明到首次实现其商业价值的动态过程，即技术“通过人的活动”从知识形态不断转化为现实生产力（物质性形态）的动态过程。技术哲学就要从哲学角度研究技术形态转化全过程的规律问题，并用以指导技术实践活动。当技术发明通过技术创新引入社会经济系统之后，其规律问题主要是经济学、经济哲学等学科的研究范围。

这里还涉及一个对技术本质的理解问题。长期以来，有学者认为：“技术的根本作用在于把天然自然转变为人工自然”，即“改造自然，创造人工自然，增加物质财富”[16]21。如前所述，技术是人对世界（自然、社会、思维）的“活动方式”或“能动关系”（马克思语），是处理人与世界的关系的方式方法，其“根本作用”是为“把天然自然转变为人工自然”或“改造自然，创造人工自然，增加物质财富”活动提供方式方法、途径和手段。马克思明确地指出：“利用机器的方法和机器本身完全是两码事。”[17]48 “自然科学及其应用方面的进步”属于“精神生产领域”[18]97，不是直接增加物质财富的活动。而这些“改造自然、增加物质财富”的活动是社会经济活动，是技术在社会经济领域发挥作用的活动。技术是科学与经济之间的中介环节，科学研究活动的主要功能是认识世界，经济活动的主要功能是改造世界，技术研究（含创新）活动的主要功能则是为了改造世界而将科学认识具体化、对象化。同时，也会将科学认识更加完善、系统或对其检验、修正。正如M.邦格曾在《技术的哲学输入与哲学输出》一文中指出的，“科学研究活动是为了认识而改造世界，技术研究活动是为了改造而认识世界。”正是基于技术和技术研究活动的这种中介性特征，技术哲学要涉及或者必须关注社会、经济活动，即改造世界问题，但将技术哲学等同于“自然改造论”至少有“争夺地盘”之嫌，或者是将技术研究活动及其结果——技术知识——混同于物质生产活动及其产品——机器、设备或零部件，其实质是贬低了技术发明活动的地位与作用[5]61-69。

4．技术哲学的研究对象及其重点问题

人们常说，技术哲学是关于技术的哲学或从哲学的观点看待技术问题。这个定义是从本体论或认识论角度来界定技术哲学的。然而，如前所述，由于对一些基本概念问题的不同理解，也就直接涉及这个定义的本身。如技术的内涵，是仍然局限在工具意义的“器物”层次，还是要拓宽到更为广泛的社会领域？技术从其产生与发展，即发明、创新与应用扩散的全过程，无一不是人的行为，它就不能仅仅由自然科学来解释或者仅仅归结为自然科学及其后续，自然技术的运用中也有人文科技、社会科技问题；同样地，社会技术不能仅仅归结为社会科学及其后续，社会技术的运用中也有自然科技问题。又如技术哲学的研究对象是孤立的技术，还是人与外部世界，即人与自然、人与社会等关系上的技术问题？长期以来，技术哲学只强调“研究技术问题”，忽视了研究人和人与外部世界的关系问题，造成了许多全球性的人与自然、人与社会、人与自我的对立和对抗，给人类带来了巨大的灾难。从根本上来说，这种自然危机、社会危机多数是由于人类自身的危机以及由此产生的人与外部世界之间的不协调造成的[19]。无数事实表明：人为灾害远远大于自然灾害，而且消除人为灾害所付出的代价更大。同时，由于人的价值观念和思维方式不当而不正确地使用科学技术，常常是造成人为灾害的主要原因，又往往是引发自然灾害和社会危机的重要原因之一。如前所述，科学技术是认识和处理人与自然、人与自我、人与社会之间关系的中介手段，则人与技术的关系在很大程度上影响和制约着人与自然、人与自我和人与社会的关系。因此，在某种意义上说，从研究人类如何实现人与外部世界的协调发展去研究人与科技之关系问题比孤立地研究科学技术本身更为重要。再如，自然与社会的关系问题，一般人认为这是与人无关的外部世界之间的关系问题。其实不然。从自然演变过程来看，应该承认天然自然界的先在性和它的外在独立性。然而，现今的自然界多数是人化的自然，即人与自然相互作用过的自然。正如马克思在批判费尔巴哈的抽象自然观时指出的，“这种先于人类历史而存在的自然界，不是费尔巴哈在其中生活的那个自然界，也不是那个除去澳洲新出现的一些珊瑚岛以外今天在任何地方都不再存在的、因而对于费尔巴哈说来也是不存在的自然界。”[20]50而“社会是人同自然界的完成了的本质的统一，是自然界的真正复活，是人的实现了的自然主义和自然界的实现了的人道主义。”[21]79因此，“只要有人存在，自然史和人类史就彼此相互制约。”[20]21马克思的这些思想深刻地揭示了“只要有人存在”，自然与社会就是不可分割的。或者说，正是有人存在，实现了自然与社会的“本质统一”。因此，技术哲学既不能孤立地研究自然技术，也不能孤立地研究社会技术，而是从人与自然、人与自我、人与社会的关系上研究技术（当然包括社会技术和思维技术）。技术哲学还必须从技术观层面研究人本技术哲学问题，即在技术发展过程中人自身的发展与完善问题。如前所述，人与自然之间和人与社会之间矛盾的日益尖锐化，实质上是人类认识、改造客观世界与认识、改造主观世界之间矛盾尖锐化的表现，即人类长期把自己凌驾于自然、社会之上而忽视和放松自身改造的恶果。人类正在迈向知识经济时代。知识经济是人的本质复归的经济，是人的本性超越资本物性的经济，社会由于追逐知识而回归到人本身。也就是说，未来的新文明将实现一场由客体改造为主的时代向以主体（人）改造为主的时代的根本转变。这是人类自身的巨大升华。从这个意义上来说，可持续发展实质上就是人的可持续发展，就是逐步实现“人的全面而自由的发展”（马克思语）[19]。

综上所述，我们认为：技术哲学是从技术观层面研究和处理人与外部世界的关系的学问，因此，我们建议：应以人（类）为中心、科学技术为中介手段的“自然—人—社会四元结构”重新构建技术哲学的体系框架，以适应新时代文明之要求。

参考文献

[1]　陈昌曙．技术哲学引论［M］．北京：科学出版社，1999.

[2]　陈文化．试论技术的定义与特征［J］．自然信息，1983（4）：21-24.

[3]　陈文化．技术：关于怎么“做”的知识体系［J］．自然信息，1988（5，6）.

[4]　高亮华．人文主义视野中的技术［M］．北京：中国社会科学出版社，1996.

[5]　陈文化．科学技术与发展计量研究［M］．长沙：中南工业大学出版社，1992.

[6]　潘天群．存在社会技术吗？［J］．自然辩证法研究，1996（10）：16-19.

[7]　F．拉普．技术哲学导论［M］．刘武，康荣平，吴明泰，译．沈阳：辽宁科学技术出版社，1986.

[8] M. 邦格. 技术的哲学输入与哲学输出 [J]. 自然科学哲学问题丛刊，1984 (1).
[9] 马克思. 资本论 [M]. 北京：中国社会科学出版社，1983.
[10] 马克思，恩格斯. 马克思恩格斯全集：第 24 卷 [M]. 北京：人民出版社，1985.
[11] 马克思. 政治经济学批判大纲（草稿）：第 3 分册 [M]. 北京：人民出版社，1963.
[12] 陈先达. 马克思主义哲学原理（上）[M]. 北京：中国人民大学出版社，1995.
[13] 陈文化. 技术创新与高校体系结构 [J]. 自然信息，1992（增刊）：7-10.
[14] 远德玉，陈昌曙，王海山. 中日企业技术创新比较 [M]. 沈阳：东北大学出版社，1994.
[15] 陈文化. 腾飞之路：技术创新论 [M]. 长沙：湖南大学出版社，1999.
[16] 陈念文，杨德荣，高达声. 技术论 [M]. 长沙：湖南教育出版社，1987.
[17] 马克思. 恩格斯. 马克思恩格斯全集：第 27 卷 [M]. 北京，人民出版社，1979.
[18] 马克思. 恩格斯. 马克思恩格斯全集：第 25 卷 [M]. 北京，人民出版社，1979.
[19] 陈文化，陈晓丽. 关于可持续发展内涵的思考 [J]. 科学技术与辩证法，1999 (2)：1-5.
[20] 马克思. 恩格斯. 马克思恩格斯选集：第 1 卷 [M]. 北京：人民出版社，1974.
[21] 马克思. 1844 年经济学-哲学手稿 [M]. 北京：人民出版社，1985.

第八部分　科技哲学研究的思维方式新探

一、总体思维

（2008年4月）

1．“总体”的含义和基本内容

目前学界谈论较多的是系统中的动态思维，缺少活动中的同时思维、平面思维和立体思维，以及整体与环境之间和多个相关过程之间的一体化思维。在此，我们根据马克思“全面发展”理论，提出总体思维新方式。

我们认为：总体思维是人对世界整体或现实活动、过程进行总体认识的一种思维方式。这里的“总体”包括相互联系的三个方面：一是整体及其组成部分与其环境（背景）之间的关系；二是每一个活动与其结果之间的关系；三是多个相关过程与其结果的一体化关系。

莫兰提出过“总体”概念。他说：“总体超过背景，它是包含不同部分的整体，这些部分以交互—反馈作用的或组织性的方式与它相连。”[1]25① 这就是说，总体包含整体与其背景两个密不可分的一个大系统。但是，他接着又说，整体与部分之间的关系，“一个社会超过一个背景，它是我们构成其部分的有组织的整体。行星地球超过一个背景，它是一个我们构成其部分的既有组织又破坏组织的整体。”② 似乎他又混淆了“总体”与“整体”之间的区别。我们认为：“社会整体”或“行星地球整体”不会“超过背景”，只会是它（整体）与其背景“通过人的劳动”交互—反馈作用形成更大的系统（总体）。

我们这里的“整体”是指由活动中的“五个因素”、过程中的六个环节与历史上的不同世代三者之间“通过人的劳动”交互—反馈作用形成的三维立体网络结构。

“总体”概念的第二个方面是指活动与其结果之间的关系。经常听到一句话：

---

① 他还说：“认识的进化”是“朝向把它们（认识）放置到背景中”，“背景化是（认识运作）发挥效能的一个基本条件”[1]25。故我们将莫兰的“背景”理解为环境。

② 这里的“总体”，可能是笔误。否则就是将“部分”视为“背景”了。

"管理工作只关注结果，不问过程。"社会上也较普遍地存在着抓到老鼠就是好猫或者能捞到钱就是好样的等言行。这样，就割裂了活动与其结果之间的关系。人的一切活动都希望获得好的结果，这个"好"的标准应该是"促进经济、社会和人的全面发展"。同时，活动与其结果之间并非一种线性关系，即不同的活动可以获得同样的结果，而同样的活动又可以有不同的结果，如赚钱可以通过合法或非法手段，同一个生产活动得到不同质量的产品；而且，结果的检验只能是由生活实践——多数老百姓满意或不满意——判决。显然，"只关注结果，不问过程"是传统思维的一个误区。

"总体"概念的第三方面是指多个相关过程与其结果的一体化。我们认为，科学活动过程、技术活动过程通过技术创新过程的中介与全面发展目标形成总体效应，对于这个总体效应要进行一体化思维。

2. 总体思维的内容和主要特点

总体思维方式的特点体现在同时思维的五元并存性、全程思维的反馈圆环性(包括每一个阶段的集成性和结果的全面性)、平面思维的纵横交错性、历史思维的承继创造性、立体思维的三维整体性，以及多个相关过程与其结果的一体性，而且它们是在人的现实活动过程中"通过人的活动"交互—反馈作用形成为总合效应。

下面拟从同时思维、全程（圆环）思维、平面思维、历史思维、立体思维和一体化思维六个方面，对"总体思维"进行初步探讨。

(1) 同时思维

"同时存在"是同时思维的客观基础。因此，我们就要讨论现实世界和现实活动中构成要素（或子系统）的"同时存在"与变化发展问题。

第一，世界整体的形成及其由自然界、人文界、社会界三大基本门类构成的"同时存在"与变发。

关于世界形成和构成这个既古老又现实的基础性问题，在学界还有不少的分歧。马克思主义认为：从天然自然到人猿揖别再到人类社会的演化"是一种自然历史过程"，并且"从历史的最初时期起，从第一批人出现时，三者就同时存在着，而且就是现在也还在历史上起着作用。"[2]34莫兰也指出："我们的行星大概在50亿年前就由以前的一个太阳的爆炸产生的宇宙破屑聚合而成；大约40亿年前，生命组织从由雷雨和地球动荡造成的巨分子的漩涡中涌现。""人类是一个高级的和超级的生物"，即"在人类性中整合了动物性，在动物性中整合了人类性。""个人之间的相互作用产生了社会，而展现了文化的涌现的社会，又通过文化反馈作用于个人。"莫兰还提出"同时考虑"新思维方式。他说：在认识世界的复杂性时，"应该同时考虑各种全球过程的统一性和多样性，同时考虑它们的互补性与对抗性"[1]36,38,39,40,48。显然，从世界的生成过程来讲，世界是由自然界（"物的世界"）、人文界（“人的世界”）、社会界等三大基本门类通过人的活动交互—反馈作用形成的有机整体，并且现实的世界或人从事的现实活动都是“三者同时存在着”。因此，我们在认识世界和现实活动时，就要将“三者”同时考虑，既不能将“三者”分割，也不能“将复杂的东西还原为或划归为简单的东西”（莫兰语）。

“三者同时存在”与变发论是同时思维的理论依据。否认“同时存在”和同时思维就会出现奇谈怪论。如自然科学界有人以为“人们在生产中仅仅同自然界发生关系”，甚至认为“自然科技独自能够解决人类面临的所有难题”。这种“去人化”观念几乎成为一种社会倾向。如哲学界有人主张哲学研究的对象是“无人关系”的自然界，因为“这个自然界实际上包括人类和社会在内”。其实“这个自然界”已经是“属人的自然界”，“绝不是某种开天辟地以来就已存在的、始终如一的东西，而是工业和社会状况的产物，是历史的产物，是世世代代的结果。”而“这种先于人类历史而存在的自然界，不是费尔巴哈在其中生活的那个自然界”[2]50。马克思在《1844年经济学-哲学手稿》中指出“人是自然界的一部分”的同时，又指出自然界是人的一部分——“从理论领域说来，是人的意识的一部分，是人的精神的无机界”；“从实践领域说来，这些东西也是人的生活和人的活动的一部分……自然界是人的无机的身体……因为人是自然界的一部分。”而自然辩证法界许多学者只谈“人是自然界的一部分”，不谈“自然界是人的一部分”，不谈自然界是世界的一部分，甚至提出“世界即自然界”。显然，所谓的“这个自然界包括人类和社会”，是一种还原论的产物。又如社会科学界有人主张“‘社会发展’与‘人的发展’实际上完全可以等同；‘社会发展’就是‘人的发展’，二者具有相同的意义。”这种“等同”论混淆了“人”与“社会”两个不同的概念。人与人之间的相互作用产生社会（关系），人（类）本身是“关系的承担者”，并不是关系。“关系”与“关系的承担者”是“同时存在”与变发着的。而“完全等同”论是以“社会发展”为名，压抑多元化的个性发展和个人利益的合理要求。

在现实生活中，否认“同时存在”和同时思维造成许多的“片面发展”。如只注重物质生产，否认物质生产、人自身“生命的生产”及其素质的提高和“精神生产”、“社会关系生产”“三者同时存在”与发展的“全面生产”；只注重经济效益，否认经济效益和自然生态效益与人的存发效益、社会效益“三者同时存在”与变发的综合效益；在效率、尊严、公平“三者同时存在”与变发时只追求效率，忽视人的尊严和社会公平；在人才规格上本来是“做事”（智、能）、“做人”、“处世”（和谐）“三者同时存在”与变发的，我们却只有“才”（自然科技知识），忽视德与和（善待他人和自然）的要求。在发展观上，注重“以物为本”，忽视“以人为本，促进经济、社会和人”三者的全面发展；在发展目标上，注重经济增长，忽视经济的全面繁荣、社会的全面进步、人的全面发展三者的集成。所有这些观念和行为都是

“分割思想”的产物，都是混淆了两种状态（即静态存在与动态存在）的本质区别——任何事物、知识、系统的静态存在都是异己的、不依赖于人的存在，而它们的动态存在（即在现实活动中的存在）都是与人的活动不可分割的存在，连我们“周围的感性世界都是世世代代的结果”。其实，无论是自然科技知识，还是人文科技、社会科技知识，作为“客观精神世界”，都是脱离了人（主体）的异己存在，然而，每一个现实活动都是人的行为，即“做人”（人文科技）、“处世”（社会科技）、“做事”（自然科技）三者“协调和集成”的过程和结果。显然，撇开人和人的活动，自然科技知识既不能产生，也不能“应用于生产并体现在生活中”，它怎么“能够独自解决人类面临的所有难题”呢?！因此，“独自解决”论是一种否认“三者同时存在”与变发的纯粹的想象，抽象思维的产物。

第二，当今的世界是“五个世界”的“同时存在”。

我们认为：马克思主义关于三个世界同时存在理论较之一百多年之后波普尔的“三个世界”理论[①]更为深刻、严谨、科学。我们根据当代科学技术（包括关于“世界”问题的理论）的发展状况，在两个“三个世界”理论的基础上，提出“五个世界”的构想，即以人文界（世界0）为中心，自然界（世界1）、社会界（世界2）、客观精神世界（世界3）、虚拟世界（世界4）通过人的活动交互—反馈作用形成为内在的整体（见图1）。

如图1所示，自然界（世界1）是先于或外在于人的客观物质实在。除天然自然物之外，还有人造物或人工自然（都是“物化的智力”，即“世界3”的实物载体）。

人文界（世界0）既包括人的“肉体组织”，又包括思维器官、自我意识和客观化的文化精神世界（心灵世界的外化形式）等在实践活动中的“协调和集成”体。

社会界（世界2）即社会（人际）关系，它是与不以人的意识为转移的客观物质实体（自然界）有区别的一种客观存在的“关系态”。因此，“个人是社会存在物”，即指人是生活于社会居所的存在物。

客观精神世界（世界3）是指人（类）精神活动的产品外化在物质载体上的“知识内容世界”。正如波普尔所言：“我指的世界3是人类精神（活动）的产物”，这种“自在的知识”——“客观意义的知识是没有认识者的知识，也即没有认识

---

① 法国哲学家K. 波普尔1969年提出“三个世界或宇宙”论，即“物理客体或物理状态的世界”；“意识状态或精神状态的世界，或行为的动作倾向的世界”；“思想的客观内容的世界，尤其是科学思想、诗的思想和艺术作品的世界”。它的精华部分是提出“客观精神世界”，即“世界3”，并指出：“第一世界和第三世界不能相互作用，除非通过第二世界即主观经验或个人经验世界的干预。”（波普尔. 波普尔科学哲学选集[M]. 纪树立，译. 北京：生活·读书·新知三联书店，1987：309，365）。但是波氏的“三个世界”理论没有人（类）世界（只有“意识状态或精神状态的世界”）和人的社会居所——社会界，他还将属于社会领域的“社会机构”和属于物质领域的“人造物”视为世界3，这是一种严重缺陷。

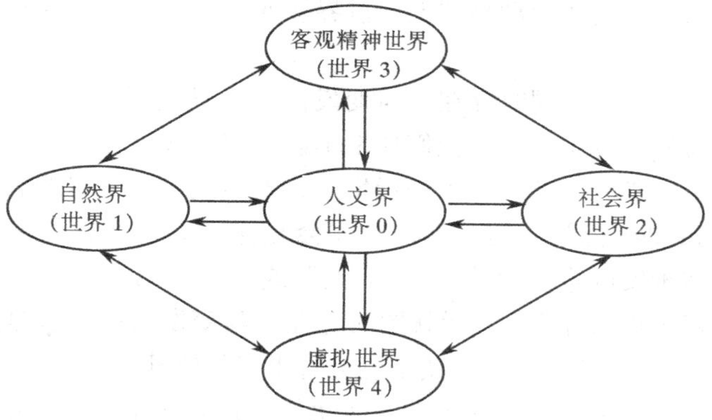

图 1　“五个世界”构想的示意图

主体的知识”[3]312。

我们认为：这里的世界 3 即科学技术知识世界，包括自然科技、人文科技、社会科技和虚拟科技的知识、方法，并不是惟自然“科学主义”者讲的“仅仅指自然科学技术”。因为科学技术是关于人对世界（自然、人类、社会三大基本门类和世界 3、世界 4“通过人的活动”形成的整体）的“理论关系”和“能动关系”或“活动方式”（马克思语）。如果“仅仅指自然科学技术”，就是将世界还原为无人和社会的自然界。

虚拟世界（世界 4）是人（类）运用科学技术知识在电脑或网络上获得的“数字化存在物”，包括数字化中介系统和在电脑或网络上虚拟出的电子物、部分人的活动（含思维）、社会组织形式及其之间关系和变化过程的总称。有学者指出：虚拟世界既能使感知主体充分体验在现实世界中无法体验的心理感受，又能根据自己的想象力创造出在现实世界中暂时还没有的事物或无法达到的状态。虚拟世界通过人—机或人—机—人的交互作用，使虚拟实在隐含了主体的整个身心和感受[4]。我们基于这种认识，将虚拟世界理解为主观物质世界。这里的“物质”指现实世界中可能会有而尚未出现的事物、事件或者理想状态，即主观创造的与“客观精神世界”相对应的“数字化存在物”。

世界 3、世界 4 都是人（类）脑力劳动产品的外化、物化形态，其区别在于前者为现实存在，后者为虚拟存在，而且后者若脱离了电脑、网络，即下载在纸张上或者转换、转化到其他物质载体上，就成为世界 3。

总之，“五个世界”的构想揭示了世界横向、纵向演化过程及其交互—反馈作用机制。其中，自然与社会之间、自然或社会与世界 3、世界 4 之间以及世界 3 与世界 4 之间，都只能通过人的活动才会发生相互作用。因此，人（类）居于世界的中心位置，并主导着整个现实世界的变化发展。

第三，人所从事的现实活动是“五个世界”或五个因素同时存在与变发的过程和结果。

关于活动中多种因素“同时存在”与变发问题，马克思明确地指出：“人们在生产中不仅仅同自然界发生关系。他们如果不以一定方式结合起来共同活动和互相交换其活动，便不能进行生产。为了进行生产，人们便发生一定的联系和关系；只有在这些社会联系和社会关系的范围内，才会有他们对自然界的关系，才会有生产。”[2]362显然，在现实的生产活动中，“人们”或“他们”、“他们之间的关系和联系”、“他们对自然界的关系”“三者就同时存在”与变发着的。这是生产活动中的三个“基本要素”，缺少任何一个“便不能进行生产”或其他活动。

在当今时代，人所从事的每一个现实活动是“五个世界”即“五个因素”同时存在与变发着的，即生活于社会关系（世界 2）中的人们（世界 0），运用世界 3、世界 4 和物质手段（属于世界 1）与客体对象（自然物或者人（类），或者社会）发生交互—反馈作用的过程和结果。其中的虚拟因素参与人的活动有几种情况：一是将虚拟过程转换为现实过程，即将“数字化存在物”外化为现实存在物，这就是“再创造”；二是运用虚拟或模拟试验过程中的成果（如人-机关系中可能出现的多种情况），避免或减少现实活动中出现曲折或反复；三是借助虚拟或模拟试验的方法，预估活动中可能出现的问题和危险，事先防患或改变原来的安排，将损失减少到最低程度。

我们认为，当前应该大力增强虚拟方法或虚拟因素参与活动或决策的观念。如提出一项重要举措，要非常慎重地预估实施的可能后果，而且这个预估决策活动既要有专家、学者，又要有基层民众或其代表们参与。专家们参与咨询和决策是十分必要的、不可缺少的并使“决策科学化”有了保障。但是“超级专业化”的专家、学者“的知识是被分割的，不能背景化和总体化”，还有可能“产生无知和盲目”。如果只有专家的预估和决策，“公民们被抛离日益由‘专家们’大权独揽的政治领域，‘新阶级’的统治实际上阻止了认识的民主化”，“公民们变得被剥夺了关心国家的基本问题的权利”。这是“把政治还原为技术和经济，把经济还原为增长，失去了方位标和视野”，“实际上是促进了民主的巨大倒退”[1]89-90。在现实生活中，还有个别专家、学者不负责任地发表“高见”，造成决策失误的事例也不少，我国的“同行评议”掺杂了许多人为因素（包括政治因素）或“经济因素”，致使其结果失真。应该建立咨询决策（包括成果评审和鉴定等）责任追究制和奖惩制。

每一个现实活动如同一个历史事件一样，都是“同时存在”的多种因素交互—反馈作用的集成效应。恩格斯明确地指出：历史发展的“最终结果总是从许多单个的意志的相互冲突中产生出来……这样就有无数互相交错的力量，有无数个力的平行四边形……融合为一个总的平均数，一个总的合力……每个意志都对合力有所贡献，因而是包括在这个合力里面的。”[5]478-479这个“合力”的“融汇”点就是人和人的活动。然而，在现实生活中，这个“合力”及其“融汇”点往往自觉或不自觉地被忽视了。如一些经济学家（包括西方）认为“农业经济的主导因素是土地”，工业经济“居于主导作用的是资本”，“科学技术是知识经济发展的决定性因素”等。这些观点都是非主体的一元决定论。其实，土地、资本、自然科学技术在经济发展中的作用只能依靠人并通过劳动才能得以展现；否则，它们都是“死的东西”，如图书馆收藏的科技图书资料，单靠其自身，什么也决定不了。

总之，传统思维即抽象思维的根本缺陷在于分割——割裂现实世界和现实活动中多个世界或因素的“同时存在”与变发，最终导致人与世界、人与活动的分离。因此，这种抽象思维被“同时思维”所替代是历史的必然。

（2）全程（圆环）思维和平面思维

每一个事物的产生、变化发展都是经历不同阶段或环节的全过程。马克思、恩格斯在阐述“全面发展”问题时，既指出横向活动中“三个因素”的“同时存在”与变发，又指出“不应把社会活动的三个因素看做是三个不同的阶段”。[2]42因为纵向过程中的不同阶段（如生产、流通、交换、分配、消费、保护等）具有非同时性，即历时性。这样，就由纵向与横向的交互作用形成为“全面发展”平台。然而，传统的思维方式既割裂了过程中的“不同阶段”，即缺乏全程思维，又割裂了纵向与横向之间的交互一反馈作用，即所谓的“前因后果”而缺乏全程（圆环）思维，而且其过程又是线性的单向度作用。

第一，全过程“是一个生生不息的圆环”。

传统思维是一种单向思维，并将因果关系简单地归结为前因后果。其实，生产、流通、交换、分配、消费、保护（障）等不同阶段通过人的活动形成“一个生生不息的圆环”，如生产决定消费，而消费又会反过来决定生产。正如莫兰转述帕斯卡的话说：“任何事物都既是结果又是原因，既是受到作用者又施加作用者，既是通过中介而存在的又是直接存在的。所有事物，包括相距最遥远的和最不相同的事物，都被一种自然的和难以觉察的联系维系着。我认为不认识整体就不可能认识部分，同样地，不特别地认识各个部分也不可能认识整体。”[1]26“这是一个生生不息的圆环，在其中产物和结果本身又产生和引起产生它们的东西。”[1]26,181

现在看来，在这个“生生不息的圆环”里，必须加上“保护”环节或阶段。因为“保护”既内在于横向“三个因素”① 的变发之中，并贯穿于纵向过程的始终，又是相对独立的一个阶段或环节。如从生产到消费，都有自然资源保护、生态保

① 出于讨论问题时的简便，以下只以“三个世界”（指自然界、人文界、社会界）或“三个因素”为主。

护、物权保护、个人隐私权保护、社会保障、知识产权保护等，而且生产决定保护，保护又会反作用于生产。缓解或克服当今时代的全球环境危机，要求将“保护”纳入这个“反馈圆环”之中（见表1）。

表1　　发展平台与平面思维

横向活动的“同时发展” / 纵向过程的“历时发展”		自然界	人文界	社会界
		人对自然的关系	人同自身的关系	人与人的关系
		自然科学技术	人文科学技术	社会科学技术
		经济建设；生态建设	人自身建设；文化建设	政治建设；社会建设
		物质文明；生态文明	精神文明(含文化)	政治文明；社会文明
发展阶段的反馈圆环	生产	物质生产 自然资源生产	人自身生产 精神生产*	社会关系生产
	流通	物质产品流通 自然资源流通	人员流动 精神产品传播	社会联系和 社会关系变换
	交换	物质产品交换 自然资源交换	人员交流 精神产品交流	人们“共同活动 和交换其活动”
	分配	物质产品分配 自然资源分配	人员配备；知识和 能力分配及再分配	社会关系的新组合
	消费	物质产品磨损 自然资源消耗	人自身的消耗 精神消费	社会关系的 “新旧代谢”
	保护①	自然生态保护 物权保护	医疗卫生；人身安全； 知识产权；个人稳私	社会保障；尊重 和维护他人权益
	发展目标	经济全面繁荣 人与自然和谐	人的全面发展 人自身和谐	社会全面进步 社会和谐

注：←→表示“通过人的活动”各个部分相互作用形成一个有机整体。

* 马克思恩格斯在《费尔巴哈》一文中提出过“思想的生产和分配”。

对于“这个生生不息的圆环”的全过程要进行整体思维，既要考虑这个过程的整体由其各个环节所构成，又要考虑整体存在于各个环节的内部，犹如现实世界存在于每一个现实活动之中一样，并通过反馈形成一个圆环，而不是一个线性的单向过程。

现实活动过程（圆环）中的每一个阶段或环节都是“五个因素”“通过人的活动”交互—反馈作用的集成效应。这就是各个阶段的集成性。如这里的“生产”，显然就是马克思的“全面生产（人们所创造的一切）”[2]42，即指“物质生产”或

① 这里的“保护”不仅仅限于自然或经济领域，如现在有学者提出“低碳经济”或“保护自然环境”。我们建议用“低碳意识”来取代。

"生产物质生活本身"、人自身"生命的生产"及其素质的提高和"精神生产"、"社会关系生产"或"交往形成本身的生产"，人们称之为"全面生产理论"或"全面生产观"[6]。其实，虚拟生产中的"三者"在现实活动过程中也是"同时存在"与变发着的。据此，我们认为，也要树立全面流通、全面交换、全面分配、全面消费、全面保护等新观念。现实活动过程的结果也是"三个因素"交互—反馈作用的集成效应，并体现出全面性，即生产出物质产品、精神产品、劳动者及其素质和能力，以及"交往形成本身"。马克思在谈到"人们所创造一切"的"全面生产"时指出：与动物的"片面生产"不同，"人再生产整个自然界"，"不仅生产出他同作为异己的、敌对的力量的生产对象和生产行为的关系，而且生产出其他人同他的生产和他的产品的关系，以及他同这些人的关系。"又说："劳动不仅生产商品，它还生产作为商品的劳动自身和工人，而且是按它一般生产商品的比例生产的。"[7]53,56,47因此，人所从事的所有现实活动都是进行类似于"全面生产"活动，活动的结果除了有形的产品或商品之外，还有无形的劳动者自身的体力、知识、素质、能力和人与物之间的关系，以及人与人之间关系等方面的变发。而传统思维仅仅看到有形的产品，并将有形的产品与其他许多无形产品的客观存在相割裂。

因此，全程思维既要考虑过程的圆环性，又要考虑每一个阶段或环节的"集成"性，还要考虑其结果的"全面"性。而传统思维即片面思维的根本缺陷是既将圆环这个整体与其环节（各个部分）分割（并将过程视为单向线性作用），又将每个环节中的"五个因素"分割，如将"生产"仅仅视为物质生产或"科学技术仅指自然科学技术"，还将活动结果的有形产品与无形产品分割，如只关注经济增长，很少考虑其中人自身和人际关系的变化。

第二，平面思维——纵横交错的思维平台。

如表1所示，活动中的"三个因素"都有各自的生产、流通、交换、分配、消费、保护的发展过程，并且纵横交互—反馈作用形成为一个网络平台。在这个平台上，既有横向上"三个因素"之间的相互作用并形成集成效应，又有纵向上的各个阶段或环节通过人的活动交互—反馈作用并形成一个"圆环"，还有对角线方向上不同阶段或环节之间的交互作用并形成整合效应。对角线方向上的相互作用，如进行物质生产时，还要与"人员流动"、"交换其活动"、"知识和能力的分配"、"虚拟产品的增减"等环节同时相互作用。这就是物质生产过程的复杂性之所在。其他的阶段或环节也如此，不再赘述。

因此，平面思维的特点在于同时考虑横向和纵向以及纵横交叉的对角线方向上的交互—反馈作用。而抽象思维没有平面思维意识，即使有横向考虑（缺乏活动因素的同时存发意识）和（或）纵向考虑（缺乏"圆环"意识），也没有对角线方向上的考虑。

(3) 历史思维

第一，历史：各个世代发展平台的依次更替。

任何事物或活动的变化、发展，除了上下、左右因素（均为现实因素）的影响之外，还有与前后因素（即历史因素和未来因素）之间的相互作用，而且每一个现实因素的存发都与历史因素和未来因素有关系。于是，事物的变发呈现出历史性，即世代或时期之间的承继创造性。马克思、恩格斯指出："历史不外是各个世代的依次交替，每一代都利用以前各代遗留下来的材料、资金和生产力"，都是"在前一代已经达到的基础上继续发展前一代的工业和交往方式"。"由于这个缘故，每一代一方面在完全改变了条件下继续从事先辈的活动，另一方面又通过完全改变的活动来改变旧的条件。"[2]51 显然，历史就是各个世代或时期的发展平台的"依次交替"或者非线性叠加，而世代交替的发展平台之间就涌现出承继创造性，即在承继基础上的创造与创造指导下的承继的对立统一。当代的发展平台是承继世世代代人类活动成果的产物，同时又为下一代甚至是未来各代的发展平台创造条件、奠定基础（见图2）。正如莫兰指出的，"历史在前进，但不是像一条河流那样正面直行，而是

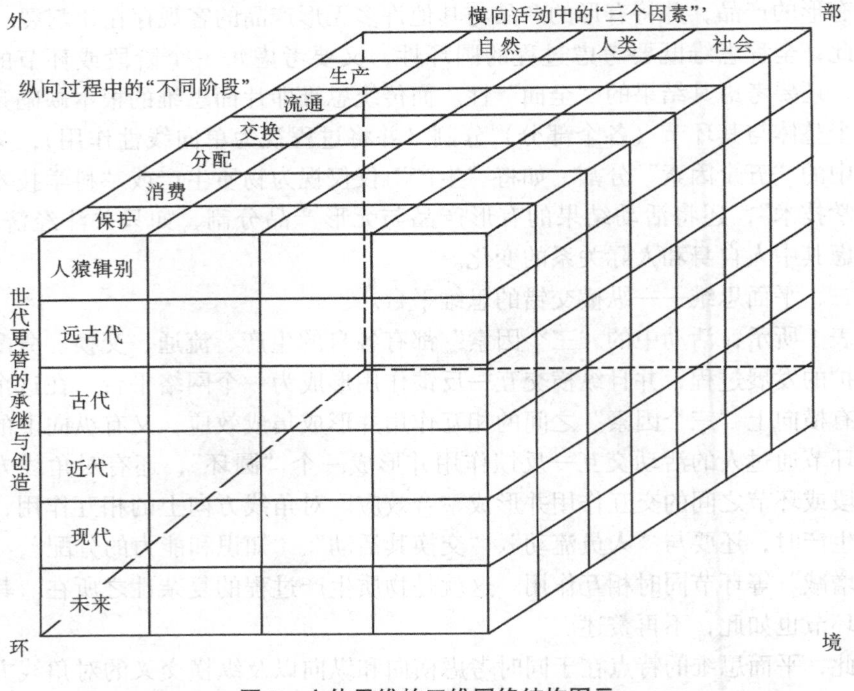

图2　立体思维的三维网络结构图示

由于内部的革新或创造或者外部的事件或变故而曲折行进。""历史是一个有序、无序和组织的复合体"，"如同认识，永远是在一个不确定性的海洋中穿越确定性的群

岛的航行”。因此，我们“必须学会迎战不确定性”，并且他提出“努力完善地思考”、“善于制订和实施策略”和“全神贯注地进行博弈”“三个借以获取成功的手段”[1]64,65,73,147。这“三个借以获取成功的手段”①也是承继与创造成功的手段。

第二，历史思维的特点在于承继创造性。

这种承继创造性既体现在活动、过程之中，又表现在历史发展之中。我们既要关注历史轨迹的思考，更要重视活动、过程中的承继创造性问题。其实，我们在处理承继与创造的关系问题上，是有经验教训值得总结和吸取的。我们曾经实施“独立自主、自力更生”方针，忽视了学习国外的先进技术（包括管理）；以后又主张“以市场换技术”或“筑巢引凤”，也没有“拿来”多少先进技术；如今，有些学者在不强调继承的前提下，主张“自主创新”，或者主张“我们完全可以走一条跨越的路子，走原创型的自主开发的道路，未必要走纯粹的消化—吸收—创新的道路。”显然，这些主张是把学习、继承（消化吸收）与创造对立起来了！这种“单腿跳”的发展模式[8]“我们完全可以走”吗？其实，无论是”自主创新“、“自主开发”，还是“跨越式发展”、“原创型研究”，都是继承与创造“两条腿”的对立统一。日本学者早就批评我们“不会当学生”，这是一针见血的忠告。长期以来，我们只注重进口成套设备用于生产，日本是引进一台样机用于研究（学习）。我们引进技术的经费与其消费吸收的经费之比为1:0.05，而日本为1:6，韩国为1:8。因此，“不会当学生”就不会有承继，没有承继就不可能有发明创造。这就是我国目前缺少原创型研究成果的原因之一，更重要的原因是“部分的某些性质或属性也可能被来自整体的约束所抑制”（E. 莫兰语）。因此，我们要讨论立体思维问题。

（4）立体思维

第一，立体：三维交互—反馈作用的网络结构。

如图2所示，对于由“三个世界”“通过人的活动”形成的世界整体的认识，既要考虑它们在活动和过程中的相互作用，又要考虑它们在世代更替中的承继与创造②。因为它们在活动中既是过程中的存在，又是历史中的存在。也就是说，活动中“三个因素”的存在与变发，既是它们之间相互作用的结果，又是过程中的上下、左右因素与其前后因素相互作用的结果。这就是我们提出立体思维的客观基础——三维交互—反馈作用的网络结构。

人们在认识活动中，树立这种三维立体网络结构的观念是十分必要的。莫兰认

① 这“三个手段”指任何行动的“环境内部”都有“许多相互作用和反馈作用”；“行动的最终结果是不可预见的”；“第三个借以获取成功的手段是博弈”，“博弈是把不确定性整合到信念中或期望中。”这些“珍贵手段是自我批评的合理性，它构成我们抵抗错误的最好的免疫抗原。”[1]147-149

② 其实，活动中的“三个因素”和过程中的每一个阶段的现实状态都是对以往的承继与创造的结果，又要向未来状态不断演变和发展，从而形成无限发展的历史。

为：从“我们的精神对观念的支配”与“观念对我们的精神的支配”的“相互支配最终达到一种亲善共生的形式”，才能“把认识者整合在他的认识之中”。[1]22然而，在现实生活中，由于缺乏这种立体观念，闹出许多笑话。如惟自然“科学主义”者鼓吹什么“科学技术仅指自然科学技术”，“自然科技独自能够解决人类面临的所有难题”。显然，宣扬“唯一的自然科技”论、“独自解决”论、“唯一有效”论和“一元决定”论，同立体思维是对立的，因为它混淆了包括科学技术知识在内的客观事物的两种不同的存在状态——主体参与其过程中的动态存在与脱离了主体的静态存在——之间的联系和区别，又把认识者、实践者排斥在其认识、实践之外，乃至成为无人的认识、实践活动。马克思、恩格斯在《德意志意识形态》一文中批评圣麦克斯时指出：“‘唯一的’自然科学”的“狂言是多么荒诞的胡说”，“因为在他那里……世界立刻就变为自然。”显然，科学主义者的这些“狂言”是将世界视为没有人和人的活动的自然界。其实，每一个“从事现实活动的人”在解决问题时，都要将“无数相互交错的力量”“融合为一个总的合力”（恩格斯语）。因此，抽象思维是分割了活动因素之间的关系，既将它们孤立于动态过程之外，又割断了历史上的承继与创造，必然地要被立体思维所取代。

第二，立体思维：对整体与其部分之间交互—反馈作用的思考。

如前所述，“五个世界”或“五个因素”在一定的外部环境下，通过人的活动交互—反馈作用形成为一个立体网络结构（无论是整体还是部分，都有其承创性）。在现实生活中，整体与各个部分之间、各个部分与整体之间、各个部分彼此之间，都存在着相互依存、相互作用、相互反馈的组织时，就涌现出复杂性（见图3）。

如图3所示，每一个现实的活动是由自然因素、人文因素、社会因素及其之间交互—反馈作用并产生的科技知识（世界3）、虚拟物（世界4）形成的整合效应（世界3、世界4先后出现之后）。除了人（类）可以直接与其他四个因素相互作用之外，在自然因素与社会因素之间、自然或社会与世界3和世界4之间、世界3与世界4之间，都要通过人的活动或者在人的活动过程中，才会发生交互—反馈作用。因为静态的自然物、关系态的社会、客观化的知识、虚拟的电子物都是脱离了主体（或外在于主体）而相对独立的存在着，尽管它们都是人（类）活动的产物，然而它们“作为一种异己的存在物，作为不依赖于生产者的力量，同劳动相对立”[7]47-48。但是，在劳动（包括脑力劳动）中，它们就“同时存在”并发生交互—反馈作用，获得劳动产品。显然，这里的“劳动”是指“全面生产”活动。在活动中，一个部分因素的改变会在整体上引起反应，而整体上的改变也会同样地引起部分因素的反应。莫兰“建议一种运动中的认识，一种从部分走向整体又从整体走向部分的在穿梭中前进的认识，这是我们的志向。”[1]206因此，立体思维是人对活动中的整体与其组成部分之间关系以及对劳动产品的总体认识。

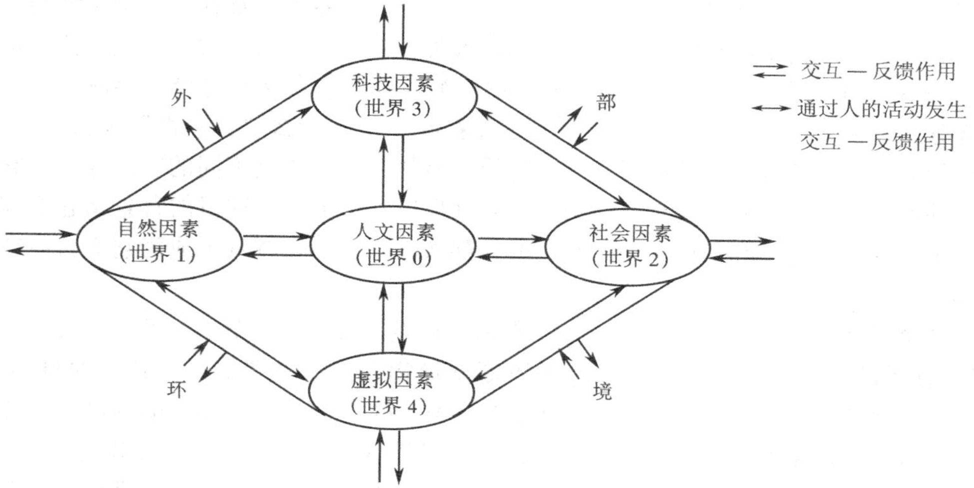

图 3 现实活动中整体及其部分因素与外部环境之间的作用机制示意图

第三，立体思维：对整体及其部分与内外环境之间交互—反馈作用的思考。

这里的"外部环境"，不仅是许多人指的自然环境，而且是自然环境（包括物质生活条件）、人文环境（人的精神状态和文化氛围）、社会环境（尊重他人生命和劳动以及和谐氛围），以及崇尚、学习科技（包括虚拟科技）知识氛围相互作用的总体效应。正如莫兰指出的，"所谓'生态化'思想意指这个思想把任何事件、信息或知识放置于它们与其环境的不可分离的联系之中，这个环境是文化的、社会的、经济的、政治的，当然还是自然的。"[1]112-113人既是自然存在物，又是社会存在物，更是唯一具有自我意识的存在物。所有的活动都是人发起并参与其中的动态过程，而人的需求或参与其中的活动，除了物质（自然）因素之外，还必须有社会因素、人文因素、知识因素的同时满足。现在有的单位或个别人仅仅是以物质条件、福利待遇来吸引人才或调动人的积极性，而忽视了培育人文精神与和谐氛围，这是将人还原为动物（自然），犹如将"政治还原为技术和经济"或者将"经济发展还原为 GDP 增长"一样。

如图 3 所示，整体及其各个部分与外部环境之间同时发生交互—反馈作用，犹如一个国家、国内各个地区和个人都要与外部世界发生交往一样。一些学者对"自主性"这个概念蛮感兴趣，以为自主就是独立自主，这是一种摆脱任何依赖的绝对自由。其实，系统的自主性是依赖于其环境的自由，"自主性是有条件的和相对的可能的"[1]215。环境一般有三个不同的层次：一是系统整体与其外部环境的关系，我们称之为"外环境"；二是子系统之间互为环境，我们称之为"内环境"；三是每个个体内部的环境，我们称之为"内生环境"。三个不同层次的环境与系统之间的交互—反馈作用是“同时存在”与变发的总体效应。世界整体及其各个子系统与外部环境之间都是密不可分的。如图3所示，人类、社会、生物作为一个生命体“世界共同体”，时刻都要与外部环境交换物质、能量和信息来滋养自身并形成自身的一部分。这种交换一旦中断，生命体就不能存在，还有什么“自主性”呢?！自然界中的非生命物和客观精神世界、主观物质世界是与生命体是不同的客观存在，它们与外部环境之间的关系就是它们与其背景（环境）的关系。这里的背景指它们如何产生、存在、变发和如何把握、利用的外部条件。显然，背景也成为它们自身的一部分。

各个子系统之间互为环境。如图3所示，自然、社会、世界3、世界4都是人（类）活动的内环境，它们之间同样地不断交换物质、能量和信息，其中的自然、社会、世界3、世界4之间的交换要通过人（类）的活动。人（类）的活动具有创造性与破坏性两重性。同样地，自然、社会、世界3、世界4也具有两重性，其中世界3、世界4的两重性主要是人（类）的活动造成的，自然和社会的破坏性多数或从根本上来说是人为的，同时也只有通过人（类）的积极努力预防发生，即使是天灾，通过人的活动，可以将其损失减少到最低程度。如四川大地震发生后，党和政府率领全国人民及时实施以人为本的抗震救灾方针，受到国内外的高度评价，成为世界的典范。

每个个体的“内生环境”成为其自身构成的一部分。每一个生命体都有“内生环境”，如每个人、每个动植物的体液及其循环维持着生命。两性发生关系的受精卵在适宜的“内生环境”中才能发育成长，一个社会中也有“内生环境”——和谐氛围，而且两个人之间的关系是社会关系中的细胞和基础。每一个脑力劳动产品的物化形式的存在首先取决于自身的科学技术原理，并成为该物化形式的一部分。每一个自然物（包括人工物）的状态和属性取决于自身的条件及其对外部环境的适应（或对人需求的满足）程度。

因此，立体思维是人对活动中的整体及其组成部分与内外环境（也有承创性）之间交互—反馈作用过程和结果的总体认识。

（5）一体化思维

前面讨论了一个活动的全过程中的思维问题，现在拟讨论多个过程，即科学活动、技术活动、技术创新活动与“经济、社会和人的全面发展”的一体化思维问题。长期以来，我国在科学与技术、科学技术进步与经济社会发展之间的关系问题上，一直存在着“去人化”的单因素决定论和单向度作用机制，因此造成的脱节现象仍然是当前发展（指“经济、社会和人的发展”）中的一个“瓶颈”问题。

第一，多个相关过程的一体化：“通过人的活动”形成一个反馈圆环。

在现实生活中，由科学活动、技术活动、技术创新活动与“经济、社会和人的全面发展”形成一个“反馈圆环”，即每一个活动过程既是结果又是原因，既受到作用又施加作用，既是通过中介而存在又是直接的存在，而且各个过程与其结果之间都是双向反馈作用（见图 4）。

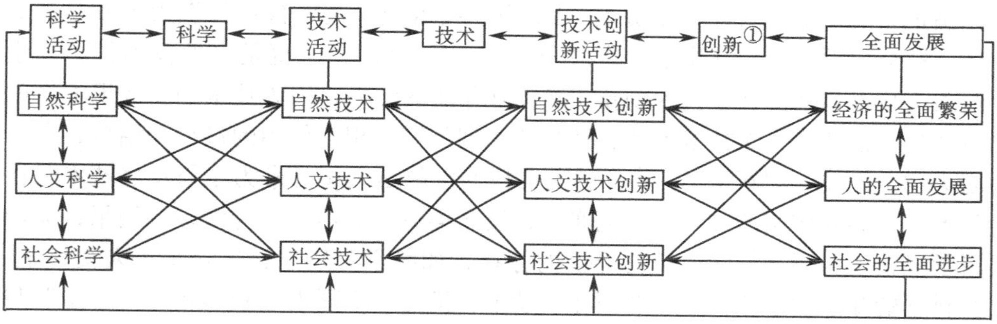

图 4 多个相关过程与其结果的一体化思维示意图

图示：⟷ 表示“通过人的活动”实现一主两维的整合效应

在科学（S）、技术（T）与发展（D）之间的关系模式中，无论是 D→T→S（古代模式）、S→D→T（近代模式），还是 S→T→D（当代模式），技术都处于中间地位，起着中介作用。关于技术的中介性特征，我们曾经归纳为十个方面[9]83-91，而且创新又是技术与发展之间的中介环节[10]（在此，不再赘述）。尽管科学活动有其自身的目标或目的，但从根本上来说是“促进经济、社会和人的全面发展”，而科学活动与“全面发展”之间直接的双向反馈作用也是十分明显的。所谓的“为科学而科学”或“科学发展的动力是靠好奇心”的观点是有害的。从根本上来说（特别是当代），科学活动应该服务或服从于国家和地区的发展目标。反过来说，发展目标的全面性或者单一性对开展科学活动具有导向作用，如单一的经济目标就只关注自然科技发展。然而，在发展目标上，我们曾经视为“经济增长”，如今许多人只讲“经济社会发展”。其实，只有“人的发展”，才会有“经济社会发展”；而“经济社会发展”最终都是为了“人的发展”。因此，中央提出“坚持以人为本，促进经济社会和人的全面发展”的科学发展观。

第二，结果的一体化：“通过人的活动”实现“一主两维”的整合效应②。

如图 4 所示，每一个活动过程的结果都是“主导多维的整合效应[11]。在我国，要么“只抓主要矛盾”，忽视了多维因素，要么只关注“多元性”，忽视了主导因

① 这里的“创新”，我们定义为：人们将技术成果转化为“为我之物”（包括“做事”、“做人”和“处世”）的过程。它与从其功能上定义为“技术与发展之间的中介环节”是一致的。

② 应该是“一主四维的整合效应”。为了叙述方便，我们将“客观精神因素”和“虚拟因素”归并到“人文因素”之中，因为它们都是人的精神活动的产物，都是人从事现实活动的方式方法手段。

素。其实，自然科学成果或者自然技术成果都是人从事科学研究或者技术研究的结果，都是"做人"、"处世"、"做事"三者不可分割的整体性存在的整合效应。一般来说，"做人"是根本，"处世"是关键，"做事"是"改变世界"（改变客体对象①即以满足人的需求又为社会作贡献）。如自然技术成果是以自然科学为主并与人文科学、社会科学三者相互作用的集成[12]。经济的全面繁荣也是自然技术创新为主并与人文技术创新、社会技术创新三者相互作用的结果。因为技术创新成果本来就是自然技术创新、人文技术创新、社会技术创新三者相互作用的过程和结果，我们称之为"全面技术创新"[13]。其中的人文技术创新是人文技术为主与自然技术和社会技术三者共同作用的结果。其他亦然，反之类似。显然，作为活动的结果，无论是科学或技术，还是创新，都是异己的存在，如科学分别以自然科学、人文科学、社会科学的知识状态存在着，然而在活动中，又是以不同内容和形式的"一主"与"两维"整合过程进行着。因此，单一因素（如自然科技决定论、自然科技"独自解决"论）是"去人化"的分割思维的产物。

第三，过程与其结果的一体化：动—静—动的无限发展序列。

在关于过程（动态）与其结果（静态）的关系问题上，学界的主流观点仍然是将它们分割，即主张"过程论"或"活动说"，并否认活动结果的静态存在方式。如有学者认为，"科学本身不是知识，而是产生知识的社会活动"。"技术是过程性存在"，是"使自然界人工化的动态系统或过程"。还有学者说："生产力不是外在于人的独立力量，而是内在于人的、人自身的实践能力"，并提出"实践生产力观"。这种过程论或活动（实践）说，否认了客观事物（包括科学技术知识和生产力等）的动态存在与静态存在即过程与状态之间既相互联系、相互依存，又相互制约、相互转化的辩证关系。其实，否认事物的静态存在，就否定了活动的结果，也否定了事物"动—静—动"的无限发展序列。劳动产品是劳动（包括体力劳动和脑力劳动）的结果，它处于相对静止的状态，"表现为静的属性"，即"表现为一种完全不依赖于各个个人并与他们分离的东西，它是与各个个人同时存在的特殊世界"。[2]73而这种"异己的、既得的力量"又要作为方式手段和物质手段一起进入下一个劳动过程，其效能的发挥取决于"人们本身的实践能力"与"人们所处的条件"之间的相互作用。这样，就形成事物变发的动—静—动的无限序列。马克思明确地指出："在劳动过程中，人的活动借助劳动资料使劳动对象发生所要求的变化。过程消失在产品中……在劳动者那里是运动的东西，现在在产品中表现为静的属性。工人织了布，产品就是布。"[14]169"先前劳动的产品本身，则作为生产资料进

① 这里的对象当然包括自然、人（类）和社会，也就是我们经常讲的"改变客观世界和主观世界"，即在"改变世界"的活动中，"三者"是同时存在与变发的。

入该劳动过程……所以，产品不仅是劳动过程的结果，同时还是劳动过程的条件。”“在生产过程中，劳动不断由动的形式转为静的形式，例如……纺纱工人的生命力在一小时的耗费，表现为一定量的棉纱。”[14]177而且，这个动—静—动的无限序列，既有承创性，又与其环境密不可分。显然，这个“动—静—动”的无限序列就是事物发展过程的连续性与其结果的间断性的对立统一。因此，只承认连续性（过程）而否认其间断性（结果），或者只承认间断性而否认其连续性，都是片面思维的产物[9]3-7。其实，我们的衣、食、住、行所接触的东西（包括科学技术知识），都是相对静止的存在，怎么能否定它们呢？而且人的实践活动本来就具有全面性、总体性，只是传统思维将其分割了。因此，坚持以人为本、为民服务，运用总体思维，才能“促进经济、社会和人的全面发展”这个密不可分的整体。

3．总体思维与落实科学发展

我们认为：科学发展观是运用总体思维的产物。科学发展观是“坚持以人为本，促进经济社会和人的全面发展”。“以人为本”就纠正、否定了“以物为本”的传统工业社会发展观。“经济社会和人的“全面发展”是一个密不可分的整体。其中，“经济的全面发展”或全面繁荣，既指横向上的物质产业经济、人文产业经济、社会关系产业经济，又指纵向上的物质领域生产—流通—交换—分配—消费—保护等环节形成的反馈圆环，并由横纵向“通过人的劳动”形成为一个有机整体（参见表1)。“社会的全面发展”或全面进步，既指横向上人与人之间的物质关系、精神关系、生产关系，又指纵向上的社会领域的生产—流通—交换—分配—消费—保护等环节形成的反馈圆环，并由横纵向“通过人的劳动”形成为一个有机整体（参见表1)。人的全面发展”或和谐发展，既指横向上的“人的生命生产”和体质增强、“做人”素质的提升、善待他人的和谐相处，或者物质文明和生态文明、精神（文化）文明、政治文明和社会文明建设，又指人自身或精神产品的生产—流动—交流—人员配备和知识的分配—人自身的消费和精神消费—人身安全、知识产权、隐私权保护等环节形成反馈圆环，并由横纵向“通过人的劳动”形成一个有机整体（参见表1)。因此，现代化或者小康社会、和谐社会建设决不只是经济增长或GNP总量增加，而是“经济社会和人的全面发展”这个密不可分的总体效应。

胡锦涛指出：“落实科学发展观是一项系统工程……要把自然科学、人文科学、社会科学等方方面面的知识、方法、手段协调和集成起来。”[15]这是一种全新的科学技术观。如前所述，“落实科学发展观”是全党、全国人民的现实活动，即“做事”是改变包括自然、人（类）、社会的整个世界（中国)，它必然地与“做人”、“处世”协调和集成为一个整体，同时又与纵向上的科学—技术—技术创新—生产—生活—科技进步与社会全面变革—保护—全面发展目标等环节形成反馈圆环，并由横纵向“通过人的活动”形成为一个有机整体（见表2)。

表 2　　科学技术的全面发展平台表

	科技活动（横向） 纵向发展过程	自然界	人文界	社会界
		人对自然的关系	人同自身的关系	人与人的关系
	全面科学	自然科学	人文科学	社会科学
	全面技术	自然技术	人文技术	社会技术
	全面技术创新	自然技术创新	人文技术创新	社会技术创新
不同环节形成反馈圆环	全面生产	物质生产；“自然产生工具”	人自身生产；精神生产	社会关系生产
	全面生活	物质生活	个人生活；精神文化生活	社会交往生活
	科技进步与全面变革	自然科技与生产力变革	人文科技与人自身变革	社会科技与生产关系变革
	全面保护	自然保护；物权保护	人身安全、知识产权、隐私权等权利保护	社会保障；尊重他人权益；维护社会和谐
	全面发展目标	经济全面繁荣；人与自然和谐	人的全面、自由发展；人自身和谐	社会全面进步；社会和谐

注：　表示“人通过人的劳动”交互—反馈作用形成为有机整体。

表 1、表 2 无法列出系统的外部环境。这里的环境指自然环境、人文环境、社会环境“通过人的活动”形成为整合效应。目前，人们只讲自然环境和物质生产条件，是将人视为或还原为一般动物。系统与其环境之间的双向作用形成密不可分的总体，这就是总体思维的客观、现实基础。

因此，无论是自然科技、人文科技、社会科技，还是“经济社会和人的全面发展”，在落实科学发展观的活动中，都是“同时存在”与变发着，在发展过程中都是通过协调形成动态的反馈圆环。当前，在“保增长、调结构、变方式”的活动和过程中，既要在横向上“同时”进行，又要在纵向上加强协调并形成反馈圆环，两者不可偏废。只有这样，才能实现总体推进与全面发展，振兴中华也才有希望。在党中央和国务院的领导和组织下，全党和全国各族人民同舟共济、全力拼博，实现美好的未来。这就是我们撰写本文的诉求。

参考文献

[1] E. 莫兰. 复杂性理论与教育问题 [M]. 陈一壮，译. 北京：北京大学出版社，2004.

[2] 马克思，恩格斯. 马克思恩格斯选集：第 1 卷 [M]. 北京：人民出版社，1972.

[3] 波普尔. 波普尔科学哲学选集 [M]. 纪树立，译. 北京：生活·读书·新知三联书店，1987.

[4] 郭桂春，成素梅. 虚拟实在真的导致实在论的崩溃吗？ [J]. 哲学动态，2005 (4).

[5] 马克思，恩格斯. 马克思恩格斯选集：第 4 卷 [M]. 北京：人民出版社，1974.

[6] 俞吾金. 作为全面生产理论的马克思哲学 [J]. 哲学研究，2003 (8).

[7] 马克思. 1844 年经济学-哲学手稿 [M]. 北京：人民出版社，1985.

[8] 陈吉耀，陈文化. 慎待“自主创新” [J]. 北大商业评论，2006 (5).

[9] 陈文化. 科学技术与发展计量研究 [M]. 长沙：中南工业大学出版社，1992.

[10] 陈文化等. 技术创新：技术与经济之间的中间环节 [J]. 科学技术与辩证法，1997 (1).

[11] 陈文化. 主导多维整合思维：矛盾思维与系统思维之综合 [J]. 毛泽东思想论坛，1997 (3)

[12] 谈利兵，陈文化. 试论自然科学通过人文科学到社会科学的一体化 [J]. 自然辩证法研究，2002 (12)：5-7.

[13] 陈文化，朱灏. 全面技术创新及其综合效益的评估体系研究 [J]. 科学技术与辩证法，2004 (6).

[14] 马克思. 资本论 [M]. 北京：中国社会科学出版社，1983.

[15] 胡锦涛. 在两院院士大会上的讲话 [N]. 人民日报，2004-06-03.

二、技术哲学研究的思维方式要与时俱进①

(2004 年 10 月)

人类的思维方式是随着时代的变化而变革的。人类思维方式的第一次大变革，是从远古时代的“动作思维”或“形象思维”走向近现代的“概念思维”或“逻辑思维”。21 世纪的人类思维方式，李德顺认为：可能是一种“实践思维”，即“历史的或动态的思维，或叫关系型的动态思维”，像历史和现实生活本身那样理解事物[1]。《21 世纪人类思维方式的变革趋势》一文从“关系思维”、“主体思维”、“多向思维”和“动态的变革思维”等主要表现，对实践思维进行了深刻的阐述（以下引用的该文，不再注明）。在此，我们拟就技术哲学研究的思维方式变革问题进行初步探讨。

1. 关系思维与技术的本质、技术哲学的研究对象

从以实体为中心的实体思维进入到以关系为中心的关系思维方式，是 20 世纪以来科学和人类实践成果所表现出来的一个重大变化。存在不只是“实体”，更是“关系”，更是主体通过实践形成主客体相互作用的动态过程。李德顺认为：所谓实体思维就是相信一切现象、一切表现都一定是某个实体的存在，或它的属性。于是就要找到一个什么“体”、什么“子”的实物，并用来解释什么“性”。从实体走向关系，就是把研究一切事物是如何存在的问题提到中心的议题。“技术是什么”？既是技术哲学领域的基础性概念，也是长期以来一直激烈争论的一个问题。关于技术的定义，不下数十种之多。我们曾经归纳为八大类，目前常见的技术定义有“物质手段”或“劳动资料”说、“物质手段与方式方法总和”说、“活动”或“过程”论、“活动方式”即“怎么‘做’的知识体系或实践性的知识体系”说[2]20-23,83-91。

“物质手段”说是一种实体思维。最近，美国的奥尔欣（D. Allchin）说：“技术是一堆机械实物。”苏联和我国的“物质手段”论者甚至还说：“马克思认为技术即劳动资料”。这是对马克思技术观的严重曲解。其实，马克思的技术概念是一种关系范畴。他说：自然技术是“人对自然界的活动方式”或“能动关系”[3]374。“新的技术发明或生产方法的改进”，都是“操作方法的知识”[4]206-207。而且马克思认为：从事实际活动的人，生产的思想、观念、意识“是人们物质关系的直接产物”，都是一种关系范畴[5]30。还说：“自然科学”和“物质生产”是“人对自然界的理论关系和实践关系”[6]191。马克思、恩格斯指出：人们在现实活动中“产生的观念是关

① 本文发表于《科学技术与辩证法》，2004（5）。

于他们同自然界的关系，或者是关于他们之间的关系，或者是关于他们自己的肉体组织的观念……这些关系都是他们的现实关系和活动、他们的生产、他们的交往、他们的社会政治组织的有意识的表现”[5]30。

马克思从来没有说过“技术即劳动资料”，而是明确地指出：技术与劳动资料“完全是两回事”。马克思说：“劳动资料是劳动者置于自己和劳动对象之间，用来把自己的活动传导到劳动对象上去的物或物的综合体”[7]203，它们“都是人类工业的产物”，“都是物化的智力”[8]。机器的发明和机器的生产、“利用机器的方法和机器本身完全是两回事”[9]。因为“机器是劳动工具的组合，但绝不是工人本身的各种操作的组合”[10]103。

狄德罗的“总和”说是一个抽象概念。法国的狄德罗认为技术是“为了共同的目标而协调动作的方法、手段和规则体系的总和”。其实，“物质手段与方法、规则体系”只能在人的实践活动中才“总和在一起”。这种“总和”是指技术的产生或者技术的使用过程，而不是技术本身。难道主体拥有的技术，或脱离了主体而又尚未“并入生产过程”的技术不存在吗？学习技术要把“物质手段与方法”、规则体系一起装进脑袋里吗？工具、机器等劳动资料也是“第一生产力”吗？

“活动”论将“活动”混同于“活动方式”。美国技术哲学家皮特认为，“技术是人类在劳动”，国内有学者也主张“技术是使自然界人工化的动态系统或过程”。人类活动始终伴随着活动方式方法（怎样活动），但“活动”与“活动方式”不是一回事。马克思指出：“从抽象上升到具体的方法……绝不是具体本身的产生过程”[6]。技术与技术活动、活动与活动的结果也不能混同。马克思指出：“在劳动过程中，人的活动借助劳动资料（应加上操作方法——引者注）使劳动对象发生所要求的变化。过程消失在产品中……在劳动者那里是运动的东西，现在在产品中表现为静的属性。工人织了布，产品就是布”[3]169。“在生产劳动中，劳动不断由动的形式转为静的形式。例如……纺纱工人的生命力在一小时内的耗费，表现为一定量的棉纱。”[3]177显然，“脑力劳动的产物——科学”（马克思语）技术——是相对静止的，岂能将其本质等同于“活动”、“过程”本身呢？

技术是怎么“做”的知识体系。我们于20世纪80年代初提出：“技术是人类利用、控制或改造自然、社会、思维（应改为“人类”）的方式方法的集合，即关于怎么‘做’的知识体系或实践性的知识体系。”[12-13]技术如同信息一样，是一种关系范畴。信息是什么？维纳说：“信息既不是物质，也不是意识”（有学者译为“能量”）。世界上除了物质、意识（主观精神世界）外，波普尔提出“世界3”，即“客观精神世界”——“客观意义上的知识是没有认识者的知识，即没有认识主体的知识”。学界一致认为，“信息是表征系统有序化程度的物理量”。从其作用的结果来看，“信息是消除或减少系统中的某种不确定性”。显然，无论是“表征有序化程度”，还是“消除某种不确定性”，都是一种关系范畴，学术界有人称为“关系质”、“关系态”。而技术作为“脑力劳动的产物”，是关于人对世界（自然、人文、社会）的“活动方式”，即怎么样活动的知识体系，就像“价值”、“信息”一样，是一种关系范畴。技术的产生和发展与主体的意识状态和社会的建构有着直接的关系，但它一经外化为客观知识世界，就是一种客观存在。技术没有物质载体（如纸张，文字语言，数码符号系统，光、声、电、磁波，网络，机器设备等）不行，但是技术又不能混同于载体；使用技术要有能量，但是技术的功能、作用又不决定于传递技术所消耗的能量。

总之，技术是怎么“做”的知识体系。“怎么做”就是怎么实践，而“劳动资料”或“物质手段”说遮蔽了实践的根本特性——“做”，“活动”论、“过程”论又忽视了实践的最本质的问题——“怎么”。从这个意义说，它们都不是“改变世界”的技术观。

关于技术哲学的研究对象问题，较为普遍地认为是技术。如有学者说：“技术哲学是以技术为研究对象，是对技术的哲学反思。”技术哲学的研究对象是技术，还是人与技术的关系问题，是传统思维与实践思维的一个本质区别[14]175-180。

首先，研究对象（即客体）具有客观性与主体性（属人性）的双重特性。技术是人研制的，它一旦成为一种客观知识世界，就客观地存在着。然而，只有当它(们）或其中一部分或某个（些）属性、功能由于主体的实践需要进入人的认识视野或研究范围时，才成为研究对象（客体）。技术哲学研究的技术是先于或外于认识主体而存在的，而主体和客体是同时产生和变化的。马克思指出：“不仅客体方面，而且主体方面，都是生产的”，“生产不仅为主体生产对象，而且也为对象生产主体。”[6]某物只有在劳动者（主体）参与下，才能成为劳动对象（客体）；否则，称其为自然物，这是普通的常识。因此，研究对象（客体）是二次生成的，即属人的[15]。

其次，研究活动是认识主体与客体对象相互作用、相互规定的过程。皮亚杰指出：“认识既不是起因于一个有自我意识的主体，也不是起因于业已形成的、会把自己烙印在主体之上的客体；认识起源于主客体之间通过活动本身的相互作用。”[16]从价值关系来看，不同对象对不同主体具有不同的价值；同一对象对同一主体在不同时空或在同一时空对不同主体都具有不同的价值。从认识关系来讲，任何一个客体，由于它处于多种联系中，也就会表现出多方面的性质或功能。于是，在某一个认识活动及其特有目的（标）的追求中，对象的一切方面不可能同时进入人的视野，而且它在变化中以其特有的方式显现出来。所以，主体对客体的认识不可能一次完成，而只“是永远的、无终止的接近”。（列宁语）

再次，新时代要求我们克服研究对象上的直观性和实体性。长期以来，自然科学技术和技术哲学只强调研究“自然”和“技术”的“本来面貌”，忽视了研究人和人与外部世界（含技术）的关系问题（而人与技术的关系只能呈现在活动中，则它又是和人与人之间的关系具体地联系在一起的），已经造成了人与自然、人与技术、人与社会、人与自我的对立和对抗，进而威胁着包括人类在内的一切生物的存在与发展，并导致人类社会的不可持续发展。爱因斯坦早就指出：“如果要使自己一生有益于人类，那么只懂得应用科学本身是不够的，关心人的本身，应该成为一切技术奋斗的主要目标：关心怎样组织人的劳动和产品分配这样一些尚未解决的重大问题，用以保证我们科学思想的成果造福于人类，而不致成为祸害”[17]。从表面上看，生态失衡、环境污染、“全球暖化”是自然系统内平衡关系的严重破损，实际上它是人类使人与技术、人与自然之关系的严重失衡，是以“天灾”形式表现出来的“人祸”。因此，从人类如何实现人与自然、社会的协调和可持续发展出发，研究人与技术的关系问题，而不是孤立地研究“技术”本身，这是21世纪新时代的客观要求。

最后，哲学的研究对象已经由“整个世界”转变为人与世界的关系问题。过去总以为“哲学是关于整个世界及其规律的理论”，“是从整体上把握世界的一般知识”。然而，哲学不能也不应该直接回答“整个世界是什么”的问题。马克思指出：“哲学不是世界之外的遐想”，“哲学首先是通过人脑和世界相关联”，“不仅从内部即就其内容来说，而且从外部即就其表现来说，都要和自己时代的现实世界接触并相互作用。”[5]120恩格斯也指出：“全部哲学，特别是近代哲学的重大的基本问题是思维和存在的关系问题。”[10]219这就是说，哲学不是以“存在”、“世界”本身及其运动规律作为研究对象和“基本问题”，而是把“思维和存在”、人与世界的关系当作问题进行反思并揭示它们之间的矛盾，从中求得人对自己与世界之间关系的理解，以促使实现“改变世界”和人类自身的解放。孙正聿说：马克思主义哲学是“揭示”和“反思”人对世界这种实践关系的理论，是“引导”和“促进”人类争取自身解放的“改变世界”的哲学。于是，它“既要反省人对世界的认识问题（认识论），又要反省人对世界之关系的评价问题（价值论），更要反省人自身的存在与发展问题（历史观）。”[18]因此，马克思主义哲学是通过人的实践活动的媒介研究人对世界的关系问题，从而实现“改变世界”和达到人类自身解放之目的。而旧哲学则以静态的方式，站在世界之外或之上直接地“断言”世界及其运动规律，只是“解释世界”的哲学。

2. 主体思维与“技术双刃”论、“客体中心”论

李德顺认为：从哲学上看，实践思维的另一重要特点就是从客体思维进入主体思维。这意味着突出了人的主体地位，思考问题的重心从单纯地关注外部世界转向同时要关注和承认人自身，追求一种主体性意识，使主体性的思维得到增强。不能

像过去那样，总是强调“客体决定主体”，一犯错误或碰了壁，就把责任推给客体对象。因此，主体性问题实际上是人在自己的对象性行为中的权利和责任问题。

“技术是一把双刃剑”，这种论点既属于实体思维，更属于客体思维。首先，如前所述，技术是关于“怎么做”的知识，即制造和使用“剑”的方式方法，而不是“剑”本身。其次，技术是主体按照自己的需要和尺度研制而成的，作为“客观精神世界”的技术，其属性和功能潜在于其中，不存在什么“善”与“恶”的“双刃”问题，应用后出现的“双刃性”或“两重性”是主体自己造成的，不能归罪于技术本身。再次，价值是主体与客体之间的关系范畴，谈论什么“技术价值”、“客体价值”，说什么“计算机犯罪”、“网络犯罪”、“技术统治”、“技术恐怖”等，都是一种脱离了实践（主体特有的活动）的客体思维。最后，只有主体负起了责任，不断地克服思想上和操作上的局限性，才能减少和消除技术应用活动的“负面效应”。如果技术本身就是“双刃剑”，那么不管主体如何努力，其“负面效应”也不会减少和克服！于是，就有了“技术统治”、“技术决定”、“技术悲观”、“技术恐怖”等等论调。

“客体中心主义”是一种客体思维的产物。在谈论治理自然环境、恢复生态平衡问题时，有学者提出：“反对人类中心主义”，“主张客体中心主义”。如果人类被反掉了，谁还以客体为中心呢？环境治理、生态平衡的标准（指标体系）谁来制定和谁来实施、达到呢？曾经在“征服自然”、“统治自然”的思想观念指导下，造成了今天的“包括人类在内的一切生物存在和发展的环境危机”，难道现在要反其道而行之——否认人类的主体性地位吗？这个权利又是谁给予的，由谁来行使呢？其实，过去出现的问题不在于以人（类）为中心，而在于主体的意识观念的片面性、价值追求的单一经济性和对行为后果的不负责任。正如李德顺所言：一种清醒的环境生态意识，并不需要抛弃主体性，而是应该弘扬一种健康的主体性，即权利和责任统一的主体性。同时，“人”是一个实体性的概念，而“主体”是一个关系范畴。主体总是和客体相对应，没有客体就没有主体，没有主体也就没有客体，否认了人类的主体性地位，哪里还有什么“客体中心”呢?! 因此，“客体中心”是一种“去人化”的抽象思维。

3. 多向思维与技术的门类结构、“技术决定”论

从单向思维进入多向思维是实践思维的又一特点。将技术仅仅局限于“自然技术”或“物质性技术”是一种单向思维和分割思维。根据整个世界从天然自然到人猿揖别再到人类社会的“自然历史过程”和基本构成（自然、人类和社会）的内在整体，我们将科学技术分为自然科学技术、人文科学技术和社会科学技术三大门类[19]。马克思、恩格斯也明确地将人们在现实活动中产生的“观念、思想和范畴”分为三大门类，即“关于他们同自然界的关系，或者是关于他们之间的关系，或者

是关于他们自己的肉体组织的观念。”[5]30因此，技术是人对世界（自然、人类和社会）的活动方式方法。自然技术是“他们同自然界的能动关系”或“活动方式”，即如何“做事”（“造物”、“用物”）的方式方法。人文技术是协调“他们自己”，即“做人”的方式方法；社会技术是协调“他们之间关系”，即“处世”的方式方法。其实，在每一个实践活动中，都是自然技术通过人文技术到社会技术的“连续链条”并融为“一门技术”，即形成以人文技术为主体，自然技术和社会技术为两翼的立体结构[19]。马克思、恩格斯指出：只有在社会联系和社会关系的范围内，才会有人对自然界的关系，“人们对自然界的狭隘的关系制约着他们之间的狭隘的关系，而他们之间的狭隘的关系又制约着他们对自然界的狭隘的关系。”[5]35显然，在现实活动中，脱离了主体和“他们之间的关系”来谈论“他们同自然界的关系”都是抽象的。因此，如何“做人”（人文技术）、如何“处世”（社会技术）、如何“做事”（自然技术）①，在现实的“改变世界”活动中是融为一体并产生其综合效应。

“技术决定论”也是一种一元单向思维。“技术决定论”本来是现代西方社会学未来学派的论点，认为“技术的发展不依赖于外部因素，技术作为社会变迁的动力，决定、支配人类精神的和社会的状况。”近年来，一些国外学者将马克思主义的技术观划归为“技术决定论”。国内也有学者认为：“马克思主义的一元决定论并没有因为承认自己是技术决定论而否认自己”，甚至提出“马克思主义的技术决定论”。对此，我们早就提出质疑[20]69-82。其实，在现实世界，技术的进步、经济的繁荣、社会的变迁不可能由单一的技术因素决定，而是在人的活动中展现出多面性、多维性和多元性。

首先，技术的产生和发展是主体根据社会需求而“社会建构”的。技术是人对世界的活动方式，怎么会成为“直接主宰社会命运”、“人类无法控制的力量”呢？“技术决定论”者往往视自然技术是“物质手段”、“劳动资料”，难道“物或物的综合体”这些“死的东西”决定着人和社会经济发展吗？同时，技术一旦外化为“客观知识世界”，就相对独立地存在着，而在现实活动中是人将自然技术通过人文技术与社会技术的相互作用，才能对世界产生实质性的影响。所以，孤立的“自然技术”不可能有什么“决定性”的意义。

其次，将科学技术知识转化为现实的生产力并应用于生产生活，才能成为社会经济发展的推动力和“决定性因素”。马克思指出：“随着大工业的持续发展，创造现实的财富……决定于一般的科学水平和技术进步或科学在生产上的应用。”[22]20恩格斯将技术发明的应用作为“生产要素”中的一种，即除劳动和资本之外的“第三要素”[5]35。邓小平也说过：科学技术是第一生产力。这就是说，人和社会经济的发

① “做事”就是“改变世界”。这里的对象是指自然，当然可以变换成人（类）自身和社会。

展是多因素相互作用的宏观效应，其中的技术即使是“第一”因素，但它绝不是“唯一的决定性因素”，决定性因素是用科技知识武装的人及其活动。

再次，马克思主义从来就反对“一元决定论”和“经济决定论”。我国的“技术决定论”者提出“马克思主义的一元决定论”，技术的“这种决定性作用不过是经济决定社会发展的、典型的、突出的、更本质的表现而已”。这是对马克思主义历史观的一种曲解。恩格斯在1890年9月21日《致柏林大学学生约·布洛赫的信》中明确地指出：“根据唯物史观，历史过程中的决定性因素归根到底是现实的生产和再生产。无论是马克思或我都从来没有肯定比这更多的东西。如果有人在这里加以歪曲，说经济因素是唯一决定性因素的话，那么他就是把这个命题变为毫无内容的、抽象的、荒谬无稽的空话。经济状况是基础，但是对历史斗争的进程发生影响并且在许多情况下主要是决定着这一斗争的形式的，还有上层建筑的各种因素。”因此，历史事件的发生是“有无数互相交错的力量，有无数个力的平行四边形……起着作用的力量的产物。”[10]477-478一百多年后的今天，有人又提出什么“马克思主义的一元决定论”、“马克思主义的技术决定论”、“马克思主义的经济决定论”，显然是对马克思主义的唯物史观“加以歪曲”了。

4. 动态的变革思维与技术认识论、科学与技术的关系

李德顺认为：理解事物，像历史和现实生活本身那样，把它动态化、历史化，这是一个极高的思维境界。马克思、海德格尔都曾阐述过一个重要思想：“‘是什么’和‘如何是’是一回事。不在于是什么，而在于如何是。”马克思、恩格斯还说：一个人怎么生活，他就是怎么样的人；一个社会是什么样的，不在于生产什么，要看它怎么生产，一个社会怎么样生产，这个社会就怎么样[5]25。海德格尔把“存体”和“存态”统一起来，更多地用“存态”来解释“存体”。邓小平也说：什么是社会主义和如何建设社会主义，是一个根本问题。这种把“是什么”和“如何是”统一起来，当成“一个”问题来思考，就是动态的变革思维，这是20世纪最后一个重大的、最了不起的观念。

我们过去的那种静态思维，总是只关注“是什么”或“不是什么”，忽视了“如何是”或“怎么样”，更没有也不会将两者统一起来进行思考。

传统的“反映论”是一种静态的非变革思维。我国哲学界的许多学者认为：“认识是主体对客观世界的能动反映”，甚至还说：“认识就是反映”，“认识的本质是能动的反映，这是马克思主义认识论的一贯的观点”。这种将主客体之间仅仅理解为一种反映关系，是一种“解释世界”的传统哲学，也是对马克思主义哲学认识论的曲解。马克思明确地指出：一个思维的逻辑运动包括两条方向相反的道路，即“在第一条道路上，完整的表象蒸发为抽象的规定；在第二条道路上，抽象的规定在思维行程中导致具体的再现。”[11]103显然，前一种是指“反映”，或从具体上升到

抽象形成概念的过程，即科学认识；后一种是“从抽象上升到具体的方法，只是思维用来掌握具体并把它当做一个精神上的具体再现出来的方式。但决不是具体本身的产生过程。”[11]103也就是“导致具体的再现”，即技术认识（为“改变世界”提供方式方法）。列宁也多次指出：“观念（要读作：人的认识）是概念和客观性的一致（符合）。”认识的过程是“从客观世界在人的意识（最初是个体的）中的反映过程和以实践（指“技术实践”——引者注）来检验这个意识（反映）”。“理论观念（认识）和实践的统一——注意这点——这个统一正是在这个认识论中，因为‘绝对观念’（而观念＝‘客观真理的东西’）是在总和中得出来的。”接着，列宁引用黑格尔的话说，认识过程的结果即“绝对观念，原来就是理论观念和实践观念的同一，其中每一方自己单独说来都还是片面的。”而“现实的各个环节的全部总和的展开（注意）＝辩证认识的本质。”[23]207,216,236所以，马克思主义的认识论既涵盖“是什么”，即“反映”、“理论观念”，又涵盖“怎么做”，即“具体再现的方法”、“实践观念”。这样，就把“怎么做”的问题提升到与“是什么”的问题同等重要的程度，即把技术认识提升到与科学认识同等重要的程度，并将二者统一起来。这就是实践认识论、实践思维的根本特点。而“只到理性认识为止”的“反映论”，“还只是说到问题的一半。而且对于马克思主义的哲学说来，还只说到非十分重要的那一半”[24]292。遗憾的是，毛泽东强调的“十分重要的那一半”，不是指马克思的“具体再现的方法”、恩格斯的“自在之物开始制造出来的方法”、列宁的“技术检验”或“实践观念”，而是指“再回到改造世界的实践中去，再回到生产的实践、革命的阶级斗争和民族斗争的实践以及科学实验的实践中去”[24]292。由此看出，毛泽东的认识论遮蔽了“怎么做”——实践的最本质问题。连“怎么”实践的问题还没有解决，仅仅是这种“反映”能直接“用来改造世界”呢？显然，这是一种取消了技术认识过程的单向度的认识论。

在科学与技术的关系问题上，只注重它们之间的“根本区别”，也是一种静态的非变革思维。学界“关于科学和技术的二元论，大声疾呼地强调科学与技术的根本区别”，而“关于科学、技术和工程的‘三元论’”，一方面将技术视为“独立于科学的活动”，另一方面又认为“理论是认识活动的终点”。显然，都不是“动态的变革思维”。一般来说，科学是回答“是什么”和“为什么”的问题，技术是回答“如何是”、“怎么做”的问题。我们曾经认为，“科学是理论性的知识体系”，“技术是实践性的知识体系，即‘怎么做’的方式方法”[2]374,169,177。这样，既揭示了科学和技术的区别，更强调了是“一个”知识体系，而不是“具有根本区别”的“两个”问题。科学和技术如同“是什么”和“如何是”一样，不仅是一回事，并且不在于“是什么”（科学），而在于“怎么做”（技术）。海德格尔在《存在与时间》中，从实践取向出发，详细地阐述了人与世界的关系如何，首先是一种操作的关系，其次才是认识观照的关系。他还认为：现代科学的本质在于现代技术，技术也是真理的开显方式，现代技术是形而上学的完成形态。这就深刻地揭示了科学和技术的辩证统一关系。而美国技术哲学家杜威关于"科学是一种技术"的表述，将"是什么"完全等同于"如何做"，消解了科学与技术之间的区别。其实，在现实活动中，谈论二者之间的联系时，正是建立在其区别的基础上或前提下。如果二者没有区别，岂能谈论其联系呢？我们认为："是什么"和"如何做"或科学和技术"是一回事"，是指同一个过程中的两个阶段或"两条道路"。也就是说，解决"是什么"（科学）问题，并不是"认识活动的终结"，只是为解决"如何做"（技术）问题提供了理论基础和可能性，更重要的是要解决"如何做"问题。从历史上看，技术先于科学；现代技术有的时候也先于科学，怎么能说"科学是一种技术"呢？同时，科学只有通过技术，才使事物自身显现；只有技术上的"具体再现"，才有生产中的"再造"。因此，把科学和技术统一起来，并当成"一个"问题来思考，才有助于形成科学技术的一体化，从根本上克服"为科学而科学"的传统观念而导致的科学与技术脱节、科学技术与经济社会脱节的痼疾，使追求真理成为创造价值和实现价值的基础。

综上所述，技术哲学界的学术分歧和争论，我们认为源于不同的思维角度和思维方式。尽管原有的"概念思维"还不能说完全过时了，但它确实暴露出某些局限性和片面性。我们要与时俱进，运用马克思的实践哲学和新的实践思维方式，像历史、生活和实践本身那样思维，并在实践中学会这样的思维，我们的研究工作和思维水平必将跃进一大步。

参考文献

[1] 李德顺. 21世纪人类思维方式的变革趋势［J］. 社会科学辑刊，2003（1）；新华文摘，2003（5）.

[2] 陈文化. 科学技术与发展计量研究［M］. 长沙：中南工业大学出版社，1992.

[3] 马克思. 资本论［M］. 北京：中国社会科学出版社，1983.

[4] 马克思. 机器·自然力和科学的应用［M］. 北京：人民出版社，1978.

[5] 马克思，恩格斯. 马克思恩格斯选集：第1卷［M］. 北京：人民出版社，1972.

[6] 马克思，恩格斯. 马克思恩格斯全集：第2卷［M］. 北京：人民出版社，1979.

[7] 马克思，恩格斯. 马克思恩格斯全集：第23卷［M］. 北京：人民出版社，1979.

[8]　马克思．政治经济学批判大纲（草稿）：第 3 分册［M］．北京：人民出版社，1963．
[9]　马克思，恩格斯．马克思恩格斯全集：第 27 卷［M］．北京：人民出版社，1979．
[10]　马克思，恩格斯．马克思恩格斯选集：第 4 卷［M］．北京：人民出版社，1972．
[11]　马克思，恩格斯．马克思恩格斯选集：第 2 卷［M］．北京：人民出版社，1972．
[12]　陈文化．试论技术的定义和特征［J］．自然信息，1983（4）．
[13]　陈文化．技术：关于怎么“做”的知识体系［J］．自然信息，1988（4，5）．
[14]　陈文化．技术哲学的研究对象：技术还是人与技术的关系问题［C］//中国自然辩证法研究会·中国自然辩证法研究会第五届全国代表大会文献汇编：新世纪·新使命·新课题，2001．
[15]　陈文化．关于认识对象的新探讨［J］．湖南医科大学学报（社会科学版）．2003，5（2）．
[16]　皮亚杰．发生认识的原理［M］．北京：商务印书馆，1981．
[17]　爱因斯坦．爱因斯坦文集：第 3 卷［M］．北京：商务印书馆，1979．
[18]　孙正聿．怎样理解作为世界观理论的哲学？［J］．哲学研究，2001（1）：6-7．
[19]　陈文化，胡桂香，李迎春．现代科学体系的立体结构：一体两翼——关于“科学分类”问题的新探讨［J］．科学学研究，2002（6）：565-567．
[20]　陈文化．科学技术与发展计量研究［M］．长沙：中南工业大学出版社，1992．
[21]　陈文化．马克思主义技术观不是“技术决定论”——“知识创新动力观”探析［J］．科学技术与辩证法，2001（6）．
[22]　马克思，恩格斯．马克思恩格斯全集：第 3 卷［M］．北京：人民出版社，1972．
[23]　列宁．列宁哲学笔记［M］．北京：人民出版社，1974．
[24]　毛泽东．毛泽东选集：第 1 卷［M］．北京：人民出版社，1991．

三、科学技术哲学研究需要全面思维[①]

（2008年10月）

1．“全面科技哲学”应该取代自然辩证法或自然科技哲学

（1）问题的提出

哲学是关于世界观的理论。这里的“世界”包括自然界（或物的世界）、人文界（或人的世界）和社会界，并由“人通过人的活动”使之相互作用而形成一个有机的整体。

在《辞海》中的解释是，自然辩证法是“马克思主义哲学的一个部门。关于自然界发展和自然科学发展的最一般规律的科学。马克思主义的自然观与科学观，认识自然与改造自然的方法论”。

其实，科学技术哲学是关于科技观的理论，而传统的科技观仅为自然科技观。从20世纪末以来，我们先后在《关于21世纪技术研究的几点思考》中提出“全面技术”；在《新中国技术哲学研究的回顾与展望》中，提出“全面技术哲学”；在《全面科学技术观与科学技术哲学门类构成的探究》和“再探”中提出“全面科技观”和“全面科技哲学”。

（2）客观基础

“全面科技哲学”是指由自然科技哲学、人文科技哲学、社会科技哲学所集成的整体。自然科技、人文科技、社会科技作为知识体系是“同劳动对立的、异己的存在”（马克思语）。在人从事的现实活动及其结果中，自然科技（做事）、人文科技（做人）、社会科技（处世）是融汇于一身的，具有整合效应。

地球出现于46亿年前的一次宇宙大爆炸，随着温度不断下降，约在35亿年前从原始自然物演化出低等生物，200万年前后开始人猿揖别，大约50万年前后出现人类社会原初形态。于是，自然界（“物的世界”），“人的世界”（即人文界）和社会界“从历史的最初时期开始，从第一批人出现时，三者就同时存在”（《马克思恩格斯选集》第1卷，人民出版社，1972年，第34页）。这就是现实活动中自然科技、人文科技、社会科技“三者同时存在”论的客观基础（见图1）。

2．“全面科技哲学”的体系结构

我们根据马克思主义的“全面发展”理论——活动中“三个要素”的“同时存在”论、发展过程中“各个阶段”的协调发展论、时代交替的可持续发展论，构建

① 本文发表于《科学技术与辩证法》。2004（5）

了全面科技哲学的三维立体网络结构，见表1、表2和图2。

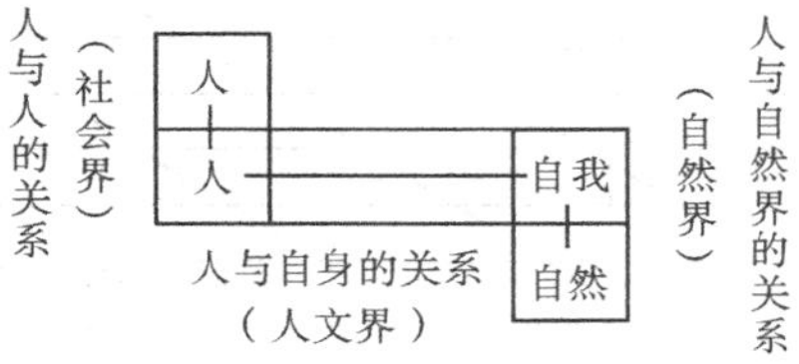

图1　现实活动中“三者同时存在”与发展图示

表1　　全面科技哲学的发展平台

横向活动 / 纵向活动	自然	↔	人类	↔	社会
	自然科技	↔	人文科技	↔	社会科技
	自然科技哲学	↔	人文科技哲学	↔	社会科技哲学
科学哲学	自然科学哲学	↔	人文科学哲学	↔	社会科学哲学
↕ 技术哲学	自然技术哲学	↔	人文技术哲学	↔	社会技术哲学
↕ 工程哲学	自然工程哲学	↔	人文工程哲学	↔	社会工程哲学
↕ 产业哲学	物质生产哲学	↔	精神生产哲学	↔	社会关系生产哲学
↕ 科技进步与社会变革	自然科技与生产力变革	↔	人文科技与人自身变革	↔	社会科技与生产关系变革

注：↔ 表示各个组成部分“通过人的活动”相互作用形成一个有机整体。

表2　　时代交替的承继与创造：可持续发展

古代	古代自然科学哲学	古代人文科学哲学	古代社会科学哲学
近代	近代自然技术哲学	近代人文技术哲学	近代社会技术哲学
现代	现代自然工程哲学	现代人文工程哲学	现代社会工程哲学
未来	未来自然产业哲学	未来人文产业哲学	未来社会产业哲学

注：科技哲学史或科技思想史，而不是科技史。

3. 运用马克思的同时思维理解“全面科技哲学”

（1）“全面科技哲学”提出后的初步反响

有了初步的反响，但没有得到广泛的支持。究其原因，除了我们的阐述不够清楚和完善之外，也有传统思维方式作祟问题。

关于实践思维，我们曾经在《技术哲学研究思维方式要与时具进》一文（科学技术与辩证法，2004（08））中作过探讨。

实践思维是在近现代的“概念思维”或“逻辑思维”的基础上发展起来的。它

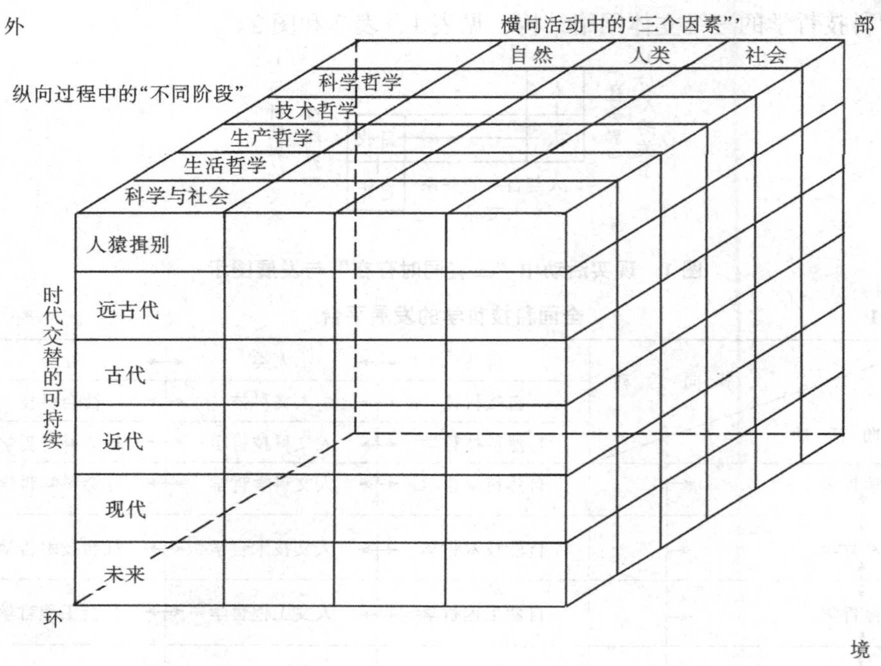

图 2　“全面发展”的整合效应示意图

就是“历史地或动态地思维，或者叫关系型的动态思维，像历史和现实生活、实践本身那样理解事物。”其主要特点归纳起来有：从实体思维演进为关系思维、从客体思维演进为主体思维、从单向思维演进为多向思维、从静态思维演进为动态思维。

其实，马克思的实践思维和我们提出的“主导多维整合思维”都属于全面思维。因为人从事的每一个现实活动都具有全面性，都是三个基本要素整合的过程和结果。

(2) 关于“三者同时存在”与发展思维原则

我们认为，我国学界、政界似乎缺乏“同时存在与发展”的思维意识和行为原则。其实，“三者同时存在”与发展是马克思主义“全面发展”理论的重要组成部分，也是“全面科技哲学”存在与发展的前提。

马克思在《雇佣劳动与资本》一文中指出：“人们在生产中不仅仅同自然界发生关系。他们如果不以一定方式结合起来共同活动和互相交换其活动，便不能进行生产。为了进行生产，人们便发生一定的联系和关系；只有在这些社会联系和社会关系的范围内，才会有他们对自然界的关系，才会有生产。”

马克思、恩格斯在《费尔巴哈》一文中指出：在社会活动中，“人们”、“他们之间的关系”、“他们对自然界的关系”，或者自然、人类、社会，“从历史地最初时期起，从第一批人出现时，三者就同时存在着，而且就是现在也还在历史上起着作用。”

分别以人与自然界、人文界、社会界之关系为研究对象的自然科技、人文科技、社会科技，“三者”在现实活动中“就同时存在”与发展。

马克思、恩格斯早就提出过三大门类科技。他们在《费尔巴哈》一文中指出：从事现实活动的“这些个人所产生的观念”、思想、意识，“是关于他们同自然界的关系，或者是关于他们之间的关系，或者关于他们自己的肉体组织的观念”。这就是马克思在《1844 年经济学-哲学手稿》一文中明确指出的“自然科学”、“关于人本身的科学”和“关于他们之间的科学”，即自然科学、人文科学和社会科学，“并将是一门科学”。

马克思在《政治经济学批判》一文中还指出：“现实财富的创造取决于……自然科学以及和它有关的其他一切科学的发展”和它们“在生产中的应用”。

所谓“唯一的自然科学”是将世界还原为自然界的唯心主义观点。马克思、恩格斯在《德意志意识形态》一文中批评圣麦克斯“关于‘唯一的’自然科学”的“狂言是多么荒诞的胡说”，“因为在他那里，每逢‘世界’需要起作用时，世界立刻就变为自然。”

胡锦涛 2004 年在两院院士大会上的讲话中指出：在落实科学发展观的活动中，“要把自然科学、人文科学、社会科学等方方面面的知识、方法、手段协调和集成起来”。

自然“科学主义”认为：“科学技术仅指自然科学技术”、“自然科技能够独自地解决人类面临的所有难题，是导向人类幸福的唯一有效的工具”，“一切社会问题都可以通过自然科学技术来解决”。社会科学界也有人认为：“将人从不自愿的分工中解放出来，根本的路径是发展自然科技”，“为了实现个人的解放，就必须通过发展自然科技，消灭私有制、消灭阶级和国家，建立新的共同体。”

总之，现实活动中的科学技术哲学就是自然科技哲学、人文科技哲学、社会科技哲学横向上的“协调和集成”，以及科学哲学、技术哲学、工程哲学、产业哲学纵向上的“协调和集成”及其世代交替的承继与创造的总体效应。

因此，运用马克思的“全面发展”理论和实践思维（全面思维），理所当然地是全面科技和全面科技哲学，而“唯一的自然科技”和“唯一的自然科技哲学”应该随着传统的工业社会发展观淡出历史舞台。

让我们在“科学发展观”的统领下，昂首阔步地迎战“全面发展”的新时代。

四、主导多维整合思维：矛盾思维与系统思维之综合①

（1997年4月）

思维方式是人们认识客体对象的思维模式，是社会精神生产的生产方式。它是一个历史范畴，具有鲜明的时代特征。从古到今，思维方式由古代直观的整体思维依次演变为近代形而上学的分析思维和现代的辩证思维，即经历了肯定—否定—否定之否定的螺旋上升的过程。辩证思维方式自产生以来，也经历了矛盾思维和系统思维两种形态的转变。人类社会正在通向百年之交、千年之交的伟大时代，思维方式也在发生巨大的变化。我们在综合矛盾思维和系统思维的基础上，提出主导多维整合思维的新方式。

1. 矛盾思维与系统思维

辩证思维方式是在形而上学思维方式的基础上演变而来的人类思维方式的现代形态。自它产生以来，先后经历了矛盾思维和系统思维两个主要阶段。

矛盾思维是马克思、恩格斯彻底改造黑格尔哲学而创立，后经列宁、毛泽东发展与完善的一种辩证思维方式。毛泽东是矛盾思维方式的集大成者，他的《矛盾论》集中、全面、系统地阐述并发展了这种思维方式。

矛盾思维实质上是一种分析思维，即分析客体对象的矛盾。具体来说，它在认识对象时，在坚持客观性的基础上，又要坚持全面性和主次性。所谓客观性，是指它认为思维的基础是承认思维中的矛盾，而思维的矛盾是人脑对客观矛盾的反映。全面性是指它在认识对象时，要分析和把握对象的各个方面的矛盾。主次性是指它要从众多的矛盾中找出主要矛盾和次要矛盾以及矛盾的主要方面和次要方面，以把握对象的本质，并找到解决矛盾的途径与方法。我们认为，在一定的条件下和一定的范围内（如我们的认识对象相对独立、与外部联系不甚广泛和复杂时，或我们的认识任务主要是认识对象的现实状态时等），矛盾思维方式的科学性、合理性和实用性都是十分明显的。

在我国，有人将矛盾思维方式概括为大家熟知的“一分为二”。“一分为二”思维方法实际上包含着一定的局限性，似乎一个认识对象中只有矛盾着的两个方面。这样，在认识对象时，往往只注意分析这两个因素之间的关系，而忽视其他因素（包括外部环境因素）的作用；只注意这两个因素的现实状态，而忽视对对象的历史考察。在解决矛盾时，一般采用一方克服或战胜另一方的方法。“一分为二”思

---

① 本文发表于《毛泽东思想论坛》，1997（3）。

维方法的片面性，在我国也造成过严重后果。

矛盾思维是取代形而上学的机械思维而产生的。当人们理解、掌握并运用矛盾思维时，头脑中的形而上学思维方式还在起作用。因此，矛盾思维方式本身有一个向高级形态的发展问题，同时也有对矛盾思维方式的正确理解和把握的问题。

系统思维方式是20世纪中叶以后，随着贝塔朗菲《一般系统论》的面世而逐步形成的（其实，在马克思、恩格斯、列宁、毛泽东的论著中，早就有许多系统思维的光辉思想）。系统思维是在矛盾思维的基础上发展起来的一种现代的综合思维，具有一些新的特点：第一，它把客体对象看作由多个要素相互作用而组成的系统，即思维对象包含着更加丰富的内涵；第二，系统思维不仅注意构成系统的各个要素及其之间的相互作用，而且注意系统与外部环境之间的作用；第三，系统思维注意研究系统内部各个要素的层次结构以及系统的整体性，即非加和性；第四，系统思维注意研究系统的结构与功能之间的关系，借以发挥系统的整体功能。上述分析表明：系统思维丰富和发展了矛盾思维，又包含着矛盾思维；矛盾思维与系统思维不是相互排斥，而是相互补充。

2．世界是主导多维的整合

世界既不是事物的集合体，也不是过程的集合体，而是事物与过程的集合体，即事物及其发展（过程）的整合效应。任何事物的存在与发展的原因，虽然有多维的一面，不可能是单一的，但是其中必然有起着主导作用的一维，即主要矛盾和矛盾的主要方面或系统中的核心要素。没有这个起着主导作用的一维，任何事物及其发展都不可能是相对稳定的，也不可能有纷繁复杂的大千世界。正是因为不同的事物具有不同的主导因素，因此主导因素就是决定事物及其发展的本质的主要矛盾和矛盾的主要方面。毛泽东在《矛盾论》中明确地指出："在复杂的事物发展过程中，有许多矛盾存在，其中必然有一种是主要矛盾，由于它的存在和发展，规定和影响着其他矛盾的存在和发展。""这种特殊矛盾，就构成一事物区别他事物的特殊本质。""事物的性质，主要地是由取得支配地位的矛盾的主要方面所规定的。""矛盾的主要和非主要的方面相互转化着，事物的性质也就随着起变化。"毛泽东还特别告诫我们："当着研究矛盾的特殊性和相对性的时候，要注意矛盾和矛盾方面的主要和非主要的区别；当着我们研究矛盾的普遍性和斗争性的时候，要注意矛盾的各种不同的斗争形式的区别；否则就要犯错误。"因此，主导性是表征事物存在与发展的本质特征，否认事物及其发展过程中的主导方面，就混淆了事物的质的规定性，也就否定了事物存在与发展的内在根据。所谓整合，它是由两个或两个以上的部分（指事物或现象、属性、关系、过程、信息、能量等）在一定环境条件下交互相干作用，凝聚或融汇成一个有机整体的过程。

主导多维整合是对事物本身及其发展过程的客观反映，它普遍存在于自然、社会和人类思维领域及其“中介世界”。

在自然领域，就拿我们所处的太阳系来说，太阳系是由九大行星构成的一个超大系统，太阳居于中心地位，起着主导作用，故谓太阳系。由于太阳的巨大吸引力与其他行星的排斥力及其相互作用，使得其他行星围绕着太阳运转。同时，其他行星之间及其与太阳之间，又存在着复杂的相互作用，每一个行星都沿着各自的轨道有序地运行，从而形成（整合）为一个相对稳定的整体。

一切社会发展的基本矛盾和根本动力，是生产力与生产关系、经济基础与上层建筑之间的矛盾，其中生产力是主导方面，最终起着决定性作用。当然，生产关系和上层建筑对生产力的发展又具有促进或者阻碍作用。因此，必须不断地调整生产力与生产关系、经济基础与上层建筑之间的矛盾，并通过交互相干作用，促进社会的稳定与发展。一个国家的政治领导体制一般是以执政党为主导的多党联合，以求得协调与统一，并把方方面面的因素整合起来，为实现预定目标而奋斗。显然，是以代表无产阶级和广大人民利益的政党为领导，还是以资产阶级政党为领导，是两种不同性质的社会制度的本质区别。

社会、经济的发展目标应该是以人为中心的多指标的整合。发展经济的目标不仅仅是实现工业化、经济现代化，即使还把“社会的现代化”作为它的发展目标，也是不够合理的。因为社会的存在与发展是以人类的生存与自由、幸福为出发点和归宿的，经济富有并不意味着人的全面发展和人的自由、幸福。工业发达国家不仅实现了经济现代化，而且实现了社会生活其他方面的现代化，但它同时又患上了诸如性解放、同性恋、凶杀抢劫、人性极度扭曲等“现代社会病”，面临着许多难以解决的人和社会问题。因此，我们认为，社会、经济的发展目标应该是以实现经济现代化为基础，以全面提高人的素质和生活质量为主导的集科技、教育、社会、政治和文化为一体的综合目标。

社会、经济的发展动因是以科技进步为主导的多因素的整合。在发展动因问题上，目前学术界有三种主要观点：一是自然“科学主义”，认为发展“是以自然科技发展为中心的经济增长过程”；二是“人文主义”，强调“人和人的价值在发展中的首要意义”，“东亚经济的奇迹在于其文化的推动”；三是“人文-科学主义”，认为“自然科技发展引起的经济增长不仅会因为文化或心理的滞后而发生挫折，而且在结出现代经济果实的同时常常会产生一系列破坏人的价值的消极结果”。显然，前面两种观点否认了多维性，后者又忽视了主导性。因此，我们认为，社会经济的发展是在一定环境下，多种因素（指自然、社会、人文等）交互作用的综合效应，其中现代科学技术知识的广泛运用是主导因素，也是现代化的重要标志之一。现代经济的繁荣与发展取决于科学技术成果的应用及其程度。

我们面临的现实世界，既有物质世界和精神世界，又有介于两者之间的“中介世界”。所谓中介世界，即指在一定条件下，主体与客体交互作用而产生的创造性思维的精神产品。当它一经发现、发明或获得，并赋予某种物质外壳或依附于某种物质载体上，即以语言、文字、图像、符号等外在地表现出来之后，就脱离了主体，具有相对的独立性和稳定性，存在于人类社会之中。例如，以纸张（书、报、刊、集）为载体的论著，以盘、鼓、片、带为载体的计算机软件（程序），以声、光、电、磁波为载体的语言、符号系统，等等。因此，中介世界的知识内容根源于物质世界，其知识形式内在于物质世界的事实。显然，它的内容属于精神世界，而载体是物质世界。所以，它是介于物质世界与精神世界之间的“中介世界”，即客观信息世界。随着人类社会的不断进步，越来越多地把信息世界当作认识的对象。理论知识、技术和其他信息的产生、内容构成或应用传播，都是主导多维的整合。

3. 主导多维整合思维方式及其主要特点

任何系统及其发展都是在一定的环境条件下，主导要素与其他诸要素交互作用而呈现出的宏观效应。据此，认识客体对象（包括物质、精神及其中介世界）应该运用主导多维整合的思维方式。具体来说，在认识对象及其发展时，第一要从诸多要素中分清主次，抓住主导要素，把握其本质。第二，在突出系统中的主导要素的同时，一定要注意次要要素；在突出系统的同时，一定要注意环境条件。否则，会出现简单化、片面化、绝对化。第三，无论是系统中的主导要素还是次要要素，无论是系统还是环境，其功能、作用的发挥，都是通过它们之间的双向交互作用（即通过实践整合）体现出来的，整合的程度体现为效应的大小，力求实现整体效应最佳。第四，不同对象具有不同的主导要素或者方面，同一对象系统的不同发展阶段，其主导要素或者方面可能会发生变化，主导要素与次要要素以及环境条件也会发生变化。认识客体对象时，要注意其历时性。第五，要素之间、系统与环境之间的交互作用主要发生在该系统中的同一层次，也可能在同一系统的不同层次之间或者不同系统之间发生交互相干作用，认识客体对象时，要注意其立体性。

主导多维整合思维与矛盾思维、系统思维比较，具有一些新的特点，主要有以下几方面。

第一，主导多维整合思维对象的全面性。当今社会，我们面临的现实世界，已经从实体世界深入到信息世界，时空观也发展为大时空观，从“群体意识”拓展到“全球一体化意识”、“可持续发展意识”，而矛盾思维和系统思维的认识对象常限于现存的实体世界。顺应科学和社会实践的要求，我们应该扩展思维对象，主导多维整合思维是实体世界、物质世界与精神世界相互作用而产生的，是把介于它们之间的中介世界（即信息世界）作为认识对象，从全球角度思考问题，以求得“可持续发展”。

第二，主导多维整合思维内容的综合性。主导多维整合思维是对矛盾思维与系统思维的大综合，它既吸收了两种思维方式的长处，又避免了它们的不足，它注意系统内部各要素之间以及系统与外部环境之间的双向交互作用的整合效应，充分显现出现代思维的辩证性质。

第三，主导多维整合思维模式的实效性。矛盾思维模式为：分析矛盾—解决矛盾。系统思维模式为：综合研究—发挥系统功能。无论是“解决矛盾”，还是“发挥系统功能”，与追求整体效应不完全是一回事。主导多维整合思维模式为：整体—分析与综合—整合，即从整体出发，通过分析与综合，求得最佳的整合效应。

第四，主导多维整合思维过程的双向性。从三种思维模式异同点的比较，就清楚地显示出三种思维过程的方向度问题，即矛盾思维为单向度；系统思维从动态角度把握系统的过程和追求系统的整体功能，隐含着一定的双向性，但不够明确；主导多维整合思维具有明显的双向度。从认识对象与外部环境的关系来看，矛盾思维的重点是认识对象的本质，从而找出解决矛盾的方法；系统思维在丰富关于对象内部的认识的同时，将思维引向外部，以发挥系统的功能（即系统对外部环境的作用），但对外部环境与系统的作用问题未予以充分的重视；主导多维整合思维注意对象与周围环境的双向交互作用，力求从内部与外部的统一去认识对象，以获得最佳的整合效应（即内部与外部交互作用的宏观体现）。

主导多维整合思维的这些特点说明，它有可能成为辩证思维方式的高级形态。伟大的时代需要创造出新的思维方式。正是基于此，我们撰写并发表本文，希望引起同仁们的关注。